मध्य प्रदेश कर्मचारी चयन मण्डल

मध्य प्रदेश

शासन, स्कूल शिक्षा विभाग के अन्तर्गत

उच्च माध्यमिक शिक्षक

पात्रता परीक्षा (ऑनलाइन)

संस्कृत

लेखकगण
राजीव पाण्डेय

अरिहन्त पब्लिकेशन्स (इण्डिया) लिमिटेड

卐 रजि. कार्यालय

'रामछाया' 4577/15, अग्रवाल रोड, दरिया गंज, नई दिल्ली- 110002

फोन: 011-47630600, 43518550

卐 मुख्य कार्यालय

कालिन्दी, टी.पी. नगर, मेरठ (यूपी)– 250002

फोन: 0121-7156203, 7156204

卐 शाखा कार्यालय

आगरा, अहमदाबाद, बरेली, बेंगलुरु, चेन्नई, दिल्ली, गुवाहाटी, हैदराबाद, जयपुर, झाँसी, कोलकाता, लखनऊ, नागपुर तथा पुणे

卐 मूल्य ₹ 210.00

PO No : TXT-59-T067412-09-25

PUBLISHED BY ARIHANT PUBLICATIONS (INDIA) LTD.

'अरिहन्त' की पुस्तकों के बारे में अधिक जानकारी के लिए हमारी वेबसाइट **www.arihantbooks.com** पर लॉग इन करें या **info@arihantbooks.com** पर सम्पर्क करें।

विषय-सूची

परीक्षा का प्रारूप व पाठ्यक्रम
(भाग 'ब')

परीक्षा का प्रारूप

भाग 'ब' 120 अंकों का होगा एवं इस प्रश्न–पत्र में 120 बहुविकल्पीय प्रश्न पूछे जाएँगे। इसकी विषयवस्तु का स्तर स्नातक स्तर के समकक्ष होगा। इस प्रश्न–पत्र में प्रश्न मध्य प्रदेश राज्य के कक्षा 9 व 10 के प्रचलित पाठ्यक्रम/पाठ्यपुस्तकों की विषयवस्तु पर आधारित होंगे, लेकिन इनका कठिनाई स्तर एवं सम्बद्धता (लिंकेज) स्नातक स्तर तक ही हो सकता हैं।
प्रश्न–पत्र की अवधारणा, समस्या समाधान और पेडागोजी की समझ पर आधारित होगी।

परीक्षा का पाठ्यक्रम

1. व्याकरण
   (अ) शब्द रूप–राम, कवि, भानु, लता, पितृ, नदी, वधू, मातृ, फल, वारि, आत्मन्, भवत्, भगवत्, मनस्, विद्वस्, पयस्। सर्व, तद, एतद्, यत्, इतम्, अस्मद्, युष्मद्।
   (ब) समास–सभी–नञ् तत्पुरुष सहित।
   (स) सन्धि – तीनों (स्वर, व्यंजन, विसर्ग) – भेद सहित।
   (द) प्रत्यय – कृत प्रत्यय : (क्त्वा, ल्यप्, तुमुन्, क्त, क्तवतु, शतृ, शानच्, तव्यत्, अनीयर्।)
   तद्धित प्रत्यय : अण्, ढक्, मतुप्, इत्, तल्, ठक्।
   स्त्री प्रत्यय : टाप्, ङीप।
   (इ) धातुरूप – प्रमुख पाँच लकारों में। (आत्मनेपदी, परस्मैपदी)
2. (क) वेद, वेदांग, पुराण, उपनिषद् का सामान्य परिचय।
   (ख) रामायण एवं महाभारत का सामान्य परिचय।
   (ग) षड्दर्शन का सामान्य परिचय।
3. संस्कृत के प्रतिनिधि रूपकों का परिचय– (भास, कालिदास, शूद्रक एवं भवभूति की नाट्य कृतियों का परिचयात्मक ज्ञान।)
4. संस्कृत साहित्य का इतिहास–
   महाकाव्य, गीतिकाव्य, गद्यकाव्य, चम्पू काव्य, कथा साहित्य।
5. काव्यशास्त्र
   (क) अलंकारों का सामान्य परिचय – उपमा, रूपक, दृष्टान्त, अर्थान्तरन्यास, उत्प्रेक्षा, यमक, अनुप्रास, श्लेष।
   (ख) छन्दों का सामान्य परिचय – अनुष्टुप, उपजाति, वंशस्थ, शिखरिणी, मालिनी, मन्दाक्रान्ता, शार्दूल विक्रीडित, इन्द्रवज्रा।
   (ग) रसों का सामान्य परिचय–
6. (अ) कारक एवं विभक्तियों का सामान्य परिचय। उपपद विभक्ति सहित।
   (स) हिन्दी वाक्यों का संस्कृत में अनुवाद करना।
7. अनुच्छेदलेखनम्, कथानिर्माणम्।
8. संस्कृत गिनती।
9. अनुच्छेद एवं श्लोकों में से प्रश्न निर्माण
   वाच्य परिवर्तनम्

सॉल्वड पेपर
परीक्षा तिथि 05 फरवरी, 2019

मध्य प्रदेश उच्च माध्यमिक शिक्षक पात्रता परीक्षा

संस्कृत

1. महाभारतस्य लेखकः कः?
(a) उमापतिः (b) धनपतिः
(c) गणपतिः (d) भुवः पति

2. प्राधान्येन 'कथा, आख्यायिका' चेति द्वौ विभागौ कुत्र दृश्यते?
(a) गद्यकाव्ये (b) चम्पूकाव्ये
(c) नीतिकाव्ये (d) पद्यकाव्ये

3. कथा, आख्यायिका चेति विभागौ कुत्र दृश्यते?
(a) चम्पूकाव्ये (b) नीतिकाव्ये
(c) पद्यकाव्ये (d) गद्यकाव्ये

4. 'धीमान्' इत्यत्र कः तद्धितप्रत्ययः?
(a) ठक् प्रत्ययः (b) मतुप् प्रत्ययः
(c) ढक् प्रत्ययः (d) अण् प्रत्ययः

5. अक् स्थाने सवर्णाक्षरे परे कः अक्षरः पूर्वपरयोः एकादेशः भवति?
(a) गुणाक्षरः (b) दीर्घाक्षरः
(c) वृध्यक्षरः (d) ऊष्माक्षरः

6. अधोनिर्दिष्टेषु द्वौ स्त्रीप्रत्ययौ कौ।
(a) क्त्वा, ल्यप् प्रत्ययौ (b) इत्, तल् प्रत्ययौ
(c) टाप्, ङीप् प्रत्ययौ (d) इत्, मतुप् प्रत्ययौ

7. वस्तुतः दानशूरः इति प्रख्यातः कर्णः कस्याः पुत्रः?
(a) सूत्याः (b) कुन्त्याः
(c) गान्धार्याः (d) द्रौपद्याः

8. नीतिशतकम् नाम नीतिकाव्यस्य निर्माता कः?
(a) कल्हणः (b) सुबन्धुः
(c) पद्मगुप्तः (d) भर्तृहरिः

9. मृच्छकटिकम् कीदृशं रूपकम्?
(a) लघुनाटकम् (b) प्रकरणम्
(c) महानाटकम् (d) प्रहसनम्

10. श्रीभवभूतेः नामान्तरं किम्?
(a) रुद्रटः (b) सोमदेवः
(c) महादेवः (d) उम्बेकः

11. लट् लकारस्य भू धातोः मध्यमपुरुषस्य बहुवचनरूपं किम्?
(a) भवति (b) भवामः
(c) भवथ (d) भवन्ति

12. अस्य वाक्यस्य संस्कृतानुवादं कुरुत
मेरे घर पर कन्या का विवाहोत्सव था।
(a) तव गृहे कन्याया विवाहोत्सवम् आसीत्
(b) मम गृहे कन्यायाः विवाहोत्सवः आसीत्
(c) मम गृहे कन्या विवाहोत्सवम् असि
(d) मम गृहम् कन्याया विवाहोत्सवे आसीत्

13. कौसल्यायाः पुत्रः दशरथात्मजः कः?
(a) परशुरामः (b) रामचन्द्रः
(c) धर्मराजः (d) बलरामः

14. वर्तमानकालार्थे परस्मैपदीधातुभ्यः प्रयुज्यमानः कृत् प्रत्ययः कः?
(a) तवत् प्रत्ययः (b) क्तवतु प्रत्ययः
(c) शानच् (आन्/मान्) प्रत्ययः (d) शतृ (अत्) प्रत्ययः

15. वासवदत्तेति गद्यकाव्यस्य निर्माता कः?
(a) सुबन्धुः (b) दण्डी
(c) विभीषणः (d) बाणः

16. शैक्षणिकः (शिक्षणार्थं क्रियमाणः) प्रथमः संस्कारः कः।
(a) अन्नप्राशनम् (b) विद्यारम्भः
(c) चौलकर्म (d) विवाहः

17. 'विक्रमोर्वशीयम्' नाम नाटकस्य निर्माता कः?
(a) कालिदासः (b) श्रीहर्षः
(c) अश्वघोषः (d) भवभूतिः

18. अधोनिर्दिष्टेषु सामाजिकवस्तुम् आधृत्य रचितं नाटकं किम्?
(a) कृष्णचरितम् (b) मृच्छकटिकम्
(c) महावीरचरितम् (d) बालरामायणम्

19. 'राज्ञः पुरुषः' इत्यस्य अर्थः कः?
(a) राजसम्बन्धी पुरुषः (b) पुरुषसम्बन्धी राजा
(c) चक्रधारी पुरुषः (d) प्रजासम्बन्धी राजा

20. कति ऋग्वेदादय: वेदा: सन्ति?
(a) चत्वार: (b) अष्टौ
(c) त्रिंशति: (d) विंशति:

21. अर्जुनं उद्दिश्य श्रीकृष्णेन उपदेशित: ग्रन्थ: 'भगवद्गीता' कुत्र विद्यते?
(a) वेदसंहितायाम् (b) वाल्मीकिविरचिते रामायणे
(c) चरकसंहितायाम् (d) व्यासविरचिते महाभारते

22. रसशब्दस्य व्युत्पत्ति: कीदृशी वर्तते?
(a) 'रसो वै स:' इति (b) 'रस्यते आस्वाद्यते' इति
(c) 'रसात्मकं काव्यम्' इति (d) 'रमणीयार्थप्रतिपादक:' इति

23. पतिशब्दस्य तृतीया एकवचनं किम्?
(a) पते (b) पत्या
(c) पतिना (d) पत्ये

24. कालिदासेन निर्मितौ द्वौ महाकाव्यौ कौ?
(a) कुमारसम्भवम्-शिशुपालवधम् (b) रघुवंशम्-कुमारसम्भवम्
(c) रघुवंशम्-किरातार्जुनीयम् (d) किरातार्जुनीयम्-मेघदूतम्

25. अधोनिर्दिष्टेषु शब्देषु ईकारान्त: स्त्रीलिङ्गशब्द: क:?
(a) 'वातप्रमी' शब्द: (b) 'नदी' शब्द:
(c) 'सुधी' शब्द (d) 'ग्रामीण' शब्द:

26. क: लकार: भविष्यति प्रयुज्यते?
(a) लट् (b) लोट्
(c) लङ् (d) लृट्

27. मनुस्मृति: कस्मिन् शास्त्रे अन्तर्भवति?
(a) कामशास्त्रे (b) पाकशास्त्रे
(c) योगशास्त्रे (d) धर्मशास्त्रे

28. 'विना' इति अव्यययोगे सति का: विभक्तय: प्रयोक्तुं शक्या:?
(a) प्रथमा, चतुर्थी, सप्तमीविभक्तय:
(b) प्रथमा, चतुर्थी, षष्ठीविभक्तय:
(c) चतुर्थी, षष्ठी, सप्तमीविभक्तय:
(d) द्वितीया, तृतीया, पञ्चमीविभक्तय:

29. 'त्वमेव कीर्तिमान् राजन् विधुरेव हि कीर्तिमान्'-इदं कस्य उदाहरणम्?
(a) दृष्टान्तालङ्कारस्य (b) वक्रोक्त्यलङ्कारस्य
(c)विभावनालङ्कारस्य (d) यमकालङ्कारस्य

30. वेदाङ्गानि कति विद्यन्ते?
(a) षट् (b) पञ्च
(c) सप्त (d) त्रीणि

31. पुराणानां रचयिता क:?
(a) व्यासमहर्षि: (b) कण्वमहर्षि:
(c) भृगुमहर्षि: (d) नारदमहर्षि:

32. पादपात् पुष्पं पतति इत्यत्र पञ्चमी कस्मिन् अर्थे विद्यते?
(a) सम्प्रदाने (b) अधिकरणे
(c) कर्तृरूपार्थे (d) अपादाने

33. 'श्लोकचतुष्टयं कस्य नाटकस्य रम्यरम्यम् अस्ति?
(a) स्वप्नवासवदत्तस्य (b) मालविकाग्निमित्रस्य
विक्रमोर्वशीयस्य (d) अभिज्ञानशाकुन्तलस्य

34. 'विभावानुभावव्यभिचारिसंयोगाद्रसनिरुष्पत्ति:' इति रससूत्रं केन निर्मितम्?
(a) कण्वमुनिना (b) दुर्वासमुनिना
(c) भरतमुनिना (d) व्यासमुनिना

35. एषु भविष्यत्कालिकं उत्तमपुरुषैकवचनरूपं क्रियापदं किम्?
(a) करिष्यामि (b) करवम्
(c) कुर्याम् (d) करोतु

36. छन्दशास्त्र किमर्थं प्रवृत्तम्?
(a) छत्राधिपस्य नियमानां दर्शनार्थम्
(b) श्लोकानां वृत्तादिनियमानां दर्शनार्थम्
(c) काव्यनियमानानां दर्शनार्थम्
(d) संन्यासिन: आचारादीनां दर्शनार्थम्

37. अधोनिर्दिष्टेषु भर्तृहरिणा रचितं नीतिकाव्यं किम्?
(a) राजतरङ्गिणी (b) हितोपदेश:
(c) नीतिशतकम् (d) पञ्चतन्त्रम्

38. यत् क्रियान्वयी तत् किम्?
(a) लिङ्गम् (b) कारकम्
(c) विभक्ति: (d) वचनम्

39. अत्र सर्वनामशब्द: क:?
(a) पितृ (b) कवि
(c) अस्मद् (d) मातृ

40. मृच्छकटिके चित्रित: चारुदत्त: क: आसीत्?
(a) राजसेवक: (b) राजतान्त्रिक:
(c) कृशीवल: (d) वणिक्

41. भासनाटकचक्रं केन सम्पादितम्?
(a) गणपतिशास्त्रिणा (b) सदाशिवशास्त्रिणा
(c) सुब्रह्मण्यशास्त्रिणा (d) रविशास्त्रिणा

42. अस्य वाक्यस्य संस्कृतानुवादं कुरुत
एक दिन मैं आप को घर ले जाना चाहता हूँ
(a) एकस्मिन् दिनं अहं भवन्तं गृहं नेतुमिच्छसि
(b) एकस्मिन् दिने त्वं भवन्तं गृहं नेतुमिच्छामि
(c) एकस्य दिने अहं भवन्तं गृहं नेतुमिच्छामि
(d) एकस्मिन् दिने अहं भवन्तं गृहं नेतुमिच्छामि

43. कर्तृकारकविभक्ति: का?
(a) प्रथमा विभक्ति: (b) चतुर्थी विभक्ति:
(c) पञ्चगी विगक्ति: (d) षष्ठी विभक्ति:

44. भवभूति: क्व विशिष्यते?
(a) उत्तररामचरिते (b) महावीरचरिते
(c) शाकुन्तले (d) मालतीमाधवे

45. भासेन विरचितस्य 'मध्यमव्यायोग:' नाम रूपकस्य नायिका का?
(a) शूर्पणखा (b) हिडिम्बा
(c) सुरसा (d) मण्डोदरी

46. वैदिक-पारिभाषिकपदानां निर्वचनं कुत्र लभ्यते?
(a) ज्योतिषे (b) निरुक्ते
(c) कल्पे (d) व्याकरणे

47. स्वप्नवासवदत्तम् नाम रूपकस्य रचयिता क:?
(a) भवभूति: (b) भासमहाकवि:
(c) रामिश्र: (d) धर्मराजाध्वरि:

48. कति कारकाणि सन्ति?
(a) षट् कारकाणि (b) अष्ट कारकाणि
(c) पञ्च कारकाणि (d) सप्त कारकाणि

49. 'महावीरचरितम्' नाम नाटकस्य नायकः कः?
(a) नलमहाराजः (b) श्रीरामः
(c) धर्मसेनः (d) महावीरः

50. वेदान्तः इति प्रसिद्धो वेदभागः कः?
(a) भगवद्गीता (b) आरण्यकम्
(c) उपनिषद् (d) ब्राह्मसूत्राणि

51. 'नमः स्वस्ति स्वाहा स्वधा अलं वषट्'-एभिः योगे का विभक्तिः प्रयुज्यते?
(a) तृतीया विभक्तिः (b) चतुर्थी विभक्तिः
(c) प्रथमा विभक्तिः (d) पञ्चमी विभक्तिः

52. अकारान्त-पुल्लिंग-सर्वनाम-सर्वशब्दस्य सप्तमीविभक्तिरूपं किम्?
(a) सर्वस्मिन् (b) सर्वस्मात्
(c) सर्वान् (d) सर्वाभ्याम्

53. 'रसै रुद्रैच्छिन्न यमनसभला गः' इदं कस्य वृत्तस्य लक्षणं वर्तते?
(a) अनुष्टुब्वृत्तस्य (b) द्रुतविलम्बितवृत्तस्य
(c) शिखरिणीवृत्तस्य (d) उपजातिवृत्तस्य

54. अथर्ववेदात् भरतेन किं गृहीतम्?
(a) गीतम् (b) अभिनयः
(c) रसः (d) पाठ्यम्

55. रसमीमांसायाः मूलपुरुषः कः?
(a) नारदमुनिः (b) विश्वामित्र ऋषिः
(c) भरतमुनिः (d) गौतममुनिः

56. उपनयनसंस्कारः कदा कर्त्तव्यः?
(a) वेदाध्ययनादनन्तरम् (b) मरणाद् अनन्तरम्
(c) वेदाध्ययनात् पूर्वम् (d) विवाहाद् अनन्तरम्

57. उपमायाः कति भेदाः विद्यन्ते?
(a) शतम् (b) एकम्
(c) द्वौ (d) दश

58. अस्य वाक्यस्य संस्कृतानुवादं कुरुत
इसीलिए तुम्हें जल्दी जाने के लिए कह रहा हूँ।
(a) अत एव त्वां त्वरितं गन्तुं कथयसि
(b) अत एव त्वं त्वरितं गन्तुं कथयामि
(c) अत एवं त्वां त्वरितं गन्तुं कथयामि
(d) अत एवं त्वां त्वरितं गन्तुं कथयामि

59. पञ्चमहाकाव्येषु एकं शिशुपालवधम् केन रचितम्?
(a) श्रीहर्षेण (b) कालिदासेन
(c) माघेन (d) भारविना

60. 'देवेन्द्रः' इत्यत्र कः सन्धिः विद्यते
(a) वृद्धिसन्धिः (b) विसर्गसन्धिः
(c) गुणसन्धिः (d) सवर्णदीर्घसन्धि

61. अधोनिर्दिष्टेषु सम् उपसर्गपूर्वकं कृञ् धातोः घञ् प्रत्ययान्तं पदं किम्?
(a) संकल्पः (b) संसारः
(c) संगणकम् (d) संस्कारः

62. 'कवये' इत्यत्र विद्यमाना विभक्तिः का?
(a) पञ्चमी (b) चतुर्थी
(c) प्रथमा (d) सप्तमी

63. व्यभिचारिभावस्य नामान्तर किम्?
(a) सञ्चारिभावः (b) सात्तित्वकभावः
(c) विभावः (d) अनुभावः

64. शृङ्गारादयः कति काव्यरसाः विद्यन्ते?
(a) दश रसाः (b) षड्रसाः
(c) पञ्च रसाः (d) नव रसाः

65. भारतीय-नाट्यशास्त्रम् नाम ग्रन्थे प्राधान्येन कः विषयः प्रतिपादितः?
(a) रसः (b) अलङ्कारः
(c) रीतिः (d) भावः

66. श्रीमद्रामायणं कीदृशं काव्यम्?
(a) लघुकाव्यम् (b) आदिकाव्यम्
(c) खण्डकाव्यम् (d) चित्रकाव्यम्

67. 'द्रव्यगुणकर्मसामान्यविशेषसमवायाः सप्तपदार्थाः' इति सूत्रं केन निर्मितम्?
(a) महिमभट्टेन (b) गदाधरभट्टेन
(c) प्रभाकरेण (d) अन्नंभट्टेन

68. अत्रत्येषु पदेषु द्वन्द्वसमासः कः?
(a) रामशत्रुः (b) दर्शपूर्णमासौ
(c) नीलाम्बरः (d) वसन्तर्तुः

69. प्रथमतः उर्वशी-पुरुरवसोः कथा कुत्र दृश्यते?
(a) महाभारतस्य भीष्मपर्वणि (b) शुक्लयजुर्वेदस्य अन्ते
(c) ऋग्वेदस्य दशममण्डले (d) कृष्णयजुर्वेदस्य तैत्तिरीयोपनिषदि

70. अधोनिर्दिष्टेषु उत्प्रेक्षालङ्कारस्य लक्षणं किम्?
(a) पर्यायेण द्रवयोस्तच्वेदुपमेयोपमा मता
(b) उपमानोपमेयत्त्वं यदेकस्यैव वस्तुनः
(c) सम्भावना स्यादुत्प्रेक्षा वस्तुहेतुफलात्मना
(d) प्रतीपमुपमान स्योपमेयत्वप्रकल्पनम्

71. 'तट' इति पदस्य लिङ्गः कः?
(a) पुंलिङ्गः (b) नपुंसकलिङ्गः
(c) त्रिलिङ्गः (d) स्त्रीलिङ्गः

72. पुराणानां लक्षणानि कति?
(a) अष्ट (b) पञ्च
(c) सप्त (d) षट्

73. भासमहाकवेः 'नाटकचक्रम्' प्रथमतः केन विदुषा पतिशोधितमस्ति?
(a) के. कृष्णमूर्ती महाभागेन (b) टि. गणपतिशास्त्रि महाभागेन
(c) बसप्पशास्त्रि महाभागेन (d) जग्गूवकुलभूषण महाभागेन

74. तर्कसङ्ग्रहकारः कः?
(a) अन्नभट्टः (b) महिमभट्टः
(c) कुमारिलभट्टः (d) पेरुभट्टः

75. अस्य वाक्यस्य संस्कृतानुवादं कुरुत
सत्य की जय होती है।
(a) सत्यात् जयो भवति (b) सत्येन जयो भवति
(c) सत्यस्य जयो भवति (d) सत्यस्यैव जयो भवति

76. 'गवाग्रम्' इत्यत्र विभागः कथम् क्रियते?
(a) गो + अग्रम् (b) गवि + अग्रम्
(c) गौ + अग्रम् (d) गव् + अग्रम्

77. कालिदासेन रचितं खण्डकाव्यं किम्?
(a) किरातार्जुनीयम् (b) कुमारसम्भवम्
(c) मेघदूतम् (d) रघुवंशम्

78. अभिहिते का विभक्तिः?
(a) द्वितीया (b) प्रथमा (c) तृतीया (d) चतुर्थी

79. प्रायेण उभयपदार्थः प्रधानः समासः कः?
(a) द्वन्द्वः (b) अव्ययीभावः (c) बहुव्रीहिः (d) तत्पुरुषः

80. 'पद्मपुरनिवासिनः भट्टगोपालस्य पौत्रोऽहम्' इति कः अवदत्?
(a) भूषणभट्टः (b) भारविः (c) भवभूतिः (d) भानुदत्तः

81. 'कार्यकुशलः' इति समस्तपदे विद्यमानः समासः कः?
(a) तृतीयातत्पुरुषः (b) पञ्चमीतत्पुरुषः
(c) प्रथमातत्पुरुषः (d) सप्तमीतत्पुरुषः

82. कस्मिन् वेदे यज्ञविभागः विद्यते
(a) धनुर्वेदे (b) आयुर्वेदे (c) स्थापत्यवेदे (d) यजुर्वेदे

83. 'वागर्थाविव संपृक्तौ पार्वतीपरमेश्वरौ' इत्यत्र कः अलङ्कारः दृश्यते?
(a) प्रतीपालङ्कारः (b) उपमालङ्कारः
(c) विभावनाङ्कारः (d) स्मृत्यलङ्कारः

84. 'काव्यादर्शः' नाम काव्यशास्त्रग्रन्थस्य कर्ता कः?
(a) क्षेमेन्द्रः (b) धनञ्जयः
(c) दण्डी (d) अप्पय्यदीक्षितः

85. तगणे कति मात्राः?
(a) षट् (b) पञ्च (c) सप्त (d) अष्ट

86. नीलकण्ठविजयम् केन रचितम्?
(a) कुमारिलभट्टः (b) नीलकण्ठदीक्षितः
(c) अगन्नाथः (d) गोविन्दभट्टः

87. अलङ्कारः काव्ये कीदृशः?
(a) रुचिकरः (b) तृप्तिकरः (c) भारकरः (d) शोभाकरः

88. सोमदेवेन विरचितं चम्पूकाव्यं किम्?
(a) नलचम्पू (b) विश्वगुणादर्शचम्पू
(c) यादवाभ्युदयचम्पू (d) यशस्तिलकचम्पू

89. कालिदासेन जीवितः शताब्दः कः इति विमर्शकाः सामान्यतः वदन्ति?
(a) क्रि.पू. नवमशताब्दः (b) क्रि.श. अष्टमशताब्दः
(c) क्रि.पू. अष्टमशताब्दः (d) क्रि.श. चतुर्थशतशताब्दः

90. अधोनिर्दिष्टेषु द्वौ भूतकालिकौ कृदन्तप्रत्ययौ कौ?
(a) क्त, तवतु प्रत्ययौ (b) क्त्वा, ल्यप् प्रत्ययौ
(c) शतृ, शानच् प्रत्ययौ (d) तव्यत्, अनियर् प्रत्ययौ

91. 'यत्र नार्यस्तु पूज्यन्ते रमन्ते तत्र देवताः' इति कः अवदत्?
(a) मनुमहर्षिः (b) आपस्तम्भः (c) याज्ञवल्क्यः (d) विज्ञानेश्वरः

92. अभिषेकनाटकम् कस्य पट्टाभिषेकं निरुपयति?
(a) श्रीकृष्णस्य (b) श्रीरामस्य (c) धर्मराजस्य (d) सुग्रीवस्य

93. छन्दसः लक्षणानि आदौ केन रचितानि?
(a) भरतमिनिना (b) राजशेखरेण
(c) सोमदेवेन (d) पिङ्गलाचार्येण

94. शिशुपालवधम् नाम महाकाव्यस्य कर्ता कः?
(a) माघः (b) कालिदासः (c) भारविः (d) श्रीहर्षः

95. वाल्मीकिमहर्षिणा विरचितं आदिकाव्यमिति लोकप्रसिद्धं महाकाव्यं किम्?
(a) श्रीरघुवंशमहाकाव्यम् (b) श्रीमद्वासभारतम्
(c) श्रीमद्वाल्मीकीरामायणम् (d) श्रीवामनपुराणम्

96. 'सर्वदो माधवः पायात् से योगं गामधीधरत्' इदं कस्य लक्षणम्?
(a) श्लेषालङ्कारस्य (b) परिकरालङ्कारस्य
(c) उत्प्रेक्षालङ्कारस्य (d) उपमालङ्कारस्य

97. 'तर्कसङ्ग्रहः' नाम तर्कशास्त्रग्रन्थस्य कर्ता कः?
(a) भूषणभट्टः (b) महिमभट्टः
(c) अन्नभट्टः (d) बाणभट्टः

98. अनुष्टुब्वृत्ते पादेकस्मिन् कति अक्षराणि विद्यन्ते?
(a) अष्टौ अक्षराणि (b) षडक्षराणि
(c) द्वादशाक्षराणि (d) पञ्चाक्षराणि

99. कति वर्णगणाः सन्ति?
(a) अष्ट (b) सप्त (c) त्रयः (d) चत्वारः

100. अस्य वाक्यस्य संस्कृतानुवाद कुरुत
जिसकी लाठी उसकी भैंस
(a) यस्मिन् दण्डः तस्मिन महिषी (b) यस्य दण्डः तस्य महिषी
(c) यो दण्डः स महिषी (d) यत्र दण्डस्तत्र महिषी

उत्तरमाला

1.	(c)	2.	(a)	3.	(d)	4.	(b)	5.	(b)	6.	(c)	7.	(b)	8.	(d)	9.	(d)	10.	(d)
11.	(c)	12.	(b)	13.	(b)	14.	(d)	15.	(a)	16.	(b)	17.	(a)	18.	(b)	19.	(a)	20.	(a)
21.	(d)	22.	(b)	23.	(b)	24.	(b)	25.	(b)	26.	(d)	27.	(d)	28.	(d)	29.	(a)	30.	(a)
31.	(a)	32.	(d)	33.	(d)	34.	(c)	35.	(a)	36.	(b)	37.	(c)	38.	(b)	39.	(c)	40.	(d)
41.	(a)	42.	(b)	43.	(a)	44.	(a)	45.	(b)	46.	(b)	47.	(b)	48.	(a)	49.	(b)	50.	(c)
51.	(b)	52.	(a)	53.	(c)	54.	(c)	55.	(c)	56.	(c)	57.	(c)	58.	(b)	59.	(c)	60.	(c)
61.	(d)	62.	(b)	63.	(a)	64.	(d)	65.	(a)	66.	(b)	67.	(d)	68.	(b)	69.	(c)	70.	(c)
71.	(c)	72.	(b)	73.	(b)	74.	(a)	75.	(b)	76.	(c)	77.	(c)	78.	(b)	79.	(a)	80.	(c)
81.	(d)	82.	(d)	83.	(b)	84.	(c)	85.	(b)	86.	(b)	87.	(d)	88.	(d)	89.	(d)	90.	(a)
[illegible]	(a)	92.	(b)	93.	(d)	94.	(a)	95.	(c)	96.	(a)	97.	(c)	98.	(a)	99.	(a)	100.	(b)

संकेत एवं हल

1. (c) महर्षि कृष्णद्वैपायन वेदव्यास महाभारत ग्रन्थ के रचयिता थे। ये महर्षि पराशर और सत्यवती के पुत्र थे। महाभारत ग्रन्थ का लेखन भगवान गणेश ने महर्षि वेदव्यास से सुनकर किया था। वेदव्यास महाभारत के रचयिता ही नहीं, बल्कि उन घटनाओं के साक्षी भी रहे हैं, जो क्रमानुसार घटित हुई हैं।

2. (a) कवियों की कसौटी गद्य काव्य (गद्यं कवीनां निकर्ष वदन्ति) उन वर्णनात्मक गद्य साहित्यिक रचनाओं के लिए प्रयुक्त होता है, जो काव्य रचना के सम्पूर्ण लक्षणों से समन्वित, अतीव परिष्कृत एवं आलंकारिक शैली में लिखी होती हैं।

3. (d) ''तत्कथा आख्यायिके केत्येका जातिः संज्ञाद्वयाकिता'' काव्यादर्श : (1 : 28)
दण्डी के अनुसार कथा एवं आध्यात्मिका गद्य रचना के एक ही प्रकार के होने पर भी पृथक् नाम वाली है। गद्य काव्य के भी दो भेद माने गये हैं- कथा और आख्यायिका। चम्पू, विरुद और कारम्भक तीन प्रकार के काव्य और माने गये हैं।

4. (b) धी – धी + मुतुप → धीमान पुल्लिंग तद् अस्य अस्ति (वह इसका है) तथा तद अस्मिन वह (इसमें है) अर्थों में मुतुप प्रत्यय होता है।
''तदस्यास्त्य- स्मिन्निति मुतुप्) मुतुप् में मत् शेष रहता है।
विभक्ति आदि कार्य करने पर प्रथमा विभक्ति के एकवचन में पुल्लिंग में मान/वान् स्त्रीलिंग में मती/वती तथा नपुंसकलिंग में मत/वत् दिखाई देता है।

5. (b) अक् (अ, इ, उ, ऋ, लृ) के आगे, सवर्ण स्वर के रहने पर दीर्घ एकादेश होता है (अकः सवर्णे दीर्घः)। एकादश से यहाँ तात्पर्य दो स्वरों पर एक ही स्वर के आदेश होने से है।

6. (c) स्त्री प्रत्यय- जिन प्रत्ययों को पुल्लिंग संज्ञाओं में जोड़कर स्त्रीलिंग शब्द बनाया जाता है, उन प्रत्ययों को स्त्रीप्रत्यय कहते हैं, अर्थात् पुल्लिंग शब्दों को स्त्रीलिंग बनाने के लिए पुल्लिंग शब्दों के साथ जो प्रत्यय जोड़े जाते हैं, उन्हें स्त्री-प्रत्यय कहते हैं।
टाप् -प्रत्यय- टाप् प्रत्यय का 'आ' रूप शेष रह जाता है (ट् तथा प् का लोप हो जाता है।)
अजा दिगण में परिगणित शब्दों के साथ अकारान्त शब्दों के साथ टाप् प्रत्यय का प्रयोग किया जाता है। अजादिगण में अज, अश्व, एड्क, चटक, मूषक, बाल, वत्स, होड़, मन्द, कृपण, क्षत्रिय, वैश्य, ज्येष्ठ तथा कनिष्ठ आदि शब्द आते हैं। इन शब्दों के साथ टाप् (आ) प्रत्यय लगाकर रूप निष्पन्न होते हैं
उदाहरण- मन्द + टाप् = मन्दा
कृपण + टाप् = कृपणा
अज + टाप् = अजा
अश्व + टाप = अजा
अश्व + टाप् = अश्वा
ङीप प्रत्यय → ङीप प्रत्यय का 'ई' शेष रहता है। (ङीप की संज्ञा है)
कुरुचर + ङीप (ई.) = कुरुचरी
पर्वत + ङीप (ई) = पार्वती
रजक + ङीप (ई) = रजकी
गौर + ङीप (ई.) = गौरी

7. (b) कर्ण कुन्ती का पुत्र था, परन्तु महाभारत के युद्ध में उसने कौरवों के पक्ष से लड़ाई लड़ी थी।

8. (d) भर्तृहरि : - सिहसनद्वात्रिशिका एवं विक्रमांक देव चरितम में भर्तृहरि : राजा विक्रमादित्य के बड़े भाई थे। भर्तृहरि का समय लगभग छठी शताब्दी का मध्य भाग था। भर्तृहरि ने शतत्रयी- शृंगारशतक, वैराग्यशतक एवं नीतिशतक की रचना की। इसमें नीति शतक को सर्वश्रेष्ठ माना जाता है।

9. (b) मृच्छकटिकम महाकवि शूद्रक विरचित प्रकरण है। इसमें चारुदत्त एवं वसन्त सेना नामक वेश्या का प्रणय प्रसंग, 10 अंकों में वर्णित है।

10. (d) उम्बेकाचार्य मीमांसा दर्शन के गणमान्य विद्वान् तथा कुमारिल भट्ट के शिष्य थे। कुमारिल भट्ट ''श्लोक वार्तिक'' पर उन्होंने 'तात्पर्य' नामक टीका लिखी है। इससे स्पष्ट प्रतीत होता है कि भवभूति और उम्बेक एक ही व्यक्ति थे, क्योंकि भवभूति के एक ग्रन्थ के श्लोक दूसरे ग्रन्थ में प्रायः मिल जाते हैं।

11. (c) लट् लकार- (वर्तमान काल), भू (होना)

	एकवचन	द्विवचन	बहुवचन
म.पु.	भवसि	भवथः	भवथ

12. (b)

13. (b) रामचन्द्र- दशरथ के सबसे बड़े पुत्र थे, इनकी माता कौशल्या थी। ये धनुर्विद्या एवं शास्त्रों में पारंगत थे, पत्नी सीता, पुत्रों का नाम लव-कुश तथा इन्हें मर्यादा-पुरुषोत्तम भी कहा जाता है। पिता की आज्ञा से 14 वर्ष के लिए वनवास गए। राम विष्णु के सातवें अवतार हैं। इन्होंने लंकापति रावण एवं उसके भाई कुम्भकर्ण का वध किया था।

14. (d) सूत्त- लटः शृतृशानचाव प्रथमासमानाधिकरणे अर्थात् - प्रथमा विभक्ति से भिन्न समानाधिकरण होने पर 'शतृ' और 'शानच्' होते हैं। 'शतृ' में शकार और ऋकार इत्संज्ञक हैं। अतः केवल अत् ही शेष बचता है।
लट् के स्थान पर 'शृत' प्रत्यय का प्रयोग 'परस्मैपदी' धातुओं के साथ करते हुए/करती हुई इत्यादि अर्थों को व्यक्त करने के लिए होता है।
शृत प्रत्यान्त शब्दों के रूप तीनों लिङ्गों में चलते हैं। पुल्लिंग में 'भवत्' स्त्रीलिंग में नदी और नपुंसकलिंग में 'जगत' शब्द के समान रूप चलते हैं, जो कर्ता के विशेषण के रूप में उपस्थित होते हैं।

धातु	प्रत्यय	पु.	स्त्री.	नपु.
चल्	शतृ	चलन्	चलन्ती	चलत्
कथ्	शतृ	कथयन्	कथयन्ती	कथयत्

15. (a) गद्य-काव्य के लेखकों में सुबन्धु ही सर्वप्रथम लेखक हैं, जिनका ग्रन्थ अलकृंत शैली में निबद्ध गद्य का उत्कृष्ट उदाहरण है। इनका एक ही ग्रन्थ है, जो वासवदत्ता के नाम से प्रसिद्ध है। सुबन्धु की इस वासवदत्ता का सम्बन्ध प्राचीन भारत की प्रसिद्ध आख्यायिका वासवदत्ता तथा उदयन की प्रणय कहानी से कुछ भी सम्बन्ध नहीं हैं। यह पूरा कथानक कवि के मस्तिष्क की उपज है। इस ग्रन्थ में केवल नायिका का चित्रण ही प्रमुख रूप से किया गया है।

16. (b) सोलह संस्कार में से विद्या आरम्भ संस्कार दसवाँ संस्कार होता है तथा इससे पहले उसे विद्या आरम्भ करवाने में सक्षम बनाने के लिए मुंडन तथा कर्णभेद संस्कार किए जाते हैं।

17. (a) महाकवि कालिदास के काल निर्धारण के लिए आज भी कोई ऐतिहासिक तथ्य उपलब्ध नहीं होता। यही कारण है कि उनका समय ईसा पूर्व द्वितीय शताब्दी से 12वीं शताब्दी तक माना जाता है। तीसरी-चौथी शताब्दी में गुप्त साम्राज्य संस्कृत भाषा के महान् कवि और नाटककार थे। सात ऐसी रचनाएँ हैं, जो निर्विवाद रूप से कालिदास की मानी जाती हैं।
तीन नाटक- अभिज्ञानशाकुन्तलम् विक्रमोर्वशीयम् और मालविकाग्निमित्रम्
दो महाकाव्य- रघुवंशम् और कुमारसंभवम्
दो खण्ड काव्य- मेघदूतम् और ऋतु संहार
विक्रमोर्वशीयम् - एक रहस्यों से भरा नाटक है। इसमें पुरुरवा इन्द्रलोक की अप्सरा उर्वशी से प्रेम करने लगते हैं। पुरुरवा के प्रेम को देखकर उर्वशी भी उनसे प्रेम करने लगती हैं। इन्द्र की सभा में जब उर्वशी नृत्य करने लगती है तो पुरूवा से प्रेम के कारण वह अच्छा प्रदर्शन नहीं कर पाती है। इससे इन्द्र गुस्से से उसे शापित कर धरती पर भेज देते हैं। हालाँकि, उसका प्रेमी अगर उससे होने वाले पुत्र को देख ले तो वह फिर स्वर्ग लौट सकेगी।
विक्रमोर्वशीयम् काव्यगत सौन्दर्य और शिल्प से भरपूर है।

18. (b) मृच्छकटिकम् - यह शूद्रक की कृति मानी जाती है। संस्कृत नाट्य साहित्य में सबसे अधिक लोकप्रिय हैं। इसमें 10 अंक हैं। इसकी कथावस्तु तत्कालीन समाज का पूर्ण रूप से प्रतिनिधित्व करती है। यह केवल व्यक्तिगत विषय पर ही नहीं अपितु इस युग की शासन व्यवस्था एवं राज्य स्थिति पर भी प्रचुर प्रकाश डालता है। साथ-ही-साथ वह नागरिक जीवन की साज-सजावट, वेश्या (वीरांगनाओं) का व्यवहार, दास प्रथा, जुआ (द्यूत-क्रीड़ा), चौरी (चौरकर्म), न्यायालय में न्याय-निर्णय की व्यवस्था,

अवांछित राजा के प्रति प्रजा के द्रोह एवं जनमत के प्रभुत्व का सामाजिक स्वरूप भली-भाँति चित्रित किया गया है, साथ ही साथ समाज में दरिद्रजन की स्थिति, गुणियों का सम्मान, सुख-दुःख में समरूप मैत्री में निदर्शन, उपकृत वर्ग की कृतज्ञता निरपराध के प्रति दण्ड पर क्षोभ राज वल्लकों के अत्याचार, वरनारी की समृद्धि एवं उदारता, प्रणय की वेदी पर बलिदान, कुलांगनाओं का आदर्श चरित्र जैसे वैयक्तिक विषयों पर भी प्रकाश डाला गया है। इसी विशेषता के कारण यह यर्थाथवादी रचना संस्कृत साहित्य में अनूठी रचना है।

19. (a) गजन ङस् पुरुष सु राजापुरुष (राजा का आदमी)

20. (a) ऋच्यन्ते स्तूयन्ते देवा अनया इति ऋक् ऐसी ऋचाओं या मन्त्रों के समूह का नाम संहिता हैं। यह संहिता ऋक् यजुः साम व अथर्व के नाम से जानी जाती है। इन्हीं सहिताओं का दूसरा नाम वेद है। वेद की परिभाषा करते हुए आचार्य सायण ने अपने भाष्य में लिखा है– अपौरुषेय वाक्य वेदः अथवा इष्टप्राप्तिनिष्टपरिहारयोः अलौकिककमुपायो वेदयते सः। ऋग्वेद, यजुर्वेद, सामवेद तथा अर्थर्ववेद के भेद से वेदों को चार नामों से जाना जाता है।

21. (d) संस्कृत साहित्य में रामायण और महाभारत को उपजीव्य काव्य कहा जाता है। महाभारत का अर्थ है– भारत लोगों के युद्ध का महान आख्यान। इसे हिन्दू धर्म के समस्त स्वरूप को निरूपित करने वाला पंचम वेद माना जाता है। भारतीय साहित्य एवं चिन्तन पद्धति का सर्वश्रेष्ठ ग्रन्थ गीता महाभारत का एक अंश है। इसके अतिरिक्त विष्णु सहस्त्रनाम, अनुगीता भीष्मस्तवराज और गजेन्द्र मोक्ष जैसे आध्यात्मिक तथा भक्तिपूर्ण ग्रन्थ महाभारत के ही भाग हैं। उपर्युक्त पाँच ग्रन्थ पंचरत्न के नाम से जन अभिहित होते हैं। सम्प्रति महाभारत में एक लाख श्लोक प्राप्त होते हैं। अतः इसे शत सहस्री संहिता भी कहा जाता है।

वेदव्यास- वशिष्ठ के पुत्र शक्ति तथा शक्ति के पुत्र पाराशर थे तथा इन्हीं पाराशर के पुत्र व्यास हुए। व्यास के पुत्र का नाम शुकदेव था। जिन्होंने राजा परीक्षित को भागवत की कथा सुनाई थी। पाराशर का विवाह सत्यवती से हुआ था। जिसका नाम मत्स्यगंधा या योजनागन्धा भी था। इन्हीं के गर्भ से व्यास का जन्म हुआ था। महाभारत के शान्तिपर्व में इनका निवास स्थान उत्तरापथ हिमालय बताया गया है। व्यास प्रथम व्यक्ति थे, जिन्होंने भारतीय विद्या को चार संहिताओं एवं इतिहास के रूप में विभाजित किया था।

22. (b) स्यत आस्वाधते इति रसः अर्थात जिसका आस्वादन किया जाए, चखा जाए, 'रस' कहलाता है अर्थात् किसी दृश्य या अदृश्य बात को रखने, सुनने पढ़ने अथवा कल्पना करने से मन में जो अलौकिक आनन्द की प्राप्ति होती है, उसे ही रस कहा है। रस को काव्य की आत्मा 'काल्पना' या भाव कहा जाता है।

23. (b) पति इकारान्त पुल्लिङ्ग शब्द

विभक्ति	एकवचन	द्विवचन	बहुवचन
तृतीया	पत्या	पतिभ्याम्	पतिभिः

24. (b) **रघुवंशम** कुछ विद्वान् रघुवंश को कालिदास की अन्तिम कृति मानते हैं। इसमें 19 सर्ग हैं, जिसमें महाकवि सूर्यवंशीय राजा दिलीप से अग्निवर्ण तक 29 राजाओं का वर्णन किया गया है। रघुवंश एक चरित्र महाकव्य है। इसमे दिलीप, रघु,अज, दशरथ, राम आदि राजाओं को आदर्श सम्राटों के रूप में चित्रित किया गया है। इसी प्रकार इन्दुमती, सीता कुमुदवती आदि रानियों का भी वर्णन किया गया है। **कुमारसम्भवम्** यह कालिदास का प्रथम महाकाव्य है। कुमारसम्भवम् में 17 सर्गों में शिव और पार्वती के पुत्र कार्तिकेय के जन्म तथा उसके द्वारा देवसेना का सेनापति बनकर तारकासुर के वध की कहानी वर्णित है। नाम के अनुसार कुमार का जन्म अष्टम सर्ग में ही हो जाता है और इस प्रकार काव्य का उद्देश्य भी पूर्ण हो जाता है।

25. (b) नदी (नदी) ईकारान्त स्त्री लिंग

विभक्ति	एकवचन	द्विवचन	बहुवचन
प्रथम	नदी	नद्यौ	नद्यः
द्वितीया	नदीम	नद्यौ	नदीः
तृतीया	नद्या	नदीभ्याम्	नदीभिः
चतुर्थी	नद्यै	नदीभ्याम्	नदीभ्यः
पंचमी	नद्याः	नदीभ्याम्	नदीभ्य
षष्ठी	नद्याः	नद्योः	नदीनाम्
सप्तमी	नद्याम्	नद्योः	नदीषु
सम्बोधन	हे नदी!	हे नद्यौ!	हे नद्य!

26. (d) लकार विभिन्न कालों तथा अवस्थाओं को लकार कहा जाता है।
लृट लकार (भविष्यत्काल) भविष्यति इत्यादि लृट् (सामान्य भविष्यत्)

पुरुष	एकवचन	द्विवचन	बहुवचन
प्रथम पुरुष	भविष्यति	भविष्यतः	भविष्यन्ति
मध्यम पुरुष	भविष्यसि	भविष्यथः	भविष्यथः
उत्तम पुरुष	भविष्यामि	भविष्यावः	भविष्यामः

27. (d) मनुस्मृति हिन्दू धर्म का एक प्राचीन धर्मशास्त्र (स्मृति) है। मनुस्मृति में कुल 12 अध्याय हैं, जिनमें 2684 श्लोक हैं। कुछ संस्करणों में श्लोकों की संख्या 2964 है। इसकी गणना विश्व के ऐसे ग्रन्थों में की जाती है, जिनसे मानव ने वैयक्तिक आचरण और समाज रचना के लिए प्रेरणा प्राप्त की है। मनुस्मृति में सृष्टि की उत्पत्ति, संस्कार, नित्य और नैमित्तिक कर्म, आश्रमधर्म, वर्णधर्म राजधर्म व प्रायश्चित आदि विषयों का उल्लेख है। मनु स्मृति में व्यक्तिगत चितशुद्धि से लेकर पूरी समाज व्यवस्था तक ऐसी सुन्दर बाते हैं, जो आज भी हमारा मार्गदर्शन करती है। जन्म के आधार पर जाति और वर्ण व्यवस्था सबसे पहले मनुस्मृति में की गई है।

28. (d) पृथक्, बिना और नाना के योग में द्वितीया, तृतीया और पंचमी विभक्ति होती है;
जैसे- परिश्रम (परिश्रमेण, परिश्रमाद वा) बिना कुतो विद्या?

29. (a) लक्षण- 1. दृष्टान्त : पुनरेतेषां सर्वेषां प्रतिबिम्बनम्
2. दृष्टान्तस्तु : सधर्मत्य वस्तुनः प्रतिबिम्बनम्
इसमें उपमेय, उपमान तथा साधारण धर्म का प्रतिबिम्ब भाव दृष्टान्त कहलाता है। इसमें दो स्वतन्त्र वाक्य होते हैं।
1. उपमेय वाक्य
2. उपमान वाक्य

उदाहरण 'विपक्षमजिलीकृत्य प्रतिष्ठा खलु दुर्लभा अनीत्वा पङ्कता धूमिलमुदकं नावतिष्ठते।' यहाँ राजा की प्रतिष्ठता एवं जल की स्थिति असमान धर्म हैं, परन्तु इनके आधार विपक्ष और धूलि में बिम्ब प्रतिबिम्ब साम्य होने से दृष्टान्त अलंकार है।

30. (a) वेदांग का अर्थ है- वेदस्य अंगानि अर्थात्- वेद के अंग। अंग शब्द की व्युत्पत्ति अग्यन्ते ज्ञायन्ते एभिरिति अंगानि से हुई है, जिसका अर्थ है- जिसके द्वारा किसी वस्तु के स्वरूप को पहचानने में सहायता मिलती है, उन्हें अंग कहा जाता है। वेदों का अर्थ जानने के लिए जिन शास्त्रों का प्रयोग किया जाता है, उन्हें वेदांग कहा जाता है, ये निम्न हैं

1. शिक्षा 2. कल्प
3. व्याकरण 4. निरुक्त
5. छन्द 6. ज्योतिष

शिक्षा व्याकरणं छन्दों निरुक्तं ज्योतिषं तथा।
कल्पश्चेति षडङ्गानि वेदस्याहुर्मनीषिणः।

31. (a) वेद व्यास का नाम अनेक दार्शनिक तथा साहित्यिक ग्रन्थों के प्रणेता के रूप में विख्यात है। ये वेदों के अंग- महाभारत, ब्रह्मसूत्र, भागवत तथा अनेक पुराणों के कर्त्ता के रूप में प्रसिद्ध हैं। प्राचीन मान्यता के अनुसार द्वापर युग में आकर वेदव्यास वेदों का विभाजन करते हैं। इस प्रकार इस वर्तमान मन्वन्तर के 28 व्यासों के होने का विवरण प्राप्त होता है। विष्णु पुराणों में 28 व्यासों का नामोल्लेख है। 28वें व्यासं का नाम कृष्णद्वैपायन व्यास है। इन्होंने महाभारत एवं 18 पुराणों का प्रणयन किया है।

32. (d) पञ्चमी विभक्ति (अपादान कारक)
सूत्र- अपादाने पञ्चमी स्यात। ग्रामादायाति। धावतोऽरवात् पततीत्यादि ।। इति पञ्चमी।
अपादान कारक अर्थ में पञ्चमी विभक्ति होती है।

33. (d) अभिज्ञान शाकुन्तलम न केवल संस्कृत साहित्य का अपितु विश्व साहित्य का भी सर्वोत्कृष्ट नाटक है। यह कालिदास की अन्तिम रचना है। इसके सात अंङ्कों में राजा दुष्यन्त और शकुन्तला की प्रणय

कथा निबद्ध है। इसका कथानक महाभारत के आदि पर्व के शकुन्तलोपाख्यान से लिया गया है। कण्व के माध्यम से एक पिता का पुत्री को दिया गया उपदेश आज 2000 वर्षों के बाद भी उतना ही महत्त्वपूर्ण है, जितना उस समय था। भारतीय आलोचकों ने काव्येषु नाटक रम्यं तत्त रम्या, शकुन्तला कहकर इस नाटक की प्रशंसा की है।

34. (c) भरत मुनि को रस सम्प्रदाय का प्रवर्तक माना जाता है। उन्होंने रस का सबसे पहले निरूपण नाट्यशास्त्र में किया। इसलिए उन्हें रस निरूपण का प्रथम ग्रन्थ माना जाता है। उन्होंने अपने ग्रन्थ के छठे अध्याय में रस भूत तथा सातवें में विभाव, अनुभाव और संचारी भाव तथा स्थायी भाव की व्याख्या की है। भरत मुनि के रस सूत्र के अनुसार ''विभावनुभाव व्यभिचारि सयोगाद्रस निष्पत्ति'' अर्थात् विभाव, अनुभाव और व्याभिचारी भावों (स्थायी भाव) के संयोग से भरत मुनि ने रस सूत्र में किया। भरत मुनि के अनुसार, जिस प्रकार नाना प्रकार के व्यंजनों, औषधियों एवं द्रव्य पदार्थों के मिश्रण से भोज्य रस की निष्पत्ति होती है, उसी प्रकार के भावों के संयोग से स्थायी भाव भी नाट्य रस को प्राप्त हो जाते हैं।

35. (a) सही उत्तर

लृट लकार (भविष्यत काल)

पुरुष	एकवचन	द्विवचन	बहुवचन
उत्तम पुरुष	भविष्यामि	भविष्यावः	भविष्यामः

36. (b) छन्दासि छादनात् अर्थात् छन्द के द्वारा भाव या रस को आच्छादित किया जाता है।

'यदक्षरपरिमाणं तच्छन्दः अर्थात् जहाँ अक्षरों की गिनती की जाती है या परिगमन किया जाता है, वह छन्द है। 'छन्दस' का शाब्दिक अर्थ आच्छादन या आह्लादन है।

वेदों के छः अंगों में छन्द को वेदों को पैर (पाद) माना गया है। छन्दः पादों तु वेदस्य अर्थात् जिस तरह पैरों के बिना हमारा शरीर गति नहीं कर सकता, उसी तरह छन्दों के बिना वेद भी गति नहीं कर सकते। छन्दों के आदि आचार्य पिंगलमुनि को माना जाता है। इनकी पुस्तक का नाम 'छन्द शास्त्रम' या छन्दः सूत्रम है।

37. (c) **भर्तृहरि का नीतिशतक** नीतिशतक भर्तृहरि की सर्वश्रेष्ठ रचना मानी जाती है। इसका प्रतिपादन विषय मानव जीवनोपयोगी है तथा उच्च नैतिक सिद्धान्तों पर आधारित है। यह उच्च नैतिक सिद्धान्तों पर आधारित शिक्षा देता है। नीतिशतक से सदगुणों की महिमा, नीच जनों की दुष्टता, मूर्खों की जड़ता, विद्या की महिमा, चाटुकारों की पिशुनता, विवेक शून्य पुरुषों की अधोगति, धन, भाग्य एवं महापुरुषों की महिमा, आत्मगौरव एवं परोपकार पुरुषों की अधोगति, धन, भाग्य एवं महापुरुषों की महिमा, आत्मगौरव एवं परोपकार सत्पुरुषों का असिधारा व्रत, मानव हित के सर्वमान्य मार्ग तथा दैनिक जीवन के प्रत्यक्ष सत्य का हृदयग्राही चित्रण हुआ है।

38. (b) क्रिया जनकत्वं कारकत्त्वम्

क्रिया करोति इति कारकम्

क्रियान्वयि कारकम्

क्रिया निष्पादकत्वं कारकत्त्वम्

वाक्य में जिन- जिन तत्त्वों (घटकों) का क्रिया के साथ सीधा अन्वय होता है, वे कारक कहलाते हैं अर्थात् क्रिया को सम्पादित करने वाले तत्त्व कारक कहलाते हैं।

जो क्रिया के साथ सम्बन्ध को प्राप्त करता है। वही कारक है। ये कारक सामान्यतः 6 प्रकार के होते हैं

1. कर्ता
2. कर्म
3. कारण
4. सम्प्रदान
5. अपादान
6. अधिकरण

39. (c) अस्मद सर्वनाम, (मैं, हम) अस्मद् रूप युष्मद्, अस्मद् अदस, इदम आदि सर्वनाम शब्द तीनों लिंगों में रूप एक समान चलते हैं। सर्वनाम शब्दों का सम्बोधन रूप में नहीं लिखा जाता हैं। यह केवल प्रथमा से सप्तमी विभक्ति तक ही लिखे जाते हैं।

40. (d) चारुदत्त मृच्छकटिकम् (शूद्रक) का नायक है। चारुदत्त जन्मना ब्राह्मण होते हुए भी कर्मणाश्रेष्ठी हैं। वह अपनी हृदय की उदारता तथा व्यवहार के कारण दुर्दिनों में पड़ा हुआ है। वह अपने जीवन के प्रारम्भिक वर्षों में अत्यन्त धनाढ्य रह चुका है, परन्तु दुर्भाग्य से वह निर्धन हो गया है।

41. (a) भास के नाम से इस समय तेरह नाटक उपलब्ध हैं। पं. टी. गणपिशास्त्री ने वर्ष 1909 में इन 13 नाटकों को प्राप्त किया था।

42. (b)

43. (a) प्रथम विभक्ति - सूत्र प्रातिपदिकार्य लिङ्गपरिमाणवचनम्-मत्ति प्रथमा।

अर्थात्-किसी शब्द का अर्थ बताने में केवल लिंग या केवल परिमाण (तौल) या केवल वचन (संख्या) का बोध कराने में प्रथमा विभक्ति होती है।

44. (a) उत्तररामचरित्म् - प्रणेता महाकवि भवभूति, उपाधि- श्री कण्ठ, कृतित्व तीन नाट्य कृतियाँ- महावीर चरित, मालती माधव तथा उत्तररामचरितम।

उत्तररामचरितम् - महाकवि भवभूति का प्रसिद्ध संस्कृत नाटक है, जिसके सात अंकों में राम के उत्तर जीवन की कथा है।

मूल परिपाक + करुण रस अंगी रस है। अंगी रस के रूप में वीर रस का प्रयोग है।

कुल 7 अंक और 256 श्लोक हैं। इसमें 19 छन्दों का प्रयोग है।

प्रमुख पात्र- राम (नायक), सीता (नायिका), जनक, लक्ष्मण, शत्रुघ्न, वशिष्ठ, अष्टावक्र, वाल्मीकि, लव, कुश, चद्रकेतु, दुर्मुख (गुप्तचर), वासन्दी (वन देवता), आत्रेयी (तमसा, मुरला दो नारियाँ) आदि का वर्णन।

45. (b) मध्यमत्ययोग एक संस्कृत नाटक है, जिसका श्रेय कवि भास को दिया जाता है। मध्यमा अभ्यास पुजारी केशव दास के मझले पुत्र और मध्य पाण्डव राजकुमार भीम के बीच नाम भ्रम पर केन्द्रित है, साथ ही भीम और घटोत्कच का पिता और पुत्र के रूप में पुनःमिलन होता है, जबकि इस कहानी के पात्र महाभारत से लिये गये हैं। यह विशेष घटना केवल भास की उपज है। मध्यमत्ययोग एक विशेष प्रकार के संस्कृत नाटक के अन्तर्गत आता है, जिसे **व्यायोग** कहा जाता है।

46. (b) निरुक्त वैदिक साहित्य के शब्द व्युत्पत्ति का विवेचन है। यह हिन्दू धर्म के दो वेदांगों में से एक है। इसका अर्थ व्याख्या, व्युत्पत्ति सम्बन्धी व्याख्या है। इसमें मुख्यतः वेदों में आये हुए शब्दों की पुरानी व्युत्पत्ति का विवेचन है। निरुक्त में शब्दों के अर्थ निकालने के लिए छोटे-छोटे सूत्र दिये गये हैं। इसके साथ ही इसमें कठिन एवं कम प्रयुक्त वैदिक शब्दों का संकलन भी है। परम्परागत रूप से संस्कृत के प्राचीन वैयाकरण 'यास्क' को इसका जनक माना जाता है। वैदिक शब्दों के दुरुह अर्थ को स्पष्ट करना ही निरक्त का प्रयोजन है। ऋग्वेदभास्य भूमिका में सायण ने कहा है अर्थ व बोध निरपेक्षतया पदजातं यत्तोक्तं तत्रिरुक्तम् अर्थात् अर्थ की जानकारी की दृष्टि से स्वतन्त्र रूप से जहाँ पदों का संग्रह किया जाता है, वही निरुक्त है।

47. (b) संस्कृत नाटक साहित्य में भास का नाम प्रथम पंक्ति में है। भास ने अनेक नाटक लिखे थे। वर्ष 1909 में टी. गणपति शास्त्री ने भास के नाटकों का एक संग्रह प्रकाशित किया। **स्वप्नवासदत्तम** यह छह अंकों में भास का सर्वोत्कृष्ट नाटक है। इसकी कथावस्तु का आधार भी वत्सराज उदयन का चरित्र है। प्रसिद्ध कथा में यौग धरायण ने वासवदत्ता दाह की झूठी अफवाह फैलाकर पदमावती के साथ उसका परिणय कराकर इसके चक्रवर्ती सम्राट बनाने का कार्य किया। उदयन के अपहृत राज्य को पुनः प्राप्त कराने का वर्णन इस नाटक में है। इसे 'स्वप्न नाटक' संज्ञा से भी अभिहित किया जाता है।

48. (a) कर्त्ता कर्म च करणं च सम्प्रदानं तथैव च। अपादानाधिकरण इत्याहुः कारकाणि षट्। जो क्रिया के साथ सम्बन्ध को प्राप्त करता है, वही कारक है।

49. (b) महावीर चरित- भवभूति। इसमें राम सीता के विवाह से लेकर राम-रावण युद्ध के बाद राम राज्याभिषेक तक की घटनाओं का सन्निवेश है।

50. (c) उपनिषद् शब्द उप-नि उपसर्गपूर्वक सह धातु से क्विप प्रत्यय से बना है। सद् धातु के कई अर्थ हैं- विशरण = नाश होना, मति = पाना या जानना, और अवसादन = शिथिल होना = सदलृ विशरण = गत्यवसादनेषु । उपनिषद् मुख्यतया ब्रह्मविद्या का द्योतक है, क्योंकि उपनिषदों के अध्ययन से मुमुक्षु जनों की संसार-दीजाभूता अविद्या नष्ट हो जाती है और उनको ब्रह्म की प्राप्ति होती है। गति और उनके गर्भवास आदिक दुःख सर्वथा शिथिल हो जाते हैं।

उपनिषद् गौण तथा ब्रह्मविद्या के प्रतिपादक ग्रन्थ विशेष का भी बोधक है।
वैदिक साहित्य के चार भाग हैं- संहिता, ब्राह्मण, आरण्यक और उपनिषद्। उपनिषद् वैदिक साहित्य का अन्तिम भाग अर्थात् चरम परिणति है।

51. (b) सूत्र- नमः स्वस्ति- स्वाहा स्वधाऽऽडलं-वषड्योगाच्च।
वृत्ति- एभिर्योगे चतुर्थी स्यात्
अर्थात् - नमः स्वस्ति, स्वधा, अलं तथा वषट् शब्दों के योग में चतुर्थी विभक्ति होती है।
नमो राष्ट्रदेवाय (राष्ट्र देव को नमन)
गुरुवे नमः (गुरुजी को नमस्कार)
प्रजाभ्य : स्वस्ति (प्रजाओं का कल्याण)
अग्नये स्वाहा (अग्नि को यह आहुति)
पितृभ्य स्वधा (पितरों को हवि का दस)
इन्द्राय वषट् (इन्द्र के लिए हवि का दस)
दैत्येभ्यो हरिरलम् (दैत्यों के लिए हरि पर्याप्त है।)

52. (a) सर्व (सब पुरुष) पुल्लिंग

विभक्ति	एकवचन	द्विवचन	बहुवचन
प्रथमा	सर्वः	सर्वो	सर्वे
द्वितीय	सर्वम्	सर्वो	सर्वान्
तृतीया	सर्वेण्	सर्वाभ्याम्	सर्वैः
चतुर्थी	सर्वस्मै	सर्वाभ्याम्	सर्वेभ्यः
पंचमी	सर्वस्मात्	सर्वाभ्याम्	सर्वेभ्यः
षष्ठी	सर्वस्य	सर्वयोः	सर्वेषाम्
सप्तमी	सर्वस्मिन्	सर्वयोः	सर्वेषु

53. (c) शिखरिणीवृत्तवस्य- लक्षण ''रसै रुदैश्छिन्ना यमन सभलागः
शिखरिण
यहाँ रस 6 तथा रूप 11 हैं। अतः इस छन्द में कुल 17 वर्ण होते हैं। 6, 11 के रूप में यति होती है। इसमें वर्ण क्रमशः यगण, मगण, नगण, सगण, भगण तथा एक लघु एक गुरु होता है।

54. (c) मम्मट ने भरत मुनि के 'विभावानुभाव वत्याभिचारिसयोगाद्रस-निष्पत्ति को आधार मानते हुए कारिकाबद्ध रूप में इस सूत्र की व्याख्या प्रस्तुत की है।
''विभावेनानुभावेन व्यक्तः सचारिणा तथा।
रसतमिति इत्यादिः स्थायी भावः सचेतसाम्''।

55. (c) आचार्य भरत मुनि रस सम्प्रदाय के मूल प्रवर्तक हैं। उन्होंने नाट्यशास्त्र की रचना की और उसमें नाटक के मूल तत्वों का विवेचन करते हुए रस का भी विवेचन किया है। वह रस को नाटक का प्राण मानते हैं। भरतमुनि ने नाट्यशास्त्र में जो रस सूत्र दिया है, वह है ''विभानुभाव व्याभिचारी संयोगादर्श निष्पत्तिः''
अर्थात् विभाव, अनुभाव और व्यभिचारी भावों के संयोग से ही रस की निष्पत्ति होती है।

56. (c) उपनयन संस्कार, जिसमें जनेऊ पहना जाता है और विद्यारम्भ होता है। मुण्डन और पवित्र जल में स्नान भी इस संस्कार के अंग होते हैं। उपनयन संस्कार हिन्दू धर्मों के 16 संस्कारों में से 10वाँ संस्कार है- इसे यज्ञोपवित या जनेऊ संस्कार भी कहा जाता है। उप अर्थात् पास और नयन अर्थात् ले जाना। अतः गुरु के पास ले जाने का अर्थ है- उपनयन संस्कार।

57. (c) 1. उपमेय- जिसका वर्णन हो या उपमा दी जाए।
2. उपमान- जिसकी तुलना की जाए।

58. (b)

59. (c) माघ संस्कृत के प्रसिद्ध कवि थे। वे सर्वश्रेष्ठ संस्कृत महाकवियों की त्रयी (माघ, भारवि, कालिदास) में अन्यतम हैं। उन्होंने शिशुपाल वध नामक केवल एक ही महाकाव्य लिखा। इस महाकाव्य में श्री कृष्ण के द्वारा युधिष्ठर के राजसूय यज्ञ में चेदि नरेश शिशुपाल के वध का वर्णन है। उपमा, अर्थगौरव तथा पदललित्य इन तीन गुणों का सुभग सह-अस्तित्व माघ के कामनीय काव्य में मिलता है। अतः माघे सन्ति त्तयो गुणाः उनके बारे में सुप्रसिद्ध है। माघ का जन्म भीन माल के एक प्रतिष्ठित धनी श्रीमाली ब्राह्मण्ड कुल में हुआ था। इनके पिता का नाम दत्तक था।

60. (c) गुण सन्धि- आदगुण : (सूत्र)
वृत्ति- अपर्णादचि परे पूर्व परयोरेको गुणः आदेशः स्यात् संहितायाम्
अर्थात् अ या आ के अनन्तर ह्रस्व या दीर्घ इ, ई, उ, ऊ, ऋ, तथा लृ आवे तो दोनों के स्थान पर क्रमशः ए, ओ, अर, अल, आदेश हो जाते हैं, गुण स्वर कहलाते हैं। इसलिए इस सन्धि को गुण सन्धि कहते हैं।

61. (d) सम् उपसर्ग पूर्वक 'कृ' धातु से धञ् प्रत्यय करने पर संस्कार-शब्द बनता है।
घञ् (प्रत्यय) सूत्र- भावे
अर्थात् भाव के अर्थ में धातु से धञ् प्रत्यय होता है। घञ् में धकार एवं ञकार की इत्संज्ञा हो जाती है। अतः केवल 'अ' ही शेष बचता है।
विशेष- प्रत्यान्त शब्द केवल पुल्लिंग में ही प्रयुक्त होते हैं।

62. (b) कवि शब्द रूप ईकारान्त पुल्लिंग

विभक्ति	एकवचन	द्विवचन	बहुवचन
प्रथमा	कविः	कवी	कवयः
द्वितीय	कविम्	कवी	कवीन्
तृतीया	कविना	कविभ्याम्	कविभिः
चतुर्थी	कवये	कविभ्याम्	कविभ्यः
पंचमी	कवे	कविभ्याम्	कविभ्यः
षष्ठी	कवे	कव्योः	कवीनाम
सप्तमी	कवो	कव्योः	कविषु
सम्बोधन	हे कविः	हे कवी	हे कवयः

63. (a) व्याभिचारिभाव/संचार भाव- उद्भुद हुए स्थायी भावों की पुष्टि तथा उपचय में सहकारी होने से भाव व्याभिचारी कहलाते हैं। भरत मुनि के अनुसार रसों में नाना रूप से विचरण करने वाले रसों को पुष्ट कर उन्हें आस्वादन बनाने वाले भाव व्याभिचारी कहलाते हैं। इनकी संख्या तैंतीस (33) मानी गयी है।

64. (d) आचार्य मम्मट ने शान्त रस को नवाँ रस मानते हुए कहा है। ''निर्वेदस्थायिभावोऽस्ति शान्तोऽपि नवमो रसः।
इस प्रकार नौ स्थायी भाव और इसके अनुसार ही नौ रस साहित्यशास्त्र में मान्यता प्राप्त हैं। ये निम्न हैं

1. शृंगार 2. हास्य
3. करुण 4. रौद्र
5. वीर 6. भयानक
7. वीभत्स 8. अद्भुत
9. शान्त।

65. (a) नाटकों के सम्बन्ध में शास्त्रीय जानकारी को नाट्यशास्त्र कहते हैं। नाट्यशास्त्र के रचयिता भरत मुनि थे। नाट्यशास्त्र में कुल 36 अध्याय हैं। छठे और सातवें अध्याय में रसों और भावों का व्याख्यान है जो भारतीय काव्य शास्त्र में व्याप्त इस सिद्धान्त की आधारशिला हैं।

66. (b) संस्कृत साहित्य में वाल्मीकि को आदिकवि और उनकी रामायण को आदिकाव्य माना जाता है। क्रौचवध की घटना से वाल्मीकि के जीवन में एक महान परिवर्तन हुआ, उनका शोक 'श्लोक' के रूप में प्रकट हुआ और फिर रामायण जैसे महाकाव्य की सृष्टि हुई।

67. (d) 'तर्क संग्रह' न्याय एवं वैशेषिक दोनों दर्शनों को समाहित करने वाला ग्रन्थ है। इसके रचयिता अन्नभट्ट हैं। तर्क संग्रह के अध्ययन से न्याय एवं वैशेषिक के सभी मूल सिद्धान्तों का सार मिल जाता है। इस ग्रन्थ में पदार्थों के विषय में जो कुछ भी है, वह पूर्णतः वैशेषिक के अनुसार ही है, जबकि 'प्रमाण' के विषय में जो कुछ है, वह पूर्णतः न्याय के अनुसार हैं अर्थात् पदार्थों के लिए 'वैशेषिक मत' को स्वीकार किया गया है तथा प्रमाण के लिए 'न्याय मत' को। इस प्रकार इस ग्रन्थ के माध्यम से न्याय और वैशेषिक मत को एक में मिलाया गया है।

1. द्रव्य 2. गुण
3. कर्म 4. सामान्य
5. विशेष 6. समवाय
7. अभाव

ये सात प्रदार्थ तर्क संग्रह के प्रतिपादन विषय हैं। ''द्रव्य गुण कर्मसामान्य विशेष समवाया भावाः सप्त पदार्थाः तर्क संग्रह में इनका संक्षिप्त विवेचन किया गया है।

68. (b) सूत्र- चार्थे द्वन्द्व : अनेक सुबन्त चार्ये वर्तमानं वा समस्यते, स द्वन्द्वः समुच्चय।
'च' अर्थात् 'और' के अर्थ में शब्दों का आपस में समास होता है।

- चूँकि इस समास में पूर्वपद एवं उत्तरपद (या अधिक पद), दोनों प्रधान होते हैं, अतः इस समास को उभयपद प्रधान समास कहते हैं।
- द्वन्द्व समास को अध्ययन की दृष्टि से तीन भागों में विभाजित किया गया है
  1. इतरेतर योग द्वन्द्व समास
  2. एक शेष द्वन्द्व समास
  3. समाहार द्वन्द्व समास

69. (c) पुरुरवा उर्वशी संवाद सूक्त ऋग्वेद में पाया जाता है। इस सूक्त के प्रणेता ऋषि पुरुरवा तथा देवी-उर्वशी हैं और इस सूक्त का छन्द है त्रिष्टुप।

70. (c) **लक्षण**

सम्भावनामथोत्प्रेक्षा प्रकृतस्य समेन यत्।

प्रकृतस्य- उपमेय की, समेन = उपमान के साथ जो सम्भावना (एककोटिक सन्देह) हैं, उसे उत्प्रेक्षा कहते हैं। उत्प्रेक्षा का अर्थ है- सम्भावना। जहाँ उपमेय में उपमान की सम्भावना की जाये, वहाँ उत्प्रेक्षा अलंकार होता है। काव्य प्रकार के अनुसार लक्षण इस प्रकार है-

उत्प्रेक्षा में समान-वस्तु की सम्भावना के लिए प्रयोग में आने वाले शब्द निम्न हैं

मन्ये शङ्के ध्रुवं प्रायोऽनूनमित्येवमारिभिः

उत्प्रेक्षा व्यञ्जते शब्दैरिवशब्दोऽपि तादृशः ।।

71. (c) तट शब्द रूप (पुल्लिंग)

	एकवचन	द्विवचन	बहुवचन
प्रथम	तट	तटौ	तटाः
द्वितीया	तटम्	तटौ	तटाम्
तृतीया	तटेन	तटाभ्याम्	तटैः
चतुर्थी	तटाय	तटाभ्याम्	तटेभ्यः
पञ्चमी	तटात्/तटाद्	तटाभ्याम्	तटेभ्यः
षष्ठी	तटस्य	तटयोः	तटानाम्
सप्तमी	तटे	तटयोः	तटेषु
सम्बोधन	हे तट	हे तटो	हे तटानः

तटा शब्द रूप (स्त्रीलिंग)

	एकवचन	द्विवचन	बहुवचन
प्रथमा	तटा	तटे	तटाः
द्वितीया	तटाम्	तटे	तटाः
तृतीया	तटया	तटाभ्याम्	तटाभ्यः
चतुर्थी	तटायै	तटाभ्याम्	तटाभ्यः
पञ्चमी	तटायाः	तटाभ्याम्	तटाभ्यः
षष्ठी	तटायाः	तटयोः	तटानाम्
सप्तमी	तटायाम्	तटयोः	तटासु
सम्बोधन्	तटे	तटे	तटाः

तट शब्द रूप (नपुसकलिंग)

	एकवचन	द्विवचन	बहुवचन
प्रथमा	तटम्	तटे	तटानि
द्वितीया	तटम्	तटे	तटानि
तृतीया	तटेन्	तटाभ्याम्	तटैः
चतुर्थी	तटाय	तटाभ्याम्	तटेभ्यः
पंचमी	तटात्/ताटात्	तटाभ्याम्	तरेभ्यः
षष्ठी	तटस्य	तत्योः	तटानाम्
सप्तमी	तटस्यते	तटयोः	तटेषु
सम्बोध	तट	तटे	तटानि

72. (b) अमरकोष आदि प्राचीन ग्रन्थ में पुराणों के पाँच लक्षण माने गये हैं- सर्ग (सृष्टि), प्रतिसर्ग (प्रलय पुनर्जन्म, वंश (देवता व ऋषि सूचिया), मन्वन्तर (चौदह मनु के काल) और वंशानुचत्ति (सूर्य चन्द्रारि वशीय चरित)।

सर्गाश्र प्रतिसर्गश्च वशो मन्वन्तराणि च।

वंशानुरितं चेति पुराणं पञ्चलक्षणम्।।

73. (b) टी गणपति शास्त्री संस्कृत के विद्वान् तथा 'त्रिवेन्द्रम' संस्कृत सीरीज के सम्पादक थे। वे भास के नाटकों को खोज निकालने के लिए विशेष रूप से प्रसिद्ध हैं। वर्ष 1909 में टी गणपति ने भास के नाटकों का एक संग्रह प्रकाशित किया।

74. (a) तर्क संग्रह न्याय एवं वैशेषिक दोनों दर्शनों की समाहित करने वाला ग्रन्थ है। इसके रचयिता उत्तम भट्ट हैं।

75. (b)

76. (c) गावाग्रम-गाय का आगे का भाग गो + अग्रम् (अवड् स्फोटाय नस्य)

77. (c) मेघदूतम्- कालिदास की एक सशक्त रचना है। संस्कृत साहित्य के गीति-काव्यों में सर्वप्रथम इसकी सही गणना होती है। कालिदास की कल्पना की ऊँची उड़ान और परिपक्व कला का यह एक सुन्दर उदाहरण है। मेघदूत मन्द्राक्रान्ता छन्द में लिखा एक छोटा काव्य है। इसके दो भाग हैं- पूर्वमेघ और उत्तर मेघ।

78. (b) उक्त (अभिहित) एवं अनुक्त (अनभिहित) कारक जिस कारक के वचन पुरुष आदि के अनुसार क्रिया का वचन एवं पुरुष निर्धारित होता है, उसे उक्त/अभिहित कारक कहते हैं। उक्त कारक के वचन या पुरुष में परिवर्तन करते ही क्रिया वचन या पुरुष भी परिवर्तित हो जाता है। जो कारक उक्त होता है, उसमें हमेशा प्रथमा विभक्ति होती है अर्थात् यदि कर्ता उक्त है, तो उसमें प्रथमा विभक्ति, यदि कर्म उक्त है तो कर्म में प्रथमा विभक्ति होती है।

79. (a) चूँकि इस समास में पूर्वपद एवं उत्तर पद (या अधिक पद), दोनों पद प्रधान होते हैं। अतः इस समास को उभयपद प्रधान समास कहते हैं।

80. (c) भवभूति दक्षिण भारत में पद्मपुर नामक नगर के रहने वाले थे। इनके पूर्वज कृष्ण यजुर्वेद की तैत्तिरीय शाखा के अध्येता थे। इनका काश्यप गोत्र था तथा ये पक्ति पावन सोमपान करने वाले उदम्बर नामक ब्रह्मवादी ब्राह्मण थे। भवभूति के बाबा (दादा) भट्ट गोपाल, पिता-नीलकण्ठ एवं माता जातुकर्णी थी। इनके गुरु परमहंस ऋषिवर ज्ञान निधि थे।

81. (d) सप्तमी विभक्ति अन्त वाले शब्दों का, शोण्डादि (शोण्ड, धूर्त, चपल, निपुण, चतुर, पण्डित, प्रवीण, पटु, कुशल, आदि) शब्दों के साथ समास हो जाता हैं (सप्तमी शोण्डै) सूत्र।

82. (d) यजुष के नाम पर ही वेद का नाम यजुष + वेद (युजर्वेद) पड़ा। यज का अर्थ समर्पण से होता है। पदार्थ (जैसे ईंधन, घी, आदि), कर्म (सेवा, तर्पण), श्रद्ध, योग, इन्द्रिय निग्रह इत्यादि के हवन को समर्पण की क्रिया कहा गया है। इस वेद में अधिकांशतः यंज्ञों और हवनों के नियम और विधान है। यज्ञ में कहे जाने वाले गद्यात्मक मन्त्रों को 'यजुस' कहा जाता है।

83. (b) लक्षण- प्रस्फुटं सुन्दरं साम्यमुपमेत्यभिधीयते। स्पष्ट और सुन्दर समता को उपमा कहते हैं।

अथवा

साधर्म्यमुपमाभेद पूर्णा लुप्ता च साऽग्रिमा।

श्रौ त्यर्थी च भवेद वाक्यं समासेतहिते तथा।

अर्थात् उपमान और उपमेय का भेद होने पर साधर्म्य (सादृश्य) का कथन उपमा अलंकार होता है अर्थात् उपमान और उपमेय का ही सादृश्य होता है। कार्य और कारण आदि का साधर्म्य नहीं होता है, अतः उन दोनों का ही समान धर्म से सम्बन्ध होना उपमा है।

84. (c) दण्डी संस्कृत भाषा के प्रसिद्ध साहित्यकार हैं। काव्यादर्श अलंकार शास्त्राचार्य दण्डी (6वीं से 9वीं शती ई.) द्वारा रचित संस्कृत काव्यशास्त्र सम्बन्धी प्रसिद्ध ग्रन्थ है।

85. (b) छन्दों में कुल 8 गण होते हैं। इन गणों को सूत्र द्वारा जाना जा सकता है।

यमाताराजभानसलगम्। ये गण अधोलिखित हैं

I S S S I S I I I S

य मा ता रा ज भा न स ल ग म

तगण - S S I

(अन्त लघु, अन्तिम वर्ण लघु होने के कारण)

86. (b) नीलकंठ दीक्षित एक प्रसिद्ध और बहुमुखी लेखक है, जिन्होंने संस्कृत साहिति को समृद्ध किया नीलकंठ दीक्षित अक्कन दीक्षित के पोते थे। इनकी सबसे प्रसिद्ध कृति नीलकंठ विजय थी।

87. (d) काव्य शोभा करान् धर्मान् अल्कारान प्रचक्षते अर्थात् काव्य की शोभा वर्धक तत्त्वों को अलंकार कहते हैं।

88. (d) जैन कवि सोमप्रभसूरि का ''यशस्लिक चम्पू दशम शती के मध्यकाल की कृति (रचनाकाल 959)

है। इस चंपू में जैन पुराणों में प्रख्यात राजा यशोधर का चरित्र विस्तार के साथ वर्णित है।

89. (d) कालिदास तीसरी-चौथी शताब्दी में गुप्त साम्राज के संस्कृत भाषा के महान कवि और नाटककार थे।

90. (a) क्त और क्तवतु प्रत्यय भूतकाल के अर्थ में होते हैं। निष्ठा, लेकिन क्त प्रत्यय भाव एवं कर्म में होता है, जबकि क्तवतु प्रत्यय कर्ता में होता है, अर्थात क्त प्रत्यय का प्रयोग भाववाच्य एवं कर्मवाच्य में तथा क्तवतु प्रत्यय का प्रयोग कर्तृवाच्य में होता है।

91. (a) मनुस्मृति भारतीय आचार संहिता का विश्व कोश है। मनुस्मृति में बारह अध्याय तथा दो हजार पाँच सौ श्लोक हैं। जिसमें सृष्टि की उत्पत्ति, संस्कार, नित्य और नैमित्तिक कर्म आश्रमधर्म, वर्ण धर्म, राजधर्म व प्रायश्चित आदि विषयों का उल्लेख है।

92. (b) अभिषेकनाट्क (भास) यह राम कथा पर आश्रित है, इसमें छः अंक हैं। इसमें रामायण के किष्किंधाकाण्ड से युद्धकाण्ड की समाप्ति तक की कथा अर्थात् बलिवध से राम राज्यभिषेक तक की कथा वर्णित है। राम राज्यभिषक के आधार पर इसका नामकरण किया जाता है।

93. (d) छन्दों के आदि आचार्य पिंगल मुनि को माना जाता है। इनकी पुस्तक का नाम 'छन्दः शास्त्रम्' या छन्दः सूत्रम् था।

94. (a) महाकवि माघ एक धनाढ्य कुल में उत्पन्न हुए थे। उन्होंने अपनी सारी सम्पत्ति दान कर दी थी। माघ कवि गुर्जर देश के श्रीमाल नगर के निवासी थे। इनके पितामह का नाम सुप्रभदेव था, जो वर्मलात के महामात्य थे। इनके पिता का नाम दत्तक था। इन्होंने शिशुपालवध नामक एक महाकाव्य लिखा था।

95. (c) वाल्मीकि का वास्तविक नाम रत्नाकर था, वे एक डाकू थे। महर्षि वाल्मीकि कृत रामायण संस्कृत साहित्य में आदि काव्य तथा वाल्मीकि आदि कवि माने जाते हैं। इस आदिकाव्य को चतुर्विंशति सहस्री संहिता भी कहते हैं। हसमें 24 हजार श्लोक हैं। राम-रावण के युद्ध के प्रसंग के कारण यह उपजीव्य-काव्य के रूप में [illegible] है। रामायण की कथावस्तु सात काण्डों [illegible]भक्त है।

क्रम सं.	काण्ड	सर्ग
1.	बालकाण्ड	77
2.	अयोध्याकाण्ड	119
3.	अरण्यकाण्ड	75
4.	किष्किन्धाकाण्ड	67
5.	सुन्दरकाण्ड	68
6.	युद्धकाण्ड	128
7.	उत्तर काण्ड	111
		645 सर्ग

96. (a) लक्षण- वाच्यभेदेन भिन्ना यद् भुगपद् भाषण स्पृशः।
श्लिष्यन्ति शब्दाः श्लेषोऽसावक्षशरिभिरष्धा
अर्थात्- अर्थभेद होने से भिन्न-भिन्न शब्द समानपूर्वक होने से एकसाथ उच्चारण के कारण जब आपस में मिलकर एक हो जाते हैं, तो वह शब्द श्लेष अलंकार कहलाता है।

97. (c) अन्नभट्ट उत्तमभट्ट सोलहवीं-सत्रहवीं शताब्दी के भारतीय दार्शनिक थे। उन्होंने न्याय और वैशेषिक दर्शनों से सम्बन्धित अनेक संस्कृत ग्रन्थों की रचना की है, जिसमें तर्कसंग्रह और तर्कसंग्रहरीपिका प्रमुख हैं।

98. (a) लक्षण- श्लोक षष्ठं गुरु ज्ञेयं, सवर्त्त लघु पञ्चमं
द्विचतुष्पाद योर्ह्रस्वं सप्तमं दीर्घमन्ययोः
चारों चरणों में पाँचवाँ लघु, दूसरे चौथे चरण में सातवाँ अक्षर लघु और प्रत्येक चरण में छठा अक्षर गुरु होता है।

99. (a) छन्दों में कुल 8 गण होते हैं

क्रम सं.			
1.	यगण	यमाता	I S S
2.	मगण	मातारा	S S S
3.	तगण	तराज	S S I
4.	रगण	राजमा	S I S
5.	जगण	जभान	I S I
6.	भगण	भानस	S I I
7.	नगण	नसल	I I I
8.	सगण	सलगा	I I S

100. (b)

अध्याय 01

शब्दरूप

शब्द की परिभाषा

वर्णों के सार्थक समूह को शब्द कहते हैं; यथा—राम, मोहन, सुनीता आदि।

शब्द के प्रकार

संस्कृत में शब्द रूपों का ज्ञान अत्यन्त आवश्यक है। यह तीन भागों में विभक्त है—अजन्त (स्वरान्त), हलन्त (व्यञ्जनान्त) सर्वनाम। जिनमें पुल्लिङ्ग, स्त्रीलिङ्ग तथा नपुंसकलिङ्ग के रूप बनते हैं। इसके लिए मूल शब्द में निम्नलिखित 21 सुप् प्रत्ययों को लगाकर विभक्तियों में तथा वचनों में रूप बनाते हैं।

सुप् प्रत्ययः—

विभक्ति	एकवचन	द्विवचन	बहुवचन
प्रथमा	सु	औ	जस्
द्वितीया	अम्	औट्	शस्
तृतीया	टा	भ्याम्	भिस्
चतुर्थी	ङे	भ्याम्	भ्यस्
पञ्चमी	ङसि	भ्याम्	भ्यस्
षष्ठी	ङस्	ओस्	आम्
सप्तमी	ङि	ओस्	सुप्

उपरोक्त प्रत्ययों के द्वारा सभी शब्दों के रूप बनते हैं, किन्तु शब्दों के लिङ्ग तथा शब्द के अन्तिम अक्षर के अनुसार ही रूपों का निर्माण होता है। सामान्यतया निम्नलिखित रूपों को ध्यान में रखें

1. **अकारान्त पुल्लिङ्ग** तथा **नपुंसकलिङ्ग** इनमें तृतीया में एन/एण, चतुर्थी में आय, पञ्चमी में आत्, षष्ठी में स्य, सप्तमी में 'ए' मिलाकर शब्द रूप बनाते हैं; यथा—

तृतीया में	रामेण, धनेन, केन, येन, गृहेण, मोहनेन
चतुर्थी में	रामाय, धनाय, गृहाय, मोहनाय
पञ्चमी में	रामात्, धनात्, गृहात्, मोहनात्
षष्ठी में	रामस्य, धनस्य, गृहस्य, मोहनस्य
सप्तमी में	रामे, धने, गृहे, मोहने

विशेष कुछ शब्दों में तृतीया में टा प्रत्यय का (आ) शेष रहता है तथा शब्दों में जुड़कर रूप निर्माण में सहयोग करता है;

यथा—नदी-नद्या, वधू-वध्वा, यत् (स्त्री) यया, किम् (स्त्री) कया, तत् (स्त्री) तया, मातृ-मात्रा, पितृ-पित्रा, गुरु-गुरुणा, हरि-हरिणा, मति-मत्या, रमा-रमया आदि।

2. **स्त्रीलिङ्ग** इसमें तृतीया, चतुर्थी तथा पञ्चमी विभक्ति के द्विवचन और बहुवचन में कोई भी परिवर्तन नहीं होता मात्र प्रत्यय को जोड़ते हैं; यथा—

   रमा रमाभ्याम्, रमाभिः, रमाभ्यः **यत्** याभ्याम्, याभिः—, याभ्यः, **नदीः** नदीभ्याम्, नदीभिः, नदीभ्यः आदि।

   उपरोक्त भिन्न रूपों को स्मरण तथा समझना आवश्यक है।

   यथा—सप्तमी बहुवचन में सुप् प्रत्यय है तथा उसे मिलाकर शब्दरूप बनाते हैं। रमा-रमासु, कवि-कविषु, नदी-नदीषु यत्-येषु (पु.) यासु (स्त्री.) आदि।

   षष्ठी, सप्तमी द्विवचन में ओस् प्रत्यय को जोड़कर निम्न रूप बनाते हैं—रमा-रमयोः, धन-धनयोः, गृह-गृहयोः, किं-कयोः, तत्-तयोः, यत्-ययोः, इदम्-अनयोः आदि।

3. **सर्वनाम** शब्दों में चतुर्थी में स्मै, पञ्चमी में स्मात् षष्ठी में स्य तथा **सप्तमी में** स्मिन् लगाते हैं;

   यथा—

चतुर्थी में	सर्वस्मै, तस्मै, कस्मै, यस्मै,
पञ्चमी में	सर्वस्मात्, तस्मात्, कस्मात्, यस्मात्
षष्ठी में	सर्वस्य, तस्य, कस्य,
सप्तमी में	सर्वस्मिन्, तस्मिन्, कस्मिन्, यस्मिन्

विभिन्न शब्दरूप

▪ अजन्त पुल्लिङ्ग	अ, इ, उ, ऋकारान्त
▪ स्त्रीलिङ्ग	आ, ई, ऋकारान्त
▪ नपुंसकलिङ्ग	अ, उकारान्त
▪ सर्वनाम	यत्, तत्, किम्, इदम्, (तीनों लिङ्गों में) अस्मद् एवं युष्मद्

1 राम शब्द (अकारान्त पु.)

विभक्ति	एकवचन	द्विवचन	बहुवचन
प्रथमा	रामः	रामौ	रामाः
द्वितीया	रामम्	रामौ	रामान्
तृतीया	रामेण	रामाभ्याम्	रामैः
चतुर्थी	रामाय	रामाभ्याम्	रामेभ्यः
पञ्चमी	रामात्	रामाभ्याम्	रामेभ्यः
षष्ठी	रामस्य	रामयोः	रामाणाम्
सप्तमी	रामे	रामयोः	रामेषु
सम्बोधन	हे राम!	हे रामौ!	हे रामाः!

2 कवि शब्द (इकारान्त पु.)

विभक्ति	एकवचन	द्विवचन	बहुवचन
प्रथमा	कविः	कवी	कवयः
द्वितीया	कविम्	कवी	कवीन्
तृतीया	कविना	कविभ्याम्	कविभिः
चतुर्थी	कवये	कविभ्याम्	कविभ्यः
पञ्चमी	कवेः	कविभ्याम्	कविभ्यः
षष्ठी	कवेः	कव्योः	कवीनाम्
सप्तमी	कवौ	कव्योः	कविषु
सम्बोधन	है कवे!	हे कवी!	हे कवयः!

3 भानु शब्द (उकारान्त पुल्लिंग)

विभक्ति	एकवचन	द्विवचन	बहुवचन
प्रथमा	भानुः	भानू	भानवः
द्वितीया	भानुम्	भानू	भानून्
तृतीया	भानुना	भानुभ्याम्	भानुभिः
चतुर्थी	भानवे	भानुभ्याम्	भानुभ्यः
पञ्चमी	भानोः	भानुभ्याम्	भानुभ्यः
षष्ठी	भानोः	भान्वोः	भानूनाम्
सप्तमी	भानौ	भान्वोः	भानुषु
सम्बोधन	हे भानो!	हे भानू!	हे भानव!

4 स्त्रीलिङ्गशब्दाः (अजन्ताः)
लता (बेल) आकारान्त स्त्रीलिङ्ग शब्द

विभक्ति	एकवचनम्	द्विवचनम्	बहुवचनम्
प्रथमा	लता	लते	लताः
द्वितीया	लताम्	लते	लताः
तृतीया	लतया	लताभ्याम्	लताभिः
चतुर्थी	लतायै	लताभ्याम्	लताभ्यः
पञ्चमी	लतायाः	लताभ्याम्	लताभ्यः
षष्ठी	लतायाः	लतयोः	लतानाम्
सप्तमी	लतायाम्	लतयोः	लतासु
सम्बोधनम्	हे लते!	हे लते!	हे लताः

5 पितृ (पिता) : ऋकारान्त पुल्लिंग शब्द

विभक्ति	एकवचन	द्विवचन	बहुवचन
प्रथमा	पिता	पितरौ	पितरः
द्वितीया	पितरम्	पितरौ	पितॄन्
तृतीया	पित्रा	पितृभ्याम्	पितृभिः
चतुर्थी	पित्रे	पितृभ्याम्	पितृभ्यः
पञ्चमी	पितुः	पितृभ्याम्	पितृभ्यः
षष्ठी	पितुः	पित्रौः	पितृणाम्
सप्तमी	पितरि	पित्रोः	पितृषु
सम्बोधन	हे पितः!	हे पितरौः!	हे पितरः!

6 नदी ईकारान्तः स्त्रीलिङ्ग

विभक्ति	एकवचनम्	एकवचनम्	बहुवचनम्
प्रथमा	नदी	नद्यौ	नद्यः
द्वितीया	नदीम्	नद्यौ	नदीः
तृतीया	नद्या	नदीभ्याम्	नदीभिः
चतुर्थी	नद्यै	नदीभ्याम्	नदीभ्यः
पञ्चमी	नद्याः	नदीभ्याम्	नदीभ्यः
षष्ठी	नद्याः	नद्योः	नदीनाम्
सप्तमी	नद्याम्	नद्योः	नदीषु
सम्बोधन	हे नदि!	हे नद्यौ!	हे नद्यः!

7 वधू (बहू) : उकारान्त स्त्रीलिंग शब्द

विभक्ति	एकवचन	द्विवचन	बहुवचन
प्रथमा	वधूः	वध्वौः	वध्वः
द्वितीया	वधूम्	वध्वौः	वधूः
तृतीया	वध्वा	वधूभ्याम्	वधूभिः
चतुर्थी	वध्वै	वधूभ्याम्	वधूभ्यः
पञ्चमी	वध्वाः	वधूभ्याम्	वधूभ्यः
षष्ठी	वध्वाः	वध्वोः	वधूनाम्
सप्तमी	वध्वाम्	वध्वोः	वधूषु
सम्बोधन	हे वधूः!	हे वध्वौः!	हे वध्वः!

8 मातृ (माता) शब्द (ऋकारान्त स्त्री.)

विभक्ति	एकवचन	द्विवचन	बहुवचन
प्रथमा	माता	मातरौ	मातरः
द्वितीया	मातरम्	मातरौ	मातृः
तृतीया	मात्रा	मातृभ्याम्	मातृभिः
चतुर्थी	मात्रे	मातृभ्याम्	मातृभ्यः
पञ्चमी	मातुः	मातृभ्याम्	मातृभ्यः
षष्ठी	मातुः	मात्रोः	मातृणाम्
सप्तमी	मातरि	मात्रोः	मातृषु
सम्बोधन	हे मातः!	हे मातरौ!	हे मातरः!

9 नपुंसकलिङ्गशब्दाः

'फल' अकारान्तः नपुंसकलिङ्ग

विभक्ति	एकवचनम्	एकवचनम्	बहुवचनम्
प्रथमा	फलम्	फले	फलानि
द्वितीया	फलम्	फले	फलानि
तृतीया	फलेन	फलाभ्याम्	फलैः
चतुर्थी	फलाय	फलाभ्याम्	फलेभ्यः
पञ्चमी	फलात्	फलाभ्याम्	फलेभ्यः
षष्ठी	फलस्य	फलयोः	फलानाम्
सप्तमी	फले	फलयोः	फलेषु
सम्बोधनम्	हे फल!	हे फले!	:हे फलानि!

10 वारि (जल) : इकारान्त नपुंसकलिंग शब्द

विभक्ति	एकवचन	द्विवचन	बहुवचन
प्रथमा	वारि	वारिणी	वारीणि
द्वितीया	वारि	वारिणी	वारीणि
तृतीया	वारिणा	वारिभ्याम्	वारिभ्यः
चतुर्थी	वारिणे	वारिभ्याम्	वारिभ्यः
पञ्चमी	वारिणः	वारिभ्याम्	वारिभ्यः
षष्ठी	वारिणः	वारिणोः	वारीणाम्
सप्तमी	वारिणि	वारिणोः	वारिषु
सम्बोधन	हे वारे! हे वारि!	हे वारिणी!	हे वारीणि!

11 आत्मन् (आत्मा) शब्द (नकारान्त पु.) वचन

विभक्ति	एकवचन	द्विवचन	बहुवचन
प्रथमा	आत्मा	आत्मानौ	आत्मानः
द्वितीया	आत्मानम्	आत्मानौ	आत्मनः
तृतीया	आत्मना	आत्मभ्याम्	आत्मभिः
चतुर्थी	आत्मने	आत्मभयाम्	आत्मभ्यः
पञ्चमी	आत्मनः	आत्मभ्याम्	आत्मभ्यः
षष्ठी	आत्मनः	आत्मनोः	आत्मनाम्
सप्तमी	आत्मनि	आत्मनोः	आत्मसु
सम्बोधन	हे आत्मन्!	हे आत्मानौ!	हे आत्मानः!

12 भवत् (आप्) शब्द पुल्लिंग

विभक्ति	एकवचन	द्विवचन	बहुवचन
प्रथमा	भवान्	भवन्तौ	भवन्तः
द्वितीया	भवन्तम्	भवन्तौ	भवतः
तृतीया	भवता	भवद्भ्याम्	भवद्भिः
चतुर्थी	भवते	भवद्भ्याम्	भवद्भ्यः
पञ्चमी	भवतः	भवद्भ्याम्	भवद्भ्यः
षष्ठी	भवतः	भवतोः	भवताम्
सप्तमी	भवति	भवतोः	भवत्सु
सम्बोधन	हे भवान्!	हे भवन्तौ!	है भवन्तः!

13 भगवत् (भगवान्): तकारान्त पुल्लिंग शब्द

विभक्ति	एकवचन	द्विवचन	बहुवचन
प्रथमा	भगवान्	भगवन्तौ	भगवन्तः
द्वितीया	भगवन्तम्	भगवन्तौ	भगवतः
तृतीया	भगवता	भगवद्भ्याम्	भगवद्भिः
चतुर्थी	भगवते	भगवद्भ्याम्	भगवद्भ्यः
पञ्चमी	भगवतः	भगवद्भ्याम्	भगवद्भ्यः
षष्ठी	भगवतः	भगवतोः	भगवताम्
सप्तमी	भगवति	भगवतोः	भगवत्सु
सम्बोधन	हे भगवन्!	हे भगवन्तौ!	हे भगवन्तः!

14 मनस् (मन) असन्त नपुंसकलिङ्ग

विभक्ति	एकवचन	द्विवचन	बहुवचन
प्रथमा	मनः	मनसी	मनांसि
द्वितीया	मनः	मनसी	मनांसि
तृतीया	मनसा	मनोभ्याम्	मनोभिः
चतुर्थी	मनसे	मनोभ्याम्	मनोभ्यः
पञ्चमी	मनसः	मनोभ्याम्	मनोभ्यः
षष्ठी	मनसः	मनसोः	मनसाम्
सप्तमी	मनसि	मनसोः	मनस्सु
सम्बोधन	हे मनः!	हे मनसी!	हे मनांसि!

15 विद्वस् (विद्वान्) शब्द (सकारान्त पु.)

विभक्ति	एकवचन	द्विवचन	बहुवचन
प्रथमा	विद्वान्	विद्वांसौ	विद्वांसः
द्वितीया	विद्वांसम्	विद्वांसौ	विदुषः
तृतीया	विदुषा	विद्वद्भ्याम्	विद्वद्भिः
चतुर्थी	विदुषे	विद्वद्भ्याम	विद्वद्भ्यः
पञ्चमी	विदुषः	विद्वद्भ्याम	विद्वद्भ्यः
षष्ठी	विदुषः	विदुषोः	विदुषाम्
सप्तमी	विदुषि	विदुषोः	विद्वत्सु
सम्बोधन	हे विद्वन्!	हे विद्वांसौ!	हे विद्वांसः!

16 पयस् शब्द (असन्त नपुं.)

विभक्ति	एकवचन	द्विवचन	बहुवचन
प्रथमा	पयः	पयसी	पयांसि
द्वितीया	पयः	पयसी	पयांसि
तृतीया	पयसा	पयोभ्याम्	पयोभिः
चतुर्थी	पयसे	पयोभ्याम्	पयोभ्यः
पञ्चमी	पयसः	पयोभ्याम्	पयोभ्यः
षष्ठी	पयसः	पयसोः	पयसाम्
सप्तमी	पयसि	पयसोः	पयःसु
सम्बोधन	हे पयः!	हे पयसी!	हे पयांसि!

17 (a) सर्व (सब) शब्द (सर्वनाम पु.)

विभक्ति	एकवचन	द्विवचन	बहुवचन
प्रथमा	सर्वः	सर्वौ	सर्वे
द्वितीया	सर्वम्	सर्वौ	सर्वान्
तृतीया	सर्वेण	सर्वाभ्याम्	सर्वैः
चतुर्थी	सर्वस्मै	सर्वाभ्याम्	सर्वेभ्यः
पञ्चमी	सर्वस्मात्	सर्वाभ्याम्	सर्वेभ्यः
षष्ठी	सर्वस्य	सर्वयोः	सर्वेषाम्
सप्तमी	सर्वस्मिन्	सर्वयोः	सर्वेषु

17 (b) सर्व (शब्द) (सर्वनाम स्त्री.)

विभक्ति	एकवचन	द्विवचन	बहुवचन
प्रथमा	सर्वा	सर्वे	सर्वाः
द्वितीया	सर्वाम्	सर्वे	सर्वाः
तृतीया	सर्वया	सर्वाभ्याम्	सर्वाभिः
चतुर्थी	सर्वस्यै	सर्वाभ्याम्	सर्वाभ्यः
पञ्चमी	सर्वस्याः	सर्वाभ्याम्	सर्वाभ्यः
सप्तमी	सर्वस्याः	सर्वयोः	सर्वासाम्
सम्बोधन	सर्वस्याम्	सर्वयोः	सर्वासु

17 (c) सर्व (सब) शब्द (सर्वनाम नपु.)

विभक्ति	एकवचन	द्विवचन	बहुवचन
प्रथमा	सर्वम्	सर्वे	सर्वाणि
द्वितीया	सर्वम्	सर्वे	सर्वाणि
तृतीया	सर्वेण	सर्वाभ्याम्	सर्वैः
चतुर्थी	सर्वस्मै	सर्वाभ्याम्	सर्वेभ्यः
पञ्चमी	सर्वस्मात्	सर्वाभ्याम्	सर्वेभ्यः
षष्ठी	सर्वस्य	सर्वयोः	सर्वेषाम्
सप्तमी	सर्वस्मिन्	सर्वयोः	सर्वेषु

18 (a) तद् (वह) पुल्लिङ्ग

विभक्ति	एकवचन	द्विवचन	बहुवचन
प्रथमा	सः	तौ	ते
द्वितीया	तम्	तौ	तान्
तृतीया	तेन	ताभ्याम्	तैः
चतुर्थी	तस्मै	ताभ्याम्	तेभ्यः
पञ्चमी	तस्मात्	ताभ्याम्	तेभ्यः
षष्ठी	तस्य	तयोः	तेषाम्
सप्तमी	तस्मिन्	तयोः	तेषु

18 (b) तत् (वह, उस, उन) स्त्रीलिंग

विभक्ति	एकवचन	द्विवचन	बहुवचन
प्रथमा	सा	ते	ताः
द्वितीया	ताम्	ते	ताः
तृतीया	तया	ताभ्याम्	ताभिः
चतुर्थी	तस्यै	ताभ्याम्	ताभ्यः
पञ्चमी	तस्याः	ताभ्याम्	ताभ्यः
षष्ठी	तस्याः	तयोः	तासाम्
सप्तमी	तस्याम्	तयोः	तासु

18 (c) तत् (जो, जिस, जिन) नपुंसकलिंग

विभक्ति	एकवचन	द्विवचन	बहुवचन
प्रथमा	तत्	ते	तानि
द्वितीया	तत्	ते	तानि
तृतीया	तेन	ताभ्याम्	तैः
चतुर्थी	तस्मै	ताभ्याम्	तेभ्यः
पञ्चमी	तस्मात्	ताभ्याम्	तेभ्यः
सप्तमी	तस्य	तयोः	तेषाम्
सम्बोधन	तस्मिन्	तयोः	तेषु

19 (a) एतद् (यह) पुल्लिङ्ग

विभक्ति	एकवचन	द्विवचन	बहुवचन
प्रथमा	एषः	एतौ	एते
द्वितीया	एतम्/एनम्	एतौ/एनौ	एतान्/एनान्
तृतीया	एतेन/एनेन	एताभ्याम्	एतैः
चतुर्थी	एतस्मै	एताभ्याम्	एतेभ्यः
पञ्चमी	एतस्मात्-द्	एताभ्याम्	एतेभ्यः
षष्ठी	एतस्य	एतयोः/एनयोः	एतेषाम्
सप्तमी	एतस्मिन्	एतयोः/एनयोः	एतेषु

19 (b) एतत् (यह, इस, इन) स्त्रीलिंग

विभक्ति	एकवचन	द्विवचन	बहुवचन
प्रथमा	एषा	एते	एताः
द्वितीया	एताम्	एते	एताः
तृतीया	एतया	एताभ्याम्	एताभिः
चतुर्थी	एतस्यै	एताभ्याम्	एताभ्यः
पञ्चमी	एतस्याः	एताभ्याम्	एताभ्यः
सप्तमी	एतस्याः	एतयोः	एतासाम्
सम्बोधन	एतस्याम्	एतयोः	एतासु

19. (c) एतत् (यह, इन, इन) नपुंसकलिंग

विभक्ति	एकवचन	द्विवचन	बहुवचन
प्रथमा	एतत्	एते	एतानि
द्वितीया	एतत्	एते	एतानि
तृतीया	एतेन	एताभ्याम्	एतैः
चतुर्थी	एतस्मै	एताभ्याम्	एतेभ्यः
पञ्चमी	एतस्मात्	एताभ्याम्	एतेभ्यः
षष्ठी	एतस्य	एतयोः	एतेषाम्
सप्तमी	एतस्मिन्	एतयोः	एतेषु

20 (a) यद् (जो) : पुल्लिंग

विभक्ति	एकवचन	द्विवचन	बहुवचन
प्रथमा	यद्	ये	यानि
द्वितीया	यद	ये	यानि
तृतीया	येन	याभ्याम्	यैः
चतुर्थी	यस्मै	याभ्याम्	येभ्यः
पञ्चमी	यस्मात्	याभ्याम्	येभ्यः
षष्ठी	यस्य	ययोः	येषाम्
सप्तमी	यस्मिन्	ययोः	येषु

पाठ्यक्रम में नपुंसकलिंग के अन्तर्गत अदस् (नपु.) के शब्दरूप नए जोड़े गए हैं।

20. (b) यत् (जो, जिस, जिन) स्त्रीलिंग

विभक्ति	एकवचन	द्विवचन	बहुवचन
प्रथमा	या	ये	याः
द्वितीया	याम्	ये	याः
तृतीया	यया	याभ्याम्	याभिः
चतुर्थी	यस्यै	याभ्याम्	याभ्यः
पञ्चमी	यस्याः	याभ्याम्	याभ्यः
षष्ठी	यस्याः	ययोः	यासाम्
सप्तमी	यस्याम्	ययोः	यासु

20 (c) यत् (जो, जिस, जिन) (नपुंसकलिंग)

विभक्ति	एकवचन	द्विवचन	बहुवचन
प्रथमा	यत्	ये	यानि
द्वितीया	यत्	ये	यानि
तृतीया	येन	याभ्याम्	यैः
चतुर्थी	यस्मै	याभ्याम्	येभ्यः
पञ्चमी	यस्ताम्	याभ्याम्	येभ्यः
षष्ठी	यस्य	ययोः	येषाम्
सप्तमी	यस्य	ययोः	येषु

21 (a) इदम् (यह, इस, इन) पुल्लिंग

विभक्ति	एकवचन	द्विवचन	बहुवचन
प्रथमा	अयम्	इमौ	इमे
द्वितीया	इसम्	इमौ	इमान्
तृतीया	अनेन	आभ्याम्	एभिः
चतुर्थी	अस्मै	आभ्याम्	एभ्यः
पञ्चमी	अस्मात्	आभ्याम्	एभ्यः
षष्ठी	अस्य	अनयोः	एषाम
सप्तमी	अस्मिन्	अनयोः	एषु

21. (b) इदम् (यह, इस, इन) स्त्रीलिंग

विभक्ति	एकवचन	द्विवचन	बहुवचन
प्रथमा	इयम्	इमे	इमाः
द्वितीया	इमाम्	इमे	इमाः
तृतीया	अनया	आभ्याम्	आभिः
चतुर्थी	अस्यै	आभ्याम्	आभ्यः
पंचमी	अस्याः	आभ्याम्	आभ्यः
सप्तमी	अस्याः	अनयोः	आसाम्
सम्बोधन	अस्याम्	अनयोः	आसु

21. (c) इदम् (यह, इस, इन) शब्द नपुंसकलिंग

विभक्ति	एकवचन	द्विवचन	बहुवचन
प्रथमा	इदम्	इमे	इमानि
द्वितीया	इदम्	इमे	इमानि
तृतीया	अनेन	आभ्याम्	एभिः
चतुर्थी	अस्मै	आभ्याम्	एभ्यः
पञ्चमी	अस्मात्	आभ्याम्	एभ्यः
षष्ठी	अस्य	अनयोः	एषाम्
सप्तमी	अस्मिन्	अनयोः	एषु

22 अस्मद् (मैं, हम) तीनों लिङ्ग

विभक्ति	एकवचन	द्विवचन	बहुवचन
प्रथमा	अहम्	आवाम्	वयम्
द्वितीया	माम्/मा	आवाम्/नौ	अस्मान्/नः
तृतीया	मया	आवाभ्याम्	अस्माभिः
चतुर्थी	महयम्/मे	आवाभ्याम्/नौ	अस्मभ्यम्/नः
पञ्चमी	मत्	आवाभ्याम्	अस्मत्
षष्ठी	मम/मे	आवयोः/नौ	अस्माकम्/नः
सप्तमी	मयि	आवयोः	अस्मासु

23 युष्मद् (तू, तुम) तीनों लिङ्ग

विभक्ति	एकवचन	द्विवचन	बहुवचन
प्रथमा	त्वम्	युवाम्	यूयम्
द्वितीया	त्वाम्/त्वा	युवाम्/वाम्	युष्मान्/वः
तृतीया	त्वया	युवाभ्याम्	युष्माभिः
चतुर्थी	तुभ्यम्/ते	युवाभ्याम्/वाम्	युष्मभ्यम्/वः
पञ्चमी	त्वत्	युवाभ्याम्	युष्मत्
षष्ठी	तव/ते	युवयोः/वाम्	युष्माकम्/वः
सप्तमी	त्वयि	युवयोः	युष्मासु

नोट अस्मद्, युष्मद् के रूप तीनों लिङ्गो में समान चलते हैं।

अभ्यास प्रश्न

1. 'राम' शब्द पञ्चमी एकवचन का रूप है
(a) रामात् (b) रामेण
(c) रामस्य (d) रामैः

2. 'रामाणाम्' शब्द किस विभक्ति एवं वचन का रूप है?
(a) पञ्चमी, एकवचन (b) षष्ठी, बहुवचन
(c) चतुर्थी, द्विवचन (d) प्रथमा, एकवचन

3. 'राम' शब्द तृतीया-एकवचन का रूप है
(a) रामस्य (b) रामाणाम्
(c) रामेण (d) रामैः

4. 'कवि' शब्द चतुर्थी-बहुवचन का रूप है
(a) कविभ्यः (b) कवौ
(c) कवी (d) कवयः

5. 'कविम्' शब्द किस विभक्ति व वचन का है?
(a) तृतीय, एकवचन (b) द्वितीया, एकवचन
(c) चतुर्थी, एकवचन (d) पञ्चमी, एकवचन

6. 'कवि' शब्द सप्तमी-एकवचन का रूप है
(a) कवौ (b) कवी (c) कव्योः (d) कवीन्

7. 'भानु' शब्द द्वितीया-बहुवचन का रूप है
(a) भानवः (b) भानुभिः
(c) भानून् (d) भानौ

8. 'भानुषु' किस विभक्ति व वचन का रूप है?
(a) सप्तमी, एकवचन (b) सप्तमी, द्विवचन
(c) सप्तमी, बहुवचन (d) इनमें से कोई नहीं

9. 'लताभिः' किस विभक्ति व वचन का रूप है?
(a) तृतीया, बहुवचन (b) द्वितीया, बहुवचन
(c) चतुर्थी, एकवचन (d) सप्तमी, द्विवचन

10. 'लता' शब्द (स्त्रीलिङ्ग) चतुर्थी-एकवचन का रूप है
(a) लताः (b) लते
(c) लताम् (d) लतायै

11. 'पित्रे' किस विभक्ति एवं वचन का रूप है?
(a) प्रथमा विभक्ति, एकवचन
(b) द्वितीया विभक्ति, एकवचन
(c) तृतीया विभक्ति, एकवचन
(d) चतुर्थी विभक्ति, एकवचन

12. 'पितरम्' किस विभक्ति एवं वचन का रूप है?
(a) प्रथमा विभक्ति, बहुवचन (b) सप्तमी विभक्ति, एकवचन
(c) द्वितीया विभक्ति, एकवचन (d) द्वितीया विभक्ति, बहुवचन

13. 'पितृ' शब्द की षष्ठी विभक्ति के द्विवचन में रूप बनता है
(a) पितृभ्याम् (b) पितृभ्यः
(c) पित्रोः (d) तिपरोः

14. 'नदी' शब्द के निम्नलिखित रूपों में से तृतीया विभक्ति द्विवचन का सही रूप चुनकर लिखिए
(a) नदीभ्याम् (b) नदीभि
(c) नद्या (d) नद्याम

15. 'नदीभिः' किस विभक्ति एवं वचन का रूप है?
(a) तृतीया विभक्ति, बहुवचन (b) प्रथमा विभक्ति, द्विवचन
(c) पञ्चमी विभक्ति, एकवचन (d) द्वितीया विभक्ति, द्विवचन

16. नदी शब्द का 'नद्याः' किस विभक्ति में बनता है?
(a) चतुर्थी (b) पञ्चमी
(c) सप्तमी (d) द्वितीया

17. 'वधूभ्याम्' रूप किन-किन विभक्तियों के किस वचन का है?
(a) तृतीया, चतुर्थी, पञ्चमी विभक्ति; द्विवचन
(b) तृतीया, द्वितीया विभक्ति; बहुवचन
(c) प्रथमा, सप्तमी विभक्ति; एकवचन
(d) द्वितीया, सप्तमी, सम्बोधन; द्विवचन

18. 'वधू' शब्द द्वितीया-बहुवचन है
(a) वधूः (b) वधु
(c) वध्वाः (d) वधूभिः

19. 'वधूनाम्' रूप किस विभक्ति व वचन का है?
(a) पञ्चमी-एकवचन (b) द्वितीया-बहुवचन
(c) षष्ठी-बहुवचन (d) इनमें से कोई नहीं

20. 'मातृ' शब्द द्वितीया-एकवचन का रूप है
(a) मातरम् (b) मातरः
(c) मातृषु (d) मात्रोः

21. 'मातृभिः' रूप किस विभक्ति व वचन का है?
(a) चतुर्थी, एकवचन (b) द्वितीया, बहुवचन
(c) तृतीया, बहुवचन (d) प्रथमा, द्विवचन

22. 'मात्रा' रूप किस विभक्ति व वचन का है?
(a) तृतीया, एकवचन (b) द्वितीया, द्विवचन
(c) चतुर्थी, बहुवचन (d) प्रथमा, एकवचन

23. 'फल' शब्द नपुंसकलिङ्ग षष्ठी विभक्ति बहुवचन का रूप है
(a) फले (b) फलम्
(c) फलयोः (d) फलानाम्

24. 'फलैः' शब्द रूप किस विभक्ति व वचन का है?
(a) तृतीया, एकवचन (b) तृतीया, बहुवचन
(c) द्वितीया, द्विवचन (d) पञ्चमी, एकवचन

25. 'फलस्य' शब्द रूप किस विभक्ति व वचन का रूप है?
(a) षष्ठी, एकवचन (b) द्वितीया, बहुवचन
(c) पञ्चमी, द्विवचन (d) द्वितीया, एकवचन

26. 'वारि' शब्द के तृतीया विभक्ति, एकवचन का रूप है
(a) वारिणे (b) वारिणा
(c) वारिणः (d) वारिणि

27. 'वारि' प्रातिपादिक के चतुर्थी एकवचन का रूप है
(a) वारीणि (b) वारिणः
(c) वारिणे (d) वारिणे

28. 'वारि' प्रातिपादिक के सप्तमी विभक्ति एकवचन में रूप होगा
(a) वारिणी (b) वारिणि
(c) वारिणे (d) वारिणः

29. वारिणे किस विभक्ति एवं वचन का रूप है?
(a) सप्तमी विभक्ति, एकवचन (b) तृतीया विभक्ति, एकवचन
(c) चतुर्थी विभक्ति, एकवचन (d) पञ्चमी विभक्ति, एकवचन

30. 'वारिभ्यः' शब्द किस विभक्ति का वचन का रूप है?
(a) प्रथमा, बहुवचन (b) द्वितीया, बहुवचन
(c) तृतीया, बहुवचन (d) चतुर्थी, बहुवचन

31. 'वारि' वारि प्रातिपदिक के किस विभक्ति एवं वचन का रूप है
(a) पञ्चमी, द्विवचन (b) षष्ठी, द्विवचन
(c) प्रथमा, बहुवचन (d) सप्तमी, एकवचन

32. 'वारि' किस विभक्ति एवं वचन का रूप है?
(a) सप्तमी विभक्ति, एकवचन (b) तृतीय विभक्ति, एकवचन
(c) प्रथमा विभक्ति, एकवचन (d) पञ्चमी विभक्ति, एकवचन

33. 'आत्मन्' शब्द द्वितीया विभक्ति-एकवचन का रूप है
(a) आत्मानम् (b) आत्मन्
(c) आत्मश्यः (d) आत्मा

34. 'आत्मने' रूप किस विभक्ति व वचन का रूप है?
(a) प्रथमा, द्विवचन (b) पञ्चमी, एकवचन
(c) चतुर्थी, एकवचन (d) सप्तमी, बहुवचन

35. ''आत्मनि'' रूप किस विभक्ति व वचन का रूप है?
(a) पञ्चमी, एकवचन (b) षष्ठी, एकवचन
(c) सप्तमी, एकवचन (d) प्रथमा, एकवचन

36. 'भवते' पद किस विभक्ति और वचन का रूप है?
(a) प्रथमा विभक्ति, एकवचन (b) द्वितीय विभक्ति, एकवचन
(c) तृतीया विभक्ति, बहुवचन (d) चतुर्थी विभक्ति, एकवचन

37. 'भवत्सु' पद किस विभक्ति व वचन का रूप है?
(a) सप्तमी, बहुवचन (b) द्वितीया, एकवचन
(c) पञ्चमी, द्विवचन (d) प्रथमा, एकवचन

38. षष्ठी विभक्ति 'भवत्' शब्द बहुवचन का रूप है
(a) भवान् (b) भवन्त
(c) भवताम् (d) भवन्तौ

39. 'नमो भगवते वासुदेवाय' वाक्य में 'भगवते' पद किस विभक्ति, वचन का रूप है?
(a) द्वितीया विभक्ति, एकवचन (b) तृतीया विभक्ति, एकवचन
(c) चतुर्थी विभक्ति, एकवचन (d) सप्तमी विभक्ति, एकवचन

40. 'भगवतः' किस विभक्ति एवं वचन का रूप है?
(a) प्रथमा विभक्ति, एकवचन
(b) प्रथमा विभक्ति, बहुवचन
(c) सम्बोधन, एकवचन
(d) पञ्चमी व षष्ठी विभक्ति, एकवचन

41. 'भगवति' पद 'भगवद्' शब्द के किस विभक्ति एवं वचन का रूप है?
(a) प्रथमा द्विवचन (b) सप्तमी, एकवचन
(c) चतुर्थी, एकवचन (d) द्वितीया, बहुवचन

42. 'भगवत्या' पद 'भवत्' शब्द के किस विभक्ति और किस वचन का रूप है?
(a) प्रथमा विभक्ति तथा एकवचन (b) पञ्चमी विभक्ति तथा बहुवचन
(c) तृतीया विभक्ति तथा एकवचन (d) ये सभी

43. 'भगवत्' शब्द के सप्तमी, एकवचन का रूप है?
(a) भगवते (b) भगवति (c) भगवतः (d) भगवान्

44. 'भगवत्' प्रातिपदिक के चतुर्थी, एकवचन का रूप है?
(a) भगवतः (b) भगवते
(c) भगवन्त (d) भगवति

45. 'मनांसि' रूप किस विभक्ति और वचन मे बनता है?
(a) प्रथमा विभक्ति, एकवचन
(b) द्वितीया विभक्ति, एकवचन
(c) चतुर्थी विभक्ति, एकवचन
(d) प्रथमा व द्वितीया विभक्ति, बहुवचन

46. 'मनसि' पद में 'मनस्' प्रातिपदिक के किस विभक्ति एवं वचन का रूप है?
(a) प्रथमा, बहुवचन (b) द्वितीया, बहुवचन
(c) सप्तमी, एकवचन (d) पञ्चमी, बहुवचन

47. 'मनोभिः' मनस् प्रातिपदिक के किस विभक्ति एवं वचन का रूप है?
(a) चतुर्थी, बहुवचन (b) तृतीया, बहुवचन
(c) षष्ठी, बहुवचन (d) सप्तमी, एकवचन

48. 'मनांसि' रूप किस विभक्ति और वचन में बनता है?
(a) प्रथमा विभक्ति, एकवचन
(b) द्वितीया विभक्ति, एकवचन
(c) पञ्चमी विभक्ति, बहुवचन
(d) प्रथमा व द्वितीया विभक्ति, बहुवचन

49. 'विद्वस्' शब्द तृतीया-एकवचन का रूप है
(a) विदुषा (b) विदुषे
(c) विदुषः (d) विदुषि

50. 'विद्वस्' शब्द सप्तमी-बहुवचन का रूप है
(a) विदुषः (b) विद्वत्सु
(c) विदुषाम् (d) विदुषोः

51. 'विद्वांसम्' पद किस विभक्ति व वचन का रूप है?
(a) सप्तमी, एकवचन (b) प्रथमा, एकवचन
(c) द्वितीया, एकवचन (d) षष्ठी, एकवचन

52. 'पयस्' शब्द नपुंसकलिङ्ग तृतीया विभक्ति बहुवचन का रूप है
(a) पयोभिः (b) पयांसि
(c) पयसी (d) पयसोः

53. 'पयसे' पद किस विभक्ति व वचन का रूप है?
(a) प्रथमा, द्विवचन (b) चतुर्थी, एकवचन
(c) तृतीया, बहुवचन (d) सप्तमी, बहुवचन

54. 'सर्व पुल्लिङ्ग' पञ्चमी एकवचन का रूप होगा
(a) सर्वात् (b) सर्वस्मात्
(c) सर्वस्य (d) सर्वस्मिन्

55. सर्वस्मै शब्द (नपुंसकलिङ्ग) रूप है
(a) तृतीया, द्विवचन (b) पञ्चमी, एकवचन
(c) चतुर्थी, एकवचन (d) द्वितीया, बहुवचन

56. 'सर्व' स्त्रीलिङ्ग चतुर्थी विभक्ति, एकवचन का रूप है
(a) सर्वासु (b) सर्वाभ्य (c) सवस्यै (d) सर्वभ्य

57. 'सर्व' शब्द चतुर्थी विभक्ति, एकवचन का रूप है
(a) सर्वाय (b) सर्वस्यै (c) सर्वा (d) सर्वस्याम्

58. 'सर्वे' सर्व (पुल्लिङ्ग) प्रातिपादिक के किस विभक्ति एवं किस वचन का रूप है?
(a) द्वितीया, द्विवचन (b) सप्तमी, एकवचन
(c) प्रथमा, बहुवचन (d) चतुर्थी, एकवचन

59. 'तत्' शब्द पुल्लिंग द्वितीया विभक्ति द्विवचन का रूप है
(a) ते (b) तौ (c) तान् (d) तम्

60. 'तत्' शब्द स्त्रीलिङ्ग तृतीया विभक्ति बहुवचन का रूप है
(a) ताभिः (b) ताः (c) ताश्यः (d) तयोः

61. 'तत्' शब्द नपुंसकलिङ्ग सप्तमी विभक्ति एकवचन का रूप है
(a) तत् (b) तानि (c) ते (d) तस्मिन्

62. 'एतद्' शब्द पुल्लिङ्ग सप्तमी विभक्ति बहुवचन का रूप है
(a) एतेषु (b) एतैः (c) एते (d) एषः

63. 'एतद्' शब्द स्त्रीलिङ्ग प्रथमा विभक्ति एकवचन का रूप है
(a) एताः (b) एषा
(c) एते (d) एताम्

64. 'एतद्' शब्द नपुंसकलिङ्ग षष्ठी विभक्ति एकवचन का रूप है
(a) एतत् (b) एते
(c) एतस्य (d) एतेश्यः

65. 'यत्' शब्द पुल्लिंग प्रथमा विभक्ति एकवचन का रूप है
(a) यद् (b) ये
(c) यानि (d) यैः

66. 'यत्' शब्द स्त्रीलिङ्ग द्वितीया विभक्ति बहुवचन का रूप है
(a) एतासु (b) एताभिः
(c) एते (d) याः

67. 'यत्' शब्द नपुंसकलिङ्ग सप्तमी विभक्ति एकवचन का रूप है
(a) यानि (b) यस्मिन्
(c) येषाम् (d) यैः

68. अस्मै रूप है 'इदम्' पुल्लिङ्ग शब्द का
(a) षष्ठी, द्विवचन (b) सप्तमी, एकवचन
(c) द्वितीया, बहुवचन (d) चतुर्थी, एकवचन

69. 'इदम्' शब्द स्त्रीलिङ्ग सप्तमी विभक्ति एकवचन का रूप है
(a) अस्याम् (b) अनयोः
(c) इमाः (d) आसु

70. 'इदम्' शब्द नपुंसकलिङ्ग पञ्चमी एकवचन का रूप है
(a) एषाम् (b) अस्मात्
(c) एषु (d) इमानि

71. 'अस्मद्' शब्द के तृतीया एकवचन का रूप है?
(a) माम् (b) मह्यम्
(c) मया (d) मयि

72. 'युष्मद्' शब्द के षष्ठी, एकवचन का रूप है
(a) त्वया (b) तुभ्यम्
(c) तव (d) युष्मास्द

73. 'युष्मद्' प्रातिपदिक के तृतीया विभक्ति एकवचन का रूप है
(a) तुभ्यम् (b) त्वत् (c) त्वया (d) त्वयि

74. 'त्वया' पद 'युष्मद्' शब्द की किस विभक्ति और वचन का रूप है?
(a) प्रथमा विभक्ति तथा एकवचन (b) पञ्चमी विभक्ति तथा बहुवचन
(c) तृतीया विभक्ति तथा एकवचन (d) इनमें से कोई नहीं

75. 'युष्मद्' शब्द के तृतीया, एकवचन का रूप है
(a) त्वाम् (b) त्वया
(c) तुभ्यम् (d) तव

उत्तरमाला

1.	(a)	2.	(b)	3.	(c)	4.	(a)	5.	(b)	6.	(a)	7.	(c)	8.	(c)	9.	(a)	10.	(d)
11.	(d)	12.	(c)	13.	(c)	14.	(a)	15.	(a)	16.	(b)	17.	(a)	18.	(a)	19.	(c)	20.	(a)
21.	(c)	22.	(a)	23.	(d)	24.	(b)	25.	(a)	26.	(b)	27.	(c)	28.	(b)	29.	(c)	30.	(d)
31.	(b)	32.	(c)	33.	(a)	34.	(c)	35.	(c)	36.	(d)	37.	(a)	38.	(c)	39.	(c)	40.	(d)
41.	(b)	42.	(c)	43.	(b)	44.	(b)	45.	(d)	46.	(c)	47.	(b)	48.	(d)	49.	(a)	50.	(b)
51.	(c)	52.	(a)	53.	(b)	54.	(b)	55.	(c)	56.	(c)	57.	(b)	58.	(c)	59.	(b)	60.	(a)
61.	(d)	62.	(a).	63.	(b)	64.	(c)	65.	(a)	66.	(d)	67.	(b)	68.	(d)	69.	(a)	70.	(b)
71.	(c)	72.	(c)	73.	(c)	74.	(c)	75.	(b)										

अध्याय 02

समास

समास का अर्थ एवं परिभाषा

दो या दो से अधिक शब्दों के मेल से नए शब्द बनाने की क्रिया को समास कहते हैं। इस विधि से बने शब्दों को 'समस्त पद' कहते हैं। समास शब्द का शाब्दिक अर्थ है—संग्रह, सम्मिलन, संक्षेप, मिश्रण आदि।

जब परस्पर सम्बन्ध रखने वाले दो या दो से अधिक स्वतंत्र सार्थक पदों को संक्षिप्त रूप दिया जाता है तो वह समास कहलाता है;
यथा—गंगाजल, रामावतार, पत्रोत्तर आदि। वास्तव में, कम-से-कम शब्दों में अधिक अर्थ प्रकट करना ही समास का मुख्य प्रयोजन है;
यथा—

परीक्षा का अर्थी	=	परीक्षार्थी
लोक में प्रिय	=	लोकप्रिय
शुभ है जो आगमन	=	शुभागमन
कमल के समान नयन	=	कमलनयन
चक्र है पाणि में जिसके	=	चक्रपाणि (विष्णु)
माता और पिता	=	माता-पिता

समास में दो पद होते हैं—पूर्व पद और उत्तर पद। कभी पूर्व पद, कभी उत्तर पद और कभी दोनों पद प्रधान होते हैं। कभी-कभी दोनों ही पद अप्रधान हो जाते हैं और उनका एक विशिष्ट अर्थ महत्त्वपूर्ण हो जाता है।

कृष्णावतार:	—	कृष्णस्य अवतार: (कृष्ण का अवतार)
पत्रोत्तरम्	—	पत्रस्य उत्तरम् (पत्र का उत्तर)
गंगाजलम्	—	गंगाया: जलम् (गंगा का जल)
पथभ्रष्ट:	—	पथात् भ्रष्ट: (पथ से भ्रष्ट)
देशभक्ति:	—	देशाय भक्ति (देश के लिए भक्ति)

समास सम्बन्धी प्रश्न हल करते समय ध्यान रखने योग्य बातें

- जो भाषा संश्लेषणात्मक होती है, उसमें समास की प्रवृत्ति अधिक होती है; जैसे–संस्कृत भाषा। हिंदी विश्लेषणात्मक भाषा है, लेकिन इसमें संस्कृत के सामासिक शब्दों के प्रयोग के कारण समास का महत्त्व है;
जैसे–यथाशक्ति = शक्ति के अनुसार
- कभी-कभी समास से सम्बन्धित शब्दों को योजक चिह्न, हाइफन (-) से भी मिलाया जाता है; जैसे–माता-पिता, मार्ग-दर्शक, रात-दिन, नाना-नानी।
- सामान्यतया सामासिक पद दो होते हैं, किन्तु कभी-कभी तीन पद भी होते हैं; जैसे–तन-मन-धन, सुबह-दोपहर-शाम।

समास के भेद

समास के मुख्यत: छ: भेद होते हैं

1. तत्पुरुष समास:
2. कर्मधारय समास:
3. द्विगु समास:
4. द्वन्द्व समास:
5. अव्ययीभाव समास:
6. बहुव्रीहि समास:

1. तत्पुरुष समास:

तत्पुरुष समास में (विभक्ति: नञ्, उपपद:) सम्मिलित होते हैं। यह समास उत्तर पद प्रधान होता है तथा इसमें पूर्वपद गौण होता है। समस्तपद का पहला पद संज्ञा या सर्वनाम होता है। इस समास में समस्तपद करते समय कारक-विभक्ति या एकाधिक शब्दों का लोप होता है, इसलिए लुप्त (गायब हुई) विभक्ति के कारक के अनुसार इस समास के निम्नलिखित भेद किए जाते हैं

(i) कर्म तत्पुरुष:

कर्म तत्पुरुष के अन्तर्गत समस्तपद में कर्म कारक की विभक्ति **को** का लोप होता है; यथा—

समस्तपद	विग्रह
आतिथ्यर्पण:	अतिथि अर्पण: (अतिथि को अर्पण)
गृहागत:	गृहं गत: (गृह का आया हुआ)
यशप्राप्त:	यशं प्राप्त: (यश को प्राप्त)
मरणासन्न:	मरणम् आसन्न: (मरण को पहुँचा हुआ)
शरणागत:	शरणम् आगत: (शरण को लेने आया हुआ)
परलोकगमन:	परलोक गमन: (परलोक को गमन)
ग्रामगत:	ग्रामं गत: (ग्राम को गया हुआ)
स्वर्गगत:	स्वर्गं गत: (स्वर्ग को गया हुआ)

(ii) करण तत्पुरुष

करण तत्पुरुष के अन्तर्गत समस्तपद में करण कारक की विभक्ति **से, द्वारा** का लोप होता है; यथा—

समस्तपद	विग्रह
गुणयुक्त	गुणेन युक्त: (गुणों से युक्त)
रोगमुक्त	रोगेन मुक्त: (रोग से मुक्त)
रोगपीड़ित	रोगेन पीडित: (रोग से पीड़ित)
रेखांकित	रेखया अंकित: (रेखा से अंकित)
अकालपीड़ित	अकालेन पीड़ित: (अकाल से पीड़ित)

(iii) संप्रदान तत्पुरुष

सम्प्रदान तत्पुरुष के अन्तर्गत समस्तपद में सम्प्रदान कारक की विभक्ति **के लिए** का लोप होता है; यथा—

समस्तपद	विग्रह
युद्धक्षेत्रम्	युद्धाय क्षेत्रम् (युद्ध के लिए बलि)
देवबलि:	देवाय बलि (देव के लिए बलि)
देशभक्ति:	देशाय भक्ति (देश के लिए भक्ति)
गुरुदक्षिणा	गुरवे दक्षिणा (गुरु के लिए दक्षिणा)
पुण्यदानम्	पुण्याय दानम् (पुण्य के लिए दान)

(iv) अपादान तत्पुरुष

अपादान तत्पुरुष के अन्तर्गत समस्तपद में अपादान कारक की विभक्ति से का लोप होता है एवं पूर्वपद का उत्तरपद से संबंध स्थापित नहीं किया जाता है; यथा—

समस्तपद	विग्रह
ऋणमुक्त:	ऋणात् मुक्त: (ऋण से मुक्त)
जन्मान्ध:	जन्मात् अन्ध: (जन्म सं अन्धा)
धर्मभ्रष्ट:	धर्मात् भ्रष्ट: (धर्म से भ्रष्ट)
श्रापमुक्त:	श्रापात् मुक्त: (श्राप से मुक्त)
शक्तिहीन:	शक्त्या: हीन: (शक्ति से हीन)
लक्ष्यभ्रष्ट:	लक्ष्यात् भ्रष्ट: (लक्ष्य से भ्रष्ट)
पथभ्रष्ट:	पथात् भ्रष्ट: (पथ से भ्रष्ट)
धर्मविमुख:	धर्मात् विमुख: (धर्म से विमुख)
भयभीत:	भयाद् भीत: (भय से भीत)

(v) सम्बन्ध तत्पुरुष

सम्बन्ध तत्पुरुष के अन्तर्गत समस्तपद में सम्बन्ध कारक की विभक्ति **का, के, की** का लोप होता है; यथा—

समस्तपद	विग्रह
भारतरत्नम्	भारतस्य रत्नम् (भारत का रत्न)
गंगातट:	गंगाया: तट: (गंगा का तट)
जलधारा:	जलस्य धारा (जल की धारा)
लखपति:	लक्षानां पति: (लाखों का पति)
कला–मर्मज्ञ:	कलाया: मर्मज्ञ: (कला का मर्मज्ञ)
राष्ट्रपति:	राष्ट्रस्य पति: (राष्ट्र का पति)
सेनानायक:	सेनाया: नायक: (सेना का नायक)
विद्याभंडार:	विद्या भंडार: (विद्या का भंडार)
देशोद्धार:	देशस्य उद्धार: (देश का उद्धार)

(vi) अधिकरण तत्पुरुष

अधिकरण तत्पुरुष के अन्तर्गत समस्तपद में अधिकरण कारक की विभक्ति **में, पर** का लोप होता है; यथा—

समस्तपद	विग्रह
कलाप्रवीण:	कलायां प्रवीण: (कला में प्रवीण)
गृहप्रवेश:	गृहे प्रवेश: (गृह में प्रवेश)
कुलश्रेष्ठ:	कुले श्रेष्ठ: (कुल में श्रेष्ठ)
आनन्दमग्न:	आनन्दे मग्न: (आनन्द में मग्न)

(vii) नञ् तत्पुरुष

जिस समस्तपद में पहला पद **अभावात्मक** होता है, उसे नञ् तत्पुरुष कहते हैं; यथा—

समस्तपद	विग्रह
अनिच्छा	न इच्छा (न इच्छा)
अयोग्य:	न योग्य: (न योग्य)
अनदेखी	न देखी (न देखी)
अनन्त:	न अन्त: (न अन्त)
अनुचितम्	न उचितम् (न उचित)

2. कर्मधारय समास:

कर्मधारय समास में पहला पद विशेषण तथा दूसरा पद विशेष्य होता है। पूर्व पद तथा उत्तर पद में उपमेय-उपमान सम्बन्ध भी हो सकता है; यथा—

(i) विशेषण-विशेष्य कर्मधारय समास:

समस्तपद	विग्रह:
नीलकण्ठम्	नीलं कण्ठम् (नीला है जो कंठ)
नीलगगनम्	नीलं गगनम् (नीला है जो गगन)
नीलकमलम्	नीलं कमलम् (नीला है जो कमल)
नीलांबरम्	नीलं अम्बरम् (नीला है जो अम्बर)
महाजन:	महान् चासौ जन: (महान् है जो जन)
मुख्याध्यापक:	मुख्य चासौ अध्यापक: (मुख्य है जो अध्यापक)

(ii) उपमेय-उपमान कर्मधारय समास:

समस्तपद	विग्रह:
क्रोधाग्नि:	क्रोध: अग्नि इव (क्रोध रूपी अग्नि)
नरसिंह:	नर: सिंह इव (सिंह रूपी नर)
घनश्याम	घन इव श्याम: (घन के समान श्याम)
वचनामृतम्	वचनं अमृतं इव (वचन रूपी अमृत)
चन्द्रमुखम्	चन्द्र इव मुखम् (चन्द्र के समान मुख)
स्त्रीरत्नम्	स्त्री रत्नं इव (स्त्री रूपी रत्न)
चरणकमलम्	चरण एव कमलम् (कमल के समान चरण)
प्राणप्रिय	प्राण इव प्रिय: (प्राणों के समान प्रिय)

3. द्विगु-समास:

- **'संख्यापूर्वो द्विगु'** इस पाणिनीय सूत्र के अनुसार जब कर्मधारय समास का पूर्व-पद संख्यावाची तथा उत्तरपद संज्ञावाचक होता है, तब वह 'द्विगु-समास' कहलाता है।
- यह समास प्राय: समूह अर्थ में होता है।
- समस्त पद सामान्य रूप से नपुंसकलिङ्ग के एकवचन में अथवा स्त्रीलिङ्ग के एकवचन में होता है।
- इसके विग्रह में षष्ठी विभक्ति का प्रयोग किया जाता है।

यथा—

- सप्तानां दिनानां समाहार: इति = सप्तदिनम्
- त्रयाणां भुवनानां समाहार: इति = त्रिभुवनम्
- पञ्चानां पात्राणां समाहार: इति = पञ्चपात्रम्
- पञ्चानां रात्रीणां समाहार: इति = पञ्चरात्रम्

- चतुर्णां युगानां समाहारः इति = चतुर्युगम्
- सप्तानां ऋषीणां समाहारः इति = सप्तर्षि
- सप्तानाम् अह्न समाहारः इति = सप्ताहः (सप्त + अहन्)

कुत्रचित् द्विगुसमासः ईकारान्तस्त्रीलिङ्गे अपि भवति; यथा—[कहीं पर द्विगु समास ईकारान्त स्त्रीलिंग में भी होता है।] यथा—

- पञ्चानां वटानां समाहारः इति = पञ्चवटी
- अष्टानाम् अध्यायानां समाहारः इति = अष्टाध्यायी
- त्रयाणां लोकानां समाहारः इति = त्रिलोकी
- सप्तानां शतानां समाहारः इति = सप्तशती
- शतानाम् अब्दानां समाहारः इति = शताब्दी

4. द्वन्द्व-समासः

द्वन्द्व समास में दो पदों के मध्य में 'च' (और, अथवा) आता है, इसलिए द्वन्द्व समास उभय पद प्रधान होता है। जैसे-धर्मः च अर्थः च = धर्मार्थौ। यहाँ पूर्व पद 'धर्मः' और उत्तर पद 'अर्थः' इन दोनों की ही प्रधानता है।

समस्त पद	विग्रहः
हरिहरौ	हरिश्च हरश्च
ईशकृष्णौ	ईशश्च कृष्णश्च
शिवकेशवौ	शिवश्च केशवश्च
मातापितरौ	माता च पिता च

यथा—

पाणिपादम् = पाणी च पादौ च अनयोः समाहारः
शिरोग्रीवम् = शिरश्च ग्रीवा च अनयोः समाहारः
वाक्त्वचम् = वाक् च त्वक् च अनयोः समाहारः

5. अव्ययीभाव समासः

इस समास का प्रथम पद अव्यय और द्वितीय पद संज्ञा होता है।

अव्ययी भाव समास में आदि अर्थात् पूर्व पद की प्रधानता होती है।

समास के दोनों पद मिलकर अव्यय बन जाते हैं।

अव्ययीभाव समास का समस्त पद नपुंसकलिङ्ग के एक वचन में होता है; यथा—

अव्ययपद	समस्तपद	विग्रह
उप (समीप अर्थ में)	उपकृष्णम्	कृष्णस्य समीपम्
अनु (योग्यता अर्थ में)	अनुरूपम्	रूपस्य योग्यम्
प्रति (वीप्सा अर्थ में)	प्रतिदिनम्	दिनं दिनं प्रति
निर् (अभाव अर्थ में)	निर्मक्षिकम्	मक्षिकाणाम् अभावः
यथा (अनतिक्रम्य अर्थ में)	यथाशक्ति	शक्तिम् अनतिक्रम्य
सादृश्य (सह-समान अर्थ में)	सहरि	हरेः सादृश्यम्

अव्ययीभाव समासस्य उदाहरणानि

समस्त पद	विग्रह
उपग्रामम	ग्रामस्य समीपम्
उपगङ्गम्	गङ्गायाः समीपम्
निर्जनम्	जनानाम् अभावः
प्रतिग्रामम्	ग्रामं ग्रामं प्रति
यथामति	मतिम् अनतिक्रम्य
निर्धनम्	धनानाम् अभावः
प्रतिवृक्षम्	वृक्षं वृक्षं प्रति

6. बहुव्रीहि समासः

जिस समास में अन्य पद की प्रधानता होती है वह बहुव्रीहि समास कहा जाता है अर्थात् इस समास में न तो पूर्व पद की प्रधानता होती है और न ही उत्तर पद अपितु दोनों पद मिलकर अन्य पद का बोध कराते हैं। समस्त पद का प्रयोग अन्य पदार्थ के विशेषण के रूप में होता है।

समानाधिकरण बहुव्रीहि समासः

जब समास के पूर्व व उत्तर पद में समान विभक्ति (प्रथमाविभक्ति) होती है, तब वह समानाधिकरण बहुव्रीहि समास होता है

यथा—

समस्तपद		विग्रह
दशाननः (रावणः)	=	दश आननानि यस्य सः
चतुर्मुखः (ब्रह्मा)	=	चत्वारि मुखानि यस्य सः
दत्तभोजनः (भिक्षुक)	=	दत्त भोजनं यस्मै सः
पतितपर्णः (वृक्षः)	=	पतितं पर्णं यस्मात् सः
हतशत्रुः (राजा)	=	हताः शत्रवः येन स;
वीरपुरुषः (ग्रामः)	=	वीराः पुरुषाः यस्मिन् (ग्रामे) सः
लम्बोदरः (गणेशः)	=	लम्बम् उदरं यस्य सः
नीलकण्ठः (शिवः)	=	नीलः कण्ठः यस्य सः

व्यधिकरणबहुव्रीहिः

जब समास के पूर्व और उत्तर पदों में भिन्न विभक्ति होती है तब वह व्यधिकरण बहुव्रीहि समास होता है

यथा—

- चक्रं पाणौ यस्य सः = चक्रपाणिः (विष्णु)
- शूलं पाणौ यस्य सः = शूलपाणिः (शिवः)
- धनुः पाणौ यस्य सः = धनुष्पाणिः (रामः)
- चन्द्रः शेखरे यस्य सः = चन्द्रशेखरः (शिवः)
- रघुकुले जन्म यस्य सः = रघुकुलजन्मा (रामचन्द्रः)

तुल्ययोगेबहुव्रीहि

यहाँ 'सह' शब्द का तृतीयान्त पद के साथ समास होता है।

- पुत्रेण सहितः = सपुत्रः
- बान्धवैः सहितः = सबान्धवः
- विनयेन सह विद्यमानम् = सविनयम्
- आदरेण सह विद्यमानम् = सादरम्
- पत्न्या सह वर्तमानः = सपत्नीकः (वशिष्ठः)

उपमानवाचकबहुव्रीहिः

- चन्द्रः इव मुखं यस्याः साः = चन्द्रमुखी
- पाषाणवत् हृदयं यस्य सः = पाषाणहृदयः

अभ्यास प्रश्न

निर्देश स्थूल पदानां उचितं समास विग्रहं चिनुत अथवा समस्त पदं चिनुत। (निम्नलिखित वाक्यों में स्थूल पदों का उचित समास विग्रह अथवा समास पद चुनकर लिखिए।)

1. **सूपकारा:** भोजनं पचन्ति।
(a) सूपं करोति इति ते (b) सूपं कुर्वन्ति इति सः
(c) सूपानां कुर्वन्ति इति ते (d) सूपं कुर्वन्ति इति ते

2. अहं भवत: **शरणम् आगता।**
(a) शरणागता (b) शरणेगता
(c) शरणगता (d) शरणा आगता

3. संसारे अनेके **दानवीरा:** सन्ति।
(a) दानात् वीरा: (b) दानस्य वीरा:
(c) दाने वीरा: (d) दानाय वीरा:

4. **वार्तालापं** मा कुरु।
(a) वार्तायाः अलापम् (b) वार्ते: अलापम्
(c) वार्ताम् आलापम् (d) वार्ता आलापम्

5. **सत्यसमम्** तप: न अस्ति।
(a) सत्येन समम् (b) सत्यस्य समम्
(c) सत्यात् समम् (d) सत्याय समम्

6. **त्यागसमम्** सुखं न अस्ति।
(a) त्यागेन समम् (b) त्यागेण समम्
(c) त्यागात् समम (d) त्यागैः समम

7. स: **प्रज्ञाहीन:** अस्ति।
(a) प्रज्ञाः हीनः (b) प्रज्ञायाः हीनः
(c) प्रज्ञया हीनः (d) प्रज्ञेन हीनः

8. अस्माकं क्षेत्रे **सुवर्णपूरित:** कलश: विद्यते।
(a) सुवर्णेन पूरितः (b) सुवर्णे पूरितः
(c) सुवर्णे पूरितः (d) सुवर्ण पूरितः

9. काक: स्व **कटुभि: क्वणितै:** जलजागरणं करोति।
(a) कटक्वणितैः (b) कटउक्वणितैः
(c) कटोवक्वजितैः (d) कटुक्वणितैः

10. **चित्रानक्षत्रयुता** पूर्णिमा चैत्रमासस्य भवति।
(a) चित्रायाः नक्षत्रायाः युता (b) चित्रानक्षत्रात् युता
(c) चित्रनक्षत्राभिः युता (d) चित्रानक्षत्रेण युता

11. **विद्याहीना** रमा अस्ति।
(a) विद्यया हीना (b) विद्येन हीनः
(c) विद्यां हीनः (d) विद्यायै हीनः

12. **भक्तिसमं** सुखं नास्ति।
(a) भक्त्याः समय् (b) भक्त्या समम्
(c) भक्तस्य समम् (d) भक्त्यै समम्

13. श्री कृष्ण: **मोहग्रस्तम्** अर्जुनमुपादिशत्।
(a) मोहात् ग्रस्तम्
(b) मोहस्य ग्रस्तम्
(c) मोहेन ग्रस्तम्
(d) मोहीः ग्रस्तम्

14. द्रौपदी **पुत्रशोकविह्वल:** आसीत्।
(a) पुत्रशोकाय विह्वलः (b) पुत्रशोकेन विह्वलः
(c) पुत्राय शोकः विह्वलः (d) पुत्रशोकात विह्वलः

15. स: **पथ भ्रष्ट:** अस्ति।
(a) पथस्य भ्रष्टः (b) पथात् भ्रष्टः
(c) पथेन भ्रष्टः (d) पथंभ्रष्टः

16. अहं **देवाधिपति:** शक्र: अस्मि।
(a) देवानाम् अधिपतिः (b) देवाभ्याम् अधिपतिः
(c) देवाय अधिपतिः (d) देवात् अधिपतिः

17. **दैवगति:** विचित्रा भवति।
(a) दैवानां गतिः (b) दैवात् गतिः
(c) दैवस्य गतिः (d) देवाय गतिः

18. सर्वे छात्रा: प्रात: **विद्यालयं** गच्छन्ति।
(a) विंद्यायाः आलयम्
(b) विद्यायायाम आलयम्
(c) विद्यास्य आलयम
(d) विद्यायै आलयम्

19. कोकिल: **आम्रस्य वृक्षे** स्थित्वा पञ्चमस्वरेण गायति।
(a) आम्रवृक्षे (b) आम्रानां वृक्षायाम्
(c) आम्राय वृक्षाया (d) आम्रात वृक्षात्

20. सदैव **सदाचारस्य:** पालनीय:।
(a) सतां आचारः (b) सज्जनानाम् आचारः
(c) सत् आचारम् (d) सदा चारम्

21. अश्वत्थामा **द्रोणपुत्र:** आसीत्।
(a) द्रोणातपुत्रः (b) द्रोणाय पुत्रः
(c) द्रोणस्य पुत्रः (d) द्रोणि पुत्रः

22. भवान् किम् उपादेयम्? **गुरुवचनम्।**
(a) गुरुवचनम् (b) गुरुवचनम्
(c) गुरोः वचनम् (d) गुरोवचनम्

23. अहं काल: **विश्वस्य आत्मा** अस्मि।
(a) विश्वात्मा (b) विश्वस्यात्मा
(c) विश्वेत्मा (d) विश्वे आत्मा

24. भारत भूमि: **वीरजननी** अस्ति।
(a) वीराः जननी (b) वीराणां जननी
(c) वीरं जननी (d) वीरेषु जननी

25. कर्ण: **राधाया: पुत्र:** आसीत्।
(a) राधानपुत्रः (b) राधायैपुत्रः
(c) राधेपुत्रः (d) राधापुत्रः

26. मिथुन: एक: **राजपशु:** वर्तते।
(a) राजाय पशु (b) राज्ञः पशु
(c) राजस्य पशु (d) राजानाम् पशु

27. मयूरस्य नृत्यं तु **प्रकृते: आराधना** भवति।
(a) प्रकृत्याराधना (b) प्रकृति आराधना
(c) प्रकृते आराधना (d) प्रकृताराधना

28. इन्द्रप्रस्थमहानगरं **यमुनातीरे** वर्तते।
(a) युमनुम तीरे (b) यमुनात तीरे
(c) यमुनायाः तीरे (d) यमुनः तीरे

29. तवाङ्गोम्पा एकः प्रसिद्धः **बौद्धानाम् मठः** अस्ति।
(a) बौद्धमठः (b) बौद्धामठः
(c) बौद्धाममठः (d) बौद्धायमठः

30. कर्णस्य **त्यागवृत्तिं** कः न जानाति?
(a) त्यागात् वृत्तिम् (b) त्यागस्य वृत्तिम्
(c) त्यागंवृत्तिम् (d) त्यागेनवृत्तिम्

31. सर्वे छात्राः प्रातः **विद्यालये** गच्छेयुः।
(a) विद्यायैः आलय (b) विद्यायाः आलये
(c) विद्यायायाम् आलये (d) विद्यस्य आलये

32. सरस्तीरे **बकध्वनिः** भवति।
(a) बकः ध्वनिः (b) बकस्य ध्वनिः
(c) बकाय ध्वनि (d) बकेन ध्वनिः

33. शिक्षकः **प्रश्नोत्तरमाध्यमेन** छात्रान् सम्बोधयति।
(a) प्रश्नोत्तरस्य माध्यमेन (b) प्रश्नोत्ततरेण माध्यमेन
(c) प्रश्न उत्तरस्य माध्ययेन (d) प्रश्नस्य उत्तरेण माध्यमोन

34. रघुवंशः समास विग्रहः अस्ति।
(a) रघुःवंशः (b) रघुम् वंशम्
(c) रघोः वंशः (d) रघोयाः वंशः

35. **राष्ट्रपति भवनम्** समास विग्रहः अस्ति।
(a) राष्ट्रपतिः भवनः (b) राष्ट्रपतेः भवनम्
(c) राष्ट्रपतेः भवने (d) राष्ट्रपतस्य भवने

36. सः नृपः **प्रजापालकः** आसीत्।
(a) प्रजानां पालकः (b) प्रजायः पालकः
(c) प्रजया पालकः (d) प्रजाम् पालकः

37. **कुमारस्य सम्भवः**।
(a) कुमारसम्भवः (b) कौमार्यसम्भवः
(c) कुरुसम्भवः (d) कुमारस्यासंभव

38. मयूरः **राष्ट्रपक्षी** अस्ति।
(a) राष्ट्राणां पक्षी (b) राज्ञः पक्षी
(c) राष्ट्रस्य पक्षी (d) राष्ट्रेः पक्षी

39. बकः एव **वर्षाभिनन्दनं** करोति।
(a) वर्षाः अभिनन्दनम् (b) वर्षायाः अभिनन्दनम्
(c) वर्षे अभिनन्दनम् (d) वर्षस्य अभिनन्दनम्

40. पिता पुत्राय बाल्ये **विद्याधनं** दीयते।
(a) विधया धनम् (b) विद्या धनम्
(c) विद्यायाः धनम् (d) विद्यायैः धनम्

41. **वीरजमाता** त्वं शोचितुं न अर्हसि।
(a) वीरी माता (b) वीरात् माता
(c) वीरत्वं माता (d) वीरस्य माता

42. अहं **दानवगुरुः** शुक्राचार्यः अस्मि।
(a) दानवस्य गुरु (b) दानवानां, गुरूोः
(c) दानवं गुरुः (d) दानवानां गुरुः

43. प्रयागः **गंगानातीरे** स्थितः अस्ति।
(a) गंगे तीरे (b) गंगायाः तीरे
(c) गंगाय तीरे (d) गंगात् तीरे

44. **कर्मकुशलः** समास विग्रहः अस्ति।
(a) कर्मे कुशलः (b) कर्मणि कुशलः
(c) कर्मणाम् कुशलम् (d) कर्मस्य कुशलस्य

45. रमेशः **कार्येषु निपुणः** अस्ति।
(a) कार्यषुनिपुणः (b) कार्यनिपुणः
(b) कार्योनिपुणः (d) कार्येषुनिपुणम्

46. काकः मेध्यम् **अमेध्यं** सर्वं भक्षयति।
(a) न अमेध्यम् (b) अनमेध्यम्
(c) अमेध्यम् न (d) न मेध्यम्

47. इदमस्त्रम् **अपाण्डवाय** अस्ति।
(a) पाण्डस्य न (b) पाण्डवाय न
(c) न पाण्डवाय (d) पाण्डवेन न

48. अहो **न ज्ञानं** भवत्याः।
(a) न ज्ञाने (b) नः ज्ञाने
(c) अज्ञानम् (d) अज्ञाने

49. नद्याः **शीतलजलम्** अस्ति।
(a) शीतले जले (b) शीतलं जलम्
(c) शीतलस्य जलम् (d) शीतला जला

50. **दुष्टा बुद्धिः** यस्य सः सद्वचनानि तिरस्कृत्य प्राचलत्।
(a) दुष्टाबुद्धिः (b) दुष्टबुद्धिः
(c) दूष्टबुद्धि (d) दुष्टाबुद्धिः

51. सरोवरे **नीलकमलानि** शोभन्ते।
(a) नीलेकमलम् (b) नीलोकमलानि
(c) नीलं कमलम् (d) नीलानि कमलानि

52. सर्वदा **मङ्गलकार्यम्** एवं कुरु।
(a) मङ्गलम् च तत् कार्यम् (b) मङ्गल कार्यम्
(c) मङ्गलः एवं कार्यम् (d) मङ्गलः कार्यः

53. श्री कृष्णः **महायोगी** आसीत्।
(a) महत् योगं करोति (b) महत् योगी
(c) महान् योगी यस्य सः (d) महान् योगी

54. दुष्कर्मणः **कुपरिणामं** सर्वे प्राप्यन्ते।
(a) कुकर्मात परिणाम् (b) कुकर्मस्य परिणामम्
(c) कुकर्मणः परिणाम् (d) कुत्सितं परिणामम्

55. वयम् आगन्तुकानां **हार्दिकम् अभिनन्दनं** कुर्मः।
(a) हार्दिकाभिनन्दनम् (b) हार्दिकेऽभिनन्दनं
(c) हार्दिकयाभिनन्दनं (d) हार्दिकं अभिनन्दनं

56. **सम्पूर्णघटः** समास विग्रहः अस्ति।
(a) सम्पूर्णः घटः (b) सम्पूर्णे घटे
(c) सम्पूर्णम् घटम् (d) सम्पूर्णस्य घटम्

57. मन्ये सः कोऽपि **महाकविः**।
(a) महत् कविः (b) महान् कविः
(c) महाः कविः (d) महान्कविः

58. बकस्य पक्षाः **दुग्धधवलाः** भवन्ति।
(a) दुग्धाः धवला (b) दुग्धः धवलः
(c) दूधमिवधवलाः (d) दुग्धमिवधवलाः

59. दग्धाः **घोटकाः** मया कथं रक्षणीया।
(a) दग्धघोटकाः (b) दग्धाघोटकाः
(c) दग्धघोटकः (d) दग्धघोटक

60. तस्य चक्षुः **नीलोत्पलमिव** अस्ति।
(a) नीलम् उत्पलम् (b) नीलोत्पलम्
(c) नीलस्य उत्पलम् (d) नीलानि उत्पलानि

61. युधिष्ठिरः श्रीकृष्णस्य **दिव्यशक्तिं** जानाति।
(a) दिव्यः शक्तिः (b) दिव्यं शक्तिम्
(c) दिव्यां शक्तिम् (d) दिव्याः शक्तेः

62. त्वं **शक्तिम् अनतिक्रम्य** परिश्रमं करोषि।
(a) यथाशक्तिः , (b) यथोशक्तिम्
(c) यथाशक्तिम् (d) यथातशक्तिम्

63. सर्वेषामेव महत्त्वं विद्यते **यथासमयम्।**
(a) समये क्रम्य (b) समयम् अनतिक्रम्य
(c) समय अतिक्रम्य (d) समयाय अनतिक्रम्य

64. इदं **निर्जनं** वनम् अस्ति।
(a) निरा जनम् (b) निर्माणं जनम्
(c) जनानाम् अभावम् (d) निर एवं जनम्

65. मोहनः **दिन-दिन** समाचार पत्रं पठति।
(a) प्रतिदिनम् (b) प्रतिदिने
(c) प्रतिदिनानि (d) प्रत्येकदिनम्

66. श्रीरामः **मृगस्य पश्चात्** गच्छति।
(a) अनुमृगम् (b) अनुमृगः
(c) उपमृगम् (d) प्रतिमृगम्

67. तत **सचित्रं** पुस्तकम् अत्र आनय।
(a) चित्रस्य समीपे (b) चित्रस्य पश्चात्
(c) चित्रेण सहितम् (d) चित्रस्य अभावः

68. सः अपि तत् नेत्रं **स्थानम् अनतिक्रम्य** अस्थापयत्।
(a) अस्थानम् (b) स्थाने क्रम्य
(c) अनतिक्रम्य स्थाने (d) यथास्थानम्

69. सः **सप्ताहे** कार्यं समापयिष्यति।
(a) सप्तानां अहनां समाहारे (b) सप्ते समाहारे
(c) अहनां समाहारे (d) सप्तानां समाहारे

70. बालकः **अष्टाध्यायीं** स्मरति।
(a अष्टानाम् अध्यायानां समाहारः ताम्
(b) अष्टे अध्यायानां समाहारः सः
(c) अष्टे अध्यायः समाहारः ते
(d) समाहारः अष्टानां अध्यायः

71. **पञ्चवटी** इति स्थाने रामः लक्ष्मणेन सीतया सह च अवसत्।
(a) पञ्चे वने वसति (b) पञ्चानां वटे वसति
(c) पञ्चानां वटानां समाहारः (d) पञ्च वने वंटी अस्ति

72. **रामलक्ष्मण सीताः** वन समासः अस्ति।
(a) रामलक्ष्मणौ
(b) रामः च लक्ष्मणः च सीता च
(c) राम लक्ष्मणं सीता
(d) रामलक्ष्मण च सीता

73. **मातापितरौ** पूजनीयौ।
(a) मातुः पितु च (b) मातरौ पितरौ च
(c) माता च पिता च (d) मात्रो : पित्रो च

74. अद्य **नवरंगः** कार्यक्रम भविष्यति।
(a) नवानां रंगम् (b) नवीनं रंगम्
(c) नवेन रंगम् (d) नवानां रंगानां समाहारः

75. शिवः **नीलकण्ठः** अपि अस्ति।
(a) नील कण्ठम् (b) नीलेन कण्ठ
(c) नीलं कण्ठ पस्य सः (शिवः) (d) नीलानि कण्ठानि

76. विष्णुः **चक्रपाणि** कथ्यते।
(a) चकं इव पाणि (b) चक्रपाणौ यस्य सः
(c) चक्र इव पाणि (d) चक्रे पाणि

77. मम नाम **गंगाधरः** अस्ति।
(a) गंगां धारयति यः सः (b) गंगायाः धरः
(c) गंगे धर (d) गंगा धारा यस्यसः

78. वयं सर्वे विजय दसमी पर्वे **दशाननं** दाहयत्ति।
(a) दश आननानि यस्य सः (b) दस आननः
(c) दशेन आननानि (d) दशानां आनमानि

79. **दत्तं धनं यस्मै सः** जन आगच्छति।
(a) दत्तधनम् (b) दत्तधनः
(c) दत्तधनाय (d) दत्तधनस्य

80. **पीतदुग्धा** बालिका भ्रमति।
(a) पीतं दुग्धम्
(b) पीतं दुग्धं येन सः
(c) पीतं दुग्धं यया सा
(d) पीतं च दुग्धं च

उत्तरमाला

1.	(d)	2.	(a)	3.	(d)	4.	(c)	5.	(a)	6.	(a)	7.	(c)	8.	(a)	9.	(d)	10.	(d)
11.	(a)	12.	(b)	13.	(c)	14.	(c)	15.	(b)	16.	(a)	17.	(c)	18.	(a)	19.	(a)	20.	(a)
21.	(c)	22.	(c)	23.	(a)	24.	(b)	25.	(d)	26.	(b)	27.	(a)	28.	(c)	29.	(a)	30.	(b)
31.	(b)	32.	(b)	33.	(a)	34.	(c)	35.	(b)	36.	(a)	37.	(a)	38.	(c)	39.	(b)	40.	(c)
41.	(d)	42.	(d)	43.	(b)	44.	(b)	45.	(b)	46.	(d)	47.	(c)	48.	(c)	49.	(b)	50.	(b)
51.	(d)	52.	(a)	53.	(d)	54.	(d)	55.	(a)	56.	(a)	57.	(b)	58.	(d)	59.	(a)	60.	(a)
61.	(d)	62.	(a)	63.	(b)	64.	(c)	65.	(a)	66.	(b)	67.	(c)	68.	(d)	69.	(a)	70.	(a)
71.	(c)	72.	(b)	73.	(c)	74.	(d)	75.	(c)	76.	(b)	77.	(a)	78.	(a)	79.	(b)	80.	(c)

अध्याय 03

सन्धि

सन्धि से अभिप्राय

व्याकरण में दो वर्णों या ध्वनियों के मेल से होने वाले विकार को सन्धि कहते हैं। सन्धि शब्द का अर्थ है—मेल। कुछ शब्दों में दो ध्वनियों के आपस में मिलने से एक नया विकार उत्पन्न होता है, जिसे सन्धि कहते हैं; जैसे 'देव' तथा 'आलय' शब्दों का संयोग होने पर 'देव' शब्द की अंतिम ध्वनि 'अ' तथा 'आलय' शब्द की प्रथम ध्वनि 'आ' मिलकर बन जाते हैं। अत: 'देव + आलय' शब्द का सन्धि 'देवालय' हो जाता है। इस प्रकार दो ध्वनियों के मध्य होने वाले मेल को सन्धि कहा जाता है। सन्धि के कुछ अन्य उदाहरण इस प्रकार हैं

गिरि	+	ईश	=	गिरीश	→	इ	+	ई	=	ई
नर	+	ईश	=	नरेश	→	अ	+	ई	=	ए
सु	+	आगत	=	स्वागत	→	उ	+	आ	=	वा
उत्	+	लास	=	उल्लास	→	त्	+	ल्	=	ला

इस प्रकार हम यह पाते हैं कि 'सन्धि' केवल दो 'ध्वनियों' या 'वर्णों' (स्वर अथवा व्यंजन) के बीच ही होती है, शब्दों के बीच नहीं। सन्धि होते समय ध्वनियों में परिवर्तन आ जाता है। इस प्रकार का परिवर्तन प्रथम ध्वनि में भी हो सकता है और द्वितीय में भी तथा दोनों में भी।

सन्धि विच्छेद

यदि मिले हुए वर्णों को अलग-अलग करके सन्धि से पूर्व की स्थिति में पहुँचा दिया जाए, तो यह प्रक्रिया 'सन्धि-विच्छेद' कहलाती है; यथा—

जगन्नाथ	=	जगत्	+	नाथ
निषेध	=	नि:	+	सेध
निर्द्वंद्व	=	नि:	+	द्वंद्व
उच्चारण	=	उत्	+	चारण
हिमालय	=	हिम	+	आलय
गणेश	=	गण	+	ईश
निश्चल	=	नि:	+	चल
संलाप	=	सम्	+	लाप
निष्पाप	=	नि:	+	पाप

सन्धि के भेद

सन्धि के तीन भेद हैं

1. स्वर सन्धि 2. व्यंजन सन्धि 3. विसर्ग सन्धि

1. स्वर सन्धि

दो स्वरों के परस्पर मेल होने के फलस्वरूप उससे किसी एक या दोनों स्वरों में जो परिवर्तन या विकार उत्पन्न हो जाता है, वह 'स्वर सन्धि' कहलाता है। इसके छ: भेद होते हैं

- दीर्घ स्वर सन्धि
- गुण स्वर सन्धि
- वृद्धि स्वर सन्धि
- यण् स्वर सन्धि
- अयादि स्वर सन्धि
- पूर्वरूप स्वर सन्धि

(i) दीर्घ स्वर सन्धि

यदि ह्रस्व अथवा दीर्घ 'अ', 'आ', 'इ', 'ई', 'उ', 'ऊ' एवं 'ऋ' के बाद समान ह्रस्व या दीर्घ स्वर आएँ, तो दोनों मिलकर दीर्घ 'आ', 'ई', 'ऊ' और 'ॠ' हो जाते हैं; यथा—

अ + अ = आ

अधिक	+	अधिक	=	अधिकाधिक
सूर्य	+	अस्त	=	सूर्यास्त
मत	+	अनुसार	=	मतानुसार
पर	+	अधीन	=	पराधीन
नव	+	अंकुर	=	नवांकुर
न्याय	+	अधीश	=	न्यायाधीश
राम	+	अवतार	=	रामावतार
वेद	+	अंत	=	वेदांत
रस	+	अयन	=	रसायन

अ + आ = आ

आयत	+	आकार	=	आयताकार
छात्र	+	आवास	=	छात्रावास
शुभ	+	आरंभ	=	शुभारंभ
मरण	+	आसन्न	=	मरणासन्न
गज	+	आनन	=	गजानन
प्राण	+	आयाम	=	प्राणायाम
विरह	+	आकुल	=	विरहाकुल
रत्न	+	आकर	=	रत्नाकर
युग	+	आदि	=	युगादि
स	+	आनंद	=	सानंद

आ + अ = आ

दीक्षा	+	अंत	=	दीक्षांत
यथा	+	अर्थ	=	यथार्थ
सीमा	+	अंत	=	सीमांत
शिक्षा	+	अर्थी	=	शिक्षार्थी

आ + आ = आ

महा	+	आत्मा	=	महात्मा
वार्ता	+	आलाप	=	वार्तालाप
विद्या	+	आनंद	=	विद्यानंद
चिकित्सा	+	आलय	=	चिकित्सालय
श्रद्धा	+	आनंद	=	श्रद्धानंद
दया	+	आनंद	=	दयानंद

इ + इ = ई

कवि	+	इंद्र	=	कवींद्र
कवि	+	इच्छा	=	कवीच्छा
अभि	+	इष्ट	=	अभीष्ट
अति	+	इव	=	अतीव

इ + ई = ई

मुनि	+	ईश्वर	=	मुनीश्वर
क्षिति	+	ईश	=	क्षितीश
गिरि	+	ईश	=	गिरीश
अधि	+	ईश्वर	=	अधीश्वर
परि	+	ईक्षा	=	परीक्षा
प्रति	+	ईक्षा	=	प्रतीक्षा

ई + इ = ई

नारी	+	इष्ट	=	नारीष्ट
मही	+	इंद्र	=	महींद्र
शची	+	इंद्र	=	शचींद्र
सती	+	इच्छा	=	सतीच्छा

ई + ई = ई

मही	+	ईश	=	महीश
रजनी	+	ईश	=	रजनीश
मही	+	ईश्वर	=	महीश्वर

उ + उ = ऊ

भानु	+	उदय	=	भानूदय
सु	+	उक्ति	=	सूक्ति
गुरु	+	उपदेश	=	गुरूपदेश
लघु	+	उत्तर	=	लघूत्तर
कटु	+	उक्ति	=	कटूक्ति

उ + ऊ = ऊ

सिंधु	+	ऊर्मि	=	सिंधूर्मि
लघु	+	ऊर्मि	=	लघूर्मि

ऊ + उ = ऊ

वधू	+	उत्सव	=	वधूत्सव
भू	+	उद्धार	=	भूद्धार

ऊ + ऊ = ऊ

भू	+	ऊर्ध्व	=	भूर्ध्व
भू	+	ऊर्जा	=	भूर्जा
वधू	+	उर्मि	=	वधूर्मि

ऋ + ऋ = ऋ

पितृ		ऋण	=	पितृण
मातृ	+	ऋण	=	मातृण

(ii) गुण स्वर सन्धि

(क) यदि 'अ' अथवा 'आ' के आगे 'इ' या 'ई' आए, तो दोनों के मिलने से 'ए' बन जाता है।

(ख) यदि 'अ' अथवा 'आ' के आगे 'उ' या 'ऊ' आए, तो दोनों के मिलने से 'ओ' बन जाता है।

(ग) यदि 'अ' अथवा 'आ' के आगे 'ऋ' आए, तो दोनों के मिलने से 'अर' बन जाता है; यथा—

अ + इ = ए

नर	+	इंद्र	=	नरेंद्र
देव	+	इंद्र	=	देवेंद्र
शुभ	+	इच्छा	=	शुभेच्छा
स्व	+	इच्छा	=	स्वेच्छा
भारत	+	इंदु	=	भारतेंदु

अ + ई = ए

परम	+	ईश्वर	=	परमेश्वर
सोम	+	ईश	=	सोमेश
गण	+	ईश	=	गणेश
राम	+	ईश्वर	=	रामेश्वर
योग	+	ईश	=	योगेश

आ + इ = ए

राजा	+	इंद्र	=	राजेंद्र
यथा	+	इष्ट	=	यथेष्ट

आ + ई = ए

लंका	+	ईश	=	लंकेश
महा	+	ईश	=	महेश
महा	+	ईश्वर	=	महेश्वर

अ + उ = ओ

सूर्य	+	उदय	=	सूर्योदय
रोग	+	उपचार	=	रोगोपचार
पर	+	उपकार	=	परोपकार
वार्षिक	+	उत्सव	=	वार्षिकोत्सव
वीर	+	उचित	=	वीरोचित

विवाह	+	उत्सव	=	विवाहोत्सव
वसंत	+	उत्सव	=	वसंतोत्सव
हित	+	उपदेश	=	हितोपदेश
सर्व	+	उदय	=	सर्वोदय
वीर	+	उक्ति	=	वीरोक्ति

अ + ऊ = ओ

नव	+	ऊढ़ा	=	नवोढ़ा
समुद्र	+	ऊर्मि	=	समुद्रोर्मि

आ + उ = ओ

महा	+	उत्सव	=	महोत्सव
महा	+	उदधि	=	महोदधि
गंगा	+	उदक	=	गंगोदक

आ + ऊ = ओ

गंगा	+	ऊर्मि	=	गंगोर्मि
महा	+	ऊर्मि	=	महोर्मि

अ + ऋ = अर्

सप्त	+	ऋषि	=	सप्तर्षि
ब्रह्म	+	ऋषि	=	ब्रह्मर्षि

आ + ऋ = अर्

राजा	+	ऋषि	=	राजर्षि
महा	+	ऋषि	=	महर्षि

(iii) वृद्धि स्वर सन्धि

(क) यदि 'अ' अथवा 'आ' के आगे 'ए' या 'ऐ' आए, तो दोनों के मिलने से 'ऐ' बन जाता है।

(ख) यदि 'अ' अथवा 'आ' के आगे 'ओ' या 'औ' आए, तो दोनों के मिलने से 'औ' बन जाता है; यथा—

अ + ए = ऐ

एक	+	एक	=	एकैक
लोक	+	एषणा	=	लोकैषणा

अ + ऐ = ऐ

मत	+	ऐक्य	=	मतैक्य
भाव	+	एक्य	=	भावैक्य

आ + ए = ऐ

सदा	+	एव	=	सदैव
तथा	+	एव	=	तथैव

आ + ऐ = ऐ

महा	+	ऐश्वर्य	=	महैश्वर्य

अ + ओ = औ

वन	+	ओषधि	=	वनौषधि
जल	+	ओघ	=	जलौघ
परम	+	ओज	=	परमौज
दंत	+	ओष्ठ	=	दंतौष्ठ

अ + औ = औ

परम	+	औषध	=	परमौषध
परम	+	औदार्य	=	परमौदार्य

आ + ओ = औ

महा	+	ओजस्वी	=	महौजस्वी
महा	+	ओज	=	महौज

आ + औ = औ

महा	+	औषध	=	महौषध
महा	+	औघ	=	महौघ

(iv) यण् सन्धि

'इकोयणचि' सूत्र द्वारा संहिता के विषय में अच् परे होने पर पूर्ववर्ती इक् के स्थान पर यण् होता है। इ, ई उ, ऊ, ऋ, ॠ लृ-ये वर्ण इक् कहलाते हैं। इसी प्रकार य, व, र्, ल् ये वर्ण 'यण्' कहे जाते हैं। जहाँ इक् वर्णों के स्थान पर यण् वर्ण होते हैं वहाँ 'यण्' सन्धि होती है। यथा—

(अ) इ/ई + अच् = य् + अच्

अति + उत्तमः = अत्युत्तमः	इति + अत्र = इत्यत्र
इति + आदि = इत्यादि	इति + अलम् = इत्यलम्
यदि + अपि = यद्यपि	प्रति + एकम् = प्रत्येकम्
नदी + उदकम् = नद्युदकम्	स्त्री + उत्सवः = स्त्र्युत्सवः
सुधी + उपास्यः = सुध्युपास्यः	

(आ) उ/ऊ + अच् = व् + अच्

अनु + अयः = अन्वयः	सु + आगतम् = स्वागतम्
मधु + अरिः = मध्वरिः	गुरु + आदेश = गुर्वादेशः
साधु + इति = सध्विति	वधू + आगमः = वध्वागमः
अनु + आगच्छति = अन्वागच्छति	

(इ) ऋ/ॠ + अच् = र् + अच्

पितृ + ए = पित्रे	मातृ + आदेश = मात्रादेशः
धातृ + अंशः = धात्रंशः	मातृ + आज्ञा = मात्राज्ञा
भ्रातृ + उपदेशः = भ्रात्रुपदेशः	मातृ + अनुमतिः = मात्रनुमतिः
सवितृ + उदयः = सवित्रदयः	पितृ + आकृतिः = पित्राकृतिः

(ई) लृ + अच् = लं + अच्

लृ + आकृति = लाकृतिः	लृ + अनुबन्धः = लनुबन्धः
लृ + आकार = लाकारः	लृ + आदेशः = लादेशः

(v) अयादि सन्धि

(सूत्र-एचोऽयावयावः)।

परिभाषा "जब ए, ऐ, ओ और औ से परे कोई स्वर वर्ण हो तो ए को अय्, ऐ को आय्, ओ को अव् और औ को आव् आदेश हो जाता है, तब **अयादि सन्धि** होती है।"

उदाहरण—

(अ) ए + अच् = अय् + अच्	द्वौ + एवं = द्वावेव
ने + अयम् = नयनम्	कवे + ए = कवये
हरे + ए = हरये	शे + अनम् = शयनम्
हरे + एहि = हरयेहि	चे + अनम् = चयनम्

(आ) ओ + अच् = अव् + अच्

पो + अनः = पवनः भो + अनम् = भवनम्

विष्णो + ए = विष्णवे भो + अति = भवति

गो + एषणा = गवेषणा विष्णो + इह = विष्णविह

(इ) ऐ = अच् = आय् + अच्

गै + अकः = गायकः

सै + अकः = सायकः

(ई) औ + अच् = आव् + अच्

भौ + उकः = भावुकः पौ + अकः = पावकः

अग्नों + इह = अग्नाविह भौ + अयति = भावयति

(vi) पूर्वरूप सन्धि

(सूत्र-एङः पदान्तादति)।

परिभाषा "जब पदान्त में ए या ओ होता है और उसके पश्चात् 'अ' आता है तो 'अ' को पूर्वरूप अर्थात् अ अपना रूप छोड़कर पूर्व वर्ण जैसा हो जाता है और 'अ' का संकेत (ऽ) रह जाता है, तब पूर्वरूप सन्धि होती है।"

उदाहरण

(अ) ए के बाद अ = ऽ

एते + अपि = एतेऽपि हरे + अव = हरेऽव

रमे + अत्र = रमेऽत्र गते + अद्य = गतेऽद्य

के + अपि = केऽपि

(ब) ओ के बाद अ = ऽ

को + अपि = कोऽपि

विष्णो + अव = विष्णोऽव

बालको + अपि = बालकोऽपि रामो + अवति = रामोऽवति

शिवो + अर्च्यः = शिवोऽर्श्यः को + अवादीत् = कोऽक्यदीत।

2. व्यंजन (हल् सन्धि)

व्यंजन के बाद स्वर अथवा व्यंजन के आने से व्यंजन में जो परिवर्तन आता है, उसे व्यंजन सन्धि कहते हैं; यथा—

जगत् + नाथः = जनगन्नाथः (त् को न)

वाक् + अस्ति = वागस्ति (क् को ग)

व्यंजन सन्धि के मुख्य रूप से श्चुत्व, ष्टुत्व, जश्त्व, चर्त्व, अनुनासिक, अनुस्वार, परसवर्ण, लत्व, छत्व तथा शत्व दस भेद होते हैं। यहाँ छः सन्धि का ही वर्णन है।

(i) परसवर्ण सन्धि

अपदांत अनुस्वार के पश्चात् किसी वर्ग का कोई भी व्यंजन हो, श् ष् स् तथा ह को छोड़कर तो अनुस्वार को, उसी वर्ग का पंचम वर्ण हो जाता है; यथा—

सम् + धिः = सन्धिः

सम् + मानम् = सम्मानम्

(ii) छत्वं सन्धि

यदि किसी भी वर्ग के प्रथम, द्वितीय, तृतीय, चतुर्थ वर्ण शब्द के अंत में होने और उसके बाद श होने पर और उसके बाद में कोई स्वर या ह, य्, व्, र् में से कोई वर्ण होने पर श् को विकल्प से छ् हो जाता है और श्चुत्व सन्धि के नियम के अनुसार त वर्ग च वर्ग में परिवर्तित हो जाता है; यथा—

तत् + श्लोकेन = तच्छलोकेन

तत् + शिवम् = तच्छिवम्

(iii) तुकागमः सन्धि

(क) **'तुक्' आगम की विधि** ('शि तुक्') शब्द के अंत में स्थित 'न्' के पश्चात् यदि 'श्' हो तो उन दोनों के बीच में विकल्प से 'तुक्' का आगम होता है अर्थात् न् के स्थान पर 'ञ्' तथा श के स्थान पर 'छ' हो, जाता है और श्चुत्व-सन्धि का नियम भी लगता है; यथा—

तिष्ठन् + शब्दायते = तिष्ठञ्छब्दायते

सन् + शम्भुः = सञ्छम्भुः

गच्छन् + शेते = गच्छञ्छेते

(ख) **'छ्' से पहले 'च्' का आगम** (छेच) यदि ह्रस्व स्वर के बाद 'छ्' हो तो तुक् का आगम होता है। 'तुक्' का 'त्' शेष रहता है। श्चुत्व सन्धि से 'त्' का 'च्' हो जाता है; यथा—

स्व + छंद = स्वच्छंदः

वृक्ष + छाया = वृक्षच्छाया

(ग) यदि प्रथम पद के अंत में दीर्घ स्वर हो और उसके बाद 'छ्' हो, तो 'छ्' से पहले 'च्' को जोड़कर 'च्छ' बना दिया जाता है; यथा—

माता + छाया = माताच्छाया

लता + छाया = लताच्छाया

(iv) अनुस्वार सन्धि

यदि शब्द के अन्त में 'म्' आढ और उसके बाद कोई व्यंजन आए तो 'म्' का अनुस्वार ( ) हो जाता है। लेकिन स्वर आने पर वह उसमें मिल जाता है। यथा—

सत्यम् + वद = सत्यं वद

पाठम् + पठ = पाठं पठ

धर्मम् + चर = धर्मं चर

भारतम् + वन्दे = भारतं वन्दे

कार्यम् + कुरु = कार्यं कुरू

एषाम् + एव = एषामेव

त्वम् + अत्र = त्वमत्र

वयम् + अपि = वयमपि

सम् + आयान्ति = समायान्ति

(v) जशत्व सन्धि

(क) यदि वर्गों के प्रथम अक्षर (क्, च्, ट्, त्, प्) के बाद घोष-वर्गों (ङ्, ञ, ण्, न, म्, य्, र्, ल्, व्, ह्) छोड़कर कोई भी स्वर या व्यंजन वर्ण आता है तो वह प्रथम अक्षर (क्, च्, ट्, त्, प्) अपने वर्ग का तीसरा अक्षर (ग्, ज्, ड्, द्, ब्) हो जाता है। यथा—

वाक् + दानम् = वाग्दानम्

वाक् + ईशः = वागीशः

अच् + अन्तः = अजन्तः

षट् + आननः = षडाननः

जगत् + ईशः = जगदीशः

चित् + आनन्दः = चिदानन्दः

सुप् + अन्तः = सुबन्तः

(ख) यदि पद के मध्य में किसी भी वर्ग के चौथे (घ्, झ्, ढ्, ध्, भ) व्यंजन वर्ण के ठीक बाद किसी वर्ग का चौथा वर्ण आता है, तो वह पूर्व वाला चौथा व्यंजन वर्ण अपने ही वर्ग का तीसरा व्यंजन वर्ण हो जाता है; यथा—

लभ् + धः = (भ् का तीसरा वर्ण ब् होन पर) लब्धः
दुध् + धम्: = दुग्धम्
बुध् + धिः = बुद्धिः
क्षुभ् + धः = क्षुब्धः
सिध् + धिः = सिद्धिः
वृध् + धिम् = वृद्धिम्

(vi) **अनुनासिक सन्धि**

पदान्त में 'क' वर्ण से 'म' वर्ण तक के वर्णों के बाद किसी भी आनुनासिक वर्ण (ङ्, ञ्, ण्, न्, म्) के आनें पर पहले वाले वर्ण के स्थान पर उसी वर्ग का पाँचवाँ अथवा तीसरा वर्ण हो जाता है; यथा—

दिक् + नाथः = दिङ्नाथः/दिग्नाथः
षट् + मासाः = षण्मासाः/षड्मासाः
जगत् + नाथः = जगन्नाथः/जगद्नाथः
एतत् + मुरारिः = एतन्मुरारिः/एतद्मुरारिः

3. विसर्ग सन्धि

विसर्ग (:) के साथ किसी स्वर या व्यंजन के मेल से जो परिवर्तन होता है, उसे विसर्ग सन्धि कहते हैं।

प्रथमः + अध्यायः = प्रथमोध्यायः (विसर्ग को उ, अ + उ = ओ)
मनः + हरः = मनोहरः (विसर्ग को उ, अ + उ = ओ)
निः + बलः = निर्बलः (विसर्ग को र्)

विसर्ग सन्धि के निम्नलिखित भेद हैं

(i) **उत्व सन्धि** (विसर्ग के स्थान पर 'उ' करने का नियम)

यदि विसर्ग से पूर्व 'अ' हो और उसके बाद 'अ' अथवा किसी भी वर्ग का तृतीय, चतुर्थ, पंचम, अक्षर अथवा य्, र्, ल्, व् हो तो विसर्ग का 'उ' हो जाता है तथा पूर्व 'अ' और 'उ' मिलकर 'ओ' हो जाता है; यथा—

अ + : + अ = अ + उ + अ = ओ + अ = ओऽ
प्रथमः + अध्यायः = प्रथमोऽध्यायः
सः + अपि = सोऽपि

(ii) **रूत्व सन्धि** (विसर्ग के स्थान पर 'र' करने का नियम)

यदि विसर्ग से पहले 'अ', 'आ' से भिन्न कोई स्वर हो और बाद में कोई स्वर या किसी वर्ग का तृतीय, चतुर्थ, पंचम वर्ण 'य्', 'र्', 'ल्', 'व', 'ह' में से कोई वर्ण हो, तो विसर्ग का 'र्' हो जाता है; यथा—

निः + बलः = निर्बलः
पितुः + इच्छा = पितुरिच्छा

(iii) **सत्व सन्धि**

विसर्ग के बाद च, छ आने पर विसर्ग का श्, ट, ठ आने पर ष् और त, थ आने पर स् बन जाता है। यथा—

कः + चित् = कश्चित
धनुः + टंकार = धनुष्टंकार
घटः + तावत् = घटस्तावत्
नमः + ते = नमस्ते
रामः + चलति = रामश्चलति
निः + ठुरः = निष्ठुरः
मनः + तापः = मनस्तापः

(iv) **विसर्गलोप**

यदि विसर्ग के बाद 'र' आता है तो विसर्ग का लोप हो जाता है और विसर्ग के लोप हो जाने के कारण उससे पहले आनें वाले अ, इ, उ, का दीर्घ रूप आ, ई, ऊ हो जाता है; यथा—

पुनः + रमते = पुनारमते
कविः + राजतेः = कवी राजते
हरिः + रम्यः = हरीरम्यः
शम्भुः + राजते = शम्भू राजते

अभ्यास प्रश्न

1. निम्नलिखित में से दीर्घ सन्धि का उदाहरण है
(a) भूमि + ईशः (b) इति + आदि
(c) वाक् + ईशः (d) प्रति + एकः

2. 'दैत्य + अरिः' की सन्धि होगी
(a) दैत्यरिः (b) दैत्युरिः
(c) दैत्यारिः (d) दैत्योरिः

3. 'भानूदयः' का सन्धि-विच्छेद होगा
(a) भानू + उदयः (b) भानु + उदयः
(c) भानु + ऊदयः (d) भानू + ऊदयः

4. 'होतृ + ॠकारः' की सन्धि होगी
(a) होतृकारः (b) होतॄकारः
(c) होतकरिः (d) होतद्धकारः

5. निम्नलिखित में से गुण सन्धि का उहाहरण है
(a) न + इति (b) सदा + आनन्द
(c) सु + उक्तिः (d) एक + एक

6. 'नवोढा' का सन्धि-विच्छेद होगा
(a) नव + ओढा (b) नवा + ऊढा
(c) नव + ऊढा (d) नवो + ढा

7. 'ब्रह्म + ऋषिः' की सन्धि होगी
(a) ब्रह्माषि (b) ब्रह्मृषि
(c) ब्रह्मर्षि (d) ब्रह्मार्षि

8. निम्नलिखित में से वृद्धि सन्धि का उदाहरण है
(a) सभा + एका (b) सूर्य + उदय
(c) महा + ईश (d) परम + आत्मा

9. 'जल + ओद्यः' की सन्धि होगी
(a) जलोद्यः (b) जलौद्यः
(c) जलावद्य (d) जलूद्य

10. 'महैरावतः' का सन्धि विच्छेद होगा
(a) मह + एरावतः (b) महै + रावतः
(c) महा + ऐरावतः (d) महा + एरावतः

11. 'परमौषधिः' का सन्धि विच्छेद होगा
(a) परम + ओषधि (b) परमा + औषधि
(c) परमो + षधिः (d) परम + औषधिः

12. यहाँ यण सन्धि का उदाहरण है
(a) अन्वयः (b) महात्मा
(c) महैश्वर्यम (d) सप्तर्षि

13. 'इति + आदयः' की सन्धि होगी
(a) इतीदयः (b) इत्यादयः
(c) इत्युदयः (d) इत्वादयः

14. 'लध्वादेशः' का सन्धि विच्छेद होगा
(a) लघू + आदेशः
(b) लघू + वादेश
(c) लघु + आदेशः
(d) लध्व + आदेश

15. 'मातृ + अंकः' की सन्धि होगी
(a) मात्रांकः (b) मात्रंक
(c) मातर्क (d) मातृंक

16. 'लाकारः' का सन्धि विच्छेद होगा
(a) ल + आकारः (b) लृ + आकारः
(c) ला + कारः (d) लृ + अकारः

17. निम्नलिखित में से अयादि सन्धि का उदाहरण है
(a) स्वागतम (b) यद्यपि
(c) नयनम् (d)रवीन्द्र

18. 'शयनम्' का सन्धि विच्छेद होगा
(a) शय् + अनम् (b) श + यनम
(c) शे + अनम् (d) शै + यनम्

19. 'नायकः' का सन्धि विच्छेद होगा
(a) ने + अकः (b) नै + अकः
(c) न + आयक (d) नो + अकः

20. 'भो + अनम्' की सन्धि होगी
(a) भवनम् (b) भोवनम्
(c)भयनम् (d) भावनम्

21. 'लावक' का सन्धि विच्छेद होगा
(a) ल + आवकः (b) लो + अकः
(c) लौ + अकः (d) लो + वक

22. 'विष्णवे' का सन्धि विच्छेद होगा
(a) विष्णू + व (b) विष्णो + ए
(c) विष्णू + एव (d) विष्णौ + व

23. 'हरे + अव' की सन्धि होगी
(a) हरेव (b) हरेऽव
(c) हरैव (d) हरौव

24. 'कोऽपि' का सन्धि विच्छेद होगा
(a) को + अपि (b) का + अपि
(c) को + पि (d) क + अपि

25. 'ग्रामे + अस्मिन्' की सन्धि होगी
(a) ग्रामैस्मिन (b) ग्रामेऽस्मिन
(c) ग्रामोस्मिन (d) ग्रामोऽस्मिन

26. 'षट् + मुख' की सन्धि होगी
(a) षडमुख (b) षटमुख
(c) षण्मुखः (d) षम्मुख

27. 'सत् + मतिः' की सन्धि होगी
(a) सम्मतिः (b) सत्मति
(c) संमति (d) सन्मति

28. 'तच्छिलष्टः' का विग्रह होगा
(a) तद् + श्लिष्टः
(b) तत् + छिलष्ट
(c) तन् + श्लिष्टः
(d) तच् + छिलष्ट

29. 'तत् + शिला' की सन्धि होगी
(a) तत्शिला (b) तदिशला
(c) तच्छिला (d) तद्छिला

30. 'वाक् + हरिः' की सन्धि है?
(a) वाग्हरि (b) वाक्हरि
(c) वाच्हरि (d) वाड्हरि

31. 'उत्थानम्'का सन्धि विच्छेद होगा
(a) उद् + थानम् (b) उत्थ + आनम्
(c) उत् + थानम् (d) उ + त्थानम्

32. 'स्व + छन्द': की सन्धि होगी
(a) स्वछन्दः (b) स्वच्छन्दः
(c) स्वन्दः (d) स्वत्छन्दः

33. 'गजच्छाया' का सन्धि विग्रह होगा
(a) गजः + छाया (b) गजत् + छाया
(c) गज + छाया (d) गज + च्छाया

34. 'स्वच्छत्तम्' का सन्धि विग्रह होगा
(a) स्व + च्छत्रम् (b) स्वत + छटाम
(c) स्वः + छत्रम् (d) स्व + छत्रम्

35. 'हरिम + वन्दे' की सन्धि होगी
(a) हरिंवन्दे (b) हरिऽवन्दे
(c) हरयवन्दे (d) हरिम्वन्दे

36. 'वयम् + अपि' की सन्धि होगी
(a) वयमापि (b) वयमपि
(c) वयंपि (d) वयपि

37. 'सम् + आचार' की सन्धि होगी
(a) सं आचार (b) सं चार
(c) समाचार (d) सम् चार

38. 'दिक् + अम्बरः' की सन्धि होगी
(a) दिक्म्बरः (b) द्किऽम्बर
(c) दिकम्बर (d) दिगम्बर

39. 'प्राक् + एव' की सन्धि होगी
(a) प्राकेव (b) प्राकैव
(c) प्राकव (d) प्रागेव

40. 'जगत् + ईशः' की सन्धि होगी
(a) जगतीश (b) जगदीशः
(c) जगतिश (d) जगदिश

41. 'तत् + मय' की सन्धि होगी
(a) तत्मय (b) तदमय
(c) तच्मय (d) तन्मय

42. 'वाक् + महिमा' की सन्धि होगी
(a) वाक्महिमा (b) वाकमहिमा
(c) वाड्महिमा (d) वामहिमा

43. 'कः + अपि' की सन्धि होगी
(a) कापि (b) कस्पि
(c) कस्यापि (d) कोऽपि

44. रामेऽयम का सन्धि विच्छेद होगा
(a) रामः + यम (b) रामो + यम
(c) रामः + अयम (d) रामा + अयम

45. 'भानुः + उदेति' की सन्धि होगी
(a) भानूदेति (b) भानूस्देति
(c) भानुरुदेति (d) भानूरुदति

46. 'हरिरेति' का सन्धि विच्छेद होगा
(a) हरि + एति (b) हरिः + एति
(c) हरीः + एति (d) हरिर + एति

47. कः + तत्र की सन्धि होगी
(a) कऽतत्र (b) कस्तत्र
(c) कोऽत्र (d) काऽतत्र

48. 'निः + छल' की सन्धि होगी
(a) निश्छल (b) निच्छल
(c) निस्चल (d) निऽछल

49. 'कृष्णश्च' का सन्धि विग्रह होगा
(a) कृष्ण + च (b) कृष्णं + च
(c) कष्णः + च (d) कृष्णा + श्च

50. 'निः + स्वः' की सन्धि होगी
(a) निरव (b) नीरवः
(c) नीस्रव (d) नैरव

51. 'प्रातः + राजते' की सन्धि होगी।
(a) प्राता + राजते
(b) प्रात राजते
(c) प्रातरजते
(d) प्रातऽराजते

उत्तरमाला

1	(a)	2	(c)	3	(b)	4	(b)	5	(a)	6	(c)	7	(c)	8	(a)	9	(b)	10	(c)
11	(d)	12	(b)	13	(b)	14	(c)	15	(b)	16	(b)	17	(c)	18	(c)	19	(b)	20	(a)
21	(c)	22	(b)	23	(b)	24	(a)	25	(b)	26	(c)	27	(d)	28	(a)	29	(c)	30	(a)
31	(c)	32	(b)	33	(c)	34	(c)	35	(a)	36	(b)	37	(c)	38	(d)	39	(d)	40	(b)
41	(d)	42	(c)	43	(d)	44	(c)	45	(c)	46	(b)	47	(b)	48	(a)	49	(c)	50	(b)
51	(a)																		

अध्याय 04

प्रत्यय

प्रत्यय का अर्थ

प्रत्यय दो शब्दों से बना है—प्रति + अय। 'प्रति' का अर्थ है—'साथ में, पर बाद में', जबकि अय का अर्थ 'चलने वाला' है। इस प्रकार 'प्रत्यय' का अर्थ हुआ शब्दों के साथ, पर बाद में चलने वाला या लगने वाला। वे शब्द या शब्दांश जिनका अपना कोई स्वतन्त्र अर्थ नहीं होता, लेकिन किसी भी शब्द अथवा धातु के पीछे जुड़कर उस शब्द या धातु के अर्थ और रूप में परिवर्तन कर देते हैं, प्रत्यय कहलाते हैं; यथा—

धातु	+	**प्रत्ययः**		**सिद्ध रूप**	**अर्थ**
पठ्	+	क्त्वा	=	पठित्वा	पढ़कर
खाद्	+	क्त्वा	=	खादित्वा	खाकर

उपरोक्त उदाहरणों में प्रथम उदाहरण में **पठ्** धातु का अर्थ है *पढ़ना।* 'पठ्' धातु में 'क्त्वा' प्रत्यय जोड़कर उसका रूप बना **पठित्वा**, जिसका अर्थ हुआ पढ़कर। इस प्रकार प्रत्यय के जुड़ने से धातु के अर्थ और रूप दोनों में परिवर्तन हो जाता है, जैसे ऊपर दर्शाया गया है।

प्रत्यय के निम्नलिखित तीन भेद होते हैं

1. कृत प्रत्यय 2. तद्धित प्रत्यय 3. स्त्री प्रत्यय

1. कृत प्रत्यय

धातुओं के पीछे लगने वाले प्रत्यय—**तव्यत्** (तव्य), **अनीयर्** (अनीय), इन प्रत्ययों के स्थान पर धातु के अन्त में कोष्ठक में दिया हुआ शब्द जुड़ जाता है; यथा—

पठ्	+	तव्यत्	=	पठितव्य
पठ्	+	अनीयर्	=	पठनीय

कृत प्रत्यय के मेल से बने शब्दों को कृदन्त प्रत्यय कहते हैं

(i) क्त्वा एवं ल्यप् प्रत्यय

- पढ़कर, जाकर, लिखकर आदि 'कर या करके' अर्थ में क्त्वा प्रत्यय होता है। कत्वा का 'त्वा' शेष रहता है अर्थात् 'क्' का लोप हो जाता है।
- क्त्वा अव्यय प्रत्यय है। अत: इसके रूप नहीं चलते हैं। त्यज् (छोड़ना) + क्त्वा (त्वा) त्यक्त्वा (छोड़कर) नी (गम्) (ले जाना) + क्त्वा (त्वा) = नीत्वा (ले जाकर)।
- जहाँ धातु के पूर्व में उपसर्ग हो वहाँ 'क्त्वा' नहीं रहता है। उसे ल्यप् आदेश हो जाता है ल्यप् का 'य' शेष रहता है।

अव	+	लोक्	+	ल्यप् (य)	=	अवलोक्य (देखकर)
नि	+	विद्	+	ल्यप् (य)	=	निवेद्य (निवेदन करके)

- क्त्वा और ल्यप् प्रत्ययान्त शब्द अव्यय होते हैं।

उदाहरण

अन्य कतिपय क्त्वा एवं ल्यप् प्रत्ययान्त शब्द

धातु	अर्थ	क्त्वा से बने शब्द	ल्यप् से
इष्	चाहना	इष्ट्वा	समिष्य
नश्	नष्ट होना	नष्ट्वा	विनश्य
भ्रम्	घूमना	भ्रान्ता, भ्रमित्वा	संभ्रम्य
रक्ष्	रक्षा करना	रक्षित्वा	संरक्ष्य
स्पृश्	छूना	स्पृष्ट्ता	संस्पृश्य
भू	होना	भूत्वा	प्रभूय
स्था	ठहरना	स्थिरता	प्रस्थाय
नी	लाना	नीत्वा	आनीय
लभ्	प्राप्त करना	लब्ध्वा	उपलभ्य
पृच्छ	पूछना	पृष्ट्वा	संपृच्छ्य
नम्	नमस्कार करना	नत्वा	प्रणम्य
गम्	जाना	गत्वा	आगत्य
दृश्	देखना	दृष्ट्वा	संदृश्य
दा	देना	दत्त्वा	आदाय
धाव्	दौड़ना	धावित्वा	प्रधाय
धृ	धारण करना	धृत्वा	आधृत्य
पाल्	पालन करना	पालयित्वा	संपाल्य
पूज्	पूजा करना	पूजयित्वा	संपूज्य
ब्रू	कहना	उक्त्वा	प्रोच्य
भक्ष्	खाना	भक्षयित्वा	संभक्ष्य
भुज्	खाना	भूत्वा	संभूय
भी	डरना	भीत्वा	संभीय
यज्	यज्ञ करना	इष्ट्वा	समिज्य
रक्ष्	रक्षा करना	रक्षित्वा	संरक्ष्य
रभ्	प्रारम्भ करना	रब्ध्वा	आरभ्य
रच्	रचना करना	रचयित्वा	विरचय्य
रुद्	रोना	रुदित्वा	विरुद्य
लिख्	लिखना	लिखित्वा	आलिख्य
वद्	बोलना	उदित्वा	अनूद्य
शी	सोना	शयित्वा	संशय्य
श्रु	सुनना	श्रुत्वा	आश्रित्य
सेव	सेवा करना	सोवित्वा	निपेव्य
हन्	मारना	हत्वा	निहत्य

(ii) तुमुन् प्रत्यय

जब एक क्रिया दूसरी क्रिया के लिए की जाती है तब उस दूसरी क्रिया को धातु में तुमुन् प्रत्यय होता है।

- 'तुमुन' प्रत्यय 'को' के लिए अर्थ में होता हैं। 'तुमुन' का 'तुम' शेष रहता है इससे बनने वाले शब्द अव्यय होते हैं। अत: इनके रूप नहीं चलते हैं।
- काल, समय और वेला वाचक शब्दों के साथ 'तुमुन्' प्रत्यय होता है।
- शक्, मृज् , ज्ञा, इच्छार्थक धातुओं के साथ 'तुमुन' प्रत्यय का प्रयोग होता है।
- सेट धातुओं से तुमुन् प्रत्यय होने पर (इ) का आगम हो जाता है यथा– सोवितुम् भवितुम् , खादितुम् ।

उदाहरण

तुमुन् प्रत्ययान्त शब्द

मूल धातु	धातु का अर्थ	धातु + प्रत्यय	बनने वाला शब्द	अर्थ
अद्	खाना	अद् + तुमुन्	अत्तुम्	खाने के लिए
अर्च्	पूजा करना	अर्च् + तुमुन्	अर्चितुम्	पूजा करने के लिए
अस्	होना	अस् + तुमुन्	भवितुम्	होने के लिए
आप्	प्राप्त करना	आप् + तुमुन्	आप्तुम्	प्राप्त करने के लिए
इ	जाना	इ + तुमुन्	एतुम्	जाने के लिए
ईक्ष्	देखना	ईक्ष् + तुमुन्	ईक्षितुम्	देखने के लिए
इष्	चाहना	इष् + तुमुन्	एषितुम्	चाहने के लिए
क्री	खरीदना	क्री + तुमुन्	क्रेतुम्	खरीदने के लिए
क्रीड्	खेलना	क्रीड् + तुमुन्	क्रीडितुम्	खेलने के लिए
कृ	करना	कृ + तुमुन्	कर्तुम्	करने के लिए
क्रुध्	क्रोध करना	क्रुध् + तुमुन्	क्रोद्धम्	क्रोध करने के लिए
खाद्	खाना	खाद् + तुमुन्	खादितुम्	खाने के लिए
खन्	खोदना	खन् + तुमुन्	खनितुम्	खोदने के लिए
गण्	गिनना	गण + तुमुन्	गणयितुम्	गिनने के लिए
गम्	जाना	गम् + तुमुन्	गन्तुम्	जाने के लिए
गै	गाना	गै + तुमुन्	गातुम्	गाने के लिए
ग्रह	ग्रहण करना	ग्रह + तुमुन्	ग्रहीतुम्	ग्रहण करने के लिए
घ्रा	सूँघना	घ्रा + तुमुन्	घ्रातुम्	सूँघने के लिए
चल्	चलना	चल् + तुमुन्	चलितुम्	चलने के लिए
चिन्त	सोचना	चिन्त + तुमुन्	चिन्तयितुम्	सोचने के लिए
चुर्	चुराना	चुर् + तुमुन्	चोरयितुम्	चोरने के लिए
छिद्	काटना	छिद् + तुमुन्	छेत्तुम्	काटने के लिए
जि	जीतना	जि + तुमुन्	जेतुम्	जीतने के लिए
ज्ञा	जानना	ज्ञा + तुमुन्	ज्ञातुम्	जानने के लिए
त्यज्	छोड़ना	त्यज् + तुमुन्	त्यक्तुम्	छोड़ने के लिए
दा	देना	दा+ तुमुन्	दातुम्	देने के लिए
नी	ले जाना	नी + तुमुन्	नेतुम्	लेने के लिए
पच्	पकाना	पच् + तुमुन्	पक्तुम्	पकाने के लिए
पठ्	पीना	पठ् + तुमुन्	पठितुम्	पढ़ने के लिए
पा	पढ़ना	पा + तुमुन्	पातुम्	पीने के लिए
प्रच्छ्	पूछना	प्रच्छ् + तुमुन्	प्रच्छनुम्	पूछने के लिए
ब्रू	कहना	ब्रू + तुमुन्	नवतुम्	कहने के लिए
भू	होना	भू + तुमुन्	भवितुम्	होने के लिए
भ्रम्	घूमना	भ्रम + तुमुन्	भ्रमितुम्	घूमने के लिए

(iii) क्त एवं क्तवतु प्रत्यय

'क्त' और 'क्तवतु' प्रत्यय की निष्ठा संज्ञा होती है। भूतकाल के अर्थ में 'क्त', 'क्तवतु' प्रत्ययो का प्रयोग होता है। 'निष्ठा' का अर्थ समाप्ति है।

- 'क्त' प्रत्यय सकर्मक धातु से कर्म में तथा अकर्मक धातु से भाव में होता है 'क्त' प्रत्यय का 'त' शेष रहता है। 'क्तवतु' शेष रहता है। 'क्तवतु' प्रत्यय कर्ता में ही होता है। एवं इसका 'तवत' शेष रहता है

नोट 'क्त' क्तवतु प्रत्ययान्त शब्दों के रूप तीनों लिङ्गों में चलते हैं।

उदाहरण

धातु + प्रत्यय	पु.	स्त्री.	नपु.
पठ् + क्त	पठितः	पठिता	पठितम्
क्रीड् + क्त	क्रीडितः	क्रीडिता	क्रीडितुम्
पठ् + क्तवतु	पठितवान्	पठितवती	पठितवत्
क्रीड् + क्तवतु	क्रीडितवान्	क्रीडितवती	क्रीडितवत

- गत्यर्थक धातु, अकर्मकधातु, शिलष् शीड, स्था, आस्, वस् जन्, वह तथा जॄ धातुओं से 'क्त' प्रत्यय कर्ता में प्रयुक्त होता है।
- सेट् धातु होने पर धातु और प्रत्यय की बीच इट् (इ) हो जाता है क्त प्रत्ययान्त शब्दों के रूप पु. में रामवत् स्त्री. में रमावत् तथा नपु. में फलवत् चलते हैं। क्तवतु प्रत्ययान्त शब्दों के रूप पु. में भगवत् स्त्री में नदी तथा नपु. में जगत् की तरह चलते हैं।

उदाहरण

धातु	क्त (पु.)	क्तवतु (पु.)	धातु	क्त पु.	क्तवतु (पु.)
आप्	आप्तः	आप्तवान्	अर्च्	अर्चितः	अर्चितवान्
पठ्	पठितः	पठितवान्	गम्	गतः	गतवान्
क्रीड्	क्रीडितः	क्रीडितवान्	कृ	कृतः	कृतवान्
कथ्	कथितः	कथितवान्	आ + रभ्	आरब्धः	आरब्धवान्
क्रन्द्	क्रन्दितः	क्रन्दितवान्	कम्प्	कम्पितः	कम्पितवान्
कुप्	कुपितः	कुपितवान्	कृष्	कृष्टः	कृष्टवान्
क्री	क्रीतः	क्रीतवान्	खाद्	खादितः	खादितवान्
क्षिप्	क्षिप्तः	क्षिप्तवान्	हस्	हसितः	हसितवान्
ग्रह्	गृहीतः	गृहीतवान्	क्षुभ्	क्षुब्धः	क्षुब्धवान्
चि	चितः	चितवान्	खन्	खातः	खातवान्
चिन्त्	चिन्तितः	चिन्तितवान्	ज्ञा	ज्ञातः	ज्ञातवान्
ज्वल्	ज्वलितः	ज्वलितवान्	चुर्	चोरितः	चोरितवान्
चल्	चलितः	चलितवान्	जन्	जातः	जातवान्
हन्	हतः	हतवान्	जि	जितः	जितवान्

उदाहरण

धातु	क्त (पु.)	क्तवतु (पु.)	धातु	क्त पु.	क्तवतु (पु.)
स्वप्	सुप्तः	सुप्तवान्	तप्	तप्तः	तप्तवान्
रच्	रचितः	रचितवान्	स्पृश	स्पृष्टः	स्पृष्टवान्
रक्ष्	रक्षितः	रक्षितवान्	स्ना	स्नातः	स्नातवान्
शप्	शप्तः	शप्तवान्	त्यज्	त्यक्तः	त्यक्तवान्
स्था	स्थितः	स्थितवान्	भुज्	भुक्तः	भुक्तवान्
दंश्	दंष्टः	दंष्टवान्	दण्ड्	दण्डितः	दण्डितवान्
भृ	भृतः	भृतवान्	याच्	याचितः	याचितवान्
या	यातः	यातवान्	स्तु	स्तुतः	स्तुतवान्
यत	यतितः	यतितवान्	तृप्	तृप्तः	तृप्तवान्
यम्	यतः	यतवान्	रुद्	रुदितः	रुदितवान्
श्रि	श्रितः	श्रितवान्	रुध्	रुद्धः	रुद्धवान्

(iv) शतृ प्रत्यय

वर्तमान काल में (लट् लकार के स्थान पर) धातु से शतृ प्रत्यय होता है। शतृ प्रत्यय परस्मैपदी धातुओं के साथ लगता है। इसका अत् शेष रहता है तथा इससे बनने वाले शब्द विशेषण जैसे होते हैं। इससे बनने वाले शब्दों के रूप तीनों लिङ्गों में चलते हैं। इस प्रत्यय से बने शब्दों का "हुए" अर्थ में प्रयोग होता है। यथा—पठ् + शतृ = पठ्न (पढ़ता हुआ)

धातु		प्रत्यय	पुल्लिंग	स्त्रीलिङ्ग	नपुंसकलिङ्ग
गम्	+	शतृ	गच्छन्	गच्छन्ती	गच्छत्
अर्च्	+	शतृ	अर्चन्	अर्चन्ती	अर्चत्
अद्	+	शतृ	अदन्	अदन्ती	अदत्
कुप्	+	शतृ	कुप्यन्	कुप्यन्ती	कुप्यत्
क्रुध्	+	शतृ	क्रुध्यन्	क्रुध्यन्ती	क्रुध्यत्
खाद्	+	शतृ	खादन्	खादन्ती	खादत्
नम्	+	शतृ	नमन्	नमन्ती	नमत्
चल्	+	शतृ	चलन्	चलन्ती	चलत्
पत्	+	शतृ	पतन्	पतन्ती	पतत्

(v) शानच् प्रत्यय

यह वर्तमान कालिक प्रत्यय है। इसका प्रयोग 'हुए' अर्थ में किया जाता है। इससे बनने वाले शब्द विशेषण होते हैं। शानच् का 'आन' शेष रहता है। कहीं-कहीं 'आन' का 'मान' हो जाता है।

शानच् का प्रयोग आत्मनेपदी धातुओं के साथ ही होता है। इससे बनने वाले शब्दों के रूप तीनों लिङ्गों में चलते हैं। पुल्लिंग में राम, स्त्रीलिंग में रमा एवं नपुंसकलिङ्ग में 'फल' की तरह चलते हैं; यथा—

उदाहरण

धातु		प्रत्यय	पुल्लिंग	स्त्रीलिंङ्ग	नपुंसकलिङ्ग
सेव्	+	शानच्	सेवमानः	सेवमाना	सेवमानम्
याच्	+	शानच्	याचमानः	याचमाना	याचमानम्
लभ्	+	शानच्	लभमानः	लभमाना	लभमानम्
शिक्ष	+	शानच्	शिक्षमाणः	शिक्षमाणा	शिक्षमाणम्
शुभ	+	शानच्	शोभमानः	शोभमाना	शोभमानम्
मुद्	+	शानच्	मोदमानः	मोदमाना	मोदमानम्
वृत्	+	शानच्	वर्तमानः	वर्तमाना	वर्तमानम्
कम्प्	+	शानच्	कम्पमानः	कम्पमाना	कम्पमानम्
त्वर्	+	शानच्	त्वरमानः	त्वरमाना	त्वरमानम्
शुच्	+	शानच्	शोचमानः	शोचमाना	शोचमानम्
दा	+	शानच्	ददानः	ददाना	ददानम्

(vi) तव्यत् प्रत्ययः

तव्यत् प्रत्यय का प्रयोग 'चाहिए' अथवा 'योग्य' अर्थ में होता है। तव्यत् प्रत्यय में अंतिम 'त्' का लोप होकर 'तव्य' शेष रहता है; यथा—

धातु	+	प्रत्ययः		सिद्ध रूप	अर्थ
पठ्	+	तव्यत् (तव्य)	=	पठितव्यः	पढ़ना चाहिए
कृ	+	तव्यत् (तव्य)	=	कर्तव्यः	करना चाहिए

'तव्यत्' प्रत्यय के रूप तीनों लिंगों तथा सभी विभक्तियों (कारकों) में चलते हैं; यथा—

धातु	पुल्लिग	स्त्रीलिंग	नपुंसकलिंग
गम्	गन्तव्यः	गन्तव्या	गन्तव्यम्

धातु से तव्यत् प्रत्यय होने पर धातु के प्रथम स्वर (इ, उ, ऋ, लृ) को गुण क्रमशः (ए, ओ, अर्, अल्) हो जाता है; यथा—

धातु	+	प्रत्ययः	सिद्ध रूप	अर्थ
नी	+	तव्यत् (तव्य) =	नेतव्यः	ले जाना चाहिए, ले जाने योग्य
श्रु	+	तव्यत् (तव्य) =	श्रोतव्यः	सुनना चाहिए, सुनने योग्य

यदि धातु सेट् है, तो धातु और 'तव्यत्' प्रत्यय के बीच में (इट्) 'इ' लग जाता है; यथा—

धातु	+	प्रत्ययः		सिद्ध रूप	अर्थ
पठ्	+	तव्यत्	=	पठितव्यः	पढ़ना चाहिए, पढ़ने योग्य
भू	+	तव्यत्	=	भवितव्यः	होना चाहिए, होने योग्य

'तव्यत्' प्रत्यय में कर्ता में तृतीया विभक्ति और कर्म में प्रथमा विभक्ति का प्रयोग होता है; यथा—

मया ग्रन्थः पठितव्यः। (मेरे द्वारा ग्रन्थ पढ़ा जाना चाहिए)

अकर्मक धातु में 'तव्यत्' से युक्त क्रिया प्रथमान्त, नपुंसकलिंग और एकवचन की होती है; यथा—

सर्वे हसितव्यम् (सबको हँसना चाहिए)

उदाहरण

धातु	+	प्रत्ययः		सिद्ध रूप	अर्थ
कुप्	+	तव्यत	=	कोपितव्यः	गुस्सा करने योग्य
गै	+	तव्यत्	=	गातव्यः	गाने योग्य
चि	+	तव्यत्	=	चेतव्यः	चिंता करने योग्य
घ्रा	+	तव्यत्	=	घ्रातव्यः	सूँघने योग्य
ज्ञा	+	तव्यत्	=	ज्ञातव्यः	जानने योग्य
त्यज्	+	तव्यत्	=	त्यक्तव्यः	त्याग करने योग्य

धातु	+	प्रत्ययः		सिद्ध रूप	अर्थ
दा	+	तव्यत्	=	दातव्यः	देने योग्य
धा	+	तव्यत्	=	धातव्यः	ध्यान देने योग्य

(vii) अनीयर् प्रत्ययः

संस्कृत भाषा में 'अनीयर्' प्रत्यय का प्रयोग 'तव्यत्' प्रत्यय की तरह ही 'चाहिए' या 'योग्य' अर्थ में होता है;

यथा—पठ् + अनीयर् = पठनीय = पढ़ना चाहिए या पढ़ने योग्य। अनीयर् प्रत्यय के अंतिम वर्ण 'र्' का लोप हो जाता है केवल 'अनीय' ही धातु के साथ लगता है; यथा—

उदाहरण

धातु	+	प्रत्ययः		सिद्ध रूप	अर्थ
कथ्	+	अनीयर्	=	(अनीय) कथनीयः	कहना चाहिए या कहने योग्य
चल्	+	अनीयर्	=	(अनीय) चलनीयः:	चलना चाहिए या चलने योग्य

'अनीयर्' प्रत्यय वाले वाक्य में कर्ता *तृतीयांत* और कर्म *प्रथमांत* होता है अर्थात् इसका प्रयोग कर्मवाच्य में होता है। कहीं-कहीं इसका प्रयोग विशेषण के समान भी होता है; यथा—

- अस्माभिः पाठः स्मरणीयः। (हमें पाठ याद करना चाहिए।)
- इदं जलं पानीयम् अस्ति। (यह जल पीने योग्य है।)

धातु से युक्त 'अनीयर्' प्रत्ययान्त शब्दों के रूप तीनों लिंगों में चलते हैं; यथा—

धातु		प्रत्यय	पुल्लिंग	स्त्रीलिंग	नपुंसकलिंग
अर्च्	+	अनीयर्	अर्चनीयः	अर्चनीया	अर्चनीयम्
कथ्	+	अनीयर्	कथनीयः	कथनीया	कथनीयम्
कम्प्	+	अनीयर्	कम्पनीयः	कम्पनीया	कम्पनीयम्
गम्	+	अनीयर्	गमनीयः	गमनीया	गमनीयम्
छिद्	+	अनीयर्	छेदनीयः	छेदनीया	छेदनीयम्

2. तद्धित प्रत्यय

जो प्रत्यय क्रिया के धातु-रूपों को छोड़कर अन्य शब्दों; जैसे—संज्ञा, विशेषण, सर्वनाम आदि के साथ लगाकर नए शब्द बनाते हैं, वे तद्धित प्रत्यय कहलाते हैं; जैसे बंगाल + ई = बंगाली। यहाँ 'ई' तद्धित प्रत्यय है, क्योंकि यह बंगाल नामक संज्ञा के साथ मिलकर नया शब्द बना रहा है।

(i) 'अण्' प्रत्यय

सूत्र-'अश्वपत्यादिभयश्चफ

अश्वपति, गणपति इत्यादि शब्दों से अपत्य अर्थ बताने के लिए 'अण्' प्रत्यय होता है। 'अण्' का 'अ' शेष रहता है।

यथा—

अश्वपतेः अपत्यम्	आश्वपतम्	गणपतेः अपत्यम्	गाणपतम्
शतपतेः अपत्यम्	शातपतम्	कुलपतेः अपत्यम्	कौलपतम्

- अपत्य या सन्तान, पुत्र, पौत्र, वंश आदि अर्थ को बताने के लिए षष्ठयन्त शब्दों से 'अण्' प्रत्यय होता है।

यथा—

उपगोः अपत्यं पुमान्	औपगवः
वसुदेवस्य अपत्यं पुमान्	वासुदेवः
मनो अपत्यं	मानवः

- शिव, मगध, पर्वत, पृथा, मनु आदि शिवादि गण के शब्दों से अपत्य अर्थ में 'अण्' प्रत्यय होता है।

शिवस्य अपत्यं पुमान्	शिव + अण् = शैवः
मगधस्य अपत्यं पुमान्	मगध + अण् = मागधः
पर्वतस्य अपत्यम् स्त्री	पर्वत + अण् = पार्वती
मनोः अपत्यम्	मनु + अण् = मानवः
पृथायाः अपत्यम्	पृथा + अण् = पार्थः
रघोः अपत्यम्	रघु + अण् = राघवः
यदोः अपत्यम्	यदु + अण् = यादवः
वसिष्ठस्यः अपत्यम्	वसिष्ठ + अण् = वसिष्ठः
ककुत्स्थस्य अपत्यम्	ककुत्स्थ + अण् = काकुत्स्थः

- नदीवाचक तथा मनुष्यजाति के स्त्रीवाचक शब्द संज्ञायें हों तथा जिनके आदि में दीर्घ वर्ण न हो, उनसे भी अपत्य अर्थ में 'अण' प्रत्यय होता है।

यथा— गङ्गायाः अपत्यम्	गङ्गा + अण् = गाङ्गः
यमुनायाः अपत्यम्	यमुना + अण् = यामुनः
नर्मदायाः अपत्यम्	नर्मदा + अण् = नार्मदः

- ऋषिवाचक, कुलवाचक, वृष्णिवाचक, कुरुवंशवाचक शब्दों से अपत्य अर्थ में 'अण्' प्रत्यय होता है।

वसिष्ठस्य अपत्यम्	—	वसिष्ठ + अण् = वसिष्ठः
विश्वामित्रस्य अपत्यम्	—	विश्वामित्र + अण् = वैश्वामित्रः
अगस्त्यस्य अपत्यम्	—	अगस्त्य + अण् = आगस्त्यः
श्वफलकस्य अपत्यम्	—	श्वफलक + अण् = श्वाफलकः
नकुलस्य अपत्यम्	—	नकुल + अण् = नाकुलः
सहदेवस्य अपत्यम्	—	सहदेव + अण् = साहदेवः

- कोई संख्या सम, तथा भद्र शब्द यदि पहले हो तो मातृ शब्द से 'आण्' प्रत्यय होता है। (मातृ का मातुर हो जाता है)

यथा— द्विमातृ + आण् = द्वैमातुरः	षणमातृ + आण् = षाण्मातुरः
द्विमातृ + आण् = भाद्रमातुरः	समातृ + आण् = साम्मातुरः

- जिससे कोई वस्तु रंगी जाए, उस रंगवाची शब्द में 'आण्' प्रत्यय होता है।

यथा— काषायेण रक्तं वस्त्रम्	कषाय + आण् = काषायम्
हरिद्रया रक्तं वसनम्	हरिद्रा + आण् = हारिद्रम

- सन्तान अर्थ के समान ही अन्य अर्थों को बताने के लिए भी 'अण' प्रत्यय का प्रयोग होता है।

यथा— काकानां समूहः	काक + अण् = काकम्
पान्चालानां स्वामी	पान्चाल + अण् = पान्चालः
शर्करायाः इदम	शर्करा + अण् = शार्करम्
देवदारोः विकारः	देवहारु + अण् = देवदारवः
भिक्षाणां समूहः	भिक्षा + अण् = भैक्षम्
ऊर्णायाः इदं वस्त्रम्	ऊर्णा + अण् = और्णम्
कपोतानां समूहः	कपोत + अण् = कापोतम्
सुहृदः भावः	सुहृत् + अण् = सौहार्दम्

- नक्षत्र से युक्त समयवाची शब्द बनाने के लिए नक्षत्र वाचक शब्द से 'आण्' प्रत्यय लगता है।

यथा—चित्रा + अण् = चैत्रः (मासः)
विशाखा + अण् = वैशाखः
पुष्य + अण् = पौष्यः (पुष्येण युक्तम्)

- उसे जानते हैं, उसको पढ़ता है, इस अर्थ में भी 'अण' प्रत्यय होता है पात्रवाची सप्तम्यन्त से भी 'अण' प्रत्यय होता है।

शराव + अण् = शारावः
व्याकरण + अण् = वैयाकरणः
भ्राष्ट + अण् = भ्राष्टाः (संस्कृतः अर्थे)

(ii) 'ढक्' प्रत्यय

सूत्र- ''नद्यादिभ्यो ढक्''

यथा— नदी + ढक् = नादेयम　　मही + ढक् = माहेयम्
वासराणसी + ढक = वाराणसेयम्

(iii) मतुप् प्रत्ययः

'मतुप्' प्रत्यय का प्रयोग 'वाला' अथवा 'वाली' अर्थ में होता है; यथा—धी + मतुप् = धीमान्।

'मतुप्' प्रत्यय में केवल 'मत्' ही शेष रहता है। पुल्लिंग में वान्, मान् स्त्रीलिंग में वती, मती हो जाएगा।

- जिन शब्दों के अन्त में अ, आ के अतिरिक्त कोई अन्य स्वर होता है, उनमें 'मतुप्' प्रत्यय का मत् जुड़ जाता है एवं शेष का लोप हो जाता है; यथा—

शब्द	+	प्रत्ययः		सिद्ध रूप
बुद्धि	+	मतुप् (मत्)	=	बुद्धिमान्
अग्नि	+	मतुप् (मत्)	=	अग्निमान्
ध्वनि	+	मतुप् (मत्)	=	ध्वनिमान्
गति	+	मतुप् (मत्)	=	गतिमान्
शक्ति	+	मतुप् (मत्)	=	शक्तिमान्

- जिन शब्दों के अन्त में तथा उपधा में 'म' हो अथवा अ या आ हो तो उनके पश्चात् 'मतुप्' के 'म' को 'व' होकर 'मत्' के स्थान पर 'वत्' का प्रयोग होता है; *जैसे* —पुल्लिंग में शब्द के अन्त में वान्, मान् हो जाएगा एवं स्त्रीलिंग में वती, मती हो जाएगा; यथा—

शब्द	+	प्रत्ययः		सिद्ध रूप
गुण	+	मतुप् (वत्)	=	गुणवान्
धन	+	मतुप् (वत्)	=	धनवान्
गन्ध	+	मतुप् (वत्)	=	गन्धवान्
शील	+	मतुप् (वत्)	=	शीलवान्

(iv) इन् प्रत्यय

'इन्' प्रत्यय 'णिनि' प्रत्यय का संक्षिप्त रूप है। णिनि के 'ण' तथा अंतिम 'इ' के लोप हो जाने पर 'इन्' शेष रहता है। इन् प्रत्यय का प्रयोग 'वाला' अथवा 'वाली' के अर्थ में होता है; यथा—

धातु	+	प्रत्ययः		सिद्ध रूप	अर्थ
गुण	+	इन्	=	गुणिन्	गुणवाला
अर्थ	+	इन्	=	अर्थिन्	अर्थवाला
गृह	+	इन्	=	गृहिन्	घर वाला
दण्ड	+	इन्	=	दण्डिन्	सजा वाला
दन्त	+	इन्	=	दन्तिन्	दाँत वाला

(v) ठक् प्रत्यय

संस्कृत भाषा में 'ठक्' प्रत्यय का प्रयोग 'सम्बन्धी' अर्थ में भाववाचक संज्ञा बनाने के लिए किया जाता है। शब्द के साथ जुड़ने पर 'ठक्' का 'इक्' हो जाता है और शब्द के प्रथम स्वर में वृद्धि (अ को आ, इ को ऐ, उ को औ) हो जाती है; यथा—

शब्द	+	प्रत्ययः		सिद्ध रूप
धर्म	+	ठक् (इक)	=	धार्मिकः
दर्शन	+	ठक् (इक)	=	दार्शनिकः
आत्मन्	+	ठक् (इक)	=	आत्मिकः
दिन	+	ठक् (इक)	=	दैनिकः

विशेष *शब्द के प्रथम स्वर की वृद्धि का नियम निम्नलिखित है*

- इ, ई, ए को वृद्धि 'ऐ'
- उ, ऊ, ओ को वृद्धि 'औ'
- ऋ, ॠ को वृद्धि 'आर';

यथा—

शब्द	+	प्रत्ययः		सिद्ध रूप
परदारा	+	ठक् (इक)	=	पारदारिकः
भूमि	+	ठक् (इक)	=	भौमिकः
मास	+	ठक् (इक)	=	मासिकः
समाज	+	ठक् (इक)	=	सामाजिकः

(vi) त्व तथा तल् प्रत्यय

विशेषणवाची शब्दों से भाववाचक संज्ञाएँ बनाने के लिए 'त्व' तथा 'तल्' प्रत्यय लगाए जाते हैं। 'त्व' प्रत्यय के लगाने से बनने वाले शब्द नपुंसकलिंग होते हैं तथा उनके 'फल' के समान रूप बनते हैं। तल् के स्थान पर 'ता' लगता है। इस प्रत्यय के लगाने से बननें वाले शब्द स्त्रीलिंग होते हैं तथा उनके 'लता' के समान रूप बनते हैं; यथा—

शब्द	त्व प्रत्यय (त्व)	तल् प्रत्यय (ता)
बन्धु	बंधुत्व	बन्धुता
मृदु	मृदुत्व	मृदुता
सुन्दर	सुन्दरत्व	सुन्दरता
मूर्ख	मूर्खत्व	मूर्खता
कुशल	कुशलत्व	कुशलता
चतुर	चुतरत्व	चतुरता
दक्ष	दक्षत्व	दक्षता
चपल	चपलत्व	चपलता

शब्द	त्व प्रत्यय (त्व)	तल् प्रत्यय (ता)
मनुष्य	मनुष्यत्व	मनुष्यता
सज्जन	सज्जनत्व	सज्जनता
जड़	जड़त्व	जड़ता
वीर	वीरत्व	वीरता
मित्र	मित्रत्व	मित्रता

3. स्त्री प्रत्यय

जिस प्रत्यय को लगाकर पुल्लिंग शब्द स्त्रीलिङ्ग बन जाते हैं, वे स्त्री प्रत्यय कहलाते हैं। ये प्रत्यय मुख्यरूप से दो प्रकार के होते हैं

• टाप् = इसमें 'आ' शेष रहता है। • ङीप् इसमें 'ई' शेष रहता है।

(i) टाप् प्रत्यय

सामान्य रूप से अकारान्त शब्दों में स्त्रीलिङ्ग बनाने के लिए टाप् (आ) प्रत्यय लगाया जाता है; यथा—

शब्द	+	प्रत्ययः		सिद्ध रूप
एक	+	टाप् (आ)	=	एका
श्वेत	+	टाप् (आ)	=	श्वेता
अज	+	टाप् (आ)	=	अजा
अश्व	+	टाप् (आ)	=	अश्वा
वृद्ध	+	टाप् (आ)	=	वृद्धा
बाल	+	टाप् (आ)	=	बाला
पूर्व	+	टाप् (आ)	=	पूर्वा
विशाल	+	टाप् (आ)	=	विशाला
दक्षिण	+	टाप् (आ)	=	दक्षिणा
कृष्ण	+	टाप् (आ)	=	कृष्णा

आ प्रत्यय लगाने से पूर्व यदि शब्द के अन्त में 'अक्' जुड़ा हो तो 'अक्' इक में बदल जाता है; यथा—

शब्द	+	प्रत्ययः		सिद्ध रूप
सेवक	+	टाप्	=	सेविका
नायक	+	टाप्	=	नायिका
गायक	+	टाप्	=	गायिका
बालक	+	टाप्	=	बालिका
मूषक	+	टाप्	=	मूषिका
शिक्षक	+	टाप्	=	शिक्षिका

(ii) ङीप् प्रत्यय (ई)

ऋकारान्त तथा नकारान्त पुल्लिंग शब्दों को स्त्रीलिंग बनाने के लिए ङीप् प्रत्यय लगाया जाता है; यथा—

शब्द	+	प्रत्ययः		सिद्ध रूप
कर्तृ	+	ङीप् (ई)	=	कर्त्री
विधातृ	+	ङीप् (ई)	=	विधात्री
तटिन	+	ङीप् (ई)	=	तटिनी
मनस्विन्	+	ङीप् (ई)	=	मनस्विनी
कामिन्	+	ङीप् (ई)	=	कामिनी
दण्डिन्	+	ङीप् (ई)	=	दण्डिनी
तपस्विन	+	ङीप् (ई)	=	तपस्विनी
मेधाविन्	+	ङीप् (ई)	=	मेधाविनी

कुछ अकारान्त शब्दों को स्त्रीलिङ्ग बनाने के लिए ङीप् प्रत्यय का प्रयोग किया जाता है; यथा—

शब्द	+	प्रत्ययः		सिद्ध रूप
कुमार	+	ङीप्	=	कुमारी
नर्तक	+	ङीप्	=	नर्तकी
सहचर	+	ङीप्	=	सहचरी
देव	+	ङीप्	=	देवी
पुत्र	+	ङीप्	=	पुत्री
पितामह	+	ङीप्	=	पितामही
सुन्दर	+	ङीप्	=	सुन्दरी
गौर	+	ङीप्	=	गौरी
स्थल	+	ङीप्	=	स्थली

कुछ अकारान्त जातिवाचक शब्दों को स्त्रीलिङ्ग बनाने के लिए ङीप् प्रत्यय का प्रयोग किया जाता है; यथा—

शब्द	+	प्रत्ययः		सिद्ध रूप
ब्राह्मण	+	ङीप्	=	ब्राहमणी
मृग	+	ङीप्	=	मृगी
शूकर	+	ङीप्	=	शूकरी
गोप	+	ङीप्	=	गोपी
सिंह	+	ङीप्	=	सिंही
व्याघ्र	+	ङीप्	=	व्याघ्री
महिष	+	ङीप्	=	महिषी
घोटक	+	ङीप्	=	घोटका

अभ्यास प्रश्न

1. दृश धातु का क्त्वा प्रत्यान्त रूप है
(a) दृष्ट्वा (b) दर्शित्वा
(c) दृशत्वा (d) द्रष्ट्वा

2. क्त्वा प्रत्यय का शेष रहता है
(a) त्वा (b) क्त्वा
(c) वा (d) इत्वा

3. 'पठ्' धातु के क्त्वा प्रत्यय लगाने पर रूप बनता है
(a) पठ्ता (b) पठित्वा
(c) पठ्क्त्वा (d) पठिक्त्वा

4. 'पा' धातु से क्त्वा प्रत्यय होकर रूप बनता है
(a) पात्वा (b) पीत्वा
(c) पित्वा (d) पाष्ट्वा

5. उपगम्य में प्रत्यय लगा है
(a) ल्यप् (b) क्त्वा
(c) ण्यत् (d) श्यन्

6. आगत्य में प्रत्यय का प्रयोग हुआ है
(a) क्त्वा (b) क्यप्
(c) ल्यप् (d) ण्यत्

7. 'नी + ल्यप्' को जोड़ने पर शब्द बनेगा
(a) आनीय (b) नीयत
(c) नील्य (d) नय

8. निम्न में से 'ल्यप्' प्रत्यान्त रूप है
(a) पीत्वा (b) आगत्य
(c) गच्छन् (d) लभ्

9. 'गै' धातु का तुमुन् प्रत्यान्त रूप है
(a) गातुम् (b) गीतुम्
(c) गायतुम (d) गाष्टुम्

10. 'वह्' धातु से तुमुन् प्रत्यय लगाने पर रूप बनता है—
(a) यहितुम् (b) वक्तुम्
(c) बाढुम् (d) वोढुम्

11. 'स्मृ' धातु से तुमुन् प्रत्यान्त रूप है
(a) स्मरितुम् (b) स्मर्तुम्
(c) स्मरियतुम् (d) समर्तुम्

12. मोक्तुम् में प्रकृति प्रत्यय है
(a) मोच् + तुमुन् (b) मोच + तुमुन्
(c) भुज् + तुमुन् (d) मुच् + तुमुन्

13. 'हन्' धातु से क्त प्रत्यय का रूप बनता है
(a) हन्तः (b) हनितः
(c) धातः (d) हतः

14. 'शास्' धातु से क्त प्रत्यय लगने पर रूप बनता है
(a) शिष्टः
(b) शास्तः
(c) शाष्टः
(d) शासितः

15. 'प्रच्छ्' धातु से क्त प्रत्यय होने पर रूप बनता है
(a) प्रच्छितः (b) पृष्टः
(c) प्रशितः (d) पृच्छितः

16. 'अद्' धातु से क्त प्रत्यय लगाने पर रूप बनता है
(a) अद्धः (b) अक्तः
(c) जग्धः (d) अब्दः

17. 'क्तवतु' प्रत्यय में शेष रहता है
(a) तवतु (b) तवत्
(c) तव (d) तवान्

18. 'वस्' धातु से क्तवतु प्रत्यय होने पर रूप बनता है
(a) वसितवान् (b) इष्टवान्
(c) उषितवान् (d) अष्टवान्

19. 'हन्' धातु से क्तवतु प्रत्यान्त रूप है
(a) हीतवान् (b) हीनवान्
(c) हतवान् (d) हितवान्

20. 'पृष्टवान्' शब्द में प्रत्यय लगा है
(a) क्तवतु (b) तवतु
(c) वतु (d) वान्

21. 'शतृ' प्रत्यय का शेष रहता है
(a) अत् (b) शत्
(c) अन् (d) शन्

22. 'आप्नुवन्' में प्रत्यय है
(a) वत् (b) वन्
(c) अत् (d) शतृ

23. 'दृश्' धातु में शतृ प्रत्यय लगाने पर रूप बनता है
(a) दृश्यन् (b) पश्यन्
(c) द्रर्श्यन् (d) द्रर्शितन्

24. 'पिबन्' में प्रकृति + प्रत्यय है
(a) पा + शतृ (b) पिब् + शतृ
(c) पा + अत् (d) पा + शत्

25. 'वृत्' धातु का शानच् प्रत्ययान्त रूप है
(a) वृतमान (b) वर्तान
(c) वर्तमान (d) वर्तिमान्

26. 'शानच्' प्रत्यय का प्रयोग कि अर्थ में होता है?
(a) परस्मैपद (b) आत्मने पद
(c) उभयपद (d) त्रिलिङ्ग

27. 'गम्' धातु से शानच् प्रत्यय होने पर रूप बनता है
(a) गममानः (b) गतमानः
(c) गर्तमान (d) गम्यमानः

28. तव्यत् प्रत्यय का शेष रहता है
(a) तव्य
(b) तव्यत्
(c) ष्टव्य
(d) उपरोक्त सभी

29. 'गम्' धातु में तव्यत् प्रत्यय लगाने पर रूप बनता है
(a) गम्तव्यम् (b) गातव्यम्
(c) गतव्यम् (d) गन्तव्यम्

30. 'हन्' धातु से तव्यत् प्रत्ययान्त रूप बनता है
(a) हतव्यम् (b) हन्तव्यम्
(c) हम्तव्यम् (d) हनितव्यम्

31. 'ग्रह्' धातु से तव्यत् प्रत्ययान्त शब्द है
(a) ग्रहतव्यम् (b) ग्रहीतव्यम्
(c) गृहीतव्यम् (d) ग्रहितव्यम्

32. 'स्मृ' धातु से अनीयर् प्रत्यय लगाने पर रूप बनता है
(a) स्मरणीयः (b) स्मरणीय
(c) समरणीयः (d) सर्मनीयः

33. 'वह्' धातु से अनीयर् प्रत्यान्त रूप है
(a) वहनीयम् (b) बोढ़नीयम्
(c) वहणीयम् (d) बोढ़ानीय

34. 'अनीयर्' प्रत्यय का शेष रहता है
(a) अनीय (b) नीय
(c) अनीयर् (d) नी

35. 'शिव + अण्' प्रत्ययान्त पद बनेगा
(a) शैवः (b) शिवः
(c) शिवण् (d) शिवाय

36. 'रघु + अण्' को जोड़ने पर रूप बनता है
(a) रघुः (b) राघवः (c) राजनः (d) रघुण्

37. 'माहेयम्' में प्रकृति + प्रत्यय है
(a) मही + ढक् (b) महे + यम्
(c) महीम + ढक् (d) इनमें से कोई नहीं

38. 'नदी + ढक्' से रूप बनेगा
(a) नदीम् (b) नादेयम्
(c) नदीक् (d) नदेढक

39. मतुप् प्रत्यय का शेष बचता है
(a) मत् (b) वत् (c) वान् (d) मान्

40. 'बुद्धिमान्' में प्रत्यय लगा है
(a) मान् (b) मतुप् (c) आन् (d) मत्

41. 'प्राणवान्' में प्रत्यय का प्रयोग हुआ है
(a) मान् (b) वतुप् (c) वत् (d) मतुप्

42. 'गुणिन्' में प्रत्यय का प्रयोग हुआ है
(a) इन् (b) णिनि (c) मन् (d) शतृ

43. 'गृह + इन्' से मिलकर रूप बनेगा
(a) ग्रहणी (b) गृहिन्
(c) ग्रहीण (d) कोई नहीं

44. तल् प्रत्यय किस अर्थ में लगता है?
(a) भाव अर्थ (b) कर्म अर्थ
(c) कर्त्ता अर्थ (d) भाव कर्म अर्थ

45. 'मनुष्यता' पद में प्रत्यय है
(a) ता (b) तल् (c) अता (d) इता

46. तल् प्रत्यान्त शब्द किस लिङ्ग में प्रयुक्त होता है?
(a) पुल्लिंग (b) नपुंसकलिङ्ग
(c) स्त्रीलिङ्ग (d) उभयलिङ्ग

47. 'धर्म + ठक्' प्रत्यय से रूप बनेगा
(a) धार्मिकः (b) धर्मः
(c) धर्मठ (d) कोई नहीं

48. 'दैनिकः' में प्रकृति + प्रत्यय है
(a) दिन + इक (b) दिन + ठक्
(c) दैनिक + इक (d) दैनि + कः

49. 'टाप्' प्रत्यय का क्या शेष रहता है?
(a) आ (b) टा (c) प् (d) टाप्

50. टाप् प्रत्यय का प्रयोग किया जाता है
(a) आकारान्त शब्दों के साथ
(b) अकारान्त शब्दों के साथ
(c) स्त्रीलिङ्ग शब्दों के साथ
(d) नपुंसकलिङ्ग शब्दों के साथ

51. 'ङीप्' प्रत्यय में शेष रहता है
(a) इ (b) ई (c) ङी (d) ङीप्

52. 'दातृ + ङीप्' प्रत्यय से रूप बनेगा
(a) दात्री (b) दातृङी
(c) दातृप् (d) दातृङीप्

उत्तरमाला

1	(a)	2	(a)	3	(b)	4	(b)	5	(a)	6	(c)	7	(a)	8	(b)	9	(a)	10	(d)
11	(b)	12	(d)	13	(d)	14	(a)	15	(b)	16	(c)	17	(b)	18	(c)	19	(c)	20	(a)
21	(a)	22	(d)	23	(b)	24	(a)	25	(c)	26	(b)	27	(d)	28	(a)	29	(d)	30	(b)
31	(b)	32	(a)	33	(a)	34	(a)	35	(a)	36	(b)	37	(a)	38	(b)	39	(a)	40	(b)
41	(d)	42	(a)	43	(b)	44	(a)	45	(b)	46	(c)	47	(a)	48	(b)	49	(a)	50	(b)
51	(b)	52	(a)																

अध्याय 5

धातु रूप

धातु की परिभाषा

क्रिया के मूल रूप को 'धातु' कहते हैं; यथा—पठ, गम्, लिख्, नम् आदि।

धातु के रूप चलाने के लिए लकारों का प्रयोग किया जाता है।

लकार की परिभाषा संस्कृत भाषा में काल को 'लकार' कहते हैं; यथा—वर्तमान काल—लट् लकार, भूतकाल—लङ्ग लकार, भविष्यत काल—लृट् लकार आदि।

लकार के भेद

संस्कृत में दस लकार होते हैं

- लट् लकार
- लङ्ग लकार
- लोट् लकार
- लृट् लकार
- लुट् लकार
- विधिलिङ्ग लकार
- लुङ्ग लकार
- लिट् लकार
- लृङ्ग लकार
- लेट् लकार

पुरुष संस्कृत भाषा में जितने भी शब्द होते हैं, उन सभी शब्दों को कारक और वचन में तो प्रयोग किया ही जाता है, इसके अतिरिक्त संस्कृत के सभी शब्दों को पुरुष में भी विभक्त किया जाता है। पुरुष का अर्थ व्यक्ति अर्थात् कर्ता से है।

इस प्रकार संस्कृत के सभी शब्दों को तीन प्रकार के पुरुषों में विभक्त किया गया है

- प्रथम पुरुष
- मध्यम पुरुष
- उत्तम पुरुष

नवीनतम पाठ्यक्रम के अनुसार धातु के तीन भेद निम्न हैं

- आत्मनेपदी
- परस्मैपदी
- उभयपदी

परस्मैपदी

जिन धातुओं के अन्त में ति, तः, अन्ति आदि प्रत्यय लगते हैं, उन्हें 'परस्मैपदी' धातु कहते हैं।

'भू' (होना) धातु

लट् लकार (वर्तमान काल)

पुरुष	एकवचन	द्विवचन	बहुवचन
प्रथम	भवति	भवतः	भवन्ति
मध्यम	भवसि	भवथः	भवथ
उत्तम	भवामि	भवावः	भवामः

लङ्ग लकार (भूतकाल)

पुरुष	एकवचन	द्विवचन	बहुवचन
प्रथम	अभवत्	अभवताम्	अभवन्
मध्यम	अभवः	अभवतम्	अभवत
उत्तम	अभवम्	अभवाव	अभवाम

लोट् लकार (आज्ञार्थ)

पुरुष	एकवचन	द्विवचन	बहुवचन
प्रथम	भवतु	भवताम्	भवन्तु
मध्यम	भव	भवतम्	भवत
उत्तम	भवानि	भवाव	भवाम

विधिलिङ्ग लकार (विध्यर्थ)

पुरुष	एकवचन	द्विवचन	बहुवचन
प्रथम	भवेत्	भवेताम्	भवेयुः
मध्यम	भवेः	भवेतम्	भवेत
उत्तम	भवेयम्	भवेव	भवेम

लृट् लकार (भविष्यत काल)

पुरुष	एकवचन	द्विवचन	बहुवचन
प्रथम	भविष्यति	भविष्यतः	भविष्यन्ति
मध्यम	भविष्यसि	भविष्यथः	भविष्यथ
उत्तम	भविष्यामि	भविष्यावः	भविष्यामः

'पा' (पिब् + पानी) धातु

लट् लकार (वर्तमान काल)

पुरुष	एकवचन	द्विवचन	बहुवचन
प्रथम	पिबति	पिबतः	पिबन्ति
मध्यम	पिबसि	पिबथः	पिबथ
उत्तम	पिबामि	पिबावः	पिबामः

लङ्ग लकार (भूतकाल)

पुरुष	एकवचन	द्विवचन	बहुवचन
प्रथम	अपिबत्	अपिबताम्	अपिबन्
मध्यम	अपिबः	अपिबतम्	अपिबत
उत्तम	अपिबम्	अपिबाव	अपिबाम

लोट् लकार (आज्ञार्थ)

पुरुष	एकवचन	द्विवचन	बहुवचन
प्रथम	पिबतु	पिबताम्	पिबन्तु
मध्यम	पिब	पिबतम्	पिबत
उत्तम	पिबानि	पिबाव	पिबाम

विधिलिङ्ग लकार (विध्यर्थ)

पुरुष	एकवचन	द्विवचन	बहुवचन
प्रथम	पिबेत्	पिबेताम्	पिबेयुः
मध्यम	पिबेः	पिबेतम्	पिबेत
उत्तम	पिबेयम्	पिबेव	पिबेम

लृट् लकार (भविष्यत काल)

पुरुष	एकवचन	द्विवचन	बहुवचन
प्रथम	पास्यति	पास्यतः	पास्यन्ति
मध्यम	पास्यसि	पास्यथः	पास्यथ
उत्तम	पास्यामि	पास्यावः	पास्यामः

'वस्' (रहना) धातु

लट् लकार (वर्तमान काल)

पुरुष	एकवचन	द्विवचन	बहुवचन
प्रथम	वसति	वसतः	वसन्ति
मध्यम	वससि	वसथः	वसथ
उत्तम	वसामि	वसावः	वसामः

लङ्ग लकार (भूतकाल)

पुरुष	एकवचन	द्विवचन	बहुवचन
प्रथम	अवसत्	अवसताम्	अवसन्
मध्यम	अवसः	अवसतम्	अवसत
उत्तम	अवसम्	अवसाव	अवसाम

लोट् लकार (आज्ञार्थ)

पुरुष	एकवचन	द्विवचन	बहुवचन
प्रथम	वसतु	वसताम्	वसन्तु
मध्यम	वस	वसतम्	वसत
उत्तम	वसानि	वसाव	वसाम

विधिलिङ्ग लकार (विध्यर्थ)

पुरुष	एकवचन	द्विवचन	बहुवचन
प्रथम	वसेत्	वसेताम्	वसेयुः
मध्यम	वसेः	वसेतम	वसेत
उत्तम	वसेयम्	वसेव	वसेम

लृट् लकार (भविष्यत काल)

पुरुष	एकवचन	द्विवचन	बहुवचन
प्रथम	वत्स्यति	वत्स्यतः	वत्स्यन्ति
मध्यम	वत्स्यसि	वत्स्यथः	वत्स्यथ
उत्तम	वत्स्यामि	वत्स्यावः	वत्स्यामः

'स्था' (तिष्ठ् – ठहरना) धातु

लट् लकार (वर्तमान काल)

पुरुष	एकवचन	द्विवचन	बहुवचन
प्रथम	तिष्ठति	तिष्ठतः	तिष्ठन्ति
मध्यम	तिष्ठसि	तिष्ठथः	तिष्ठथ
उत्तम	तिष्ठामि	तिष्ठावः	तिष्ठामः

लङ्ग लकार (भूतकाल)

पुरुष	एकवचन	द्विवचन	बहुवचन
प्रथम	अतिष्ठत्	अतिष्ठताम्	अतिष्ठन्
मध्यम	अतिष्ठः	अतिष्ठतम्	अतिष्ठत
उत्तम	अतिष्ठम्	अतिष्ठाव	अतिष्ठाम

लोट् लकार (आज्ञार्थ)

पुरुष	एकवचन	द्विवचन	बहुवचन
प्रथम	तिष्ठतु	तिष्ठताम्	तिष्ठन्तु
मध्यम	तिष्ठ	तिष्ठतम्	तिष्ठत
उत्तम	तिष्ठानि	तिष्ठाव	तिष्ठाम

विधिलिङ्ग लकार (विध्यर्थ)

पुरुष	एकवचन	द्विवचन	बहुवचन
प्रथम	तिष्ठेत्	तिष्ठेताम्	तिष्ठेयुः
मध्यम	तिष्ठेः	तिष्ठेतम्	तिष्ठेत
उत्तम	तिष्ठेयम्	तिष्ठेव	तिष्ठेम

लृट् लकार (भविष्यत काल)

पुरुष	एकवचन	द्विवचन	बहुवचन
प्रथम	स्थास्यति	स्थास्यतः	स्थास्यन्ति
मध्यम	स्थास्यसि	स्थास्यथः	स्थास्यथ
उत्तम	स्थास्यामि	स्थास्यावः	स्थास्यामः

'नश्' (नष्ट होना) धातु

लट् लकार (वर्तमान काल)

पुरुष	एकवचन	द्विवचन	बहुवचन
प्रथम	नश्यति	नश्यतः	नश्यन्ति
मध्यम	नश्यसि	नश्यथः	नश्यथ
उत्तम	नश्यामि	नश्यावः	नश्यामः

लङ्ग लकार (भूतकाल)

पुरुष	एकवचन	द्विवचन	बहुवचन
प्रथम	अनश्यत्	अनश्यताम्	अनश्यन्
मध्यम	अनश्यः	अनश्यतम्	अनश्यत
उत्तम	अनश्यम्	अनश्याव	अनश्याम

लोट् लकार (आज्ञार्थ)

पुरुष	एकवचन	द्विवचन	बहुवचन
प्रथम	नश्यतु	नश्यताम्	नश्यन्तु
मध्यम	नश्य	नश्यतम्	नश्यत
उत्तम	नश्यानि	नश्याव	नश्याम

विधिलिङ्ग लकार (विध्यर्थ)

पुरुष	एकवचन	द्विवचन	बहुवचन
प्रथम	नश्येत्	नश्येताम्	नश्येयुः
मध्यम	नश्येः	नश्येतम्	नश्येत
उत्तम	नश्येयम्	नश्येव	नश्येम

लृट् लकार (भविष्यत काल)

पुरुष	एकवचन	द्विवचन	बहुवचन
प्रथम	नङ्क्ष्यति	नङ्क्ष्यतः	नङ्क्ष्यन्ति
मध्यम	नङ्क्ष्यसि	नङ्क्ष्यथः	नङ्क्ष्यथ
उत्तम	नङ्क्ष्यामि	नङ्क्ष्यावः	नङ्क्ष्यामः

'आप्' (प्राप्त करना) धातु

लट् लकार (वर्तमान काल)

पुरुष	एकवचन	द्विवचन	बहुवचन
प्रथम	आप्नोति	आप्नुतः	आप्नुवन्ति
मध्यम	आपनोषि	आप्नुथः	आप्नुथ
उत्तम	आप्नोमि	आप्नुवः	आप्नुमः

लङ्ग लकार (भूतकाल)

पुरुष	एकवचन	द्विवचन	बहुवचन
प्रथम	आप्नोत्	आप्नुताम्	आप्नुवन्
मध्यम	आप्नोः	आप्नुतम्	आप्नुत
उत्तम	आप्नवम्	आप्नुव	आप्नुम

लोट् लकार (आज्ञार्थ)

पुरुष	एकवचन	द्विवचन	बहुवचन
प्रथम	आप्नोतु	आप्नुताम्	आप्नुवन्तु
मध्यम	आप्नुहि	आप्नुतम्	आप्नुत
उत्तम	आप्नवानि	आप्नवाव	आप्नवाव

विधिलिङ्ग लकार (विध्यर्थ)

पुरुष	एकवचन	द्विवचन	बहुवचन
प्रथम	आप्नुयात्	आप्नुयाताम्	आप्नुयुः
मध्यम	आप्नुयाः	आप्नुयातम्	आप्नुयात
उत्तम	आप्नुयाम्	आप्नुयाव	आप्नुयाम

लृट् लकार (भविष्यत काल)

पुरुष	एकवचन	द्विवचन	बहुवचन
प्रथम	आप्स्यति	आप्स्यतः	आप्स्यन्ति
मध्यम	आप्स्यसि	आप्स्यथः	आप्स्यथ
उत्तम	आप्स्यामि	आप्स्यावः	आप्स्यामः

'इष्' (इच्छा करना) धातु

लट् लकार (वर्तमान काल)

पुरुष	एकवचन	द्विवचन	बहुवचन
प्रथम	इच्छति	इच्छतः	इच्छन्ति
मध्यम	इच्छसि	इच्छथः	इच्छथ
उत्तम	इच्छामि	इच्छावः	इच्छामः

लङ्ग लकार (भूतकाल)

पुरुष	एकवचन	द्विवचन	बहुवचन
प्रथम	ऐच्छत	ऐच्छताम्	ऐच्छन्
मध्यम	ऐच्छः	ऐच्छतम्	ऐच्छत
उत्तम	ऐच्छन	ऐच्छाव	ऐच्छाम

लोट् लकार (आज्ञार्थ)

पुरुष	एकवचन	द्विवचन	बहुवचन
प्रथम	इच्छतु	इच्छताम्	इच्छन्तु
मध्यम	इच्छ	इच्छतम्	इच्छत
उत्तम	इच्छानि	इच्छाव	इच्छाम

विधिलिङ्ग लकार (विध्यर्थ)

पुरुष	एकवचन	द्विवचन	बहुवचन
प्रथम	इच्छेत्	इच्छेताम्	इच्छेयुः
मध्यम	इच्छेः	इच्छेतम्	इच्छेत
उत्तम	इच्छेयम्	इच्छेव	इच्छेम

लृट् लकार (भविष्यत काल)

पुरुष	एकवचन	द्विवचन	बहुवचन
प्रथम	एषिष्यति	एषिष्यतः	एषिष्यन्ति
मध्यम	एषिष्यसि	एषिष्यथः	एषिष्यथ
उत्तम	एषिष्यामि	एषिष्यावः	एषिष्यामः

धाव् (दौड़ना) धातु लट् लकार

पुरुष	एकवचन	द्विवचन	बहुवचन
प्रथम	धावति	धावतः	धावन्ति
मध्यम	धावसि	धावथः	धावथ
उत्तम	धावामि	धावावः	धावामः

लङ् लकार

पुरुष	एकवचन	द्विवचन	बहुवचन
प्रथम	अधावत्	अधावताम्	अधावन्
मध्यम	अधावः	अधावतम्	अधावत
उत्तम	अधावम्	अधावाव	अधावाम

लृट् लकार

पुरुष	एकवचन	द्विवचन	बहुवचन
प्रथम	धाविष्यति	धाविष्यतः	धाविष्यन्ति
मध्यम	धाविष्यसि	धाविष्यथः	धाविष्यथ
उत्तम	धाविष्यामि	धाविष्याम	धाविष्यामः

लोट् लकार

पुरुष	एकवचन	द्विवचन	बहुवचन
प्रथम	धावतु	धावताम्	धावन्तु
मध्यम	धाव	धावतम्	धावत
उत्तम	धावानि	धावाव	धावाम

विधिलिङ् लकार

पुरुष	एकवचन	द्विवचन	बहुवचन
प्रथम	धावेत्	धावेताम्	धावेयुः
मध्यम	धावेः	धावेतम्	धावेत
उत्तम	धावेयम्	धावेव	धावेम

पच् (पकाना) धातु लट् लकार

पुरुष	एकवचन	द्विवचन	बहुवचन
प्रथम	पचति	पचतः	पचन्ति
मध्यम	पचसि	पचथः	पचथ
उत्तम	पचामि	पचावः	पचामः

लङ् लकार

पुरुष	एकवचन	द्विवचन	बहुवचन
प्रथम	अपचत्	अपचताम्	अपचन्
मध्यम	अपचः	अपचतम्	अपचत
उत्तम	अपचम्	अपचाव	अपचाम

लृट् लकार

पुरुष	एकवचन	द्विवचन	बहुवचन
प्रथम	क्ष्यति	पक्ष्यतः	पक्ष्यन्ति
मध्यम	पक्ष्यसि	पक्ष्यथः	पक्ष्यथ
उत्तम	पक्ष्यामि	पक्ष्यावः	पक्ष्यामः

लोट् लकार

पुरुष	एकवचन	द्विवचन	बहुवचन
प्रथम	पचतु	पचताम्	पचन्तु
मध्यम	पच	पचतम्	पचत
उत्तम	पचानि	पचाव	पचाम

विधिलिङ् लकार

पुरुष	एकवचन	द्विवचन	बहुवचन
प्रथम	पचेत्	पचेताम्	पचेयुः
मध्यम	पचेः	पचेतम्	पचेत
उत्तम	पचेयम्	पचेव	पचेम

चिन्त् (सोचना) धातु लट् लकार

पुरुष	एकवचन	द्विवचन	बहुवचन
प्रथम	चिन्तयति	चिन्तयतः	चिन्तयन्ति
मध्यम	चिन्तयसि	चिन्तयथः	चिन्तयथ
उत्तम	चिनतयामि	चिन्तयावः	चिन्तयामः

लङ् लकार

पुरुष	एकवचन	द्विवचन	बहुवचन
प्रथम	अचिन्तयत्	अचिन्तयताम्	अचिन्तयन्
मध्यम	अचिन्तयः	अचिन्तयतम्	अचिन्तयत
उत्तम	अचिन्तयम्	अचिन्तयाव	अचिन्तयाम

लृट् लकार

पुरुष	एकवचन	द्विवचन	बहुवचन
प्रथम	चिन्तयिष्यति	चिन्तयिष्यतः	चिन्तयिष्यन्ति
मध्यम	चिन्तयिष्यसि	चिन्तयिष्यथः	चिन्तयिष्यथ
उत्तम	चिन्तयिष्यामि	चिन्तयिष्यावः	चिन्तयिष्यामः

लोट् लकार

पुरुष	एकवचन	द्विवचन	बहुवचन
प्रथम	चिन्तयतु	चिन्तयताम्	चिन्तयन्तु
मध्यम	चिन्तय	चिन्तयतम्	चिन्तयत
उत्तम	चिन्तयानि	चिन्तयाव	चिन्तयाम

विधिलिङ् लकार

पुरुष	एकवचन	द्विवचन	बहुवचन
प्रथम	चिन्तयेत्	चिन्तयेताम्	चिन्तयेयुः
मध्यम	चिन्तयेः	चिन्तयेतम्	चिन्तयेत
उत्तम	चिन्तयेयम्	चिन्तयेव	चिन्तमेय

दृश् पश्च (देखना) धातु लट् लकार

पुरुष	एकवचन	द्विवचन	बहुवचन
प्रथम	पश्यति	पश्यतः	पश्यन्ति
मध्यम	पश्यसि	पश्यथः	पश्यथ
उत्तम	पश्यामि	पश्यावः	पश्यामः

लङ् लकार

पुरुष	एकवचन	द्विवचन	बहुवचन
प्रथम	अपश्यत्	अपश्यताम्	अपश्यन्
मध्यम	अपश्यः	अपश्यतम्	अपश्यत
उत्तम	अपश्यम्	अपश्याव	अपश्याम

लृट् लकार

पुरुष	एकवचन	द्विवचन	बहुवचन
प्रथम	द्रक्ष्यति	द्रक्ष्यतः	द्रक्ष्यन्ति
मध्यम	द्रक्ष्यसि	द्रक्ष्यथः	द्रक्ष्यथ
उत्तम	द्रक्ष्यामि	द्रक्ष्यावः	द्रक्ष्यामः

लोट् लकार

पुरुष	एकवचन	द्विवचन	बहुवचन
प्रथम	पश्यतु	पश्यताम्	पश्यन्तु
मध्यम	पश्य	पश्येतम्	पश्यत
उत्तम	पश्यानि	पश्याव	पश्याम

विधिलिङ् लकार

पुरुष	एकवचन	द्विवचन	बहुवचन
प्रथम	पश्येत्	पश्येताम्	पश्येयुः
मध्यम	पश्येः	पश्येतम्	पश्येत
उत्तम	पश्येयम्	पश्येव	पश्येम

क्रीड् (खेलना) धातु लट् लकार

पुरुष	एकवचन	द्विवचन	बहुवचन
प्रथम	क्रीडति	क्रीडतः	क्रीडन्ति
मध्यम	क्रीडसि	क्रीडथः	क्रीडिथ
उत्तम	क्रीडामि	क्रीडावः	क्रीडामः

लृट्. लकार

पुरुष	एकवचन	द्विवचन	बहुवचन
प्रथम	अकीडत्	अक्रीडताम्	अक्रीडन्
मध्यम	अक्रीडः	अक्रीडतम्	अक्रीडत
उत्तम	अक्रीडम्	अक्रीडाव	अक्रीडाम

लृट् लकार

पुरुष	एकवचन	द्विवचन	बहुवचन
प्रथम	क्रीडिष्यति	क्रीडिष्यतः	क्रीडिष्यन्ति
मध्यम	क्रीडिष्यसि	क्रीडिष्यथः	क्रीडिष्यथ
उत्तम	क्रीडिष्यामि	क्रीडिष्यावः	क्रीडिष्यामः

लोट् लकार

पुरुष	एकवचन	द्विवचन	बहुवचन
प्रथम	क्रीडतु	क्रीडताम्	क्रीडन्तु
मध्यम	कीड	क्रीडतम्	क्रीडत
उत्तम	क्रीडानि	क्रीडाव	क्रीडाम

विधिलिङ् लकार

पुरुष	एकवचन	द्विवचन	बहुवचन
प्रथम	क्रीडेत्	क्रीडेताम्	क्रीडेयुः
मध्यम	क्रीडेः	क्रीडेतम्	क्रीडेत
उत्तम	क्रीडेयम्	क्रीडेव	क्रीडेम

गम् गच्छ (जाना) धातु लट् लकार

पुरुष	एकवचन	द्विवचन	बहुवचन
प्रथम	गच्छति	गच्छतः	गच्छन्ति
मध्यम	गच्छसि	गच्छथः	गच्छथ
उत्तम	गच्छामि	गच्छावः	गच्छामः

लङ् लकार

पुरुष	एकवचन	द्विवचन	बहुवचन
प्रथम	अगच्छत्	अगच्छताम्	अगच्छन्
मध्यम	अगच्छः	अगच्छतम्	अगच्छत
उत्तम	अगच्छम्	अगच्छाव	अगच्छाम

लृट् लकार

पुरुष	एकवचन	द्विवचन	बहुवचन
प्रथम	गमिष्यति	गमिष्यतः	गमिष्यन्ति
मध्यम	गमिष्यसि	गमिष्यथः	गमिष्यथ
उत्तम	गमिष्यामि	गमिष्यावः	गमिष्यामः

लोट् लकार

पुरुष	एकवचन	द्विवचन	बहुवचन
प्रथम	गच्छतु	गच्छताम्	गच्छन्तु
मध्यम	गच्छ	गच्छतम्	गच्छत
उत्तम	गच्छानि	गच्छाव	गच्छाम

विधिलिङ् लकार

पुरुष	एकवचन	द्विवचन	बहुवचन
प्रथम	गच्छेत्	गच्छेताम्	गच्छेयुः
मध्यम	गच्छेः	गच्छेतम्	गच्छेत
उत्तम	गच्छेयम्	गच्छेव	गच्छेम

अस् (होना) धातु लट् लकार

पुरुष	एकवचन	द्विवचन	बहुवचन
प्रथम	अस्ति	स्तः	सन्ति
मध्यम	असि	स्थः	स्थ
उत्तम	अस्मि	स्वः	स्मः

लङ् लकार

पुरुष	एकवचन	द्विवचन	बहुवचन
प्रथम	आसीत्	आस्ताम्	आसन्
मध्यम	आसीः	आस्तम्	आस्त
उत्तम	आसम्	आस्व	आस्म

लृट् लकार

पुरुष	एकवचन	द्विवचन	बहुवचन
प्रथम	भविष्यति	भविष्यतः	भविष्यन्ति
मध्यम	भविष्यसि	भविष्यथः	भविष्यथ
उत्तम	भविष्यामि	भविष्यावः	भविष्यायः

लोट् लकार

पुरुष	एकवचन	द्विवचन	बहुवचन
प्रथम	अस्तु	स्ताम्	सन्तु
मध्यम	एधि	स्तम्	स्त
उत्तम	असानि	असाव	असाम

विधिलिङ् लकार

पुरुष	एकवचन	द्विवचन	बहुवचन
प्रथम	स्यात्	स्याताम्	स्युः
मध्यम	स्याः	स्यातम्	स्यात
उत्तम	स्याम्	स्याव	स्याम

कथ् (कहना) धातु लट् लकार

पुरुष	एकवचन	द्विवचन	बहुवचन
प्रथम	कथयति	कथयतः	कथयन्ति
मध्यम	कथयसि	कथयथः	कथयथ
उत्तम	कथयामि	कथयावः	कथयामः

लङ् लकार

पुरुष	एकवचन	द्विवचन	बहुवचन
प्रथम	अकथयत्	अकथयताम्	अकथयन्
मध्यम	अकथयः	अकथयतम्	अकथयत
उत्तम	अकथयम्	अकथयाव	अकथयाम

लृट् लकार

पुरुष	एकवचन	द्विवचन	बहुवचन
प्रथम	कथयिष्यति	कथयिष्यतः	कथयिष्यन्ति
मध्यम	कथयिष्यसि	कथयिष्यथः	कथयिष्यथ
उत्तम	कथयिष्यामि	कथयिष्यावः	कथयिष्यामः

लोट् लकार

पुरुष	एकवचन	द्विवचन	बहुवचन
प्रथम	कथयतु	कथयताम्	कथयन्तु
मध्यम	कथय	कथयतम्	कथयत
उत्तम	कथयानि	कथयाव	कथयाम

विधिलिङ् लकार

पुरुष	एकवचन	द्विवचन	बहुवचन
प्रथम	कथयेत्	कथयेताम्	कथयेयुः
मध्यम	कथयेः	कथयेतम्	कथयेत
उत्तम	कथयेयम्	कथयेव	कथयेम

हस् (हँसना) धातु लट् लकार

पुरुष	एकवचन	द्विवचन	बहुवचन
प्रथम	हसति	हसतः	हसन्ति
मध्यम	हससि	हसथः	हसथ
उत्तम	हसामि	हसावः	हसामः

लङ् लकार

पुरुष	एकवचन	द्विवचन	बहुवचन
प्रथम	अहसत्	अहसताम्	अहसन्
मध्यम	अहसः	अहसतम्	अहसत
उत्तम	अहसम्	अहसाव	अहसाम

लृट् लकार

पुरुष	एकवचन	द्विवचन	बहुवचन
प्रथम	हसिष्यति	हसिष्यतः	हसिष्यन्ति
मध्यम	हसिष्यसि	हसिष्यथः	हसिष्यथ
उत्तम	हसिष्यामि	हसिष्यावः	हसिष्यामः

लोट् लकार

पुरुष	एकवचन	द्विवचन	बहुवचन
प्रथम	हसतु	हसताम्	हसन्तु
मध्यम	हस	हसतम्	हसत
उत्तम	हसानि	हसाव	हसाम

विधिलिङ् लकार

पुरुष	एकवचन	द्विवचन	बहुवचन
प्रथम	हसेत्	हसेताम्	हसेयुः
मध्यम	हसेः	हसेतम्	हसेत
उत्तम	हसेयम्	हसेव	हसेम

पठ् (पढ़ना) धातु लट् लकार

पुरुष	एकवचन	द्विवचन	बहुवचन
प्रथम	पठति	पठतः	पठन्ति
मध्यम	पठसि	पठथः	पठथ
उत्तम	पठामि	पठावः	पठामः

लङ् लकार

पुरुष	एकवचन	द्विवचन	बहुवचन
प्रथम	अपठत्	अपठताम्	अपठन्
मध्यम	अपठः	अपठतम्	अपठत्
उत्तम	अपठम्	अपठाव	अपठाम

लृट् लकार

पुरुष	एकवचन	द्विवचन	बहुवचन
प्रथम	पठिष्यति	पठिष्यतः	पठिष्यन्ति
मध्यम	पठिष्यसि	पठिष्यथः	पठिष्यथ
उत्तम	पठिष्यामि	पठिष्यावः	पठिष्यामः

लोट् लकार

पुरुष	एकवचन	द्विवचन	बहुवचन
प्रथम	पठतु	पठताम्	पठन्तु
मध्यम	पठ	पठतम्	पठत
उत्तम	पठानि	पठाव	पठाम

विधिलिङ् लकार

पुरुष	एकवचन	द्विवचन	बहुवचन
प्रथम	पठेत्	पठेताम्	पठेयुः
मध्यम	पठेः	पठेतम्	पठेत
उत्तम	पठेयम्	पठेव	पठेम

आत्मनेपदी

जिन धातुओं के अन्त में ते, एते, अन्ते आदि प्रत्यय लगते हैं, उन्हें 'आत्मनेपदी धातु' कहते हैं।

'वृध' (बढ़ना) धातु

लट् लकार (वर्तमान काल)

पुरुष	एकवचन	द्विवचन	बहुवचन
प्रथम	वर्धते	वर्धेते	वर्धन्ते
मध्यम	वर्धसे	वर्धेथे	वर्धध्वे
उत्तम	वर्धे	वर्धावहै	वर्धामहै

लङ्ग लकार (भूतकाल)

पुरुष	एकवचन	द्विवचन	बहुवचन
प्रथम	अवर्धत	अवर्धेताम्	अवर्धन्त
मध्यम	अवर्धथाः	अवर्धेथाम्	अवर्धध्वम्
उत्तम	अवर्धे	अवर्धावहि	अवर्धामहि

लोट् लकार (आज्ञार्थ)

पुरुष	एकवचन	द्विवचन	बहुवचन
प्रथम	वर्धताम्	वर्धेताम्	वर्धन्ताम्
मध्यम	वर्धस्व	वर्धेथाम्	वर्धध्वम्
उत्तम	वर्धै	वर्धावहै	वर्धामहै

विधिलिङ्ग लकार (विध्यर्थ)

पुरुष	एकवचन	द्विवचन	बहुवचन
प्रथम	वर्धेत	वर्धेयाताम्	वर्धेरन्
मध्यम	वर्धेथाः	वर्धेयाथाम्	वर्धेध्वम्
उत्तम	वर्धेय	वर्धेवहि	वर्धेमहि

लृट् लकार (भविष्यत काल)

पुरुष	एकवचन	द्विवचन	बहुवचन
प्रथम	वर्धिष्यते	वर्धिष्येते	वर्धिष्यन्ते
मध्यम	वर्धिष्यसे	वर्धिष्येथे	वर्धिष्यध्वे
उत्तम	वर्धिष्ये	वर्धिष्यावहे	वर्धिष्यामहे

'जन्' (जा = पैदा होना) धातु

लट् लकार (वर्तमान काल)

पुरुष	एकवचन	द्विवचन	बहुवचन
प्रथम	जायते	जायेते	जायन्ते
मध्यम	जायसे	जायेथे	जायध्वे
उत्तम	जाये	जायावहे	जायामहे

लङ्ग लकार (भूतकाल)

पुरुष	एकवचन	द्विवचन	बहुवचन
प्रथम	अजायत	अजायेताम्	अजायन्त
मध्यम	अजायथाः	अजायेथाम्	अजायध्वम्
उत्तम	अजाये	अजायावहि	अजायामहि

लोट् लकार (आज्ञार्थ)

पुरुष	एकवचन	द्विवचन	बहुवचन
प्रथम	जायताम्	जायेताम्	जायन्ताम्
मध्यम	जायस्व	जायेथाम्	जायध्वम्
उत्तम	जायै	जायावहै	जायामहै

विधिलिङ्ग लकार (विध्यर्थ)

पुरुष	एकवचन	द्विवचन	बहुवचन
प्रथम	जायेत	जायेयाताम्	जायेरन्
मध्यम	जायेथाः	जायेयाथाम्	जायेध्वम्
उत्तम	जायेय	जायेवहि	जायेमहि

लृट् लकार (भविष्यत काल)

पुरुष	एकवचन	द्विवचन	बहुवचन
प्रथम	जनिष्यते	जनिष्येते	जनिष्यन्ते
मध्यम	जनिष्यसे	जनिष्येथे	जनिष्यध्वे
उत्तम	जनिष्ये	जनिष्यावहे	जनिष्यामहे

'मुद्' 'मोद्' (प्रसन्न होना) धातु लट् लकार

पुरुष	एकवचन	द्विवचन	बहुवचन
प्रथम	मोदते	मोदेते	मोदन्ते
मध्यम	मोदसे	मोदेथे	मोदध्वे
उत्तम	मोदे	मोदावहे	मोदामहे

लङ् लकार

पुरुष	एकवचन	द्विवचन	बहुवचन
प्रथम	अमोदत	अमोदेताम्	अमोदन्त
मध्यम	अमोदथाः	अमोदेथाम्	अमोदध्वम्
उत्तम	अमोदे	अमोदावहि	अमोदामहि

लृट् लकार

पुरुष	एकवचन	द्विवचन	बहुवचन
प्रथम	मोदिष्यते	मोदिष्येते	मोदिष्यन्ते
मध्यम	मोदिष्यसे	मोदिष्येथे	मोदिष्यध्वे
उत्तम	मोदिष्ये	मोदिष्यावहे	मोदिष्यामहे

लोट् लकार

पुरुष	एकवचन	द्विवचन	बहुवचन
प्रथम	मोदताम्	मोदेताम्	मोदन्ताम्
मध्यम	मोदस्व	मोदेथाम्	मोदध्वम्
उत्तम	मोदै	मोदावहै	मोदामहै

विधिलिङ् लकार

पुरुष	एकवचन	द्विवचन	बहुवचन
प्रथम	मोदेत	मोदेयाताम्	मोदेरन्
मध्यम	मोदेथाः	मोदेयाथाम्	मोदेध्वम्
उत्तम	मोदेय	मोदेवहि	मोदेमहि

याच् (माँगना) धातु लट् लकार

पुरुष	एकवचन	द्विवचन	बहुवचन
प्रथम	याचति	याचतः	याचन्ति
मध्यम	याचसि	याचथः	याचथ
उत्तम	याचामि	याचावः	याचामः

लङ् लकार

पुरुष	एकवचन	द्विवचन	बहुवचन
प्रथम	अयाचत्	अयाचताम्	अयाचन्
मध्यम	अयाचः	अयाचतम्	अयाचत
उत्तम	अयाचम्	अयाचाव	अयाचाम

लृट् लकार

पुरुष	एकवचन	द्विवचन	बहुवचन
प्रथम	याचिष्यति	याचिष्यतः	याचिष्यन्ति
मध्यम	याचिष्यसि	याचिष्यथः	याचिष्यथ
उत्तम	याचिष्यामि	याचिष्यावः	याचिष्यामः

लोट् लकार

पुरुष	एकवचन	द्विवचन	बहुवचन
प्रथम	याचतु	याचताम्	याचन्तु
मध्यम	याच	याचतम्	याचत
उत्तम	याचानि	याचाव	याचाम

विधिलिङ् लकार

पुरुष	एकवचन	द्विवचन	बहुवचन
प्रथम	याचेत्	याचेताम्	याचेयुः
मध्यम	याचेः	याचेतम्	याचेत
उत्तम	याचेयम्	याचेव	याचेम

'सेव्' (सेवा करना) धातु लट् लकार

पुरुष	एकवचन	द्विवचन	बहुवचन
प्रथम	सेवते	सेवेते	सेवन्ते
मध्यम	सेवसे	सेवेथे	सेवध्वे
उत्तम	सेवे	सेवावहे	सेवामहे

लङ् लकार

पुरुष	एकवचन	द्विवचन	बहुवचन
प्रथम	असेवत	असेवेताम्	असेवन्त
मध्यम	असेवथाः	असेवेथाम्	असेवध्वम्
उत्तम	असेवे	असेवावहि	असेवामहि

लृट् लकार

पुरुष	एकवचन	द्विवचन	बहुवचन
प्रथम	सेविष्यते	सेविष्येते	सेविष्यन्ते
मध्यम	सेवष्यसे	सेविष्येथे	सेविष्यध्वे
उत्तम	सेविष्ये	सेविष्यावहे	सेविष्यामहे

लोट् लकार

पुरुष	एकवचन	द्विवचन	बहुवचन
प्रथम	सेवताम्	सेवेताम्	सेवन्ताम्
मध्यम	सेवस्व	सेवेथाम्	सेवध्वम्
उत्तम	सेवै	सेवावहै	सेवामहै

विधिलिङ् लकार

पुरुष	एकवचन	द्विवचन	बहुवचन
प्रथम	सेवेत	सेवेयाताम्	सेवेरन्
मध्यम	सेवेथाः	सेवेयाथाम्	सेवेध्वम्
उत्तम	सेवेय	सेवेवहि	सेवेमहि

उभयपदी

जिन धातुओं के रूप दोनों पदों (परस्मैपदी एवं आत्मनेपदी) में चलते हैं, उन्हें 'उभयपदी धातु' कहते हैं।

'नी' (ले जाना) धातु

लट् लकार (वर्तमान काल)

पुरुष	एकवचन	द्विवचन	बहुवचन
प्रथम	नयति	नयतः	नयन्ति
मध्यम	नयसि	नयथः	नयथ
उत्तम	नयामि	नयावः	नयामः

लङ्ग लकार (भूतकाल)

पुरुष	एकवचन	द्विवचन	बहुवचन
प्रथम	अनयत्	अनयताम्	अनयन्
मध्यम	अनयः	अनयतम्	अनयत
उत्तम	अनयम्	अनयाव	अनयाम

विधिलिङ्ग लकार (विध्यर्थ)

पुरुष	एकवचन	द्विवचन	बहुवचन
प्रथम	नयेत	नयेयाताम्	नयेरन्
मध्यम	नयेथाः	नयेयाथाम्	नयेध्वम्
उत्तम	नयेय	नयेवहि	नयेमहि

लृट् लकार (भविष्यत काल)

पुरुष	एकवचन	द्विवचन	बहुवचन
प्रथम	नेष्यते	नेष्येते	नेष्यन्ते
मध्यम	नेष्यसे	नेष्येथे	नेष्यध्वे
उत्तम	नेष्ये	नेष्यावहे	नेष्यामहे

'दा' (देना) धातु : उभयपदी-परस्मैपदी

लट् लकार (वर्तमान काल)

पुरुष	एकवचन	द्विवचन	बहुवचन
प्रथम	ददाति	दत्तः	ददति
मध्यम	ददासि	दत्थः	दत्थ
उत्तम	ददामि	दद्वः	दद्मः

लङ्ग लकार (भूतकाल)

पुरुष	एकवचन	द्विवचन	बहुवचन
प्रथम	अददात्	अदत्ताम्	अददुः
मध्यम	अददाः	अदत्तम्	अदत्त
उत्तम	अददाम्	अदद्व	अदद्म

लोट् लकार (आज्ञार्थ)

पुरुष	एकवचन	द्विवचन	बहुवचन
प्रथम	ददातु	दताम	ददतु
मध्यम	देहि	दत्तम्	दत्त
उत्तम	ददानि	ददाव	ददाम

विधिलिङ्ग लकार (विध्यर्थ)

पुरुष	एकवचन	द्विवचन	बहुवचन
प्रथम	दद्यात्	दद्याताम्	दद्युः
मध्यम	दद्याः	दद्यातम्	दद्यात
उत्तम	दद्याम्	दद्याव	दद्याम

लृट् लकार (भविष्यत काल)

पुरुष	एकवचन	द्विवचन	बहुवचन
प्रथम	दास्यति	दास्यतः	दास्यन्ति
मध्यम	दास्यसि	दास्यथः	दास्यथ
उत्तम	दास्यामि	दास्यावः	दास्यामः

'दा' (देना) धातु : उभयपदी-आत्मनेपदी

विधिलिङ्ग लकार (विध्यर्थ)

पुरुष	एकवचन	द्विवचन	बहुवचन
प्रथम	ददीत	ददीयाताम्	ददीरन्
मध्यम	ददीथाः	ददीयाथाम्	ददीध्वम्
उत्तम	ददीय	ददीवहि	ददीमहि

लृट् लकार (भविष्यत काल)

पुरुष	एकवचन	द्विवचन	बहुवचन
प्रथम	दास्यते	दास्येते	दास्यन्ते
मध्यम	दास्यसे	दास्येथे	दास्यध्वे
उत्तम	दास्ये	दास्यावहे	दास्यामहे

'ज्ञा' धातु : उभयपदी-आत्मनेपदी

लट् लकार (वर्तमान काल)

पुरुष	एकवचन	द्विवचन	बहुवचन
प्रथम	जानीते	जानाते	जानते
मध्यम	जानीषे	जानाथे	जानीध्वे
उत्तम	जाने	जानीवहे	जानीमहे

लङ्ग लकार (भूतकाल)

पुरुष	एकवचन	द्विवचन	बहुवचन
प्रथम	अजानीत	अजानाताम्	अजानत
मध्यम	अजानीथाः	अजानाथाम्	अजानीध्वम्
उत्तम	अजानि	अजानीवहि	अजानीमहि

लोट् लकार (आज्ञार्थ)

पुरुष	एकवचन	द्विवचन	बहुवचन
प्रथम	जानीताम्	जानाताम्	जानताम्
मध्यम	जानीष्व	जानाथाम्	जानीध्वम्
उत्तम	जानै	जानावहै	जानामहै

विधिलिङ्ग लकार (विध्यर्थ)

पुरुष	एकवचन	द्विवचन	बहुवचन
प्रथम	जानीत	जानीयाताम्	जानीरन्
मध्यम	जानीथाः	जानीयाथाम्	जानीध्वम्
उत्तम	जानीथ	जानीवहि	जानीमहि

लृट् लकार (भविष्यत काल)

पुरुष	एकवचन	द्विवचन	बहुवचन
प्रथम	ज्ञास्यते	ज्ञास्येते	ज्ञास्यन्ते
मध्यम	ज्ञास्यसे	ज्ञास्येथे	ज्ञास्थध्वे
उत्तम	ज्ञास्ये	ज्ञास्यावहे	ज्ञास्यामहे

'चुर्' (चुराना) धातु : उभयपदी-परस्मैपदी

लट् लकार (वर्तमान काल)

पुरुष	एकवचन	द्विवचन	बहुवचन
प्रथम	चोरयति	चोरयतः	चोरयन्ति
मध्यम	चोरयसि	चोरयथः	चोरयथ
उत्तम	चोरयामि	चोरयावः	चोरयामः

लङ्ग लकार (भूतकाल)

पुरुष	एकवचन	द्विवचन	बहुवचन
प्रथम	अचोरयत्	अचोरयताम्	अचोरयन्
मध्यम	अचोरयः	अचोरयतम्	अचोरयत
उत्तम	अचोरयम्	अचोरयाव	अचोरयाम

लोट् लकार (आज्ञार्थ)

पुरुष	एकवचन	द्विवचन	बहुवचन
प्रथम	चोरयतु	चोरयताम्	चोरयन्तु
मध्यम	चोरय	चोरयतम्	चोरयत
उत्तम	चोरयाणि	चोरयाव	चोरयाम

विधिलिङ्ग लकार (विध्यर्थ)

पुरुष	एकवचन	द्विवचन	बहुवचन
प्रथम	चोरयेत्	चोरयेताम्	चोरयेयुः
मध्यम	चोरयेः	चोरयेतम्	चोरयेत
उत्तम	चोरयेयम्	चोरयेव	चोरयेम

लृट् लकार (भविष्यत काल)

पुरुष	एकवचन	द्विवचन	बहुवचन
प्रथम	चोरयिष्यति	चोरयिष्यतः	चोरयिष्यन्ति
मध्यम	चोरयिष्यसि	चोरयिष्यथः	चोरयिष्यथ
उत्तम	चोरयिष्यामि	चोरयिष्यावः	चोरयिष्यामः

अभ्यास प्रश्न

1. निम्न में से कौन-सा 'भू' धातु लृट् लकार, प्रथम पुरुष, एकवचन का रूप है?
(a) भविष्याव: (b) भविष्यति
(c) भविष्यामि (d) भविष्यसि

2. 'भू' धातु लोट् लकार, प्रथम पुरुष, बहुवचन का रूप है
(a) भवन्तु (b) भवत
(c) भवताम् (d) भवानि

3. 'भू' धातु लोट् लकार, उत्तम पुरुष के सभी वचनों के रूप हैं
(a) भवानि, भवाव, भवाम
(b) भव, भवतम्, भवत
(c) भवतु, भवताम्, भवन्तु
(d) भव, भवाव, भवाम

4. 'भू' धातु लट् लकार, प्रथम पुरुष, बहुवचन का रूप है
(a) भवति (b) भवाम:
(c) भवथ (d) भवन्ति

5. 'भू' धातु लट् लकार, मध्यम पुरुष, द्विवचन का रूप है
(a) भवथ (b) भवथ:
(c) भवाम: (d) भवाव:

6. 'भू' धातु लोट् लकार, प्रथम पुरुष, द्विवचन तथा बहुवचन का रूप है
(a) भवत (b) भवाम
(c) भवाव (d) भवन्तु

7. 'भू' धातु विधिलिङ्ग लकार, उत्तम पुरुष, एकवचन का रूप है
(a) भवेयम् (b) भवे:
(c) भवेत् (d) भवेव

8. 'भू' धातु लङ् लकार, मध्यम पुरुष एकवचन का रूप है
(a) अभवत् (b) अभवम्
(c) अभव: (d) अभवन्

9. 'भू' धातु लट् लकार, उत्तम पुरुष, एकवचन का रूप है
(a) भवति (b) भवामि
(c) भवसि (d) भवथ

10. 'भू' धातु के विधिलिङ्ग लकार उत्तम पुरुष बहुवचन का रूप लिखिए
(a) भवेम (b) भवेत
(c) भवेत् (d) भवेव

11. 'भू' धातु लङ्ग लकार, उत्तम पुरुष, बहुवचन का रूप है
(a) अभव: (b) अभवाम
(c) अभवम् (d) अभवाव

12. 'भू' धातु लृट् लकार, प्रथम पुरुष, बहुवचन का रूप है
(a) भविष्यन्ति (b) भविष्यथ
(c) भविष्यति (d) भविष्याम:

13. 'भवेत्' किस पुरुष व वचन का रूप है?
(a) प्रथम पुरुष, एकवचन
(b) मध्यम पुरुष, एकवचन
(c) उत्तम पुरुष, एकवचन
(d) उत्तम पुरुष द्विवचन

14. 'भवथ' किस लकार, वचन व पुरुष का रूप है?
(a) लङ्ग लकार, मध्यम पुरुष, बहुवचन
(b) लट् लकार, मध्यम पुरुष, बहुवचन
(c) लोट् लकार, मध्यम पुरुष, बहुवचन
(d) लृट् लकार, मध्यम पुरुष, बहुवचन

15. 'भविष्यति' किस प्रकार का रूप है?
(a) लृट् लकार (b) लोट् लकार
(c) लट् लकार (d) लङ्ग लकार

16. 'पा' धातु लङ्ग लकार, प्रथम पुरुष, बहुवचन का रूप है
(a) अपिबन् (b) अविबत
(c) अपिब: (d) अपिबाम

17. 'पा' धातु विधिलिङ्ग लकार, प्रथम पुरुष, बहुवचन का रूप है
(a) पिबेत् (b) पिबेयु:
(c) पिबे: (d) पिबेम

18. 'पा' धातु लृट् लकार, मध्यम पुरुष, द्विवचन का रूप है
(a) पास्यथ:
(b) पास्याव:
(c) पास्याम:
(d) पास्यत:

19. 'पा' धातु विधिलिङ्ग लकार प्रथम पुरुष एकवचन का रूप है
(a) पिबेताम् (b) पिबे:
(c) पिबेव (d) पिबेत्

20. 'पा' धातु लोट् लकार, प्रथम पुरुष, बहुवचन का रूप है
(a) पिबतम् (b) पिबत
(c) पिबाव (d) पिबन्तु

21. 'अपिबत्' शब्द किस लकार, पुरुष व वचन का रूप है?
(a) लङ्ग लकार, प्रथम पुरुष, एकवचन
(b) लृट् लकार, मध्यम पुरुष, एकवचन
(c) लोट् लकार, प्रथम पुरुष, एकवचन
(d) विधिलिङ्ग लकार, प्रथम पुरुष, एकवचन

22. 'पास्यथ:' किस लकार, पुरुष व वचन का रूप है?
(a) लोट् लकार, प्रथम पुरुष, बहुवचन
(b) लट् लकार, उत्तम पुरुष, बहुवचन
(c) लृट् लकार, मध्यम पुरुष, द्विवचन
(d) विधिलिङ्ग लकार, मध्यम पुरुष, बहुवचन

23. निम्नलिखित विकल्पों में से सही रूप चुनकर लिखिए।
'पास्यति' रूप
(a) लट् लकार, प्रथम पुरुष, एकवचन
(b) लोट् लकार, उत्तम पुरुष, एकवचन
(c) लृट् लकार प्रथम, पुरुष, एकवचन
(d) विधिलिङ्ग लकार, मध्यम पुरुष, द्विवचन

24. 'वस्' धातु लोट् लकार, उत्तम पुरुष, बहुवचन का रूप है
(a) वसत (b) वसन्तु
(c) वसाम (d) वसताम्

25. 'वस्' धातु विधिलिङ्ग लकार मध्यम पुरुष एकवचन का रूप है
(a) वसेम (b) वसेव
(c) वसेत (d) वसेः

26. 'वस्' धातु लृट् लकार, उत्तम पुरुष बहुवचन का रूप है
(a) वत्स्यति (b) वत्स्यथ
(c) वर्तस्यावः (d) वत्स्यामः

27. 'वस्' धातु लट् लकार, मध्यम पुरुष द्विवचन का रूप है
(a) वसति (b) वसतः
(c) वससि (d) वसथः

28. 'वसेयम्' किस लकार का रूप है?
(a) विधिलिङ्ग लकार, उत्तम पुरुष, एकवचन
(b) लङ्ग लकार, प्रथम पुरुष, एकवचन
(c) लृट् लकार, मध्यम पुरुष, एकवचन
(d) लोट् लकार, उत्तम पुरुष, एकवचन

29. 'वसेयुः' किस लकार, पुरुष व वचन का रूप है?
(a) विधिलिङ्ग लकार, प्रथम पुरुष, बहुवचन
(b) लृट् लकार, मध्यम पुरुष, बहुवचन
(c) लट् लकार, उत्तम पुरुष, बहुवचन
(d) लङ्ग लकार, प्रथम पुरुष, बहुवचन

30. 'अवसाम' में कौन-सा लकार, पुरुष व वचन है?
(a) लोट् लकार, प्रथम पुरुष, द्विवचन
(b) लट् लकार, उत्तम पुरुष, बहुवचन
(c) लङ्ग लकार, उत्तम पुरुष, बहुवचन
(d) लृट् लकार, मध्यम पुरुष, एकवचन

31. 'वसतु' किस लकार का रूप है?
(a) लट् (b) लृट्
(c) लोट् (d) लङ्ग

32. 'वत्स्यामिः' किस लकार का रूप है?
(a) लट् (b) लृट्
(c) लङ्ग (d) लोट्

33. 'वसेत्' किस लकार का रूप है?
(a) लट् लकार, प्रथम पुरुष, एकवचन
(b) विधिलिङ्, प्रथम पुरुष, एकवचन
(c) लङ् लकार, प्रथम पुरुष, एकवचन
(d) लोट् लकार, प्रथम पुरुष, एकवचन

34. 'स्था' धातु लोट् लकार, मध्यम पुरुष, एकवचन का रूप है
(a) तिष्टतु (b) तिष्ठाम
(c) तिष्ठ (d) तिष्ठत

35. 'स्था' धातु विधिलिङ्ग लकार, मध्यम पुरुष, एकवचन का रूप है
(a) तिष्ठेत (b) तिष्ठेव
(c) तिष्ठेयुः (d) तिष्ठेः

36. 'स्था' धातु लृट् लकार, मध्यम पुरुष, द्विवचन का रूप है
(a) स्थास्यथः (b) स्थास्यथ
(c) स्थस्यामि (d) स्थास्यति

37. 'स्था' धातु लङ्ग लकार, उत्तम पुरुष, द्विवचन का रूप है
(a) अतिष्ठाव (b) अतिष्ठम
(c) अतिष्ठः (d) अतिष्ठाम

38. 'स्था' धातु लट् लकार, मध्यम पुरुष, बहुवचन का रूप है
(a) तिष्ठसि (b) तिष्ठन्ति
(c) तिष्ठथ (d) तिष्ठामः

39. 'स्था' धातु लङ्ग लकार, प्रथम पुरुष, एकवचन का रूप है
(a) अतिष्ठः
(b) अतिष्ठम्
(c) अतिष्ठत्
(d) अतिष्ठन्

40. 'स्था' धातु विधिलिङ्ग लकार, उत्तम पुरुष, बहुवचन का रूप है
(a) तिष्ठेत् (b) तिष्ठेः
(c) तिष्ठेत (d) तिष्ठेम

41. 'स्था' धातु लङ्ग लकार, उत्तम पुरुष, एकवचन का रूप है
(a) अतिष्ठाव (b) अतिष्ठम्
(c) अतिष्ठः (d) अतिष्ठत

42. 'स्था' धातु लट् लकार, प्रथम पुरुष, बहुवचन का रूप है
(a) तिष्ठन्ति (b) तिष्ठथ
(c) तिष्ठामः (d) तिष्ठावः

43. 'स्था' धातु लृट् लकार उत्तम पुरुष द्विवचन का रूप है
(a) स्थास्यथः (b) स्थास्यामः
(c) स्थास्यतः (d) स्थास्यावः

44. 'स्था' धातु लङ्ग लकार मध्यम पुरुष बहुवचन का रूप है
(a) अतिष्ठः (b) अतिष्ठन्
(c) अतिष्ठम् (d) अतिष्ठत

45. 'स्था' धातु लट् लकार, मध्यम पुरुष, द्विवचन का रूप है
(a) तिष्ठथः (b) तिष्ठावः
(c) तिष्ठतः (d) तिष्ठति

46. 'स्था' धातु लट् लकार, प्रथम पुरुष, एकवचन का रूप है
(a) तिष्ठसि (b) तिष्ठन्ति
(c) तिष्ठति (d) तिष्ठतः

47. 'स्थास्यामि' किस लकार का रूप है?
(a) लृट् लकार (b) लट् लकार
(c) लोट् लकार (d) विधिलिङ्ग लकार

48. 'नश्' धातु लोट् लकार, उत्तम पुरुष, एकवचन का रूप है
(a) नश्यानि (b) नष्य
(c) नष्यतु (d) नष्याव

49. 'नश्' धातु लङ्ग लकार, उत्तम पुरुष, बहुवचन का रूप है
(a) अनश्यत (b) अनश्याम
(c) अनश्यन् (d) अनश्याव

50. 'नश्' धातु लृट् लकार, उत्तम पुरुष, एकवचन का रूप है
(a) नङ्क्ष्यामि (b) नङ्क्ष्यत्तः
(c) नङ्क्ष्यसि (d) नङ्क्ष्यथः

51. 'नश्यतु' किस लकार एवं वचन का रूप है?
(a) लट् लकार, एकवचन
(b) लोट् लकार, एकवचन
(c) लृट् लकार, एकवचन
(d) लङ्ग लकार, एकवचन

52. 'नश्य' किस लकार का रूप है?
(a) लट् (b) लृट्
(c) लोट् (d) लङ्

53. 'आप्नोति' किस लकार का रूप है?
(a) लट् लकार (b) लङ्ग लकार
(c) लोट् लकार (d) लृट् लकार

54. 'इष्' धातु लट् लकार, प्रथम पुरुष, एकवचन का रूप है
(a) इच्छति (b) इच्छतः
(c) इच्छसि (d) इच्छामः

55. 'इष्' धातु लट् लकार, उत्तम पुरुष, बहुवचन का रूप है
(a) इच्छामः (b) इच्छति
(c) इच्छावः (d) इच्छामि

56. 'वृध्' धातु लोट् लकार, उत्तम पुरुष, एकवचन का रूप है
(a) वधविहे (b) वर्धामहै
(c) वर्धे (d) वर्धताम्

57. 'वृध' धातु लोट् लकार, प्रथम पुरुष, बहुवचन का रूप है
(a) वर्धावहै (b) वर्धामहै
(c) वर्धै (d) वर्धन्ताम्

58. 'वृध्' धातु लट् लकार, प्रथम पुरुष, एकवचन का रूप है।
(a) वर्धसे (b) वर्धन्ते
(c) वर्धे (d) वर्धते

59. 'अवर्धे' पद किस धातु, लकार, पुरुष और वचन का रूप है?
(a) वृध् धातु लट् लकार प्रथम पुरुष एकवचन
(b) वृध् धातु लोट् लकार उत्तम पुरुष बहुवचन
(c) वृध् धातु, लङ् लकार, उत्तम पुरुष एकवचन
(d) वृध् धातु, लृट् लकार मध्यम पुरुष बहुवचन

60. 'वर्धन्ते' किस लकार का रूप है?
(a) लङ्ग लकार (b) लोट् लकार
(c) लट् लकार (d) लृट् लकार

61. 'जन्' धातु लट् लकार, मध्यम पुरुष, द्विवचन का रूप है
(a) जायेथे (b) जायते
(c) जायसे (d) जायन्ते

62. 'जन्' धातु का लट् लकार उत्तम पुरुष द्विवचन का रूप है
(a) जायन्ते (b) जायावहे
(c) जायेते (d) जायामहे

63. 'जन्' धातु के लट् लकार, मध्यम पुरुष एकवचन का रूप है
(a) जायते (b) जायेते
(c) जायसे (d) जायन्ते

64. 'जन्' धातु (आत्मनेपदी) लङ्गलकार, प्रथम पुरुष, एकवचन का रूप है
(a) अजायत (b) अजायथाः
(c) अजाये (d) अजायथ

65. 'जन्' धातु लट् लकार उत्तम पुरुष द्विवचन का रूप है
(a) जायामहे
(b) जायावहे
(c) जायसे
(d) जायते

66. 'नी' (परस्मैपदी) धातु लोट् लकार, प्रथम पुरुष, एकवचन का रूप है
(a) नय (b) नयतु
(c) नयानि (d) नयाव

67. 'नी' धातु लङ्ग लकार, प्रथम पुरुष, बहुवचन का रूप है
(a) अनयन् (b) अनयत्
(c) अनयः (d) अनयम्

68. 'नी' धातु लट् लकार, प्रथम पुरुष, एकवचन का रूप है
(a) नयति (b) नयसि
(c) नयामि (d) नयामः

69. 'नी' धातु लोट् लकार, उत्तम पुरुष, एकवचन का रूप है
(a) नयताम् (b) नयाम
(c) नयाव (d) नयानि

70. 'नी' धातु लृट्लकार, उत्तम पुरुष, बहुवचन का रूप है
(a) नेष्यामि (b) नेष्यसि
(c) नेष्यामः (d) नेष्यावः

71. 'नी' धातु विधिलिङ् लकार, प्रथम पुरुष, एकवचन का रूप है
(a) नयेव (b) नयेः
(c) नयेम (d) नयेत्

72. 'दा' धातु लृट् लकार, मध्यम पुरुष, एकवचन का रूप है
(a) दास्यते (b) दास्यसे
(c) दास्ये (d) दास्येते

73. 'दा' (परस्मैपदी) धातु लोट् लकार, प्रथम पुरुष, एकवचन का रूप है
(a) ददतु (b) दताम
(c) ददानि (d) ददातु

74. 'दा' धातु लृट् लकार, उत्तम पुरुष, द्विवचन का रूप है
(a) दास्यथ (b) दास्यावः
(c) दास्यामि (d) दास्यामः

75. 'दा' धातु (परस्मैपदी) लोट् लकार, उत्तम पुरुष, एकवचन का रूप है
(a) ददातु (b) देहि
(c) ददामि (d) ददानि

76. 'दा' धातु (परस्मैपदी) लोट्लकार, उत्तम पुरुष, बहुवचन का रूप है
(a) ददाव (b) ददाम
(c) ददानि (d) देहि

77. 'ददवः' में कौन-सा लकार, पुरुष व वचन है?
(a) लट् लकार, उत्तम पुरुष, द्विवचन
(b) लोट् लकार, उत्तम पुरुष, द्विवचन
(c) लङ्ग लकार, मध्यम पुरुष, बहुवचन
(d) विधिलिङ्ग लकार, मध्यम पुरुष, एकवचन

78. 'देहि' किस लकार का रूप है?
(a) लङ्ग लकार (b) लट् लकार
(c) लोट् लकार (d) लृट् लकार

79. 'ज्ञा' धातु लट् लकार, मध्यम पुरुष, द्विवचन का रूप है
(a) जानाथे
(b) जानीवहे
(c) जानीषे
(d) जाने

80. 'ज्ञास्यते' किस लकार का रूप है?
(a) लृट् (b) लट्
(c) लङ्ग (d) लोट्

81. 'जानीषे' किस लकार का रूप है?
(a) लट्
(b) लङ्
(c) लोट्
(d) लृट्

82. 'चुर' धातु (परस्मैपदी) लङ्लकार, प्रथम पुरुष, एकवचन का रूप है
(a) अचोरयन् (b) अचोरयत्
(c) अचोरयम् (d) अचोरयः

83. 'चुर' धातु लट् लकार, मध्यम पुरुष, एकवचन का रूप है
(a) चोरयर्ति (b) चोरयथ
(c) चोरयसि (d) चोरयामः

84. 'चुर' धातु लङ्ग लकार, उत्तम पुरुष, एकवचन का रूप है
(a) अचोरयम् (b) अचोरयत
(c) अचोरयः (d) अचोरयाम

85. 'चोरयतु' किस लकार का रूप है?
(a) लट्
(b) लृट्
(c) विधिलिङ्ग
(d) लोट्

उत्तरमाला

1	(b)	2	(a)	3	(a)	4	(d)	5	(b)	6	(d)	7	(a)	8	(c)	9	(b)	10	(a)
11	(b)	12	(a)	13	(a)	14	(b)	15	(a)	16	(a)	17	(b)	18	(a)	19	(b)	20	(d)
21	(a)	22	(c)	23	(c)	24	(c)	25	(d)	26	(d)	27	(d)	28	(a)	29	(a)	30	(c)
31	(c)	32	(b)	33	(b)	34	(c)	35	(d)	36	(a)	37	(a)	38	(c)	39	(c)	40	(d)
41	(b)	42	(a)	43	(d)	44	(d)	45	(a)	46	(c)	47	(a)	48	(a)	49	(b)	50	(a)
51	(b)	52	(c)	53	(a)	54	(a)	55	(a)	56	(c)	57	(d)	58	(d)	59	(c)	60	(c)
61	(c)	62	(b)	63	(c)	64	(a)	65	(b)	66	(b)	67	(a)	68	(a)	69	(d)	70	(c)
71	(d)	72	(b)	73	(d)	74	(b)	75	(d)	76	(b)	77	(a)	78	(c)	79	(a)	80	(a)
81	(a)	82	(b)	83	(c)	84	(a)	85	(d)										

अध्याय 06

वेद, वेदांग, उपनिषद् एवं षड्दर्शन का सामान्य परिचय

वेद (संहिताएँ)

विषय-विचार की दृष्टि से वेद और वैदिक साहित्य दोनों की अलग-अलग श्रेणियाँ हैं। 'वेद' शब्द से जहाँ चार मन्त्र-संहिताओं का ही ज्ञान होता है, वहीं 'वैदिक' शब्द से वेद विषयक बहुविध सामग्री अर्थात् ब्राह्मण, आरण्यक और उपनिषद् का बोध होता है, जो मन्त्र-संहिताओं से भिन्न हैं किन्तु जिसका मन्त्र-संहिताओं से अटूट सम्बन्ध है। यही वैदिक साहित्य के ग्रन्थ हैं। षड्वेदाङ्ग भी सम्बन्ध की दृष्टि से वैदिक साहित्य के अन्तर्गत आ जाते हैं। वैदिक युग को दो भागों में विभाजित किया जा सकता है। पूर्व वैदिक युग, जिसमें केवल वेद की चार संहिताएँ; और उत्तर वैदिक युग जिसमें ब्राह्मण ग्रन्थों से लेकर छः वेदांगों तक का साहित्य रखा जा सकता है।

'वेद' का शाब्दिक अर्थ है ज्ञान। यह ज्ञान मन्त्रों में समाविष्ट है और इन्हीं मन्त्रों के संकलन को संहिता कहा जाता है। वेद चार हैं। अतः उनकी संहिताएँ भी चार हैं। प्रत्येक वेद के चार भाग हैं—संहिता; ब्राह्मण; आरण्यक और उपनिषद्। संहिता मन्त्रों का वह भाग है, जिसमें वेदस्तुति वर्णित है एवं जिसको विभिन्न युगों में पढ़ा जा सकता है। जहाँ तक संहिताओं की विषयवस्तु का प्रश्न है, कहा गया है

"ऋक् यजुः सामाथर्वाख्यान् वेदान् पूर्वादिभिर्मुखैः।
शस्त्रमिज्यां स्तुतिस्तोमं प्रायश्चितं व्यधात् क्रमात्।।"

अर्थात् ऋक् का विषय है—'शस्त्र'। 'शस्त्र' उसे कहते हैं जो मन्त्रों द्वारा उच्चरित होता है तथा जिसका गान नहीं किया जा सकता। यजुष् का विषय 'इज्या' अर्थात् यज्ञ है तथा 'साम' का विषय है—'स्तुति-स्तोम' अर्थात् स्तुति के लिए प्रयुज्यमान ऋक् समुदाय, जो उद्गाता द्वारा गाया जाता है। अथर्व का प्रतिपाद्य विषय है—'प्रायश्चित'।

ऋग्वेद संहिता

ऋग्वेद विश्व साहित्य का प्राचीनतम ग्रन्थ है। यह विभिन्न देवताओं के स्तुतिपरक मन्त्रों का संकलन है और इसकी उत्पत्ति विराट पुरुष के मुख से मानी गई है। जिसके द्वारा देवता की स्तुति अथवा अर्चना की जाए, उसे ऋक् कहते हैं—'ऋच्यते स्तूयते यया इति ऋक्' और ऐसी ऋचाओं के संग्रह का नाम ही ऋग्वेद है। इसका पुरोहित 'होता' है, जोकि देवताओं का आह्वान करता था।

ऋग्वेद में 'ज्ञान' की महत्ता का प्रतिपादन किया गया है। ऐसा माना जाता है कि सृष्टि के आरम्भ में ईश्वर ने वेदों का ज्ञान अग्नि, वायु, आदित्य और अंगिरा नामक चार ऋषियों को प्रदान कर दिया था। इसी कारण ऋषियों को मन्त्रों का द्रष्टा कहा गया, स्रष्टा नहीं—'ऋषयो मन्त्रदृष्टारः न स्रष्टारः'।

मन्त्रदृष्टा इन ऋषियों ने गुरु शिष्य परम्परा का निर्वाह करते हुए इन मन्त्रों को अपने शिष्यों को दिया। चिरकाल तक इनका मौखिक रूप से ही सम्प्रेषण होता रहा। अतः ये मन्त्र श्रुति भी कहे गए लेकिन बाद में जब यह ज्ञान विस्मृत होने लगा तब इसको लिपिबद्ध कर दिया गया। इस प्रकार मन्त्रों का संग्रह किए जाने के कारण वेदों को 'संहिता' के नाम ऋग्वेद के $10580\frac{1}{4}$ मन्त्र, 1017 सूक्तों में तथा 1017 सूक्त दस मण्डलों में विभाजित हैं। महाभाष्यकार पतञ्जलि ने ऋग्वेद की 21 शाखाएँ मानी हैं—'एकविंशतिधा वाहवृच्यम्', जिसमें शाकल, वाष्कल, आश्वलायिनी, शांखायनी तथा माण्डूकायनी प्रमुख शाखाएँ हैं।

यास्क ने निरुक्त में देवताओं को तीन भागों में रखा है

(i) **पृथ्वी-स्थानीय देवता**—अग्नि, सोम, पृथ्वी आदि।
(ii) **अन्तरिक्ष-स्थानीय देवता**—इन्द्र, रुद्र आदि।
(iii) **द्यु-स्थानीय देवता**—वरुण, मित्र, उषस्, सूर्य आदि।

इस प्रकार ऋग्वेद में कुल 33 देवताओं की स्तुतियाँ की गई हैं; जिनमें इन्द्र तथा अग्नि का सर्वप्रमुख स्थान है। ऋग्वेद में लगभग 20 सूक्त ऐसे हैं, जिन्हें संवाद सूक्त कहा जाता है। इनमें प्रमुख सूक्त निम्नलिखित हैं

- पुरुरवा-उर्वशी संवाद (10।95)
- सरमा-पाणी संवाद (10।108)
- इन्द्र-वरुण संवाद (4।12)
- इन्द्र-इन्द्राणी संवाद (10।86)
- यम-यमी संवाद (10।10)
- विश्वामित्र-नदी संवाद (3।33)
- सोम-सूर्या संवाद (10।85)
- देवगण-अग्नि संवाद (10।52)

विषयवस्तु की दृष्टि से ऋग्वेद के समस्त सूक्तों को मुख्यतया दस वर्गों में रखा जा सकता है—देवता सूक्त, ध्रुवपद, कथा, संवाद, दानस्तुति, तत्त्वज्ञ संस्कार, मान्त्रिक, लौकिक तथा आप्रीसूक्त। कुछ विद्वानों ने इन्हें-ऋषिसूक्त, देवतासूक्त, अर्थसूक्त तथा छन्दसूक्त, इन चार विभागों में रखा है।

इन विविध-विषयों का सन्निवेश होने के कारण ऋग्वेद, अन्य वेदों की अपेक्षा अधिक गौरवमय है। यजुस्, साम एवं अथर्व संहिताओं, ब्राह्मण और आरण्यक के अन्तर्गत जिन विषयों का विवेचन किया गया है, वे सभी मूल रूप से ऋग्वेद में निहित हैं; चाहे वह प्राणविद्या या प्रतीकोपसना या ब्रह्मविद्या हो। इसके अतिरिक्त ऋग्वेद के प्रथम मण्डल के 164वें सूक्त में लगभग 52 ऋचाएँ प्रहेलिका के रूप में दी गई हैं। इन मन्त्रों में पहेलियाँ रहस्यात्मक और प्रतीकात्मक भाषाओं में दी गई हैं। कई स्थानों पर तो संकेत इतने गूढ़ हैं कि उनका अर्थ समझना असम्भव लगता है। इन प्रहेलिका त्रचाओं के ऋषि दीर्घतमा हैं। ऋग्वेद में 12 दार्शनिक सूक्त हैं; जिनमे मुख्यरूपेण पुरुषसूक्त (10|90); हिरण्यगर्भ सूक्त (10|121) तथा नासदीय सूक्त (10|129) सृष्टि की उत्पत्ति के विषय में विस्तार से विचार करते हैं। इसमें कोई भी विषय ऐसा नहीं है जोकि ऋग्वेद से अछूता हो। ऋग्वेद का प्रारम्भ 'अग्निसूक्त' से तथा अन्त 'संज्ञानसूक्त' से किया गया है।

यजुर्वेद संहिता

यजुर्वेद का प्रतिपाद्य विषय याज्ञिक कर्मकाण्ड है तथा इसका ऋत्विक् अध्वर्यु है। यजुर्वेद संहिता के मुख्य देवता वायु और आचार्य-वेदव्यास के शिष्य वैशम्पायन हैं। महाभाष्य, चरणव्यूह एवं पुराणों के अनुसार यजुर्वेद की 100, 101, 109, 86 आदि शाखाओं का पता चलता है। यजुर्वेद संहिता, यजुसों का संग्रह है। यजुर्वेद का अर्थ है—'यजुषां वेद:'। यजुष् का अर्थ है—'इज्यतेऽनेनेति यजु:' अर्थात् जिन मन्त्रों से यज्ञ यागादि किए जाते हैं, 'अनियताक्षरावसानो यजु:' अर्थात् जिसमें अक्षरों की संख्या नियत न हो। इसके अतिरिक्त—'गद्यात्मको यजु:' एवं 'शेषे यजु: शब्द:' का भी तात्पर्य यही है कि ऋक् और साम से भिन्न गद्यात्मक मन्त्रों का अभिधान 'यजुष्' है।

शुक्ल यजुर्वेद एवं कृष्ण यजुर्वेद पर निम्नलिखित शाखाएँ प्रसिद्ध हैं

(i) **शुक्ल यजुर्वेद** वाजसनेयी या माध्यन्दिन और काण्व शाखा।

(ii) **कृष्ण यजुर्वेद** तैत्तिरीय, मैत्रायणी, कठ और कपिष्ठल शाखा।

यजुर्वेद के वर्ण्य-विषय का ज्ञान मात्र वाजसनेयी संहिता के अध्ययन से हो सकता है, क्योकि यह संहिता यजुर्वेद की प्रतिनिधि है। इसमें मुख्य रूप से वैदिक कर्मकाण्ड का ही प्रतिपादन है तथा इसमें 40 अध्याय हैं। इसमें 1 से 25 अध्याय तक महान् यज्ञों का वर्णन है। लेकिन 14 अध्याय 'खिल' नाम से प्रसिद्ध होने के कारण अवान्तरयुगीन माने जाते हैं। इसका 34वाँ अध्याय 'शिवसंकल्पसूक्त' और 40वाँ अध्याय 'ईशावास्योपनिषद्' के नाम से प्रसिद्ध है। यही एकमात्र, वह सर्वप्राचीन उपनिषद है, जो संहिता का भाग है। इस विवरण से स्पष्ट हो जाता है कि यजुर्वेद का मुख्य प्रतिपाद्य विषय विभिन्न यज्ञों का सम्पादन ही है। तैत्तिरीय शाखा में 7 काण्ड, 44 प्रपाठक और 631 अनुवाक हैं। मैत्रायणी शाखा में 4 काण्ड, 54 प्रपाठक और 2114 मन्त्र हैं। कठ शाखा में 40 स्थानक और 843 अनुवाक हैं। कपिष्ठल शाखा में 8 अष्टक और 48 अध्याय हैं।

सामवेद संहिता

साम का अर्थ है—'गान'। ऋग्वेद के मन्त्र जब विशिष्ट गान पद्धति से गाए जाते हैं तो उनको साम कहा जाता है। वस्तुत: ऋग्वेद की ऋचाओं का लयबद्ध गान ही साम है। सामवेद का प्रमुख विषय उपासना है। इसमें सोमयाग सम्बन्धी मन्त्रों का संकलन है। इसका ऋत्विक् उद्गाता और देवता सूर्य है।

वर्तमान में राणायनीय, कौथुमीय तथा जैमिनीय, ये तीन शाखाएँ उपलब्ध हैं। सामवेद को दो भागों में विभक्त किया गया है— • पूर्वार्चिक • उत्तरार्चिक।

यहाँ पर आर्चिक से अभिप्राय ऋचाओं के संग्रह से है। पूर्वार्चिक में कुल छ: प्रपाठक हैं तथा उत्तरार्चिक में नौ। इन प्रपाठकों का विभाजन अध्यायों और खण्डों में हुआ है। प्रत्येक खण्ड में एक देवता या एक छन्दपरक ऋचाएँ हैं।

पूर्वार्चिक का प्रथम प्रपाठक अग्नि से सम्बद्ध होने के कारण **अग्निपर्व** या आग्नेयपर्व भी कहा जाता है। द्वितीय से चतुर्थ प्रपाठक में इन्द्र से सम्बन्धित ऋचाएँ हैं, जो **ऐन्द्रपर्व** कहलाता है। पञ्चम प्रपाठक का सम्बन्ध पवमान (सोम) से है, जिसे 'पवमान पर्व' कहते हैं। षष्ठ प्रपाठक को '**अरण्यपर्व**' की संज्ञा दी गई है क्योकि इस प्रपाठक की ऋचाएँ अरण्यगान के ही योग्य हैं; जबकि प्रथम पाँच प्रपाठक तक की ऋचाओं को गाँवों में गाया जा सकता है, जिन्हें ग्रामगान कहते हैं। गान चार प्रकार के होते हैं—ग्राम या गेय गान, अरण्यगान, ऊहगान और ऊह्य (रहस्य) गान।

उत्तरार्चिक के अनेक मन्त्र पूर्वार्चिक से लिए गए हैं। इसमें सात प्रमुख अनुष्ठानों का निर्देश है—दशरात्र, संवत्सर, एकाह, अहीन, सत्र, प्रायश्चित और क्षुद्र। इसमें प्रत्येक मन्त्र की लय, तान को याद करने का वर्णन विद्यमान है। पूर्वार्चिक में कुल 650 मन्त्र और उत्तरार्चिक में 1125 मन्त्र हैं।

सामवेद में सामविकार भी पाए जाते हैं जिन्हें गान करते समय कुछ घटाया-बढ़ाया भी जाता है। ये छ: प्रकार के होते हैं—विकार, विश्लेषण, विकर्षण, अभ्यास, विराम तथा स्तोभ। इसके अतिरिक्त यज्ञ सम्पादन के समय पाँच प्रकार के साम-मन्त्र भी गाए जाते हैं

प्रस्ताव यह मन्त्र का प्रारम्भिक भाग होता है, जो 'हुँ' से प्रारम्भ होता है। इसे प्रस्तोता नामक ऋत्विक् गाता है।

उद्गीथ इसे साम का प्रधान ऋत्विक् उद्गाता गाता है। इसमें प्रारम्भ में 'ॐ' लगाया जाता है।

प्रतीहार इसका अर्थ है, दो को जोड़ने वाला। इसे प्रतिहर्ता नामक ऋत्विक् गाया करता है।

उपद्रव इसे उद्गाता नामक ऋत्विक् गाता है।

निधन इसमें मन्त्र के दो पादांश या ॐ रहता है। इसका गायन तीनों ऋत्विक् (प्रस्तोता, उद्गाता एवं प्रतिहर्ता) एक साथ करते हैं।

अथर्ववेद संहिता

अथर्ववेद का अर्थ है—अथर्वों का वेद या अभिचार मन्त्रों का ज्ञान अथर्वन् ऋषि के नाम पर इस वेद का नाम अथर्ववेद पड़ा। इसे भृग्वंगिरा वेद, अथर्वांगिरोवेद, भिषग्वेद, क्षत्रवेद तथा ब्रह्मवेद के नाम से भी जाना जाता है। इसका ऋत्विक् ब्रह्मा है। इस वेद के देवता सोम तथा आचार्य सुमन्तु हैं। अथर्ववेद को वेदत्रयी (ऋग्वेद, यजुर्वेद, सामवेद) की अपेक्षा कम महत्त्व दिया गया है क्योकि इसमें अधिकांशत: अभिचारात्मक सूक्त ही हैं।

अथर्ववेद की नौ शाखाएँ हैं—पिप्पलाद, स्तोद, मोद, शौनकीय, जाजल, जलद ब्रह्मवेद, देवदर्श तथा चारणवैद्य। इनमें से सम्प्रति पिप्पलाद और शौनकीय, ये दो शाखाएँ ही प्राप्त होती हैं। इसमें २० काण्ड, ७३० सूक्त और लगभग 6000 मन्त्र हैं।

इस जीवन को सुखमय तथा दु:खरहित बनाने के लिए जिन-जिन साधनों की आवश्यकता होती है; उनकी सिद्धि के लिए नाना प्रकार के अनुष्ठानों का विधान इस वेद में किया गया है। संहिता के प्रारम्भिक 13 काण्डों का विषय जरण, मरण, उच्चाटनादि से सम्बन्धित है। 14वें काण्ड में विवाह, 18वें काण्ड में श्राद्ध तथा 20वें काण्ड में सोमयाग से सम्बन्धित मन्त्र दिए गए हैं;

जबकि 19वें काण्ड में राष्ट्रवृद्धि एवं अध्यात्मपरक सूक्त हैं। अथर्ववेद की विषय-वस्तु में कुछ सूक्त निम्नलिखित हैं

भैषज्य सूक्त इसमें रोग, रोगों के लक्षण, निदान एवं जड़ी-बूटियों इत्यादि का 144 सूक्तों में विवेचन किया गया है।

आयुष्य सूक्त इसमें स्वास्थ्य एवं दीर्घ जीवन सम्बन्धी प्रार्थनाओं का वर्णन है। इनका प्रयोग पारिवारिक उत्सवों के अवसर पर होता है। मुण्डन संस्कार, उपनयन संस्कार आदि अवसरों पर इनमें सौ वर्ष पर्यन्त जीने के लिए और अनेक प्रकार के रोगों से मुक्ति पाने के लिए प्रार्थना की गई है।

पौष्टिक सूक्त इन सूक्तों में श्रमिक, कृषक, व्यापारिक, चरवाह और यहाँ तक कि द्यूत-क्रीड़ा में विजय प्राप्त करने की प्रार्थनाएँ की गई हैं। अनिष्ट निर्वाण, पशुधन की सुरक्षा और अपने व्यवसाय की वृद्धि के लिए प्रयोग में लाए जाने वाले मन्त्रों को पौष्टिक सूक्त कहते हैं।

शृङ्गार सूक्त इन्हें प्रसाद सूक्त भी कहा जाता है। इनमें भय से सुरक्षा, बुराई से बचने, आशीर्वाद एवं प्रसन्नता प्राप्त करने के लिए प्रार्थनाएँ हैं।

प्रायश्चित सूक्त इन सूक्तों में प्रायश्चित का विधान है तथा विभिन्न अपराधों के निवारक मन्त्र हैं। इनमें केवल पाप के लिए ही नहीं अपितु यज्ञ और उत्सवों में भी गलती हो जाने पर प्रायश्चित का विधान है।

स्त्रीकम सूक्त इसमें विवाह एवं प्रेम का निर्देश करने वाले पति-पत्नी में अनुराग को विकसित करने वाली औषधियों व मन्त्रों के बल से अपने प्रेमी को वश में करने वाले तथा सपत्नी मर्दन करने वाले मन्त्र हैं इन्हें प्रेम सूक्त भी कहा गया है।

राजकर्मा सूक्त ये सूक्त राजाओं एवं उनके कार्यों से सम्बन्धित हैं। शत्रु को परास्त करने की प्रार्थनाएँ तथा संग्राम सम्बन्धी दुन्दुभी, शंखादि अनेक साधनों का विवेचन इस सूक्त में प्राप्त होता है।

याज्ञिक सूक्त अथर्ववेद के 20वें काण्ड में कुछ यज्ञ सम्बन्धी मन्त्र भी हैं। ये सोमयाग का वर्णन करते हैं। ये स्तुति परक मन्त्र ऋग्वेद से लिए गए हैं।

कुन्ताप सूक्त ये 20वें काण्ड में पाए जाते हैं। इनमें यज्ञ सम्बन्धी दान स्तुतियाँ, राजकुमारों और यजमानों की उदारता की प्रशंसा और अनेक पहेलियाँ और उसके समाधान हैं।

अभिचार सूक्त इन सूक्तों में दैत्य, राक्षस, शत्रु आदि के उद्देश्य से किए जाने वाले विविध अभिचार तथा उनकी विधियाँ वर्णित हैं।

दार्शनिक सूक्त अथर्ववेद के अनेक सूक्तों में ब्रह्म, विराट, माया, ईश्वर सूत्रात्मा, एकेश्वरवाद, जीवात्मा, प्रकृति, पुनर्जन्म, स्वर्ग, नरकादि का वर्णन है।

इसके अतिरिक्त भूमि सूक्त, प्रसाद सूक्त, सौमनास्य सूक्त आदि का भी वर्णन मिलता है।

संहिता	ऋत्विक्
ऋग्वेद	होता
यजुर्वेद	अध्वर्यु
सामवेद	उद्गाता
अथर्ववेद	ब्रह्मा

वेदांग

वेदों के सम्यक् अनुशीलन के लिए और उनका वास्तविक अर्थ जानने के लिए जो ग्रन्थ उपयोगी व सहायक हैं उन्हें वेदाङ्ग कहते हैं। वेदाङ्ग का अर्थ ही है—'वेदस्य अङ्गानि' अर्थात् वेद के अङ्ग।

ब्राह्मण ग्रन्थों में यज्ञ-सम्बन्धी क्रिया-कलापों, विधि-विधानों इत्यादि का इतना अधिक विस्तार हो गया था कि उन्हें याद रखना अत्यधिक कठिन हो गया। अतः इस विशाल साहित्य को भी याद रखने के लिए छोटे-छोटे ग्रन्थों की आवश्यकता पड़ी। ये ग्रन्थ सूत्र शैली में लिखे गए हैं, अतः इन्हें सूत्र साहित्य भी कहते हैं। जिस प्रकार अङ्गों के बिना शरीर की पूर्णता असम्भव है, उसी प्रकार वेदों के पूर्णज्ञान उनकी व्याख्या तथा यज्ञ आदि में उनके विनियोग के ज्ञान के लिए वेदाङ्ग अपरित्याज्य हैं। **शिक्षा, व्याकरण, छन्द, निरुक्त, ज्योतिष** और **कल्प** के भेद से वेदाङ्ग छः हैं

"शिक्षा व्याकरणं छन्दो, निरुक्त ज्योतिषं तथा।
कल्पश्चेति षड्गानि, वेदस्याहुर्मनीषिणः।।"

1. शिक्षा

'शिक्षा' को वेद रूपी पुरुष की नासिका माना जाता है—**शिक्षा घ्राणं तु वेदस्य** शिक्षा उन ग्रन्थों का नाम है जिनकी सहायता से वेदों के उच्चारण का ज्ञान भली-भाँति प्राप्त होता है। सायणाचार्य के ऋग्वेद भाष्य भूमिका भाग में शिक्षा की परिभाषा करते हुए कहा गया है—

'वर्णस्वराद्युच्चारणप्रकारो यत्र शिक्ष्यते उपदिश्यते सा शिक्षा'

अर्थात् जिसके द्वारा वर्ण, स्वरादि के उच्चारण की शिक्षा दी जाती है, वह शिक्षा वेदाङ्ग है। वेद-पाठ के समय शुद्ध उच्चारण और शुद्ध स्वर प्रक्रिया का होना आवश्यक है। उच्चारण स्खलित और स्वरभ्रष्ट वेदपाठ न केवल अशुद्ध होता है, बल्कि इसका बहुत बड़ा कुपरिणाम हो सकता है। वेद में स्वर का हेर-फेर हो जाने से इष्ट के स्थान पर बहुत बड़ा अनिष्ट हो सकता है। इस विषय में एक कथा प्राप्त हो जाती है कि एक बार राक्षस ने अपनी समृद्धि के लिए यज्ञ किया।

वे कहना चाहते थे कि इन्द्र का शत्रु वृत्रासुर बढ़े लेकिन उन्होंने **इन्द्रशत्रुर्वर्धस्व** में अन्त्योदात्त के स्थान पर आद्योदात्त (आदि उदात्त) लगा दिया। इस प्रकार 'इन्द्रशत्रुर्वर्धस्व' के स्थान पर 'इन्द्रेशत्रुर्वर्धस्व' बना दिया। परिणामस्वरूप यह पद तत्पुरुष समास के स्थान पर बहुव्रीहि समास का अर्थ प्रकट करने लगा। ऐसा करने से इसका अर्थ 'इन्द्र का शत्रु' होने के स्थान पर "इन्द्र जो वृत्र का शत्रु है, वह इन्द्र बढ़े"। फलतः वृत्रासुर का नाश गया हो और इन्द्र समृद्धि को प्राप्त हुआ। इसी कारण पाणिनि ने लिखा है

"मन्त्रहीनो स्वरतोवर्णतो वा,
मिथ्याप्रयुक्तो न तमर्थमाह।
स वाग्वज्रो यजमानंहिनस्ति,
यथेन्द्रशत्रुः स्वरतोऽपराधात्।।" (पाणिनीय शिक्षा)

अर्थात् जो मन्त्र वर्ण से या स्वर से हीन होता है, वह मिथ्या प्रयुक्त होने के कारण अभीष्ट अर्थ का प्रतिपादन नहीं करता। वह वाणी रूपी वज्र बनकर यजमान का ही नाश कर देता है, जैसे स्वर अपराध से इन्द्र शत्रु शब्द यजमान का ही नाश करने वाला बना।

इन्हीं त्रुटियों को दूर करने के लिए स्वर, वर्ण आदि के उच्चारण को निर्दोष बनाने के लिए शिक्षा ग्रन्थों की रचना की गई। इनकी रचना काफी पहले हो चुकी थी क्योंकि तैत्तिरीयोपनिषद् में कहा गया है कि शिक्षा के 6 अङ्ग हैं:

(i) वर्ण

संस्कृत भाषा में अ से लेकर ह तक वर्ण हैं। इनका उच्चारण ठीक प्रकार से किया जाना चाहिए। दन्त्य स का उच्चारण तालव्य श जैसा नहीं होना चाहिए। शास्त्रोक्त नियम के विपरीत उच्चारण करने वाला म्लेच्छ कहा गया है

> ''तस्माद् ब्राह्मणेन न म्लेच्छतवै, नापभाषितवै।
> म्लेच्छो ह व एष यदपशब्दः।।''

(ii) स्वर

वेद में स्वर तीन हैं—उदात्त, अनुदात्त और स्वरित। वेदपाठ सस्वर ही होना चाहिए क्योंकि वेदों में शब्द परिवर्तन से अर्थ परिवर्तन हो जाता है।

(iii) मात्रा

मात्राएँ तीन हैं—ह्रस्व, दीर्घ और प्लुत। स्वरों के उच्चारण में लगने वाला समय मात्रा कहलाता है।

(iv) बल

बल प्रयत्न को कहते हैं। ये दो हैं—अल्पप्राण और महाप्राण।

(v) साम

श्रुतिमधुर पाठ को साम कहते हैं। उच्चारण स्पष्ट एवं सस्वर होना चाहिए। किसी वर्ण को न तो बहुत धीरे से और न ही अस्पष्ट रूप से बोलना चाहिए। उसे उचित एवं स्पष्ट रूप में बोलना ही साम है।

(vi) सन्तान

भाषा में सन्धि को सन्तान कहते हैं। सन्धि के नियमों का ज्ञान होना और उचित स्थान पर उनका प्रयोग करना ही सन्तान है।

शिक्षा के उपरोक्त छः अङ्गों में से यदि किसी एक में भी दोष हो जाता तो वेद मन्त्र का अनिष्टकारी फल होना सर्वथा सम्भावित है।

शिक्षा नामक वेदाङ्ग की प्राचीनतम् रचनाएँ प्रातिशाख्य हैं। प्रातिशाख्य नियमों का वह प्रकार है जिसके द्वारा हम पद-पाठ की सहायता से संहिता पाठ में प्रत्येक शब्द का एक निश्चित रूप स्थिर करते हैं। पद-पाठ में प्रत्येक पद अपने मौलिक रूप में अलग-अलग होता है। उनमें कोई सन्धि या समास नहीं होता जबकि संहिता पाठ में उन पदों में सन्धि या समास कर दिया जाता है। प्रातिशाख्य ग्रन्थों में शिक्षा, छन्द तथा व्याकरण इन तीनों के नियमों का सामान्य विवेचन किया गया है। ये प्रातिशाख्य भिन्न-भिन्न संहिताओं व शाखाओं पर भिन्न-भिन्न उपलब्ध होते हैं

(क) ऋग्वेदीय शिक्षा ग्रन्थ—पाणिनीय शिक्षा

(ख) यजुर्वेदीय शिक्षा ग्रन्थ—याज्ञवल्क्य शिक्षा, व्यास शिक्षा, वशिष्ठीय शिक्षा, भारद्वाज शिक्षा, माण्डव्य शिक्षा, आदि।

(ग) सामवेदीय शिक्षा ग्रन्थ—नारद शिक्षा, शाकटायन शिक्षा।

(घ) अथर्ववेदीय शिक्षा ग्रन्थ—माण्डूकी शिक्षा।

2. कल्प

वेदाङ्गों में कल्प सूत्रों का महत्त्वपूर्ण स्थान है। कल्प का अर्थ है—विधि, नियम, न्याय, कर्म और आदेश। इस प्रकार अनेक विधि-विधानों, कर्मानुष्ठानों, नियमों, रीतिव्यवस्थाओं और धर्म आज्ञाओं का संक्षिप्त साररूप सारयुक्त सन्देहरहित और निर्दोष रूप में विवेचन करना ही कल्प सूत्रों का प्रतिपाद्य-विषय है। ब्राह्मण ग्रन्थों के लम्बे-लम्बे और कठिन वर्णनों को संक्षेप में सरल[illegible]खने के लिए ही कल्प सूत्रों की रचना हुई। इन सूत्रों के बिना यज्ञ का हो[illegible]हीं। अतः कल्पशास्त्र को वेदपुरुष का हाथ स्वीकार किया गया है—**हस्तौ कल्पोऽथ पठ्यते** कल्पसूत्रों के 4 भाग हैं

(i) श्रोतसूत्र

श्रोतसूत्रों का मुख्य प्रतिपाद्य-विषय श्रुतिपदिपादित महत्त्वपूर्ण यज्ञों—दशपौर्णमास, पिण्डपितृ, आग्रीयणेष्टि, चातुर्मास्य, सोमयाग, वाजपेय, राजसूय, अश्वमेध, पुरुषमेध इत्यादि का क्रमबद्ध वर्णन है। *संहिताओं के श्रोत सूत्र जो उपलब्ध हैं, वे निम्नलिखित हैं*

- ऋग्वैदिक श्रोतसूत्र—आश्वलायन श्रोतसूत्र तथा शांखायन या कौषीतकि श्रोतसूत्र।
- यजुर्वेदिक श्रोतसूत्र—कात्यायन या पारस्कर श्रोतसूत्र (शुक्लयजुर्वेद पर)। आपस्तम्ब, बौधायन, हिरण्यकेशी, वैखानस, भारद्वाज, मानव, मैत्रायणी वाराह एवं वाधूल-श्रौतसूत्र (कृष्णयजुर्वेद पर)।
- सामवेदीय श्रोतसूत्र—लाट्यायन, द्राह्मायण, मसक या आर्षेय, खादिर तथा जैमिनीय।
- अथर्ववेदीय श्रोतसूत्र—वैतान श्रोतसूत्र (एकमात्र उपलब्ध)।

(ii) गृह्य सूत्र

इनमें गृह्यसम्बन्धी यज्ञों एवं उत्सव आदि से सम्बन्धित विविध विधियों का विधिवत् वर्णन है। गर्भाधान से लेकर मृत्युपर्यन्त सभी क्रियाकलापों, संस्कारों, उत्सवों एवं यज्ञ विधियों का वर्णन है। 16 संस्कारों में विवाह एवं यज्ञोपवीत संस्कार का वर्णन विशेषरूप से किया गया है। पाँच महायज्ञों—देवयज्ञ, भूतयज्ञ, पितृयज्ञ, मनुष्य यज्ञ और अतिथि यज्ञ का वर्णन, एक गृहस्थ द्वारा किए जाने वाले प्रातःकालीन एवं सायंकालीन यज्ञों, अग्निहोत्र, चातुर्मास आदि यज्ञों का भी वर्णन है। गृहनिर्माण, गृह प्रवेश, पशुपालन, रोगनाशक विधियों, जादू-टोना, पुनर्जन्म, स्वर्गादि सम्बन्धी विविध मान्यताओं पर भी प्रकाश डाला गया है। श्राद्धों का विस्तृत वर्णन भी प्राप्त होता है।

- ऋग्वेदीय गृह्य सूत्र—आश्वलायन, शांखायन तथा कौषीतकि।
- यजुर्वेदीय गृह्य सूत्र (कृष्णयजुर्वेद पर)—बौधायन, आपस्तम्ब, हिरण्यकेशी, भारद्वाज, काठक, वैखानस, मानव। (शुक्ल यजुर्वेद पर)— पारस्कर सूत्र।
- सामवेदीय गृह्य सूत्र—खादिर, गोभिल, जैमिनीय।
- अथर्ववेदीय गृह्य सूत्र—कौशिक।

(iii) धर्मसूत्र

इनमें प्राचीन भारतीय गृहस्थ के दैनिक आचारशास्त्र का निरूपण किया गया है। इन सूत्रों में वैवाहिक सीमाएँ, खान-पान, छुआ-छूत सम्बन्धी बातों पर प्रकाश डाला गया है। सामाजिक अवस्था और वर्णाश्रम धर्म की विस्तृत विवेचना की गई है। राजा और प्रजा के कर्त्तव्यों का भी वर्णन है। अनेक प्रकार के पापों और प्रायश्चितों का भी विधान है। अपराध और उसके लिए दण्ड विधान भी किया है। ब्राह्मण का वध निन्दनीय समझा जाता था, शूद्रों को कठोर दण्ड दिए जाते थे।

धर्मसूत्रों में स्त्री-पुरुष पति-पत्नी, पुत्रादि के कर्त्तव्यों एवं उत्तराधिकार के नियमों की भी विस्तृत समीक्षा है। इन धर्मसूत्रों में शास्त्रोक्त आचारपद्धति का पालन करना ही धर्म माना गया है। इनके अनुसार वेद धर्म के मूल हैं। इनमें सदाचार और नैतिकता पर बल दिया गया है। इनमें धर्म का आचरण करने का, सत्य बोलने का, दूरदर्शी बनने का और श्रेष्ठ वस्तु को ही देखने का उपदेश दिया गया है। इस प्रकार आचारसंहिता की दृष्टि से 'धर्मसूत्रों' का विशिष्ट स्थान है।

- ऋग्वेदीय धर्मसूत्र—वशिष्ठ तथा विष्णु धर्मसूत्र।
- यजुर्वेदीय धर्मसूत्र—(शुक्ल यजुर्वेद पर) हारीत तथा शंख धर्मसूत्र।
  —(कृष्ण यजुर्वेद पर) बौधायन, आपस्तम्ब तथा मानव धर्मसूत्र।
- सामवेदीय धर्मसूत्र—गौतम धर्मसूत्र
- अथर्ववेद पर कोई भी धर्मसूत्र नहीं मिलता है।

(iv) शुल्वसूत्र

यज्ञ वेदी के निर्माण से सम्बन्धित नाप, वेदी के निर्माण आदि नियमों का वर्णन शुल्वसूत्रों में ही पाया जाता है। शुल्व का अर्थ होता है—रज्जु (रस्सी) अर्थात् रज्जु के द्वारा मापी गई वेदी की रचना शुल्वसूत्र का प्रतिपाद्य विषय है। भारतीय रेखागणितीय ऐतिहासिक जानकारी की दृष्टि से ये अत्यन्त उपादेय ग्रन्थ हैं। ये शुल्वसूत्र केवल यजुर्वेद पर ही प्राप्त होते हैं; जिसमें शुक्लयजुर्वेद पर एकमात्र कात्यायन शुल्वसूत्र तथा कृष्णयजुर्वेद पर बौधायन, आपस्तम्ब, मानव, मैत्रायणीय, वाराह एवं वाधूल ये छः शुल्वसूत्र उपलब्ध होते हैं।

3. व्याकरण

व्याकरण एक ओर अतिगूढ़ वेदमन्त्रों का अर्थ स्पष्ट करता है तो दूसरी तरफ वेद मन्त्रों को सुरक्षित भी रखता है। शब्दों की व्युत्पत्ति के उद्देश्य एवं उनके निर्धारण की दृष्टि से ही इसकी रचना हुई—'व्याक्रियन्ते व्युत्पाद्यन्ते शब्दा अनेनेति व्याकरणम्'। व्याकरण को वेद रूपी पुरुष का मुख स्वीकार किया गया है—**मुखंव्याकरणं स्मृते**। ऋग्वेद के एक मन्त्र में व्याकरण को एक वृषभ के रूप में माना जाता है जिसके पाँव, सिर, सींग सब कुछ हैं

'चत्वारि शृङ्गा त्रयोऽस्यपादा, द्वे शीर्षे सप्त हस्तासो अस्य।
त्रिधा बद्धो वृषभो रोरवीति, महादेवो मर्त्यां आविवेश।।'

महाभाष्यकार पतञ्जलि ने व्याकरण के 5 प्रयोजन बताए हैं

(i) रक्षा

वेदों की रक्षा के लिए व्याकरण पढ़ना चाहिए। लोप, आगम तथा वर्ण विकारों को जानने वाला ही भली-भाँति वेदों की रक्षा करेगा।

- **लोप** ज्ञान वाला व्यक्ति ही वेदों की रक्षा कर सकता है। ऋग्वेद खिल 5।7।2 में 'पीवोपवसन' शब्द आया है। यहाँ सान्त पीवस् शब्द से स् का लोप होने से गुण होकर पीवोपवसन 'पीवोपवसनादीनां छन्दसि लोपः' (वार्तिक 6.3.109) से बनता है। इसे अवैयाकरण नहीं समझ सकता है।
- ऋग्वेद 8।10।8 के 'दिवं सुपर्णो गत्वाय' में गत्वा के बाद 'क्त्वो यक्' (पा० 7.1.47) से यक् **आगम** होकर गत्वाय बनता है। इसे भी अवैयाकरण नहीं समझ सकता है।
- ऋग्वेद 7/101/3 में 'गृभ्णाति' पद में 'हृग्रहोर्भश्छन्दसि' (वा० 8.2.32) से ह् का भ् होता है। इसे अवैयाकरण नहीं समझ सकता।

(ii) ऊह

ऊह भी व्याकरणाध्ययन का प्रयोजन है। वेद में सभी लिङ्गों तथा सभी विभक्तियों से मन्त्र नहीं कहे गए हैं। यज्ञगत पुरुष के द्वारा वे निश्चित ही यथोचित विपरिणमित होने चाहिए। अवैयाकरण उनका यथोचित विपरिणाम नहीं कर सकता है। इसलिए व्याकरण पढ़ना चाहिए।

(iii) आगम

ब्राह्मण को बिना कारण ही धर्म तथा 6 अङ्गों से युक्त वेद पढ़ना तथा जानना चाहिए। छः अङ्गों में व्याकरण प्रधान है। प्रधान में किया गया यत्न फलवान् होता है।

(iv) लघु

व्याकरण ही वह लघु उपाय है जिससे संस्कृत भाषा का ज्ञान सहज ही प्राप्त हो सकता है। व्याकरण के बिना अन्य किसी सुगम उपाय से शब्द नहीं जाने जा सकते।

(v) असन्देह

वैदिक शब्दों के विषय में उत्पन्न सन्देह का निवारण व्याकरण से होता है जैसे, वेद में जनाः और जनासः दोनों ही रूप उपलब्ध होते हैं। जिसे व्याकरण का ज्ञान नहीं होगा, वह जनासः को दोषपूर्ण मान लेगा।

इस प्रकार व्याकरण ही वह अङ्ग है जिसके कारण वेद अभी तक अपने मौलिक रूप में प्राप्त होते हैं। आजकल उपलब्ध ग्रन्थों में 'पाणिनि' की 'अष्टाध्यायी' व्याकरण की महत्त्वपूर्ण रचना है। इसमें 4000 अल्पाक्षर सूत्रों में सारे व्याकरण की रचना की गई है। इस ग्रन्थ में कुल 8 अध्याय हैं। प्रत्येक अध्याय चार-चार पादों में तथा ये पाद सूत्रों में विभक्त हैं। प्रथम व द्वितीय अध्याय में संज्ञा एवं परिभाषा सम्बन्धी सूत्र हैं, तीसरे से पाँचवें अध्याय तक कृदन्त एवं तद्धित प्रत्ययों का निरूपण है। छठे अध्याय में द्वित्व, सम्प्रसारण, सन्धि, स्वर, आगम, लोप, दीर्घ इत्यादि से सम्बन्धित सूत्र हैं। सातवें में अङ्गाधिकार प्रकरण तथा आठवें में द्वित्व, प्लुत, णत्व, षत्व इत्यादि के नियम वर्णित हैं। इस ग्रन्थ को प्रायः अष्टक, अष्टाध्यायी, शब्दानुशासन तथा वृत्तिसूत्र के नाम से भी जाना जाता है।

पाणिनि के पश्चात्-'व्याडि' का नाम आता है। इन्होंने एक लाख श्लोकों में व्याकरण की रचना की। तत्पश्चात् 'कात्यायन' ने वार्त्तिक लिखकर पाणिनि की अष्टाध्यायी में जो अभाव रह गए थे, उन्हें दूर कर दिया। इसके बाद पतञ्जलि ने अपना महाभाष्य लिखा। पाणिनि, कात्यायन, पतञ्जलि त्रिमुनि के नाम से प्रख्यात हैं।

4. निरुक्त

निरुक्त और व्याकरण दोनों का विषय समान है—शब्द ज्ञान और शब्द व्युत्पत्ति। निरुक्त का विषय-कठिन वैदिक शब्दों की व्युत्पत्ति मूलक व्याख्या करना है। जो कठिन शब्द व्याकरण की पहुँच के बाहर थे, उनके अर्थज्ञान के लिए निरुक्त की रचना हुई। निरुक्त को वेद पुरुष के श्रोतों के रूप में स्वीकार किया जाता है—**निरुक्तं श्रोतमुच्यते**। निरुक्त के रचयिता यास्क हैं। इन्होंने निरुक्त को व्याकरण का पूरक माना है

'तदिदं विद्यास्थानं व्याकरणस्य कात्स्न्यम्'।

वास्तव में निरुक्त निघण्टु की टीका मात्र है। निघण्टु में वेद में प्राप्त होने वाले कठिन और दुरूह शब्दों की सूची क्रमबद्ध रूप में दी गई है। निघण्टु आज प्राप्त नहीं है। उसी निघण्टु पर यास्काचार्य ने अपना भाष्य लिखा जो निरुक्त कहलाया।

निघण्टु के तीन काण्ड हैं। यह पाँच अध्यायों में विभक्त है। पहले काण्ड में तीन अध्याय हैं। इनमें विभिन्न शब्दों के पर्यायवाची शब्द हैं। जैसे—पृथिवी के 21, मेघ के 30, स्वर्ण के 15, वायु के 16, जल के 100 और वेद के 26 पर्यायवाची शब्द दिए गए हैं। यास्काचार्य के 'निरुक्त' के प्रथम तीन अध्याय में इन पर्यायवाची शब्दों की व्याख्या है। अत: इन तीन अध्यायों को नैघण्टुक काण्ड कहते हैं।

निघण्टु के चतुर्थ अध्याय में वेद में प्राप्त होने वाले कठिन और अस्पष्ट शब्द दिए गए हैं। निरुक्त के 4 से 6 अध्याय तक इन शब्दों की व्याख्या और स्पष्टीकरण है। इसे नैगमकाण्ड कहते हैं।

निघण्टु के पाँचवें अध्याय में देवतावाचक शब्द हैं। निरुक्त के 7वें अध्याय से 12वें अध्याय तक इनकी व्याख्या है। अत: इसे दैवत काण्ड कहते हैं।

इस प्रकार यास्क के निरुक्त में 12 अध्याय हैं। सायणाचार्य के अनुसार बाद में दो अध्याय परिशिष्ट के रूप में जोड़ दिए गए हैं। इस प्रकार निरुक्त में कुल 14 अध्याय हो गए।

निरुक्त के प्रतिपाद्य विषय पाँच हैं—वर्णागम, वर्णविपर्यय, वर्णविकार, वर्णनाश और धातु का उसके अर्थातिशय से उसका योग है।

यास्काचार्य ने पद के चार भेद माने हैं—नाम, आख्यात, उपसर्ग और निपात। यास्क ने शब्दों को धात्वज मानकर उनकी व्युत्पत्ति की है। इसमें वैदिक शब्द निर्वचन के अतिरिक्त, भाषा विज्ञान, साहित्य, समाजशास्त्र व ऐतिहासिक विषयों का भी प्रसंगानुकूल विवेचन मिलता है। यास्क ने वैदिक देवताओं को पृथ्वीस्थानीय, अन्तरिक्षस्थानीय तथा द्युस्थानीय, इन तीन वर्गों में रखा है।

5. छन्द

'छन्द' वेदाङ्ग को वेद-पुरुष के पादों के रूप में माना जाता है—"**छन्दः पादौ तु वेदस्य**" वेद छन्दोमयी वाणी है। अत: वेद मन्त्रों की शुद्धता और उनके लयबद्ध ज्ञान के लिए छन्दशास्त्र की आवश्यकता प्रतीत हुई। यदि छन्दशास्त्र का ज्ञान नहीं है तो मन्त्रों का समुचित फल प्राप्त नहीं होता। कात्यायन ने अपनी सर्वानुक्रमणी में अक्षर परिमाण को ही छन्द का लक्षण बतलाया है

—'यदक्षरपरिमाणं तच्छन्दः'।

अर्थात् जहाँ अक्षरों की संख्या निश्चित होती है, उसे छन्द कहते हैं। वेद मन्त्रों के साथ छन्दों का घनिष्ठ सम्बन्ध है—'छन्दयति पृणाति रोचते इति छन्द, अर्थात् जिस वाणी को सुनते ही मन आह्लादित हो जाता है, वह छन्दोमयी वाणी ही वेद है।

यास्काचार्य ने छन्द शब्द की व्युत्पत्ति छद् (ढँकना), आच्छादने, आवरणे से बताई है। जो वेद को आसुरी हस्तक्षेप से सुरक्षित रखता है, वह छन्द है। यह छन्द यज्ञादि कर्मों एवं वैदिक अनुष्ठानों को आसुरों की विघ्नबाधा से रक्षा करता है

'छादयति आवृणोति मन्त्रप्रतिपाद्ययज्ञादीन् इति छन्दः,

सभी वैदिक छन्द वार्णिक हैं। इनकी गणना मात्राओं से नहीं अपितु वर्णों से होती है। *वेद में प्राप्त मुख्यत: 7 छन्द हैं*

1. **गायत्री** (24 अक्षर) इसमें तीन पंक्तियाँ होती हैं और प्रत्येक पंक्ति में 8-8 अक्षर होते हैं।
2. **अनुष्टुप्** (32 अक्षर) इसमें चार पंक्तियाँ होती हैं और प्रत्येक पंक्ति में 8-8 अक्षर होते हैं।
3. **पंक्ति** (40 अक्षर) इसमें पाँच पंक्तियाँ होती हैं और प्रत्येक पंक्ति में 8-8 अक्षर होते हैं।
4. **बृहति** (36 अक्षर) इसमें चार पंक्तियाँ होती हैं। पहली दो पंक्तियों में 8-8, तृतीय में 12 और चतुर्थ में पुन: 8 अक्षर होते हैं।
5. **उष्णिक्** (28 अक्षर) इसमें तीन पंक्तियाँ होती हैं। पहली दो पंक्तियों में 8-8 और तृतीय में 12 अक्षर होते हैं।
6. **त्रिष्टुप्** (44 अक्षर) इसमें चार पंक्तियाँ होती हैं और प्रत्येक पंक्ति में 12 अक्षर होते हैं।
7. **जगती** (48 अक्षर) इसमें चार पंक्तियाँ होती हैं और प्रत्येक पंक्ति में 12 अक्षर होते हैं। अक्षरों के न्यूनाधिक होने से इन सात छन्दों के ही अनेक भेद और उपभेद हो जाते हैं। इन सात छन्दों में से भी वैदिक संहिताओं में गायत्री, त्रिष्टुप् और जगती ही अधिक प्रचलित थे।

ऋग्वेद के मन्त्रों के छन्दों की संख्या

- त्रिष्टुप् = 4253 गायत्री= 2467 जगती = 1358 अनुष्टुप = 855 उष्णिक् = 3412 पंक्ति = 312

6. ज्योतिष

ज्योतिष वेदाङ्ग को वेद पुरुष के नेत्रों के रूप में स्वीकारा गया है—**ज्योतिषामयनं चक्षुः**। यज्ञ में सफलता के लिए अनुकूल तिथि, नक्षत्र, मास, ऋतु, संवत्सर आदि का होना परम आवश्यक माना गया है। अत: ज्योतिष नामक वेदाङ्ग का विशिष्ट स्थान है। अनुकूल समय पर सम्पादित यज्ञ ही अभीष्ट फल की प्राप्ति करवाता है।

समय की गणना ज्योतिष शास्त्र का मुख्य अङ्ग है। यह गणना गणित द्वारा ही हो सकती है। अत: कहा गया है कि जिस प्रकार मयूरों की शिखा तथा सर्पों की मणियाँ सर्वश्रेष्ठ होती हैं, उसी प्रकार सभी वेदाङ्ग शास्त्रों में गणित अथवा ज्योतिष सर्वोपरि है

"यथा शिखा मयूराणां, नागानां मण्योयथा।
तद् वद् वेदाङ्गशास्त्राणां, गणितं मूर्ध्नि संस्थितम्।।"

आजकल वेदाङ्ग ज्योतिष नामक एक ही ज्योतिष ग्रन्थ प्राप्त होता है। इसके दो प्रतिनिधि ग्रन्थ उपलब्ध होते हैं—एक **आर्च ज्योतिष** जिसका सम्बन्ध ऋग्वेद से है और दूसरा **यजुष् ज्योतिष** जिसका सम्बन्ध यजुर्वेद से है। पहले में 36 और दूसरे में 43 पद्य हैं। इनमें वैदिक काल की ज्योतिष-उपलब्धियों का वर्णन है। इसमें 12 राशियों का वर्णन कहीं भी नहीं दिया गया है। इसमें 27 नक्षत्रों सूर्य, चन्द्रमा आदि ग्रहों पर विचार गया है। इसमें नक्षत्रों के आधार पर ही सूर्य और चन्द्रमा की स्थिति का वर्णन है। इसमें नक्षत्रों की गणना सम्बन्धी नियम भी दिए गए हैं और सौर व चान्द्र मासों की गणना की गई है। यज्ञसम्बन्धी कार्यों के लिए चान्द्रमास ही मुख्य माना गया है। इस वेदाङ्ग ज्योतिष के कर्ता का नाम 'लगध' बतलाया गया है।

इस ग्रन्थ के प्राचीनतम् टीकाकार सोमाकार हैं। तत्पश्चात् उनकी टीका पर अनेक भाष्य लिखे गए।

परवर्ती काल के ज्योतिष ग्रन्थों में **वराह मिहिर** का **सूर्य-सिद्धान्त** उल्लेखनीय है। पराशर एवं गर्ग उसके पूर्ववर्ती और ब्रह्मगुप्त, भास्कराचार्य, आर्यभट्ट और कमलाकर इसके परवर्ती ज्योतिर्विद हुए। इस प्रकार यज्ञ-सम्पादन में काल विषयक ज्ञान अत्यावश्यक है। अत: ज्योतिष शास्त्र का महत्त्व भी सर्वसम्मति से स्वीकार किया गया है। 'आर्च ज्योतिष' ने तो यहाँ तक कहा है कि जो काल विषयक ज्योतिष शास्त्र को जानता है, वही वास्तव में यज्ञों को जानता है

"तस्मादिदं कालविधानशास्त्रं, यो ज्योतिषं वेद स वेद यज्ञम्"।

उपनिषद्

वैदिक साहित्य की श्रृंखला में आरण्यक ग्रन्थों के बाद उपनिषदों का स्थान है। आरण्यक ग्रन्थों में प्रतिपादित दार्शनिकता का पूर्ण विकसित रूप उपनिषदों में प्राप्त है। वेद और ब्राह्मण ग्रन्थ मनुष्य जीवन के पूर्वपक्ष से सम्बन्ध रखते हैं और उपनिषद् मनुष्य जीवन के उत्तरपक्ष से तथा आरण्यक ग्रन्थ इन दोनों के मध्य परिवर्तनशील युग का प्रतिनिधित्व करते हैं।

वस्तुत: समस्त सांसारिक विषय भोगों का भोग करके तथा अपनी तीनों एषणाओं-पुत्रैषणा, वित्तैषणा, लोकैषणा की प्राप्ति करके मनुष्य दर्शन की ओर अग्रसर होता है। वह सोचता है कि सम्पूर्ण जीवन में उसने क्या किया, जीवन में उसने क्या खोया और क्या पाया। वह आत्म-विश्लेषण करता है और जीवन की सार्थकता का चिन्तन करता है। तब उसे अनुभव होता है कि उसके द्वारा भुक्त समस्त विषय-भोग तो नश्वर और क्षणभंगुर है। उनका भोग करके तो कुछ भी उपलब्धि नहीं हुई। तब वह सुख-दु:ख, राग-द्वेष, मोह-माया से मुक्त होना चाहता है। इस मुक्ति के लिए उसे जिस ज्ञान की आवश्यकता होती है, वह उपनिषदों में निहित है। उपनिषद् वे ग्रन्थ हैं, जो मनुष्य को अन्धकार से प्रकाश की ओर, अज्ञान से ज्ञान की ओर एवं मृत्यु से अमरत्व की तरफ ले जाते हैं।

उपनिषद् शब्द का अर्थ

उपनिषद् शब्द **उप** और **नि** उपसर्ग पूर्वक, **षद्लृ** में **क्विप्** प्रत्यय लगाकर निष्पन्न है। उप, नि और षद्लृ का अर्थ क्रमश: समीप, निश्चयपूर्वक तथा बैठना है। अत: उपनिषद् का अर्थ है—गुरु के समीप विनम्रतापूर्वक बैठकर ज्ञान की प्राप्ति करना। आचार्य शंकर के अनुसार, षद्लृ-विशरण (नाश होना), गति (प्राप्त होना) तथा अवसादन (शिथिल करना) इन तीन अर्थों में प्रयुक्त है। इस प्रकार शंकराचार्य के अनुसार उपनिषद् वह विद्या है—जिससे मनुष्य की अविद्या का नाश होता है, बुद्धि की प्राप्ति होती है और दु:खों का नाश होता है।

वैदिक साहित्य के अन्त में रचे जाने के कारण इन्हें **वेदान्त** भी कहा गया है। इसका दूसरा नाम **रहस्यम्** भी है। कठोपनिषद् में कहा गया है—परमंगुह्यं।

उपनिषदों की संख्या

- इनकी संख्या 108 है। इनमें से 11 उपनिषद् मुख्य माने गए हैं। ऋग्वेद का ऐतरेय, सामवेद का केन और छान्दोग्य, शुक्ल यजुर्वेद का ईश और बृहदारण्यक, कृष्ण यजुर्वेद का कठ, तैत्तिरीय और श्वेताश्वर तथा अथर्ववेद का प्रश्न, मुण्डक और माण्डूक्य उपनिषद् हैं। शंकराचार्य ने उपनिषदों की संख्या 10 मानी है

  'ईश-केन-कठ-प्रश्न-मुण्ड-माण्डूक्य-तित्तिरि:।
  ऐतरेयं च छान्दोग्यं बृहदारण्यकं दश।।'

उपनिषदों का वर्ण्य-विषय

सभी उपनिषदों का सम्बन्ध ब्रह्म विद्या या ज्ञान प्राप्ति से है। उपनिषद् के महत्त्वपूर्ण सिद्धान्त या प्रतिपाद्य विषय निम्नलिखित हैं

ब्रह्म का स्वरूप

विभिन्न आध्यात्मिक विषयों को जानने के लिए जब ऋषियों ने एकान्त में ध्यान योग से निदिध्यासन किया तो उन्होंने एक देवात्म शक्ति को देखा जो संसार का नियमन करती है। इसी शक्ति को उन्होंने ब्रह्म कहकर पुकारा। उपनिषदों का ब्रह्म शुद्ध, नित्य, अजर, अमर और सनातन है। ईशोपनिषद् में उसे परमतेजस्वी, शरीर-रहित, शुद्ध, पाप-पुण्य से रहित, सर्वदृष्टा, मनीषी, सर्वत्र विद्यमान स्वयम्भु और अनादि काल से सब प्राणियों के कर्मानुसार समस्त पदार्थों की रचना करने वाला परमतत्त्व बतलाया गया है। वह नाम, रूप, रंग और काल की सीमा से रहित है। इसी कारण वह चतुष्कोटि विनिर्मुक्त है। बृहदारण्यकोपनिषद् में उसे 'नेति-नेति' कहकर वर्णित किया गया है। कठोपनिषद् में उसे अंगुष्ठमात्र बतलाया गया है

'अङ्गुष्ठमात्र: पुरुष: मध्य आत्मनि तिष्ठति'।

ब्रह्म ही समस्त संसार का मूल कारण है

इस संसार में कोई भी ऐसी वस्तु नहीं है जिसमें ब्रह्म की सत्ता न हो—'ईशावास्यमिदं सर्वम्'। ब्रह्म इस संसार का निमित्त और उपादान कारण है। ब्रह्म ही इस संसार की उत्पत्ति, सृष्टिऔर विनष्टि का कारण है

'यतो वा इमानि भूतानि जायन्ते, येन जातानि जीवन्ति,
यत् प्रयन्ति अभिसमविशन्ति तद् ब्रह्म, तद् विजिज्ञासस्व।'

जीव और ब्रह्म का ऐक्य

इस तथ्य से कि ब्रह्म संसार का निमित्त और उपादान दोनों कारण हैं, इस बात की पुष्टि होती है कि यह संसार परिणामवाद का नहीं विवर्तवाद का उदाहरण है। दूध का दही में परिवर्तित होना परिणामवाद है। इसमें दूध भी वास्तविक है और दही भी। लेकिन रज्जु में सर्प की भ्राँति विवर्तवाद (अतात्त्विक अन्यथाभास) है। इसी प्रकार उपनिषदों में ब्रह्म सत्य और जगत् मिथ्या है 'ब्रह्मसत्यं जगन्मिथ्या'। जीव और ब्रह्म एक ही हैं। समष्टि रूप में जिसे **ब्रह्म** या परमात्मा कहते हैं, व्यष्टि रूप में उसे आत्मा कहते हैं। जब वह आत्मा किसी जीव का शरीर धारण कर लेती है तो वह जीवात्मा कहलाती है। इस प्रकार आत्मा और परमात्मा पृथक् नहीं हैं। जीवात्मा परमात्मा का ही अंश है। मनुष्य अज्ञान के कारण उन दोनों को पृथक् समझता है। इसी कारण ब्रह्म सूत्र में कहा गया है "अहं ब्रह्मास्मि" एवं "जीवो ब्रह्मैव नापर:"।

छान्दोग्योपनिषद् में उद्दालक आरुणि अपने पुत्र श्वेतकेतु को **"तत् त्वमसि"** अर्थात् "वह तुम ही हो"—इस महावाक्य का उपदेश देते हैं।

जिसे जीवात्मा का ज्ञान हो जाता है, उसे परमात्मा का ज्ञान स्वयं हो जाता है। बृहदारण्यकोपनिषद् में कहा है

'आत्मा वा अरे दृष्टव्य: श्रोतव्यो मन्तव्यो निदिध्यासितव्यो मैत्रेयि
आत्मनो वा अरे दर्शनेन श्रवणेन मत्याविज्ञानेन इदं सर्वं विदितम्।'

इस प्रकार आत्मा ही ब्रह्म है। जीवात्मा अपने-अपने कर्म भोगकर अन्त में जब यह नामरूप की लीला समाप्त हो जाती है तो पुन: अपने परमात्मा रूप को धारण कर लेती है।

ब्रह्म इन्द्रियों के द्वारा प्राप्य नहीं है

ब्रह्म की प्राप्ति इन्द्रियों द्वारा नहीं हो सकती। इसके दो कारण हैं

(i) इन्द्रियाँ उसी वस्तु को देख सकती हैं, उसी का श्रवण कर सकती हैं, मनन कर सकती हैं, वर्णन कर सकती हैं जिसका कोई आकार हो या प्रत्यक्ष होता हो, किन्तु ब्रह्म एक निराकार शक्ति है जिसका प्रत्यक्ष नहीं हो सकता। अत: वह इन्द्रियों के द्वारा अप्राप्य है।

(ii) इन्द्रियाँ बहिर्मुखी हैं और ब्रह्म शक्ति अन्तर्मुखी है। यदि कोई व्यक्ति इन्द्रियों को विषय वासनाओं से हटाकर अन्तर्मुखी बनाकर अपने अन्दर उस शक्ति का अनुभव करने का प्रयास करता है और जो इसमें सफल होता है, वह अमृतत्त्व की प्राप्ति करता है।

विषय भोगों का त्याग ही मोक्ष या ब्रह्म प्राप्ति का कारण है

उपनिषदों के अनुसार यदि मनुष्य मोक्ष प्राप्ति या ब्रह्म प्राप्ति करना चाहता है तो उसे सभी सांसारिक विषय भोगों का त्याग करना पड़ता है। जब तक उसकी इन्द्रियाँ बाह्य भोगविलासो में लिप्त हैं तब तक वह मनुष्य ब्रह्म की प्राप्ति नहीं कर सकता।

विषय भोग और ब्रह्म ये परस्पर विपरीत एवं विरोधी हैं। मनुष्य या भोग विलास का ही वरण कर सकता है या ब्रह्म प्राप्ति का ही मार्ग चुन सकता है। कठोपनिषद् में इन्हें क्रमशः श्रेय और प्रेय नाम से पुकारा गया है। दोनों साधन मनुष्य को अपनी ओर आकर्षित करते हैं। इन दोनों में से श्रेय का ग्रहण करने वाले का कल्याण होता है और जो प्रेम का वरण करता है, वह यथार्थलाभ से भ्रष्ट हो जाता है। इन्हीं को श्रेय या विद्या एवं प्रेय या अविद्या भी कहा गया है।

कर्म सिद्धान्त और पुनर्जन्म

मृत्यु के पश्चात् मनुष्य का क्या होता है? हम कहाँ जाते हैं? कठोपनिषद् में नचिकेता, यम से यही प्रश्न पूछता है। इस प्रश्न का उत्तर देने के लिए उपनिषद् भारतीय दर्शन के दो महत्त्वपूर्ण सिद्धान्तों—कर्म सिद्धान्त और पुनर्जन्म सिद्धान्त का प्रतिपादन करते हैं। उपनिषदों में बार-बार कहा गया है कि मनुष्य मृत्यु के पश्चात् अपने द्वारा किए गए कर्मों के अनुसार नए शरीर को धारण करता है। इस जन्म के कर्म, दूसरे जन्म में उसके सुख-दुःख का कारण बनते हैं

'अनुपश्य यथा पूर्वे प्रतिपश्य तथापरे।
सस्यमिव मर्त्यः पच्यते सस्यमिवजायते पुनः।।'

इस प्रकार पुनर्जन्म सिद्धान्त ने ही कर्म सिद्धान्त को जन्म दिया। मनुष्य जैसे कर्म करेगा, वैसा ही फल पाएगा। शुभ कर्मों से शुभ की और अशुभ कर्मों से अशुभ की प्राप्ति निश्चित है। किए गए कर्म का फल अवश्य ही भोगना पड़ता है। इस प्रकार ये दोनों सिद्धान्त अन्योऽन्याश्रित एवं एक-दूसरे के पूरक हैं।

कर्मों की उपयोगिता

यद्यपि उपनिषद् रहस्यवादी हैं तथापि वे कर्मों की उपयोगिता पर बल देते हैं। ब्रह्म रूपी मंजिल तक पहुँचने के लिए कर्म सीढ़ी के समान हैं। कर्म से ही मनुष्य की चित्तशुद्धि होती है। जो व्यक्ति अभी ब्रह्मप्राप्ति के योग्य नहीं हुए उनके लिए शास्त्रोक्त कर्म करते हुए जीवन व्यतीत करने का विधान किया गया है

'कुर्वन्नेवेह कर्माणि जिजिविषेतशतं समाः।'

मोक्ष प्राप्ति का साधन ज्ञान ही है

उपनिषदों में ब्रह्म प्राप्ति पर बल दिया गया है। इन ग्रन्थों में ब्रह्म प्राप्ति को ही अमृतत्त्व या मोक्ष का कारण बतलाया गया है। ज्ञान प्राप्त हो जाने पर मनुष्य के हृदय की ग्रन्थियाँ खुल जाती हैं, सारे सन्देह दूर हो जाते हैं और उसके शुभ-अशुभ कर्म भी नष्ट हो जाते हैं। ब्रह्म प्राप्ति इसी शरीर में सम्भव है।

नैतिकता का महत्त्व

उपनिषदों में नैतिकता का महत्त्व अनेक प्रकार से प्रतिपादित किया गया है। सत्य को ब्रह्म का आयतन माना गया है—'सत्यमायतनम्'

मुण्डकोपनिषद् में भी कहा गया है

'सत्यमेव जयते नानृतम्।

तप, दम और कर्म को ब्रह्म की प्रतिष्ठा बतलाया गया है। आत्मसंयम, पवित्रता, अपरिग्रह और आत्मसन्तुष्टि ब्रह्मज्ञान के लिए आवश्यक हैं। उपनिषदों में इस बात पर बहुत अधिक बल दिया गया है कि जब तक मनुष्य समाज के प्रति अपने उत्तरदायित्व को पूरा नहीं करता तब तक वह किसी कार्य में सफल नहीं हो सकता। जब तक माता-पिता, गुरु और अन्य आदरणीय व्यक्ति खिन्न हैं तब तक मनुष्य को शान्ति नहीं मिल सकती। इसीलिए कहा गया है— 'मातृदेवो भव, पितृदेवो भव, आचार्यदेवो भव, अतिथिदेवो भव'।

मुमुक्षु के गुण

उपनिषदों का ज्ञान प्राप्त करने के लिए मुमुक्षु में निम्नलिखित गुण होने चाहिए

नित्यानित्यवस्तुविवेकः

उसे नित्य और अनित्य वस्तु का विवेक होना चाहिए। जिस प्रकार नचिकेता को पूर्ण ज्ञान था कि इहलौकिक और पारलौकिक सभी भोगविलास क्षणभंगुर हैं और केवल ब्रह्म ही नित्य है।

इहामुत्रफलभोगविरागः

उसे इस लोक और स्वर्ग लोक के विषय भोगों को भोगने से विरक्ति होनी चाहिए। जैसे नचिकेता, यम के द्वारा दिए गए अनेक प्रलोभनों से भी प्रलोभित नहीं हुआ।

शमदमादिषट्कसम्पत्तिः

उसमें शमदमादि छः गुण होने चाहिए; जैसे—नचिकेता काम, क्रोध, लोभ, मद, मोह, मात्सर्य से रहित था।

मुमुक्षुत्वम्

अन्त में उसे मोक्ष प्राप्ति की इच्छा होनी चाहिए; जैसे—नचिकेता अपनी मोक्ष प्राप्ति या ब्रह्मज्ञान की प्राप्ति पर दृढ़ रहा।

उपनिषदों में प्रणव अर्थात् ओ३म् को ब्रह्म का प्रतीक माना गया है। जो व्यक्ति ब्रह्म ज्ञान, शून्य पर केन्द्रित नहीं कर पाते, उनके लिए ओ३म् पर ध्यान केन्द्रित करने का आदेश दिया गया है। उपनिषदों में ओंकार को शब्दब्रह्म माना गया है। इस प्रकार उपनिषदों में 'ब्रह्म-विद्या' ही मुख्य प्रतिपाद्य विषय है।

प्रमुख उपनिषदों का सामान्य परिचय

ऋग्वेदीय उपनिषद्

ऐतरेय उपनिषद्

इसमें तीन अध्याय हैं; जिनमें सृष्टिवाद, आदर्शवाद तथा आत्मवाद पर विचार किया गया है एवं समस्त विश्व को परमात्मा की रचना बतलाया गया है। इसमें मानव शरीर की उपयोगिता का क्रमिक वर्णन अपने चरम उत्कर्ष पर है। 'प्रज्ञानं ब्रह्म', यह महावाक्य इसी उपनिषद् का कथन है।

कौषीतकि उपनिषद्

इसमें चार अध्याय हैं; जिसके प्रथम अध्याय में देवयान तथा पितृयान का विस्तृत वर्णन है तथा द्वितीय अध्याय में दार्शनिक सिद्धान्तों का। तीसरे अध्याय में प्रतर्दन इन्द्र से ब्रह्मविद्या सीखते हैं, जिसके अन्त में प्राणतत्त्व का विशद् विवेचन किया गया है। अन्त में यही प्राण आत्मा का प्रतीक सिद्ध किया गया है, जो जगत् के समस्त पदार्थों का कारण है। चौथे अध्याय में बालाकि और अजातशत्रु के आख्यान की पुनरावृत्ति है।

यजुर्वेदीय उपनिषद्

शुक्ल यजुर्वेदीय उपनिषद्

बृहदारण्यकोपनिषद् यह शुक्ल यजुर्वेद पर प्राप्त होने वाला सबसे बड़ा उपनिषद् है; जिसमें कुल छः अध्याय हैं। प्रथम अध्याय में मृत्यु द्वारा सम्पूर्ण पदार्थों के ग्राह्य किए जाने का वर्णन है; द्वितीय अध्याय में गार्ग्य तथा अजातशत्रु का रोचक संवाद है। तृतीय तथा चतुर्थ अध्याय में जनक तथा याज्ञवल्क्य का आख्यान है। पञ्चम अध्याय में परलोक विषयक, सृष्टि विषयक तथा नीति विषयक विषयों का विवेचन है। षष्ठ अध्याय में जैबलि तथा श्वेतकेतु का संवाद वर्णन है।

ईशावास्योपनिषद् उपनिषदों में सबसे प्राचीन व सर्वाधिक महत्त्वपूर्ण यह उपनिषद् माध्यन्दिन शाखा यजुर्वेद का 40वाँ अध्याय है। इसमें कुल 18 मन्त्र हैं। इन मन्त्रों में कर्मसन्यास से हटकर कर्मोपासना का बहुत मार्मिक विवेचना किया गया है तथा अद्वैतभाव का बहुत ही सुस्पष्ट वर्णन किया गया है। यहाँ ब्रह्म के स्वरूप विवेचन के पश्चात् विद्या-अविद्या तथा सम्भूति एवं असम्भूति का विवेचन प्राप्त होता है।

कृष्णयजुर्वेदीय उपनिषद्

कठोपनिषद् कृष्णयजुर्वेद की कठशाखा पर उपलब्ध यह ग्रन्थ अपने प्रकृष्ट अद्वैत-तत्त्व के प्रतिपादन के लिए अत्यन्त प्रसिद्ध है। इसमें नचिकेता तथा यम के संवाद द्वारा अग्निचयन विद्या या ब्रह्मविद्या का वर्णन किया गया है। 'नेह नानास्ति किञ्चन' इस उपनिषद् का गम्भीर शंखनाद है। यह उपनिषद् दो अध्यायों तथा प्रत्येक अध्याय तीन-तीन वल्लियों में विभक्त है।

मैत्रायणी उपनिषद् यह उपनिषद् गद्य-पद्यात्मक है जिसमें कुल 7 प्रपाठक हैं। इसमें सांख्य, योग तथा हठयोग के सिद्धान्तों का वर्णन प्राप्त होता है तथा आत्मा-परमात्मा, सांसारिक सुखों से मुक्ति सम्बन्धी प्रश्नोत्तरों का विवेचन है।

श्वेताश्वतरोपनिषद् यह छः अध्यायों में विभक्त है। इसमें कठोपनिषद् के तत्त्व यथावत् रूप में विद्यमान हैं। यह उपनिषद् शैव दर्शन का प्रतिपादक प्रतीत होता है। यहाँ पर सांख्य तथा वेदान्त के सिद्धान्तों का मिश्रित रूप उपलब्ध होता है और परमात्मतत्त्व के रूप में 'शिव' को उपस्थापित किया गया है। भक्ति तत्त्व का प्रतिपादन इस उपनिषद् की मुख्य विशेषता है। इसका दूसरा अध्याय योग के सिद्धान्तों की विवेचना करता है।

तैत्तिरीयोपनिषद् यह उपनिषद् तैत्तिरीय आरण्यक सप्तम, अष्टम तथा नवम खण्ड का ही सम्मिलित अंश है। इसमें ब्रह्म-विद्या के उपदेश के साथ-साथ शिक्षा का उपदेश, ब्रह्म-प्राप्ति के साधन, ब्रह्म से सृष्टि की उत्पत्ति और वरुण-भृगु संवाद वर्णित है।

सामवेदीय उपनिषद्

केनोपनिषद्

यह उपनिषद् 'केनेषितं पतति' से प्रारम्भ होने के कारण केनोपनिषद् के नाम से जाना जाता है। इसको तवल्कारोपनिषद् भी कहा जाता है। इसमें चार खण्ड हैं; जिसके प्रथम खण्ड में उपास्य ब्रह्म तथा निर्गुण ब्रह्म में अन्तर; द्वितीय खण्ड में ब्रह्म के रहस्यमय रूप का संकेत तथा तृतीय व चतुर्थ खण्ड में **उमा-हेमवती** के रोचक आख्यान द्वारा परब्रह्म की सर्वशक्तिमत्ता तथा देवताओं की अल्पशक्तिमत्ता का अत्यन्त सुन्दर निदर्शन है।

छान्दोग्योपनिषद्

इसमें आठ अध्याय हैं। प्रथम अध्याय में विविध विद्याओं, साम तथा ओंकार के स्वरूप का मार्मिक विवेचन; द्वितीय अध्याय के अन्त में 'शैव उद्‌गीथ' तृतीय अध्याय में देवमधु के रूप में सूर्योपासना, गायत्रीवर्णन, अध्यात्मशिक्षा तथा अण्ड से सूर्य का जन्म वर्णित है। इसी अध्याय में **'सर्वं खल्विदं ब्रह्म'** महावाक्य वर्णित है। चतुर्थ अध्याय में रैक्व के दार्शनिक तथ्य व सत्यकामजाबाल कथा वर्णित है। पञ्चम अध्याय में प्रवाहण जैबलि के दार्शनिक सिद्धान्त तथा केकय अश्वपति के सृष्टि विषयक तथ्य वर्णित हैं। षष्ठ अध्याय में आरुणि की दार्शनिकता का रोचक वर्णन मिलता है। **तत्त्वमसि** आरुणि की अध्यात्मशिक्षा का पाठस्थानीय मन्त्र है। सप्तम अध्याय में नारद-सनत्कुमार का वृत्तान्त है तथा अष्टम अध्याय में इन्द्रविरोचन के व्यावहारिक वर्णन का विवेचन किया गया है।

अथर्ववेदीय उपनिषद्

प्रश्नोपनिषद्

यह उपनिषद् छः खण्डों में विभक्त है। इसमें छः ऋषि सुकेशा, सत्यकाम, सौर्यायणि, अश्वलकुमार, भार्गव तथा कबन्ध ज्ञान प्राप्ति के लिए महर्षि पिप्पलादि के समीप जाते हैं और अपने आध्यात्म सम्बन्धी प्रश्नों का उत्तर पूछते हैं। महर्षि पिप्पलादि एक उदात्त तत्त्वज्ञानी के रूप में उत्तर देते हैं

- प्रथम प्रश्न में रयि और प्राण के द्वारा प्रजापति से ही सम्पूर्ण चराचर जगत् की उत्पत्ति का निरूपण किया गया है।
- दूसरे प्रश्न के उत्तर में स्थूल देह के प्रकाशक और धारण करने वाले प्राण का निरूपण है।
- तीसरे प्रश्न में प्राण की उत्पत्ति व स्थिति विषयक विचार किया गया है।
- चौथे प्रश्न में स्वप्नावस्था का वर्णन करते हुए बताया गया है कि सूर्य की किरणों के समान सभी इन्द्रियाँ मन में ही लीन हो जाती हैं। केवल प्राण ही जागता रहता है।
- पाँचवें प्रश्न में ओंकार का पर और अपर के प्रतीक के रूप में वर्णन करके उसके द्वारा अपरब्रह्म की उपासना करने वाले को क्रममुक्ति और परब्रह्म की उपासना करने वाले को परब्रह्म की प्राप्ति एवं उसका फल बतलाया गया है।
- छठे प्रश्न में सुकेशा के प्रश्न का उत्तर देते हुए महर्षि पिप्पलादि ने मुक्तावस्था में प्राप्त होने वाले निरूपाधिक ब्रह्म को प्राणादि 16 कलाओं के आरोहपूर्वक प्रत्यगात्म रूप से निरूपित किया है।

प्रश्नों के उत्तर पूछने के कारण ही इसका नाम प्रश्नोपनिषद् रखा गया।

मुण्डकोपनिषद्

यह उपनिषद् तीन मुण्डकों में तथा प्रत्येक मुण्डक दो-दो खण्डों में विभक्त है। इसमें ब्रह्मा अपने ज्येष्ठ पुत्र अथर्वा को ब्रह्म-विद्या का उपदेश देते हैं। यहाँ पर कर्मकाण्ड की हीनता तथा दोषों के अनन्तर ब्रह्म ज्ञान की श्रेष्ठता का प्रतिपादन किया गया है। द्वैतवाद का प्रधानस्तम्भभूत मन्त्र—'द्वासुपर्णासयुजा' इसी उपनिषद् का वचन है। 'वेदान्त' शब्द का प्रयोग सर्वप्रथम इसी उपनिषद् में किया गया है।

माण्डूक्योपनिषद्

यह उपनिषद् 12 खण्डों में विभक्त है। इसमें परमात्मा का अत्यन्त रहस्यपूर्ण विवेचन किया गया है तथा 'ओ३म्' नाम की प्रधानता है। आत्मा का सूक्ष्म विवेचन भी इसमें किया गया है।

षड्दर्शन

वैदिक साहित्य के अतिरिक्त भारतीय समाज तथा दर्शन को दिशा देने वाले ग्रन्थ भी हैं, जिनसे भारतीय दर्शन का निर्माण हुआ है। इनमें आत्मा, जीव, जगत्, ब्रह्म इत्यादि को विभिन्न प्रकार से समझाने का प्रयास किया गया है।

सांख्य दर्शन

सांख्य दर्शन भारतीय दर्शन की चिन्तन परम्परा में प्राचीनतम दर्शन है। इस दर्शन का उल्लेख पुराणों, महाभारत, रामायण, श्रुति एवं स्मृति में है। गीता में सांख्य एवं योग दर्शन का उल्लेख मिलता है। अन्य दर्शनों की तुलना में यह दर्शन सर्वाधिक प्रभावशाली है। सांख्य के बारे में उक्ति है कि 'नास्ति सांख्य समं ज्ञानं' अर्थात् सांख्य के समान और कोई ज्ञान नहीं है। सांख्य दर्शन के प्रणेता महर्षि कपिल हैं। सांख्य दर्शन का मूल ग्रन्थ महर्षि कपिल का तत्त्व समास है। फिर उन्होंने सांख्यमत को विस्तार पूर्वक समझाने की दृष्टि से सांख्य सूत्र नामक विशद् ग्रन्थ की रचना की। वर्तमान में ईश्वर कृष्ण की 'सांख्यकारिका' ही उपलब्ध है। ईश्वर कृष्ण आचार्य पंचशिख के शिष्य थे। सांख्यकारिका ही सांख्य दर्शन का आधार है।

सांख्य का शाब्दिक अर्थ संख्या से है। विद्वानों के विचार है कि इस दर्शन में ऐसे तत्त्वों की संख्या गिनी जाती है जिनका ज्ञान हमें मोक्ष दिलाने वाला है, इसलिए इसे सांख्य कहते हैं।

सांख्य का एक अर्थ **सम्यक्ख्यानम** अर्थात् सम्यक् ज्ञान या पूर्ण विचार भी है, परन्तु ज्ञान केवल जानकारी मात्र नहीं है, बल्कि विवेक है जो आत्मा से अविद्या को निकालकर आत्मा को मुक्त करता है।

सांख्य दर्शन की प्रमुख रचनाएँ एवं रचनाकार

	रचना	रचनाकार
1.	सांख्य कारिका भाष्य	गौडपाद
2.	तर्क कौमुदी	वाचस्पति
3.	सांख्य प्रवचन भाष्य	विज्ञान भिक्षु
4.	सांख्य सार	विज्ञान भिक्षु
5.	सांख्य सूत्र	कपिल मुनि
6.	सांख्य प्रवचन सूत्र	कपिल मुनि
7.	तत्त्व समाज	कपिल मुनि

सांख्य दर्शन के निम्नलिखित दार्शनिक विचार हैं

1. सत्कार्यवाद 2. द्वैतवाद 3. त्रिविध दु:ख
4. पच्चीस तत्त्व 5. निरीश्वरवाद 6. विकासवाद

सांख्य के पच्चीस तत्त्व

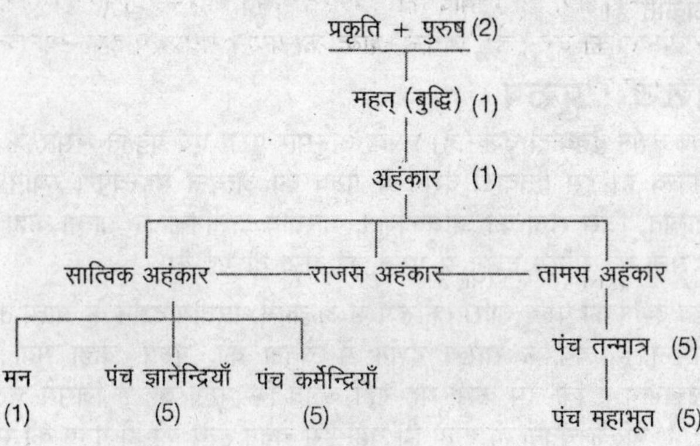

प्रकृति + पुरुष	= 2	
महत् (बुद्धि)	= 1	
अहंकार	= 1	
मन	= 1	
पाँच ज्ञानेन्द्रियाँ	= 5	(आँख, नाक, कान, जीभ, त्वचा)
पाँच कर्मेन्द्रियाँ	= 5	(मुख, हाथ, पैर, मलद्वार, ज्ञानेन्द्रिय)
पंच तन्मात्र	= 5	(रूप, रस, गन्ध, स्पर्श, शब्द)
पंच महाभूत	= 5	(पृथ्वी, अग्नि, जल, वायु एवं आकाश)
कुल तत्त्व	= 25	

सांख्य : प्रकृति

सांख्य दर्शन में प्रकृति का शाब्दिक अर्थ है **सृष्टि से पूर्व** अर्थात् प्रकृति वस्तुत: जगत् की समस्त वस्तुओं से पूर्व है। पुरुष के अतिरिक्त संसार की समस्त वस्तुएँ इसी प्रकृति से उत्पन्न हुई हैं। स्वरूपत: प्रकृति एक निरवयव, शाश्वत, अदृश्य, अचेतन, किन्तु सक्रिय है।

प्रकृति की तीन विधाएँ हैं, जिन्हें गुण कहा जाता है। ये गुण तीन प्रकार के हैं तथा प्रत्येक गुण के तीन उपगुण हैं यथा—सतगुण; सुखात्मक, हल्का, ज्ञानात्मक, रज गुण; दु:खात्मक, गति, उत्तेजक, तम् गुण; भारी, अवरोध तथा अज्ञान। स्पष्ट है कि प्रकृति त्रिगुणात्मक है, अत: प्रकृति से उत्पन्न होने के कारण जगत् की समस्त वस्तुएँ त्रिगुणात्मक हैं।

सांख्य दर्शन में प्रकृति को प्रकृति के अतिरिक्त विभिन्न नामों से सम्बोधित किया गया है; *जैसे* सांख्य दर्शन में प्रकृति को प्रधान कहा गया है, क्योंकि वह विश्व का प्रथम कारण है। प्रकृति को जड़ कहा गया है, क्योंकि वह मूलत: भौतिक पदार्थ है। प्रकृति को माया कहा गया है क्योंकि वह जगत् को सीमित करती है। प्रकृति को अविद्या कहा गया है, क्योंकि वह ज्ञान का विरोधात्मक है आदि।

सांख्य दर्शन **द्वैतवादी दर्शन** है, क्योंकि यहाँ पुरुष एवं प्रकृति को दो परम तत्त्वों के रूप में स्वीकार किया गया है। यहाँ चेतना को पुरुष कहा गया है तथा इसे स्वरूपत: निष्क्रिय माना गया है तथा प्रकृति के जड़ात्मक होने के बाद भी सक्रिय माना गया है और बताया गया है यह समस्त जगत् प्रकृति का ही कार्य व्यापार है। प्रकृति को बीज रूपा कहा गया है, क्योंकि सांख्य दार्शनिकों के अनुसार प्रकृति समस्त जगत् को अपने में अव्यक्त रूप में अन्तर्निहित किए रहती है।

सांख्य दर्शन की प्रकृति व उसके परिणाम

सांख्य दार्शनिकों के अनुसार जब पुरुष का प्रकृति से सम्पर्क होता है तो प्रकृति के भीतर जो जगत् अव्यक्त रूप में विद्यमान रहता है, वह क्रमश: व्यक्त रूप में प्रकट होने लगता है, इसे ही सृष्टि का विकास कहते हैं। यद्यपि समस्त विकास प्रकृति से होता है, परन्तु उसके लिए पुरुष का सहयोग अनिवार्य है, अत: पुरुष अनिवार्य सहयोगी की भूमिका में है, क्योंकि वह विकास के लिए उत्प्रेरक का कार्य करता है। सांख्य दर्शन में चेतना को पुरुष कहा गया है। जब तक प्रकृति तथा पुरुष में सम्पर्क नहीं होता, तब तक प्रलय रहती है। इस समय प्रकृति में स्वरूप परिवर्तन होते हैं अर्थात् गुण आपस में नहीं मिलते; *जैसे* सत् सत् में, रज् रज् में तथा तम् तम् में ही परिवर्तित होता है। इस अवस्था को ही **साम्यावस्था** कहते हैं।

प्रलय का अन्त प्रकृति तथा पुरुष के सम्पर्क से हो जाता है। सम्पर्क से प्रकृति में उथल-पुथल होती है और साम्यावस्था भंग हो जाती है तथा गुण आपस में मिलने लगते हैं अर्थात् गुण क्षोभ होता है।

प्रकृति की इस अवस्था को विषमावस्था तथा होने वाले परिवर्तनों को 'विरूप परिणाम' कहते हैं। इस अवस्था में वस्तुएँ उत्पन्न होना प्रारम्भ हो जाती हैं अर्थात् सृष्टि होने लगती है। इस क्रम में सर्वप्रथम **महत्** आविर्भूत होती है। महत् से आविर्भूत होता है **अहंकार** तथा अहंकार से आविर्भूत होती है **एकादश इन्द्रियाँ** अर्थात् मन, पाँच ज्ञानेन्द्रियाँ तथा पाँच कर्मेन्द्रियाँ। इसके साथ ही अहंकार से तन्मात्र अर्थात् सूक्ष्म भौतिक तत्त्व-शब्द, स्पर्श, रूप, स्वाद तथा गन्ध आविर्भूत होते हैं। तन्मात्र से आविर्भूत होते हैं **पंचमहाभूत**, इस क्रम में सर्वप्रथम आकाश, वायु, अग्नि, जल तथा पृथ्वी आविर्भूत होते हैं।

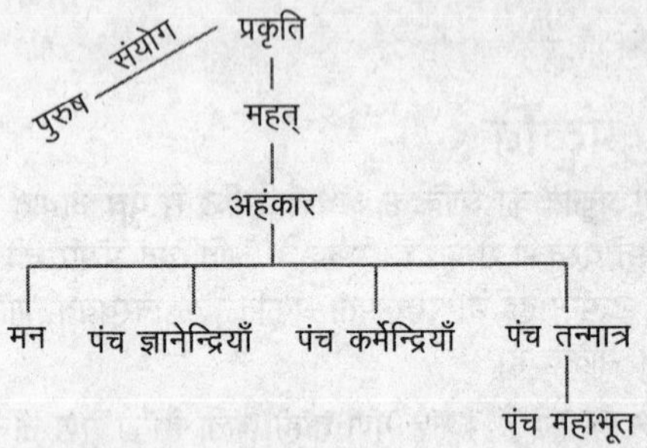

चूँकि प्रकृति से उत्पन्न होने वाले सभी पदार्थ त्रिगुणात्मक हैं, इसलिए बुद्धि भी त्रिगुणात्मक होती है। बुद्धि में अन्य गुणों की अपेक्षा सत् की मात्रा अधिक होती है, इस कारण बुद्धि में पारदर्शिता होती है जिससे चैतन्य उसमें प्रतिबिम्बित होने लगता है। *उदाहरणार्थ*—जिस प्रकार दीपक से काँच की दीवार एक तरह चमकने लगती है, ठीक उसी प्रकार सत् की अधिकता के कारण चैतन्य बुद्धि में प्रतिबिम्बित होने लगता है। बुद्धि में चैतन्य के प्रतिबिम्बित होते ही सोपाधिक पुरुष को कैवल्य की प्राप्ति हो जाती है अर्थात् वह जान जाता है कि वह शरीर, मन, बुद्धि, अहंकार आदि नहीं, बल्कि चैतन्य स्वरूप तथा पूर्ण ज्ञानस्वरूप है, साथ ही उसे यह भी ज्ञान हो जाता है कि वह अकर्ता, अभोक्ता तथा निर्लिप्त दृष्टा है।

सांख्य दर्शन में सृष्टि को प्रयोजनपूर्ण माना गया है। यहाँ सृष्टि के दो प्रयोजन माने गए हैं

1. सोपाधिक पुरुष प्रकृति का अनुभव करे।
2. सोपाधिक पुरुष कैवल्य स्वरूप की अनुभूति करे।

किन्तु सांख्य दार्शनिकों द्वारा विकासवाद की उपरोक्त जो व्याख्या की गई है वह युक्तिपूर्ण नहीं है।

इसके विपरीत शंकर ने कुछ गम्भीर आपत्तियाँ की हैं जो निम्न हैं

- यदि सृष्टि पुरुष व प्रकृति के संयोग पर निर्भर करती है तो यदि दोनों संयुक्त हैं, तब सृष्टि शाश्वत हो जाती है और यदि दोनों पृथक् हैं तो सृष्टि असम्भव है, क्योंकि पुरुष के निष्क्रिय होने के कारण वह प्रकृति से संयुक्त नहीं हो सकता।
- पुरुष द्वारा बुद्धि में प्रतिबिम्ब देखा जाना सम्भव नहीं, क्योंकि बुद्धि का अस्तित्व सृष्टि से पूर्व सम्भव नहीं है।

प्रकृति की अस्तित्व सिद्धि के लिए तर्क

'प्रकृति' का शाब्दिक अर्थ है 'सृष्टि से पूर्व' अर्थात् प्रकृति वस्तुत: जगत् की समस्त वस्तुओं से पहले है। पुरुष के अतिरिक्त संसार की समस्त वस्तुएँ इसी प्रकृति से उत्पन्न हुई हैं। प्रकृति जड़ात्मक, अचेतन किन्तु सक्रिय है। प्रकृति की तीन विधाएँ हैं, जिन्हें गुण कहते हैं। ये गुण तीन प्रकार के हैं—सत् गुण, रज् गुण, तम् गुण। इन तीनों के गुणों के तीन उपगुण हैं—सत् गुण के तीन उपगुण, सुख, हल्का, तथा ज्ञान, रज् गुण के तीन उपगुण; दु:ख, गति तथा उत्तेजक तथा तम् गुण के तीन उपगुण; भारी, अवरोधक तथा अज्ञान हैं। अत: स्पष्ट है कि प्रकृति त्रिगुणात्मक है, चूँकि प्रकृति त्रिगुणात्मक है, अत: इससे उत्पन्न होने वाली संसार की समस्त वस्तुएँ त्रिगुणात्मक हैं। सांख्य दर्शन में प्रकृति की स्वतन्त्र सत्ता को स्वीकार करते हुए इसकी सिद्धि हेतु सांख्य दार्शनिकों ने कुछ तर्क दिए हैं। ये तर्क सत्कार्यवाद तथा अनुमान पर आधारित हैं। सत्कार्यवाद के अनुसार विश्व की स्थूल एवं सूक्ष्म वस्तुओं का मूल कारण वही हो सकता है, जो स्थूल पदार्थों; जैसे—जल, शरीर, मिट्टी आदि को उत्पन्न करने के साथ-साथ सूक्ष्म पदार्थों को; जैसे—मन, बुद्धि, अहंकार आदि को भी उत्पन्न करने में सक्षम हो।

सांख्य मतानुसार यह सूक्ष्म-अति सूक्ष्म जड़ पदार्थ सामर्थ्यवान प्रकृति ही हो सकती है। यदि प्रकृति को मूल कारण के रूप में स्वीकार न किया जाए तो अनावस्था दोष पैदा हो जाएगा।

सूक्ष्म एवं अतीन्द्रिय होने के कारण प्रकृति का प्रत्यक्ष नहीं होता। प्रकृति के कार्यों के आधार पर ही उसकी सत्ता का अनुमान किया जाता है।

ईश्वरकृष्ण ने अपनी सांख्यकारिका में प्रकृति के अस्तित्व को सिद्ध करने हेतु निम्न तर्क दिए हैं।

> ''भेदानां परिमाणात् समन्वयात् शक्तित: प्रवृत्तेश्च।
> कारणकार्यविभागादविभागद् वैश्व रूपस्य।''

इस *कारिका में प्रकृति की सत्ता की सिद्धि हेतु निम्नांकित पंक्तियाँ प्राप्त होती हैं।*

- **भेदानां परिमाणात्** अर्थात् जगत् में जितने भी विषय हैं, वे सब सीमित परिणाम के हैं तथा एक-दूसरे पर आश्रित हैं। अत: वे अपना कारण स्वयं नहीं हो सकते, उनका कारण कोई असीम तत्त्व ही हो सकता है और वह तत्त्व ही प्रकृति है।
- **समन्वयात्** अर्थात् हमारे अनुभव के विषय भिन्न-भिन्न हैं फिर भी इनमें कुछ सामान्य विशेषताएँ हैं; *जैसे* सभी विषय कभी हमें सुख, कभी दु:ख तथा उदासीनता प्रदान करते हैं, अत: इन विषयों का कोई सामान्य कारण अवश्य है। इस कारण को ही प्रकृति कहा गया है।
- **शक्तित: प्रवृतेश्च** अर्थात् हमारे अनुभव के जितने भी विषय हैं, उनमें प्रभाव उत्पन्न करने की शक्ति है। इन विषयों में प्रभाव उत्पन्न करने की शक्ति जहाँ से आई है वह स्त्रोत ही प्रकृति है।
- **कारण-कार्य विभागाद्** अर्थात् जितने भी अनुभव के पदार्थ हैं, वे सभी किसी के परिणाम हैं अर्थात् इनका कोई-न-कोई कारण अवश्य है। इन कारणों का भी कारण है तथा जो सभी का अन्तिम कारण तथा स्वयं-भू कारण हैं, वही प्रकृति है।
- **अविभागाद् वैश्व रूपस्य** अर्थात् प्रलयावस्था में सभी वस्तुएँ कहीं-ना-कहीं जाकर लय हो जाती हैं। जहाँ सबका लय हो जाता है, वही प्रकृति है।

सांख्य : पुरुष

सांख्य दर्शन द्वैतवादी दर्शन है। इसके अनुसार पुरुष एवं प्रकृति संसार के दो परमतत्त्व हैं। इस द्वैतवादी दर्शन में पुरुष का अत्यन्त महत्त्वपूर्ण स्थान है। सामान्यत: जिस सत्ता को अधिकांशत: भारतीय दार्शनिकों ने आत्मा कहा है, उस सत्ता को सांख्य दर्शन में पुरुष की संज्ञा दी गई है।

सांख्य दर्शन का पुरुष चारित्रिक रूप से अन्यान्य भारतीय दर्शन के आत्म तत्त्व से भिन्न है, क्योंकि सांख्य दर्शन में चेतना को 'पुरुष' कहा गया है। उल्लेखनीय है कि हम कभी यह नहीं कहते कि पुरुष वह है जिसमें चेतना होती है, बल्कि चेतना ही पुरुष है। यहाँ इस चेतन तत्त्व को ही पुरुष की संज्ञा

दी गई है। पुरुष ज्ञान स्वरूप है। जब तक पुरुष अनादि अज्ञान के कारण अपने आप को शरीर, मन, बुद्धि, अहंकार आदि उपाधियों से युक्त समझता है, तब तक इस पुरुष को सोपाधिक पुरुष कहते हैं। जब यह अनादि अज्ञान समाप्त हो जाता है, तब सोपाधिक पुरुष अपने को जान पाता है कि मैं तो केवल चेतना हूँ। मेरा मन, बुद्धि, शरीर आदि से कोई सम्बन्ध नहीं है। मैं त्रिगुणातीत हूँ। अर्थात् पुरुष सत्, रज्, तम् आदि गुणों से परे है। पुरुष अनुभवकर्ता नहीं है। पुरुष निष्क्रिय है, निर्लिप्त दृष्टा तथा नित्यमुक्त है, किन्तु जब पुरुष अपने आप को अज्ञानी, कर्ता, भोक्ता आदि समझने लगता है तब वह बन्धन में हो जाता है। अत: स्पष्ट है कि बन्धन में सोपाधिक पुरुष रहता है न कि 'पुरुष'। यह सोपाधिक पुरुष ही सत्, रज्, तम् गुणों का अनुभवकर्ता, सक्रिय तथा संसार की वस्तुओं में लिप्त रहता है।

अहंकार के तीन भेद होते हैं

1. **सात्विक** (वैचारिक) इसमें सत्गुण की आपेक्षिक प्रधानता है। इस अहंकार से ज्ञानेन्द्रियों व कर्मेन्द्रियों तथा प्रज्ञा एवं आन्तरिक इन्द्रिय मन का विकास होता है।
2. **राजस** इसमें रजोगुण की प्रधानता होती है। यह सात्विक एवं तामसिक दोनों अहंकारों में सहायक होता है। राजस दोनों को शक्ति प्रदान करता है।
3. **तामस अहंकार** तामस अहंकार से सर्वप्रथम पंचतन्मात्रा रूप, रस, गन्ध, स्पर्श व शब्द की उत्पत्ति होती है। सूक्ष्म होने के कारण 'तन्मात्र' तथा दिखाई न देने के कारण 'अविशेष' कहलाते हैं। इन्हीं पाँच तन्मात्रों से पाँच महाभूत—पृथ्वी, अग्नि, जल, वायु व आकाश की उत्पत्ति होती है।

पुरुष के अस्तित्व सिद्धि हेतु तर्क

सांख्य दर्शन में पुरुष की स्वतन्त्र सत्ता सिद्ध करने के लिए निम्नांकित उक्तियाँ दी गई हैं

"संघातवरार्थत्वात त्रिगुणादि विपर्यादधिष्ठनात्।
पुरुषोस्ति भोक्तृभावात कैवल्यार्थ प्रवृतेश्च।"

इस उक्ति के निहितार्थ को निम्नांकित बिन्दुओं में समझा जा सकता है

- **संघातपरार्थत्वात्** सभी जड़ वस्तुएँ किसी अन्य के लिए हैं, स्वयं अपने लिए नहीं हैं और वह अन्य कोई चेतना ही हो सकती है। इस चेतना को ही सांख्य में पुरुष कहा गया है।
- **त्रिगुणादि विपर्ययात्** त्रिगुणात्मक प्रकृति के अस्तित्व से तर्कत: सिद्ध होता है कि कोई त्रिगुणातीत सत्ता भी है। उस त्रिगुणातीत सत्ता को ही पुरुष कहते हैं।
- **अधिष्ठानात्** हमारा समस्त लौकिक ज्ञान तथा सुख, दु:ख उदासीनता, आदि का अनुभव ज्ञाता की ओर संकेत करता है। इस लौकिक ज्ञान और अनुभव का आधार कोई चेतन तत्त्व ही हो सकता है और वह चेतन तत्त्व 'पुरुष' है।
- **भोक्तृभावात्** सभी जड़ वस्तुएँ भोग्य हैं, सुखानुभूति तथा दु:खानुभूति के लिए। अत: कोई भोक्ता अवश्य है, जो चैतन्य है और वह चैतन्य ही पुरुष है।
- **कैवल्यार्थ** प्रवृतेश्च अनेक व्यक्तियों में इच्छा होती है इस संसार से मुक्त होने की, क्योंकि सांख्य के अनुसार जीवन का चरम लक्ष्य कैवल्य है। इसकी प्राप्ति की प्रवृत्ति या इच्छा चेतन तत्त्वों में ही हो सकती है और वह चेतन तत्त्व पुरुष है। अत: उपरोक्त तर्कों के आधार पर पुरुष के अस्तित्व की सिद्धि होती है।

पुरुष की अनेकता के प्रमाण

सांख्य दर्शन पुरुष की अनेकता के प्रमाण प्रस्तुत करता है, जिससे यह अन्तत: पुरुष बहुत्ववाद या अनेकात्मवाद में परिणत हो जाता है। सांख्य दर्शन जब यह कहता है कि पुरुष अनेक हैं तो इससे सोपाधिक पुरुष की अनेकता सिद्ध होती है। इस अनेकता को सिद्ध करने हेतु निम्नांकित उक्तियाँ प्रस्तुत करता है

"जननमरणकरणानां प्रतिनियमात्युगपत प्रवृत्तेश्च।
पुरुष बहुत्व सिद्ध त्रैगुण्यविवर्ययाच्चैव।।"

इस उक्ति के निहितार्थ को निम्नांकित बिन्दुओं में समझा जा सकता है।

जनन

विभिन्न पुरुषों का जनन अलग-अलग होता है अत: 'पुरुष' की अनेकता सिद्ध होती है।

मरण

विभिन्न पुरुषों की मृत्यु अलग-अलग होती है, अत: पुरुष अनेक हैं, क्योंकि यदि पुरुष को अनेक न माना जाए तो फिर एक पुरुष की मृत्यु से बाकी समस्त मनुष्यों की मृत्यु को स्वीकार करना पड़ेगा, किन्तु ऐसा नहीं होता।

करणांना

विभिन्न पुरुषों का व्यक्तित्व अलग-अलग होता है, अत: पुरुष अनेक हैं; जैसे—कोई बहरा है, कोई लंगड़ा है, तेज बुद्धि वाला है आदि। इससे सिद्ध होता है कि पुरुष अनेक हैं।

अयुगपत प्रवृत्तेश्च

विभिन्न पुरुषों की प्रवृत्तियाँ/क्रियाएँ अलग-अलग होती हैं। ये क्रियाएँ दो प्रकार की होती हैं—शारीरिक तथा मानसिक; जैसे—कोई रो रहा है, हँस रहा है, गा रहा है, क्रोध में है आदि। इससे सिद्ध होता है कि पुरुष अनेक हैं। अत: स्पष्ट है कि सांख्य दर्शन में जगत् के विकास के लिए पुरुष का औचित्य है, क्योंकि पुरुष ही विकास को निर्देशित करता है।

यद्यपि समस्त विकास प्रकृति से होता है, परन्तु उसके लिए पुरुष का सहयोग अनिवार्य है, इसीलिए पुरुष अनिवार्य सहयोगी की भूमिका में है, क्योंकि वह विकास के लिए उत्प्रेरक का कार्य करता है।

पुरुष की अनेकता की आलोचना

- सांख्य दर्शन में आध्यात्मिक पुरुष की विशेषताएँ बताई गई हैं, परन्तु उसकी अनेकता के सन्दर्भ में लौकिक पुरुष को स्वीकार किया गया है।
- सांख्य का पुरुष विचार कर्म नियम की अवधारणा से संगति स्थापित करने में सफल नहीं हो सका। यहाँ पुरुष निष्क्रिय होने के कारण अकर्ता माना गया है और ऐसी स्थिति में उसे भोक्ता नहीं मान सकते।
- पुरुष को चेतन मानने के साथ-साथ निष्क्रिय मानना असंगत है।
- यदि पुरुष स्वतन्त्र, नित्य एवं शुद्ध चैतन्य स्वरूप, साथ ही पूर्ण ज्ञान स्वरूप है, तो कभी अज्ञान से ग्रसित नहीं हो सकता तथा बन्धन में नहीं पड़ सकता।
- सांख्य दर्शन में जीवों के गुण, क्रिया, जन्म-मरण और आकृति-प्रकृति के भेद से पुरुषों का अनेकत्व सिद्ध किया गया है, परन्तु ये सभी तो शरीर के धर्म हैं, पुरुष के नहीं, क्योंकि पुरुष तो अकर्ता, नित्य, अभोक्ता है, फिर उसके बल पर पुरुष बहु-तत्त्ववाद की स्थापना कैसे की जा सकती है? अतः पुरुष को अनेक बना देना सांख्य दर्शन की गम्भीर त्रुटि है।

पुरुष की अनेकता का महत्त्व

पुरुष और प्रकृति के माध्यम से विश्व के विकास की व्याख्या करना सांख्य दार्शनिकों के वैज्ञानिक दृष्टिकोण का परिचायक है। विश्व के मूल में चेतन तथा अचेतन तत्त्वों को मानने पर विश्व की व्याख्या अपेक्षाकृत अधिक सन्तोषप्रद ढंग से होती है। जो दार्शनिक विश्व के मूल में केवल भौतिक तत्त्व की सत्ता मानते हैं, वे चेतन तत्त्व की उत्पत्ति की व्याख्या करने में तर्कत: सफल नहीं हो पाते; जैसे—चार्वाक। पुन: जो दार्शनिक विश्व की व्याख्या के मूल में केवल चेतन तत्त्व की सत्ता मानते हैं, उनके लिए भौतिक तत्त्व की समुचित व्याख्या करना कठिन हो जाता है; जैसे—शंकर तथा हीगल आदि।

प्रकृति एवं पुरुष के मध्य भेद

क्र.सं.	प्रकृति	पुरुष
1.	त्रिगुणात्मक	त्रिगुणातीत
2.	अचेतन	चेतन
3.	सामान्य	विशेष
4.	अविवेकी	विवेकी
5.	दिखने वाली	दृष्टा
6.	परिवर्तनशील	अपरिवर्तनशील
7.	सक्रिय	निष्क्रिय
8.	लिंग	अलिंग
9.	सावयव	निरवयव
10.	अंशव्यापी	सर्वव्यापी

पुरुष व प्रकृति का स्वरूप व सम्बन्ध

सांख्य दर्शन द्वैतवादी दर्शन है। इसके अनुसार पुरुष और प्रकृति संसार के दो परम तत्त्व हैं। इस द्वैतवादी दर्शन में पुरुष का अत्यन्त महत्त्वपूर्ण स्थान है। यहाँ चेतना को पुरुष कहा गया है तथा इसे निष्क्रिय, ज्ञानस्वरूप, अकर्ता, अभोक्ता, सभी प्रकार के अनुभवों से रहित, निर्लिप्त दृष्टा तथा नित्य मुक्त बताया गया है। पुरुष के विपरीत प्रकृति को एक निरवयव, शाश्वत, अदृश्य, अचेतन, किन्तु सक्रिय बताया गया है।

सांख्य दार्शनिकों के अनुसार अनादि अज्ञान के कारण पुरुष को अपने उपरोक्त स्वरूप का ज्ञान नहीं रहता। अत: यह अपने आप को शरीर, मन, इन्द्रिय तथा बुद्धि आदि समझता है तथा अपने आप को कर्ता, भोक्ता तथा अनुभवकर्ता आदि मानता है। ऐसे पुरुष को ही सोपाधिक पुरुष की संज्ञा दी गई है। यह पुरुष ही बन्धन में रहता है, जब तक कि उसे विवेक ज्ञान नहीं हो जाता है।

सांख्य दार्शनिकों के अनुसार पुरुष और प्रकृति के सहयोग से सम्पूर्ण विश्व निर्मित होता है। उल्लेखनीय है कि पुरुष और प्रकृति का सम्बन्ध दो भौतिक पदार्थों की तरह नहीं है। यह एक अद्‌भुत् सम्बन्ध है जो एक-दूसरे को प्रभावित करता है। जिस प्रकार विचार का प्रभाव शरीर पर पड़ता है, उसी प्रकार पुरुष का प्रभाव प्रकृति पर पड़ता है।

जब तक पुरुष का प्रकृति से संयोग नहीं होता, तब तक प्रकृति में साम्यावस्था रहती है। इस अवस्था में प्रकृति से कुछ भी उत्पन्न नहीं होता क्योंकि गुण आपस में नहीं मिलते अर्थात् सत् सत् में, रज् रज् में तथा तम् तम् में ही परिवर्तित होता रहता है।

इस प्रकार के परिवर्तन को स्वरूप परिवर्तन कहा जाता है। वास्तव में यह प्रलय की अवस्था है, किन्तु जैसे ही पुरुष का प्रकृति से सम्बन्ध स्थापित होता है **गुण क्षोभ** होता है अर्थात् गुण आपस में मिलने लगते हैं फलत: सृष्टि प्रारम्भ हो जाती है। प्रकृति की यह अवस्था विषमावस्था कहलाती है तथा प्रकृति में होने वाले परिवर्तनों को विरूप परिवर्तन की संज्ञा दी जाती है।

प्रश्न यह है कि यदि प्रकृति सक्रिय तथा पुरुष निष्क्रिय है तो इन दोनों के बीच सम्बन्ध कैसे स्थापित हो सकता है? क्योंकि सम्बन्ध तभी स्थापित हो सकता है, जब दोनों सक्रिय हों। इस समस्या का समाधान सांख्य दार्शनिक कुछ उपमाओं के द्वारा करते हैं। सांख्य दार्शनिक कहते हैं कि जिस प्रकार चुम्बक सन्निधि से लोहा चलायमान होता है, उसी प्रकार पुरुष की सन्निधि मात्र से प्रकृति क्रियाशील हो जाती है।

इस उपमा के अतिरिक्त पुरुष और प्रकृति के सम्बन्ध को अन्धे और लंगड़े के सहयोग की उपमा दी गई है। एक कथानक के अनुसार जंगल में आग लग जाने पर जिस प्रकार अन्धे और लंगड़े ने एक-दूसरे के सहयोग से जंगल को पार कर लिया था, उसी प्रकार का संयोग पुरुष तथा प्रकृति के बीच स्थापित होता है। अचेतन प्रकृति, चेतन पुरुष के प्रयोजन को प्रमाणित करने के लिए जगत् का विकास करती है। प्रकृति का विकास प्रयोजनात्मक है। प्रकृति अचेतन होने के बाद भी प्रयोजन संचालित होती है इसीलिए सांख्य का सिद्धान्त अचेतन प्रयोजनवाद है।

जिस प्रकार गाय के स्तन से अचेतन दूध बछड़े के पालन-पोषण के लिए प्रवाहित होता है या जिस प्रकार अचेतन वृक्ष मनुष्यों के भोग के लिए फल का निर्माण करता है, उसी प्रकार अचेतन प्रकृति पुरुष लाभ के लिए सृष्टि करती है। सृष्टि का उद्‌देश्य पुरुषों के भोग में सहायता प्रदान करना है। पुरुष के मोक्ष के निमित्त प्रकृति जगत् का प्रलय करती है। पुरुष को प्रकृति से अपने पार्थक्य का ज्ञान होने पर पुरुष को मोक्ष की प्राप्ति होती है। चूँकि सांख्य दर्शन में पुरुष को अनेक माना गया है अत: इनका मत है कि कुछ पुरुषों के मोक्ष प्राप्त कर लेने के बाद भी अन्य पुरुषों के भोग हेतु जगत् की सृष्टि होती रहती है। सक्रिय रहना प्रकृति का स्वभाव है।

किसी पुरुष के मोक्ष प्राप्ति के साथ ही उसके सन्दर्भ में प्रकृति की क्रिया रुक जाती है तथा प्रकृति में विरूप परिवर्तन के स्थान पर स्वरूप परिवर्तन प्रारम्भ हो जाते हैं। यह साम्यावस्था है, जिसे प्रलय भी कहा जाता है। सांख्य दार्शनिकों के अनुसार, जिस प्रकार दर्शकों के मनोरंजन के बाद नर्तकी नृत्य करना बन्द कर देती है, उसी प्रकार पुरुष के विवेक ज्ञान के पश्चात् प्रकृति सृष्टि से अलग हो जाती है। यहाँ विवेक ज्ञान से आशय है कि पुरुष को यह ज्ञात हो जाता है कि मैं शरीर, **मन, इन्द्रिय** आदि नहीं हूँ, मैं कर्ता, भोक्ता तथा अनुभवकर्ता नहीं हूँ, मैं तो नित्य मुक्त, ज्ञान स्वरूप, त्रिगुणातीत, निर्लिप्त दृष्टा मात्र हूँ।

पुरुष व प्रकृति के स्वरूप की आलोचना

किन्तु सांख्य दर्शन में पुरुष और प्रकृति के बीच जो सम्बन्ध स्थापित किया गया है, उसके विरुद्ध कुछ दार्शनिक समस्याएँ हैं। सांख्य दर्शन में पुरुष और प्रकृति के बीच सम्बन्ध को स्पष्ट करने की कुछ उपमाओं का प्रयोग किया गया है, जो विरोधपूर्ण प्रतीत होती हैं। पुरुष और प्रकृति का सम्बन्ध अन्धे और लंगड़े की तरह नहीं है। अन्धा और लंगड़ा दोनों ही चेतन और क्रियाशील हैं, जबकि पुरुष और प्रकृति में से केवल प्रकृति को ही सक्रिय बताया गया है। अन्धे और लंगड़े दोनों का उद्‌देश्य एक ही है, जंगल पार करना, परन्तु पुरुष और प्रकृति में से केवल पुरुष का उद्‌देश्य ही मोक्ष प्राप्त करना है।

लोहे और चुम्बक का उदाहरण भी पुरुष और प्रकृति के बीच सम्बन्ध की व्याख्या करने में असफल है। लोहा और चुम्बक दोनों ही निर्जीव तथा अचेतन हैं, परन्तु पुरुष और प्रकृति में से केवल प्रकृति ही अचेतन है, पुरुष नहीं। चुम्बक लोहे को तभी आकृष्ट करता है, जब कोई लोहे को चुम्बक के पास रखे। इसी प्रकार पुरुष

तभी प्रकृति को प्रभावित कर सकता है जब कोई सत् **अन्य** पुरुष को प्रकृति के सम्मुख उपस्थित करे, किन्तु सांख्य दार्शनिक पुरुष और प्रकृति को छोड़कर किसी अन्य सत्ता को मौलिक नहीं मानते। अत: पुरुष और प्रकृति के बीच सम्बन्ध सम्भव नहीं है।

सांख्य दर्शन में पुरुष और प्रकृति के सम्बन्ध द्वारा विकास को प्रयोजनात्मक बताने का प्रयास किया गया है, किन्तु यदि आलोचनात्मक दृष्टि से देखा जाए तो यह प्रयास असफल दिखाई देता है, क्योंकि अचेतन होने के कारण प्रकृति का प्रयोजन मानना तर्कसंगत नहीं जान पड़ता। प्रयोजन की बात केवल चेतन सत्ता के सन्दर्भ में ही की जा सकती है।

प्रकृति को प्रयोजनपूर्ण सिद्ध करने के लिए सांख्य ने कुछ उपमाओं का प्रयोग किया है जो उपयुक्त प्रतीत नहीं होतीं; जैसे—सांख्य दर्शन में कहा गया है कि जिस प्रकार अचेतन दूध गाय के स्तन से बछड़े के लिए बहता है, उसी प्रकार प्रकृति 'पुरुष' के भोग और मोक्ष के लिए सृष्टि करती है, परन्तु सांख्य यहाँ भूल जाते हैं कि गाय से दूध मातृत्व प्रेम व वात्सल्य से उपित होकर बहता है तथा जो गाय दूध दे रही है, वह चेतन है न कि अचेतन।

अत: यह उपमा अचेतन प्रयोजनवाद की पुष्टि करने में सफल नहीं हो पाती है। अचेतन प्रयोजनवाद के सिलसिले में यह कहा जाता है कि अचेतन प्रकृति क्रिया करती है और पुरुष भोग करता है। यदि इसे माना जाए तो कर्म-नियम का खण्डन होता है, क्योंकि कर्म तो प्रकृति करती है, किन्तु कर्मों का फल पुरुष को भोगना पड़ता है।

सांख्य दर्शन में पुरुष और प्रकृति को स्वतन्त्र तथा निरपेक्ष माना गया है। यदि यह सत्य है तो इनके बीच कभी कोई सम्बन्ध स्थापित नहीं हो सकता। शंकर के अनुसार उदासीन पुरुष और अचेतन प्रकृति का संयोग कराने में कोई भी तीसरा तत्त्व असमर्थ है।

इस प्रकार पुरुष और प्रकृति का संयोग काल्पनिक प्रतीत होता है। यदि पुरुष और प्रकृति के सम्बन्ध का उद्देश्य भोग कहा जाए तो प्रलय असम्भव हो जाएगी। यदि इस सम्बन्ध का उद्देश्य मोक्ष माना जाए तो सृष्टि असम्भव हो जाएगी। पुरुष और प्रकृति के सम्बन्ध का उद्देश्य भोग और मोक्ष दोनों में से किसी को नहीं कहा जा सकता, क्योंकि यह व्याघात जान पड़ता है।

अत: स्पष्ट है कि सांख्य दर्शन पुरुष और प्रकृति के सम्बन्ध की व्याख्या करने में असफल रहा है। इस असमर्थता का कारण सांख्य का द्वैतवाद है। सांख्य दर्शन में पुरुष और प्रकृति को स्वतन्त्र तथा निरपेक्ष कहा गया। यदि पुरुष और प्रकृति को एक ही तत्त्व के दो रूप माने जाते तो यह कठिनाई उत्पन्न ही नहीं होने पाती।

प्रमुख भारतीय दर्शन

प्रमुख भारतीय दर्शन निम्न प्रकार हैं

न्याय दर्शन का परिचय

न्याय दर्शन के प्रवर्तक महर्षि गौतम थे। इनका पूरा नाम मेधा तिथि गौतम है। वे व अक्षपाद के नाम से भी प्रसिद्ध हैं। अक्षपाद नाम के कारण ही न्याय दर्शन का अन्य नाम अक्षपाद दर्शन भी है।

न्याय दर्शन में शुद्ध विचार के नियमों तथा तत्त्वज्ञान प्राप्त करने के उपायों का वर्णन किया गया है। न्याय दर्शन का अन्तिम उद्देश्य शुद्ध विचार अथवा तार्किक आलोचना करना नहीं, बल्कि मोक्ष की प्राप्ति है। जीवन के दु:खों का किस तरह से नाश हो, इसका उपाय निकालना ही इस दर्शन का मुख्य उद्देश्य है। वात्स्यायन कहते हैं—''प्रमाणों के द्वारा किसी विषय की परीक्षा करना ही न्याय है।''

न्याय दर्शन का मूल ग्रन्थ **न्याय सूत्र** है। न्याय सूत्र के बाद भी अनेक ग्रन्थ लिखे गए हैं, जो निम्नलिखित हैं

1.	न्याय भाष्य	—	वात्स्यायन
2.	न्याय वार्तिक	—	उद्योतकर
3.	न्याय-वार्तिक तात्पर्य टीका	—	वाचस्पति
4.	न्याय वार्तिक तात्पर्य परिशुद्धि	—	उदयन
5.	न्याय मंजरी	—	जयन्त
6.	कुसुमांजलि	—	उदयन

प्राचीन समय का न्याय—**प्राचीन न्याय** तथा आधुनिक काल का न्याय **नव्य न्याय** कहलाता है। नव्य न्याय का प्रारम्भ गणेश की **तत्त्व चिन्तामणि** से हुआ है।

न्याय दर्शन निम्नलिखित चार भागों में वर्णित है

प्रथम भाग	—	प्रमाण सम्बन्धी
द्वितीय भाग	—	भौतिक जगत् सम्बन्धी
तृतीय भाग	—	आत्मा एवं मोक्ष
चतुर्थ भाग	—	ईश्वर (सम्बन्धी) विचार

न्याय दर्शन का पदार्थ विचार

न्याय दर्शन के अनुसार कुल 16 पदार्थ हैं, जो इस प्रकार हैं

1. **प्रमाण** किसी विषय का यथार्थ ज्ञान पाने का कारण या उपाय प्रमाण है। प्रमाण के द्वारा यथार्थ ज्ञान की प्राप्ति होती है।
2. **प्रमेय** प्रमाण के द्वारा जो विषय जाने जाते हैं, वे प्रमेय कहलाते हैं। गौतम के अनुसार प्रमेय निम्नलिखित हैं
   - आत्मा • शरीर
   - पाँच ज्ञानेन्द्रियाँ—आँख, नाक, कान, जीभ व त्वचा
   - इन्द्रियों के विषय-गन्ध, रस, रूप, स्पर्श एवं शब्द।
   - बुद्धि, जिसे ज्ञान व उपलब्धि भी कहते हैं।
   - मन (अतीन्द्रिय)
   - प्रवृत्ति (अच्छी या बुरी, वाचिक, मानसिक या शारीरिक)
   - दोष (रोग-द्वेष या मोह)
   - प्रेत्यभाव (पुनर्जन्म जो हमारे अच्छे-बुरे कर्मों से होता है।)
   - फल (सुख-दु:ख का अनुभव जो हमारे दोषों के कारण हमारे पूर्वकर्मों से उत्पन्न होता है।
   - दु:ख • अपवर्ग (दु:खों से पूर्णत: मुक्ति)
3. **संशय** मन की वह अवस्था संशय है, जिसमें मन के सामने दो या अधिक विकल्प उपस्थित होते हैं।
4. **प्रयोजन** जिसकी प्राप्ति के लिए या जिसके वर्णन करने के लिए हम कोई कार्य करते हैं, उसे प्रयोजन कहते हैं।
5. **दृष्टान्त** सर्वसम्मत उदाहरण दृष्टान्त कहलाता है, जिसके द्वारा युक्ति की पुष्टि होती है। दृष्टान्त किसी विवाद या तर्क का आवश्यक और उपयोगी अंग है। दृष्टान्त ऐसा होना चाहिए, जिसे वादी और प्रतिवादी दोनों ही एकमत से स्वीकार करें।

6. **सिद्धान्त** किसी दर्शन के अनुसार युक्तिसिद्ध सत्य सिद्धान्त कहलाता है; जैसे—न्याय दर्शन की मान्यता है कि चैतन्य आत्मा का आगन्तुक गुण है।
7. **अवयव** जब किसी मत या सिद्धान्त को अनुमान के द्वारा सिद्ध करने की आवश्यकता होती है तो अनुमान पाँच वाक्यों से बना होता है। इन वाक्यों को 'अवयव' कहते हैं।
8. **तर्क** वह युक्ति तर्क कहलाती है जिसमें किसी प्रतिपाद्य विषय की सिद्धि के लिए उसकी विपरीत कल्पना के दोष दिखलाए जाते हैं।
9. **निर्णय** किसी विषय के सम्बन्ध में निश्चित ज्ञान को निर्णय कहते हैं। इसकी प्राप्ति किसी प्रमाण के द्वारा होती है। सन्देह दूर करने पर ही निर्णय तक पहुँचा जा सकता है। इसके लिए पक्ष व विपक्ष दोनों पर विचार करना आवश्यक है।
10. **वाद** वह विचार वाद कहलाता है जिसमें सर्वप्रमाणों और तर्क की सहायता से तथा पाँच अवयवों के द्वारा विपक्ष का खण्डन करके स्वपक्ष का समर्थन किया जाता है।
11. **जल्प** वादी एवं प्रतिवादी के कोरे वाद-विवाद को जिसका उद्देश्य यथार्थ ज्ञान प्राप्त करना नहीं होता है, 'जल्प' कहते हैं, यहाँ वादियों का उद्देश्य विजय प्राप्त करना होता है।
12. **वितण्डा** वितण्डा वह है जिसमें वादी अपने पक्ष का स्थापन नहीं करता, केवल प्रतिवादी के पक्ष का ही खण्डन करता है। इसमें वह प्रतिवादी के मत का जैसे-तैसे खण्डन करके विजय पाना चाहता है। वितण्डा को निरर्थक बकवाद भी कह सकते हैं।
13. **हेत्वाभास** हेत्वाभास उस हेतु को कहते हैं जो वस्तुत: हेतु नहीं है, परन्तु हेतु के सदृश्य है। सामान्यत: अनुमान के दोष हेत्वाभास कहलाते हैं।
14. **छल** छल एक प्रकार के दुष्ट उत्तर का नाम है। जब प्रतिवादी शब्दों के बोधित अर्थ को छोड़कर कोई अन्य अर्थ ग्रहण करके दोष दिखलाता है, तब उसे छल कहते हैं।
15. **जाति** 'जाति' भी एक प्रकार का दुष्ट उत्तर है। जब हम वादी की दोष रहित युक्ति का खण्डन करने के लिए किसी भी प्रकार के सदृश्य या वैषम्य पर अवलम्बित दुष्ट अनुमान की सहायता लेते हैं, तो उस अनुमान को जाति कहते हैं।
16. **निग्रह स्थान** वाद-विवाद में जहाँ पराजय का स्थान पहुँच जाता है, उसे निग्रह स्थान कहते हैं।

प्रमाण मीमांसा

न्याय दर्शन का मुख्य प्रतिपाद्य विषय प्रमाण मीमांसा है। न्याय दर्शन की प्रमाण मीमांसा वस्तुवादी है। इसमें ज्ञान एवं उसके साधनों का गहन चिन्तन प्राप्त होता है, इसमें आत्मा को ज्ञान का आश्रय माना जाता है। ज्ञान आत्मा का आगन्तुक गुण है। आत्मा में ज्ञान तब उत्पन्न होता है, जब वह ज्ञेय के सम्पर्क में आता है। ज्ञान अपने विषय को प्रकाशित करता है। ज्ञान स्वप्रकाशक नहीं है, वह केवल विषय प्रकाशक है। न्याय दर्शन ज्ञान को अनुभव कहता है।

अनुभव स्मृति भिन्न ज्ञान है, इसमें अनुभव के दो भेद होते हैं—प्रमा एवं अप्रमा।

1. **प्रमा** यथार्थ अनुभव को प्रमा कहते हैं। तर्क संग्रह के अनुसार किसी वस्तु का जो वह है, उसी रूप में ज्ञान यथार्थ अनुभव है अथवा जहाँ जो है, वहाँ उसी रूप में उसका अनुभव प्रमा है। इस प्रकार न्याय दर्शन यथार्थता को प्रमा का लक्षण मानता है। न्याय दर्शन में प्रमा के चार भेद हैं—प्रत्यक्ष, अनुमिति, उषमिति एवं शब्द। प्रत्यक्ष प्रमा का प्रमाण प्रत्यक्ष, अनुमिति का अनुमान, उपमिति का अनुमान एवं शब्द प्रमा का शब्द प्रमाण माना जाता है। प्रत्येक प्रमा का विशिष्ट प्रमाण होता है।
2. **अप्रमा** किसी वस्तु के अन्यथा अनुभव को अप्रमा कहते हैं। यह संशयात्मक ज्ञान होता है, क्योंकि इसमें असंदिग्ध ज्ञान नहीं होता। यह विषय का यथार्थ रूप प्रकाशित नहीं करता।

प्रमाण विचार

न्याय दर्शन का प्रतिपादन गौतम ने किया था। यह एक ज्ञानमीमांसीय दर्शन है, क्योंकि इसमें ज्ञानमीमांसा को सर्वाधिक महत्त्व दिया गया है अर्थात् ज्ञान क्या है, यह कैसे प्राप्त होता है तथा इसकी प्रामाणिकता क्या है? आदि के बारे में विस्तार से बताया गया है। *न्याय दार्शनिकों के अनुसार ज्ञान दो प्रकार का होता है*—यथार्थ ज्ञान तथा अयथार्थ ज्ञान। वस्तु जैसी है, जब ठीक वैसा ही ज्ञान प्राप्त होता है तो ऐसे ज्ञान को यथार्थ ज्ञान कहते हैं, किन्तु जब वस्तु जैसी होती है, ठीक वैसा ही ज्ञान प्राप्त नहीं होता तो ऐसे ज्ञान को अयथार्थ ज्ञान कहते हैं।

न्याय दर्शन में यथार्थ ज्ञान को प्राप्त करने के लिए चार स्वतन्त्र प्रमाण स्वीकार किए गए हैं—प्रत्यक्ष, अनुमान, उपमान तथा शब्द।

1. प्रत्यक्ष प्रमाण

शाब्दिक दृष्टि से एवं संकीर्ण अर्थ में प्रत्यक्ष से तात्पर्य है—आँखों के सामने एवं व्यापक अर्थ में प्रत्यक्ष से तात्पर्य है, ज्ञानेन्द्रियों द्वारा प्राप्त ज्ञान। न्याय दर्शन के प्रतिपादक गौतम ने प्रत्यक्ष को परिभाषित करते हुए कहा है कि—'इन्द्रियार्थ सन्निकर्षोत्पन्न ज्ञानम् प्रत्यक्षम्।' अर्थात् इन्द्रिय, अर्थ, सन्निकर्ष से जो ज्ञान प्राप्त होता है, वह प्रत्यक्ष है। भारतीय दर्शन में कुल छ: इन्द्रियाँ मानी गई हैं। इनमें से पाँच इन्द्रियाँ—आँख, नाक, कान, जिह्वा तथा त्वचा को बाह्य इन्द्रिय कहते हैं। इसके अतिरिक्त मन को आन्तरिक इन्द्रिय कहते हैं। आन्तरिक इन्द्रिय मन के द्वारा हम अन्त:प्रत्यक्ष करते हैं तथा बाह्य इन्द्रियों के द्वारा हम बाह्य प्रत्यक्ष करते हैं।

प्रत्यक्ष प्रमाण के चरण

न्याय दार्शनिकों के अनुसार बाह्य प्रत्यक्ष तीन चरणों में सम्पन्न होता है—निर्विकल्प प्रत्यक्ष, सविकल्प प्रत्यक्ष तथा प्रत्यभिज्ञा।

(i) **निर्विकल्प प्रत्यक्ष** यह प्रत्यक्ष की प्रारम्भिक भाषा है। इसमें हम वस्तु का प्रत्यक्ष तो करते हैं, परन्तु समझ नहीं पाते कि वस्तु क्या है; जैसे— हमने दूर से किसी को आते देखा, परन्तु समझ नहीं पाए कि कौन आ रहा है? निर्विकल्प प्रत्यक्ष है।

(ii) **सविकल्प प्रत्यक्ष** यह प्रत्यक्ष की दूसरी अवस्था है। इसमें इन्द्रियों से प्राप्त संवेदना में अर्थ भी जोड़ देते हैं और स्पष्टत: जान लेते हैं कि अमुक वस्तु 'यह' है। सविकल्प प्रत्यक्ष में वस्तु का स्पष्ट, निश्चित एवं निर्णायक ज्ञान होता है।

(iii) **प्रत्यभिज्ञा** यह तीसरा प्रत्यक्ष है। इसका तात्पर्य है 'पहचानना।' कई बार प्रत्यक्षीकरण में हमें वस्तु के प्रत्यक्ष ज्ञान के साथ-ही-साथ यह ज्ञान भी होता है कि हमने इसे पहले भी देखा है तो यह प्रत्यभिज्ञा है।

न्याय दर्शन में प्रत्यक्ष के दो प्रकार बताए गए हैं

(iv) **लौकिक प्रत्यक्ष** जब इन्द्रिय अर्थ सन्निकर्ष साधारण ढंग से होता है तो इसे लौकिक प्रत्यक्ष कहते हैं।

(v) **अलौकिक प्रत्यक्ष** जब इन्द्रिय अर्थ सन्निकर्ष असाधारण ढंग से होता है तो इसे अलौकिक प्रत्यक्ष कहते हैं, यह तीन प्रकार का होता है

(क) **ज्ञान लक्षण अलौकिक प्रत्यक्ष** ज्ञान लक्षण अलौकिक प्रत्यक्ष द्वारा किसी वस्तु के उस गुण का ज्ञान होता है जिसका सम्पर्क इन्द्रियों से नहीं होता फिर भी हमें उससे गुण का ज्ञान प्राप्त हो जाता है; जैसे—बर्फ को देखकर ठण्ड का ज्ञान तथा पुष्प को देखकर सुगन्ध का ज्ञान हो जाता है, जबकि ठण्डक या सुगन्ध का सम्पर्क इन्द्रियों से नहीं हुआ होता है।

(ख) **सामान्य लक्षण अलौकिक प्रत्यक्ष** सामान्य लक्षण सामान्यों का प्रत्यक्ष है, न्याय-वैशेषिक की तत्त्वमीमांसा के अनुसार सामान्यों का वस्तुगत अस्तित्व है एवं सामान्य विशेष में अनुगत रहते हैं तथा विशेष को देखने पर सामान्य का अलौकिक प्रत्यक्ष हो जाता है। इस सामान्य के आधार पर उस वर्ग विशेष की समस्त वस्तुओं का (जो अन्य कहीं विद्यमान हैं) प्रत्यक्ष प्राप्त हो जाता है; जैसे—हमने जब धुएँ को देखा तो साथ ही धुएँ के सामान्य तत्त्व धूम्रत्व को भी देखा। इस सामान्य तत्त्व के आधार पर हमें अन्यत्र व्याप्त सभी धुओं का अलौकिक प्रत्यक्ष हो जाता है।

(ग) **योगज अलौकिक प्रत्यक्ष** योगज अलौकिक प्रत्यक्ष का तीसरा भेद है जो योगाभ्यास से प्रसूत होता है। योगियों को योग शक्ति के द्वारा दूर से दूर तक की वस्तुओं का अनुभव हो जाता है। वे अपने स्थान से बैठे-बैठे ही हजारों किलोमीटर दूर की घटना को देख-सुन सकते हैं, क्योंकि यह सन्निकर्ष असाधारण ढंग से होता है, अत: इसे योगज अलौकिक प्रत्यक्ष कहते हैं।

2. अनुमान

चार्वाक दर्शन को छोड़कर अन्य सभी भारतीय दर्शनों के समान ही न्याय दर्शन में भी अनुमान को यथार्थ ज्ञान प्राप्ति के साधन के रूप में स्वीकार किया गया है। अनुमान दो शब्दों के योग से बना है—अनु एवं मान। यहाँ 'अनु' का अर्थ है पश्चात् तथा मान का अर्थ है 'ज्ञान' अर्थात् अनुमान का शाब्दिक अर्थ है 'पश्चात् ज्ञान'। अन्य शब्दों में पूर्व ज्ञान के पश्चात् और उसी पर आधारित होकर होने वाले ज्ञान को अनुमान कहते हैं। अत: स्पष्ट है अनुमान का आधार पूर्व में किए गए अनुभव हैं।

उदाहरणार्थ—सामने पहाड़ी पर धुआँ दिख रहा है। धुएँ को देखकर यह ज्ञान हो जाना कि वहाँ आग है, यह एक अनुमान है। आग का ज्ञान हमें इसलिए प्राप्त हो गया, क्योंकि जब-जब हमने धुआँ देखा, तब-तब उसके साथ हमें आग भी दिखाई दी। अत: धुएँ और आग के बीच अनिवार्य सम्बन्ध **(व्याप्ति)** का हमें ज्ञान था। इस व्याप्ति के आधार पर ही हमने पहाड़ी में धुएँ को देखकर आग का ज्ञान प्राप्त कर लिया। इस उदाहरण में धुआँ हेतु, आग साध्य तथा पहाड़ी पक्ष को निर्धारित करते हैं। अत: अनुमान में तीन अवयव होते हैं—हेतु, साध्य तथा पक्ष। नैयायिकों ने अनुमान को परिभाषित करते हुए कहा है कि—हेतु का प्रत्यक्ष करके अनिवार्य सम्बन्ध के आधार पर पक्ष में साध्य का ज्ञान प्राप्त करना ही अनुमान है।

न्याय दर्शन में अनुमान के प्रकारों का वर्गीकरण

न्याय दर्शन में अनुमान के प्रकार बताने के लिए दो वर्गीकरण मिलते हैं—प्रथम वर्गीकरण के अनुसार अनुमान दो प्रकार के होते हैं—स्वार्थ अनुमान तथा परार्थ अनुमान तथा द्वितीय वर्गीकरण के अनुसार अनुमान तीन प्रकार के होते हैं—पूर्ववत्, शेषवत् तथा सामान्यतोदृष्ट अनुमान।

प्रथम वर्गीकरण के अन्तर्गत जो अनुमान स्वयं के लिए किया जाता है, उसे स्वार्थ अनुमान कहते हैं, किन्तु जो अनुमान पाँच अवयवों—प्रतिज्ञा, हेतु, दृष्टान्त, उपनय तथा निगमन का प्रयोग करते हुए अन्य को ज्ञान प्राप्त कराने के लिए किया जाता है, उसे परार्थ अनुमान कहते हैं।

न्याय दार्शनिकों के अनुसार पदार्थ अनुमान का चौथा चरण उपनय ही तृतीय लिंग परामर्श कहलाता है तथा इसी के आधार पर हमें साध्य का ज्ञान प्राप्त होता है।

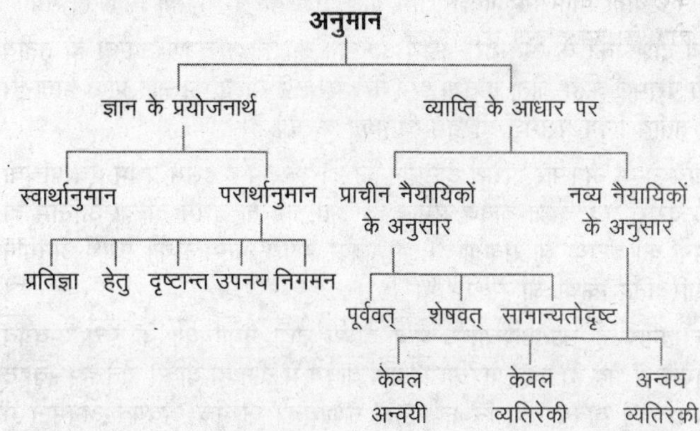

द्वितीय वर्गीकरण के अन्तर्गत जब कारण का प्रत्यक्ष करके कार्य के होने का अनुमान किया जाता है तो उसे पूर्ववत् अनुमान कहते हैं। जब कार्य का प्रत्यक्ष करके कारण के होने का अनुमान किया जाता है तो उसे शेषवत् अनुमान कहते हैं तथा जब दो वस्तुओं में साहचर्य होता है तथा जिस साहचर्य को हम प्राय: देखते हैं तो एक वस्तु को देखकर दूसरी वस्तु का ज्ञान हो जाना सामान्यतोदृष्ट अनुमान कहलाता है; जैसे—बैल के एक सींग को देखकर दूसरे सींग का सहज ही ज्ञान हो जाता है, क्योंकि दोनों में साहचर्य है।

उपरोक्त दो वर्गीकरण के अतिरिक्त नव्य नैयायिकों ने अनुमान का एक तीसरा वर्गीकरण भी प्रस्तुत किया है। इस वर्गीकरण के अनुसार अनुमान तीन प्रकार के होते हैं—केवल अन्वयी, केवल व्यतिरेकी तथा अन्वय व्यतिरेकी अनुमान। जब हेतु और साध्य के बीच भावमूलक साहचर्य के आधार पर व्याप्ति स्थापना करके इस व्याप्ति के आधार पर साध्य का ज्ञान प्राप्त किया जाता है तो इसे केवल अन्वयी अनुमान कहते हैं। जब अभावमूलक साहचर्य के आधार पर व्याप्ति स्थापना करके इस व्याप्ति के आधार पर साध्य का ज्ञान प्राप्त किया जाता है तो इसे केवल व्यतिरेकी अनुमान कहते हैं। जब व्याप्ति स्थापना भावमूलक तथा अभावमूलक साहचर्य दोनों के आधार पर करके इस व्याप्ति के आधार पर साध्य का ज्ञान प्राप्त किया जाता है, तो इसे अन्वय व्यतिरेकी अनुमान कहते हैं।

परार्थ अनुमान को पाँच क्रमबद्ध वाक्यों में प्रकाशित किया जाता है। इन वाक्यों को अवयव कहा जाता है। चूँकि परार्थ अनुमान में पाँच क्रमबद्ध अवयव होते हैं। अत: इसे **पंचअवयव अनुमान** भी कहा जाता है। ये पाँच अवयव हैं—प्रतिज्ञा, हेतु, दृष्टान्त, उपनय तथा निगमन।

1. **प्रतिज्ञा** इसके अन्तर्गत पक्ष में साध्य के होने का ज्ञान कराया जाता है। माना हम पहाड़ पर आग को सिद्ध करना चाहते हैं तो ऐसा करने से पूर्व सर्वप्रथम हम अन्य के सामने वह स्पष्ट रूप से प्रकाशित करते हैं कि 'पहाड़ पर आग है'। यह निर्देश ही प्रतिज्ञा है।
2. **हेतु** जिस हेतु से साध्य का अनुमान होता है, उस हेतु का वर्णन किया जाता है। उदाहरण के लिए पहाड़ पर आग को सिद्ध करने के लिए हम पर्वत पर उठ रहे धुएँ का वर्णन करते हैं।
3. **दृष्टान्त** इसके अन्तर्गत व्याप्ति का उल्लेख एवं उसकी पुष्टि में दिए गए उदाहरण का उल्लेख किया जाता है। माना हमें यह सिद्ध करना है कि पहाड़ पर आग है, क्योंकि पहाड़ पर धुआँ है। हमें दृष्टान्त देना होगा कि रसोई में जब-जब हमने धुआँ देखा तब-तब आग थी, अत: धुएँ और आग के बीच अनिवार्य सम्बन्ध है।

4. **उपनय** दृष्टान्त के माध्यम से हेतु और साध्य में व्याप्ति दिखाने के पश्चात् अब अपने पक्ष अर्थात् पहाड़ पर हेतु अर्थात् धुआँ दिखलाना ही उपनय है।

5. **निगमन** इसके अन्तर्गत साध्य के सिद्ध होने का प्रतिपादन किया जाता है। अर्थात् पर्वत पर आग है, हमें यही सिद्ध करना था, जो सिद्ध हो गया।

न्याय दार्शनिकों के अनुसार, परार्थ अनुमान का चौथा चरण उपनय ही तृतीय लिंग परामर्श कहा जाता है तथा इसी के द्वारा हमें साध्य का ज्ञान प्राप्त होता है। यह तृतीय लिंग परामर्श ही हमें अनुमान कराता है।

नैयायिकों के अनुसार, परार्थ अनुमान का जो स्वरूप है इसमें प्रथम एवं पाँचवाँ तथा दूसरा एवं चौथा वाक्य समान है। अत: या तो प्रथम दो या अन्तिम दो कथनों को हटाया जा सकता है। इस प्रकार परार्थ अनुमान को स्वार्थ अनुमान में परिवर्तित किया जा सकता है।

उल्लेखनीय है कि पाश्चात्य न्याय वाक्य तथा नैयायिकों के पंच अवयव अनुमान में भेद है। जहाँ पाश्चात्य न्याय वाक्य में तीन ही वाक्य होते हैं—वृहद् वाक्य, लघु वाक्य तथा निष्कर्ष, वहीं नैयायिकों के पंच अवयव अनुमान में पाँच वाक्य हैं—प्रतिज्ञा, हेतु, दृष्टान्त, उपनय तथा निगमन। पंचअवयव अनुमान में जो दृष्टान्त है, वह पाश्चात्य न्याय वाक्य के वृहत वाक्य से मिलता-जुलता है।

पाश्चात्य न्याय वाक्य में उदाहरण के लिए कोई स्थान नहीं है, परन्तु पंच अवयव अनुमान में 'निगमन' को सबल बनाने के लिए उदाहरण का प्रयोग होता है।

पाश्चात्य न्याय वाक्य में निष्कर्ष का तीसरा स्थान रहता है परन्तु पंच अवयव अनुमान में निष्कर्ष 'प्रतिज्ञा' के रूप में प्रथम वाक्य में रहता है और निगमन के रूप में पाँचवें वाक्य के स्थान पर रहता है। नैयायिकों का मत है कि पंच अवयव अनुमान में पाँच वाक्यों के रहने से निष्कर्ष अधिक सबल हो जाता है, परन्तु पाश्चात्य न्याय वाक्य में तीन ही वाक्य रहने से निष्कर्ष भारतीय न्याय की तरह सबल नहीं हो पाता।

परार्थानुमान

- पर्वत पर आग है–**प्रतिज्ञा**
- क्योंकि वहाँ धुआँ है–**चिह्न** (हेतु)
- जहाँ-जहाँ धुआँ है, वहाँ-वहाँ आग है–**उदाहरण**
- पर्वत पर धुआँ है–**उपनय**
- इसलिए पर्वत पर आग है–**निगमन**

3. उपमान प्रमाण

सादृश्यता के प्रत्यक्ष से नाम (संज्ञा) और नामी (संज्ञी) के सम्बन्ध का ज्ञान कराने वाले प्रमाण को उपमान कहते हैं *उदाहरणार्थ*—हमें नाम का ज्ञान हो गया या तो कहीं पढ़ने से या सुनने से। माना हमें नीलगाय का ज्ञान हो गया कि नीलगाय वह पशु है जो गाय जैसी होती है, किन्तु अभी हमें नीलगाय का प्रत्यक्ष रूप में ज्ञान नहीं है कि वह कैसी होती है।

हमने अभी सिर्फ उसके बारे में सुन रखा है कि वह गाय जैसी होती है। हम जंगल में गए वहाँ हमें गाय की तरह एक पशु दिखाई दिया और हमें ज्ञान हो गया कि यह नीलगाय है अर्थात् अब हमें नाम और नामी का ज्ञान हो गया। यह ज्ञान कैसे हुआ? हमने नीलगाय और गाय में सादृश्यता या समानता का प्रत्यक्ष किया फलत: हमें ज्ञात हो गया कि वह गाय की तरह दिखने वाला पशु नीलगाय है।

4. शब्द प्रमाण

यथार्थ ज्ञान की प्राप्ति के साधन के रूप में शब्द एक महत्त्वपूर्ण प्रमाण है। न्याय दर्शन में शब्द को प्रत्यक्ष, अनुमान एवं उपमान के बाद चौथा प्रमाण स्वीकार किया गया है। नैयायिकों के अनुसार, पद और वाक्य का अर्थ जानने से जो ज्ञान प्राप्त होता है, ज्ञान के उस प्रमाण को 'शब्द प्रमाण' कहते हैं। न्याय दर्शन में पद को शक्त कहा गया है अर्थात् किसी विशेष पद से कोई विशेष अर्थ ही व्यक्त होता है।

नैयायिकों की मान्यता है कि पदों में यह शक्ति ईश्वर द्वारा प्रदत्त है। नैयायिकों ने पदों के दो वर्गीकरण प्रस्तुत किए। प्रथम वर्गीकरण ज्ञान के स्रोत के आधार पर प्रस्तुत किया गया, जिसके अन्तर्गत **वैदिक** पद तथा **लौकिक** पदों को सम्मिलित किया गया तथा द्वितीय वर्गीकरण में ज्ञान के विषय के आधार पर दो पदों **दृष्टा** तथा **अदृष्टा पदों** को प्रस्तुत किया गया

(i) **वैदिक पद** वेदों में उल्लिखित जो पद और वाक्य हैं, नैयायिकों के अनुसार इनकी रचना वैदिक मानव/अलौकिक मानव/ईश्वर द्वारा की गई है इसलिए वेदों में उल्लिखित जो भी ज्ञान है, उसकी प्रमाणिकता पर सन्देह नहीं किया जा सकता है। वेद ईश्वर के वचन हैं, अत: उनकी प्रमाणिकता पूर्ण, निश्चित एवं असंदिग्ध है।

(ii) **लौकिक पद** नैयायिकों के अनुसार जिन लौकिक वाक्यों की रचना उनके विशेषज्ञों ने की है, केवल उन वाक्यों को ही प्रमाणिक माना जा सकता है। इन विशेषज्ञों को नैयायिकों ने 'आप्त पुरुष' की संज्ञा दी है; जैसे—रोग, रोगों के कारण तथा रोगों के उपचार के बारे में जो **धनवन्तरि** ने कहा है वह सत्य माना जाएगा, क्योंकि धनवन्तरि विशेषज्ञ थे, आप्त पुरुष थे। इसी प्रकार ज्योतिष के बारे में जो भी **पराशर** तथा **जैमिनी** आदि ने कहा है वह सत्य है, क्योंकि वे भी ज्योतिष के विशेषज्ञ अर्थात् आप्त पुरुष थे। नैयायिकों के अनुसार ये आप्त पुरुष परमात्मा एवं जीवात्मा दोनों का संयुक्त रूप हैं।

(iii) **दृष्टा पद** यदि पदों या वाक्यों से प्राप्त होने वाले ज्ञान का प्रत्यक्ष किया जा सकता है तो ऐसे पदों को दृष्टा पद कहते हैं; *जैसे* इलाहाबाद में संगम है।

(iv) **अदृष्टा** यदि शब्दों से (पदों से) प्राप्त होने वाले ज्ञान का प्रत्यक्ष नहीं हो सकता हो तो ऐसे पदों को अदृष्टा पद कहते हैं। इसके अन्तर्गत पाप-पुण्य, नैतिक-अनैतिक, धर्म-अधर्म आदि से सम्बन्धित पदों को सम्मिलित किया जाता है; जैसे—ईश्वर सर्वशक्तिमान है, गरीबों की सहायता करने से ईश्वर की कृपा प्राप्त होती है आदि। नैयायिकों के अनुसार, शब्द अनित्य हैं, क्योंकि ये उत्पन्न तथा नष्ट होते हैं। शब्दों के अर्थ देने की जो योग्यता है उसे शब्द शक्ति कहते हैं। नैयायिकों के अनुसार शब्द शक्ति ईश्वर की इच्छा पर निर्भर करती है, क्योंकि शब्द शक्ति ईश्वर द्वारा निश्चित की गई है। अगली सृष्टि में (प्रलय के बाद) हो सकता है कि ईश्वर किसी शब्द का दूसरा अर्थ निश्चित कर दे, अत: शब्द और अर्थ का सम्बन्ध अनित्य है, क्योंकि यह ईश्वर की इच्छा पर निर्भर करता है।

शब्द प्रमाण की आलोचना

अनीश्वरवादियों के अनुसार शब्द उत्पन्न व नष्ट नहीं होते, बल्कि आवाज उत्पन्न और नष्ट होती है। अतः शब्द नित्य हैं, साथ ही शब्दों के अर्थ भी नित्य हैं क्योंकि हम यह स्वीकार नहीं करते हैं कि ईश्वर जैसी कोई चीज है और वह चाहे तो शब्दों के अर्थ में परिवर्तन कर सकता है। शब्दों के अर्थ एक लम्बे समय तक भाषीय व्यवहार के प्रचलन के कारण निश्चित हुए हैं। इसलिए शब्दों के अर्थ परिवर्तित नहीं होते अर्थात् नित्य हैं।

शब्द प्रमाण बोध के आवश्यक घटक

शब्द प्रमाण के लक्षण

न्याय दर्शन के अनुसार, शब्द अक्षरों से बनता है जिससे अभिधा या लक्षणा से किसी पदार्थ का संकेत मिलता है। प्रत्येक शब्द का कुछ अर्थ होता है। अर्थ ही शब्द तथा उस पदार्थ के मध्य, जिसे यह द्योतित करता है, सम्बन्ध बताता है। सार्थक शब्द को अथवा जिस शब्द में किसी अर्थ को व्यक्त करने की शक्ति होती है, पद कहते हैं। हम जैसे ही पद के अन्तिम अक्षर को सुनते हैं, हमें उसके अर्थ का ज्ञान हो जाता है नैयायिकों के अनुसार पद से व्यक्ति, उसकी आकृति और उसकी जाति तीनों की अलग-अलग मात्रा में जानकारी मिलती है। प्रत्येक अर्थपूर्ण वाक्य का अर्थ समझने के लिए निम्नलिखित चार शर्तों का पूरा होना जरूरी है।

1. **आकांश** पदों की परस्पर अपेक्षा को 'आकांक्षा' कहते हैं। यदि दूसरे पद का उच्चारण किए बिना किसी पद का अर्थ ज्ञान न हो तो इन दोनों पदों के परस्पर सम्बन्ध को परस्पर अपेक्षा कहते हैं; जैसे दरवाजा खुला है तात्पर्य है कि अन्दर आ जाओ से सार्थक बन जाता है एवं आकांक्षा पूरी हो जाती है।
2. **योग्यता** पदों के सामंजस्य को योग्यता कहते हैं अर्थात् वाक्य के पदों द्वारा जिन वस्तुओं का अर्थबोध होता है, उनके विरोध के अभाव को योग्यता कहते हैं; जैसे 'पानी से कपड़े सुखा लो', इन पदों में योग्यता का अभाव है, क्योंकि कपड़े धूप या हवा से सुखाते हैं, पानी से नहीं।
3. **सन्निधि** वाक्य का अर्थबोध कराने की तीसरी शर्त सन्निधि है, पदों का व्यवधान रहित पूर्वा पर क्रम से उच्चारण सन्निधि है। यदि किसी वाक्य के विभिन्न पदों के उच्चारण में काफी समय का अन्तराल होगा या उन्हें पर्याप्त विलम्ब के साथ बोला जाएगा तो बुद्धि द्वारा इन पदों के पारस्परिक सम्बन्ध को ग्रहण करना, परिणामस्वरूप उनका अर्थबोध असम्भव होगा; एक गाय लाओ' इन तीनों शब्दों को अलग-अलग लिखने से वाक्य अर्थपूर्ण नहीं होगा।
4. **तात्पर्य ज्ञान** नव्य न्याय दर्शन में शब्द बोध के लिए 'तात्पर्य ज्ञान' भी आवश्यक माना गया है। वक्ता के अभिप्राय को समझना तात्पर्य ज्ञान है। कुछ पद अनेकार्थक होते हैं। किसी पद का किस समय कौन-सा अर्थ अभीष्ट है? यह केवल उस प्रसंग के ज्ञान से ज्ञात होता है जिसमें वह पद बोला जाता है। वाक्य के अर्थ निर्धारण में वक्ता के तात्पर्य को समझना आवश्यक है। उपरोक्त शर्तों के पूरा न होने पर शब्दबोध सम्भव नहीं होगा।

ईश्वर की अवधारणा

न्याय के ईश्वर सम्बन्धी विचार भारतीय दर्शन में महत्त्वपूर्ण स्थान रखते हैं। न्याय दर्शन ईश्वरवादी दर्शन है तथा ईश्वर को आत्मा का ही एक विशेष रूप मानते हैं। जिस प्रकार जीवात्मा में ज्ञान आदि गुण हैं, उसी प्रकार ईश्वर में भी गुण है, इसलिए जीव व ईश्वर दोनों ही आत्मा हैं। जीवात्मा व ईश्वर में अन्तर यह है कि जीवात्मा के गुण अनित्य, जबकि ईश्वर अनन्त नित्य गुणों से युक्त है, जिनमें छः गुण—आधिपत्य, वीर्य, यश, श्री, ज्ञान तथा वैराग्य अत्यधिक प्रधान हैं।

नैयायिकों के अनुसार, ईश्वर इस जगत् का उत्पत्तिकर्ता, पालनकर्ता तथा संहारकर्ता है। ईश्वर ने समस्त विश्व की रचना परमाणुओं से की है, इसलिए यह जगत् का केवल निमित्त कारण है न कि उपादान कारण। इस विश्व को बनाने में ईश्वर का नैतिक व आध्यात्मिक उद्देश्य है। अतः यह सृष्टि सप्रयोजन है।

प्रयोजन यह है कि मनुष्य अपने कर्मों का फल भोग सके अर्थात् जगत् के ये विभिन्न पदार्थ हमारे कर्मों का फल भोगने के लिए हैं, सुख-दुःख भोगने के लिए हैं। इसके साथ ही नैयायिकों की मान्यता है कि ईश्वर की कृपा से ही मानव मोक्ष प्राप्त करने में सफल होता है।

नैयायिकों का यह मोक्ष सम्बन्धी विचार रामानुज तथा मध्वाचार्य से साम्यता को दर्शाता है, क्योंकि इनकी भी मान्यता है कि ईश्वर की कृपा से ही मोक्ष प्राप्ति सम्भव है।

न्याय दर्शन में अनुमान के आधार पर ईश्वर की सत्ता को प्रमाणित करने का प्रयास किया गया है।

1. सावयव वस्तुएँ बिना निमित्त कारण के उत्पन्न नहीं हो सकतीं। ब्रह्माण्ड में समस्त वस्तुएँ सावयव हैं, अतः इनका निमित्त कारण अवश्य होना चाहिए और यह निमित्त कारण ईश्वर है।
2. सावयव वस्तुएँ तभी उत्पन्न हो सकती हैं जब परमाणु आपस में संयुक्त हों। ये संयुक्त तभी हो सकते हैं जब उनमें गति हो, क्योंकि परमाणु अगतिशील होते हैं अतः कोई ऐसी सत्ता अवश्य होनी चाहिए, जो परमाणुओं में गति उत्पन्न करती है, यह सत्ता ही ईश्वर है।
3. जगत् में जितनी वस्तुएँ हैं उनका कोई-न-कोई आश्रय अवश्य होता है तो फिर तर्कतः जगत् का भी कोई आश्रय अवश्य है और वह आश्रय ईश्वर है।
4. वेदों से हमें जो भी ज्ञान प्राप्त होता है, उसकी सत्यता के बारे में हम सन्देह कर ही नहीं सकते। ऐसा ज्ञान जिसकी सत्यता के बारे में सन्देह किया ही नहीं जा सकता, ऐसा ज्ञान मनुष्य द्वारा सम्भव नहीं है। ऐसा ज्ञान तो किसी सर्वज्ञ सत्ता को ही हो सकता है और वह सत्ता ईश्वर है।
5. वेद प्रमाण है, अतः वेद में जो कहा गया है, उसे स्वीकार करना चाहिए। वेदों में कहा गया है कि ईश्वर इस जगत् को बनाने वाला है, अतः हमें स्वीकार करना चाहिए कि ईश्वर है।
6. प्रलयकाल में संख्या नहीं होती और बिना संख्या के दो परमाणु संयुक्त होकर द्विअणु कैसे बनेंगे और सृष्टि कैसे हो पाएगी, अतः कोई सत्ता अवश्य है जो संख्या उत्पन्न करती है और वह सत्ता ईश्वर है।
7. सभी जीवों को संसार में उनके पूर्वजन्म के कर्मों का उपयुक्त फल प्राप्त होता है, पर कर्म तो अचेतन होते हैं जो अपने आप फल नहीं दे सकते। अतः कोई ऐसी सत्ता अवश्य है जो यह व्यवस्था करती है कि सभी जीवों को उनके कर्मों का उपयुक्त फल मिले। यह सत्ता ही ईश्वर है।
8. जगत् में सर्वत्र व्यवस्था या नियमानुवर्तिता या प्रयोजन दिखाई देता है, अतः कोई-न-कोई व्यवस्थापक या नियामक या प्रयोजनकर्ता अवश्य है और वह ही ईश्वर है।

ईश्वर के अस्तित्व को सिद्ध करने के लिए युक्तियाँ

ईश्वर की अस्तित्व सिद्धि के लिए निम्नलिखित युक्तियाँ हैं

- ईश्वर को निमित्त कारण मानकर न्याय दर्शन ने **मानवीय** भावों की कमजोरियों को उपस्थित कर दिया क्योंकि यदि ईश्वर को इस जगत् का केवल निमित्त कारण मान लिया जाए तो ऐसा ईश्वर पूर्ण और स्वतन्त्र नहीं हो सकता, क्योंकि उसे जगत् उत्पत्ति के लिए उपादान कारण पर आश्रित मानना पड़ेगा। यही कारण है कि वेदान्त ने ईश्वर की पूर्णता तथा स्वतन्त्रता की रक्षा के लिए उसे इस जगत् का उपादान एवं निमित्त कारण दोनों माना है।
- यदि ईश्वर इस विश्व का रचयिता है तो वह अवश्य ही शरीरधारी होगा क्योंकि बिना शरीर के कोई कार्य नहीं हो सकता, किन्तु नैयायिक इसे स्वीकार नहीं करते।
- वेदों को आधार बनाकर ईश्वर के अस्तित्व को सिद्ध करने में चक्रक दोष उत्पन्न होता है, क्योंकि न्याय दर्शन में वेद के आधार पर ईश्वर की सत्ता को तथा ईश्वर के आधार पर वेदों की प्रमाणिकता को सिद्ध करने का प्रयास किया गया है।
- श्रुतियों को ईश्वर का प्रमाण नहीं माना जा सकता, क्योंकि श्रुतियों की स्वयं की प्रमाणिकता सन्देहास्पद है।

कारण-कार्य का सिद्धान्त (कारणता)

असत् कार्यवाद न्याय दर्शन का कारण-कार्य नियम है। पुन: न्याय दर्शन के अनुसार कारण-कार्य नियम स्वयं-सिद्ध है। कारण किसी वस्तु का पूर्ववर्ती एवं कार्य उत्तरवर्ती होता है, परन्तु सभी पूर्ववर्ती को कारण नहीं कहा जा सकता है। *पूर्ववर्ती दो प्रकार के होते हैं*

(i) नियत पूर्ववर्ती

वह पूर्ववर्ती जो घटना विशेष के पूर्व निरन्तर आता है; जैसे वर्षा के पूर्व आकाश में बादल का रहना।

(ii) अनियत पूर्ववर्ती

वह है, जो घटना के पूर्व कभी आता है, कभी नहीं आता है। वर्षा होने के पूर्व बच्चे का शोर करना अनियत पूर्ववर्ती है, क्योंकि जब-जब वर्षा होती है तब-तब बच्चे शोर नहीं करते। न्याय के अनुसार कारण नियत पूर्ववर्ती होता है। कारण की एक अन्य विशेषता तात्कालिकता है अर्थात् जो पूर्ववर्ती घटना कार्य के ठीक पूर्व आई हो, उसे कारण कहा जा सकता है। न्याय के कारण की व्याख्या पाश्चात्य दार्शनिक मिल की तरह है, दोनों ही कारण को नियत, निरूपाधिक और तात्कालिक पूर्ववर्ती मानते हैं। न्याय दर्शन में किसी एक कार्य के लिए अनेक कारणों को स्वीकार नहीं किया गया है। कार्य अपने कारण के अतिरिक्त किसी अन्य कारण से उत्पन्न ही नहीं हो सकता। कारण अनेक तभी प्रतीत होते हैं जब हम कार्य की विशेषताओं पर पूर्ण रूप से ध्यान नहीं देते। यदि कारण को अनेक माना जाए तो अनुमान करना सम्भव नहीं है कि किसी कार्य का कारण क्या है?

योगदर्शन का परिचय

सांख्य दर्शन पूरकदर्शन के नाम से प्रसिद्ध 'योगदर्शन' एक अत्यन्त व्यावहारिक दर्शन है। इस दर्शन का मुख्य लक्ष्य मनुष्य को वह मार्ग दिखाना है जिस पर चलकर वह मोक्ष को प्राप्त कर सके।

योगदर्शन तत्त्वमीमांसीय प्रश्नों में न उलझकर मुख्यत: **मोक्ष प्राप्ति** के उपायों को बताने वाले दर्शन की प्रस्तुति करता है। तत्त्वमीमांसा की आवश्यकता पड़ने पर योग, सांख्य दर्शन को प्रस्तुत करता है। यही कारण है कि सांख्य के साथ योग का नाम जुड़ा हुआ है।

योगदर्शन के प्रवर्तक आचार्य महर्षि पतंजलि हैं। कहा जाता है कि वैसे योगशास्त्र अनादि है; किन्तु योग में संस्कर्ता होने के कारण उन्हें योगशास्त्र का प्रवर्तक माना गया है। उनके द्वारा रचित **योगसूत्र** उनका प्राचीन ग्रन्थ है, जिस पर यह दर्शन आधारित है। पतंजलि ने इस ग्रन्थ में योग को व्यवस्थित ढंग से प्रतिपादित किया है। योगसूत्र चार पादों में विभक्त है—समाधिपाद, साधनापाद, विभूतिपाद, कैवल्यपाद। समाधिपाद में योग का स्वरूप, उद्देश्य एवं लक्षण, साधनापाद में कर्म, क्लेश एवं कर्मफल, विभूतिपाद में योग के अंगों एवं योगाभ्यास से प्राप्त होने वाली सिद्धियों का विवेचन है।

योग शब्द का प्रयोग विभिन्न अर्थों में हुआ है। वेदान्त में योग **जुड़ना** के सम्बन्ध में प्रयुक्त हुआ है। वेदान्त में योग का प्रयोग आत्मा एवं परमात्मा से मिलन के अर्थ में है। गीता में योग को कर्म में कुशलता प्राप्त करना (योग: कर्मसु कौशलम) समत्वभाव, ब्रह्म भाव आदि के अर्थ में प्रयोग किया गया है, परन्तु पतंजलि दर्शन में योग का तात्पर्य 'जुड़ना' नहीं बल्कि **प्रयत्नमात्र** है। इसका अर्थ 'कठोर परिश्रम' है। इन्द्रियों तथा मन का निग्रह है। पतंजलि के अनुसार, "योग चित्तवृत्तियों का निरोध है।" योग शब्द युज् धातु से बना है जिसका अर्थ समाधि भी है। चित्तवृत्तियों का निरोध समाधि में होता है। इस प्रकार योग को समाधि भी कहते हैं।

योग एवं सांख्य दर्शन में तुलना

भारतीय दार्शनिक परम्परा में सांख्य और योगदर्शन को समान तन्त्र की संज्ञा दी गई है क्योंकि कई महत्त्वपूर्ण पक्षों पर इन दोनों में परस्पर सहमति है। इनमें परस्पर पूरकता का भाव विद्यमान है, किन्तु कुछ पक्षों पर इनमें अन्तर भी विद्यमान है।

इस समानता तथा विषमता को निम्नलिखित बिन्दुओं में देख सकते हैं

योग एवं सांख्य दर्शन में समानता

1. दोनों द्वैतवादी दर्शन हैं, क्योंकि प्रकृति तथा पुरुष को दो मूल तत्त्वों के रूप में स्वीकार करते हैं।
2. दोनों की मान्यता है कि यह समस्त जगत् प्रकृति से उत्पन्न हुआ है, इसलिए सत् है।
3. दोनों की मान्यता है कि पुरुष का प्रकृति से अपनी भिन्नता का ज्ञान ही विवेक ज्ञान है, जिसकी प्राप्ति ही कैवल्य है। इस कैवल्य की अवस्था में समस्त दु:खों का अन्त हो जाता है।
4. दोनों ही कारण-कार्य नियम के सन्दर्भ में सत्कार्यवाद के समर्थक हैं।
5. दोनों ही आस्तिक दर्शन हैं क्योंकि वेदों को प्रामाणिक मानते हैं।
6. दोनों ही कैवल्य को मानव जीवन के परम लक्ष्य के रूप में स्वीकार करते हैं।

योग एवं सांख्य दर्शन में असमानता

1. सांख्य दर्शन मुख्यत: एक सैद्धान्तिक दर्शन है, जबकि योगदर्शन एक व्यावहारिक दर्शन है।
2. सांख्य जहाँ एक अनीश्वरवादी दर्शन है वहीं योग ईश्वरवादी दर्शन है, क्योंकि यह मानता है कि प्रकृति तथा पुरुष के बीच संयोग ईश्वर स्थापित करता है, साथ ही यह समस्त सृष्टि प्रक्रिया का नियमन भी करता है।

पतंजलि की चित्त एवं चित्तवृत्तियों की अवधारणा

योगदर्शन का प्रतिपादन पतंजलि ने किया तथा अपने 'योगसूत्र' के दूसरे सूत्र में कहा कि 'योगाश्चित्तवृत्ति निरोध:' अर्थात् चित् की वृत्तियों का निरोध ही योग है। अत: योग को ठीक प्रकार से समझने के लिए चित्त तथा चित्तवृत्ति क्या है? तथा इन चित्तवृत्तियों का निरोध कैसे होता है? यह जानना आवश्यक है।

चित्त

योगदर्शन में चित्त का अर्थ 'अन्त:करण' माना गया है। योग मतानुसार चित्त के अन्तर्गत महत् (बुद्धि), अहंकार तथा मन तीनों ही आ जाते हैं अर्थात् बुद्धि, अहंकार तथा मन को ही संयुक्त रूप से चित्त की संज्ञा दी गई है।

योगदर्शन में चित्त की विशेषताएँ

योगदर्शन में चित्त की निम्नलिखित विशेषताएँ बताई गई हैं

1. त्रिगुणात्मक प्रकृति से उत्पन्न होने के कारण चित्त को भी त्रिगुणात्मक माना गया है, परन्तु इसमें सतगुण की प्रधानता होती है।
2. प्रकृति से उत्पन्न होने के कारण यह जड़ है, किन्तु चेतना पुरुष के प्रतिबिम्ब से यह चेतन की तरह प्रतीत होता है। चित्त के चेतनवत् प्रतीत होने के कारण ही पुरुष इससे अपनी भिन्नता को नहीं जान पाता, परिणामस्वरूप पुरुष में जीवभाव आ जाता है और वह बन्धन में पड़ जाता है।
3. सांख्य दर्शन के समान योगदर्शन भी यह स्वीकार करता है कि पुरुष अनेक हैं। योग की मान्यता है कि प्रत्येक पुरुष के साथ एक चित्त सम्बन्धित होता है इसलिए चित्त भी अनेक हैं।
4. प्रत्येक चित्त के भीतर चित्तवृत्तियाँ पाई जाती हैं जब तक ये चित्तवृत्तियाँ हैं, तब तक चित्त का भी अस्तित्व रहता है, किन्तु जैसे ही चित्त की समस्त वृत्तियों का निरोध होता है, चित्त प्रकृति में विलीन हो जाता है। चित्त के विलीन होते ही पुरुष अपने स्वरूप को जान लेता है तथा बन्धन से मुक्त होकर कैवल्य को प्राप्त कर लेता है परिणामस्वरूप समस्त दु:खों का अन्त हो जाता है। अत: चित्त की चित्तवृत्तियों का निरोध करना ही योग का लक्ष्य है। योगदर्शन में चित्त की पाँच अवस्थाएँ बताई गई हैं।

योगदर्शन में चित्त की अवस्थाएँ

इन अवस्थाओं को यहाँ 'चित्तभूमि' कहा गया है, जिनका वर्णन निम्नलिखित है

1. **क्षिप्त** चित्त की इस अवस्था में रजोगुण की प्रधानता होती है। इसलिए इस अवस्था में चित्त में अत्यधिक सक्रियता तथा चंचलता रहती है परिणामस्वरूप ध्यान किसी एक-वस्तु पर टिक नहीं पाता है।
2. **मूढ़** चित्त की इस अवस्था में चित्त में तमोगुण की प्रधानता होती है परिणामस्वरूप चित्त निद्रा, आलस्य एवं निष्क्रियता से ग्रसित रहता है।
3. **विक्षिप्त** यह क्षिप्त तथा मूढ़ के बीच की अवस्था है। इस अवस्था में चित्त का ध्यान किसी वस्तु पर तो जाता है, किन्तु वहाँ अधिक देर तक टिकता नहीं है।
4. **एकाग्र** चित्त की इस अवस्था [illegible] प्रधानता होने के कारण चित्त किसी वस्तु पर टिकने लगता है। चित्त की [illegible] अनुकूल मानी गई है, क्योंकि इस अवस्था में 'सम्प्रज्ञात समाधि' की [illegible]
5. **निरुद्ध** चित्त की इस अवस्[illegible] की समस्त प्रकार की वृत्तियों का निरोध (तिरोधान) हो जाता है परिणामस्वरूप चित्त की चंचलता पूर्णत: समाप्त हो जाती है तथा 'असम्प्रज्ञात समाधि' की स्थिति उभरती है जिसमें पुरुष को चित्त से अपनी भिन्नता का ज्ञान हो जाता है।

चित्तवृत्ति

जब चित्त इन्द्रियों द्वारा बाह्य विषयों के सम्पर्क में आता है तब वह विषय का आकार ग्रहण कर लेता है तो इस आकार को ही वृत्ति कहते हैं। जब पुरुष के चैतन्य के प्रकाश से चित्तवृत्ति प्रकाशित होती है, तब जीव को विषय का ज्ञान हो जाता है।

योगदर्शन में चित्तवृत्तियों के पाँच प्रकार बताए गए हैं

1. **प्रमाण** इस वृत्ति के द्वारा यथार्थ ज्ञान प्राप्त होता है।
2. **विपर्यय** इस वृत्ति के द्वारा मिथ्या ज्ञान प्राप्त होता है।
3. **विकल्प** इस वृत्ति के द्वारा काल्पनिक ज्ञान प्राप्त होता है।
4. **निद्रा** यह एक मानसिक वृत्ति है जिसके द्वारा जीव को यह ज्ञान होता है कि उसे निद्रा आई।
5. **स्मृति** इस वृत्ति के द्वारा पूर्व में अनुभव किए गए विषयों का संस्कार जन्य ज्ञान प्राप्त होता है।

योग मतानुसार चित्त की ये सभी पाँचों वृत्तियाँ जीव को सुख, दु:ख तथा मोह आदि का अनुभव कराती हैं तथा उसे बन्धन में बाँधे रहती हैं। अत: बन्धन से मुक्ति के लिए इन वृत्तियों का निरोध करना आवश्यक है। योगदर्शन में इन वृत्तियों के निरोध के दो उपाए बताए गए हैं—**अभ्यास** तथा **वैराग्य**।

तप, ब्रह्मचर्य, विद्या तथा श्रद्धा के साथ दीर्घकाल तक निरन्तर अनुष्ठान से वृत्ति निरोध करने का प्रयास ही 'अभ्यास' कहलाता है, जबकि अनासक्त जीवन जीना वैराग्य का सूचक है, किन्तु चित्त में विद्यमान क्लेशों के कारण वैराग्य सम्भव नहीं हो पाता जिससे चित्त की वृत्तियों का पूर्णत: निरोध नहीं होता। परिणामस्वरूप हमें विवेक ज्ञान भी प्राप्त नहीं हो पाता।

क्लेश

योग दर्शन में पाँच प्रकार के क्लेश बताए गए हैं, जो निम्न हैं

अविद्या	यह क्लेश समस्त क्लेशों का मूल कारण है। इसी की वजह से हम अनित्य को नित्य, अपवित्र को पवित्र तथा दु:खदायी को सुखदायी मान लेते हैं।
अस्मिता	पुरुष और चित्त में अभेद्य मान लेना।
राग	सुखों को प्राप्त करने की चाह।
द्वेष	सुख में बाधक और दु:ख को उत्पन्न करने वालो के प्रति क्रोध, हिंसा या घृणा का भाव।
अभिनिवेश	जीवन के प्रति आसक्ति तथा मृत्यु का भय।

इन पाँचों को क्लेश इसलिए कहा जाता है क्योंकि इन पाँचों के कारण जीव संसार-चक्र में फँसा रहता है और दु:खों को भोगता है। जब तक **योगाभ्यास, तप, वैराग्य, स्वाध्याय, ईश्वर शरणागति** आदि के द्वारा क्लेशों का नाश नहीं होता तब तक जीवों को विवेक का ज्ञान नहीं हो पाता।

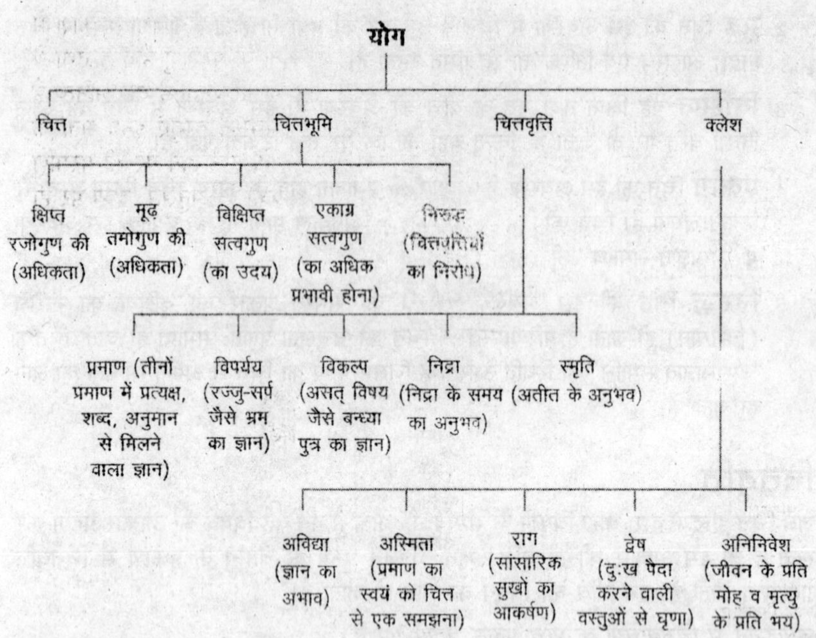

योग का अष्टांग मार्ग

भारतीय दर्शन में अन्यान्य सम्प्रदायों के समान सांख्य योग भी कैवल्य को परम पुरुषार्थ मानता है। इस दर्शन का मुख्य उद्देश्य भी कैवल्य लाभ प्राप्त करना है, किन्तु सांख्य जहाँ कैवल्य प्राप्ति के साधन पर मौन है, वहीं पतंजलि का योगदर्शन क्रियापरक साधना पद्धति पर बल देता है। यह साधना पद्धति ही योग पद्धति कहलाती है।

चित्तवृत्तियों के निरोध के लिए योगदर्शन में साधना पद्धति के आठ सोपान हैं। प्रथम पाँच योग के बहिरंग साधन एवं अन्तिम तीन अन्तरंग साधन कहे जाते हैं।

ये आठ सोपान क्रमशः इस प्रकार हैं

1. यम 2. नियम 3. आसन 4. प्राणायाम
5. प्रत्याहार 6. धारणा 7. ध्यान 8. समाधि

1. यम

शरीर, मन एवं वाणी का संयम यम कहलाता है। यह अधिकांशतः निषेधात्मक आदर्श है। इनका पालन सार्वभौम धर्म है। भारतीय नीतिशास्त्र में यम के पालन पर जोर दिया गया है। इसका उल्लेख जैन धर्म में भी है। यम के पाँच प्रकार हैं

(i) **अहिंसा** किसी भी प्राणी को कभी-भी कष्ट न पहुँचाना अहिंसा है। इसे यमों का प्रारम्भ एवं अन्त भी कहा गया है। अन्य सभी यम इसी में बद्धमूल हैं। अहिंसा से तात्पर्य मनसा वाचा कर्मणा तीनों प्रकार की अहिंसा से है।

(ii) **सत्य** सत्य से आशय मिथ्या वचन का परित्याग से है।

(iii) **अस्तेय** अस्तेय से आशय चोरी न करने से है।

(iv) **ब्रह्मचर्य** इन्द्रियों पर संयम रखते हुए विषय वासना से दूर रहना।

(v) **अपरिग्रह** अनावश्यक वस्तुओं का संग्रह न करना अपरिग्रह है।

2. नियम

भावात्मक सद्गुणों का अभ्यास ही नियम कहलाता है। ये विषय ऐच्छिक हैं फिर भी योगदर्शन में इनका महत्त्व है। ये भी यम के समान पाँच हैं शौच, सन्तोष, तप, स्वाध्याय, ईश्वर-प्रणिधान।

(i) **शौच** इसका तात्पर्य शुद्धि या सफाई से है। सफाई शरीर एवं मन दोनों की होनी चाहिए।

(ii) **सन्तोष** जो भी प्राप्त हो उसे ग्रहण करना। इससे सर्वोत्तम सुख प्राप्त होता है। कहा भी गया है कि 'सन्तोष परमसुखम्'।

(iii) **तप** सर्दी-गर्मी, हर्ष-विषाद आदि मन के सभी द्वन्द्वों को सहन करना, कठिन व्रत का पालन करना।

(iv) **स्वाध्याय** वेद, उपनिषद् आदि धर्मग्रन्थों का अध्ययन करना।

(v) **ईश्वर प्राणिधान** ईश्वर में ध्यान लगाना एवं स्वयं को उस पर आश्रित कर देना। इससे समाधि की सिद्धि प्राप्त होती है।

3. आसन

आसन शरीर का संयम है। चित्त की एकाग्रता के लिए शरीर का अनुशासन आवश्यक है। आसन का तात्पर्य है शरीर को ऐसी स्थिति में रखना जिससे वह सुखपूर्वक देर तक बैठ सके। योगदर्शन में तमाम आसनों की चर्चा है; यथा—पद्मासन, गरुणासन, मयूरासन, मर्कटासन, सूर्यासन आदि।

4. प्राणायाम

प्राणायाम प्राणवायु का संयम है। पतंजलि ने इसे ऐच्छिक साधन माना है। इस क्रिया के तीन अंग हैं

(i) **पूरक** श्वास को भीतर खींचकर रोकना।

(ii) **रेचक** भीतर की वायु को बाहर निकालकर बाहर रोक देना।

(iii) **कुम्भक** बिना कुम्भक व रेचक के श्वास-प्रश्वास की गति को रोक देना।

प्राणायाम के कई फायदे हैं। व्यक्ति स्वास्थ्य लाभ प्राप्त करता है। इससे प्राण संचित होता है एवं व्यक्ति लम्बी आयु प्राप्त करता है।

5. प्रत्याहार

इन्द्रियों को बाह्य विषयों से हटाना, प्रत्याहार कहलाता है। यह इन्द्रियों का संयम है। चूँकि इन्द्रियाँ बहिर्मुखी होती हैं, अतः इन्हें संयमित करना प्रत्याहार कहलाता है।

6. धारणा

किसी विशेष बिन्दु पर चित्त को केन्द्रित करना धारणा कहलाता है। पतंजलि कहते हैं कि 'देशबन्धः चित्तस्य धारणा' अर्थात् चित्त को देश-विशेष में बाँधना धारणा है। धारणा का विषय बाह्य पदार्थ भी हो सकता है; यथा—इष्ट देव की तस्वीर आदि।

7. ध्यान

ध्यान धारण का ही परिणाम है। ध्येय वस्तु का निरन्तर मनन करते रहना ध्यान है। ध्यान में एक समय में एक ही ज्ञान का प्रवाह होता है। इसमें केवल ध्येय विषय प्रकाशित होता है। ध्यान से असाधारण शक्तियाँ प्राप्त होती हैं। मुमुक्षु को सावधान रहना चाहिए। ध्यान की पराकाष्ठा पर पहुँचकर ही उसे समाधि की अवस्था प्राप्त होती है।

8. **समाधि**

सांख्य दर्शन की भाँति योग में भी विवेक ज्ञान की प्राप्ति के लिए आठ साधनों की व्यवस्था की गई है। इन्हें ही अष्टांग योग या अष्टांग साधन कहते हैं, जिनका प्रयोग कर साधक शरीर, इन्द्रियों और चित्त की शुद्धि और पवित्रता प्राप्त करता है। परिणामस्वरूप 'कैवल्य' सम्भव हो पाता है। जिस अभीष्ट विषय पर ध्यान किया जा रहा है, उस पर चित्त की विक्षेप रहित एकाग्रता ही समाधि है।

योगदर्शन में समाधि की दो अवस्थाएँ मानी गई हैं—सम्प्रज्ञात समाधि तथा असम्प्रज्ञात समाधि।

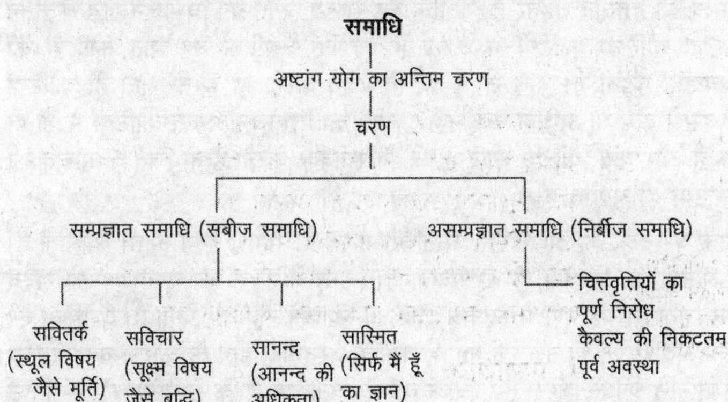

वैशेषिक दर्शन

वैशेषिक दर्शन के प्रवर्तक महर्षि कणाद हैं। उनका वास्तविक नाम उलूक था। यह दर्शन कणाद या औलक्य दर्शन के नाम से भी जाना जाता है। इस दर्शन में 'विशेष' नामक पदार्थ की विशद् रूप से विवेचना है, इसलिए यह दर्शन वैशेषिक कहलाता है। वैशेषिक साहित्य पर कणाद का 'वैशेषिक सूत्र' प्रमुख ग्रन्थ है।

वैशेषिक दर्शन में पदार्थ की अवधारणा इस प्रकार है

पदार्थ की अवधारणा

अन्य भारतीय दर्शनों की भाँति वैशेषिक दर्शन में भी 'मोक्ष' को जीवन का परम आध्यात्मिक लक्ष्य माना गया है तथा इस मोक्ष की प्राप्ति हेतु तत्त्वज्ञान को आवश्यक माना गया है, अत: तत्त्व के सम्यक् ज्ञान के लिए पदार्थ की विवेचना प्रासंगिक है। पदार्थ क्या है? शाब्दिक दृष्टिकोण से पदार्थ का अर्थ है, पद से सांकेतिक वस्तु अर्थात् पद का अर्थ ही पदार्थ है।

शिवादित्य के 'सप्त पदार्थों' के अनुसार यथार्थ ज्ञान को प्राप्त करने के जो विषय हैं, वही पदार्थ हैं। वैशेषिक सूत्र के भाष्यकार **प्रशस्तपाद** के अनुसार, 'पदार्थ वह है जो सत् है, ज्ञेय है तथा अभिधेय है'। तात्पर्य—पदार्थ वह है, जिसका अस्तित्व है, जिसका ज्ञान हम प्राप्त कर सकते हैं तथा जिसका कोई नाम है। वैशेषिक दर्शन के अनुसार, जिसका भी अस्तित्व है या जो भी सत् है वह सात पदार्थों में से कोई एक पदार्थ है। तात्पर्य—समस्त विषय इन्हीं सात पदार्थों में ही समाहित है, ये सात पदार्थ हैं—द्रव्य, गुण, कर्म, सामान्य, विशेष, समवाय तथा अभाव।

द्रव्य

द्रव्य, गुण तथा क्रिया का आधार तथा समस्त सावयव वस्तुओं का उपादान कारण है। वैशेषिकों के अनुसार द्रव्य 9 प्रकार के हैं—पंचमहाभूत, दिक्-काल, मन और आत्मा।

उल्लेखनीय है कि पंचमहाभूतों—पृथ्वी, अग्नि, जल, वायु तथा आकाश में से आकाश के परमाणु नहीं होते, शेष चार भूतों के परमाणु होते हैं तथा ये परमाणु नित्य हैं, किन्तु इनके मिलने से जो कुछ भी बनता है वह अनित्य है अर्थात् उत्पन्न और नष्ट होता है। संसार की समस्त वस्तुएँ इन्हीं भूतों के संयोग से उत्पन्न हुई हैं तथा अनित्य हैं। वस्तु के नष्ट होने पर भी परमाणु नष्ट नहीं होते, क्योंकि परमाणु नित्य हैं। वैशेषिकों के अनुसार, द्रव्य पर ही 'गुण' तथा कर्म ये दोनों पदार्थ निर्भर करते हैं।

वैशेषिक दर्शन में पदार्थ एवं द्रव्य

पदार्थ	द्रव्य
1. द्रव्य	1. पृथ्वी
2. गुण	2. जल
3. कर्म	3. तेज
4. सामान्य	4. वायु
5. विशेष	5. आकाश
6. समवाय	6. काल
7. अभाव	7. दिक्
	8. आत्मा
	9. मन

गुण

वैशेषिक के अनुसार पंचमहाभूतों के पाँच गुण—रूप, रस, गन्ध, स्पर्श तथा शब्द तथा आत्मा के छ: गुण—इच्छा, द्वेष, प्रयत्न, सुख, दु:ख तथा ज्ञान आदि तथा अन्य कुछ गुणों को मिलाकर कुल 24 गुणों का उल्लेख किया गया है।

वैशेषिक दर्शन में गुणों की संख्या

1. रूप	9. वियोग	17. प्रयत्न
2. रस	10. दूरी	18. गुरुत्व
3. गन्ध	11. समीपता	19. द्रवत्व
4. स्पर्श	12. बुद्धि	20. स्नेह
5. संख्या	13. सुख	21. संस्कार
6. परिणाम	14. दु:ख	22. धर्म
7. पृथकत्व	15. इच्छा	23. अधर्म
8. संयोग	16. द्वेष	24. शब्द

कर्म

कर्म या क्रिया का आधार द्रव्य है। कर्म मूर्त द्रव्यों का गतिशील व्यापार है। कर्म का निवास सर्वव्यापी द्रव्यों (*जैसे* आकाश) में नहीं होता, क्योंकि वे स्थान परिवर्तन से शून्य हैं। द्रव्य की दो विशेषताएँ होती हैं—सक्रियता तथा निष्क्रियता। कर्म द्रव्य का सक्रिय रूप तथा गुण द्रव्य का निष्क्रिय रूप है।

कर्म के प्रकार

कर्म या क्रिया पाँच प्रकार की होती है—ऊपर, नीचे, संकुचन, विस्तार तथा गमन।

1. उत्क्षेपण—ऊपर जाना
2. अवक्षेपण—नीचे जाना
3. संकुचन
4. प्रसारण-विस्तार
5. गमन

सामान्य

सामान्य वह पदार्थ है जिसके कारण एक ही प्रकार के विभिन्न व्यक्तियों या वस्तुओं को एक जाति के अन्दर रखा जाता है। एक ही वर्ग के व्यक्तियों या वस्तुओं का एक सामान्य होता है, कभी भी अकेली वस्तु का सामान्य नहीं हो सकता; जैसे—आकाश। सामान्य द्रव्य, गुण और कर्म में रहता है विशेष, समवाय तथा अभाव का सामान्य नहीं होता। सामान्य का ज्ञान सामान्य लक्षण अलौकिक प्रत्यक्ष द्वारा प्राप्त होता है। यद्यपि सामान्य वास्तविक है तथापि यह अन्य व्यक्तियों और वस्तुओं के समान देश और काल में स्थित नहीं है। यह सत्ताभाव मात्र है अस्तित्व नहीं।

व्यापकता की दृष्टि से सामान्य की तीन श्रेणियाँ हैं—पर सामान्य, अपर सामान्य तथा पर-अपर सामान्य। पर सामान्य संसार की प्रत्येक वस्तु में सर्वाधिक व्यापक सामान्य है। इसके अन्तर्गत अस्तित्व या सत् को सम्मिलित किया जाता है, क्योंकि संसार की प्रत्येक वस्तु सत् है अत: सत् एक उच्चतर सामान्य (सर्वाधिक व्यापक) है। अपर सामान्य को निम्नतर सामान्य भी कहते हैं, इसके अन्तर्गत उन सामान्यों को सम्मिलित किया जाता है, जिनकी व्यापकता सबसे कम है; *जैसे* गोत्व, मनुष्यत्व आदि। पर-अपर सामान्य वह सामान्य है जिसकी व्यापकता पर सामान्य से कम तथा अपर सामान्य से ज्यादा होती है।

सामान्य के प्रकार

1. **पर** जो सर्वाधिक व्यापक है; जैसे-सत्ता
2. **अपर** जो सबसे कम व्यापक है; जैसे-घटत्व
3. **पर-अपर** जो पर एवं अपर के बीच व्यापकता रखता है; जैसे-द्रव्यत्व

विशेष

एक ही प्रकार के दो परमाणुओं का विभेदक 'विशेष' कहलाता है; *जैसे* पृथ्वी के दो परमाणु जिनका गुण तो गन्ध ही है किन्तु दोनों एक-दूसरे से पृथक् हैं, क्योंकि दोनों का अपना-अपना विशेष है। अत: विशेष वह पदार्थ है जो एक ही प्रकार के दो नित्य द्रव्यों का विभेदक है।

समवाय

यह नित्य सम्बन्ध सूचक पदार्थ है। यह नित्य सम्बन्ध दो ऐसे पदार्थों में पाया जाता है जो सदैव साथ-साथ रहते हैं। इनमें से एक पदार्थ ऐसा होता है जो दूसरे पर आश्रित होकर रहता है। ये दोनों पदार्थ एक-दूसरे से अपृथक् होते हैं; *जैसे* द्रव्य और गुण, भाग और पूर्ण, क्रियावान और क्रिया, विशेष और सामान्य, नित्य द्रव्य और विशेष आदि। वैशेषिकों ने समवाय को एक भाव पदार्थ के रूप में स्वीकार किया है तथा कहा है कि जिन दो पदार्थों के बीच समवाय सम्बन्ध पाया जाता है यदि उन्हें पृथक् किया जाए तो उनमें से एक का विनाश अपरिहार्य है।

अभाव

न्याय-वैशेषिक दर्शन में अभाव को एक पदार्थ के रूप में स्वीकार किया गया है। इनके अनुसार किसी स्थान विशेष, काल विशेष में किसी वस्तु का उपस्थित नहीं होना 'अभाव' है।

यहाँ अभाव को एक पदार्थ के रूप में स्वीकार किया गया है, क्योंकि अभाव का शाब्दिक अर्थ 'नहीं' होना किसी वस्तु के अभाव को सूचित करता है, इसे ज्ञान का विषय बनाया जा सकता है, इसे नाम दिया जा सकता है। यदि अभाव को स्वीकार न किया जाए तो असत्कार्यवाद तथा मोक्ष की संगत व्याख्या सम्भव नहीं है। वैशेषिक में अभाव के दो प्रकार बताए गए हैं—अन्योन्याभाव तथा संसर्गाभाव को पुन: तीन भागों में बाँटा गया है—प्राग् भाव, प्रध्वंसाभाव तथा अत्यन्ताभाव।

किन्तु न्याय वैशेषिक ने अपना उपरोक्त जो पदार्थ विचार प्रस्तुत किया है उसकी कई आधारों पर आलोचना होती है; *जैसे* शंकर का विचार है कि वैशेषिक के बहुत्ववाद से सांख्य का द्वैतवाद बेहतर है, क्योंकि वह सांख्य जगत् का विभाजन जड़ व चेतन नामक दो मौलिक कोटियों में करता है, जबकि वैशेषिक को सात कोटियों की आवश्यकता पड़ती है। यदि जगत् का विभाजन करना ही है तो सात ही कोटियाँ क्यों? इससे कम या अधिक क्यों नहीं? जगत् का विभाजन अनन्त कोटियों में भी हो सकता है और यदि मौलिक कोटियों को भी स्वीकार करना है तो चित् व अचित् की दो कोटियाँ ही पर्याप्त हैं।

वैशेषिक की द्रव्य की अवधारणा अन्तर्विरोधग्रस्त है। सापेक्ष द्रव्य आत्म व्याघाती है। द्रव्य अनिवार्यत: निरपेक्ष ही हो सकता है, किन्तु वैशेषिक का द्रव्य गुण से सदैव संयुक्त रहता है। यह गुण से स्वतन्त्र द्रव्य की स्थापना नहीं कर पाता है। वैशेषिक की सामान्य अवधारणा भी तर्कपूर्ण नहीं है क्योंकि वस्तुवादी होने के कारण वह सामान्य को वस्तुनिष्ठ घोषित करता है, जबकि वास्तकिवता यह है कि सामान्य का वस्तुनिष्ठ अस्तित्व सम्भव नहीं, क्योंकि सामान्य आकारिक (मानसिक) होता है।

'विशेष' वैशेषिक की कल्पना मात्र है, विशेष कोई तात्त्विकतत्त्व नहीं है। यह दो तादात्म्यक वस्तुओं में उनकी पृथकता के कारण होता है न कि विशेष के कारण। समवाय विचार में अनावस्था दोष है क्योंकि दो पदार्थों को जोड़ने के लिए एक तीसरे पदार्थ के रूप में समवाय पदार्थ को मानना आवश्यक है। चूँकि समवाय एक नित्य पदार्थ है, अत: यह अकेला नहीं रह सकता।

इसके साथ एक विशेष का होना अनिवार्य है। पुन: समवाय और विशेष को जोड़ने के लिए एक समवाय पदार्थ की आवश्यकता पड़ेगी और इस क्रम में अनावस्था दोष उत्पन्न हो जाता है। रामानुज के अनुसार, समवाय एक आन्तरिक नहीं, बल्कि बाह्य सम्बन्ध है, क्योंकि समवाय से जुड़ी वस्तुएँ एक-दूसरे से पृथक् होती हैं।

परमाणुवाद का परिचय

परमाणुवाद न्याय-वैशेषिक दर्शन का एक महत्त्वपूर्ण सिद्धान्त है, जिसके आधार पर वे विश्व की सावयव वस्तुओं की उत्पत्ति एवं विनाश की व्याख्या करते हैं। चूँकि यहाँ परमाणुओं के आधार पर भौतिक विश्व की सृष्टि एवं विनाश की व्याख्या की जाती है, इसलिए उनका सृष्टि सम्बन्धी सिद्धान्त परमाणुवाद कहलाता है।

महर्षि गौतम परमाणु को परिभाषित करते हुए कहते हैं कि **परं वा गुटे**। अर्थात् जिसे और अधिक विभाजित न किया जा सके, वही परमाणु है, अत: स्पष्ट है कि परमाणु निरवयव है तथा निरवयव होने के कारण अविभाज्य है, अविभाज्य होने के कारण नित्य है।

वैशेषिक के अनुसार, संख्यात्मक दृष्टि से परमाणु अनन्त हैं तथा सभी परमाणु स्वभावत: निष्क्रिय हैं। यद्यपि परमाणु नित्य हैं, किन्तु इनसे उत्पन्न होने वाली समस्त सावयव वस्तुएँ अनित्य हैं, अत: परमाणु संसार की समस्त सावयव वस्तुओं के उपादान का कारण है।

प्रत्येक परमाणु का अपना एक विशेष महत्त्व होता है जो इसे अन्य परमाणुओं से अलग करता है अर्थात् कोई भी परमाणु अन्य के समान नहीं है, चाहे वे एक ही वर्ग के क्यों न हों।

परमाणुओं के प्रकार

न्याय-वैशेषिक में चार प्रकार के परमाणुओं को स्वीकार किया गया है—पृथ्वी, अग्नि, जल तथा वायु के परमाणु। इन चार भूतों के अतिरिक्त आकाश एकमात्र ऐसा भूत है, जिसके परमाणु नहीं होते, क्योंकि आकाश विभू है। आकाश चार भूतों के परमाणुओं के संयोग व वियोग के लिए अवकाश प्रदान करता है।

इन परमाणुओं में गुणात्मक तथा संख्यात्मक भेद पाया जाता है; जैसे—वायु के परमाणु में स्पर्श का गुण पाया जाता है किन्तु पृथ्वी के परमाणुओं में रस, गन्ध आदि गुण भी पाए जाते हैं, किन्तु इनमें गन्ध का गुण प्रमुख है। चूँकि सभी परमाणु सूक्ष्मतम हैं। अत: इन्द्रियों के द्वारा उनका प्रत्यक्ष सम्भव नहीं है। परमाणुओं की सत्ता का ज्ञान अनुमान के आधार पर किया जाता है। आकाश नामक भूत का ज्ञान भी अनुमान पर ही आधारित है।

वैशेषिक दर्शन में परमाणु सिद्धि के तर्क

वैशेषिक दर्शन में परमाणु सिद्धि के लिए निम्नलिखित तर्क दिए गए हैं

1. वैशेषिक के मतानुसार जितने भी सावयव पदार्थ हैं, वे अनित्य हैं। यदि इन सावयव पदार्थों का विभाजन किया जाए तो एक स्थिति ऐसी आएगी जब इनका और अधिक विभाजन सम्भव नहीं होगा। यदि हम इस विभाजन की प्रक्रिया को स्थिर नहीं जानेंगे तो 'अनावस्था दोष' उत्पन्न हो जाएगा। अत: इस दोष से बचने के लिए निरवयव, अविभाज्य तथा सूक्ष्मतम तत्त्व के रूप में इन परमाणुओं का मानना आवश्यक है।
2. वैशेषिक के मतानुसार जिस प्रकार हम बड़े परिमाण की ओर बढ़ते-बढ़ते आकाश तक पहुँचते हैं जिससे बड़ा कोई परिमाण नहीं है, ठीक उसी प्रकार सबसे छोटा परिमाण भी होना चाहिए, क्योंकि संसार में प्रत्येक वस्तु की एक विरोधी वस्तु विद्यमान है। अत: परमाणु ही वह सबसे छोटा परिमाण है।

न्याय-वैशेषिक मतानुसार परमाणु स्वभावत: निष्क्रिय हैं। ऐसी स्थिति में यह प्रश्न उभरकर सामने आता है कि निष्क्रिय परमाणुओं से जगत् की रचना क्यों और कैसे तथा किसके द्वारा की गई है?

न्याय-वैशेषिक मतानुसार जीवों को उनके कर्मों का उचित फल प्रदान करने के लिए ईश्वर द्वारा इस जगत् की रचना निष्क्रिय परमाणुओं में गति को उत्पन्न करके की है। इस क्रम में सर्वप्रथम ईश्वर दो परमाणुओं को आपस में मिलाकर द्विअणु की रचना के पश्चात् तीन द्विअणुओं के संयोग से एक त्रयणुक का निर्माण करता है।

यह त्रयणुक सृष्टि का सूक्ष्मतम दृष्टिगोचर होने वाला द्रव्य है, परमाणुओं का यह संयोग क्रम चलता रहता है और इस प्रकार सृष्टि निर्माण की प्रक्रिया प्रारम्भ हो जाती है।

परमाणुवाद की मुख्य विशेषताएँ

न्याय-वैशेषिक परमाणुवाद की कुछ मुख्य विशेषताएँ निम्नलिखित हैं

- न्याय-वैशेषिक को परमाणुवाद, ईश्वरवाद तथा अनीश्वरवाद का समन्वय करता है। ईश्वरवाद ईश्वर को जगत् का कारण मानता है तथा अनीश्वरवाद भौतिक तत्त्वों या परमाणुओं के आधार पर जगत् की उत्पत्ति एवं विकास की व्याख्या करता है। न्याय-वैशेषिक दर्शन में परमाणुओं के संयोग से जगत की उत्पत्ति की बात की गई है, परन्तु साथ में यह भी कहा गया है कि यह सृष्टि ईश्वर की इच्छा से स्वयं ईश्वर द्वारा की गई है।
- न्याय-वैशेषिक का यह परमाणुवाद केवल अनित्य या सावयव जगत् की उत्पत्ति एवं विनाश की व्याख्या करता है। यहाँ देश-काल, मन तथा आत्मा आदि नित्य द्रव्यों की व्याख्या परमाणुओं के आधार पर नहीं की गई है।

किन्तु न्याय-वैशेषिक दर्शन में परमाणुवाद की उक्त विवेचना की गई है *जिसके विरुद्ध अद्वैत के प्रतिपादक शंकर ने निम्न आक्षेप लगाए हैं*

(i) यदि परमाणु स्वभावतः निष्क्रिय है तो ऐसी स्थिति में सृष्टि उत्पत्ति की व्याख्या नहीं हो पाती।
(ii) यदि परमाणुओं को सदैव सक्रिय माना जाए तो ऐसी स्थिति में सदैव सृष्टि ही होती रहेगी, विनाश की व्याख्या नहीं हो पाएगी।
(iii) यदि परमाणुओं को निष्क्रिय एवं सक्रिय दोनों माना जाए तो आत्मविरोधाभास की स्थिति उत्पन्न होती है और यदि परमाणुओं को न निष्क्रिय माना जाए, न सक्रिय माना जाए तो ऐसी स्थिति अकल्पनीय होगी।
(iv) परमाणु नित्य नहीं हो सकते क्योंकि ये भौतिक वस्तुओं की मूल इकाई हैं। ये निरवयव भी नहीं हो सकते, क्योंकि इनकी वस्तुगत सत्ता है।
(v) परमाणुवाद में ईश्वर की कल्पना बाह्य आरोपित है।

किन्तु उपरोक्त त्रुटियों के बाद भी वैशेषिक परमाणुवाद का महत्त्व है, क्योंकि यह प्राचीन भारतीय मनीषियों की वैज्ञानिक मनोवृत्ति का द्योतक है। इसके अन्तर्गत वैज्ञानिकता को आध्यात्मिकता के साथ जोड़ने का प्रयास किया गया है तथा ईश्वरवाद एवं कर्मवाद के बीच समन्वय स्थापित करने का प्रयास किया गया है।

समवायी, असमवायी एवं निमित्त कारण

सामान्यतया किसी कार्य को करने के दो कारण होते हैं—उपादान कारण और निमित्त कारण; जैसे—कुम्हार मिट्टी से घड़ा बनाता है। यह कुम्हार निमित्त कारण तथा मिट्टी (सामग्री) उपादान कारण है, परन्तु वैशेषिक दर्शन में समवायी, असमवायी एवं निमित्त ये तीन कारण माने गए हैं, जो इस प्रकार हैं

समवायी कारण

समवायी सम्बन्ध नित्य सम्बन्ध होता है, जो दो ऐसे पदार्थों के मध्य होता है जिन्हें अलग नहीं किया जा सकता; जैसे—घड़े एवं मिट्टी के मध्य सम्बन्ध। घड़े को मिट्टी से पृथक् करना सम्भव नहीं होता। यहाँ मिट्टी समवायी कारण है। अन्य दर्शन इसे उपादान कारण कहते हैं।

असमवायी कारण

जो समवाय सम्बन्ध से समवायी कारण में रहता हो तथा समवायी कार्य का जन्म हो, वह असमवायी कारण कहा जाता है; जैसे—पट (कपड़ा) कार्य में तन्तुओं का रंग।

निमित्त कारण

जिसके बिना कार्य उत्पन्न ही न हो सके, उसे निमित्त कारण कहते हैं। घड़े के प्रसंग में कुम्हार, उसका चाकदण्ड आदि निमित्त कारण हैं।

अदृष्ट

सामान्यत: अदृष्ट का तात्पर्य है जो दिखाई न दे, परन्तु वैशेषिक दर्शन में अदृष्ट विभिन्न प्रकार की गतियों का कारण है। वैशेषिक दर्शन में अदृष्ट को ईश्वर की सहायक शक्ति माना गया है, जो ईश्वर की इच्छा से परमाणुओं में गति उत्पन्न करती है। अदृष्ट को जीवात्मा के विशिष्ट शरीर का तथा उसके सुख-दु:ख का हेतु भी कहा गया है। यह हमारे पाप तथा पुण्य की शक्ति है

जो व्यक्तिगत आत्मा में निवास करती है। जीव के जन्म-स्थान, समय एवं परिस्थितियाँ, परिवार तथा माता-पिता, ये सब अदृष्ट के द्वारा ही निश्चित होते हैं।

वैशेषिक दर्शन में अदृष्ट के साथ संयोग बन्धन का कारण बताया गया है। वस्तुतः इसी के कारण मानव विशेष देह धारण करता है जो हमारे अपने कर्मों का परिणाम है।

निःश्रेयस

वैशेषिक दर्शन में निःश्रेयस शब्द का प्रयोग मोक्ष के लिए हुआ है। वैशेषिक दर्शन का लक्ष्य भी अन्य दर्शनों की भाँति मोक्ष को प्राप्त करना ही है। वैशेषिक में धर्म का लक्षण है—"यतो अभ्युदयनिः श्रेयससिद्धिः सधर्मः" जिसे अभ्युदय एवं निःश्रेयस की प्राप्ति हो, वह धर्म है। अभ्युदय से तात्पर्य सांसारिक उन्नति से है। सांसारिक उन्नति शास्त्रों द्वारा बताए कर्मों का पालन करने से होती है। यह निःश्रेयस से भी सम्भव है।

निःश्रेयस ही मोक्ष है। वेद भी दोनों की प्राप्ति का उपदेश देते हैं। अतः वेद प्रमाणित हैं। आत्मा का शरीर से हमेशा के लिए सम्बन्ध टूट जाना या जन्म चक्र से मुक्त हो जाना मोक्ष कहलाता है। मोक्ष सभी प्रकार के दुःखों से आत्यान्तिक निवृत्ति है। वैशेषिक इसे आनन्दरहित अवस्था मानते हैं।

मोक्ष में कर्मचक्र की गति रुक जाती है। जब तक कर्मफल नष्ट नहीं हो जाते, तब तक फलभोग के लिए जन्म लेना पड़ता है। अतः मोक्ष के लिए कर्मफलों का समाप्त हो जाना आवश्यक है। इस हेतु अदृष्ट का नाश होना आवश्यक है, क्योंकि तभी कर्मचक्र की गति समाप्त होती है।

वैशेषिक दर्शन में मोक्ष प्राप्ति के लिए निम्नलिखित साधन बताए गए हैं—तत्त्वज्ञान, श्रृद्धा, निष्काम कर्म, ईश्वरीय कृपा। पदार्थ के यथार्थ स्वरूप के ज्ञान को तत्त्वज्ञान कहते हैं। वैशेषिक मोक्ष ज्ञान के लिए इसे अनिवार्य बताता है। तत्त्वज्ञान के लिए मानव मन में श्रृद्धा का होना आवश्यक है, क्योंकि श्रृद्धा के बिना जिज्ञासा नहीं होती तथा जिज्ञासा न होने पर तत्त्वज्ञान असम्भव है। तत्त्वज्ञान में निष्काम कर्म सहायक होते हैं। वैशेषिक दर्शन में मोक्ष हेतु ईश्वरीय कृपा भी जरूरी मानी गई है। प्राचीन वैशेषिक दर्शन में ईश्वर की चर्चा नहीं थी, परन्तु बाद में ईश्वर को स्वीकार किया गया।

मीमांसा दर्शन का परिचय

भारतीय दर्शन में वेदों की महत्ता सर्वविदित है। वेदों को मान्यता देने के कारण सांख्य, योग, वैशेषिक, मीमांसा, न्याय एवं वेदान्त, ये षड्दर्शन आस्तिक कहे जाते हैं। इन षड्दर्शनों में मीमांसा दर्शन पूर्णतः अग्रणी है, क्योंकि यह वेदों की सत्ता को स्थापित करता है तथा पूर्णतः वेदों पर आधारित है।

मीमांसा शब्द का सामान्य अर्थ 'विचार' करना है। भारतीय दर्शन के इतिहास में दो मीमांसा दर्शनों का उल्लेख मिलता है—पूर्व मीमांसा एवं उत्तर मीमांसा। कालान्तर में इन्हें क्रमशः मीमांसा एवं वेदान्त के रूप में जाना जाता है। मीमांसा को पूर्व मीमांसा कहने से स्पष्ट है कि यह वेदों के उपनिषद्-पूर्व भाग से सम्बन्धित है। उपनिषदों से सम्बन्धित दर्शन का नाम उत्तर मीमांसा (वेदान्त) है। वेदों के कर्मकाण्ड पर आधारित होने के कारण मीमांसा दर्शन को कर्म मीमांसा या धर्म मीमांसा भी कहा जाता है। इसके विपरीत वेदान्त वेदों के ज्ञानकाण्ड पर आधारित होने के कारण ब्रह्ममीमांसा भी कहलाता है।

मीमांसा दर्शन का उदय

विद्वानों के अनुसार जब बौद्ध मत का उदय हुआ, तो वैदिक कर्मकाण्ड पर प्रश्न चिह्न लगने लगे। वैदिक कर्मकाण्ड को लेकर शंकाएँ एवं विवाद बढ़ गए। लोगों को सन्देह होने लगा कि वैदिक रीति-रिवाज, कर्मकाण्ड सब थोथे हैं, इनका कोई मूल्य नहीं है। हवन, बलि, यज्ञ इत्यादि अनावश्यक हैं, इनसे कोई लाभ नहीं होता।

ऐसी स्थिति में वैदिक धर्म के अनुयायियों को आवश्यकता महसूस हुई कि वैदिक साहित्य में उपलब्ध ज्ञान का पुनः निरीक्षण एवं पुनर्निर्माण हो ताकि लोगों के सामने उन्हें निर्दोष रूप में त्रुटिरहित रखा जा सके तथा बताया जा सके कि वैदिक कर्मकाण्ड क्या फल देने की शक्ति रखते हैं। ई. पू. चौथी शताब्दी में आचार्य जैमिनी ने ऐसा प्रयत्न किया। इनका ग्रन्थ **जैमिनी सूत्र** या **मीमांसा सूत्र** है। यह मीमांसा दर्शन का आधार है। जैमिनी को ही मीमांसा दर्शन का प्रणेता माना गया है।

मीमांसा दर्शन के आचार्य एवं साहित्य

आचार्य जैमिनी के पश्चात् अनेक महान् आचार्य हुए जिन्होंने मीमांसा सूत्र पर भाष्य एवं टीकाएँ लिखीं। शबर स्वामी ने जैमिनी सूत्र पर **शबरभाष्य** लिखी जो मीमांसा दर्शन को समझने के लिए अत्यन्त उपयोगी है। शबरभाष्य पर मीमांसा दर्शन के दो परवर्ती आचार्यों **प्रभाकर मिश्र** एवं **कुमारिल भट्ट** ने टीकाएँ लिखीं। इन दोनों आचार्यों का मीमांसा दर्शन में महत्त्व है। इन दोनों के प्रभाव से मीमांसा दर्शन में दो सम्प्रदाय अस्तित्व में आए जिन्हें **भट्ट मीमांसा** एवं **प्रभाकर मीमांसा** के नाम से जाना जाता है। इन्हें क्रमशः **भाट्टमत** एवं **गुरुमत** भी कहते हैं।

भाट्टमत के संस्थापक आचार्य कुमारिल ने शबरभाष्य पर तीन विशालकाय वृत्ति ग्रन्थों की रचना की है, जिन्हें **श्लोकवर्तिक**, **तन्त्रवर्तिक** और **टुप्टीका** कहते हैं। पार्थसारथि मिश्र ने श्लोकवर्तिक पर **न्याय रत्नाकर** नामक टीका लिखी। मिश्र जी द्वारा रचित एक **स्वतन्त्र ग्रन्थ** 'शास्त्रदीपिका' अत्यन्त प्रसिद्ध है।

गुरुमत के संस्थापक आचार्य प्रभाकर मिश्र हैं। इन्होंने शबरभाष्य पर 'वृहती' और 'लध्वी' नामक भाष्य लिखा। उनके शिष्य शालिकनाथ ने वृहती पर ऋजुविमला नामक टीका लिखी। भावनाथ मिश्र ने नयविवेक नामक स्वतन्त्र ग्रन्थ लिखकर प्रभाकर के विचारों की विस्तृत व्याख्या की। कालान्तर में चार अन्य टीकाएँ वरदराज की दीपिका, शंकरमिश्र की पंचिका, दामोदर सूरि की अलंकार और रन्तिदेव की तत्त्वविवेक लिखी गई। ये चारों टीकाएँ मीमांसा दर्शन को समझने के लिए उपयोगी हैं।

मीमांसीय आचार्य एवं साहित्य

साहित्य	आचार्य	साहित्य	आचार्य
मुरारीमत	मुरारी मिश्र	लध्वी	प्रभाकर मिश्र
त्रिपादी नीतिनयन	मुरारी मिश्र	दीपिका	वरदराज
एकाद शाध्याधिकरण	मुरारी मिश्र	वर्तिका भरण	वेंकट दीक्षित
श्लोकवर्तिक	कुमारिल भट्ट	न्याय सुधा	सोमेश्वर भट्ट
तन्त्र वर्तिक	कुमारिल भट्ट	काशिका	सुचरित मिश्र
टुप्टीका	कुमारिल भट्ट	विधि विवेक	मण्डन मिश्र
वृहती	प्रभाकर मिश्र	मीमांसानुक्रमणी	मण्डन मिश्र

मीमांसा दर्शन का उद्देश्य

मीमांसा दर्शन का मुख्य उद्देश्य वैदिक कर्मकाण्ड की पुष्टि करना है। यह पुष्टि दो प्रकार की होती है—वैदिक विधि निषेधों का अर्थ समझने के लिए और आपस में उनकी संगति बैठाने के लिए व्याख्या प्रणाली निर्धारित करना, तथा कर्मकाण्ड के मूल सिद्धान्त का युक्ति द्वारा प्रतिपादन करना।

मीमांसा का तात्पर्य है—समस्या या विचारणीय विषय का युक्तियों की समीक्षा के द्वारा निर्णय करना।

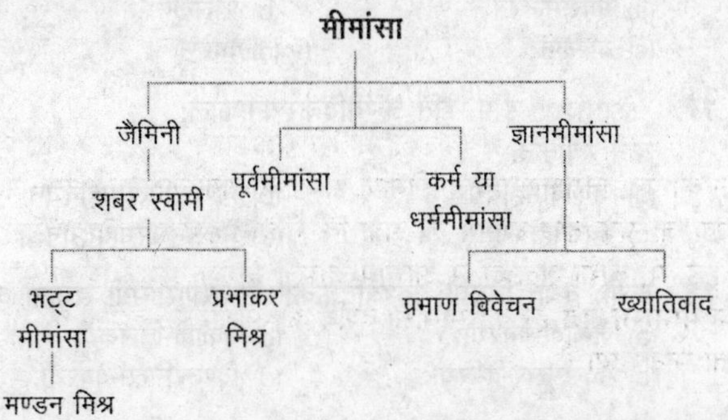

मीमांसा आस्तिक दर्शन है। यह वेदों पर पूर्णत: आधारित है। वेदों के दो अंग हैं—ज्ञानकाण्ड एवं कर्मकाण्ड। कर्म का दर्शन होने के कारण इसे कर्म मीमांसा भी कहते हैं। पूर्व मीमांसा में कर्मकाण्ड यज्ञ व धार्मिक अनुष्ठान इत्यादि की प्रधानता है। उत्तर मीमांसा में ज्ञान की प्रधानता है। ज्ञान को ही मोक्ष का साधन माना जाता है।

मीमांसा दर्शन के श्रुति (वेद)

भारतीय धर्म एवं दर्शन में वेद का स्थान अत्यन्त महत्त्वूपर्ण है। षड्दर्शन सांख्य, योग, न्याय, वैशेषिक, मीमांसा तथा वेदान्त आस्तिक दर्शन हैं अर्थात् ये वेदों में आस्था रखते हैं, इसके विपरीत वेदों में आस्था न रखने वाले दर्शन नास्तिक दर्शन कहलाते हैं। चार्वाक, बौद्ध एवं **जैन नास्तिक दर्शन** हैं। उपरोक्त षड्दर्शनों में मीमांसा ही एक ऐसा दर्शन है, जो वेदों को सर्वाधिक महत्त्वपूर्ण मानता है। वेदों में आस्था होने के कारण इसे आस्तिक दर्शन की श्रेणी में रखते हैं।

मीमांसा दर्शन में न्याय दर्शन के चार प्रमाण-प्रत्यक्ष, अनुमान, उपमान एवं शब्द प्रमाण के अतिरिक्त दो अन्य प्रमाण-अर्थापत्ति और अनुपलब्धि जोड़े गए हैं, परन्तु धर्म के निर्धारण के लिए मात्र एक शब्द प्रमाण को ही माना गया है। शब्दों एवं वाक्यों से जो वस्तुओं का ज्ञान प्राप्त होता है, उसे शब्द कहते हैं। शब्द दो प्रकार के स्वीकार किए गए हैं, परन्तु उसमें केवल वैदिक ग्रन्थ के वचनों को ही प्रमाण माना गया है।

मीमांसा दर्शन में वेदों को अपौरुषेय कहा गया है। अपौरुषेय का तात्पर्य है जिसकी रचना किसी पुरुष द्वारा न की गई हो। सभी आस्तिक दर्शन वेदों को अपौरुषेय मानते हैं, परन्तु मीमांसा दर्शन का अपना विचार है। न्याय दर्शन भी वेदों को मनुष्य द्वारा रचित नहीं मानता, वह उन्हें सर्वज्ञ परमात्मा के द्वारा सृष्ट मानता है, परन्तु न्याय दर्शन ईश्वर को पुरुष विशेष कहता है अत: वेदों को वह पौरुषेय ही मानता है।

सांख्य दर्शन भी वेदों को अपौरुषेय मानता है। उसकी भी मान्यता है कि किसी पुरुष में वेदों की रचना करने की सामर्थ्य नहीं है। मीमांसा भी वेदों को अपौरुषेय मानता है। मीमांसक तर्क देते हैं कि वेद स्वयं इस बात का प्रमाण है कि उनकी रचना किसी पुरुष ने नहीं की है। वेदों में कहीं भी इसके कर्ता का नामोल्लेख नहीं है। वेदों में ऋषि के नाम वर्णित हैं, परन्तु ऋषि का अर्थ मन्त्रकर्ता नहीं है। ऋषि का तात्पर्य मन्त्र दृष्टा है।

वेदों को अपौरुषेय कहने का आशय कदापि यह नहीं है कि इसकी रचना किसी पुरुष ने नहीं की बल्कि ईश्वर ने की। मीमांसा के अनुसार वेद नित्य हैं। वे न तो मनुष्य और न ही ईश्वर द्वारा रचे गए, बल्कि वे नित्य शब्दों का समूह होने के कारण नित्य हैं।

अभ्यास प्रश्न

1. सम्प्रति कति वेदाः वर्तन्ते?
(a) 02 (b) 03 (c) 04 (d) 05

2. वेदत्रयी अस्ति
(a) ऋग्वेदः, शुक्लयजुर्वेदः, सामवेदः
(b) ऋग्वेदः, यजुर्वेदः, सामवेदः
(c) ऋग्वेदः, कृष्णयजुर्वेदः, सामवेदः
(d) ऋग्वेदः, यजुर्वेदः, अथर्ववेदः

3. प्राचीनतमः वेदः कः?
(a) ऋग्वेदः (b) यजुर्वेदः
(c) सामवेदः (d) अथर्ववेदः

4. वेदशब्दस्य अथर्मभिलक्ष्य सायणाचार्येण कः उक्तम्?
(a) धर्मप्रतिपादकं वेदः (b) ज्ञानलक्षणं वेदः
(c) मन्त्रब्रह्मणात्मकं वेदः (d) अपौरुषेयवाक्यं वेदः

5. ऋग्वेदस्य मण्डलक्रमे कति मण्डलाः समुपलभ्यते?
(a) 10 (b) 08 (c) 1028 (d) 64

6. ऋग्वेदस्य अष्टकक्रमे कति अध्यायाः वर्तन्ते?
(a) 10 (b) 08 (c) 1028 (d) 64

7. ऋग्वेदस्य सम्पूर्णमन्त्रसंख्या—
(a) $10580\frac{1}{4}$ (b) $1028\frac{1}{4}$
(c) $8265\frac{1}{4}$ (d) $2376\frac{1}{4}$

8. पतञ्जलेः महाभाष्ये ऋग्वेदस्य कति शाखाः स्वीकृताः?
(a) 19 (b) 21 (c) 24 (d) 27

9. ऋग्वेदस्य ऋत्विक् कः अस्ति?
(a) होता (b) अध्वर्यु
(c) उद्गाता (d) ब्रह्मा

10. ऋग्वैदिक शाखा का अस्ति?
(a) कौथुमीय (b) जैमिनीय
(c) आश्वलायन (d) द्राह्यायण

11. ऋग्वैदिकशाकलसंहितायाः पदपाठः केन कृतः?
(a) शाकलेन (b) यास्काचार्येण
(c) वेदव्यासेन (d) वैशम्पायनेन

12. ऋग्वेदस्य अष्टकक्रमे कति अनुवाकाः प्राप्यन्ते?
(a) 80 (b) 10 (c) 8 (d) 85

13. ऋग्वेदस्य अष्टकक्रमे कति अष्टकाः विद्यन्ते?
(a) 08 (b) 10
(c) 64 (d) 85

14. ऋग्वेदस्य समुपलब्धप्रचलितशाखा का अस्ति?
(a) शांखायनशाखा
(b) शाकलशाखा
(c) वाष्कलशाखा
(d) माण्डूकायनशाखा

15. ऋग्वैदिक सूक्तसंख्या अस्ति—
(a) 1028 (b) 11 (c) 885 (d) 80

16. 4000 ई.पू. इति ऋग्वैदिक-रचनाकालः केन विदुषा स्वीकृतः?
(a) मैक्समूलरेन (b) तिलकेन
(c) यास्केन (d) वेबरेण

17. 1500-1200 ई.पू. इति ऋग्वैदिकरचनाकालः केन स्वीकृतः?
(a) जैकोबीमहोदयेन (b) विण्टरनित्समहोदयेन
(c) वेबरमहोदयेन (d) मैक्समूलरमहोदयेन

18. कयोः द्वयोः विदुषोः ऋग्वैदिककालनिर्धारणसामग्री समाना वर्तते?
(a) जैकोबी-वेबरयोः (b) जैकोबी-तिलकयोः
(c) मैक्समूलर-वेबरयोः (d) विण्टरनित्स-वेबरयोः

19. माण्डूकायनशाखा-सम्बद्धः वेदविशेषः कः?
(a) शुक्लयजुर्वेदः (b) ऋग्वेदः
(c) अथर्ववेदः (d) कृष्णयजुर्वेदः

20. शांखायन-शाखा-सम्बद्धः वेदविशेषः कः?
(a) सामवेदः (b) शुक्लयजुर्वेदः
(c) ऋग्वेदः (d) कृष्णयजुर्वेदः

21. मैक्समूलर-महोदयेन ऋग्वैदिक-काल-खण्डः?
(a) 1200-1000 ई.पू. (b) 500- 321 ई.पू.
(c) 6000-4000 ई.पू. (d) 4000-2500 ई.पू.

22. कात्यायनप्रणीतः ऋग्वैदिकसर्वानुक्रमण्यनुसारेण 'शतर्चिनां' मण्डलः कः?
(a) प्रथमः (b) द्वितीयः (c) तृतीयः (d) चतुर्थः

23. ऋग्वेदे गार्त्समद मण्डलम् इति कस्य मण्डलस्य अभिधानविशेषः वर्तते?
(a) प्रथमस्य (b) द्वितीयस्य
(c) तृतीयस्य (d) चतुर्थस्य

24. ऋग्वैदिक-तृतीयमण्डलस्य ऋषिविशेषः कः?
(a) गृत्समदः (b) वामदेवः
(c) विश्वामित्रः (d) वशिष्ठः

25. किम् नाम चतुर्थमण्डलम् तु ऋग्वेदस्य?
(a) शतर्चिनम् (b) गार्त्समदं
(c) वामदेव्यम् (d) विश्वामित्रम्

26. ऋग्वेदसंहितायां पञ्चमं मण्डलम्
(a) भारद्वाजं (b) विश्वामित्रम्
(c) वामदेव्यम् (d) आत्रेयं

27. भारद्वाजमण्डलमिति विश्रुतम् ऋग्वैदिकमण्डलम्
(a) चतुर्थं (b) पञ्चमं (c) षष्ठं (d) सप्तमं

28. किं नाम सप्तमं मण्डलम् ऋग्वेदस्य?
(a) वशिष्ठं (b) वामदेव्यम्
(c) आत्रेयं (d) विश्वामित्रम्

29. अनुक्तगोत्रात्मकं मण्डलम् ऋग्वेदस्य किम्?
(a) सप्तम (b) पञ्चम (c) अष्टम (d) दशम

30. ऋग्वेदे पवमानसंज्ञकं मण्डलं किम्?
(a) चतुर्थं (b) दशम (c) षष्ठ (d) नवम

31. किं मण्डलम् अर्वाचीनं प्रक्षिप्तं च मन्यन्ते वैदिशिकाः ऋग्वेदसंहितायाम्?
(a) पञ्चम (b) अष्टम (c) दशम (d) चतुर्थं

32. 'आर्चज्योतिष' इत्यस्य ज्योतिषवेदाङ्गस्य प्रणेता कः?
(a) यास्काचार्यः (b) शांखायनाचार्यः
(c) सुरेश्वराचार्यः (d) लगधाचार्यः

33. **स्थापना** (A) महाभाष्ये महर्षि पतञ्जलिना एकविशंतिः शाखानामुल्लेखः कृतः?
तर्क (R) वर्तमान-समये वाष्कलशाखैव उपलभयते।
(a) A सत्यम् R असत्यम् (b) A/R उभे सत्ये स्तः
(c) A असत्यम् R सत्यम् (d) A/R उभे असत्ये स्तः

34. **स्थापना** (A) यजुर्वेदस्य प्रतिपाद्यविषयः कर्मकाण्डोऽस्ति?
तर्क (R) शिवसंकल्पसूक्तस्य वर्णनमत्रैव वर्तते?
(a) A सत्यम् R असत्यम् (b) A असत्यम् R सत्यम्
(c) A/R उभे सत्ये स्तः (d) A/R उभे असत्ये स्तः

35. **स्थापना** (A) —वरुणः अन्तरिक्षस्थानीय-देवता वर्तते।
तर्क (R) —वरुणस्य स्तुतिः द्वादश सम्पूर्ण सूक्तेषु अस्ति।
(a) A सत्यम् R असत्यम् (b) A असत्यम् R सत्यम्
(c) A/R उभे सत्ये स्तः (d) A/R उभे असत्ये स्तः

36. 'सहस्त्रशीर्षा पुरुषः सहस्राक्षः सहस्त्रपात' कस्यसूक्तस्य मन्त्रोऽयम्?
(a) विश्वमित्रसूक्तस्य (b) पुरुषसूक्तस्य
(c) सरमा-पाणिसूक्तस्य (d) यम-यमीसूक्तस्य

37. "ओचित् सखायं सख्या ववृत्यां तिरः, पुरु चिदवर्णवं जगन्वान्" कस्य मन्त्रो दुयम्
(a) ऋग्वेदस्य (b) अथर्ववेदस्य
(c) सामवेदस्य (d) यजुर्वेदस्य

38. संहितायां विकृतिपाठेषु कति प्रकाराः प्राप्यन्ते?
(a) 07 (b) 08 (c) 09 (d) 10

39. पुरुरवा-उर्वशी-संवादसूक्तस्य ऋग्वैदिकक्रमः अस्ति
(a) 10।90 (b) 10।108 (c) 10।95 (d) 10।10

40. यम-यमी-संवादसूक्तस्य ऋग्वैदिकक्रमः अस्ति
(a) 10।10 (b) 1।12 (c) 3।33 (d) 10।108

41. सरमा-पणि-संवादसूक्तस्य ऋग्वैदिक क्रमः अस्ति
(a) 10।121 (b) 10।108 (c) 10।95 (d) 10।10

42. विश्वामित्र-नदी-संवादसूक्तस्य ऋग्वैदिकक्रमः अस्ति
(a) 3।33 (b) 4।44 (c) 1।10 (d) 1।12

43. 'ओ चित् सखायं संख्या ववृत्याम्'
इति मन्त्रः कस्मिन् सूक्ते समुप्लबध्यते?
(a) पुरुरवा-उर्वशी-सम्वादसूक्ते
(b) यम-यमी-सम्वादसूक्ते
(c) सरमा-पणि-सम्वादसूक्ते
(d) विश्वामित्र-नदी-सम्वादसूक्ते

44. 'प्रपर्वतानामुशती उपस्थादश्वे' इति मन्त्रः कस्मिन् सूक्ते सम्प्राप्यते?
(a) यम-यमी-संवादसूक्ते (b) पुरुरवा-उर्वशी-संवादसूक्ते
(c) विश्वामित्र-नदी-संवादसूक्ते (d) सरमा-पणि-संवादसूक्ते

45. यजुर्वेदस्य ऋत्विक् कः?
(a) होता (b) अध्वर्युः (c) उद्गाता (d) ब्रह्मा

46. यजुर्वेदस्य मुख्य देवता कः अस्ति?
(a) वायुः (b) इन्द्रः
(c) अग्निः (d) प्रजापतिः

47. यजुर्वेदस्य मुख्याचार्यः कः?
(a) पैलः (b) विश्वामित्रः
(c) वैशम्पायनः (d) जैमिनिः

48. माध्यन्दिन-शाखा-सम्बद्धः वेदविशेषः कः?
(a) ऋग्वेदः (b) शुक्लयजुर्वेदः
(c) कृष्णयजुर्वेदः (d) सामवेदः

49. कृष्णयजुर्वेदस्य कति शाखाः समुपलभ्यन्ते?
(a) 02 (b) 04 (c) 06 (d) 08

50. तैत्तिरीयशाखासम्बद्धः वेदविशेषः कः?
(a) कृष्णयजुर्वेदः (b) शुक्लयजुर्वेदः
(c) सामवेदः (d) अथर्ववेदः

51. कृष्णयजुर्वेदस्य शाखा का अस्ति?
(a) काण्वशाखा (b) माध्यन्दिनशाखा
(c) वाजसनेयिशाखा (d) कपिष्ठलशाखा

52. षड्मन्त्रात्मकं शिवसंकल्पसूक्तम् वाजसनेयिसंहितायाः कस्मिन् अध्याये प्राप्यते?
(a) 34 (b) 40 (c) 20 (d) 30

53. सम्प्रति सामवेदस्य कति शाखा समुपलभ्यन्ते?
(a) 02 (b) 03 (c) 04 (d) 08

54. सामवेदस्य ऋत्विक् कः?
(a) होता (b) अध्वर्यु
(c) उद्गाता (d) ब्रह्मा

55. राणायनीय-शाखा-सम्बद्धः वेदविशेषः कः?
(a) ऋग्वेदः (b) यजुर्वेदः
(c) सामवेदः (d) अथर्ववेदः

56. सामवेदस्य शाखा का अस्ति?
(a) काण्वशाखा (b) जैमिनीयशाखा
(c) शौनकशाखा (d) माण्डूकायनशाखा

57. अथर्ववेदस्य ऋत्विक् कः अस्ति?
(a) होता (b) अध्वर्यु
(c) उद्गाता (d) ब्रह्मा

58. 'ब्रह्मवेद' इत्यभिधानेन अभिहितः वेदः कः?
(a) ऋग्वेदः (b) यजुर्वेदः
(c) सामवेदः (d) अथर्ववेदः

59. अथर्ववेदस्य शाखा का नास्ति?
(a) माण्डूकायनशाखा (b) शौनकशाखा
(c) पिप्पलादशाखा (d) मौदमहाभाष्यशाखा

60. अथर्ववेदस्य शाखा का अस्ति?
(a) कठशाखा (b) शांखायनशाखा
(c) तैत्तिरीयशाखा (d) स्तौदशाखा

61. 'भैषज्यवेद:' इति कस्य नामान्तर: विद्यते?
(a) ऋग्वेदस्य (b) यजुर्वेदस्य
(c) सामवेदस्य (d) अथर्ववेद:

62. अथर्ववेदीया शाखा का नास्ति?
(a) मैत्रायणीशाखा (b) जलदशाखा
(c) ब्रह्मवेदशाखा (d) जाजलशाखा

63. 'अंगिरोवेद:' इति कस्य उपाधि: वर्तते?
(a) ऋग्वेदस्य (b) यजुर्वेदस्य
(c) सामवेदस्य (d) अथर्ववेदस्य

64. यजुर्वेदस्य प्रमुख-प्रतिपाद्यविषय: क: अस्ति?
(a) स्तुति: (b) याग:
(c) पुण्यप्राप्ति: (d) आभिचारिकप्रयोग:

65. यज्ञो वै ……… कर्म।
(a) श्रेष्ठतमं (b) उत्तमं (c) समीचीनं (d) सर्वोत्तमं

66. उदात्त: ………. अस्ति ?
(a) मात्रा (b) बल: (c) साम: (d) स्वर:

67. पुरुषसूक्तस्य ऋग्वैदिकक्रम: क:?
(a) 10।90 (b) 10।10 (c) 10।121 (d) 10।95

68. 'कस्मै देवाय हविषा विधेम' इति मन्त्र: कस्मिन् सूक्ते वर्तते?
(a) नासदीये (b) हिरण्यगर्भे
(c) पुरुषे (d) सूर्ये

69. तस्माद्यज्ञात्सर्वहुत: ऋच: सामानिजज्ञिरे इति मन्त्र: कस्मिन् सूक्ते समुपलभ्यते?
(a) पुरुषसूक्ते (b) हिरण्यगर्भसूक्ते
(c) इन्द्रसूक्ते (d) वाक्-सूक्ते

70. ऋषयोमन्त्रदृष्टार: न तु ……….।
(a) भ्रातर: (b) सृष्टार: (c) रचनाकर: (d) ईश्वर:

71. 'अग्निमीळे पुरोहितं' इति मन्त्रेण प्रारभ्यते?
(a) ऋग्वेद: (b) यजुर्वेद:
(c) सामवेद: (d) अथर्ववेद:

72. 'यज्जाग्रतो दूरमुदैति दैवं' इति मन्त्रेण सम्बद्ध: सूक्तविशेष: क:?
(a) हिरण्यगर्भसूक्तम् (b) शिवसंकल्पसूक्तम्
(c) आप्रीसूक्तम् (d) नासदीयसूक्तम्

73. ऐतरेयब्राह्मणसम्बद्ध: वेदविशेष: क:?
(a) ऋग्वेद: (b) यजुर्वेद:
(c) सामवेद: (d) अथर्ववेद:

74. कौषीतकि ब्राह्मणस्य नामान्तरमस्ति किम्?
(a) गोपथब्राह्मणम् (b) ऐतरेयब्राह्मणम्
(c) शांखायनब्राह्मणम् (d) शतपथब्राह्मणम्

75. शुक्लयजुर्वेदस्य ब्राह्मणम् अस्ति
(a) शतपथब्राह्मणम् (b) गोपथब्राह्मणम्
(c) वंशब्राह्मणम् (d) षड्विंशब्राह्मणम्

76. कृष्णयजुर्वेदस्य ब्राह्मणम नास्ति?
(a) कठब्राह्मणम् (b) कपिष्ठलब्राह्मणम्
(c) आर्षेयब्राह्मणम् (d) तैत्तिरीयब्राह्मणम्

77. कृष्णयजुर्वेदस्य ब्राह्मणमस्ति किम्?
(a) प्रौढ़ब्राह्मणम् (b) मैत्रायणीब्राह्मणम्
(c) शतपथब्राह्मणम् (d) जैमिनीयब्राह्मणम्

78. पंचविंशब्राह्मणस्य नामान्तरमस्ति
(a) काण्वब्राह्मणम् (b) छान्दोग्यब्राह्मणम्
(c) तवलकारब्राह्मणम् (d) प्रौढ़ब्राह्मणम्

79. त्रिषु भिन्नं ब्राह्मणम किम्?
(a) संहितोपनिषद्ब्राह्मणम् (b) छान्दोग्यब्राह्मणम्
(c) उपनिषद्ब्राह्मणम् (d) मन्त्रब्राह्मणम्

80. सामवेदस्य ब्राह्मणं किं नास्ति?
(a) मन्त्रब्राह्मणम् (b) देवताध्ययब्राह्मणम्
(c) आर्षेयब्राह्मणम् (d) कपिष्ठलब्राह्मणम्

81. जैमिनीयब्राह्मणस्य नामान्तरमस्ति किम्?
(a) तवलकारब्राह्मणम् (b) षड्विंशब्राह्मणम्
(c) आर्षेयब्राह्मणम् (d) वंशब्राह्मणम्

82. बालगंगाधर तिलकाधारेण समुचितक्रमेण योजयत्
(a) जटा, माला, शिखा, रेखा, ध्वज:, दण्ड:, रथ:, घन:
(b) जटा, माला, रेखा, शिखा, ध्वज:, दण्ड:, रथ:, घन:
(c) जटा, माला, रेखा, शिखा, दण्ड:, ध्वज:, रथ:, घन:
(d) जटा, माला, शिखा, रेखा, दण्ड:, रथ:, ध्वज:, घन:

83. वर्णव्यवस्थां समुचितक्रमेण चिनुत
(a) ब्राह्मण:, वैश्य:, क्षत्रिय:, शूद्र: (b) ब्राह्मण:, क्षत्रिय:, वैश्य:, शूद्र:
(c) क्षत्रिय:, वैश्य:, शूद्र:, ब्राह्मण: (d) ब्राह्मण:, क्षत्रिय:, शूद्र:, वैश्य:

84. यजुर्वेदस्य आरण्यकम् नास्ति
(a) मैत्रायण्यारण्यकम् (b) तवलकाराण्यकम्
(c) तैत्तिरीयारण्यकम् (d) बृहदारण्यकम्

85. किं सत्यमस्ति?
(a) वेदत्रयी – ऋग्वेद:, यजुर्वेद:, सामवेद:
(b) वेदत्रयी – अथर्ववेद:, यजुर्वेद:, सामवेद:
(c) वेदत्रयी – सामवेद:, ऋग्वेद:, धनुर्वेद:
(d) वेदत्रयी – सामवेद:, यजुर्वेद:, अथर्ववेद:

86. किं सत्यमस्ति?
(a) होता – यजुर्वेद: (b) सामवेद: – अध्वर्यु
(c) अथर्ववेद: – ब्रह्मा (d) उद्गाता – ऋग्वेद:

87. ऋग्वैदिक-देवतानाम् उपाधि: अस्ति—
(a) राक्षस: (b) पिशाच: (c) असुर: (d) दैत्य:

88. 'धृतव्रत' विशेषणेन विशिष्ट: क:?
(a) वरुण: (b) रुद्र: (c) इन्द्र: (d) वायु:

89. 'आधृणि' इति उपाधिना उपहित: देवविशेष: क:?
(a) उषस् (b) पूषन् (c) इन्द्र: (d) सोम:

90. वैदिकदैवतेषु मार्गाध्यक्ष: क:?
(a) अग्नि: (b) वरुण: (c) रुद्र: (d) आदित्य:

91. उरुक्रम: क:?
(a) विष्णु: (b) इन्द्र:
(c) रुद्र: (d) अश्विनौ

92. विष्णो: निवासस्थानम् अस्ति—
(a) पृथिवीलोक: (b) द्युलोक:
(c) अन्तरिक्षलोक: (d) पाताललोक:

93. 'उरुगाय' इत्युपाध्युपहित: क:?
(a) वरूण: (b) सविता (c) विष्णु: (d) इन्द्र:

94. 'देवता' शब्द: कस्मिन् लिङ्गे प्रयुज्यते?
(a) स्त्रीलिङ्गे (b) पुल्लिङ्गे
(c) उभयलिङ्गे (d) नपुंसकलिङ्गे

95. 'आकृष्णेन रजसा वर्तमानो निवेशयन्नमृतं मर्त्यं च' इति—
(a) विष्णु: (b) अग्नि:
(c) सवितृ (d) वरुण:

96. सविता ·········· प्रसविता।
(a) सर्वस्य (b) अन्धकारस्य
(c) प्रकाशस्य (d) गृहस्थ

97. ऋग्वेदस्य नवम-मण्डलस्य देवता अस्ति—
(a) सोम: (b) वरुण:
(c) इन्द्र: (d) बृहस्पति:

98. 'ब्रह्मणस्पति:' क: अस्ति:?
(a) विष्णु: (b) रुद्र:
(c) बृहस्पति: (d) अश्विनौ

99. तिलक-महोदयस्य मते इन्द्रस्य प्रतीक: क:?
(a) सूर्य: (b) चन्द्र:
(c) नदी (d) वर्षा

100. मरुतां पिता क:?
(a) रुद्र: (b) वायु:
(c) विष्णु: (d) इन्द्र:

101. 'दस्रा' इति उपाधिना उपहित: दैवत:—
(a) विष्णु: (b) सूर्य:
(c) अश्विनौ (d) रुद्र:

102. यास्कमतानुसारेण वृत्रस्य प्रतीकभूत:—
(a) मेघ: (b) सूर्य:
(c) शब्द: (d) अज्ञान:

103. शुक्लयजुर्वेदे 'पिनाकधनुष' इति शस्त्रेण सम्बद्धदेवता
(a) विष्णु: (b) रुद्र: (c) प्रजापति: (d) इन्द्र:

104. ऋग्वेद-संहितायां स्वातन्त्र्येण रुद्रस्य सूक्तसंख्या अस्ति
(a) 02 (b) 03
(c) 04 (d) 05

105. 'दिव्यभिषक्' इत्युपाध्यपहित: दैवत:
(a) अश्विनौ (b) बृहस्पति:
(c) अग्नि: (d) वरुण:

106. सोमाद् अधिकं मधुम् ईहते
(a) विष्णु: (b) रुद्र: (c) अश्विन् (d) इन्द्र:

107. 'याति देव: प्रवता यात्युद्वता। याति शुभ्राभ्यां यजतो हरिभ्याम्' इति मन्त्रेण सम्बद्ध-क:?
(a) सविता (b) वायु: (c) रुद्र: (d) अग्नि:

108. गायत्री-मन्त्रस्य उपास्य देवता अस्ति
(a) उषा (b) सविता
(c) अग्नि: (d) विष्णु:

109. सूर्यस्य माता जाया वा का अस्ति?
(a) अदिति: (b) पृथ्वी (c) उषा (d) दिति:

110. 'पवमान' इत्युपाध्युपहित:
(a) सोम: (b) इन्द्र: (c) रुद्र: (d) सविता

111. वृद्धं च्यवनं नवयुवकमकरोत्
(a) अश्विन् (b) रुद्र:
(c) विष्णु: (d) इन्द्र:

112. 'ऋतावरी' कस्या: विशेषणम् अस्ति?
(a) पृथिवी (b) उषस्
(c) अदिति: (d) दिति:

113. किं सत्यमस्ति?
(a) रुद्र: – अन्तरिक्षस्थानीय:
(b) बृहस्पति: – द्यूस्थानीय:
(c) वरुण: – पृथ्वीस्थानीय:
(d) विष्णु: – स्वर्गस्थानीय:

114. भुज्यो: समुद्धर्ता क:?
(a) इन्द्र: (b) रुद्र:
(c) अश्विन् (d) विष्णु:

115. किं सत्यमस्ति?
(a) अनुष्टुप्छन्दसि – त्रयस्त्रिंशत्
(b) त्रिष्टुप्छन्दसि – विंशति:
(c) बृहतिछन्दसि – षड्त्रिंशत्
(d) उष्णिक्छन्दसि – नवविंशति:

116. वरुणो वृणोतीति ··········।
(a) सत: (b) सज्जन: (c) आप: (d) मृत:

117. नास्तिको ·········· निन्दक:।
(a) ईश्वर (b) पुराण
(c) वेद (d) गीता

118. ऋजाश्वाय नेत्रप्रदाता क:?
(a) विष्णु: (b) सोम: (c) अश्विन् (d) रुद्र:

119. ऋग्वेदस्य प्रथममण्डलस्य प्रथमसूक्तस्य देवता अस्ति—
(a) सूर्य: (b) वरुण:
(c) इन्द्र: (d) अग्नि:

120. "स न: पितेव सूनवेऽग्ने" इति मन्त्रांशेन सम्बद्धदेवता
(a) अग्नि: (b) विष्णु:
(c) रुद्र: (d) बृहस्पति:

121. 'अग्निमीळे पुरोहितम्' इति मन्त्रेण प्रारभ्यते
(a) अथर्ववेद: (b) यजुर्वेद:
(c) ऋग्वेद: (d) सामवेद:

122. 'नासत्या' विशेषणेन विशिष्टः
(a) विष्णुः (b) अश्विनौ
(c) बृहस्पतिः (d) रुद्रः

123. प्रातः-सायंकालयोः सम्बद्धः कः?
(a) विष्णुः (b) सविता (c) रुद्रः (d) अश्विनौ

124. वृत्तहन्ता कः?
(a) बृहस्पतिः (b) वरुणः
(c) अग्निः (d) इन्द्रः

125. 'मौञ्जवत्' विशेषणमिदं कस्यास्ति?
(a) सोमस्य (b) विष्णोः
(c) इन्द्रस्य (d) रुद्रस्य

126. वज्रिन-विशेषण-विशिष्टः कः?
(a) अग्निः (b) वरुणः
(c) रुद्रः (d) इन्द्रः

127. रुद्रस्य निवासस्थानम् अस्ति
(a) अन्तरिक्षलोकः (b) पृथिवीलोकः
(c) द्युलोकः (d) स्वर्गलोकः

128. 'दुहिता दिवः' अस्ति
(a) अदितिः (b) उषस्
(c) दितिः (d) पृथिवी

129. 'विश्ववारा' का अस्ति?
(a) अदितिः (b) दितिः
(c) उषस् (d) पृथिवी

130. उषा-देवता-सम्बद्धलोकविशेषः
(a) अन्तरिक्षलोकः (b) स्वर्गलोकः
(c) द्युलोकः (d) पृथिवीलोकः

131. युगल-देवता अस्ति
(a) इन्द्रः (b) बृहस्पतिः
(c) वरुणः (d) अश्विनौः

132. पुराणी युवतिः का?
(a) उषस् (b) अदितिः
(c) वाक् (d) दितिः

133. 'सं गच्छध्वं सं वदध्वं सं वो मनांसि जानताम्' इति मन्त्रेण सम्बद्धः वेदविशेषः
(a) ऋग्वेदः (b) यजुर्वेदः
(c) सामवेदः (d) अथर्ववेदः

134. सर्वं खल्विदं ....।
(a) ब्रह्म (b) देवाः
(c) जगत् (d) ब्राह्मणः

135. तत् .... असि।
(a) अहम् (b) त्वम्
(c) त्वया (d) तुभ्यम्

136. कति भावविकाराः विद्यन्ते?
(a) 05 (b) 07 (c) 06 (d) 08

137. 'रमध्व मे वचसे सोम्याय ऋतावरीरुप मुहूर्तमेवैः' कस्याः उक्तिरियम्?
(a) यमः (b) यमीः
(c) सरमा (d) विश्वामित्रः

138. विश्वामित्र-नदी-संवादसूक्ते विश्वामित्रेण उक्तः तस्य पितुः नाम किम्?
(a) शुनकः (b) गर्गः
(c) अत्रिः (d) कुशिकः

139. विश्वामित्र-नदी-संवादसूक्ते प्राथमिकेषु मन्त्रेषु समुल्लिखितौ नद्यौ—
(a) विपाट्-शुतुद्री (b) गंगा-कावेरी
(c) गंगा-यमुना (d) नर्मदा-गोदावरी

140. 'सुदेवो अद्य प्रपतेदनावृत् परावतं परमां गन्तवा उ' कस्य उक्तिरियम्'?
(a) यमस्य (b) पुरुरवसः
(c) नद्योः (d) विश्वामित्रस्य

141. 'एना वयं पयसा पिन्वमाना अनुयोनिं देवकृतं चरन्तीः' कस्याः उक्तिरियम्?
(a) नद्योः (b) पणेः
(c) सरमायाः (d) उर्वश्याः

142. 'न वै स्त्रैणानि सख्यानि सन्ति' इति मन्त्रेण सम्बद्धः सूक्तविशेषः—
(a) यम-यमी (b) सरमा-पणि
(c) पुरुरवा-उर्वशी (d) विश्वामित्र-नदी

143. 'गर्भे नु नौ जनिता दम्पती कर्देवस्त्वष्टा सविता विश्वरूपः' कस्याः उक्तिरियम्?
(a) यम्याः (b) नद्योः
(c) उर्वश्याः (d) सरमायाः

144. 'किं भ्राता सद्यनाथं भवाति, किमु स्वसा यन्निर्ऋतिः निगच्छात्' कस्या उक्तिरियम्?
(a) नद्योः (b) सरमायाः
(c) यम्याः (d) उर्वश्याः

145. यमस्य पिता कः?
(a) मनुः (b) कश्यपः
(c) ब्रह्मा (d) विवस्वान्

146. 'पुरुरवा-उर्वशी-संवादसूक्ते' उर्वशी का अस्ति?
(a) शुनी (b) अप्सरा
(c) देवदूती (d) देवी

147. 'इति त्वा देवा इम आहुरैळ' इत्यत्र ऐळः कः?
(a) पुरुरवा (b) विश्वामित्रः
(c) यमः (d) पणिः

148. सरमा-पणि-संवादसूक्ते कति मन्त्राः सन्ति?
(a) 10 (b) 11
(c) 13 (d) 15

149. 'सरमा' का अस्ति?
(a) अप्सरा (b) नदी
(c) देवी (d) देवशुनी

150. 'स्वसारं त्वा कृणवै मा पुनर्गा, अप ते गवां सुभगे भजाम' मन्त्रेऽस्मिन् 'सुभगे' इति सम्बोधनं कस्याः कृते अस्ति?
(a) सरमायै (b) यम्यै
(c) नद्यै (d) उर्वश्यै

151. पणिभिः अभिहितेषु मन्त्रेषु ऋषिः कः?
(a) पणिः (b) वामदेवः
(c) विश्वमित्रः (d) गृत्समदः

152. अर्वाचीनतमः ब्राह्मणग्रन्थः कः?
(a) शांखायनब्राह्मणम् (b) शतपथब्राह्मणम्
(c) गोपथब्राह्मणम् (d) ऐतरेयब्राह्मणम्

153. शुनः शेपाख्यानम् कस्मिन् ब्राह्मणे वर्णितम् अस्ति?
(a) ऐतरेयब्राह्मणे (b) गोपथब्राह्मणे
(c) शतपथब्राह्मणे (d) शांखायनब्राह्मणे

154. अधोदत्तानां समीचीनमुत्तरं चिनुत

A.	अग्निः	1.	उरुक्रमः
B.	विष्णुः	2.	ऋत्विक्
C.	रुद्रः	3.	नासत्या
D.	अश्विनौ	4.	लोहितपृष्ठः

कूट

	A	B	C	D		A	B	C	D
(a)	2	1	4	3	(b)	2	3	4	1
(c)	3	2	1	4	(d)	4	3	2	1

155. अधोदत्तानां समीचीनमुत्तरं चिनुत

A.	ऋग्वेदः	1.	ब्रह्मा
B.	सामवेदः	2.	उद्गाता
C.	अथर्ववेदः	3.	अध्वर्युः
D.	यजुर्वेदः	4.	होता

कूट

	A	B	C	D		A	B	C	D
(a)	2	3	4	1	(b)	4	1	2	3
(c)	4	2	1	3	(d)	3	4	2	1

156. 'विश्वान् नरान् नयति' कस्य निर्वचनम् अस्ति?
(a) वैश्वानारः (b) विश्वामित्रः
(c) विश्वकर्मा (d) विश्वः

157. अधस्तनयुग्मानां समीचीनां तालिकां विचिनुत

A.	ऋग्वेदः	1.	अज्ञातः
B.	अथर्ववेदः	2.	आर्षेयः
C.	सामवेदः	3.	शाकल्यः
D.	कृष्णयजुर्वेदः	4.	गार्ग्यः

कूट

	A	B	C	D		A	B	C	D
(a)	1	2	3	4	(b)	3	1	4	2
(c)	3	2	4	1	(d)	2	3	4	1

158. अधोदत्तानां समीचीनमुत्तरं चिनुत

A.	देवगणः	1.	उर्वशी
B.	विश्वामित्र	2.	सूर्या
C.	सोमः	3.	अग्निः
D.	पुरुरवा	4.	नदी

कूट

	A	B	C	D		A	B	C	D
(a)	1	4	2	3	(b)	3	4	2	1
(c)	1	4	3	2	(d)	3	2	1	4

159. ऋग्वेदस्य प्रातिशाख्यग्रन्थः किं नास्ति?
(a) मशकसूत्रम् (b) ऋक्लक्षणम्
(c) ऋक्प्रातिशाख्यम् (d) परिषद्

160. वेदपुरुषस्य प्राणात्मकं वेदांगमस्ति किम्?
(a) व्याकरणम् (b) कल्पसूत्रम्
(c) शिक्षा (d) निरुक्तम्

161. कालक्रमेण योजयत
(a) पाणिनि, कात्यायन, पतञ्जलि
(b) कात्यायन, पतञ्जलि, पाणिनि,
(c) पतञ्जलि, पाणिनि, कात्यायन
(d) पाणिनि, पतञ्जलि, कात्यायन

162. सम्प्रति व्याकरणवेदाङ्गस्य प्रतिनिधिग्रन्थः अस्ति?
(a) शब्दानुशानम् (b) परिभाषेन्दुशेखरः
(c) व्याकरणमहाभाष्यम् (d) लघुसिद्धान्तकौमुदी

163. पाणिनि-प्रणीते शब्दानुशासने कति अध्यायाः समुपलभ्यन्ते?
(a) 06 (b) 08 (c) 10 (d) 12

164. स्वरवर्णाद्युच्चारणप्रकारबोधकं वेदाङ्गम् अस्ति
(a) शिक्षा (b) व्याकरणं
(c) निरुक्तं (d) कल्पं

165. वेदाङ्गानि उचितक्रमेण योजयत
(a) कल्पः, व्याकरणम्, छन्दः, निरुक्तम्, ज्योतिषम्, शिक्षा
(b) शिक्षा, कल्पः, व्याकरणम्, छन्दः, निरुक्तं, ज्योतिषम्
(c) शिक्षा, व्याकरणम्, छन्दः, निरुक्तं, ज्योतिषम्
(d) शिक्षा, छन्दः, कल्पः, व्याकरणम्, निरुक्तम्, ज्योतिषम्

166. ऋग्वेदस्य शिक्षा-वेदाङ्गम् अस्ति—
(a) पाणिनीयशिक्षा (b) माण्डव्यशिक्षा
(c) नारदीयशिक्षा (d) याज्ञवल्क्यशिक्षा

167. यजुर्वेदीय शिक्षा नास्ति—
(a) याज्ञवल्क्यशिक्षा (b) वाशिष्ठीशिक्षा
(c) नारदीयशिक्षा (d) माण्डव्यशिक्षा

168. यजुर्वेदीयः शिक्षा ग्रन्थः कः?
(a) भारद्वाजशिक्षा (b) नारदीयशिक्षा
(c) पाणिनीयशिक्षा (d) माण्डूकीशिक्षा

169. 'नारदीयशिक्षा' कस्य वेदस्य शिक्षा वेदाङ्गमस्ति?
(a) सामवेदस्य (b) अथर्ववेदस्य
(c) ऋग्वेदस्य (d) कृष्णयजुर्वेदस्य

170. माण्डूकी-शिक्षया सम्बद्धः वेदविशेषः कः?
(a) यजुर्वेदः (b) ऋग्वेदः
(c) अथर्ववेदः (d) सामवेदः

171. कल्पवेदाङ्गस्य कति विभागाः विद्यन्ते?
(a) 04 (b) 08 (c) 05 (d) 07

172. सामवेदसम्बद्धः श्रोतसूत्र विशेषः कः?
(a) जैमिनीयश्रौतसूत्रम्
(b) कठश्रौतसूत्रम्
(c) वाराहश्रौतसूत्रम्
(d) वैखानसश्रौतसूत्रम्

173. कृष्णयजुर्वेदीय: श्रौतसूत्रग्रन्थ: नास्ति
(a) बौधायनश्रौतसूत्रम् (b) आपस्तम्बश्रौतसूत्रम्
(c) आश्वलायनश्रौतसूत्रम् (d) सत्याषाढश्रौतसूत्रम्

174. कौषीतकिश्रौतसूत्रस्य नामान्तरमस्ति
(a) आश्वलायनश्रौतसूत्रम् (b) खादिरश्रौतसूत्रम्
(c) शांखायनश्रौतसूत्रम् (d) वाराहश्रौतसूत्रम्

175. कस्य वेदस्य धर्मसूत्रग्रन्थ: नास्त्येव?
(a) ऋग्वेदस्य (b) यजुर्वेदस्य
(c) अथर्ववेदस्य (d) सामवेदस्य

176. ज्योतिषामयनं ....।
(a) चक्षु: (b) चक्षुष:
(c) चक्षुषा (d) चक्षुषि

177. नित्यानित्यवस्तु ....।
(a) विवेक: (b) माधव: (c) सर्वज्ञ: (d) विज्ञ:

178. छन्द .... तु वेदस्य?
(a) पादौ (b) हस्तौ
(c) नेत्रे (d) कर्णे

179. व्याक्रियन्ते .... शब्दा अनेनेति व्याकरणम्।
(a) व्युत्पाद्यते (b) व्युत्पाद्यन्ते
(c) व्याकरणेन (d) वैयाकरणज्ञ:

180. शिक्षा .... तु वेदस्य।
(a) प्राणं (b) घ्राणं
(c) मन्त्रम् (d) मुखम्

181. वर्णस्वराद्युच्चारणप्रकारो यत्र शिक्ष्यते .... सा शिक्षा।
(a) उदिश्यते (b) पठ्यते
(c) आगम्यते (d) लिख्यते

182. कति वेदाङ्गानि सन्ति—
(a) 05 (b) 06
(c) 07 (d) 08

183. श्रौतसूत्राणां प्रतिपाद्यविषय:—
(a) संस्कारविधि: (b) गृहयाग:
(c) वैदिकयाग: (d) वेदीनिर्माणविधि:

184. षोडशसंस्कारविधि: कस्मिन् कल्पसूत्रे प्राप्यते?
(a) श्रौतसूत्रे (b) शुल्वसूत्रे
(c) धर्मसूत्रे (d) गृह्यसूत्रे

185. अधोलिखितेषु किमप्येकं वेदाङ्गम् न अस्ति—
(a) कल्पसूत्रम् (b) व्याकरणम्
(c) उपनिषद् (d) शिक्षा

186. पाणिनि-अष्टाध्याया: प्रति अध्यायं कति पादा: सन्ति?
(a) 04 (b) 06 (c) 08 (d) 10

187. पतञ्जलिप्रणीत: ग्रन्थ:—
(a) शब्दानुशासनम् (b) वाक्यपदीयम्
(c) निरुक्तम् (d) महाभाष्यम्

188. अष्टाध्याय्या: प्रथमसूत्रमस्ति—
(a) हलन्त्यम् (b) वृद्धिरादैच्
(c) हयवरट् (d) पूर्वत्रासिद्धम्

189. 'मन्त्रब्राह्मणयोर्वेदनामधेयम्' कस्येयमुक्ति:?
(a) सायण: (b) यास्क:
(c) आपस्तम्ब: (d) पजञ्जलि:

190. वर्णागम:, वर्णविपर्यय:, वर्णविकार:, वर्णविनाश: अनेकार्थधातुप्रयोगश्च कुत्र दरीदृश्यते?
(a) महाभाष्ये (b) व्याकरणे
(c) शिक्षायाम् (d) निरुक्ते

191. 'रक्षोहागमलघ्वसन्देहा: प्रयोजनम्, कस्य इयम् उक्ति:?
(a) पतञ्जले: (b) भर्तृहरे:
(c) पाणिने: (d) कात्यायनस्य

192. अधोदत्तानां समीचीनमुत्तरं चिनुत

A.	श्रौतसूत्रे	1.	वर्णाश्रम-वर्णनम्
B.	धर्मसूत्रे	2.	रेखागणितीय-वर्णनम्
C.	गृह्यसूत्रे	3.	पञ्चयज्ञ-वर्णनम्
D.	शुल्वसूत्रे	4.	चातुर्मास्य-वर्णनम

कूट

	A	B	C	D
(a)	3	1	2	4
(b)	4	2	1	3
(c)	4	1	3	2
(d)	3	2	1	4

193. अधस्तनयुग्मानां समीचीनां तालिकां चिनुत

A.	माण्डूकीशिक्षा	1.	ऋग्वेदीय शिक्षाग्रन्थ:
B.	नारदशिक्षा	2.	सामवेदीय शिक्षाग्रन्थ:
C.	याज्ञवल्क्यशिक्षा	3.	अथर्ववेदीय शिक्षाग्रन्थ:
D.	पाणिनीयशिक्षा	4.	यजुर्वेदीय शिक्षाग्रन्थ:

कूट

	A	B	C	D
(a)	3	2	4	1
(b)	2	1	3	1
(c)	3	2	1	4
(d)	3	1	2	4

194. 'ईशवास्योपनिषद्' वाजसमेयिसंहिताया: कस्मिन् अध्याये विद्यते?
(a) 34 (b) 40
(c) 20 (d) 30

195. कस्य वेदस्य खण्डविशेष: ईशावास्योपनिषदस्ति?
(a) ऋग्वेदस्य (b) शुक्लयजुर्वेदस्य
(c) कृष्णयजुर्वेदस्य (d) सामवेदस्य

196. कृष्णयजुर्वेदीय: उपनिषद्ग्रन्थ: नास्ति—
(a) ईशावास्योपनिषद् (b) तैत्तिरीयोपनिषद्
(c) बृहदारण्यकोपनिषद् (d) कठोपनिषद्

197. कृष्णयजुर्वेदस्य उपनिषद्—
(a) प्रश्नोपनिषद् (b) केनोपनिषद्
(c) छान्दोग्योपनिषद् (d) श्वेताश्वतरोपनिषद्

198. छान्दोग्योपनिषद्-सम्बद्ध-वेदविशेष:
(a) अथर्ववेद: (b) सामवेद:
(c) ऋग्वेद: (d) यजुर्वेद:

199. चतुष्पादात्मन: विवेचनं कुत्र उपलभ्यते?
(a) प्रश्नोपनिषदि
(b) मुण्डकोपनिषदि
(c) ईशावास्योपनिषदि
(d) माण्डूक्योपनिषदि

200. किं सत्यमस्ति?
(a) इन्द्रः – वरुणसंवादः (b) विश्वामित्र – अग्निसंवादः
(c) सोम – सरमासंवादः (d) यम – यमीसंवादः

201. अथर्ववेदीयः उपनिषद्ग्रन्थः नास्ति
(a) प्रश्नोपनिषद् (b) मुण्डकोपनिषद्
(c) श्वेताश्वतरोपनिषद् (d) माण्डूक्योपनिषद्

202. 'अयमात्मा ब्रह्म' इति महाकाव्यसम्बद्ध-उपनिषद् विशेषः
(a) माण्डूक्योपनिषद् (b) बृहदारण्यकोपनिषद्
(c) छान्दोग्योपनिषद् (d) श्वेताश्वतरोपनिषद्

203. ऊँकार ब्रह्म-विवेचकः उपनिषद्ग्रन्थः
(a) केनोपनिषद् (b) ईशावास्योपनिषद्
(c) माण्डूक्योपनिषद् (d) कठोपनिषद्

204. 'सत्यमेव जयते' इति महावाक्यं कुत्र उल्लिखितमस्ति?
(a) केनोपनिषदि (b) मुण्डकोपनिषदि
(c) कठोपनिषदि (d) माण्डूक्योपनिषदि

205. 'ब्रह्मवेद ब्रह्मैव भवति' इति महावाक्यं कुतः उद्धृतमस्ति?
(a) मुण्डकोपनिषदः (b) माण्डूक्योपनिषदः
(c) बृहदारण्यकोपनिषदः (d) कठोपनिषदः

206. 'द्वा सुपर्णा सयुजा' इति मन्त्रः कुत्र मिलति?
(a) मुण्डकोपनिषदि (b) ईशावास्योपनिषदि
(c) रामायणे (d) प्रश्नोपनिषदि

207. 'सनत्कुमार-नारद सम्वादः' कुत्र मिलति?
(a) प्रश्नोपनिषदि (b) माण्डूक्योपनिषदि
(c) केनोपनिषदि (d) छान्दोग्योपनिषदि

208. 'तत्त्वमसि' इति महावाक्यम् कुत्र उल्लिखितमस्ति?
(a) ऐतरेयोपनिषदि (b) छान्दोग्योपनिषदि
(c) वाष्कलोपनिषदि (d) बृहदारण्यकोपनिषदि

209. 'सर्वं खल्विदं ब्रह्म' इत्यस्य महावाक्यस्य सन्दर्भग्रन्थः कः?
(a) कठोपनिषद् (b) छान्दोग्योपनिषद्
(c) बृहदारण्यकोपनिषद् (d) मैत्रायण्युपनिषद्

210. सत्यकामजाबालः कुत्र दरीदृश्यते?
(a) छान्दोग्योपनिषदि (b) माण्डूक्योपनिषदि
(c) ईशावास्योपनिषदि (d) प्रश्नोपनिषदि

211. प्रश्नोपनिषदि ब्रह्मनिष्ठः तत्त्ववेत्ता ऋषिः अस्ति
(a) सुकेशा (b) पिप्पलादः
(c) कात्यायनः (d) आश्वलायनः

212. प्रश्नोपनिषदि प्रश्नकर्तारः ऋषयः सन्ति
(a) 04 (b) 05
(c) 06 (d) 07

213. सांख्य-योग-शैवदर्शनप्रतिपादकः उपनिषद्ग्रन्थः
(a) श्वेताश्वतरोपनिषद् (b) प्रश्नोपनिषद्
(c) कठोपनिषद् (d) शाण्डिल्योपनिषद्

214. अग्निविद्या-विवेचकः उपनिषद्ग्रन्थः
(a) कठोपनिषद् (b) छान्दोग्योपनिषद्
(c) श्वेताश्वतरोपनिषद् (d) ईशावास्योपनिषद्

215. यम-नचिकेता-सम्वाद-सम्बद्धः उपनिषद्ग्रन्थः
(a) प्रश्नोपनिषद् (b) कठोपनिषद्
(c) छान्दोग्योपनिषद् (d) मैत्रायण्युपनिषद्

216. किं सत्यमस्ति?
(a) माध्वी – वरुणः (b) नीलकण्ठः – रुद्रः
(c) चित्रभानुः – विष्णुः (d) परासुवः – सवितृ

217. किं सत्यमस्ति?
(a) मधुच्छन्दा – अग्निः (b) गृत्समद – विष्णुः
(c) वामदेवः – आश्विनौ (d) उषस् – कण्वः

218. किं सत्यमस्ति?
(a) अग्निः – गार्त्समद (b) विष्णुः – दीर्घतमा
(c) वृहस्पति – कक्षीवान् (d) वरुणः – शुनः-शेष

219. ऐतरेयोपनिषदि अधोलिखितेषु कोप्येकः नास्ति—
(a) सृष्टिवादः (b) आदर्शवादः
(c) उमा-हेमवती-संवादः (d) प्रज्ञानवादः

220. ज्ञानकर्मोपासनानां समन्वयः कुत्र समुपलभ्यते?
(a) ईशावास्योपनिषदि (b) कठोपनिषदि
(c) प्रश्नोपनिषदि (d) मुण्डकोपनिषदि

221. पुरुरवा-उर्वशी-आख्यानम् कस्मिन् ब्राह्मणे वर्णितमस्ति?
(a) ताण्ड्यब्राह्मणे (b) शतपथब्राह्मणे
(c) वंशब्राह्मणे (d) ऐतरेयब्राह्मणे

222. कठोपनिषदि कति अध्यायाः वर्तन्ते?
(a) 02 (b) 04 (c) 06 (d) 08

223. 'उत्तिष्ठत जाग्रत प्राप्य वरान्निबोधत' इति मन्त्रात्मकः उपनिषद्ग्रन्थः—
(a) प्रश्नोपनिषद् (b) माण्डूक्योपनिषद्
(c) मुण्डकोपनिषद् (d) कठोपनिषद्

224. सामवेदस्य कौथुमशाखया सम्बद्धः उपनिषद्ग्रन्थः
(a) ईशावास्योपनिषद् (b) छान्दोग्योपनिषद्
(c) बृहदारण्यकोपनिषद् (d) प्रश्नोपनिषद्

225. वेदोऽखिलो ………।
(a) कर्ममूलम् (b) मन्त्रमूलम्
(c) धर्ममूलम् (d) धनमूलम्

226. आकारदृष्ट्या बृहत्तमः उपनिषद्ग्रन्थः—
(a) प्रश्नोपनिषद् (b) श्वेताश्वतरोपनिषद्
(c) बृहदारण्यकोपनिषद् (d) छान्दोग्योपनिषद्

227. वेदान्त-शब्दस्य प्रथम-प्रयोगः कुत्र समुपलभ्यते?
(a) प्रश्नोपनिषदि (b) माण्डूक्योपनिषदि
(c) मुण्डकोपनिषदि (d) छान्दोग्योपनिषदि

228. शैवधर्मप्रतिपादकः उपनिषद्विशेषः कः?
(a) श्वेताश्वतरोपनिषद् (b) ईशावास्योपनिषद्
(c) तैत्तिरीयोपनिषद् (d) केनोपनिषद्

229. मैत्रेयी-याज्ञवल्क्याख्यानमत्र उपलभ्यते—
(a) श्वेताश्वतरोपनिषदि (b) बृहदारण्यकोपनिषदि
(c) कठोपनिषदि (d) छान्दोग्यपनिषदि

230. अधस्तनययुग्मानां समीचीनां तालिकां चिनुत

A.	ऋग्वेदीयोपनिषद्	1.	केनोपनिषद्
B.	यजुर्वेदीयोपनिषद्	2.	प्रश्नोपनिषद्
C.	सामवेदीयोपनिषद्	3.	बृहदारण्यकोपनिषद्
D.	अथर्ववेदीयोपनिषद्	4.	ऐतरेयोपनिषद्

कूट

	A	B	C	D		A	B	C	D
(a)	4	1	2	3	(b)	4	3	1	2
(c)	3	4	2	1	(d)	1	2	3	4

231. अधोदत्तानां समीचीनमुत्तरं चिनुत

A.	कपिष्ठलशाखा	1.	मैत्रायणीयोपनिषद्
B.	कौथमीयशाखा	2.	प्रश्नोपनिषद्
C.	पिप्पलादशाखा	3.	छान्दोग्योपनिषद्
D.	राणायनीयशाखा	4.	केनोपनिषद्

कूट

	A	B	C	D		A	B	C	D
(a)	4	1	2	3	(b)	1	4	2	3
(c)	2	3	1	4	(d)	4	1	3	2

232. अधस्तनयुग्मानां समीचीनां तालिका चिनुत

A.	सवितृ	1.	असुरः
B.	बृहस्पतिः	2.	ऋतगोपा
C.	वरुणः	3.	रक्षोहा
D.	सोमः	4.	गणपति

कूट

	A	B	C	D		A	B	C	D
(a)	1	4	2	3	(b)	3	1	2	4
(c)	1	3	2	2	(d)	1	3	4	2

233. ऐतरेयब्राह्मणे कति अध्याया: विद्यन्ते?
(a) 20 (b) 30 (c) 40 (d) 50

234. 'चरैवेति' इति वाक्यांशेन सम्बद्धग्रन्थ: क:?
(a) गोपथब्राह्मणम् (b) ऐतरेयब्राह्मणम्
(c) तैत्तिरीयब्राह्मणम् (d) शतपथब्राह्मणम्

235. नचिकेतस: पितु: यागविशेष:
(a) विश्वजित्यागः (b) दर्शयागः
(c) पौर्णमासयागः (d) सौत्रामणियागः

236. केनोपनिषदि कति खण्डा: सन्ति?
(a) 05 (b) 04 (c) 07 (d) 06

237. प्रवहणजैवलै: श्वेतकेतु-आरुणेयश्च दार्शनिकसम्वादमुपस्थापयति—
(a) बृहदारण्यकोपनिषद् (b) श्वेताश्वतरोपनिषद्
(c) ईशावास्योपनिषद् (d) छन्दोग्योपनिषद्

238. ज्येष्ठाय पुत्राय अथर्वणे ब्रह्मणा प्रदत्तं ज्ञानम्—
(a) मुण्डकोपनिषद् (b) प्रश्नोपनिषद्
(c) माण्डूक्योपनिषद् (d) ईशावास्योपनिषद्

239. इन्द्रविरोचनयो: कथा कस्यामुपनिषदि वर्णिताऽस्ति?
(a) केनोपनिषदि (b) छान्दोग्योपनिषदि
(c) ईशावास्योपनिषदि (d) प्रश्नोपनिषदि

240. अधोदत्तानां समीचीनमुत्तरं चिनुत

A.	मैत्रायणीशाखा	1.	श्वेताश्वतरोपनिषद्
B.	कठशाखा	2.	कठोपनिषद्
C.	काण्वशाखा	3.	बृहदारण्यकोपनिषद्
D.	तैत्तिरीयशाखा	4.	तैत्तिरीयोपनिषद्

कूट

	A	B	C	D		A	B	C	D
(a)	4	1	3	2	(b)	3	4	1	2
(c)	3	2	1	4	(d)	4	3	1	2

241. 'विज्ञानमानन्दब्रह्म' इति महावाक्यमुपस्थापयति—
(a) केनोपनिषद् (b) प्रश्नोपनिषद्
(c) छान्दोग्योपनिषद् (d) कठोपनिषद्

242. निम्न में से कौन मानता है कि स्वर्ग प्राप्ति हेतु यज्ञ करना चाहिए?
(a) बौद्ध (b) सांख्य
(c) अद्वैत (d) मीमांसा

243. "तिलेषु तैलं दधिनीव सर्पिराप: स्रोत:
अरणीषु चाग्नि:" सूक्तिरियं कुत:?
(a) कठोपनिषद: (b) श्वेताश्वतरोपनिषद:
(c) केनोपनिषद: (d) प्रश्नोपनिषद:

244. 'अजामेकां लोहितशुक्लकृष्णाम्' इति
मन्त्रात्मक: अस्ति—
(a) ईशावास्योपनिषद् (b) कठोपनिषद्
(c) मुण्डकोपनिषद (d) श्वेताश्वतरोपनिषद्

245. न्याय के अनुसार निम्नलिखित में से केवलान्वयी अनुमान का उदाहरण कौन-सा है?
(a) पर्वत पर अग्नि है, क्योंकि वहाँ धूम्र है
(b) घट अभिधेय है, क्योंकि प्रमेय है
(c) यह वृक्ष है, क्योंकि शीशम है
(d) पृथ्वी अन्य द्रव्यों से भिन्न है, क्योंकि गन्ध वाली है

246. निम्लिखित में से कौन न्याय–वैशेषिक दर्शन के अनुसार गुण का लक्षण नहीं है?
(a) गुण एक पदार्थ है
(b) यह ज्ञेय है
(c) यह संयोग एवं विभाग का कारण है
(d) यह अन्य गुणों से रहित होता है

247. न्याय दर्शन के अनुसार निम्नलिखित में से कौन आत्मा का लक्षण नहीं है?
(a) विभुत्व (b) स्वचेतन विषयी
(c) नित्यता (d) चेतना का अधिष्ठान

248. शंकर ने न्याय–वैशेषिक के किस मत का खण्डन किया है?
(a) द्वैतवाद (b) परमाणुवाद
(c) विकासवाद (d) एकत्ववाद

249. निम्नलिखित में से कौन-सा सम्प्रदाय परत: प्रामाण्यवाद एवं परत: अप्रामाण्यवाद को मानता है?
(a) न्याय
(b) बौद्ध
(c) चार्वाक
(d) मीमांसा

250. वैशेषिक दर्शन के अनुसार अधोलिखित में से कौन प्रागभाव का उदाहरण है?
(a) उत्पत्ति के पहले घट का अभाव
(b) विनाश के बाद घट का अभाव
(c) वायु में रूप का अभाव
(d) घट का पट न होना

251. निम्नलिखित में से कौन न्याय वैशेषिक के अनुसार सामान्य नहीं है?
(a) घटत्व (b) गोत्व
(c) आकाशत्व (d) मनुष्यत्व

252. ईश्वर के अस्तित्व की सिद्धि के लिए न्याय दर्शन में कौन-सा तर्क प्रयोग नहीं किया गया है?
(a) सत्तामूलक तर्क (b) सृष्टिमूलक तर्क
(c) उद्देश्यमूलक (d) नैतिकतामूलक

253. न्याय दर्शन में 'जल शीतल लगता है', यह उदाहरण है
(a) ज्ञान लक्षण का (b) सामान्य लक्षण का
(c) योग लक्षण का (d) लौकिक सन्निकर्ष का

254. न्याय दर्शन के अनुसार आत्मा का लक्षण है
(a) चित् (b) सत्
(c) आनन्द (d) सत्, चित्, आनन्द

255. सांख्य दर्शन के प्रवर्तक हैं
(a) महर्षि गौतम (b) महर्षि कपिल
(c) महर्षि पतंजलि (d) महर्षि कणाद

256. सांख्य के अनुसार सत्त्व गुण, निम्नलिखित में से किस रंग से पहचाना जाता है?
(a) सफेद (b) काला
(c) नीला (d) लाल

257. सांख्य दर्शन में गुणों की संख्या है
(a) 2 (b) 3 (c) 4 (d) 6

258. सांख्य दर्शन के अनुसार प्रकृति एवं गुणों में
(a) समवाय सम्बन्ध है (b) संयोग सम्बन्ध है
(c) स्वरूप सम्बन्ध है (d) विरोध सम्बन्ध है

259. त्रिगुण साम्यावस्था का नाम है
(a) पुरुष (b) प्रकृति
(c) संयोग (d) समवाय

260. सांख्य सिद्धान्त के अनुसार विकास का सही क्रम है
(a) अहंकार, कर्मेन्द्रियाँ, ज्ञानेन्द्रियाँ, महत्
(b) ज्ञानेन्द्रियाँ, कर्मेन्द्रियाँ, अहंकार, महत्
(c) कर्मेन्द्रियाँ, महत्, अहंकार, ज्ञानेन्द्रियाँ
(d) महत्, अहंकार, ज्ञानेन्द्रियाँ, कर्मेन्द्रियाँ

261. निम्न में से कौन-सा युग्म असंगत है?
(a) सांख्यकारिका भाष्य – गौडपाद
(b) तर्क कौमुदी – वाचस्पति
(c) सांख्य प्रवचन भाष्य – विज्ञानभिक्षु
(d) सांख्य सूत्र – गौतम

262. निम्न में से कौन-सा एक कथन असत्य है?
(a) सांख्य दर्शन का मुख्य आधार सत्कार्यवाद है
(b) सांख्य केवल दो मूल तत्त्वों को मानता है
(c) प्रकृति त्रिगुणात्मक है
(d) मोक्ष की प्राप्ति प्रकृति को होती है

263. निम्न में से कौन-सा युग्म असंगत है?
(a) पृथ्वी–गन्ध (b) आकाश–शब्द
(c) जल–रस (d) वायु–रूप

264. अधिष्ठान शरीर की व्याख्या किसने की है?
(a) वाचस्पति मिश्र (b) विज्ञानभिक्षु
(c) महर्षि कपिल (d) इनमें से कोई नहीं

265. योगदर्शन के प्रवर्तक हैं
(a) पतंजलि (b) महाभाष्य
(c) अरविन्द (d) महर्षि व्यास

266. योगदर्शन के [illegible] अवधारणा के सम्बन्ध में कौन-सा कथन सही है?
(a) वह जगत् का सृष्टा है
(b) वह शुभ कर्मों का पुरस्कार तथा पाप कर्मों का दण्ड देता है
(c) वह पुरुष विशेष है
(d) वह उद्धारकर्ता है

267. निम्नलिखित में से योग के अनुसार चित्तभूमि में शामिल नहीं है
(a) प्रमाण (b) विपर्यय
(c) संकल्प (d) विकल्प

268. योगदर्शन के अनुसार क्लेश के प्रकार हैं
(a) चार (b) पाँच
(c) आठ (d) ग्यारह

269. योग के अनुसार ईश्वर है
(a) ध्यान का श्रेष्ठ विषय (b) निमित्तोपादन कारण
(c) योग का सर्वोच्च लक्ष्य (d) एक विचार मात्र

270. निम्नलिखित में कौन-सा योग द्वारा बताई गई चित्तभूमि में सम्मिलित नहीं है?
(a) एकाग्र (b) विकल्प
(c) क्षिप्त (d) निरुद्ध

271. योगदर्शन के अनुसार अभिनिवेश एक प्रकार का क्लेश है। इसका तात्पर्य है
(a) जीवन के प्रति आसक्ति तथा स्वर्ग की आकांक्षा
(b) मृत्यु का भय तथा स्वर्ग की आकांक्षा
(c) जीवन के प्रति आसक्ति तथा मृत्यु का भय
(d) प्रकृति के गुणों का पुरुष पर आरोपण

272. योगदर्शन के ईश्वर के लिए कौन-सा एक सही नहीं है?
(a) ईश्वर सृष्टिकर्ता है
(b) ईश्वर सर्वज्ञ है
(c) ईश्वर प्रथम गुरु है
(d) ईश्वर करुणा से परिपूर्ण है

273. योगदर्शन में वृत्तियाँ हैं
(a) 5 (b) 3 (c) 4 (d) 2

274. योगदर्शन के अनुसार इनमें से कौन-सी एक चित्तवृत्ति नहीं है?
(a) प्रमाण (b) निद्रा
(c) स्मृति (d) कल्पना

275. वैशेषिक दर्शन के अनुसार अधोलिखित में से कौन प्रागभाव का उदाहरण है?
(a) उत्पत्ति के पहले घट का अभाव
(b) विनाश के बाद घट का अभाव
(c) वायु में रूप का अभाव
(d) घट का पट न होना

276. निम्नलिखित में से कौन न्याय वैशेषिक के अनुसार सामान्य नहीं है?
(a) घटत्व (b) गोत्व
(c) आकाशत्व (d) मनुष्यत्व

277. वैशेषिक दर्शन के अनुसार
(a) पहले सृष्टि है, फिर संहार
(b) पहले संहार, फिर सृष्टि
(c) उनका क्रम ईश्वर की इच्छानुसार है
(d) क्रम निर्धारित नहीं किया जा सकता

278. वैशेषिक दर्शन के अनुसार कौन-सा समवाय का उदाहरण नहीं है?
(a) द्रव्य और गुण (b) द्रव्य और पर्याय
(c) द्रव्य एवं कर्म (d) अवयव और अवयवी

279. वैशेषिक दर्शन के अनुसार कौन-सा भौतिक द्रव्य है?
(a) आकाश (b) काल
(c) दिक् (d) मन

280. वैशेषिकों के अनुसार निम्नलिखित पदार्थों में से किसमें सामान्य नहीं होता?
(a) द्रव्य (b) विशेष
(c) गुण (d) कर्म

281. निम्नलिखित में से कौन-सा वैशेषिक दर्शन के अनुसार सत्य नहीं है?
(a) मन अविभाज्य है (b) मन प्रत्यक्ष योग है
(c) मन आन्तरिक इन्द्रिय है (d) मन आणविक है

282. वैशेषिक के अनुसार निम्नलिखित पदार्थों में से किस एक में सामान्य नहीं होता?
(a) द्रव्य (b) गुण
(c) कर्म (d) समवाय

283. वैशेषिक के अनुसार 'विशेष'
(a) स्वतन्त्र पदार्थ है (b) परतन्त्र पदार्थ है
(c) गुण है (d) मन का प्रत्यय है

284. वैशेषिकों के अनुसार गुण व कर्म सन्निहित हैं
(a) विशेषों में (b) सामान्यों में
(c) द्रव्य में (d) समवाय में

285. वैशेषिक के अनुसार कौन-सा/से कथन सही है/हैं?
1. विशेष अनेक हैं।
2. वे घड़े, कुर्सी जैसे संघात पदार्थों में होते हैं।
3. वे मन, आत्मा जैसे निरवयव नित्य पदार्थों में रहते हैं।
4. वे प्रत्यक्ष के विषय हैं।
कूट
(a) 1, 2 और 3 (b) 1 और 2
(c) 1 और 4 (d) 1 और 3

286. वैशेषिक परमाणुवाद के सम्बन्ध में कौन-सा कथन सही है?
(a) यह परमाणुओं में संख्या भेद और गुण भेद दोनों मानता है
(b) यह परमाणुओं में केवल संख्या भेद मानता है
(c) यह परमाणुओं में केवल गुण भेद मानता है
(d) यह परमाणुओं में न तो गुण भेद मानता है न ही संख्या भेद

287. निम्नलिखित में से कौन-सा शब्द मीमांसा सिद्धान्त के सम्बन्ध में सही है?
(a) शब्द नित्य है (b) ध्वनि नित्य शब्द का प्रतीक है
(c) ध्वनि नित्य है (d) शब्द का अर्थ नित्य है

288. प्रभाकर मिश्र निम्नलिखित में से किस ख्याति को मानते हैं?
(a) अख्याति (b) अन्यथाख्याति
(c) अनिर्वचनीय ख्याति (d) विपरीत ख्याति

289. निम्नलिखित में से कौन-सा प्रमाण प्रभाकर मीमांसा को स्वीकार नहीं है?
(a) उपमान (b) अनुमान
(c) अनुपलब्धि (d) अर्थापत्ति

290. पंचीकरण का सिद्धान्त सार्थक है
(a) आत्मख्यातिवाद के सम्बन्ध में
(b) अख्यातिवाद के सम्बन्ध में
(c) असत्ख्यातिवाद के सम्बन्ध में
(d) यथार्थ ख्यातिवाद के सम्बन्ध में

291. 'अनुपलब्धि' को स्वतन्त्र प्रमाण किसने माना है?
(a) प्रभाकर (b) कुमारिल
(c) गंगेश (d) जैमिनी

292. इस जगत् का न आदि है और न अन्त—यह कथन स्वीकृत है, किसे?
(a) मीमांसा (b) अद्वैतवेदान्त
(c) सांख्य (d) शून्यवाद

293. अन्विताभिधानवाद शब्द और अर्थ का एक सिद्धान्त है—यह निम्नलिखित में से किसे मान्य है?
(a) कुमारिल (b) जैमिनी
(c) प्रभाकर (d) उदयोद्कर

294. निम्न में से कौन अनुपलब्धि को स्वतन्त्र प्रमाण मानता है?
(a) सांख्य (b) रामानुज
(c) मीमांसा (d) न्याय

295. जैमिनी के अनुसार प्रमाण तीन हैं, परन्तु प्रभाकर ने दो और प्रमाणों को जोड़ा है, वे हैं
(a) अपोह एवं श्रुति (b) मनः पर्याय तथा अवधि
(c) उपमान एवं अर्थापत्ति (d) अन्तः प्रज्ञा तथा अर्थापत्ति

उत्तरमाला

1.	(c)	2.	(b)	3.	(a)	4.	(d)	5.	(a)	6.	(d)	7.	(a)	8.	(b)	9.	(a)	10.	(c)
11.	(a)	12.	(d)	13.	(a)	14.	(b)	15.	(a)	16.	(b)	17.	(c)	18.	(b)	19.	(b)	20.	(c)
21.	(a)	22.	(a)	23.	(b)	24.	(c)	25.	(c)	26.	(d)	27.	(c)	28.	(a)	29.	(c)	30.	(d)
31.	(c)	32.	(d)	33.	(a)	34.	(c)	35.	(b)	36.	(b)	37.	(a)	38.	(b)	39.	(c)	40.	(a)
41.	(b)	42.	(a)	43.	(b)	44.	(c)	45.	(b)	46.	(a)	47.	(c)	48.	(b)	49.	(b)	50.	(a)
51.	(d)	52.	(a)	53.	(b)	54.	(c)	55.	(c)	56.	(b)	57.	(d)	58.	(d)	59.	(a)	60.	(d)
61.	(d)	62.	(a)	63.	(d)	64.	(b)	65.	(a)	66.	(b)	67.	(a)	68.	(b)	69.	(a)	70.	(b)
71.	(a)	72.	(b)	73.	(a)	74.	(c)	75.	(a)	76.	(c)	77.	(b)	78.	(d)	79.	(a)	80.	(d)
81.	(a)	82.	(a)	83.	(b)	84.	(b)	85.	(a)	86.	(c)	87.	(c)	88.	(a)	89.	(b)	90.	(b)
91.	(a)	92.	(b)	93.	(c)	94.	(a)	95.	(c)	96.	(a)	97.	(a)	98.	(c)	99.	(a)	100.	(a)
101.	(c)	102.	(a)	103.	(b)	104.	(b)	105.	(a)	106.	(c)	107.	(a)	108.	(b)	109.	(c)	110.	(a)
111.	(a)	112.	(b)	113.	(d)	114.	(c)	115.	(c)	116.	(a)	117.	(c)	118.	(c)	119.	(d)	120.	(a)
121.	(c)	122.	(b)	123.	(b)	124.	(d)	125.	(a)	126.	(d)	127.	(a)	128.	(b)	129.	(c)	130.	(c)
131.	(d)	132.	(a)	133.	(a)	134.	(a)	135.	(b)	136.	(c)	137.	(d)	138.	(d)	139.	(a)	140.	(b)
141.	(a)	142.	(c)	143.	(a)	144.	(c)	145.	(d)	146.	(b)	147.	(a)	148.	(b)	149.	(d)	150.	(a)
151.	(a)	152.	(c)	153.	(a)	154.	(a)	155.	(c)	156.	(a)	157.	(b)	158.	(b)	159.	(c)	160.	(c)
161.	(a)	162.	(a)	163.	(b)	164.	(a)	165.	(b)	166.	(a)	167.	(c)	168.	(a)	169.	(a)	170.	(c)
171.	(a)	172.	(a)	173.	(c)	174.	(c)	175.	(c)	176.	(a)	177.	(a)	178.	(a)	179.	(b)	180.	(b)
181.	(a)	182.	(b)	183.	(c)	184.	(d)	185.	(c)	186.	(a)	187.	(d)	188.	(b)	189.	(a)	190.	(d)
191.	(a)	192.	(c)	193.	(a)	194.	(b)	195.	(b)	196.	(a)	197.	(d)	198.	(b)	199.	(d)	200.	(d)
201.	(c)	202.	(b)	203.	(c)	204.	(b)	205.	(a)	206.	(a)	207.	(d)	208.	(b)	209.	(b)	210.	(a)
211.	(b)	212.	(c)	213.	(a)	214.	(a)	215.	(b)	216.	(d)	217.	(a)	218.	(d)	219.	(c)	220.	(a)
221.	(b)	222.	(a)	223.	(d)	224.	(b)	225.	(c)	226.	(c)	227.	(c)	228.	(a)	229.	(b)	230.	(b)
231.	(b)	232.	(a)	233.	(c)	234.	(b)	235.	(a)	236.	(b)	237.	(a)	238.	(a)	239.	(b)	240.	(a)
241.	(c)	242.	(d)	243.	(b)	244.	(d)	245.	(a)	246.	(c)	247.	(b)	248.	(b)	249.	(a)	250.	(d)
251.	(b)	252.	(a)	253.	(a)	254.	(b)	255.	(a)	256	(a)	257.	(b)	258.	(c)	259.	(b)	260.	(d)
261.	(d)	262.	(d)	263.	(c)	264.	(b)	265.	(a)	266.	(c)	267	(c)	268	(b)	269.	(a)	270.	(b)
271.	(c)	272.	(d)	273.	(d)	274.	(d)	275.	(d)	276.	(a)	277.	(c)	278	(b)	279.	(b)	280.	(c)
281.	(c)	282.	(a)	283.	(c)	284.	(b)	285.	(b)	286.	(d)	287.	(c)	288.	(a)	289.	(c)	290.	(d)
291.	(b)	292.	(a)	293.	(c)	294.	(c)	295.	(c)										

अध्याय 07

रामायण, महाभारत एवं पुराण का सामान्य परिचय

रामायणस्य क्रमः

विद्वांसः रामायणस्य रचनाकालं निम्नांकित-प्रकारेण स्थिरीकुर्वन्ति

- मगधनरेशोऽजातशत्रुः (500 ई.पू.) पाटलिपुत्रस्य स्थापनां कृतवान्। अनेनैव राज्ञा शत्रोराक्रमणात् रक्षार्थं गंगाशोणयोः संगमस्थले दुर्गमेकं निर्वापितवान्। रामायणे गंगाशोणयौः संगमात् श्रीरामगमनं वर्णितमस्ति। किन्तु दुर्गस्य उल्लेखं नास्ति। अतः रामायणस्य रचना 500 ई.पू. प्रागेव सिद्ध्यति।
- रामायणे कोशलनरेशस्य राजधानी 'अयोध्या' इति वर्णिता अस्ति। परन्तु बौद्ध-जैनग्रन्थेषु नगरमिदं 'साकेत'-नाम्ना प्रसिद्धं दृश्यते। रामपुत्रो लव; स्वराजधानीं श्रावस्त्यां स्थापितवान्। बुद्धस्य समये कौशलनरेशः श्रावस्त्यामेव राज्यं करोति स्म। अतः रामायणस्य रचना बुद्धात् प्रागेव भवितुम् अर्हति।
- रामायणे विशाला मिथिला चेति द्वे राज्ये वर्णिते स्तः। बुद्धस्य समये इमे द्वे नगर्यौ वैशालीराज्यान्तर्गतमेव वर्णिते, अनेनैव प्रमाणेन रामायणं बुद्धात्प्राचीनम् सिद्धयति।

इत्थं रामायणस्य रचना संहितायाः एवं ब्राह्मणकालस्य पश्चात् तथा बौद्धकालात्प्राक् अर्थात् 500 ई.पू. सञ्जाता भवेत्। अतः रामायणस्य रचनाकालः 500 ई.पू. प्रागेव स्वीकर्तव्यः इति समीचीनं प्रतिभाति।

रामायणे आख्यानानि

आदिकाव्यरामायणे रामकथामतिरिच्य कतिचन मूलकथा-सम्बद्धाख्यानकानि कतिचन प्रसङ्गवशात् आख्यानानि उपलभ्यन्ते। तद्यथा

- शुनः शेपाख्यानकम् (हरिश्चन्द्रोपाख्यानम्)—अत्र महर्षिविश्वामित्रस्य उपदेशेन अजीगर्तपुत्रः शुनः शेपः वरुणदेवं पूजयित्वा स्वस्य प्राणरक्षां कृतवान्।
- ऋष्यशृङ्गाख्यानम् (बालकाण्डम्)—ऋष्यशृङ्गः अङ्गदेशाधिपतिः रोमपादस्य जामाता आसीत्। एतेषाम् आध्यक्षे एव राज्ञः दशरथस्य पुत्रेष्टियज्ञः अभवत्।
- गङ्गावतरणाख्यानम् (बालकाण्डम्)—राज्ञः सगरस्य अश्वमेधयज्ञादारभ्य तस्य प्रपौत्रेण भगीरथेण महता तपस्यया पृथिव्यां गङ्गावतरणस्य कथा वर्णिता अस्ति।

एतदतिरिच्य रामायणे मरुतानामुत्पत्त्याख्यानम्, अहिल्योध्याराख्यानम्, कार्तिकेयोत्पत्त्याख्यानम्, मैत्रावरुणाख्यानम्, अष्टावक्राख्यानम्, मेनका-विश्वामित्राख्यानम्, पुरुरवाख्यानम् इत्यादीनि उल्लेखनीयानि सन्ति।

आदिकविर्वाल्मीकि-विरचितं महाकाव्यं
रामायणम् विशिष्टेनोदात्तत्वेन, भाषाया
माधुर्यौजः प्रसादगुण-समन्वितेन,
रचनाशैल्याः प्राञ्जलतया, भावानां
मनोहारिण्या विवृत्या, सर्वेषां रसानां
यथास्थानम् उपन्यासात्, भारतीयायाः
संस्कृतेविशदं विवरणात्, तात्कालिकसभ्यतायाः सुस्पष्टचित्रणेन, आचारसंहितायाः संकलनेन, नीतिशिक्षायाः संग्रहेण, आयुर्वेद-धनुर्वेद-गान्धर्व -वेदादीनां यथायथम् उपयोगात्, गाम्भीर्येण, अर्थगौरवेण, ललितपदपद्धत्या:, अलंकाराणां सुनियोजनेन, छन्दसां संगीतात्मकत्वेन च विशालेऽस्मिन् काव्याकाशे चकास्तितमाम्।
अतएव भूयोभूयो महाकाव्यमिदं संस्तूयते
प्रशस्यते अभिवन्द्यते च विद्वद्धौरेयैर्विदग्धैः।

रामायणकालीनः समाजः

रामायणकालिकसमाजे परिवारस्य स्वरूपं पितृसत्तात्मकम् आसीत्। यथा-'पितरि शुश्रूषा तस्य वा वचनक्रिया'। अयोध्यातः पितुराज्ञया एव रामः वनम् अगच्छत्। पतिव्रता-स्त्रीषु
सीता-अनसूया-कौशल्या-सुलोचना-इत्यादीनां नामानि प्रसिद्धानि आसन्। तद्यथा-स्त्रीणाम् आर्यस्वाभावानां परमं दैवतं पतिः। शिक्षायाः स्वरूपं मौखिकम् आसीत्। बालकाः प्रायः गुरुकुलेषु आचार्याणां सान्निध्ये उषित्वा अध्ययनं कुर्वन्ति स्म। राजकुलानां बालकानां कृते अन्य विद्याभिः कलाभिश्च सह सैन्यविद्यायाः अध्ययनमनिर्वार्यमासीत्। वेदविद्यायाः अध्ययन्तु सर्वेभ्य एव अत्यावश्यकमासीत्। तदानीं चत्वारः वर्णाः-ब्राह्मणः, क्षत्रियः, वैश्यः शूद्राश्च, चत्वारः
आश्रमाः-ब्रह्मचर्य-गृहस्थ-वानप्रस्थ-संन्यासाश्रमा
षोडशसंस्काराश्च-विवाहः, यज्ञोपवीतः इत्यादिः प्रचलिताः आसन्।

वाल्मीकिभरद्वाज-विश्वामित्रादि-ऋषीणां आश्रमेषु निरन्तरं यज्ञ-अग्निहोत्र वेदाध्ययन-युद्धविद्यादीनाम् अध्ययनं भवति स्म। रामायणकालीनसमाजे अष्टाविधाः विवाहाः प्रचलिता आसन्।

इत्थं रामायणे उल्लिखितैः अनेकैः उदाहरणैः स्पष्टं भवति यत्तदानीं भारतीयसमाजस्य स्थितिः उन्नता आसीत्। समाजे सर्वेषामेव सुख-सौविध्यानि एवम् उन्नतेः अवसराः सम्प्राप्ताः आसन्। अद्यापि प्रायः इदमेव मन्यते यद् रामायणकालीनः समाजः सर्वप्रकारेण समुन्नतः, समृद्धः, आदर्शपूर्णः, सुदृढः, सुसंगठितः च आसीत्।

रामायणस्य उपजीव्यत्वं प्रेरकत्वं वा

महाकाव्यं रामायणं परवर्तिनां काव्यानां नाटकानां चोपजीव्यत्वेन संस्तूयते। महाकाव्यमेतदाश्रित्य प्रवृत्तानि कानिचित् काव्यानि नाटकानि च उदाह्रियन्ते–

अन्यरामायणग्रन्थाः

- अध्यात्मरामायणम्
- अद्भुतरामायणम्
- अगस्त्यरामायणम्
- आनन्दरामायणम्
- मयन्दरामायणम्
- भुसुण्डिरामायणम्

काव्यग्रन्थाः

- रघुवंशमहाकाव्यम् (कालिदासः)
- जानकीहरणम् (कुमारदासः)
- सेतुबन्धः (प्रवरसेनः)
- रामायणमञ्जरी (क्षेमेन्द्रः)
- भट्टिकाव्यम् (भट्टिः)

नाटकानि

- अभिषेकनाटकम्, प्रतिमानाटकम् (भासः)
- महावीरचरितम्, उत्तररामचरितम् (भवभूतिः)
- अनर्घराघवम् (मुरारिः)
- बालरामायणम् (राजशेखरः)
- कुन्दमाला (दिङ्नागः)
- प्रसन्नराघवम् (जयदेवः)
- हनुमन्नाटकम् (दामोदरमिश्रः)

चम्पूकाव्यानि

- रामायणचम्पू (भोजः)
- रामकथा (अनन्तभट्टः)
- उत्तरचम्पू (वेंकटाध्वरिः)
- चम्पूरामायणम् (लक्ष्मणभट्टः)

रामायणस्य साहित्यिकं महत्त्वम्

आदिकाव्यं वाल्मीकि-रामायणं संस्कृतवाङ्मनस्य अनुपमं रत्नं विद्यते। काव्यक्षेत्रे एतस्य विलक्षणं साहित्यिकमहत्त्वं वर्तते। तद्यथा—

1. **रसः** "मा निषाद प्रतिष्ठां त्वमगमः शाश्वतीः समाः।
   यत् क्रौञ्चमिथुनादेकमवधीः काममोहितम्।।" इति
   क्रौञ्चवधरूपिकारुणिकघटनातः उद्भूतरामायणे ग्रन्थे करुणरसस्य एव प्राधान्यम्-'रामायणे हि करुणो रसः'।
   रामायणमेतद् नवरसरुचिरा कृतिः। अत्र यथास्थानं सर्वेषामपि रसानाम् अभिव्यक्तिरवलोक्यते। तत्रापि विप्रलम्भशृङ्गारस्य करुणरसस्य चाभिव्यक्तौ चरमोत्कर्षत्वं लक्ष्यते।
2. **छन्दः** आदिकविर्वाल्मीकिमुखात् निर्गतस्य अनुष्टुप्-छन्दसः एव अत्र प्राधान्यं वर्तते। सर्गान्ते उपजाति भुजङ्ग-प्रयात-पुष्पिताग्रा-इत्यादीनि अन्यछन्दांसि अपि प्राप्यन्ते।
3. **अलङ्कारः** रामायणे अनुप्रास-उपमा-रूपक-उत्प्रेक्षा-अनन्वय-अर्थान्तरन्यासादिशब्दार्थालङ्काराः स्वाभाविकतया प्रयुक्ताः।
4. **भाषा भावश्च** काव्यसौन्दर्यदृष्ट्या भाषा सहजा सरला प्रवाहात्मिका च वर्तते।
5. **रामायणे पञ्चसन्धयः** मुखसन्धिः, प्रतिमुखसन्धिः, गर्भसन्धिः, विमर्शसन्धिः, निर्वहणसन्धिः च वर्तते।

इत्थं रघुवंशं, जानकीहरणं, उत्तररामचरितम् इत्यादि-ग्रन्थानाम् उपजीव्यत्वात् रामायणस्य काव्यवैशिष्ट्यं साहित्यिकमहत्त्वं च स्वयमेव सिद्ध्यति।

महाभारतं

महाभारतस्य क्रमः

महाभारते क्वचिद् ग्रन्थोऽयं जयनाम्ना, क्वचिद् भारत-नाम्ना, क्वचिच्च महाभारत-नाम्नोल्लिख्यते। सूक्ष्मेक्षिकयाऽवलोकनेन विज्ञायते यद् महाभारतस्य प्रगतेः चरणत्रयं वर्तते। प्रथमे चरणे जयनामकं काव्यमेतत् 8800 श्लोकपरिमितं व्यासकृतं धर्मचर्चाम् आश्रित्य वैशम्पायनाय श्रावितमभूत्। द्वितीयचरणे भारतनामकं महाकाव्यमेतद् वैशम्पायनकृतं 24 सहस्रश्लोकपरिमितं जनमेजयस्य नागयज्ञे जनमेजयाय श्रावितमभूत्। तृतीयचरणे महाभारतनामकं महाकाव्यमेतत् सौतिकृतम् एकलक्षश्लोकपरिमितं नैमिषारण्ये यज्ञकाले शौनकादिभ्य ऋषिभ्यः श्रावितमभवत्।

अस्य कर्तृत्वरूपेण व्यासो वेदव्यासो वा प्राधान्येन प्रकीर्त्यते, अत्र वर्तमानमहाभारतस्य रचनाकालसम्बन्धे विचारणीयमस्ति

445 खीष्टीयाब्दस्य शिलालेखे "शतसाहस्त्र्यां संहितायां वेदव्यासेनोक्तम्" इति महाभारतस्य निर्देशः प्राप्यते। अतः एतत्-पूर्वमस्यास्तित्वं प्रतीयते। कनिष्क-सभापण्डितः श्रीअश्वघोषः वज्रसूच्यां हरिवंश महाभारतयोः पद्यमुद्धरति। आश्वलायनगृह्यसूत्रे विष्णु-सहस्रनाम्नः उल्लेखः तथा श्रीमद्भगवद्गीतया उद्धृतश्लोकश्च प्राप्यते। अनयोः द्वयोः ग्रन्थयोः स्थितिकालः ईस्वीय पूर्वं चतुःशताब्द्यां मन्यते। अतः महाभारतस्य मूलरचना इतोऽपि पूर्वं जातेति प्रतीयते। बुद्धात् पूर्वमेव महाभारतस्य रचना जातेति निश्चप्रचम्। अतः महाभारतस्य रचनाकालः 400 ईस्वीतः द्विशतवर्षपूर्वं मन्तव्य इति न्यायसङ्गतं प्रतिभाति।

महाभारते आख्यानानि

महाभारतस्य मुख्याख्यानकानि निम्नाङ्कितानि सन्ति

1. **कद्रूविनतोपाख्यानम्** (आदिपर्वः) अत्र दक्षप्रजापत्युः कद्रूविनतयोः द्वयोः कन्ययोः विवाहः महर्षिकश्यपेन सह वर्णितः तथा च गरुडस्य नागानां च उत्पत्तिरपि वर्णिता अस्ति।
2. **शकुन्तलोपाख्यानम्** (आदिपर्वः) अत्र दुष्यन्त-शकुन्तलयोः प्रणयकथा वर्णिता अस्ति। आख्यानमिदं कालिदासविरचितस्य 'अभिज्ञानशाकुन्तलस्य' उपजीव्यमस्ति।
3. **ययात्युपाख्यानम्** (आदिपर्वः) अत्र ययातेः यौवनप्राप्तेः कथा उपनिबद्धा अस्ति।
4. **शिशुपालोपाख्यानम्** (सभापर्वः) अत्र शिशुपालवधस्य कथा वर्णिता अस्ति।

5. **मत्स्योपाख्यानम्** (वनपर्वः) प्रलयावस्थायां मत्स्य-द्वारा मनोः रक्षणस्य कथा वर्णिता अस्ति। शतपथब्राह्मणेऽपि एषा कथा प्राप्यते।
6. **नलोपाख्यानम्** (वनपर्वः) अत्र नलदमयन्त्योः प्रणयकथा वर्णिता अस्ति। श्रीहर्षकृतनैषधीयचरितस्य त्रिविक्रमभट्टकृत-नलचम्पू इत्यस्य उपजीव्यमिदम् आख्यानमस्ति।
7. **शिव्युपाख्यानम्** (वनपर्वः) अत्र महाराजः शिविः श्येनात् कपोतं रक्षति।
8. **रामोपाख्यानम्** (वनपर्वः) वाल्मीकीयरामायणस्य सार-संक्षेपः अत्र वर्णितोऽस्ति।
9. **सावित्र्युपाख्यानम्** (वनपर्वः) सावित्रिसत्यवतोः एषा कथा पातिव्रत धर्मस्य आदर्शम् उपस्थापयति।
10. **अम्बोपाख्यानम्** (उद्योगपर्वः) ''शिखण्डी भीष्मेन किमर्थम् अवध्यः'' इति पृष्टे सति भीष्मः दुर्योधनं अम्बा-अम्बालिकयोः वृत्तान्तं श्रावयति।

इत्थम् इमानि आख्यानानि परवर्तिकवीनां कृते प्रेरकानि अभवन्।

महाभारतकालिकः समाजः

महाभारतं भारतस्य तात्कालीनाः धार्मिक-सामाजिक-राजनीतिक-क्रियाः, मान्यतास्तथा परम्पराः उपस्थापयति। सामाजिके जीवने वर्ण-व्यवस्थायाः दृष्ट्या प्रमुखाः चत्वारः वर्गाः कृता अभवन्। ये ब्राह्मणाः, क्षत्रियाः, वैश्याः, शूद्राश्च कथ्यन्ते स्म। यज्ञ-अध्ययन-दानादिभिः ब्राह्मणस्य, प्रजा द्वारा प्राप्त-षष्ठांशभागैः राज्ञः, कृषि-पशुपालन-वाणिज्यादिभिः वैश्यस्य, द्विजादित्रयाणां वर्णानां सेवया शूद्रस्य जीविकोपार्जनं भवति स्म। तदानीं चत्वारः आश्रमाः- ब्रह्मचर्य-गृहस्थ -वानप्रस्थ-संन्यासाश्रमाः, षोडशसंस्काराश्च आसन्। तदानीं समाजे अष्टविधाः विवाहाः प्रचलिताः आसन्। बहुपत्निविवाहप्रथा अपि प्रचलिता आसीत्। यथा-पाण्डुराजस्य कुन्ती माद्री च। समाजे स्त्रीणां स्थितिः शोभना न आसीत्। पुत्री-जन्मनि सम्भूते प्रसन्नता न अभिव्यज्यते स्म। पुरुषाः अनेकान् विवाहान् कर्तुं शक्नुवन्ति स्म। सती प्रथाऽपि प्रचलिता आसीत्। तात्कालिक-गान्धारी-कुन्ती -द्रौपदी-सुभद्रा-सत्यभामादिषु नारीषु दायित्वबोधः अधिकारानुकूलनस्य सामर्थ्यम् आसीत्।

तदानीं मातृपितृगुरुणां पूजनीयं स्थानम् आसीत्। तदानीमन्तरस्य भीष्मस्य पितृभक्तिः, एकलव्यार्जुनयोः गुरुभक्तिः सुप्रसिद्धा एव। विद्यार्थिनः गुरुकुलं गत्वा पठन्ति स्म। तदानीम् आन्वीक्षिकी-वार्ता-दण्डनीति-आयुर्वेदादीनां शिक्षा दीयते स्म-'त्रयी चान्वीक्षिकी चैव वार्ता च भरतर्षभ।' महाभारतकाले प्रायः समाजस्य वातावरणं प्रदूषणयुक्तम् एवं विशेषतः राजपरिवारेषु अनीतिपूर्णा व्यवस्था स्थापिता आसीत्। धर्मस्य उदात्तं रूपं विद्यमानं न आसीत्। तदानीं धर्मस्य स्थाने स्वार्थपरतायाः एव विस्तारः सञ्जातः। यथा—द्रौपद्याः चीरहरणे जाते सर्वे सभासदः दुर्योधनस्य भयेन मौनवलम्ब्य अवतिष्ठन्ते। अतः सुस्पष्टं यन्महाभारतकालीनसमाजे अस्थिरता, जनेषु भौतिकान् पदार्थान् प्राप्तुमिच्छा, अहंभावप्रदर्शनस्य प्रबलोत्कण्ठा, स्नेहहीनतायाः भावना पूर्णतः विकसिता अभवन्।

महाभारतस्य उपजीव्यत्वं प्रेरकत्वं वा

महाभारतं सर्वाधिकप्रसिद्धमहाकाव्यम्। जीवनस्य शाश्वतमूल्यानां वर्णनकारणात्, सर्वेषां रसानां समुचितपरिपाक-कारणात् एवञ्च अनेकानेक लघु-लघु-आख्यानोपाख्यानानां संग्रहकारणात्। बहवः कवयः इतः मार्गदर्शनं प्राप्य काव्यरचनां कृतवन्तः। तद्यथा

महाकाव्यानि

- शिशुपालवधम् (माघः)
- नैषधीयचरितम् (श्रीहर्षः)
- किरातार्जुनीयम् (भारविः)

नाटकानि

- दूतघटोत्कचम्, दूतवाक्यम्, कर्णभारम्, मध्यमव्यायोगम्, पञ्चरात्रम्, ऊरुभङ्गम् च (भासः)
- अभिज्ञानशाकुन्तलम् (कालिदासः)
- वेणीसंहारम् (भट्टनारायणः)
- बालभारतम् (राजशेखरस्य)

चम्पूकाव्यानि

- नलचम्पू (त्रिविक्रमभट्टः)
- भारतचम्पू (अनन्तभट्टस्य)
- पाञ्चालीस्वयम्वरचम्पू (नारायणभट्टस्य)
- द्रौपदीपरिणयचम्पू (चन्द्रकविः)

महाभारतस्य साहित्यिकं महत्त्वम्

महाभारतः एक अनुपमसाहित्यग्रन्थोऽस्ति अतएव अस्य विलक्षणं साहित्यिकं महत्त्वं वर्तते।

1. **गुणः रीतिश्च** काव्यशास्त्रीयदृष्ट्या महाभारते 'पाञ्चालीरीतिः' विद्यते—

   ''शब्दार्थयोः समो गुम्फः पाञ्चालीरीतिरिष्यते''

   ग्रन्थोऽयम् ओज-प्रसाद-माधुर्यादिभिः सर्वैः काव्यगुणैः परिपूर्णोऽस्ति।

2. **रसः** यद्यपि महाभारते अङ्गीरसः **'शान्तरसः'** अस्ति, तथापि भीष्म-द्रोण-कर्ण-शल्यादिषु पर्वसु वीररसस्य धारा अपि प्रवाहिता अस्ति।
3. **अलङ्कारः** महाभारते शब्दालङ्कारेषु मुख्यरूपेण 'अनुप्रासः' अर्थालङ्कारेषु उपमा-रूपक-उत्प्रेक्षा-अर्थान्तरन्यासश्च दृश्यन्ते।

यथा—

भीमो भीमपराक्रमः।
अशोकः शोकनाशनः।।

4. **छन्दः** अधिकांशतः अनुष्टुप् छन्दः कुत्रचित् गद्यात्मको भागः अपि दृश्यते। यदा-कदा अन्येषां छन्दसामपि प्रयोगः अस्ति।

   ''अलंकृतैः शुभैः शब्दैः छन्दोवृत्तैश्च विविधैः''—सौति.

5. **भाषाशैली** महाभारतस्य संवादात्मिका शैली एवञ्च भाषा सरला, गभीरा प्रभावोत्पादिका वर्तते।

   तद्यथा—''**मूहूर्तं ज्वलितं श्रेयो न च धूमायितं चिरम्**'' एतेनैव महाकाव्यमेतत् विश्वसाहित्ये ''अनुपमकाव्यम्'' अभवत्।

पुराणञ्च

पुराणलक्षणसन्दर्भे विष्णुपुराणे पुराणस्य पञ्चलक्षणानि उक्तानि

''सर्गश्च प्रतिसर्गश्च वंशो मन्वन्तराणि च।
वंशानुचरितं चैव पुराणं पञ्चलक्षणम्।।''

1. **सर्गः** मूलप्रकृतौ त्रिगुणविक्षोभात् जगतः विविधपदार्थानां उत्पत्तिरेव ''सर्गः-सृष्टिः'' इत्युच्यते।
2. **प्रतिसर्गः** प्रलयः, सृष्टेः पुनर्प्रादुर्भावश्च 'प्रतिसर्ग' नाम्ना उच्यते।
3. **वंशः** देवानां ऋषीणाञ्च कुलपरम्पराणां वर्णनमेव वंशः इत्यभिधीयते।

4. **मन्वन्तरम्:** मनुपुत्राणां, देवतायाः, इन्द्रस्य, ऋषेः, भगवतः अंशावताराणामः इत्येतेषां षण्णां घटनानां वर्णनं 'मन्वन्तरम्' इति अभिधीयते। आहत्य चतुर्दश मन्वन्तराणि सन्ति।
5. **वंशानुचरितम्** विभिन्नवंशेषु उत्पन्नानां महर्षीणां राजर्षीणां च चरित्रवर्णनं, वंशपरम्परावर्णनञ्च, 'वंशानुचरितम्' कथ्यते।

इत्थं सर्गादिपञ्चविषयाणां विवेचनमेव पुराणेषु प्रमुखत्वेन विद्यते।

महापुराणानि उपपुराणानि च

पुराणानां संख्याविषये मतभेदो नास्ति, सर्वथा सिद्धं तेषामष्टादशत्वम्।

'मद्वयं भद्वयं चैव ब्रत्रयं वचतुष्टयम्।
अनापलिंगकूस्कानि पुराणानि प्रचक्षते।।'

श्लोकोऽयं पुराणानां नामानि संगृहणाति। यथा—

1. **मद्वयम्** मकारादिपुराणद्वयम्-मत्स्यपुराणं, मार्कण्डेय-पुराणं च।
2. **भद्वयम्** भकारादिपुराणद्वयम्-भविष्यपुराणं, भागवतपुराणं च।
3. **ब्रत्रयम्** ब्रादिपुराणत्रयम्-ब्रह्माण्डपुराणम्, ब्राह्मपुराणम्, ब्रह्मवैवर्तञ्च।
4. **वचतुष्टयम्** वकारादिपुराणचतुष्टयम्-वामन-वराह-विष्णु-वायुपुराणानि।
5. **अ** अग्निपुराणम्
6. **ना** नारदपुराणम्
7. **प** पद्मपुराणम्
8. **लिं** लिङ्गपुराणम्
9. **ग** गरुड़पुराणम्
10. **कू** कूर्मपुराणम्
11. **स्क** स्कन्दपुराणम्

एतत्पुराणातिरिक्तानि अष्टादशोपपुराणान्यप्याख्यायन्ते

- सनत्कुमार
- नारसिंह
- स्कन्द
- शिवधर्म
- आश्चर्य
- नारदीय
- कापिल
- वामन
- औशनस
- ब्रह्माण्ड
- वारुण
- कालिका
- माहेश्वर
- साम्ब
- सौर
- पराशर
- मारीच
- भार्गवेतिनामभेदोऽत्र बोध्यः।

पौराणिकं सृष्टि-विज्ञानम्-'सर्गः'

(सृष्टिः) पुराणानांपञ्चलक्षणानामाद्यं तथा-मुख्यं-लक्षणम्। पुराणेषु सृष्टि वद्यायाः वैशद्येन सह वर्णनं कृतमस्ति। पौराणिकसृष्टिविज्ञाने सांख्यदर्शनद्वारा निर्दिष्टा सृष्टिविद्या विशेषतः अवलम्ब्यते समाश्रयते च। सांख्यस्य प्रभावः पुराणेषु विशेष रूपेण आपतितोऽस्ति। पुराणेषु वर्णितं, सृष्टितत्त्वं महाभारतस्य तथा मनुस्मृतेः एतद्वर्णमानन्तरं कृतमस्ति। पुराणकालीनं सांख्य निरीश्वरं दर्शनंन सत् सेश्वरं दर्शनमस्ति।

सांख्ये सृष्टेः विकासः प्रधानस्य पुरुषस्य च एतयोः उभयोः तत्त्वयोः पारस्परिकप्रभावस्य तथा संयोगस्य परिणतं फलं अस्ति। सांख्ये एतौ उभौ एव अनादिनी नित्यतत्त्वे स्तः परन्तु पुराणे तौ उभावेव विष्णोः द्वे रूपे अभिमते स्तः अर्थात् एतयोः उत्पत्तिः विष्णोः अस्तित्व-माश्रिताऽस्ति। विष्णुपुराणस्य स्पष्टं कथनमस्ति यद् विष्णोः परमस्वरूपाद् प्रधानं पुरुषश्च द्वे रूपे उद्भवतः तथा विष्णोः तृतीयरूप द्वारा एतौ उभौ सृष्टिसमये संयुक्तौ भवतः। तथा प्रलयदशायां वियुक्तौ भवतः।

भगवान् विष्णुः कालशक्तिद्वारैव विश्वस्य सृष्टिं तथा प्रलयं करोति। कालस्तु स्वयमनादिः अनन्तः निर्विशेषश्च विद्यते। तमेव निमित्तं विधाय भगवान् विष्णुः लीलयैव (बालक्रीडा इव) आत्मानमेव सृष्टिरूपेण प्रकटयति।

पुराणेषु नवविध-सृष्टेः वर्णनं प्रायेण प्राप्यते। उदाहरणार्थम्—पद्मपुराणस्य सृष्टिखण्डस्य तृतीयेऽध्याये 76 अध्यायतः 81 अध्यायान् यावत् पद्मानुसारं वर्णनमित्थं प्राप्यते। ये मुख्यरूपेण त्रिषु पदेषु विभज्यन्ते—

- प्राकृत सर्गः
- वैकृत सर्गः
- प्राकृत-वैकृत सर्गः

प्राकृतसर्गस्य संख्या-त्रयः वैकृतसर्गस्य संख्या-पञ्च तथा प्राकृत-वैकृतसर्गस्य संख्या-एकएवास्ति। एवं सर्गाणां सम्मिलितसंख्या नव अस्ति।

महत्तत्त्वस्य सर्गः ब्रह्मणः प्रथमः सर्गः उच्यते। ब्रह्मण सृष्टौ सर्वप्रथमस्य तत्त्वस्य आविर्भावः भवति। तस्य अनन्तरं पञ्चतन्मात्राणि उत्पद्यन्ते। इदमेव भूतसृष्टिः। इन्द्रियसम्बन्धिनी तृतीयसृष्टेः संज्ञा वैकारिकी अस्ति। एषा सृष्टिः प्रकृतेः समुद्भूतास्ति। अत्र सर्वप्रथमं स्थानं बुद्धेरस्ति चतुर्थी सृष्टिः मुख्या सृष्टिः कथ्यते। पञ्चमसर्गः तिर्यग्-योनेः मन्यते। षष्ठः सर्गः देवतानामस्ति। अस्यानन्तरं मानुषी सृष्टिरागच्छति। पूर्वसर्गोऽपि ब्रह्मण सृष्टौ पुरुषार्थस्य असाधक एव जातः। अतएव सत्यसंकल्पः ब्रह्मा स्वध्यानाद् एक नवीन प्राणिवर्गस्य निर्माणकरोत् ये पृथिव्यामेव भ्रमण-शीलाः जीवाः आसन्। अष्टम सृष्टिः 'अनुग्रह'-नाम्ना ज्ञायते। विष्णुपुराणेन इमां सात्विक-तामसरूपेण उक्त्वा केवलं सामान्यः संकेतः कृतः। एका अन्तिमा सृष्टिः नवम सृष्टिः मताऽस्ति या प्राकृत-वैकृतरूपास्ति। एषा कौमारसृष्टिः कथ्यते। एषा अन्तिमा प्राकृत-वैकृत-उभयात्मिका उक्ता। 'कौमार-सृष्टिः' इत्यत्र कौमारशब्देन सनत्कुमारादीनामुदयस्य संकेतः प्राप्यते यतः भागवत पुराणे 'कौमारसर्गः' इत्यत्र कौमारशब्दस्य प्रयोगः अस्मिन्नेवार्थे कृतोऽस्ति। अर्थात् अस्मिन् सर्गे ब्राह्मणः मानसात् सनक-सनन्दन-सनातन-सनत्कुमार-नामधेयाः सदैव पञ्चहायनयुक्ताः कुमाराः बालयोगिनः समुत्पन्नाः अभवन्।

विष्णु-पुराणानुसारतः अविद्यासर्गः ब्रह्मसर्गान्तर्गत अस्ति। द्वितीयः भूतसर्गः। तृतीयः तन्मात्राणां सर्गः। इमेत्रयः प्राकृत सर्गाः उच्यन्ते। अस्यानन्तरं प्राणिनां सृष्टिर्भवति। एते उत्पद्यमानाः प्राणिनः वृक्षाः पशवः देवाः मनुष्यश्च सन्ति। अत्र इयद् वैशिष्ट्मस्ति यत् पुराणेषु वृक्षाणामुत्पत्तिरपि प्राणिसर्गः कथितः। वर्तमानवैज्ञानिक युगस्य प्रारम्भिकाः विज्ञानवेत्तारः वृक्षलतादिषु प्राणशक्तेः सञ्चरणं स्वयन्त्रैः अभिज्ञातुमसमर्थाः अभवन्। अतस्तैः वृक्षलतादिषु सजीवप्राणिवत् व्यवहारस्य वर्णनकर्तुः पुराणसाहित्यस्य कथानकानि कपोलकल्पितानि साधयितुं प्रयासः कृत आसीत्। किन्तु केचिद् विद्वांसः नवीन-अनुसन्धानमनुसृत्य साधितवन्तः यद् वृक्षेषु भूयमानया मनुष्यवत् अनुभूतिक्रियया तेषामवयवेषु संकोचः एवं विस्तारः भवति। एषा पुराणविज्ञानस्य महती उपलब्धिः विजयश्चास्ति।

पद्मपुराणस्य एवं विष्णुपुराणस्य अनुसारतः सृष्टेः नव विभागाः अनेकेषु पुराणेषु प्राप्यन्ते। किन्तु श्रीमद्भागवतस्य तृतीयस्कन्धदशमअध्यायानुसारं सृष्टिविभागे किमपि वैलक्षण्यमस्ति। *तदनुसारेण षट्*

प्राकृत सर्गः • महान्, • अहंकारः, • भूतानि (तन्मात्राणि), • इन्द्रियाणि, • देवः, • तमः।

वैकृतसर्गः यः मुख्यः सर्गः अपि कथितः एवमस्तिः • वृक्षः, • तियक्, • मनुष्यः।

इत्थं सर्वा मिलित्वा नवद्या सृष्टिर्भवति। प्रकृते विकृतेः च द्वयोः मिश्रणेन निर्मितः कौमारसर्गः यदि गण्यतेतर्हि सृष्टिभेदानां संख्या दश सम्पद्यते। एषाम् अन्य अवान्तरभेदानाम् उल्लेखः भागवते सम्प्राप्यते।

विष्णुपुराणस्य द्वितीय-अध्याये सृष्टेः संक्षिप्तं वर्णनम् अस्ति। तदनन्तरं तृतीये अध्याये शक्तेः स्वरूपं प्रभाषितं विद्यते। अस्मिन्नेव प्रसंगे ब्रह्मणः आयुः वक्तुं कालविभागानामपि तत्र निरूपणमस्ति। चतुर्थे अध्याये वाराह-अवतारस्य वर्णनम् पंचम-अध्याये पुनः सृष्टेः विस्तारेण विवरणं प्राप्यते। पंचम अध्याये प्राणिनां सृष्टि-कथनेन पूर्वमेव अविद्यायाः सृष्टिरुक्ता।।

पुराणानि लौकिककलाश्च

'अवतारस्य' सिद्धिः द्वयोः दशयोः मन्यते प्रथमन्तु रूपं परिवर्त्य कार्य वशात् नवीनरूपग्रहणम् द्वितीयं नवीनं जन्म गृहीत्वा तत्तद्रूपेण आगमनम्। अवतारस्य वृत्तं किञ्चिद-अलौकिकशक्तिसम्पन्नायै व्यक्त्यै भगवते विष्णवे शंकराय अथवा इन्द्राय (वा इन्द्रादिभ्यः) एव उपयुक्तं मन्यते। कार्यवशात् रूपपरिवर्तनेन बिना एव आविर्भवनम् लौकिककलानां प्रदर्शनार्थम् अवतारस्य अन्तर्गतं मन्यते। यथा प्रह्लादं विपत्तेः उद्धर्तुं विष्णोः स्वरूपात् एव आविर्भवनं विष्णु-पुराणे सम्प्राप्यते। गजेन्द्रस्य उद्धाराय भगवतः विष्णोः स्वरूपतः प्रादुर्भावः भागवतपुराणे वर्णितोऽस्ति।

इदमवतारत्वम् अथवा अलौकिकलीलाप्रदर्शनं पुराणस्य प्रधानविषयाणाम् अन्यतममस्ति। अवतारस्य तत्त्वं भगवतः धर्म-नियामकत्वरूपमवतिष्ठते। अस्य विश्वस्य ऐक्यसूत्रेण धारयितृ नियामकत्वतत्वं धर्मः अस्ति। अस्य धर्मस्य नियमनं सर्वशक्तिमतः परमात्मनः एकविशिष्टशक्तेः लीलानां प्रदर्शनमस्ति। यदा यदा धर्मस्य हानिर्भवति तथा अधर्मस्य उदयो भवति तदा तदा भगवान् आत्मानमस्मिन् भूतले प्रकटयति। ऊर्ध्वलोकात् एतमधोलोकं लीलाधारिणः भगवतः अवतीर्य आगमनमेव अवतारपदवाच्यतां लभते।

आभिर्लीलाभिः सम्बन्धितवचनानां प्रभावः पुराणेषु प्रक्षिप्तोऽस्ति। वृन्दावनविहारिणः नन्दनन्दस्य श्रीकृष्णस्य अलौकिक-व्यक्तित्वस्य सर्वाधिकी चर्चा कृष्णभक्तिप्रधानकाव्येषु एवं वैष्णवपुराणेषु भृशं द्रष्टुं शक्यते। अत्र श्रीकृष्णस्य अलौकिककार्याणां रासादिलीलानाञ्च मनोहारि वर्णनं कृतं विद्यते। श्रीमद्भागवतपुराणस्य दशमस्कन्धस्य कथावस्तु आधृत्य अनेकैः कविभिः श्रीकृष्णस्य लीलासम्बन्धितानि काव्यानि विरचितानि।

हरिवंशः तथा वैष्णव पुराणानि भगवन्तं श्रीकृष्णं प्रति भव्यभावुकभक्तेः उद्भावकग्रन्थाः सन्ति। अतोऽत्र श्रीकृष्णस्य अलौकिकचरित्रोपेतं जीवनमेव मुख्यतः प्रतिपाद्यम् वर्तते। श्रीकृष्णस्य लौकिकवृत्तस्य चित्रणस्य मुख्याधारः महाभारतं विद्यते यत्र श्रीकृष्णः पाण्डवानाम् उपदेशकरूपेण तथा जीवन निर्वाहक मुख्य सखि रूपेण चित्रितोऽस्ति। जीवनस्य अनेकपक्षाणां द्रष्टा स्वयं कार्यकर्ता महाभारतयुद्धे पाण्डवानां मुख्यप्रेरकः एवं सर्वगुण-सर्वशक्तिसम्पन्नः श्रीकृष्णः महाभारते वेदव्यासेन प्रस्तूयते।

वायुपुराणे देवीभागवतपुराणे एवं ब्रह्मपुराणेऽपि भगवतः श्रीकृष्णस्य सम्बन्धे श्रीमद्भगवद्गीतायाः एव भागवतपुराणस्य कथनानां सदृशानि प्रायः वचनानि प्राप्यन्ते। एभिः सर्वैः स्पष्टं भवति यद् भगवतः विलासाः हासाः अवलोकनानि भाषणानि च अत्यन्तं रमणीयानि भवन्ति तथा भगवतः अवयवेभ्यः अलौकिकी आभा निरन्तरं निःसरति यतः भगवतः शरीरं पाञ्चभौतिकं न सत् चिन्मयं वा चैतन्यमयमुच्यते। परन्तु इदं तदैव सम्भवति यदा भगवान् भूतले अवतीर्णो भवति।

पौराणिकम् आख्यानम्

पुराणग्रन्थाः स्वयमेव इदं सूचयन्ति यत्तेषां मुख्याः प्रतिपाद्याः विषयाः पञ्च सन्ति—सृष्टिः प्रतिसृष्टिः वंशः मन्वन्तराणि वंशानुचरितञ्च। एषामतिरिक्तं पुराणेषु लोकोपयोगिनः चत्वारः विषयाः विशेषरूपेण संगृह्यन्ते—

- आख्यानम्,
- उपाख्यानम्,
- गाथा,
- कल्पशुद्धिः।

आख्यानैश्चाप्युपाख्यानैर्गाथाभिः कल्पशुद्धिभिः।
पुराणसंहितां चक्रे पुराणार्थविशारदः।

आख्यानस्य स्पष्टीकरणं कुर्वन् विष्णुपुराणस्य टीकायां आचार्यः श्रीधरः कथयति।

स्वयं दृष्टार्थकथनं प्राहुराख्यानकं बुधाः।
श्रुतस्यार्थस्य कथनमुपाख्यानं प्रचक्षते।।

अर्थात् आख्यानं तत्कथ्यते यत्स्वयं दृष्टं स्यात् तथा श्रुतस्य वृत्तस्य कथनं उपाख्यानम् उक्तम्। येषां चरित्राणां कथनं वंशक्रमेण भवेत् तानि वंशानुचरित-नामकं प्रधानलक्षणमायान्ति। तथा येषां चरित्राणां वर्णनं तत् तत्स्थलेषु आदर्शरूपेण वंशक्रमं त्यक्त्वा दृष्टान्तरूपेण कृतमस्ति तेभ्य अत्र आख्यानम् तथा उपाख्यानम् नाम प्रदत्तमस्ति। यथा—महाभारते नलस्य उपाख्यानम् सावित्र्याः उपाख्यानम् तथा मार्कण्डेयपुराणे मदालसायाः उपाख्यानम् इत्यादयः ईदृशाः अनेके दृष्टान्ताः सन्ति।

आख्यानं तदस्ति यस्मिन् स्वयं दृष्टार्थस्य कथनं क्रियते अर्थात् एवंविधस्य अर्थस्य प्रकाशन यस्य साक्षात्कारः वक्त्रा स्वयं कृतोऽस्ति एतद्विपरीतं श्रुतस्य अर्थस्य कथनमुपाख्यानमभिधीयते। अर्थात् वक्तृ-द्वारा परम्परया श्रुतस्य नानुभूतस्य अर्थस्य प्रकाशनम् उपाख्यान-शब्देन अभिहितं भवति।

यवक्रीतस्य आख्यानं वनपर्वणि (महाभारतस्य) प्रदत्तम् तथा ययातेः आख्यानम् अपेक्षाकृतमधिकं प्रख्यातमस्ति तथा अनेकपुराणेषु तथा महाभारते वर्णितम् अस्ति। एतद्विवेचनानुसारं यम-नचिकेता-ययात्यादीनां कथानकानि परम्परया श्रुतानि अतः एतानि 'रामोपाख्यानम्' नाचिकेतोपाख्यानम् ययात्युपाख्यानम्-नामभिर्ज्ञायन्ते। एतयोः द्वयोः पृथक् पृथक् भेदकरणस्य अन्यान्यपि कारणानि सन्ति। अन्यविदुषाम् अनुसारम् इदं पृथक्करणं दृष्टं श्रुतं न सत् महत्स्वल्प-आकारस्यैवास्ति अर्थात् आकारेण यत् महत् वा वृहद् भवेत् तद् आख्यानं कथयिष्यते तथा स्वल्पआकारयुक्तं यत्कथानकं भवेत् तदुपाख्याननाम्ना अभिधास्यते। एतन्मतानुसारेण रामायणमाख्यानमस्ति यस्मिन् रामस्य विस्तृतकथाकारणात् रामायणम् आख्यानकोटिमागच्छति। तथा तस्य (रामायण-आख्यानस्य) एकदेशवर्तमानत्वात् सुग्रीवस्य कथानकम् उपाख्यान अभिधानेन प्रसिद्धमस्ति। अतः स्पष्टमस्ति यत्प्राचीनग्रन्थेषु 'आख्यान' स्यैव बहुलप्रयोगः इतिहासाय (महाभारतम्) तथा पुराणाय कृतोऽस्ति। महाभारतन्तु साधारणतया 'इतिहासः' कथ्यते। तत्स्वयम् अर्थात् महाभारतग्रन्थः आत्मानम् 'इतिहासः' 'इतिहासोत्तमः' कथयति परन्तु महाभारतं स्वस्मै (आत्मनःकृते) आख्यान-नामधेयस्यापि प्रयोगं करोति।

अभ्यास प्रश्न

1. संस्कृतसाहित्यस्य आदिकाव्यम् अस्ति
(a) महाभारतम् (b) रघुवंशम्
(c) रामायणम् (d) कुमारसम्भवम्

2. रामायणस्य प्रणेता कः?
(a) वाल्मीकिः (b) कृष्णद्वैपायनः
(c) तुलसीदासः (d) वेदव्यासः

3. रामायणे कति काण्डानि सन्ति?
(a) पञ्च (b) सप्त (c) षट् (d) अष्ट

4. रामायणे कति सर्गाः विद्यन्ते?
(a) 25 (b) 250
(c) 325 (d) 500

5. 'हरिश्चन्द्रोपाख्यानम्' कुत्र प्राप्यते?
(a) रामायणे (b) रघुवंशे
(c) महाभारते (d) कुमारसम्भवे

6. वाल्मीकिरामायणस्य सारसंक्षेपः कस्मिन् आख्याने प्राप्यते?
(a) अम्बोपाख्यानम् (b) रामोपाख्यानम्
(c) शिव्युपाख्यानम् (d) सावित्र्युपाख्यानम्

7. रामायणे अंगीरसः अस्ति
(a) शान्तरसः (b) वीररसः
(c) करुणरसः (d) शृङ्गारसः

8. रामायणे प्रधानछन्दः अस्ति
(a) अनुष्टुप् (b) पुष्पिताग्रा
(c) भुजङ्गः (d) उपजाति

9. अन्यरामायणग्रन्थः न अस्ति
(a) अध्यात्मरामायणम् (b) अद्भुतरामायणम्
(c) आनन्दरामायणम् (d) कुमाररामायणम्

10. अन्यरामायणग्रन्थः न अस्ति
(a) अगस्त्यरामायणम् (b) कपिलरामायणम्
(c) मयन्दरामायणम् (d) भुसुण्डिरामायणम्

11. रामायणस्य उपजीव्यत्वं प्रेरकत्वं वा काव्यं न अस्ति
(a) रघुवंशम् (b) जानकीहरणम्
(c) सेतुबन्धः (d) शिशुपालवधम्

12. रामायणस्य उपजीव्यत्वं प्रेरकत्वं वा नाटकं न अस्ति
(a) प्रतिमानाटकम् (b) महावीरचरितम्
(c) प्रसन्नराघवम् (d) मध्यमव्यायोगम्

13. राज्ञः दशरथस्य पुत्रेष्टियज्ञ ········ आध्यक्षे अभवत्।
(a) विश्वामित्रस्य (b) वशिष्ठस्य
(c) ऋष्यशृङ्गस्य (d) भारद्वाजस्य

14. गंगावतरणाख्यानम् रामायणस्य ········ वर्णितम्।
(a) बालकाण्डे (b) अरण्यकाण्डे
(c) किष्किन्धाकाण्डे (d) लंकाकाण्डे

15. गंगावतरणाख्यानम् ········ वर्णितमस्ति।
(a) रामायणे बालकाण्डे (b) रामायणे सुन्दरकाण्डे
(c) महाभारते आदिपर्वे (d) महाभारते सभापर्वे

16. एतत् सत्यम् अस्ति।
(a) बालरामायणम् – कुमारदासः (b) रामकथा – क्षेमेन्द्रः
(c) उत्तरचम्पू – वेंकटाध्वरिः (d) सेतुबन्धः – राजशेखरः

17. निम्नलिखितेषु उचितः सम्बन्धः केन सह?

A.	रामायण मञ्जरी	1.	दामोदर मिश्रः
B.	चम्पू रामायणम्	2.	क्षेमेन्द्रः
C.	हनुमन्नाटकम्	3.	प्रवरसेनः
D.	सेतुबन्धः	4.	लक्ष्मण भट्टः

कूट

	A	B	C	D
(a)	2	4	3	1
(b)	2	4	1	3
(c)	4	2	1	3
(d)	4	2	3	1

18. निम्नाङ्कितानां रामायणे आरम्भिक काण्डानाम् समीचीनं क्रमं चिनुत
(a) बालकाण्डम्, अरण्यकाण्डम्, किष्किन्धाकाण्डम्, अयोध्याकाण्डम्
(b) अयोध्याकाण्डम्, बालकाण्डम्, अरण्यकाण्डम्, किष्किन्धाकाण्डम्
(c) किष्किन्धाकाण्डम्, बालकाण्डम्, अयोध्याकाण्डम्, अरण्यकाण्डम्
(d) बालकाण्डम्, अयोध्याकाण्डम्, अरण्यकाण्डम्, किष्किन्धाकाण्डम्

19. निम्नलिखिततानां उचितमेलनं कृत्वा उचितम् उत्तर चिनुत

A.	सीताहरणम्	1.	बालकाण्डम्
B.	अहिल्योद्धारः	2.	अरण्यकाण्डम्
C.	खरदूषणवध	3.	किष्किन्धाकाण्डम्
D.	शबरी मिलन	4.	अरण्यकाण्डम्

कूट

	A	B	C	D
(a)	1	2	4	3
(b)	1	2	3	4
(c)	2	1	3	4
(d)	2	1	4	3

20. रामायण विषये ········ एतत् असत्यम् अस्ति।
(a) इदम्, लौकिक आदिकाव्यमस्ति
(b) रामायणे पञ्च सन्धय; वर्तत्ते
(c) ययात्युपाख्यानम् रामायणे सर्वाधिकं प्रतिष्ठितम्
(d) महावीर चरितस्य उपजीव्यं रामायणमेवास्ति

21. **स्थापना** (A) रामायणे कतिच प्रसंगवशात् आख्यानकानि उपलभ्यन्ते
तर्क (R) तत्र "शुन; शेपाख्यानम्" यत्र शुनः शेप; इन्द्र देवं पूजयित्वा स्वस्य प्राण रक्षां कृतवान्।
(a) A सत्यम् / R असत्यम् (b) A असत्यम् / R सत्यम्
(c) A, R उभे सत्ये स्तः (d) A, R उभे असत्ये स्तः

22. **स्थापना** (A) राम कथा एक चम्पूकाव्यमस्ति।
तर्क (R) राम कथा चम्पू काव्यस्य प्रणेता लक्ष्मण भट्टोऽस्ति।
(a) A सत्यम् / R असत्यम्
(b) A असत्यम् / R सत्यम्
(c) A, R उभे असत्ये स्तः
(d) A, R उभे सत्ये स्तः

23. स्थापना (A) सेतुबन्ध: एकम् नाटकमस्ति।
तर्क (R) अस्य रचयिता प्रवरसेनोऽस्ति।
(a) A सत्यम् / R असत्यम् (b) A असत्यम् / R सत्यम्
(c) A, R उभे सत्ये स्त: (d) A, R उभे असत्ये स्त:

24. "मा निषाद प्रतिष्ठां त्वमगम: शाश्वती: समा:"
अस्य विषये एतत् सत्यमस्ति।
(a) महाभारते कृष्ण: अर्जुनाय कथयति
(b) रामायणे अष्टायु; रावणाय कथयति
(c) पुराणे ऋषि; कस्मैचिद् कथयति
(d) बाल्मीके: मुखात् व्यधाय नि: सारितं श्लोकम्

25. अधोलिखितेषु एतत् सत्यम्
(a) रामायण चम्पू – लक्ष्मण भट्ट:
(b) कुन्दमाला – दिग्नाग:
(c) रामायण मञ्जरी – कुमारदास:
(d) सेतु बन्ध: – क्षेमेन्द्र:

26. बालभारतम् विषये एतत् सत्यम् अस्ति
(a) अस्य प्रणेता चन्द्रकविरास्ति
(b) इदम् महाकाव्यम् अस्ति
(c) अस्य उपजीव्यत्वं महाभारतम् अस्ति
(d) अस्याङ्गीरस: शान्तरस: वर्तते।

27. यावत्स्थास्यन्ति गिरय:, सरितश्च महीतले तावत् .... लोकेषु प्रचरिष्यति।।
(a) कृष्ण कथा (b) पुराण कथा
(c) महाभारत कथा (d) रामायण कथा

28. अर्थशास्त्र विषये एतत् सत्यम्
(a) अर्थ (धनम्) विषय एव वर्णनम्
(b) कृषि, शिक्षा विषये एव वर्णनम्
(c) धर्म, कर्म, नीति:, विषयाणां वर्णनम्
(d) उपर्युक्ता: सर्वे विषया: वर्णिता:

29. रामायणे .... आख्यानम् नास्ति।
(a) गंगावतरणाख्यानम् (b) हरिश्चन्द्रोपाख्यानम्
(c) ऋष्यश्रृंगाख्यानम् (d) रामोपाख्यानम्

30. आदिकवि क:?
(a) कालिदास: (b) व्यास:
(c) वाल्मीकि (d) तुलसीदास:

31. रामायणकालीन समाजे एतत् असत्यमस्ति
(a) परिवारस्य स्वरूपं पितृसत्तात्मकं आसीत्
(b) चत्वार; वर्णा: चत्वार; आश्रमा: प्रचलिता; आसन्
(c) समाजे अष्ट विधा: विवाहा: प्रचलिता आसन्
(d) राजकुमाराणां पठन व्यवस्था राजकुलेषु एव आसीत्।

32. आर्षकाव्यमस्ति
(a) रघुवंशम् (b) महाभारतम्
(c) कुमारसम्भवम् (d) शिशुपालवधम्

33. 'शतसाहस्री' कस्य अभिधानमस्ति
(a) रामायणस्य (b) कुमारसम्भवस्य
(c) महाभारतस्य (d) नाट्यशास्त्रस्य

34. महाभारतस्य प्रणेता क:?
(a) वाल्मीकि: (b) वेदव्यास:
(c) भारवि: (d) माघ:

35. एक अनुपमसाहित्यग्रन्थोऽस्ति
(a) रामायणम् (b) महाभारतम्
(c) रघुवंशम् (d) कुमारसम्भवम्

36. महाभारते कति पर्वाणि सन्ति?
(a) 09 (b) 15
(c) 18 (d) 21

37. श्रीमद्भगवद्गीता' महाभारतस्य कस्मिन् पर्वणि विद्यते?
(a) भीष्मपर्वणि (b) उद्योगपर्वणि
(c) आदिपर्वणि (d) वनपर्वणि

38. महाभारतयुद्धं कति दिनानि यावत् प्रचलत्?
(a) 12 (b) 15 (c) 18 (d) 25

39. 'शकुन्तलोपाख्यानम्' इति महाभारतस्य कस्मिन् पर्वणि प्राप्यते?
(a) आदिपर्वणि (b) उद्योगपर्वणि
(c) वनपर्वणि (d) सभापर्वणि

40. 'नलोपाख्यानम्' कुत्र प्राप्यते?
(a) आदिपर्वणि (b) सभापर्वणि
(c) वनपर्वणि (d) उद्योगपर्वणि

41. 'मत्स्योपाख्यानम्' कुत्र प्राप्यते?
(a) वनपर्वणि (b) सभापर्वणि
(c) आदिपर्वणि (d) उद्योगपर्वणि

42. नलदमयन्त्यो: प्रणयकथा कुत्र प्राप्यते?
(a) शिशुपालोख्याने (b) शिव्युपाख्याने
(c) नलोपाख्याने (d) शकुन्तलोपाख्याने

43. दुष्यन्त-शकुन्तलयो: प्रणयकथा अस्ति
(a) शकुन्तोपाख्याने (b) शिव्युपाख्याने
(c) नलोपाख्याने (d) ययाव्युपाख्याने

44. महाभारतस्य उपजीव्यत्वं काव्यं नास्ति
(a) शिशुपालवधम् (b) नैषधीयचरितम्
(c) किरातार्जुनीयम् (d) रघुवंशम्

45. महाभारतस्य उपजीव्यत्वं प्रेरकत्वं वा नाटकं नास्ति
(a) अभिज्ञानशाकुन्तलम् (b) बालभारतम्
(c) मध्यमव्यायोगम् (d) महावीरचरितम्

46. महाभारतस्य उपजीव्यत्वं प्रेरकत्वं का चम्पूकाव्यं नास्ति
(a) नलचम्पू (b) भारतचम्पू
(c) पाञ्चालीस्वयंवरचम्पू (d) उत्तरचम्पू

47. 'कर्णभारम्' इति नाटकस्य उपजीव्यत्वं प्रेरकत्वं वा
(a) महाभारतम् (b) रामायणम्
(c) शिशुपालवधम् (d) ऋग्वेद:

48. भासस्य कृति: नास्ति
(a) दूतघटोत्कचम् (b) दूतवाक्यम्
(c) पञ्चरात्रम् (d) वेणीसंहारम्

49. महाभारते अङ्गीरसः अस्ति
(a) शान्तरसः (b) वीररसः
(c) शृङ्गारसः (d) करुणरसः

50. अम्बा – अम्बालिकयोः वृतान्तं ……… श्रावयति।
(a) विदुरः दुर्योधनं (b) कृष्णः अर्जुनम्
(c) भीष्मः दुर्योधनम् (d) भीष्मः कृष्णम्

51. महाराजः शिवि श्येनात् कपोतं रक्षति इति आख्यानम् ……… अस्ति।
(a) आदिपर्वे (b) सभापर्वे
(c) वनपर्वे (d) भीष्मपर्वे

52. भारत – चम्पू इत्यस्य प्रणेता ……… अस्ति।
(a) त्रिविक्रमभट्ट (b) अनन्त भट्टः
(c) नारायण भट्टः (d) अन्नम्भट्ट

53. महाभारते ……… छन्दसः प्रधान्यम् अस्ति।
(a) आर्या (b) उपजातिः
(c) अनुष्टप् (d) स्रग्धरा

54. महाभारते ……… रीतिः विद्यते।
(a) गौणी (b) पाञ्चाली
(c) वैदर्भी (d) लाटी

55. महाभारतस्य उपजीव्येषु नाटकेषु एतन्नास्ति
(a) महावीर चरितम् (b) बालभारतम्
(c) वेणीसंहारम् (d) पञ्चरात्रम्

56. अधोलिखितेषु केन सह कस्य सम्बन्धः? समीचीनं चिनुत

A.	ययात्युपाख्यानम्	1.	वनपर्वः
B.	मत्स्योपाख्यानम्	2.	सभापर्वः
C.	रामोपाख्यानम्	3.	आदिपर्वः
D.	शिशुपालोपाख्यानम्	4.	उद्योगपर्वः

कूट

	A	B	C	D		A	B	C	D
(a)	4	3	1	2	(b)	1	3	4	2
(c)	3	1	4	2	(d)	3	4	1	2

57. भास रचितेषु महाभारतमधिकृत्य नाटकेषु एतत् असत्यमस्ति
(a) मध्यम व्यायोगः (b) पञ्चरात्रम्
(c) प्रतिमानाटकम् (d) दूतवाक्यम्

58. धर्मे अर्थे च कामे च मोक्षे च भरतर्षभ।
यदि हास्ति तदन्यत्र यन्नेहास्ति न तत्क्वचित्।।
अयं कस्मिन विषयेऽस्ति
(a) रामायणम् (b) महाभारतम्
(c) वेदः (d) उपनिषद्

59. महाभारतं ……… इति नाम्ना कथ्यते।
(a) दशसाहस्री (b) शतसाहस्री
(c) साहस्री (d) दशलाक्षी

60. अधोलिखितानां आरम्भिक चतुर्णाम् पर्वणाम् समीचीनं क्रमं चिनुत
(a) आदिपर्व, सभापर्व, विराटपर्व, वनपर्व
(b) आदिपर्व, वनपर्व, विराटपर्व, सभापर्व
(c) आदिपर्व, सभापर्व, वनपर्व, विराटपर्व
(d) सभापर्व, आदिपर्व, वनपर्व, विराटपर्व

61. महाभारत विषये ……… एतत् असत्यम् अस्ति।
(a) जयनाम्ना, भारतनाम्ना इद मेव प्रसिद्धम्
(b) अष्टादश पर्वेषु विभक्ता इदम्
(c) शतसाहस्री संहिता अस्यापरं नाम्
(d) गंगावतरणाख्यानम् महाभारते वर्णितम्

62. महाभारतस्य उपजीव्यत्वेषु भास्त विरचितेषु काव्येषु ……… नास्ति।
(a) पञ्चरात्रम् (b) उरुभङ्कम्
(c) दूतवाक्रम् (d) प्रतिमानाटकम्

63. 'साविज्युपाख्यानम्' महाभारते ……… वर्णितम्।
(a) वनपर्वे (b) उद्योगपर्वे
(c) आदिपर्वे (d) शान्तिपर्वे

64. 'प्रतिमानाटकम्' विषये एतत् सत्यम् अस्ति
(a) महाभारतमुपञीव्यत्वं भासश्च लेखकः
(b) रामायणमु पञीव्यत्वं भोजश्च लेखकः
(c) पुराणमुपञीव्यत्वं कालिदासश्च लेखकः
(d) रामायणयुपञीव्यत्वं भासश्च लेखकः

65. संस्कृत साहित्ये पञ्चम वेद नाम्ना प्रसिद्धोऽस्ति
(a) रामायणम् (b) महाभारतम्
(c) पुराणम् (d) गीता

66. महाभारते ……… आख्यानम् नास्ति।
(a) कद्रु विनतोपाख्यानम् (b) ययात्युपाख्यानम्
(c) रामोपाख्यानम् (d) शुनः शेपाख्यानम्

67. महाभारतकाल विषये एतत् असत्यमस्ति
(a) बहुपत्नि प्रथा प्रचलिता आसीत्
(b) समाजे स्त्रीणां स्थितिः शोभना न आसीत्
(c) सती प्रथा प्रचलिता न आसीत्
(d) धर्मस्य स्थाने स्वार्थपरतायाः एव विस्तादः सञ्जातः

68. महाभारतस्य अष्टादश पर्वसु ……… नास्ति।
(a) अश्वमेधापर्व (b) शल्यपर्व
(c) द्रोणपर्व (d) अश्वत्थामापर्व

69. महाभारतस्य पर्वसु ……… एतत् सत्यम् अस्ति।
(a) अभिमन्युपर्व (b) कृष्णपर्व
(c) मौसलपर्व (d) जयपर्व

70. विष्णुपुराणे पुराणस्य कति लक्षणानि उक्तानि?
(a) पञ्च (b) षट्
(c) सप्त (d) अष्ट

71. पुराणस्य लक्षणं न अस्ति
(a) सर्गः (b) प्रतिसर्गः
(c) वंशः (d) प्रतिवंशः

72. पुराणस्य लक्षणं अस्ति
(a) मन्वन्तरम् (b) वंशानुचरितम्
(c) मन्वन्तरम् वंशानुचरितम् च (d) नास्त्येव

73. मूलप्रकृतौ त्रिगुणविक्षोभात् जगतः विविधपदार्थानां उत्पत्तिरेव कः उच्यते?
(a) सर्गः (b) प्रतिसर्गः
(c) वंशः (d) मन्वन्तरम्

74. प्रलय: सृष्टे: पुनर्प्रादुर्भावश्च क: नाम्ना उच्यते?
(a) प्रतिसर्ग: (b) वंश:
(c) मन्वन्तरम् (d) वंशानुचरितम्

75. मनो: मनुपुत्राणां, देवताया:, इन्द्रस्य, ऋषे: भगवत: अंशावताराणाम् इत्ये एतेषां षण्णां घटनानां वर्णनं कुत्र अभिधीयते?
(a) मन्वन्तरे (b) वंशे (c) वंशानुचरिते (d) प्रतिसर्गे

76. पुराणानां कति संख्या अस्ति?
(a) 15 (b) 18
(c) 21 (d) 25

77. महापुराणं नास्ति।
(a) मत्स्यपुराणम् (b) मार्कण्डेयपुराणम्
(c) भविष्णपुराणम् (d) शिवधर्मपुराणम्

78. भागवतपुराणं क: अस्ति?
(a) महापुराणम् (b) उपपुराणम्
(c) आख्यानम् (d) नास्त्येव

79. ब्रादिपुराणम् न अस्ति।
(a) ब्रह्माण्डपुराणम् (b) ब्रह्मपुराणम्
(c) वराहपुराणम् (d) बह्मवैवर्तपुराणम्

80. वकारादिपुराणं कतिविधम् अस्ति?
(a) 03 (b) 04
(c) 05 (d) 06

81. वकारादिपुराणं न अस्ति
(c) वामनपुराणम् (b) विष्णुपुराणम् (c) वायुपुराणम् (d) अग्निपुराणम्

82. महापुराणम् अस्ति
(a) वराहपुराणम् (b) कापिलपुराणम्
(c) नारसिंहपुराणम् (d) मारीचपुराणम्

83. महापुराणम् न अस्ति
(a) नारदपुराणम् (b) पद्मपुराणम्
(c) सौरपुराणम् (d) लिङ्गपुराणम्

84. महापुराणम् न अस्ति
(a) गरूड़पुराणम् (b) कूर्मपुराणम्
(c) स्कन्दपुराणम् (d) सनत्कुमारपुराणम्

85. उपपुराणानां कति संख्या अस्ति?
(a) 15 (b) 25
(c) 18 (d) 30

86. विष्णुपुराणनुसारत: अविद्यासर्ग: कस्य सर्गान्तर्गत अस्ति?
(a) ब्रह्मण: (b) अब्रह्मण:
(c) ईश्वरस्य (d) आत्मन:

87. कस्मिन् पुराणे शिवस्य अष्टाविंशति अवताराणां विस्तरेण सहवर्णनं कृतम्?
(a) स्कन्दपुराणे (b) लिंगपुराणे
(c) कूर्मपुराणे (d) गरुड़पुराणे

88. शिवस्य अवतारस्य वर्णनं कुत्र प्राप्यते?
(a) स्कन्दपुराणे (b) लिंगपुराणे
(c) कूर्मपुराणे (d) गरुड़पुराणे

89. विष्णुपुराणस्य द्वितीय अध्याये कस्य वर्णनम् अस्ति?
(a) सृष्टे: (b) शक्ते:
(c) वराह-अवतारस्य (d) अविद्याया:

90. श्राद्ध अवसरे जना: ········ पाठं कुर्वन्ति।
(a) ब्रह्माण्डपुराणस्य (b) गरुडपुराणस्य
(c) भागवतपुराणस्य (d) नारदपुराणस्य

91. पुराणस्य पञ्च लक्षणेषु ········ नास्ति।
(a) सर्ग: (b) मन्वन्तरम्
(c) कल्प: (d) प्रतिसर्ग:

92. अष्टादश पुराणेषु ········ पुराणं नास्ति।
(a) नारद (b) अग्नि
(c) लिङ्ग (d) लक्ष्मी

93. पुराणेषु पञ्चलक्षणातिरक्तं ········ विषया: विशेषरूपेण संगृत्यन्ते।
(a) चत्वार: (b) पञ्च
(c) षड् (d) अष्ट

94. सृष्टि खण्डं, भूमिखण्डम्, स्वर्गखण्डम् आदीनि पञ्च खण्डानि सन्ति।
(a) ब्रह्मपुराणस्य (b) पद्मपुराणस्य
(c) विष्णुपुराणस्य (d) नारदपुराणस्य

95. निम्नलिखितानां उचितं उत्तरं चिनुत
(a) वंश:, मन्वन्तरम्, वंशानुचरितम्, प्रतिसर्ग:, सर्ग:
(b) वंश:, वंशानुचरितम्, सर्ग; प्रतिसर्ग:, मन्वन्तरम्
(c) सर्ग:, प्रतिसर्ग: वंश:, मन्वन्तरम्, वंशानुचरितम्
(d) वंशानुचरितम्, वंश:, सर्ग: प्रतिसर्ग:, मन्वन्तरम्

96. वकारादि पुराणानि ········ सन्ति।
(a) त्रीणि (b) चत्वारि
(c) पञ्च (d) षड्

97. पद्मपुराणे ········ विध सृष्टे: वर्णनं प्राप्यते।
(a) सप्त (b) अष्ट (c) नव (d) दश

98. यत् स्वयं दृष्टं स्यात् तत् ········ कथ्यते।
(a) उपाख्यानं (b) आख्यानं
(c) कथानकम् (d) उदाहरणम्

99. श्रुतस्य वृत्तस्य कथनम् ········ इति कथ्यते।
(a) उपाख्यानं (b) आख्यानम्
(c) प्रकरणम् (d) उदाहरणम्

100. पुराण विषये ········ एतत् असत्यम् अस्ति।
(a) पुराणेषु सृष्टि विद्याया: वैशद्येन सह वर्णनम्
(b) पुराणेषु चतुर्विध सृष्टे; वर्णनमस्ति
(c) पुराणं पञ्च लक्षणमस्ति
(d) अष्टादश पुराणानि सन्ति

101. **स्थापना** (A) पुराणेषु अवतारवादस्य सिद्धिर्भवति।
तर्क (R) भागवत पुराणे गजेन्द्रस्य उद्धाराय विष्णो: प्रादुर्भाव: वर्णित:
(a) A सत्यम् / R असत्यम्
(b) A असत्यम् / R सत्यम्
(c) A, R उभे असत्ये स्त:
(d) A, R उभे सत्ये स्त:

102. पुराणेषु प्राचनतमंपुराणं ········ अस्ति
(a) पद्मपुराण (b) भागवतपुराण
(c) विष्णुपुराण (d) ब्रह्मपुराण

103. आकार दृष्ट्या पुराणेषु ········ विशालतमं पुराणमस्ति।
(a) वराह पुराणम्
(b) स्कन्दपुराणम्
(c) वामनपुराणम्
(d) नारदपुराणम्

104. पुराणं कस्मात्? पुरा नवं भवति इति निर्वचनमस्ति।
(a) दयानन्दस्य (b) यास्कस्य
(c) व्यासस्य (d) सायणस्य

105. सर्गश्च प्रतिसर्गश्च वंशो मन्वन्तराणि च इत्यत्र "सर्गः" इत्यस्यार्थः ········ अस्ति।
(a) पुराणानाम् विभाजनम्
(b) पुराणानाम् संज्ञा
(c) पुराणेषु सृष्टि वर्णनम्
(d) पुराणेषुदेवानां परम्परा वर्णनम्

106. **स्थापना** (A) पुराणेषु सृष्टिविज्ञाने साँख्य दर्शनस्य आधार; अवलम्बवेत।
तर्क (R) पुराणेषु नवविध सृष्टेः वर्णनं प्रायः प्राप्यते।
(a) A सत्यम् / R असत्यम् (b) A असत्यम् / R सत्यम्
(c) A, R उभे सत्ये स्तः (d) A, R उभे असत्ये स्तः

107. **स्थापना** (A) भागवत पुराणे कौमार सर्गः अस्ति।
तर्क (R) कौमार शब्द स्यार्थः सनक, सनन्दनाट्यः अस्ति।
(a) A सत्यम् / R असत्यम् (b) A असत्यम् / R सत्यम्
(c) A, R उभे सत्ये स्तः (d) A, R उभे असत्ये स्तः

108. महर्षि वेदव्यासेन सर्वप्रथमं ········ रचितम्।
(a) पद्मपुराणं (b) विष्णुपुराणम्
(c) भागवतपुराणम् (d) ब्रह्मपुराणम्

109. दुर्गा सप्तशती ········ विद्यते।
(a) मार्कण्डेय पुराणे (b) वराहपुराणे
(c) वामनपुराणे (d) नारदपुराणे

110. भारतस्य विविधतीर्थानामुल्लेख ········ विद्यते।
(a) भागवत पुराणे (b) नारदपुराणे
(c) अग्निपुराणे (d) स्कन्दपुराणे

उत्तरमाला

1.	(c)	2.	(a)	3.	(b)	4.	(d)	5.	(a)	6.	(b)	7.	(c)	8.	(a)	9.	(d)	10.	(b)
11.	(d)	12.	(d)	13.	(c)	14.	(a)	15.	(a)	16.	(c)	17.	(b)	18.	(d)	19.	(d)	20.	(c)
21.	(a)	22.	(d)	23.	(c)	24.	(d)	25.	(b)	26.	(c)	27.	(d)	28.	(d)	29.	(d)	30.	(c)
31.	(d)	32.	(b)	33.	(c)	34.	(b)	35.	(b)	36.	(c)	37.	(a)	38.	(c)	39.	(a)	40.	(c)
41.	(a)	42.	(c)	43.	(a)	44.	(a)	45.	(d)	46.	(d)	47.	(a)	48.	(d)	49.	(a)	50.	(c)
51.	(c)	52.	(b)	53.	(c)	54.	(b)	55.	(a)	56.	(c)	57.	(c)	58.	(b)	59.	(b)	60.	(c)
61.	(d)	62.	(d)	63.	(a)	64.	(d)	65.	(b)	66.	(d)	67.	(c)	68.	(d)	69.	(c)	70.	(a)
71.	(d)	72.	(c)	73.	(a)	74.	(a)	75.	(a)	76.	(b)	77.	(d)	78.	(a)	79.	(c)	80.	(b)
81.	(d)	82.	(a)	83.	(c)	84.	(d)	85.	(d)	86.	(a)	87.	(b)	88.	(c)	89.	(a)	90.	(b)
91.	(c)	92.	(d)	93.	(a)	94.	(b)	95.	(c)	96.	(b)	97.	(c)	98.	(b)	99.	(a)	100.	(b)
101.	(d)	102.	(d)	103.	(b)	104.	(b)	105.	(c)	106.	(c)	107.	(c)	108.	(d)	109.	(a)	110.	(d)

अध्याय 08

संस्कृत के प्रतिनिधि रूपकों का परिचय

संस्कृत साहित्य विश्व का सर्वाधिक विपुल, सुसम्पन्न एवं समृद्ध साहित्य है। इस अध्याय में संस्कृत साहित्य में अपना अमूल्य योगदान देने वाले कुछ महत्त्वपूर्ण तथा प्रसिद्ध कवियों के जीवन चरित्र के साथ-साथ उनके कृतित्व तथा स्थिति काल पर प्रकाश डाला गया है। साथ ही साथ संस्कृत साहित्य में प्रसिद्धि प्राप्त करने वाले कुछ महत्त्वपूर्ण संस्कृत ग्रन्थों, महाकाव्यों, नाटकों, कथा ग्रन्थों, आख्यायिकाओं आदि विधाओं से सम्बन्धित ग्रन्थों तथा उनके रचनाकारों पर निबन्धात्मक टिप्पणी करते हुए छात्रों का ज्ञानवर्धन किया गया है।

संस्कृत के प्रमुख प्रतिनिधि

संस्कृत के प्रमुख प्रतिनिधि रूपकों का परिचय निम्न प्रकार है

महाकवि भास का जीवन परिचय

महाकवि भास के जीवन-चरित के विषय में कोई विवरण प्राप्त नहीं होता है। महाकवि कालिदास ने 'मालविकाग्निमित्रम्' की प्रस्तावना में (प्रथितसशसां भाससौमिल्ल कवि पुत्रादीन) के द्वारा भास को सादर स्मरण किया ह।। अत: वह कालिदास से पूर्ववर्ती प्रसिद्ध नाटककार थे। भास के नाटकों में जीवन-सम्बन्धी कोई विवरण नहीं मिलता है। भास उच्च कोटि के विद्वान् थे। उन्होंने वेदशास्त्र, स्मृति, काव्यशास्त्र, नाट्यशास्त्र, दर्शन, पुराण, रामायण और महाभारत आदि का गम्भीर अध्ययन किया था, वह नाट्य कला में इतने विख्यात थे कि कालिदास को भी उन्हें सफल नाटककार के रूप में मान्यता देनी पड़ी।

महाकवि भास का स्थिति काल

महाकवि भास के बारे में ज्यादा तो कुछ नहीं मिलता, परन्तु साक्ष्यों के आधार पर इतना अवश्य है कि भास कालिदास के पूर्ववर्ती नाटककार हैं, इसलिए इनका समय ई. पू. प्रथम या द्वितीय शताब्दी ही माना जा सकता है, क्योंकि कालिदास का समय भी ई. पू. प्रथम शताब्दी माना जाता है और कालिदास ने अपने 'मालविकाग्निमित्रम्' नामक नाटक में भास की प्रशंसा इस प्रकार की है— "प्रथितयशसां भास सौमिल्ल कवि पुत्रा दीन.................।"

कृतित्व

भास के नाम से सम्प्रति 13 नाटक उपलब्ध होते हैं। वर्ष 1909 में महामहोपाध्याय श्री टी. गणपति शास्त्री ने ट्रावनकोर राज्य से इन्हें प्राप्त किया था। इन नाटकों को प्रकाश में लाने का श्रेय उनको ही है।

भास के 13 नाटक

भास के नाटकों को कथास्रोत की दृष्टि से चार भागों में बाँटा जा सकता है

1. **उदयन कथामूलक**
   (i) प्रतिज्ञायौगन्धरायण (ii) स्वप्नवासवदत्तम्
2. **महाभारतमूलक**
   (i) उरुभंग (ii) दूतवाक्य
   (iii) पंचरात्र (iv) बालचरित्
   (v) दूतघटोत्कच (vi) कर्णभार
   (vii) मध्यम व्यायोग
3. **रामायणमूलक**
   (i) प्रतिमा नाटक (ii) अभिषेक नाटक
4. **कल्पनामूलक**
   (i) अविमारक (ii) चारुदत्त:

भास की नाट्य शैली

महाकवि भास के नाटकों की संख्या तथा विषय की भिन्नता से ज्ञात होता है कि भास संस्कृत साहित्य के एक कुशल नाटककार हैं। इनके नाटकों में भाषा की सरलता, अकृत्रिम शैली, यथार्थता, सजीवता, चरित्र-चित्रण, मौलिकता एवं कल्पना शक्ति का उपयुक्त समावेश है। भास के नाटकों की शैली वैदर्भी है। भास के नाटकों की भाषा सरल, सुबोध और आलंकारिक है। भास के नाटकों में रस, छन्द एवं अलंकार आदि सभी नाटकीय तत्त्वों का सामंजस्य किया गया है।

कविकुलगुरु कालिदास का जीवन परिचय

महाकवि कालिदास संस्कृत के कवियों में श्रेष्ठ हैं। इनके नाम से पूर्व 'कविकुलगुरु' विशेषण का प्रयोग किया जाता है। ये भारत के ही नहीं, बल्कि विश्व के श्रेष्ठ कवि के रूप में भी जाने जाते हैं। इनके जन्म स्थान और स्थिति के विषय में विद्वानों में एकमत नहीं हैं। इन्होंने अपनी कृतियों में भी अपने जन्म के विषय में कुछ नहीं लिखा है। एक जनश्रुति के अनुसार, महाकवि कालिदास को विक्रमादित्य का सभारत्न माना जाता है, परन्तु विक्रमादित्य का स्थितिकाल भी पूर्ण रूप से स्पष्ट नहीं है। कुछ विद्वान् इन्हें चन्द्रगुप्त द्वितीय का समकालीन मानते हैं। इस महान् कवि को सभी अपने-अपने देश में उत्पन्न हुआ सिद्ध करते हैं। कुछ विद्वान् इन्हें कश्मीर में उत्पन्न हुआ और कुछ बंगाल प्रदेश में उत्पन्न हुआ मानते हैं तो कुछ आलोचक इन्हें उज्जैन में जन्म प्राप्त किया भी मानते हैं। कवि का उज्जयिनी प्रेम भी इस मत की कुछ पुष्टि करता है। कालिदास द्वारा रचित कृतियों में वर्ण व्यवस्था के वर्णन को देखकर इन्हें ब्राह्मण परिवार में उत्पन्न हुआ माना जाता है।

ये शिवभक्त थे, परन्तु राम के प्रति भी इनकी अपार श्रद्धा थी। 'रघुवंशम्' महाकाव्य की रचना से यह बात पूर्णतः स्पष्ट हो जाती है।

रचनाएँ

इस महान् कवि की प्रमुख रचनाएँ इस प्रकार हैं

नाटक

कालिदास के प्रमुख नाटक निम्न प्रकार हैं

1. **मालविकाग्निमित्रम्** इसमें अग्निमित्र और मालविका की प्रणय (प्रेम) की कथा का वर्णन है।
2. **विक्रमोर्वशीयम्** इस नाटक में पुरूरवा तथा उर्वशी की प्रेम कथा का नाट्य रूपान्तरण किया गया है। इस नाटक में पाँच अंक हैं।
3. **अभिज्ञानशाकुन्तलम्** यह कालिदास का सर्वश्रेष्ठ व अद्वितीय नाटक है। इसमें सात अंकों में मेनका के द्वारा जन्म देकर परित्यक्ता, पक्षियों द्वारा पोषित तथा महर्षि कण्व द्वारा पालित पुत्री शकुन्तला तथा दुष्यन्त की प्रणय कथा तथा दुष्यन्त के साथ प्रेम विवाह और उसके पश्चात् वियोग और पुनर्मिलन की कथा का वर्णन किया गया है।

महाकाव्य

कालिदास के प्रमुख महाकाव्य निम्न हैं

1. **रघुवंशम्** इस महाकाव्य में राजा दिलीप से लेकर अग्निवर्ण तक के सूर्यवंशी (इक्ष्वाकुवंशी) राजाओं की उदारता का उन्नीस सर्गों में वर्णन है।
2. **कुमारसम्भवम्** इस महाकाव्य में शिवजी तथा पार्वती के पुत्र कुमार कार्तिकेय के जन्म से लेकर देवताओं के सेनापतित्व के रूप में तारकासुर वध तक की कथा 18 सर्गों में वर्णित है।

गीतिकाव्य

कालिदास के प्रमुख गीतिकाव्य निम्न हैं

1. **ऋतुसंहार** इस गीतिकाव्य में छः ऋतुओं का अत्यन्त सुन्दर वर्णन किया गया है।
2. **मेघदूतम्** इस खण्ड काव्य में प्रकृति के अन्तः एवं बाह्य दोनों रूपों के वर्णन के साथ-साथ विरही यक्ष द्वारा मेघ को दूत बनाकर उसके द्वारा अपनी विरहिनी यक्षिणी के पास सन्देश भेजने तथा कुबेर नगरी अलका पुरी के सौन्दर्य का मर्म भेदी वर्णन किया गया है।

भारतीय जीवन पद्धति का चित्रण

कालिदास ने अपनी रचनाओं में काव्योचित गुणों का समावेश करते हुए भारतीय जीवन पद्धति का सर्वांगीण चित्रण किया है। इनके काव्य में जड़ प्रकृति भी मानव की सहचरी के रूप में चित्रित की गई है।

प्रकृति मानव-सहचरी के रूप में

'मेघदूतम्' में कवि ने बाह्य तथा अन्तःप्रकृति का मर्मस्पर्शी वर्णन किया है। कवि के विचार में मेघ, धूप, ज्योति, जलवायु का समूह ही नहीं, बल्कि वे मानव के समान ही संवेदनशील प्राणी हैं। 'अभिज्ञानशाकुन्तलम्' नाटक में वन के वृक्ष शकुन्तला को आभूषण प्रदान करते हैं और हरिण-शावक शकुन्तला का मार्ग रोककर अपना निश्छल प्रेम प्रदर्शित करता है।

मानव मूल्यों की प्रतिष्ठा

कालिदास ने अपने काव्य के आधार पर समाज में मानव मूल्यों को प्रतिष्ठापित करने का सफल प्रयास किया है। शकुन्तला को देखकर मन दुष्यन्त के मन में काम की इच्छा उत्पन्न होने पर भी वे क्षत्रिय धर्म का पालन करते हुए विवाह करने के योग्य होने पर ही उससे विवाह करते हैं।

आदर्श जन-जीवन का निरूपण

'रघुवंशम्' में रघुवंशी राजाओं में भारतीय जन-जीवन का आदर्श रूप निरूपित किया गया है। रघुवंशी राजा प्रजा की भलाई के लिए ही प्रजा से कर लेते थे। वे सदा सत्य वचन बोलते थे।

काव्यगत विशेषताएँ

कालिदास की प्रमुख काव्यगत विशेषताएँ निम्न हैं

रस कालिदास के काव्यों में मुख्य रस शृंगार है। करुण आदि रस उसके सहायक होकर प्रयुक्त किए गए हैं।

गुण कालिदास ने रस के अनुरूप ही प्रसाद और माधुर्य गुण को अपनाया है।

रीति कालिदास वैदर्भी रीति के सर्वश्रेष्ठ कवि हैं।

अलंकार कालिदास ने अपने लेखन में उपमा अलंकार का प्रयोग किया है।

भारत की यशोगाथा

कालिदास ने हिमालय से सागर तक भारत के यश की गाथा को अपने काव्य में निरूपित किया है। 'रघुवंशम्', 'मेघदूतम्' और 'कुमारसम्भवम्' में भारत के विविध प्रदेशों का सुन्दर और स्वाभाविक वर्णन मिलता है। संस्कृत के कवियों में कोई भी कवि कालिदास की तुलना नहीं कर पाया है।

महाकवि शूद्रक का जीवन परिचय

महाकवि शूद्रक के विषय में भी संस्कृत साहित्य में ज्यादा कुछ उल्लेख नहीं मिलता है। महाकवि शूद्रक की एक मात्र रचना 'मृच्छकटिकम्' के आमुख (प्रस्तावना) के तीन श्लोकों में कवि का जो संक्षिप्त जीवन परिचय प्राप्त है वह निम्न प्रकार है। प्रायः विद्वानों के अनुसार ये तीनों श्लोक प्रक्षिप्त हैं

- द्विरदेन्द्रगतिश्चकोरनेत्रः परिपूर्णेन्दुमुखः सुविग्रहश्च।
  द्विजमुख्यतमः कविर्बभूव प्रथितः शूद्रक इत्यगाधसत्त्वः॥

- ऋग्वेदं सामवेदं गणितमथ कलां वैशिकीं हस्तिशिक्षां
  ज्ञात्वा शर्वप्रसादाद् व्यपगततिमिरे चक्षुषी चोपलभ्य।
  राजानं वीक्ष्य पुत्रं परमसमुदयेनाश्वमेधेन चेष्ट्वा
  लब्ध्वा चायुः शताब्दं दशदिनसहितं शूद्रकोऽग्निं प्रविष्टः।।
- समरव्यसनी प्रमादशून्यः ककुदो वेदविदां तपोधनश्च।
  परवारणबाहुयुद्धलुब्धः क्षितिपालः किल शूद्रको बभूव।।

अर्थात् शूद्रक राजा गजेन्द्र के समान गति वाले, चकोर-तुल्य नेत्र वाले, पूर्ण चन्द्रमा से सदृश सुन्दर मुख वाले और सुन्दर शरीर वाले थे। वे द्विजों (ब्राह्मणों) में प्रमुख, कवि और महाशक्तिशाली थे। वे शूद्रक नाम से प्रसिद्ध थे। वे ऋग्वेद, सामवेद, गणित, वैशिक (सङ्गीत, नृत्य आदि) कला और हस्ति-विद्या में निपुण थे। शिव की कृपा से अज्ञानान्धकार के नाश से दिव्य दृष्टि पाकर, पुत्र को राजसिंहासन देकर, महामहिमशाली अश्वमेध यज्ञ करके, सौ वर्ष तथा दस दिन की दीर्घ आयु प्राप्त कर शूद्रक अग्नि में प्रविष्ट हुए। शूद्रक सातवाहनवंशी दक्षिणात्य ब्राह्मण थे। ये 'शिव, पार्वती' के सेवक थे। 'द्रविड़-चोल-चीन-बर्बर-खेर-खान-मधुघात-प्रभृतीनां म्लेच्छजातीनाम् अनेकदेशभाषाभिज्ञाः' (अङ्क 6) से ज्ञात होता है कि शूद्रक संस्कृत ही नहीं, बल्कि प्राकृत और अपभ्रंश आदि भाषाओं के ज्ञाता थे। 'मृच्छकटिकम्' के अध्ययन से ज्ञात होता है कि उन्हें नाट्यशास्त्र, काव्यशास्त्र, धर्मशास्त्र, ज्योतिष और राजनीतिशास्त्र का उच्चकोटि का ज्ञान था। वे वर्ण-व्यवस्था को मानते थे। 'मृच्छकटिकम्' के भरतवाक्य से ज्ञात होता है कि वे गाय और ब्राह्मणों को महत्त्व देते थे।

कृतित्व

शूद्रक की एकमात्र रचना 'मृच्छकटिकम्' ही उपलब्ध है।

'मृच्छकटिकम्' में उपलब्ध अन्तः साक्ष्यों के आधार पर शूद्रक प्रथम शताब्दी ई.पू. के हैं।

शूद्रक का मृच्छकटिकम्

यह नाटक भास के चारुदत्त नाटक का ही परिवर्द्धित रूप ज्ञात होता है। इसका कारण यह ज्ञात होता है कि भास-कृत चारुदत्त अपूर्ण था। उसे शूद्रक ने पूर्ण एवं परिवर्द्धित किया।

प्रो. विन्सेण्ट ए. स्मिथ के अनुसार, शूद्रक 220 ई. पू. में गद्दी पर बैठा था और 197 ई. पू. में उसका स्वर्गवास हुआ। इस प्रकार मृच्छकटिकम् का रचना-काल तृतीय शताब्दी ई. पू. सिद्ध होता है। अतः भास का समय तृतीय शताब्दी ई. पू. के पूर्वार्द्ध के बाद ही रखा जा सकता है।

उदयन के समकालीन होने से भास का समय 450 ई. पू. के लगभग मानना उचित प्रतीत होता है।

शूद्रक की शैली

शूद्रक की शैली वैदर्भी है। वे नाटकानुसार के साथ-साथ एक कुशल कवि भी हैं। शुद्रक ने अपने 'मृच्छकटिकम्' नाटक में सभी नाटकीय तत्त्वों का सफल समावेश किया है। 'मृच्छकटिकम्' में प्रकृति वर्णन, वर्षा वर्णन, द्वारिद्रय वर्णन, न्यायालय वर्णन, नारी स्वभाव वर्णन एवं विद्युत वर्णन आदि अत्यन्त सरलः सुस्पष्ट एवं सुबोध भाषा में प्रस्तुत किए गए हैं।

वसन्तसेना के इस कथन से स्त्री-स्वभाव का सुन्दर चित्रण किया है कि प्रियतम से मिलने के लिए जाती हुई स्त्रियों को कोई नहीं रोक सकता है। भले ही बादल गरजें, बरसें या बिजली गिरावें

गर्ज वा वर्ष का शक्र! मुञ्च वा शतशोऽशनिम्।
न शक्या हि स्त्रियो रोद्धुं प्रस्थिता दयितं प्रति।।

वसन्तसेना की इस उक्ति में भी चमत्कार है कि बादलरूपी पुरुष भले ही स्त्रियों का दुःख न समझें, क्योंकि पुरुष निष्ठुर होते हैं। हे विद्युत्! तू स्त्री होते हुए भी स्त्रियों के दुःख को नहीं समझती।

यदि गर्जति वारिधरो गर्जतु तन्नाम निष्ठुराः पुरुषाः।
अभि विद्युत् प्रमदानां त्वमपि च दुःखं न जानासि।।

उपरोक्त विवरण से स्पष्ट है कि महाकवि शूद्रक एक कुशल नाटककार वेद-वेदांगों के ज्ञाता, गणित एवं संगीत तथा हस्तिविद्या में निपुण थे। इनका जन्म ई. पू. प्रथम शताब्दी माना जा सकता है। इनकी एक मात्र रचना 'मृच्छकटिकम्' के दस अंकीय 'प्रकरण' ही उपलब्ध हैं।

महाकवि भवभूति का जीवन परिचय

भवभूति के नाटकों की प्रस्तावना से प्राप्त साक्ष्यों द्वारा ये दक्षिण भारत में स्थित पद्मपुर के निवासी माने जाते हैं। ये कृष्ण यजुर्वेद की तैत्तिरीय शाखा के वेदपाठी ब्राह्मण थे। इनका गोत्र कश्यप था। इनके पितामह का नाम भट्टगोपाल और पिता का नाम नीलकण्ठ था। माता का नाम जतुकर्णी (या जातुकर्णी) था। इनका मूल नाम श्रीकण्ठ या भट्ट श्रीकण्ठ था। ये कवि रूप में भवभूति नाम से विख्यात हुए। (श्रीकण्ठपदलांछनः .... भवभूतिर्नाम, उत्तर.)। ये विविध शास्त्रों के विशेषज्ञ थे। अतः 'पदवाक्यप्रमाणज्ञः' कहे जाते थे।

प्राप्त साक्ष्यों एवं तथ्यों के अनुसार भवभूति का समय इस प्रकार निर्धारित किया जा सकता है। महाकवि बाण (606 से 648 ई.) ने अपने हर्षचरित नामक ग्रन्थ में अपने पूर्ववर्ती प्रसिद्ध नाटककारों एवं कवियों का जो उल्लेख किया है, उसमें भवभूति कवि का नाम उल्लिखित नहीं है। इसलिए भवभूति कवि बाण के परवर्ती सिद्ध होते हैं, क्योंकि वे 650 ई. पू. के नहीं हो सकते हैं।

आचार्य वामन ने अपनी रचना काव्यालंकार सूत्र वृत्ति में भवभूति के दो श्लोकों को उद्धृत किया है।

'दीर्घोलाञ्चित. (महावीर. 1-54), इयं गेहे लक्ष्मी. (उत्तर. 1-38)' इसलिए इनका का समय 8वीं शती ई. का उत्तरार्द्ध और 9वीं ई. का प्रथम चरण माना जाता है, क्योकि भवभूति 750 ई. से बाद के नहीं हो सकते।

कल्हण ने 'राजतरंगिणी' (लगभग 1158 ई.) में राजा यशोवर्मा को भवभूति और वाक्पतिराज का आश्रयदाता बताया है

कविर्वाक्पतिराजश्रीभवभूत्यादिसेवितः।
जितो ययौ यशोवर्मा तद्गुणस्तुतिवन्दिताम्।।

वाक्पतिराज ने गउडवहो (गौडवधः) में भवभूति की प्रशंसा में प्राकृत में एक पद्य लिखा है। (गउडवहो, पद्य सं. 719)। इसका संस्कृत रूपान्तर इस प्रकार है

भवभूतिजलनिधिनिर्गतकाव्यमृतरसकणाइएव स्फुरन्ति।
यस्य विशेषा अद्यापि विकटेषु कथानिवेशेषु।।

इन्हीं तथ्यों के आधार पर भवभूति का समय लगभग 680 ई. से 750 ई. तक स्वीकार किया जाता है।

भवभूति की रचनाएँ

महाकवि भवभूति की रचनाओं में से संस्कृत साहित्य में उनकी तीन नाट्य रचनाएँ उपलब्ध हैं जो रचनाक्रम के अनुसार निम्नलिखित हैं

- 'मालतीमाधवम्'
- 'महावीरचरितम्'
- 'उत्तररामचरितम्'

अभ्यास प्रश्न

1. महाकविता भासेन कति नाटकानि रचितानि?
(a) पञ्च (b) नव
(c) अष्ट (d) त्रयादेश

2. प्रतिमानाटकं कस्य रचना?
(a) भासस्य (b) कालिदासस्य
(c) भारवेः (d) भरतमुनेः

3. प्रतिज्ञायौगन्धरायणे कति अङ्काः?
(a) एकः (b) द्वौ
(c) त्रयः (d) चत्वारः

4. 'स्वप्नवासदत्तम्' इति नाटके अङ्काः सन्ति
(a) 5 (b) 6
(c) 7 (d) 8

5. कालिदासस्य का प्रसिद्धी
(a) उपमा (b) योजना
(c) वक्रोक्तिः (d) रचना

6. भारतीय संस्कृतेः प्रतिनिधि कविरस्ति
(a) माघः (b) कालिदासः
(c) वेदव्यास (d) भवभूति

7. किं सर्वस्वं कालिदासस्य?
(a) रम्यम् (b) शकुन्तला
(c) अभिज्ञानशाकुन्तलम (d) शृङ्गगारः

8. कालिदासस्येयमासीत् पत्नी खलु
(a) सरिता (b) विद्योत्तमा
(c) सुलोचना (d) दमयन्ती

9. कुमारसम्भवे पार्वती पतिरूपेण कं प्राप्तुमिच्छति स्म?
(a) कपिलम् (b) ब्रह्मचारिणम्
(c) शिवम् (d) कामदेवम्

10. कुमारसम्भवे पर्वतराज हिमालयस्य पुत्री का?
(a) उमा (b) दक्षा
(c) पार्वती (d) जानकी

11. कुमारसम्भवस्य कस्मिन् सर्गे हिमालयवर्णनं पार्वत्याश्च जन्मकथा वर्णिता?
(a) प्रथम सर्गे (b) द्वितीय सर्गे
(c) तृतीये सर्गे (d) चुतर्थे सर्गे

12. कुमारसम्भवमहाकाव्यम् विभक्तमस्ति
(a) अध्यायेषु (b) खण्डेषु
(c) पर्वेषु (d) सर्गेषु

13. कुमारसम्भवस्य नायकः अस्ति
(a) शिवः (b) हिमालयः
(c) गणेशः (d) कुमारः

14. कालिदासस्य रचना मेघदूतमस्ति
(a) महाकाव्यम्
(b) खण्डकाव्यम्
(c) नाटकम्
(d) प्रबन्धकाव्यम्

15. मेघदूतेअङ्गीरसोऽस्ति
(a) करुणस्यः
(b) संयोगशृ
(c) शान्तरसः
(d) विप्रलम्भश्रृङ्गार

16. सम्पूर्णमेघदूते छन्दोऽस्ति
(a) उपजातिः (b) मालिनी
(c) मन्दाक्रान्ता (d) मञ्जभाषिणी

17. रघुवंशस्य रचयिता कः?
(a) कालिदासः (b) भारवि
(c) माघः (d) हर्षः

18. रघुवंशे कति राज्ञां वर्णनं दरीदृश्यते?
(a) 25 (b) 30
(c) 31 (d) 35

19. रघुवंशस्य उपजीव्यकाव्यम् अस्ति
(a) रामायणम् (b) महाभारतम्
(c) नारदपुराणम् (d) विष्णुपुराणम्

20. रघुवंशे कति सर्गाः विद्यन्ते?
(a) 18 (b) 19
(c) 20 (d) 21

21. रघुवंशे समुपवर्णित प्रथमः राजा अस्ति
(a) रामः (b) दिलीपः
(c) रघुः (d) दशरथ्थः

22. मेघदूतस्य उपजीव्यकाव्यमस्ति
(a) ब्रह्मवैवर्तपुराणम् (b) नारदपुराणम्
(c) कुबेरपुराणम् (d) विष्णुपुराणम्

23. मेघदूतस्य अभिशप्तः यक्षः कुत्र निवसति?
(a) आम्रकूटे (b) विन्ध्याचले
(c) चित्रकूट (d) रामगिरौ

24. मेघदूते कैलासपर्वतपर्यन्तं मेघस्य सहयात्रिणः सन्ति
(a) दिङ्नबागा (b) बालकाः
(c) राजहंसा (d) चातकाः

25. मेघदूतस्य यक्षः कस्यानुचरः आसीत्?
(a) कुबेरस्य (b) शिवस्य
(c) यमस्य (d) वरुणस्य

26. 'ऋतुसंहारम्' कस्य कृतिरस्ति?
(a) कालिदासस्य (b) जयदेवस्य
(c) कल्हणस्य (d) श्रीहर्षस्य

27. ऋतुसंहारे ऋतुवर्णनक्रमे प्रथमर्तुः
(a) ग्रीष्मः (b) वसन्तः
(c) वर्षा (d) शरद्

28. ऋतुसंहारे ऋतुवर्णनक्रमे अन्तिमः ऋतु
(a) ग्रीष्मः (b) वसन्तः
(c) वर्षा (d) शरद्

29. को रचनाकारो 'मृच्छकटिकस्य'?
(a) विशाखादत्तः (b) शूद्रकः
(c) भवभूतिः (d) भारविः

30. मृच्छकटिकमस्ति
(a) काव्यम् (b) कथा
(c) प्रकरणग्रन्थ (d) गीतिकाव्यम्

31. मृच्छकटिकस्य सप्तमाङ्कस्य नाम वदतु
(a) शर्विलकः
(b) मदनिका
(c) आर्यकापहरणम्
(d) उपसंहारः

32. वर्तते किमष्टमाङ्कस्य मृच्छकटिस्य नाम खलु?
(a) व्यवहारः
(b) वसंतसेनामर्दनम्
(c) वसंतसेना
(d) उपसंहार

33. को मृच्छकटिकस्य विदूषक खलुः
(a) वसंतकः (b) माढव्यः
(c) मैत्रेय (d) कोऽपि न

34. मृच्छकटिके चारुदत्तस्य पुत्रोऽस्ति
(a) सर्वदमनः (b) रोहसेनः
(c) धूतानंदनः (d) मोहसेनः

35. चारुदत्तगृहादाभूषणानि चोरयति कः?
(a) पालकः (b) संवाहकः
(c) शर्विलकः (d) वसंतसेना

36. भवभूतिना कति नाटकानि लिखितानि?
(a) त्रीणि (b) चत्वारि
(c) पञ्च (d) सप्त

37. 'उत्तररामचरितम्' इति नाटके कति अङ्काः?
(a) पञ्च (b) षट्
(c) सप्त (d) नव

38. 'उत्तररामचरितम्' इति नाटकस्य नायकः कः?
(a) श्रीराम (b) श्रीकृष्णः
(c) विष्णुः (d) ब्रह्मा

39. उत्तररामचरिते प्रधानरूपेण कस्य रसस्य प्रयोगोऽभवत्?
(a) शृङ्गारस्य (b) करुणस्य
(c) वीरस्य (d) रौद्रस्य

40. भवभूतेः पितुर्नामासीत्
(a) भट्टगोपालः (b) नीलकण्ठः
(c) मनोरथः (d) कोऽपि न

41. भवभूति कस्य राज्ञ आश्रित आसीत्?
(a) कनिष्कस्य (b) विजयचन्द्रस्य
(c) यशोवर्मणः (d) कस्यापि न

उत्तरमाला

1.	(d)	2.	(a)	3.	(d)	4.	(a)	5.	(a)	6.	(b)	7.	(c)	8.	(b)	9.	(c)	10.	(c)
11.	(a)	12.	(d)	13.	(d)	14.	(b)	15.	(d)	16.	(c)	17.	(a)	18.	(c)	19.	(a)	20.	(b)
21.	(b)	22.	(a)	23.	(d)	24.	(c)	25.	(a)	26.	(a)	27.	(a)	28.	(b)	29.	(b)	30.	(c)
31.	(c)	32.	(b)	33.	(c)	34.	(b)	35.	(c)	36.	(a)	37.	(c)	38.	(a)	39.	(b)	40.	(b)
41.	(c)																		

अध्याय 09

संस्कृत साहित्य का इतिहास

महाकाव्य

महाकवि कालिदास के इस काव्य को उनकी अन्तिम कृति के रूप में जाना जाता है। 19 सर्गों में निबद्ध इस काव्य में कुल 1569 श्लोक हैं जिसमें 31 सूर्यवंशी राजाओं का सुन्दर वर्णन है।

रघुवंशम्

इसका प्रारम्भ सूर्यवंशी राजा दिलीप के वर्णन और अवसान राजा अग्निवर्ण से होता है।

- **प्रथम एवं द्वितीय सर्ग** में दिलीप सर्वसम्पन्न होते हुए भी पुत्रविहीन होने के कारण अत्यन्त दुःखी होकर रानी सुदक्षिणा के साथ वशिष्ठ गुरु के आश्रम पहुँचते हैं। वशिष्ठ के आदेशानुसार राजा कामधेनु की पुत्री नन्दिनी की सेवा का व्रत लेते हैं। कुछ दिन व्यतीत होने पर गौ राजा की सेवा-शुश्रूषा की परीक्षा लेने हेतु चरती हुई हिमालय की गुफाओं में प्रवेश कर जाती है। वहाँ सिंह द्वारा आक्रमण करने पर राजा सिंह से गौ को छोड़ देने की प्रार्थना करता है और उसके बदले अपना शरीर अर्पित कर देता है। इस भाव को देखकर नन्दिनी प्रसन्न होकर पुत्र-प्राप्ति का वरदान देती है।
- **तृतीय सर्ग** में रघु की उत्पत्ति, यौवराज्य तथा अश्वमेध में उनके द्वारा प्रदर्शित पराक्रम का वर्णन हुआ है। यज्ञ समाप्त होते ही रघु को राजा बनाकर दिलीप पत्नी सहित वन को चले जाते हैं।
- **चतुर्थ सर्ग** में रघु-दिग्विजय का वृत्तान्त वर्णित है।
- **पञ्चम सर्ग** में रघु की दानशीलता का चित्रण हुआ है। उनका राजकोष, उनकी असीम दानवृत्ति के कारण रिक्त हो जाता है और तभी कौत्स नामक एक ब्रह्मचारी विप्र चौदह करोड़ स्वर्ण मुद्राएँ माँगने के लिए आते हैं। धनपति कुबेर आक्रमण के भय से कोष में धन-वृष्टि कर देता है और तब कौत्स को धन दे दिया जाता है एवं वह पुत्र-प्राप्ति का वरदान देकर चला जाता है।
- **षष्ठ, सप्त, अष्ट सर्ग** में अज का जन्म, इन्दुमती स्वयंवर, अन्य राजाओं को परास्त कर अज का हृदय-विदारक विलाप वर्णित है।
- **नवम-पञ्चदश सर्ग** तक रामचरित्र वर्णित है। 14वें सर्ग में सीताचरित्र का वर्णन है। राम द्वारा परित्यक्ता, गर्भवती, जनकनन्दिनी के प्रणय सन्देश में जो आत्मगौरव, जो विवशता, दैन्य तथा स्नेह पञ्जीभूत है, वह पतिव्रता नारी के चरित्र का चरमोत्कर्ष है।
- **षोडश सर्ग** में नाटकीय तत्त्वों का सुन्दर आभास मिलता है। रात्रिकाल में कुश के शयनकक्ष में अयोध्या देवी का आगमन और उसके द्वारा कथित अयोध्या का दुःखद वर्णन अत्यन्त हृदयस्पर्शी है। इसी में कुश के जल-विहार का सजीव चित्रण उपलब्ध होता है।
- **सप्तदश सर्ग** में पुत्र अतिथि का चरित्र चित्रित किया गया है।
- **अष्टादश सर्ग** में कवि ने 21 राजाओं का उल्लेख किया है, जिनमें अन्तिम राजा सुदर्शन की उत्तम शासन-व्यवस्था का वर्णन ही प्रधान है।
- **नवदश सर्ग** में सुदर्शन के पुत्र अग्निवर्ण की कामुकता, विलासिता एवं दुःखद मृत्यु का भावुक चित्रण हुआ है।

रघुवंशम् के मुख्य अंश

▪ ग्रन्थ	–	रघुवंशम्
▪ ग्रन्थकार	–	कालिदास
▪ काव्यविधा	–	महाकाव्य
▪ सर्ग	–	19
▪ श्लोक	–	1569
▪ प्रमुख रस	–	श्रृंगार
▪ उपजीव्य	–	रामायण
▪ नायक/नायिका	–	श्रीराम/सीता
▪ समय	–	150 ई.पू. - 475 ई.
▪ विशेष	–	31 राजाओं का वर्णन

किरातार्जुनीयम्

महाकवि भारवि द्वारा रचित 'किरातार्जुनीयम्' की कथा का मूलस्रोत महाभारत रहा है। इन्द्र तथा शिव को प्रसन्न करने के लिए की गई अर्जुन की तपस्या को आधार बनाकर कवि ने 18 सर्ग के महाकाव्य का वितान पल्लवित किया है।

प्रथम सर्ग का आरम्भ द्यूतक्रीड़ा में हारे हुए पाण्डवों के द्वैतवनवास से होता है। युधिष्ठिर यहाँ रहकर भी दुर्योधन की ओर से निश्चिन्त नहीं हैं। वे एक वनेचर को दुर्योधन की प्रजापालन सम्बन्धी नीति को जानने के लिए 'चर' बनाकर भेजते हैं। ब्रह्मचारी बना हुआ वनेचर लौटकर युधिष्ठिर के पास आता है और दुर्योधन के शासन की पूरी जानकारी देता है एवं इस बात का संकेत

करता है कि जुए के बहाने से जीती हुई पृथ्वी को वह नीति से भी जीत लेने की चेष्टा में लगा है। सारी बातें बताकर वनेचर लौट जाता है और द्रौपदी आकर युधिष्ठिर को युद्ध करने के लिए उत्तेजित करती है एवं उसकी कायरता के लिए कटु शब्दों का प्रयोग करती है।

द्वितीय सर्ग में भीम भी द्रौपदी सहित मिलकर युधिष्ठिर को युद्ध करने के लिए कहता है लेकिन युधिष्ठिर उसे मना कर देता है और उचित समय के आने की प्रतीक्षा करने के लिए कहता है, जब पाण्डवों के मित्र उनकी सहिष्णुता की प्रशंसा करें एवं दुर्योधन के दुर्व्यवहार से अपमानित राजा उससे अलग हो जाएँ। तब भगवान व्यास आते हैं।

तृतीय और चतुर्थ सर्ग में युधिष्ठिर-व्यास संवाद, व्यास का अर्जुन को पाशुपतास्त्र की प्राप्ति के लिए हिमालय पर जाने का आदेश और अर्जुन का प्रस्थान है। हिमालय पर तपस्यार्थ जाते समय पर्वत, शरद् ऋतु और गोपालों आदि का वर्णन है।

पञ्चम सर्ग में हिमालय की विशेषता बताकर और अर्जुन को तपस्या में लगाकर गृह्यक चला जाता है।

षष्ठ एवं सप्तम् सर्ग में हिमालय पर अर्जुन की तपस्या को भंग करने के लिए इन्द्र अप्सराओं को भेजता है, लेकिन वे अर्जुन के व्रत को भंग न कर सकीं।

अष्टम सर्ग में गन्धर्वों एवं देवाङ्गनाओं का वन विहार एवं उनकी काम-क्रीड़ाओं का सरल एवं विस्तृत वर्णन के साथ उनके गंगा स्नान एवं क्रीड़ाओं का मनोरम वर्णन है।

नवम सर्ग में सन्ध्या चन्द्रोदय, प्रभात का वर्णन है।

दशम एवं एकादश सर्ग में अप्सराओं के अनेक प्रयत्नों के बावजूद वे अर्जुन की तपस्या को भंग करने में असफल होती हैं और वापस चली जाती हैं। अन्ततः अर्जुन की कठोर तपस्या को देखकर इन्द्र प्रसन्न होकर उसको शिव की तपस्या करने का उपदेश देता है।

द्वादश सर्ग में अर्जुन पुनः तपस्या करता है। इधर एक मायावी दैत्य अर्जुन को मारने के लिए सूअर का रूप धारण करता है। इस बात को जानकर भगवान् शिव अर्जुन की रक्षा हेतु किरात का मायावी वेश धारण करते हैं।

त्रयोदश एवं चतुर्दश सर्ग में शूकर/सूअर के प्रवेश का वर्णन है। किरात तथा अर्जुन दोनों सूअर पर एक साथ बाण छोड़ते हैं। अर्जुन का बाण सूअर को मारकर पृथ्वी में घुस जाता है। बाद में बचे हुए बाण के लिए किरात और अर्जुन का वाद-विवाद चलता है।

पञ्चदश, षोडश, सप्तदश सर्ग में किरात और अर्जुन के मध्य हुआ वाद-विवाद युद्ध का रूप धारण कर लेता है।

अष्टादश सर्ग में अर्जुन की वीरता से प्रसन्न होकर भगवान शिव प्रकट होते हैं और उसे पाशुपतास्त्र प्रदान कर विजयश्री का आशीर्वाद देतें हैं। इस प्रकार काव्य की पूर्ति होती है।

शिशुपालवधम्

महाकवि माघ द्वारा रचित शिशुपालवध की कथा भी भारवि के किरातार्जुनीय की तरह महाभारत से गृहीत है। इसमें 20 सर्ग और 1650 श्लोक हैं। कृष्ण तथा शिशुपाल के वैर की तथा युद्ध में कृष्ण के द्वारा शिशुपाल का वध किए जाने की कथा काव्य में वर्णित है। कथा में शिशुपाल को हिरण्यकशिपु तथा रावण का इस जन्म का अवतरण माना है और शिशुपाल को कंस से भी बढ़कर नृशंस राजा के रूप में चित्रित किया गया है। शिशुपालवध द्वारिका से युधिष्ठिर के राजसूय यज्ञ में सम्मिलित होने के लिए कृष्ण के प्रस्थान और वहाँ शिशुपाल के द्वारा किए गए कृष्ण के अपमान तथा बाद में युद्ध के फलस्वरूप शिशुपाल के मारे जाने की कथा है।

प्रथम सर्ग का आरम्भ देवर्षि नारद के आगमन से होता है। वे पृथ्वी पर श्रीकृष्ण से मिलने आते हैं। उनको आता देख कृष्ण उनसे आने का कारण पूछते हैं। नारद बताते हैं कि शिशुपाल के अत्याचार से डरे इन्द्र ने उन्हें भेजा है। कृष्ण उसका वध करें और इन्द्र के हृदय को भयरहित बनाकर उसे आमोद-प्रमोद से उल्लसित बनाएँ। नारद चले जाते हैं।

द्वितीय सर्ग में कृष्ण, बलराम और उद्धव मन्त्रणागृह में बैठकर विचार-विमर्श करते हैं और कृष्ण अपनी समस्या उपस्थित करते हुए कहते हैं कि शिशुपाल का वध करना आवश्यक है, किन्तु इसी समय युधिष्ठिर के राजसूय का निमन्त्रण भी मिला है। इन दोनों कार्यों में पहले किसको किया जाए। राजसूय में सम्मिलित न होने पर पाण्डव बुरा मानेंगे। बलराम की राय है कि शिशुपाल की राजधानी चेदि पर आक्रमण कर दिया जाए, युधिष्ठिर यज्ञ करें, इन्द्र स्वर्ग का राज करें, सूर्य तपे और हम भी शत्रुओं को मारें, प्रत्येक व्यक्ति अपने स्वार्थ की सिद्धि चाहता है। उद्धव इस मत के विरुद्ध हैं। वे बलराम की हर दलील का जवाब देते हैं और राय देते हैं कि इस समय आक्रमण करना ठीक न होगा। अच्छा होगा यदि हम जासूसों को नियुक्त कर शत्रु की शक्ति का पता लगाते रहें और भेद करें। अन्ततः युधिष्ठिर के राजसूय यज्ञ में जाने का निश्चय होता है।

तृतीय सर्ग में कृष्ण की सेना इन्द्रप्रस्थ के लिए रवाना होती है।

चतुर्थ सर्ग में वह रैवतक पर्वत पर पहुँचती है और पर्वत का अलंकृत वर्णन है।

पञ्चम सर्ग में सेना के रैवतक पर्वत पर पड़ाव डालने का वर्णन है।

षष्ठ सर्ग में कृष्ण की सेवा के लिए छः वों ऋतुएँ रैवतक पर्वत पर अवतीर्ण होती हैं।

सप्तम सर्ग में यदुदम्पतियों का विलासपूर्ण वनविहार वर्णित है।

अष्टम सर्ग में जलक्रीड़ा।

नवम सर्ग में दूतीकर्म, आहार्य-प्रसाधन की शोभा आदि का वर्णन है।

दशम सर्ग में सुरा-सुन्दरी के सेवन का 'विलासपूर्ण' वर्णन है।

एकादश सर्ग में प्रातःकाल का वर्णन है।

द्वादश सर्ग में सेनाप्रयाण का वर्णन है।

त्रयोदश सर्ग में इन्द्रप्रस्थ की पुरनारियों का वर्णन है।

चतुर्दश सर्ग में यज्ञ का वर्णन है और इसी सर्ग में कृष्ण की पूजा की जाती है।

पञ्चदश सर्ग में शिशुपाल कृष्ण की पूजा का विरोध करता है।

षोडश सर्ग में शिशुपाल का दूत आकर कृष्ण को सन्देश सुनाता है कि या तो वह शिशुपाल की अधीनता माने या युद्ध के लिए तैयार हो जाएँ।

सप्तदश, अष्टादश सर्ग में सेना की तैयारी। **नवोदश एवं विंशति सर्ग** में युद्ध का वर्णन है और अन्त में श्रीकृष्ण अपने सुदर्शन चक्र से उसका सिर काट देते हैं एवं उसका तेज श्रीकृष्ण में विलीन होने के साथ काव्य समाप्त होता है।

नैषधीयचरितम्

महाकवि श्रीहर्ष द्वारा विरचित 'नैषधीयचरितम्' एक बहुत बड़ा काव्य है जिसमें 22 सर्ग हैं और प्रत्येक सर्ग में सौ से अधिक पद्य हैं। 13वें और 19वें सर्ग को छोड़कर, जिनमें केवल 55 और 66 पद्य हैं, बाकी सभी सर्ग बड़े हैं; कई में तो 150 पद्यों के लगभग हैं। महाकाव्य के इस विशाल आलवाल को देखते हुए श्रीहर्ष ने नलचरित से सम्बद्ध जितनी-भी कथा ली है, वह छोटी है।

दमयन्ती तथा नल के प्रेम को लेकर उनके विवाह और विवाहोपरान्त क्रीड़ाओं आदि का वर्णन कर काव्य को समाप्त कर दिया गया है।

प्रथम सर्ग में नल का वनविहार वर्णित है।

द्वितीय सर्ग में हंस के द्वारा दमयन्ती के सौन्दर्य का वर्णन तथा नल के कहने पर कुण्डिनपुरी जाने का उल्लेख है।

तृतीय सर्ग में हंस दयमन्ती के पास जाकर उसे नल के प्रति अनुरक्त बना देता है।

चतुर्थ सर्ग में दमयन्ती के नलगुणश्रवण-जनित पूर्वरागसूचक वियोग की दशा का ऊहोक्तिमय वर्णन है।

पञ्चम सर्ग में इन्द्र, अग्नि, वरुण और यम नल को दमयन्ती के पास दूत बनाकर भेजते हैं।

षष्ठ, सप्त, अष्ट, नवम सर्ग में नल का वहाँ जाने का वर्णन और दमयन्ती का नखशिख-चित्रण है, वह देवताओं के सन्देश को दयमन्ती से कहता है। दमयन्ती नल को छोड़कर उनका वरण नहीं करना चाहती। दुःखी दमयन्ती रोने लग जाती है। तब नल प्रकट होकर अपना असली परिचय देता है।

दशम सर्ग में स्वयंवर के पहले दमयन्ती के श्रृंगार का वर्णन है।

एकादश एवं द्वादश सर्ग में सरस्वती के द्वारा स्वयंवर में उपस्थित राजाओं का वर्णन है।

त्रयोदश सर्ग में नल का रूप धारण कर आए हुए चारों देवताओं और नल का श्लिष्ट वर्णन है।

चतुर्दश सर्ग में दमयन्ती वास्तविक नल का वरण करती है।

पञ्चदश सर्ग में विवाह के पूर्व वर-वधू के आहार्य-प्रसाधन का वर्णन है।

षोडश सर्ग में दोनों के पाणिग्रहण और ज्यौनार का विस्तार से वर्णन है।

सप्तदश सर्ग में देवता लोग स्वर्ग को जाते समय रास्ते में कलियुग को देखते हैं।

अष्टादश सर्ग में नल और दमयन्ती के प्रथम समागम का वर्णन है।

नवोदश सर्ग में प्रातःकाल नल को जगाने के लिए वैतालिकों के गान का वर्णन है।

विंशति, एकविंशति, द्विविंशति सर्ग में राजा-रानी की दैनिक दिनचर्या का वर्णन है, जिसमें देवस्तुति, सूर्योदय और विलासमय चाटूक्तियों के सरस चित्र हैं।

नैषधीयचरितम् के मुख्य अंश

- ग्रन्थ–नैषधीयचरितम
- ग्रन्थकार–श्रीहर्ष
- काव्यविधा–महाकाव्य
- श्लोक/सर्ग–2830 श्लोक, 22 सर्ग
- आधार ग्रन्थ–महाभारत (नलोपाख्यान)
- प्रमुख रसः श्रृङ्गार
- नायक/नायिका–नल/दमयन्ती
- शैली–वैदर्भी शैली
- विशेष : नल-दमयन्ती का प्रणय वर्णन
- प्रमुख सूक्तियाँ: आर्जवं हि कुटिलेषु न नीतिः।
- जनानने कः करमर्पयिष्पति।
- मितं च सारं च वचो हि वाग्मिता।
- कर्म कः स्वकृतमत्र न भुङ्क्ते।
- दुर्जया हि विषया विदुषाऽपि।

बुद्धचरितम्

बौद्ध दार्शनिक महाकवि अश्वघोष द्वारा रचित 'बुद्धचरितम्', भगवान् बुद्ध के जीवन के महत्त्वपूर्ण विषय से सम्बद्ध 28 सर्गों का एक महाकाव्य-ग्रन्थ है। वस्तुतः महाकवि अश्वघोष रचित मात्र 13 सर्ग ही उपलब्ध होते हैं। 19वीं शताब्दी के 'अमृतानन्द' ने इसमें चार सर्ग जोड़ दिए, इस प्रकार कुल 17 सर्ग उपलब्ध हैं। हरप्रसाद शास्त्री को यह ग्रन्थ 14वें सर्ग पर्यन्त उपलब्ध हुआ है। यद्यपि बुद्धचरित के चीनी व तिब्बती भाषान्तर में 28 सर्ग उपलब्ध हैं।

'बुद्धचरितम्' के **प्रथम** सर्ग में भगवान् बुद्ध का जन्म; **द्वितीय** सर्ग में अन्तःपुर-विहार, **तृतीय** में संवेगोत्पत्ति; **चतुर्थ** में स्त्रीनिवारण; **पञ्चम** में अभिनिष्क्रमण; **षष्ठ** में छन्दकविसर्जन; **सप्तम** में तपोवन प्रवेश; **अष्टम** में अन्तः पुर विलाप; **नवम्** में कुमारान्वेषण; **दशम्** में बिम्बिसारागमन **एकादश** में काम-निन्दा; **द्वादश** में अराऽदर्शन; **त्रयोदश** में कामविजय तथा **चतुर्दश** सर्ग में बुद्धत्व-प्राप्ति का निरूपण है।

बुद्धचरितम् के मुख्य अंश

■ ग्रन्थ	–	बुद्धचरितम्
■ ग्रन्थकार	–	अश्वघोष
■ काव्यविधा	–	महाकाव्य
■ आधार ग्रन्थ	–	इतिहास प्रसिद्ध
■ श्लोक/सर्ग	–	28 सर्ग (मूलतः 14)
■ मुख्य रस	–	शान्त
■ नायक/नायिका	–	भगवान बुद्ध
■ प्रमुख सूक्तियाँ	–	सर्वस्व लोक नियतो विनाशः
	–	कामसंज्ञं विषमाददीत

शेष पञ्चदश से अष्टविंशति सर्ग पर्यन्त क्रमशः बुद्ध का काशीगमन, शिष्यों को दीक्षा-दान, महाशिष्यों का संन्यास लेकर जाना, अनाथपिण्डद की दीक्षा, पिता-पुत्र का समागम, जेतवन की स्वीकृति, संन्यास का झरना, आम्रपाली के उपवन में आयु का निर्णय, लिच्छिवियों पर अनुकम्पा, निर्वाण मार्ग में महापरिनिर्वाण, निर्वाण की प्रशंसा तथा धातु-विभाजन का निरूपण किया गया है।

गीतिकाव्य

मेघदूतम्

संस्कृत के गीतिकाव्य साहित्य का परम उज्ज्वल रत्न कालिदास विरचित 'मेघदूतम्' है। इसमें 120 पद्यों में कवि ने विरही यक्ष की मनोव्यथा का मार्मिक चित्रण किया है। *इसके दो भाग हैं*—पूर्वमेघ और उत्तरमेघ। अलकापुरी के अधीश्वर कुबेर ने अपने किंकर यक्ष को, जो प्रतिदिन मानसरोवर से स्वर्णकमल लाने के काम पर लगा हुआ था, इस कर्त्तव्यपालन में कुछ शिथिलता लाने के कारण, एक वर्ष के लिए राज्य से निर्वासित कर दिया। वह शापवश रामगिरि नामक पर्वत पर अपने विरही दिन व्यतीत करने लगता है। शाप के लगभग 8 मास बीतने पर आषाढ़ के प्रथम दिन विरह की उत्कृष्ट वेदना जाग्रत होती है। वह अपनी प्रिया के बिना व्याकुल है।

'मेरी पत्नी की भी विरह में यही दशा हो रही होगी', ऐसा विचार कर यक्ष मेघ को अपना दूत बनाकर कुशल सन्देश अपनी प्राणवल्लभा पत्नी के पास भिजवाता है। यह विचार किए बिना कि यह मेघ उसका सन्देश ले जाने में समर्थ है अथवा नहीं, वह उसे अलकापुरी तक का मार्ग बताता है और कहता है कि कुछ विशिष्ट स्थानों पर विश्राम करते हुए अलकापुरी तक जाना। इस प्रकार कवि पूर्वमेघ में रामगिरि से लेकर अलकापुरी तक के मार्ग का वर्णन करता है जिनमें विशेष स्थल हैं—मालप्रदेश, आम्रकूट पर्वत, नर्मदा नदी, विदिशा नगरी, नीचैगिरि, निर्विन्ध्या नदी, उज्जयिनी, क्षिप्रा नदी, देवगिरि, चर्मण्वती नदी, कुरुक्षेत्र, सरस्वती नदी, कनखल नदी, गंगा नदी, हिमालय पर्वत, कैलास और

अलका नगरी। उत्तरमेघ में अलकापुरी के भवन तथा यक्ष की पत्नी की विरह दशाओं का वर्णन किया गया है। उत्तरमेघ का प्रत्येक श्लोक वियोगावस्था का जीता-जागता चित्र उपस्थित करता है। इस वर्णन में ऐसा लगता है कि कालिदास एक कवि नहीं अपितु एक वियोगिनी स्त्री की भावनाओं, परिस्थितियों तथा हार्दिक संवेदनाओं के गूढ़ अध्येता भी हैं। कालिदास ने प्रकृति वर्णन के साथ-साथ नगर और ग्राम का भी अद्‌भुत वर्णन किया है। यक्ष ने मेघ को सन्देश दिया कि मेरे वियोग में खिन्न मन, उदास, तुषारापात से म्लान पद्‌मिनी के समान दिखाई देने वाली पत्नी से कहना कि तुम खिन्न न हो। वियोग के शेष चार माह धैर्य के साथ व्यतीत करना। मैं भी इन दिनों को काट रहा हूँ। सुख-दु:ख का चक्र बदलता रहता है। दु:ख के पश्चात् सुख के दिन आने वाले हैं। हम दोनों का मिलन अवश्य होगा। मेघदूत की कल्पना शृङ्गारिक होते हुए भी उसमें शिष्ट नैतिकता का त्याग नहीं किया गया। यक्ष दम्पती का प्रेम मानवीय प्रेम का ही आदर्श प्रतिरूप है। कालिदास ने दर्शाया है कि वियोग ही सच्चे प्रेम का पोषक और परिणति विधायक है।

मेघदूतम् के मुख्य अंश

- ग्रन्थ–मेघदूम्
- ग्रन्थकार–कालिदास
- काव्यविधा–खण्डकाव्य/गीतिकाव्य
- सर्ग–2 खण्ड-पूर्व व उत्तर
- श्लोक संख्या–63+52 (पूर्व + उत्तर) = 115
- प्रमुख रस–शृङ्गार (वियोग)
- छन्द–मन्दाक्रान्ता
- शैली–वैदर्भी रीति, प्रसाद गुण
- नायक/नायिका–यक्ष/यक्षिणी
- उपजीव्य–रामायण
- समय–150 ई.पू. - 475 ई.
- विशेष–प्रतिनिधि दूत काव्य के रूप में एक गीतिकाव्य
- प्रमुख सूक्तियाँ: मेघालोके भवति सुखिनोऽप्यन्यथा वृत्तिः चेतः।

गद्यकाव्य

दशकुमारचरितम्

आचार्य दण्डी (600 ई. के लगभग) कृत 'दशकुमारचरितम्' एक उत्कृष्ट कथा ग्रन्थ है। दशकुमारचरितम् का वर्तमान उपलब्ध स्वरूप तीन भागों में विभाजित है—(i) पूर्वपीठिका (ii) दशकुमारचरितम् (iii) उत्तर-पीठिका। अधिकांश विद्वानों का मानना है कि इनमें 'दशकुमारचरितम्' ही आचार्य दण्डी की रचना है जिसमें कुल आठ उच्छ्‌वास हैं। 'दशकुमारचरितम्' कथा का प्रारम्भ पुष्पपुरी (पटना) के राजा 'राजहंस' से होता है। वे मानसार से पराजित हो जाने के बाद वन में चले जाते हैं, वहीं राजहंस की पत्नी वसुमती को 'राजवाहन' नामक पुत्र होता है।

राजवाहन के साथ ही राजा के मन्त्री-पुत्रों का भी जन्म हुआ। बड़े होने पर कुमार राजवाहन अपने सहयोगी मित्र अमात्यकुमारों के साथ देश-भ्रमण के लिए निकल पड़ा। नियति की वामता के कारण सभी एक-दूसरे से बिछुड़कर अलग-अलग देशों में भटक गए। संकटमय एवं कंटकाकीर्ण पथों से गुजरकर एक दिन सभी राजकुमार राजवाहन के पास लौट आए और सभी ने अपनी-अपनी राम-कहानी कह डाली। इन्हीं दस राजकुमारों द्वारा कथित घटनाओं या कहानियों का संग्रह 'दशकुमारचरितम्' कथा है। दशकुमारचरितम् का रोचक वर्णन इस प्रकार है

- प्रथम उच्छ्‌वास में राजवाहन की कथा है तथा उसके साथी उसके पास आते हैं। अपने साथियों को बहुत दिनों बाद पाकर वह उनसे अपने अनुभवों की कथा कहने का आदेश देता है। बाकी सात उच्छ्‌वासों में सात कुमारों की कहानियाँ हैं।
- इस आपबीती कहानी में सबसे पहले-पहले अपहारवर्मा का चरित्र-चित्रण है। यह कथा अपेक्षाकृत लम्बी, जटिल और मनोरञ्जक है। इसमें अपहारवर्मा गरीबों की सहायता के लिए किस प्रकार धनिकों के घर चोरी करता है, प्रेमियों को आपस में मिलाने का कैसा स्वांग रचता है और नीचता, दुष्टता एवं धोखेबाजी के शिकार बने लोगों की किस उपाय से रक्षा करता है, इन सबका विचित्र वर्णन है। इसमें काममञ्जरी नाम की वेश्या द्वारा मरीचि नामक तपस्वी को विदग्धतापूर्वक प्रलोभित करने का तथा तापसों के ढोंग का बड़ा ही मार्मिक चित्रण मिलता है।
- इसके बाद उपहारवर्मा की कहानी है। इसमें कथा-नायक के पिता के खोए हुए राज्य की प्राप्ति का वर्णन है। नायक चालाकी से राजा का वध कर देता है। वह रानी का विश्वासपात्र बनकर मन्त्र-सिद्धि से राजा बन जाता है।
- अगली कहानी कुमार अर्थपाल की है। अर्थपाल काशीराज के द्वारा अपमानित अपने पदच्युत पिता को पुन: मन्त्री बना देता है और राजकुमारी मणिकर्णिका के प्रेम को प्राप्त करता है।
- इसके बाद प्रमति की कहानी है। इसमें प्रमति श्रावस्ती की राजकुमारी 'नवमालिका' को स्वप्न में देखता है। वह स्त्री का वेश बनाकर अन्त:पुर में प्रवेश करता है और राजकुमारी से मिलता है।
- अगली कहानी मित्रगुप्त की है जो सुह्यदेश की राजकुमारी कन्दुकवती को प्राप्त करता है। इसमें एक ब्रह्म राक्षस की कथा आई है, जो मित्रगुप्त से चार प्रश्न करता है और उत्तर न देने पर उसे मार डालने की धमकी देता है। इन्हीं प्रश्नों के उत्तर में धूमनी, गोमिनी, निम्बवती आदि की कथा आई है।
- सातवीं कहानी मन्त्रगुप्त की है। आरम्भ में मन्त्रगुप्त एक कापालिक सिद्ध की बलिभूता कलिंग राजपुत्री कनकलेखा को बचाता है।
- अन्तिम कहानी विश्रत की है। जो दण्डी की अपूर्ण कथा है और उत्तरपीठिका में इसे पूर्ण कर दिया गया है। इस कथा में विश्रुत में अपने आश्रयदाता विदर्भ के राजकुमार के खोए हुए राज्य को पुन: प्राप्त करता है। वह भगवती दुर्गा की मूर्ति में स्थित होकर अपनी इष्ट सिद्धि को प्राप्त करता है।

दशकुमारचरितम् के मुख्य अंश

ग्रन्थ	–	दशकुमारचरितम्
ग्रन्थकार	–	दण्डी
समय	–	600 ई. के लगभग
काव्यविधा	–	कथा
आधारग्रन्थ	–	गुणाढ्य कृत बृहत्कथा
सर्ग/अङ्क	–	3 खण्ड (1. पूर्वपीठिका, 2. दशकुमारचरितम्, 3. उत्तरपीठिका)
प्रमुख रस	–	शृङ्गार
नायक/नायिका	–	राजवाहन/अवंतिसुन्दरी
शैली, गुण	–	वैदर्भी शैली, प्रसाद एवं माधुर्य गुण
विशिष्ट विवरण	–	दस राजकुमारों का विभिन्न इतिवृत वर्णित है। द्वितीय खण्ड 'दशकुमारचरितम्' जिसमें 8 उच्छ्‌वास हैं, वह मूल भाग है।

हर्षचरितम्

महाकवि बाणभट्ट द्वारा लिखित 'हर्षचरितम्' एक आदर्श आख्यायिका ग्रन्थ है। बाण का समय सातवीं शताब्दी ई. के पूर्वार्द्ध माना जाता है। यह ग्रन्थ आठ उच्छ्वासों में विभक्त है जिसमें बाण ने अपने आश्रयदाता और अपने समय के महान् सम्राट हर्षवर्धन के जीवन से सम्बद्ध घटनाओं का रोचक वर्णन किया है।

- प्रथम तीन उच्छ्वासों में बाणभट्ट की अपनी आत्मकथा वर्णित है। शेष उच्छ्वासों में कवि ने हर्ष के पूर्वजों का वर्णन करते हुए हर्ष के जन्म से लेकर राज्यश्री के मिलने तक का वर्णन किया है।
- प्रथम उच्छ्वास में बाणभट्ट अपने वंश के अवतरण तथा अपनी असंयत यौवन पर्यन्त जीवनी का वर्णन करते हैं।
- द्वितीय उच्छ्वास में सम्राट हर्ष से बाण का परिचय और राज-सम्मान का वर्णन है।
- तृतीय उच्छ्वास में हर्ष का वास्तविक जीवन-चरित्र सुनाने के लिए यह कथा आगे की ओर बढ़ती है। तदनन्तर हर्ष के अंश, उनकी राजधानी स्थाणीश्वर तथा प्रसंगप्राप्त पुरावृत्ताख्यानगत नृपति पुष्यभूति की प्रशस्ति व उनके मित्र एवं साहसिक कार्यों में उनके साथी भैरवाचार्य का प्रयत्न-साध्य वर्णन मिलता है।
- चतुर्थ उच्छ्वास में श्रीहर्ष के वंश के आदिपुरुष 'पुष्यभूति' के वंशज राजाओं का केवल अस्पष्ट संकेत है। तदनन्तर महाराज प्रभाकरवर्धन के शौर्य का वर्णन है। उनकी पत्नी रानी यशोवती थी। उनके दो पुत्र राज्यवर्धन एवं हर्षवर्धन तथा एक पुत्री राज्यश्री हुई। राज्यश्री का पाणिग्रहण संस्कार मौखरि वंशज राजा ग्रहवर्मा से हुआ।
- पंचम उच्छ्वास में राज्यवर्धन का हूणों पर आक्रमण व हर्ष के लौटने पर पिता की गम्भीर बीमारी के चलते मृत्यु तथा माता के द्वारा आत्महत्या करने की बात सुनकर अत्यन्त दु:खी होना एवं हर्ष का विलाप वर्णित है।
- षष्ठ उच्छ्वास में राज्यवर्धन का हूण विजय के पश्चात् लौटना, पितृशोक से विह्वल होना, हर्ष पर राज्य भार डालना, मालव नरेश द्वारा ग्रहवर्मा की हत्या, राज्यश्री को बन्दी बनाना, राज्यवर्धन का मालवा नरेश के वधार्थ भणि के साथ सेना सहित प्रस्थान, मालव राजा को हराना, लौटते समय गौड़ राजा (शशांक) द्वारा छलपूर्वक राज्यवर्धन की हत्या तथा गौड़ नरेश पर आक्रमण का निर्णय वर्णित है।
- सप्तम उच्छ्वास में अत्यन्त अव्यवस्था के कारण उत्पन्न विविध समस्याओं व हर्ष के दिग्विजय का विवरण है। असम के राजा के एक राजदूत का भी उल्लेख मिलता है, जो हर्ष के सामने एक अत्यन्त सुन्दर छत्र का उपहार उपस्थित करता है।
- अष्टम उच्छ्वास में हर्ष का विन्ध्य वन में गमन, ग्रहवर्मा के बाल-मित्र बौद्ध मुनि दिवाकर मिश्र के आश्रम में पहुँचना, एक भिक्षुक द्वारा राज्यश्री के सती होने की सूचना पाना, राज्यश्री को सती होने से बचाने के लिए हर्ष का दौड़कर जाना, दिवाकर मिश्र का राज्यश्री को सान्त्वनाप्रद उपदेश और हर्ष का राज्यश्री को लेकर वापस आना वर्णित है।

हर्षचरितम् के मुख्य अंश

- ग्रन्थ – हर्षचरितम
- ग्रन्थकार – बाणभट्ट
- समय – 7वीं शताब्दी
- काव्यविधा – आख्यायिका
- आधारग्रन्थ – इतिहास प्रसिद्ध
- सर्ग/अङ्क – 8 उच्छ्वास
- प्रमुख रस – वीर
- नायक/नायिका – हर्षवर्द्धन
- विशिष्ट विवरण – सातवीं शताब्दी के विन्ध्योत्तर भारत का चित्राङ्कन है।

कादम्बरी

'कादम्बरी' बाणभट्ट की अमर कृति है। यह उनकी ही नहीं, अपितु समस्त संस्कृत वाङ्मय की सर्वोत्कृष्ट गद्य रचना है। बाण ने कादम्बरी का कथाबीज गुणाढ्य की 'बृहत्कथा' से लिया है। यह कथा दो भागों में विभक्त है। पूर्वभाग तथा उत्तरभाग। इसमें महाश्वेता और पुण्डरीक तथा कादम्बरी और चन्द्रापीड के तीन-तीन जन्मों की कथा है।

कादम्बरी की संक्षिप्त कथा इस प्रकार है

एक दिन विदिशा नगरी के राजा शूद्रक नवप्रभात की स्वर्णिम बेला में राजसभा के धर्मासन पर विराजमान थे। उसी समय एक चाण्डाल-कन्या ने सभा-मण्डप में प्रवेश किया। वह अपने साथ पिञ्जरे में वैशम्पायन नामक एक अद्भुत मेधावी शुक को लेकर आई थी। उस शुक ने राजा की प्रशंसा में अपने दक्षिण चरण को उठाकर एक श्लोक पढ़ा और उनका समुचित अभिवादन किया।

तोते के इस आश्चर्यजनक शास्त्र-ज्ञान और व्यवहार को देखकर राजा ने उसके वृत्तान्त को जानने का कौतूहल प्रकट किया। उत्तर में तोते ने राजा को विन्ध्याटवी में अपने जन्म से लेकर जाबालि के आश्रम तक पहुँचने का इतिहास सुनाया और साथ ही जाबालि के द्वारा वर्णित अपने पूर्वजन्म का वृत्तान्त भी इस प्रकार निवेदित किया—उज्जयिनी में तारापीड नाम के एक राजा थे। उनकी महारानी का नाम विलासवती था। राजा के बृहस्पति के समान बुद्धिमान् मन्त्री का नाम शुकनास और मन्त्री की पत्नी का नाम मनोरमा था। राजा को कोई सन्तान न थी; इसीलिए महारानी विलासवती सदा चिन्तित रहती थी। राजा ने रानी को देवार्चन की सलाह दी। बहुत दिनों की अर्चना के बाद उन्हें पुत्र की प्राप्ति हुई एवं उसी दिन महामन्त्री शुकनास को भी पुत्र हुआ।

राजा ने अपने पुत्र का नाम चन्द्रापीड और महामन्त्री ने अपने पुत्र का नाम वैशम्पायन रखा। दोनों पुत्रों का एक साथ पालन-पोषण एवं शिक्षा-दीक्षा हुई। अध्ययन समाप्ति के बाद राजा ने युवराज चन्द्रापीड का राज्याभिषेक किया। इस अवसर पर महामन्त्री शुकनास ने युवराज को सारगर्भित उपदेश देकर उनके समुचित कर्त्तव्य मार्ग का निर्देश किया। चन्द्रापीड और उसका मित्र वैशम्पायन दिग्विजय के लिए निकल पड़े। इस विजय यात्रा में युवराज ने राजाओं को पराजित कर उन्हें कर देने को बाध्य किया और स्वयं हिमालय पर्वत के पास ससैन्य विश्राम के लिए कुछ दिन रुके रहे। किन्नर मिथुन के पीछे वह बड़ी दौड़-धूप करता है। उस मिथुन के अन्तर्हित हो जाने पर राजा अच्छोद सरोवर पर पहुँच जाता है। वह अपने घोड़े को बाँधकर शिवालय में वीणावादिनी महाश्वेता का संगीत सुनने लगता है।

महाश्वेता ने आत्मकथा का वर्णन करते हुए बताया कि पुण्डरीक नामक एक ऋषि कुमार से उसको प्रेम हो गया था लेकिन मिलने से पूर्व पुण्डरीक की मृत्यु हो गई। तब से वह इस अच्छोद सरोवर पर तप कर रही है।

बाद में महाश्वेता अपनी सखी कादम्बरी, जिसने कि स्वयं भी महाश्वेता के कारण कौमार्यव्रत की प्रतिज्ञा की थी, से मिलाती है। चन्द्रापीड और कादम्बरी के हृदय में एक-दूसरे के प्रति नैसर्गिक मधुर आकर्षण पैदा होता है। इसी समय पिता के बुलाने पर चन्द्रापीड उज्जयिनी लौटता है और सेना सहित वैशम्पायन को बाद में आने के लिए छोड़ देता है। ताम्बूलवाहिनी पत्रलेखा कादम्बरी के प्रेम का सन्देश लाती है। यहीं पूर्वार्द्ध भाग का अवसान होता है। उत्तरार्द्ध भाग में जब वैशम्पायन बहुत दिनों के बाद भी नहीं लौटा तो चन्द्रापीड उसे ढूँढ़ने पुन: अच्छोद सरोवर पहुँचा, जहाँ पर उसे फिर महाश्वेता मिली और उसने बताया कि वैशम्पायन ने उस पर आसक्त होकर प्रणय याचना की और बहुत समझाने पर भी जब वह नहीं माना तब महाश्वेता ने क्रुद्ध होकर उसे शुक हो जाने का शाप दे दिया। यह सुनकर चन्द्रापीड के प्राण उड़ गए। तभी कादम्बरी आती है और यह देखकर वह भी प्राणत्याग करना चाहती है। तभी आकाशवाणी होती है और कादम्बरी को प्राण त्यागने से मना करती है एवं चन्द्रापीड के शरीर की रक्षा का आदेश देती है और यह भी बताती है कि शीघ्र ही तुम दोनों सखियों का अपने प्रेमी से पुनर्मिलन होगा।

इसी बीच राजा तारापीड भी पुत्र का दु:खद समाचार सुनकर चन्द्रापीड के शरीर को देखने के लिए अच्छोद सरोवर पर आए। "इतनी कथा कहने के बाद जाबालि मुनि ने मेरी ओर इशारा करके अपने शिष्यों से कहा कि महाश्वेता ने जिसे शुक-योनि में पतित होने का शाप दिया था वह यही शुक था। जाबालि मुनि के द्वारा अपने पूर्वजन्म की कथा सुनकर मेरी समस्त विद्या उद्बुद्ध हो गई। मेरे हृदय में पुन: महाश्वेता के प्रति अपने पूर्व-प्रेम की स्मृति हो आई। मैं उससे मिलने के लिए आतुर होकर उड़ चला। किन्तु इस चाण्डाल कन्या ने मुझे पकड़कर रख लिया और आपके पास उपहार के रूप में ले आई। इसके अतिरिक्त मैं और कुछ नहीं जानता हूँ"—ऐसा कहकर तोता शान्त हो गया।

इतनी कथा सुनने के बाद चाण्डाल-कन्या ने राजा को बताया कि "वह पुण्डरीक की माता लक्ष्मी है, जिसे कि उसने अब तक दुष्कर्मों से बचाया है तथा पुण्डरीक ही उस जन्म का वैशम्पायन तथा इस जन्म का तोता है। राजा शूद्रक स्वयं पूर्वजन्म का राजा चन्द्रापीड है जो कभी चन्द्रमा था, परन्तु शापवश भूतल पर आया था। शुक एवं राजा शूद्रक के शाप की अवधि अब समाप्त हो गई है।" ऐसा कहकर लक्ष्मी अन्तर्हित हो जाती है तथा शूद्रक और शुक का भी शरीरपात हो जाता है, जिससे चन्द्रापीड का पड़ा हुआ मृतक शरीर पुनर्जीवित हो जाता है एवं तोता भी पुण्डरीक हो जाता है।

इस प्रकार चन्द्रापीड और पुण्डरीक इन दोनों का अपनी प्रियतमा कादम्बरी और महाश्वेता से पुनर्मिलन हुआ और सभी सुख से रहने लगे।

कादम्बरी के मुख्य अंश

▪ ग्रन्थ	–	कादम्बरी
▪ ग्रन्थकार	–	बाणभट्ट
▪ समय	–	7वीं शताब्दी
▪ काव्यविधा	–	कथा
▪ आधारग्रन्थ	–	गुणाढ्य की वृहत्कथा
▪ सर्ग/अङ्क	–	2 खण्ड (मूलतः एक खण्ड)
▪ प्रमुख रस	–	शृङ्गार
▪ नायक/नायिका	–	चन्द्रापीड/कादम्बरी
▪ विशिष्ट विवरण	–	चन्द्रापीड तथा पुण्डरीक के तीन जन्मों की कथा

चम्पू काव्य

चम्पूकाव्य की उत्पत्ति और विकास

चम्पू की परिभाषा चम्पू शब्द चुरादिगण की गत्यर्थक चपि (चम्प) धातु से औणादिक उन प्रत्यय करने पर और ऊङ् आदेश करने पर बनता है। 'चम्पयति' अर्थात् सदैव गमयति प्रयोजयति गद्यपद्ये इसे चम्पू अर्थात् जिस रचना में गद्य और पद्य का समान भाव से तथा सहयोग पूर्वक प्रयोग किया जाता है, उसे चम्पू कहते हैं। हरिदास भट्टाचार्य ने चम्पू शब्द की व्याख्या इस प्रकार की है—"चमत्कृत्य पुनाति सहृदयान् विस्मयीकृत्य प्रसादयति इति चम्पू:।" इसके अनुसार चम्पू के शब्द चमत्कार और अर्थ प्रसादगुण होना चाहिए। चम्पू में वर्णात्मक अंश के लिए गद्य का प्रयोग होता है और अर्थगौरव वाले अंशों के लिए पद्य का प्रयोग किया जाता है।

आचार्य विश्वनाथ ने साहित्यदर्पण में गद्य और पद्यमिश्रित रचना को चम्पू कहा है। गद्यपद्यमयं काव्यं चम्पूरित्यभिधीयते। (सा. दर्पण 6-336) अग्नि पुराण में भी चम्पू का प्रयोग मिलता है। (मिश्र चम्पूरिति ख्यातं प्रकीर्णमिति च द्विधा, अग्नि 336-38)। काव्यानुशासन के कर्ता हेमचन्द्र ने चम्पू में अंक (कोई विशेष पद) और उच्छ्वासों में विभाजन को भी आवश्यक माना है। (गद्यपद्यमयी सांका सोच्छवासा चम्पू:)। हेमचन्द्र का यह लक्षण नलचम्पू आदि के आधार पर बना है।

चम्पू काव्य का विकास

चम्पू परम्परा का आरम्भ हमें अथर्ववेद में प्राप्त होता है। इसमें गद्य और पद्य का मिश्रित रूप से प्रयोग मिलता है। इसी प्रकार कृष्णयजुर्वेद की तैत्तिरीय, मैत्रायणी और काठक संहिताओं में गद्य और पद्य का मिश्रित रूप मिलता है। ब्राह्मण ग्रन्थों के उपाख्यानों में भी गद्य और पद्य का प्रयोग किया जाता है। ऐतरेय ब्राह्मण का हरिश्चन्द्रो पाख्यान चम्पू शैली का उत्कृष्ट उदाहरण है। वैदिक साहित्य के पश्चात् महाभारत, विष्णु पुराण और भागवत पुराण में भी गद्य, पद्य का मिश्रण प्राप्त होता है। इसके पश्चात् बौद्ध जातक कथाओं में हमें चम्पू पद्धति का दर्शन होता है। इनमें विशेष उल्लेखनीय हैं।

अवदानशतक, दिव्यावदान और आर्यशूर रचित जातकमाला। इसके पश्चात् चतुर्थ शताब्दी ई. से लेकर बाद में शिलालेखों में भी चम्पू पद्धति का अनुसरण मिलता है। चम्पू का सर्वप्रथम पारिभाषिक विश्लेषण दण्डी (600 ई.) के काव्यादर्श में प्राप्त होता है। अब तक उपलब्ध साहित्य के आधार पर यह कहा जा सकता है कि नलचम्पू के रचयिता त्रिविक्रम भट्ट ही सर्वप्रथम काव्य रूप में इस पद्धति के प्रवर्तक हैं। त्रिविक्रमभट्ट का समय 10वीं शताब्दी ई. का पूर्वार्द्ध है। इसके पश्चात् 959 ई. में लिखित सोमदेव सूरि का यशस्तिलक चम्पू है। इसके पश्चात् चम्पू काव्य की एक स्वतन्त्र धारा चल पड़ी।

नलचम्पू: त्रिविक्रमभट्ट

नलचम्पू, उच्छ्वासों में विभक्त है। इसमें नल और दमयन्ती की प्रसिद्ध प्रणय कथा वर्णित है। ग्रन्थ अधूरा है। अत: इसमें देवों के संवाद से लेकर नल का दमयन्ती के प्रासाद में पहुँचने तथा दोनों का साक्षात्कार एवं परस्पर आसक्त होने तक की कथा वर्णित है। नलचम्पू काव्य का मुख्य पात्र त्रिविक्रमभट्ट है जिसका वर्णन निम्न प्रकार हैं

जीवन वृत्त और कृतित्व

जीवन वृत्त और कृतित्व त्रिविक्रमभट्ट ने नलचम्पू के प्रारम्भ में अपना वंश परिचय दिया है। तदनुसार शाण्डिल्य गोत्र के ब्राह्मण थे। इनके पितामह श्रीधर थे।

श्रीधर के पुत्र देवादित्य थे और इनके पुत्र त्रिविक्रमभट्ट थे। नलचम्पू के जाड्यपात्र त्रिविक्रम से ज्ञात होता है किए बाल्यकाल में मन्दबुद्धि थे और कठिन परिश्रम करके उन्होंने विद्वत्ता प्राप्त की। नलचम्पू की कथा अपूर्ण है और उसमें केवल सात उच्छ्वास हैं। इस प्रकरण के विषय में विद्वानों में एक किंवदन्ती प्रचलित है कि त्रिविक्रम के पिता नेमादित्य अपने समय के मूर्धन्य विद्वान् थे। वे एक राजा के सभापण्डित थे। वे कार्यवश प्रवास में गए थे। इसी समय एक विरोधी पण्डित ने राजा से आकर कहा कि मैं आपके सभापण्डित से शास्त्रार्थ करना चाहता हूँ।

नेमादित्य को बुलाने राजसेवक गए पर वे घर पर नहीं थे। त्रिविक्रम मन्दबुद्धि थे। अत: उन्हें अपने ऊपर क्षोभ हुआ। उन्होंने सरस्वती से प्रार्थना की कि वह मुझे अपने पिता की लज्जा रखने के लिए शक्ति दें, कि मैं अपने विरोधी पण्डित को हरा सकूँ। सरस्वती ने प्रसन्न होकर उसके पिता के आने तक के लिए अमोध पाण्डित्य दे दिया। उसने अपने विरोधी पण्डित को हरा दिया। त्रिविक्रम ने बाद में सोचा कि सरस्वती के वरदान का लाभ उठाया जाए तब उसने नलचम्पू लिखना प्रारम्भ कर दिया। तब उसने अपने पिता के आने तक उसने इसके सात उच्छ्वास लिखे थे। पिता के आते ही सरस्वती का वरदान समाप्त हो गया और वह पुन: ज्ञानहीन हो गया। यह कथा पूर्णत: कपोल कल्पित ज्ञात होती है। ''ज्ञानाति हि पुन: सम्यक् कविरेव कवे श्रमम्'' से स्पष्ट है कि कवि ने अपने परिश्रम से यह ग्रन्थ बनाया है नकि सरस्वती के वरदान से।

ग्रन्थ की अपूर्णता का कारण बाण आदि की कृतियों के तुल्य को ही विभिन्न विशेष समझना चाहिए। त्रिविक्रम भट्ट की दो रचनाएँ प्रसिद्ध हैं—'नलचम्पू' और 'मदालसाचम्पू' 'नलचम्पू' के कारण ही त्रिविक्रम भट्ट का नाम गद्यकारों में प्रसिद्ध है। इसमें श्लेष की अपूर्व छटा दृष्टिगोचर होती है। 'मदालसाचम्पू' को प्रसिद्ध प्राप्त नहीं हुई।

समय

त्रिविक्रम भट्ट ने बाण का उल्लेख किया है। अत: इनका समय 600 ई. से पूर्व नहीं हो सकता। राजा भोज ने सरस्वती-कण्ठाभरण में नलचम्पू का एक श्लोक उद्धृत किया है। अत: ये भोजराज से बाद के नहीं हैं। ये राष्ट्रकूटवंशी इन्द्रराज तृतीय के आश्रित कवि थे। राष्ट्रकूट राजाओं की राजधानी मान्यखेट (बरार) थी। इससे ज्ञात होता है कि इनके पिता का नाम नेमादित्य था और ये इन्द्रराज के अधीनस्थ कवि थे। अत: इनका समय 915 ई. के लगभग सिद्ध होता है। नलचम्पू काव्य का मुख्य पात्र त्रिविक्रम भट्ट है, जिसका वर्णन निम्न प्रकार है

त्रिविक्रमभट्ट की शैली

त्रिविक्रमभट्ट अपनी श्लेष प्रधान रचना के लिए प्रसिद्ध हैं। इनकी रचना में प्रसाद और माधुर्य गुण पर्याप्त मात्रा में मिलते हैं। कवि ने मंगलाचरण के प्रथम श्लोक में कवियों का आदर्श बताया है कि उनकी कविता में अमृत का रसास्वाद रहना चाहिए।

तदनु च विजयन्ते कीर्तिभाजां कवीनाम्।
असकृदमृतबिन्दुस्यन्दिनी वाग्विलासा।।

कवि ने वाल्मीकि की वन्दना करते हुए विरोधाभास और श्लेष का जो आश्रय लिया है वह विद्वद्वृन्द के द्वारा अत्यन्त प्रशंसनीय माना गया है।

सदूषणापि निर्दोषा सखरापि सुकोमला।
नमस्तस्मै कृता येन रम्या रामायणी कथा।।

कवि ने कुकवियों की तुलना छोटे बालकों से की है, जो जनता को अरुचिकर होते हैं और प्रौढ़ पदविन्यास में अदक्ष होते हैं। ऐसे कवि बहुत सी नि:सार बातें कहते हैं। (बच्चे केवल अपनी माता को रुचिर होते हैं और अपना लार पीते रहते हैं)। श्लेष का आश्रय लेकर दोनों अर्थों की अभिव्यक्ति की गई है।

अप्रगल्भा पदन्यासे जननीरागहेतव:।
सन्त्येके बहुलालापा: कवयो बालका इव।।

इस प्रकार यह कहा जा सकता है कि त्रिविक्रमभट्ट शास्त्रीय पण्डित आगार, अलंकार-प्रयोग में विदग्ध और वैदुष्य की कसौटी है।

कथा साहित्य

भारतीय कथा-साहित्य का विश्वसाहित्य में अत्यन्त आदरणीय स्थान रहा है। कुछ अंशों में भारतीय कथा-साहित्य को विश्व-कथा-साहित्य का जनक कहा जा सकता है। कथा-साहित्य की रोचकता, सरलता, मधुरता, भावाभिव्यक्ति और उपदेशात्मकता ने विश्व के सभी विद्वानों से प्रशंसा प्राप्त की है। इसमें भारतीय जीवन विचारधारा कार्य-कलाप और नैतिकता की झाँकी प्राप्त होती है। अधिकांश कथा-साहित्य में व्यक्ति विशेष का नाम न रखकर पशु, पक्षी या अन्य जीव को उसके प्रतीक रूप में रखा गया है।

अत: आबालवृद्ध उसकी मनोहरता पर आकृष्ट होते हैं। इसमें शेर, बिल्ली, चूहा, गीदड़, कौआ, कछुआ आदि नीति शिक्षा, आचार-शिक्षा और कर्त्तव्योपदेश देते हैं। इसमें कहीं कुतूहलता है कहीं विनोद है कहीं ह्रास और उल्लास है कहीं छल-प्रपंच है, कहीं प्रेम है तो कहीं विश्वासघात कही धर्म है तो कही नीति सदाचार है तो कहीं व्यवहारज्ञान कहीं भाव-सौष्ठव है तो कहीं काव्य-सौन्दर्य। इस वैविध्य के कारण सभी प्रकार की रुचि वाले व्यक्तियों के लिए कथा-साहित्य आकर्षक और मनोरंजक रहा है। कथा साहित्य को चार भागों में बाँटा जाता है

(i) अद्भूत कथा (Fairy Tales),

(ii) लोककथा (Mardan),

(iii) कल्पित कथा (Myths) पशु-कथा (Fables)। व्यावहारिक दृष्टिकोण से संस्कृत-कथा-साहित्य को दो भागों में बाँटा जा सकता है

(iv) नीतिकथा (उपदेशात्मक पशु-कथा) (Didactic Fables) और लोक-कथा (Popular Tables) लोककथा में ही अद्भूत-कथा और कल्पित कथा का भी समावेश हो जाएगा।

कथा साहित्य का उद्गम और विकास

कथा-साहित्य का उद्गम वैदिक साहित्य से ही हुआ है। ऋग्वेद में कई संवाद-सूक्त हैं, जिनसे कथा-साहित्य का मुख्य संवाद-तत्त्व प्राप्त होता है। ऋग्वेद में मानवेत्तर जीवों को मानव का प्रतिनिधि बनाया गया है और उनसे वैयक्तिक सम्पर्क स्थापित किया गया है।

ऋग्वेद के 7-103 सूक्त में वर्षाकालीन मेढकों की ध्वनि की तुलना ब्राह्मणों के वेदपाठ से की गई है। इतना ही नहीं उन्हें वर्षभर तपस्या करने वाले व्रती ब्राह्मण कहा गया है।

ऋग्वेद 10-108 में देवशुनी सरमा और पणियों का संवाद प्रस्तुत किया गया है। इसमें सरमा (कुतिया) पाणियों (कृपणों) को उपदेश देती है कि वे धन-दान दें। पणि, सरमा को मित्र और बहिन कहकर पुकराते हैं। इससे जीव-जन्तुओं के साथ आत्मीयता का बीज प्रकट होता है। यही कथा-साहित्य का बीज है।

यास्क ने निरुक्त में 'इत्यैतिहासका:' कहकर इन्द्र-वृत्त-युद्ध आदि को कथा का रूप दिया है। बृहदेवता में और काव्यायन-कृत सर्वानुक्रमणी की षड्गुरुशिष्य-कृत वेदार्थदीपिका टीका में इन कथाओं का विस्तृत रूप प्राप्त होता है। 15वीं शताब्दी ई. के घा द्विवेद ने नीति मंजरी में वैदिक आख्यानों को नीतिकथा के रूप में प्रस्तुत किया है। इसमें उपदेशात्मक अंश पंचतन्त्र आदि के तुल्य पद्य में है और कथा वैदिक है जो गद्य में दी गई है।

द्वा सुपर्णा सचुजा सखाया. (ऋग. 1-164-20) में प्रकृति को वृक्ष और जीवात्मा तथा परमात्मा को उस वृक्ष पर बैठे हुआ दो पक्षी बताया है। ब्राह्मण ग्रन्थों में ये कथाएँ अपने विस्तृत रूप में प्राप्त होती हैं। ऐतरेय ब्राह्मण (7-13) में कथा के साथ उपदेशात्मक पद्यों का भी समावेश मिलता है। उपनिषदों में जीव-जन्तु-कथाएँ और विकसित रूप में हैं।

छान्दोग्य उपनिषद् में एक व्यंग्य कथा में भोजन के लिए कुत्ते अपना एक नेता चुनते हैं। उसी में दो हंसों के वार्तालाप से रैक्व का ध्यान आकृष्ट होता है। छान्दोग्य में ही जबाला के पुत्र सत्यकाम को बैल, हंस और मृंदगु (एक जलचर पक्षी) ब्रह्मविद्या का उपदेश देते हैं।

महाभारत में पशु-कथाएँ और विकसित रूप में मिलती हैं। शान्तिपर्व तथा अन्य पर्वों में पंचतन्त्र की कथा के लिए उपयोगी पूरी सामग्री मिलती है। इसमें सोने के अण्डे देने वाली चिड़िया की कथा है। धार्मिक बिल्ली की भी कथा है जो चूहों को विश्वास दिलाकर अपने वश में करती है। चतुर श्रृगाल की भी कथा है, जो अपने साथियों को धोखा देकर लूट का माल अपने अधिकार में कर लेता है।

आदि-पूर्व में कुत्ते की कथा गज-कच्छप कथा, वनपर्व में मनुमत्स्य-कथा, शान्तिपर्व में 12 नीतिकथाएँ हैं। रामायण में नीति-कथाओं का संक्षिप्त उल्लेख मिलता है। तृतीय शताब्दी ई. पू. भरहुत (Bharhut) स्तूप पर पशु-कथाओं का नाम खुदा हुआ है। पतंजलि (150 ई. पू.) में कथासूचक लोकोक्तियों अजाकृपाणीय, काकतालीय आदि तथा जन्मसिद्ध शत्रुता के उदाहरण-रूप में अहिनकुलम्, काकोलूकीयम् जैसी नीति-कथाओं का उल्लेख किया है। बौद्धों की जातक-कथाएँ 380 ई. पू. के लगभग विद्यमान थीं। इनमें बुद्ध के उपदेश गाथाओं के रूप में हैं और उनके स्पष्टीकरण के लिए कथाएँ कहीं गई हैं।

इनमें बोधिसत्व के वानर, मृग आदि जन्मों की कथाएँ भी हैं और उनके स्पष्टीकरण के लिए कथाएँ कही गई हैं। इनमें बोधिसत्व के वानर, मृग आदि जन्मों की कथाएँ भी हैं जिनका पंचतन्त्र की कथाओं से अत्यन्त साम्य है। ये नीति-कथा के रूप में है। बौद्ध जातक ग्रन्थों के अनुकरण पर जैनों ने भी जातक-ग्रन्थ लिखे हैं। इनमें जैन तीर्थंकरों के पूर्वजन्म का वर्णन है। कुछ जैन-जातकों पर पंचतन्त्र का प्रभाव दिखाई देता है। एक चीनी विश्वकोष (668 ई.) में 200 बौद्ध-ग्रन्थों से संगृहीत कतिपय कथाओं का अनुवाद मिलता है। हरिषेण के वृहत्कथाकोव (962 ई.) में एक-एक जैन सिद्धान्त के लिए अनेक कथाएँ मिलती हैं। इससे ज्ञात होता है कि ईसवी सन् से पूर्व भारत में नीति-कथाओं का पर्याप्त विकास हो चुका था।

पंचतन्त्र के लेखक और रचनाकाल

पंचतन्त्र के लेखक विष्णुशर्मा हैं। इनको कथामुख में सकलशास्त्र-पारंगत छात्रों में अतिप्रिय और 80 वर्ष का वृद्ध व्यक्ति बताया गया है। चाणक्य का भी विष्णुशर्मा नाम प्रचलित है। तद्नुसार बहुत से विद्वान् चाणक्य और विष्णुशर्मा को मानकर इसका लेखक चाणक्य को ही मानते हैं।

परन्तु प्रस्तावना के श्लोकों में चाणक्य और विष्णुशर्मा को पृथक् माना गया है। (चाणक्य च विदुषे नमोऽस्तु नयशास्त्रकर्तभ्य:)। ग्रन्थ में जो नीतिविषय गहरी सूझबूझ प्रकट की गई है, उससे ज्ञात होता है कि चाणक्य जैसा विद्वान् ही ऐसा दुष्कर कार्य कर सकता था। यह भी सम्भव है कि प्रस्तावना का चाणक्य-सम्बन्धी श्लोक स्तुत्यर्थ बाद में जोड़ा गया हो। इस प्रकार ग्रन्थ का लेखक विष्णुशर्मा अर्थात् चाणक्य माना जा सकता है।

यदि चाणक्य को पंचतन्त्र का रचयिता माना जाए तो इसका रचनाकाल चन्द्रगुप्त मौर्य (345 ई. पू. - 300 ई. पू.) का समय होगा। लेखक ने अपनी आयु 80 वर्ष बताई है। अत: यह उसके जीवन के अन्तिम समय की रचना होगी। इस प्रकार पंचतन्त्र का समय 300 ई. पू. के लगभग होगा। प्रो. हर्टल (Hertel) 200 ई. पू. के बाद इसका समय मानते हैं। पंचतन्त्र में दीनार शब्द, लैटिन Denarius, का प्रयोग मिलता है। दीनार रोमन सिक्का था, जो प्रथम शताब्दी ई. में भारत में आया था। अत: कीथ इसका समय 200 ई. या इसके बाद का मानते हैं। चन्द्रगुप्त मौर्य का समय राजनीतिक उथल-पुथल का था। उस समय पंचतन्त्र जैसे नीतिग्रन्थ की आवश्यकता थी।

भाषा की सरलता आदि की दृष्टि से इसका समय 300 ई. पू. के लगभग मानना उचित है। यह सम्भव है कि परकाल में स्वर्णमुद्रा के लिए दीनार शब्द अतिप्रचलित हो जाने के बाद के संस्करणों में दीनार शब्द जानबूझकर रख दिया गया हो। प्रो. हर्टल ने भी दीनार शब्द के प्रयोग को महत्त्व नहीं दिया है। गुणादल (78 ई. के लगभग) कृत बृहत्कथा में पंचतन्त्र का पाठ भी सिद्ध करता है कि उसके समय तक पंचतन्त्र प्रसिद्ध हो चुका था और इतनी प्रसिद्धि के लिए लगभग 300 वर्ष का समय अर्थात् 300 ई. पू. के लगभग मानना उचित है।

पंचतन्त्र की कथा

पंचतन्त्र का काल नाम क्या था, यह निश्चित नहीं है, क्योकि सीरियन अनुवाद (570 ई.) में इसका नाम 'कलिलग' और 'दमनग' और अरबी अनुवाद (750 ई.) में 'कलिलह' और 'दिमनह' नाम मिलता है। ये नाम प्रथम तन्त्र में प्राप्त दो श्रृंगाल 'करटक' और 'दमनक' के नाम के विकृत रूप हैं। ये नाम केवल पहले तन्त्र में हैं।

अत: पूरे ग्रन्थ का यह नाम सार्थक नहीं है। हितोपदेश की प्रस्तावना में इसका नाम पञ्चतन्त्र ही मिलता है। (पञ्चतन्त्रात तथा ऽन्यस्माद् ग्रन्थादाकृष्य efueKÜeles)। दक्षिणी संस्करण, नेपाली संस्करण आदि में भी यही नाम मिलता है। पंचतन्त्र के कथामुख में 'एतत् पञ्चतन्त्रकं नाम नीतिशास्त्रम्' से ज्ञात होता है कि लेखक ने इसका नाम पंचतन्त्र रखा था। पंचतन्त्र में तन्त्र शब्द मुख्यत: विभाग या खण्ड का द्योतक है, परन्तु साथ ही तन्त्र शब्द राजतन्त्र, स्वतन्त्र आदि शब्दों में प्रयुक्त तन्त्र शब्द के तुल्य 'नीति-युक्त शासन-विधि' के पाँच तन्त्र (गुर) बताए गए हैं।

महिलारोप्य के राजा अमरशक्ति के तीन मूर्ख पुत्रों को 6 मास में राजनीति-पारंगत बनाने का बीड़ा उठाकर विष्णुशर्मा ने पंचतन्त्र की रचना की और प्रतिज्ञा पूरी की। पंचतन्त्र में 5 मुख्य कथाएँ हैं। प्रत्येक कथा में अनेक उपकथाएँ है। प्रत्येक तन्त्र में एक-एक नीति-शिक्षा दी है।

तन्त्रों के नामादि इस प्रकार हैं

तन्त्रनाम	उपकथाएँ	श्लोकसंख्या	कथा
मित्रभेद	22	461	शेर और बैल की मित्रता तुड़वाना।
मित्रसंप्राप्ति	6	199	कूर्म, कूर्म मृग, चूहे की मित्रता।
काकोलूकीय	16	255	कौए और उल्लू की कथा
लब्धप्रणादा	11	80	बन्दर और मगर की कथा
अपरीक्षितकारक	14	98	ब्राह.मणी और नेवले की कथा

मुख्य कथा 6 + 69 = 75 993 + 10 = कथामुख = 1203

मित्रभेद में नीतिशिक्षा वर्णित है कि किस प्रकार दो मित्रों में झगड़ा करा दिया जाए। शेर पिंगलक और बैल संजीवक घनिष्ठ मित्र थे। करटक और दमनक नामक दो गीदड़ों ने उनमें फूट डाल दी और बैल की हत्या करवा दी। मित्रसम्प्राप्ति में नीतिशिक्षा है कि अनेक उपयोगी मित्र बनाने चाहिए। कौआ, कछुआ, हिरन और चूहे साधनहीन होने पर भी मित्रता के बल पर सुखी रहे काकोलूकीय में नीतिशिक्षा है कि स्वार्थसिद्ध के लिए शत्रु से भी मित्रता कर लें और बाद में उसे धोखा देकर नष्ट कर दें अर्थात् सन्धि-विग्रह की शिक्षा।

कौआ उल्लू से मित्रता कर लेता है और बाद में उल्लू के किले में आग लगा देता है। लब्ध प्रणाश में नीतिशिक्षा है कि बुद्धिमान बुद्धि-बल से जीत जाता है और मुर्ख हाथ में आई हुई वस्तु से भी हाथ धो बैठता है।

बन्दर और मगर की मित्रता होती है। मगर की पत्नी बन्दर का मीठा दिल चाहती है। बन्दर मगर से यह कहकर जान बचाता है कि मेरा दिल पेड़ पर छूट गया है। अतः किनारे पहुँचा दो। बन्दर भाग जाता है और मगर मुँह ताकता रह जाता है। हाथ में आई हुई वस्तु भी मूर्खता के कारण हाथ से निकल जाती है। अपरीक्षित-कारक की नीतिशिक्षा है कि 'बिना विचारे जो करे सो पाछे पछिताए' ब्राह्मणी ने अपने प्रिय तथा सर्प से शिशु की रक्षा करने वाले नेवले की यह समझ कर हत्या कर दी कि उसने बच्चे को मार डाला है। वह बिना विचारे काम करने से पीछे पछताती है।

लेखक और समय हितोपदेश के लेखक हितोपदेश नारायण पण्डित हैं। इन्होंने बंगाल के राजा धवलचन्द्र के अदेशानुसार यह संकलन तैयार किया था। इसकी एक प्रति 1373 ई. की मिलती है। अतः इसका समय 14वीं ई. से पूर्ववर्ती है। हितोपदेश में रविवार के लिए भट्टारकवार (छुट्टी का दिन) प्रयोग किया गया है। फ्लीट ने लिखा है कि 900 ई. तक इस शब्द का प्रचलन नहीं था। अतः हितोपदेश का समय 900 ई. के बाद अर्थात् 10वीं शती ई. मानना चाहिए।

कथा और शैली

यह पंचतन्त्र पर निर्भर है। लेखक ने प्रस्तावना में इसका स्पष्ट उल्लेख भी किया है-पंचतन्त्रात् तपाऽन्यस्माद ग्रन्थादाकृष्य लिख्यते। लेखक ने पंचतन्त्र के अतिरिक्त 'कामन्दकीय नीतिसार' से बहुत अधिक श्लोकों को चुना है। इसमें चार परिच्छेद हैं, जिनमें 43 कहानियाँ हैं।

संक्षिप्त विवरण इस प्रकार है

परिच्छेदनाम	उपकथाएँ	श्लोक संख्या	कथा
प्रस्ताविका	1	46	राजा सुदर्शन के मूर्ख पुत्र
मित्रलाभ	8	212	काक, कूर्म, मृग, चूहे की कथा
सुहद्‌भेद	9	184	शेर और बैल की मैत्री तुड़वाना
विग्रह	9	149	हंसों और मोरों में युद्ध
सन्धि	12	134	हंस और मोर राजाओं में सन्धि
मुख्यकथा	4 + 39 = 43	726	

इसमें पंचतन्त्र के प्रथम दो तन्त्रों का क्रम बदलकर पहले मित्रप्राप्ति और फिर मित्र-भेद दिखाया गया है। पंचतन्त्र के तीसरे तन्त्र काकोलूकीय को तोड़कर विग्रह और सन्धि दो परिच्छेद बनाए गए हैं। अन्य दो तन्त्रों को नीतिज्ञान के लिए अनावश्यक समझ कर छोड़ दिया गया है। उनकी कथाएँ यथास्थान इन चार परिच्छेदों में ही जोड़ दी हैं। 43 कहानियों में 16 कहानियाँ नई हैं। इनमें 7 पशुकथाएँ हैं, 3 लोककथाएँ 2 शिक्षाप्रद कथाएँ और 5 षड्यन्त्र और 2/5 गद्यभाग मिलते हैं।

इसकी शैली अत्यन्त सरल और सरस है। पद्य अत्यन्त सरल और उपदेशात्मक हैं। कहीं-कहीं पद्यों की संख्या अधिक हो जाने से अरुचि होती है। सरल संस्कृत होने के कारण पंचतन्त्र से अधिक हितोपदेश का भारतवर्ष में प्रचार है। प्रारम्भिक छात्रों के लिए इसका उपयोग किया जाता है। भाव, भाषा, कथा-प्रवाह रोचकता आदि सभी गुण इसमें अधिकता से प्राप्त होते हैं।

अभ्यास प्रश्न

1. संस्कृतसाहित्ये आदिकाव्यमस्ति
(a) ऋग्वेदः (b) महाभारतम्
(c) रघुवंशम् (d) रामायणम्

2. अधोलिखितेषु आर्षकाव्यमस्ति
(a) नैषधीयचरितम् (b) शिशुपालवधम्
(c) महाभारतम् (d) हर्षचरितम्

3. आर्षकाव्येषु 'चतुर्विंशतिसाहस्री' श्लोकाः अस्ति
(a) रामायणम् (b) महाभारतम्
(c) शिशुपालवधम् (d) नैषधीयचरितम्

4. आर्षकाव्येषु 'शतसाहस्री' अस्ति
(a) रामायणम् (b) महाभारतम्
(c) शब्दकल्पद्रुमम् (d) नाट्यशास्त्रम्

5. महाभारते कति पर्वाणि सन्ति?
(a) 10 (b) 14 (c) 18 (d) 22

6. 'श्रीमद्भगवद्गीता' महाभारतस्य कस्मिन् पर्वाणि विद्यते?
(a) भीष्मपर्वणि (b) सभापर्वणि
(c) आदिपर्वणि (d) उद्योगपर्वणि

7. 'जय-आख्यम्' काव्यं अस्ति
(a) रामायणम् (b) महाभारतम्
(c) नैषधीयचरितम् (d) शिशुपालवधम्

8. रामायणे कति काण्डानि सन्ति?
(a) 05 (b) 06 (c) 07 (d) 08

9. रामायणस्य प्रणेता कः?
(a) वाल्मीकिः (b) कृष्णद्वैपायनः
(c) तुलसीदासः (d) कालिदासः

10. महाभारतस्य प्रणेता कः?
(a) वाल्मीकिः (b) कृष्णद्वैपायनः
(c) वैशम्पायनः (d) याज्ञवल्क्यः

11. अधोलिखितेषु लघुत्रय्यां परिगव्यते
(a) शिशुपालवधम् (b) किरातार्जुनीयम्
(c) नैषधीयचरितम् (d) रघुवंशम्

12. अधोलिखितेषु लघुत्रय्यां नास्ति
(a) रघुवंशम् (b) किरातार्जुनीयम्
(c) कुमारसंभवम् (d) मेघदूतम्

13. अधोलिखितेषु बृहत्त्रय्यां परिगण्यते
(a) रामायणम् (b) महाभारतम्
(c) कुमारसम्भवम् (d) शिशुपालवधम्

14. बृहत्त्रय्यां नास्ति—
(a) शिशुपालवधम् (b) किरातार्जुनीयम्
(c) नैषधीयचरितम् (d) मेघदूत

15. रघुवंशे कति सर्गाः विद्यन्ते?
(a) 17 (b) 18 (c) 19 (d) 20

16. 'अजविलापः' रघुवंशस्य कस्मिन् सर्गे समुपलभ्यते?
(a) तृतीये सर्गे (b) पंचमे सर्गे
(c) अष्टमे सर्गे (d) नवमे सर्गे

17. रघुवंशस्य त्रयोदशसर्गे का कथा वर्णिता अस्ति?
(a) रावणवधम् (b) रामस्य अयोध्याप्रत्यागमनम्
(c) रामराज्यभिषेकः (d) सीतापरित्यागः

18. 'दिलीपस्य गो-सेवा' रघुवंशस्य कस्मिन् सर्गे वर्णिताऽस्ति?
(a) प्रथमसर्गे (b) द्वितीयसर्गे
(c) तृतीय सर्गे (d) चतुर्थसर्गे

19. रघुवंशे समुपवर्णितः अन्तिमः राजा अस्ति
(a) अग्निवर्णः (b) चन्द्रकेतुः
(c) मलयकेतुः (d) कुशः

20. 'नन्दिनी' कस्याः पुत्री अस्ति?
(a) कामधेनोः (b) ब्रह्मणः
(c) वशिष्ठस्य (d) इन्द्रस्य

21. रघुवंशे कति राज्ञां वर्णनं दरीदृश्यते?
(a) 28 (b) 29 (c) 30 (d) 31

22. रघुवंशस्य मंगलाचरणे कस्य वन्दना समुपलभ्यते?
(a) शिवस्य (b) विष्णोः
(c) जगतः (d) ब्रह्मणः

23. कामधेनु-शापितः अस्ति—
(a) हरिश्चन्द्रः (b) दशरथः
(c) दिलीपः (d) अम्बरीषः

24. बुद्धचरितस्य पंचमसर्गस्य किं नाम?
(a) अभिनिष्क्रमणम् (b) संवेगात्पत्तिः
(c) अन्तःपुरविहारः (d) भगवत्प्रसूतिः

25. बुद्धचरितस्य षष्ठसर्गस्य किं नाम?
(a) भगवत्प्रसूतिः (b) तपोवनप्रवेशः
(c) छन्दकविसर्जनम् (d) अन्तःपुरविहारः

26. बुद्धचरितस्य सप्तमसर्गस्य प्रधानवर्ण्यविषयः अस्ति
(a) अन्तःपुरविलापः (b) मारविजयः
(c) तपोवनप्रवेशः (d) बुद्धत्वप्राप्तिः

27. बुद्धचरितस्य कस्मिन् सर्गे 'अन्तःपुरविलापः' समुपवर्णितः?
(a) तृतीयसर्गे (b) चतुर्थसर्गे
(c) सप्तमसर्गे (d) अष्टमसर्गे

28. बुद्धचरितस्य कस्मिन् सर्गे 'कुमारान्वेषणम्' समुपवर्णितः?
(a) नवमे सर्गे (b) दशमे सर्गे
(c) एकादशे सर्गे (d) त्रयोदशे सर्गे

29. बुद्धचरितस्य दशमसर्गस्य वर्ण्यविषयः
(a) बिम्बिसारागमनम् (b) अभिनिष्क्रमणम्
(c) मारविजयः (d) कामविगर्हणः

30. बुद्धचरितस्य एकादशसर्गस्य वर्ण्यविषयः
(a) मारविजयः (b) अभिनिष्क्रमणम्
(c) कामविगर्हणः (d) बुद्धत्वप्राप्तिः

31. बुद्धचरिते अराऽदर्शनसंज्ञकः सर्गः
(a) एकादशे सर्गे (b) द्वादशे सर्गे
(c) त्रयादेशे सर्गे (d) दशमे सर्गे

32. बुद्धचरितस्य त्रयोदशस्य सर्गस्य वर्ण्यविषयः—
(a) कामविजयः (b) तपोवनप्रवेशः
(c) भगवत्प्रसूतिः (d) अन्तःपुरविलापः

33. 'बुद्धत्वप्राप्तिः' बुद्धचरितस्य कस्मिन् सर्गे समुपवर्णिता?
(a) 11 (b) 12
(c) 13 (d) 14

34. 'इक्ष्वाकु' इति शब्देन प्रारम्भ्यते
(a) रघुवंशम् (b) उत्तररामचरितम्
(c) बुद्धचरितम् (d) कुमारसम्भवम्

35. कालिदासस्य कार्तिकेयविषयकं काव्यमिदमस्ति
(a) विक्रमोर्वशीयम् (b) रघुवंशम्
(c) कुमारसम्भवम् (d) मालविकाग्निमित्रम्

36. कुमारसम्भवमहाकाव्ये कति सर्गाः प्राप्यन्ते?
(a) 16 (b) 17 (c) 18 (d) 19

37. कुमारसम्भवस्य कस्मिन् सर्गे रतिविलापः वर्णितः अस्ति?
(a) पंचमसर्गे (b) चतुर्थसर्गे
(c) सप्तमसर्गे (d) दशमसर्गे

38. 'शरीरमाद्यं खलु धर्मसाधनम्' कुमारसम्भवस्य सूक्तिरियं कस्य उक्तिरस्ति?
(a) कामदेवस्य (b) ब्रह्मचारिणः
(c) शिवस्य (d) पार्वत्याः

39. 'अशोच्या हि पितुः कन्या सद्भर्तृप्रतिपादिता' यस्मिन् सूक्तिरियं मिलति, तद् काव्यम्
(a) कुमारसम्भवम् (b) रघुवंशम्
(c) अभिज्ञानशाकुन्तलम् (d) विक्रमोर्वशीयम्

40. 'नववैधव्यमसह्यवेदनम्' सूक्तिरियं कुत्र प्राप्यते?
(a) विक्रमोर्वशीये (b) कुमारसम्भवे
(c) रघुवंशे (d) वेणीसंहारे

41. 'विषवृक्षोऽपि संवर्ध्य स्वयं क्षेत्रुमसाम्प्रतम्' सूक्तिरियं कुत्र प्राप्यते?
(a) रघुवंशे (b) रत्नावल्याम्
(c) कुमारसंभवे (d) वेणीसंहारे

42. 'पुत्रोत्सवे माद्यति का न हर्षात्' सूक्तिरियं कुतः समुद्धृता?
(a) कुमारसम्भवतः (b) रघुवंशतः
(c) शिशुपालवधतः (d) अभिज्ञानशाकुन्तलतः

43. 'सौन्दरानन्दम्' कस्य रचना अस्ति?
(a) भारवेः (b) श्रीहर्षस्य
(c) अश्वघोषस्य (d) माघस्य

44. सौन्दरनन्दमहाकाव्येकति सर्गाः विद्यन्ते?
(a) 16 (b) 17 (c) 18 (d) 19

45. सौन्दरनन्दे कयोः कथा समुपवर्णिता?
(a) इन्दुमती-अजयोः (b) सुन्दरी-नन्दयोः
(c) रति-कामदेवयोः (d) पुरुरवा-उर्वशयोः

46. 'हरविजयमहाकाव्यम्' कस्य रचना अस्ति?
(a) कुमारदासस्य (b) रत्नाकरस्य
(c) जयदेवस्य (d) बिल्हणस्य

47. संस्कृतसाहित्ये बृहत्तं महाकाव्यमस्ति
(a) हरविजयम् (b) शिशुपालवधम्
(c) जानकीहरणम् (d) नैषधीयचरितम्

48. 'हरविजयमहाकाव्ये' कति सर्गाः विद्यन्ते?
(a) 48 (b) 49
(c) 50 (d) 51

49. "पुस्कृता वर्त्मनि पार्थिवेन, प्रत्युद्गता पार्थिवधर्मन्त्या।
तदन्तरे सा विरराज धेनुः, दिनक्षपामध्यगतेव सन्ध्या।।"
सुप्रसिद्धम पद्यमिदम् कस्माद् ग्रन्थाद् उद्धृतः?
(a) रघुवंशात् (b) कुमारसम्भवात्
(c) किरातार्जुनीयात् (d) शिशुपालवधात्

50. 'सञ्चारिणी दीपशिखेव रात्रौ', इयं उक्तिः सम्बद्धः कविविशेषः कः?
(a) भासः (b) कालिदासः
(c) दण्डिः (d) माघः

51. 'हितं मनोहारि च दुर्लभं वचः' सूक्तिरियं कस्य उक्तिरस्ति किरातार्जुनीये?
(a) द्रौपद्याः (b) युधिष्ठिरस्य
(c) वनेचरस्य (d) भीमस्य

52. 'स्फुटता न पदैरपाकृता, न च न स्वीकृतमर्थगौरवम्' इत्यनेन सम्बद्धः ग्रन्थविशेषः कः?
(a) किरातार्जुनीयम् (b) शिशुपालवधम्
(c) रघुवंशम् (d) कुमारसम्भवम्

53. 'क्षणे-क्षणे यन्नवतामुपैति, तदेव रूपं रमणीयतायाः' सूक्तिरयं कस्मिन् ग्रन्थे समुपलभ्यते?
(a) रघुवंशे (b) किरातार्जुनीये
(c) शिशुपालवधे (d) उत्तररामचरिते

54. 'सहसा विदधीत न क्रियामविवेकः परमापदां पदम्' इति सूक्ति-सम्बद्धः महाकाव्यः कः?
(a) किरातार्जुनीयम् (b) रघुवंशम्
(c) कुमारसम्भवम् (d) शिशुपालवधम्

55. निम्नाङ्कितानां सर्गानुसारेण चिनुत

A.	रघुवंशम्	1.	28
B.	किरातार्जुनीयम्	2.	19
C.	शिशुपालवधम्	3.	18
D.	बुद्ध चरितम्	4.	20

कूट

	A	B	C	D		A	B	C	D
(a)	1	2	3	4	(b)	2	4	3	1
(c)	2	3	4	1	(d)	1	3	4	2

56. रघुवंशमहाकाव्ये ········ राज्ञां वर्णनमस्ति।
(a) 25 (b) 30 (c) 31 (d) 32

57. कौत्स नाम्न: ब्रह्मचारिण वर्णनं ········ अस्ति।
(a) मेघदूते (b) शिशुपालवधे
(c) रघुवंशमहाकाव्ये (d) नैषधीयचरिते

58. आम्रकूट पर्वतस्य वर्णनम् ········ अस्ति।
(a) रघुवंशे (b) मेघदूते
(c) अभिज्ञानशाकुन्तले (d) नैषधीयचरिते

59. 'मितं च सारं च वचोहि वाग्मिता' सूक्तिरियम् अस्ति
(a) नैषधीयचरिते (b) शिशुपालवधे (c) किरातार्जुनीये (d) रघुवंशे

60. 'याच्ञा मोघा वरमधिगुणे नाधमे लब्धकामा' कथनमस्ति
(a) कुबेरस्य (b) यक्षस्य (c) मेघस्य (d) रामस्य

61. सर्गसंख्यानुसारं आरोहक्रमेण समीचीनं क्रमं चिनुत
(a) किरातार्जुनीयम्, शिशुपालवधम्, रघुवंशम्, कुमारसम्भवम्
(b) रघुवंशम्, किरातार्जुनीयम्, कुमारसम्भवम्, शिशुपालवधम्।
(c) किरातार्जुनीयम्,रघुवंशम्, कुमारसम्भवम्, शिशुपालवधम्।
(d) कुमारसम्भवम्, किरातार्जुनीयम्, रघुवंशम्, शिशुपालवधम्।

62. अवरोहक्रमेण सर्गानुसारमुचितं क्रमं चिनुत
(a) बुद्धचरितम्, शिशुपालवधम्, किरातार्जुनीयम्, नैषधीयचरितम्।
(b) किरातार्जुनीयम्, शिशुपालवधम्, नैषधीयचरितम्, बुद्धचरितम्।
(c) शिशुपालवधम्, किरातार्जुनीयम्, नैषधीयचरितम्, बुद्धचरितम्।
(d) बुद्धचरितम्, नैषधीयचरितम् शिशुपालवधम्, किरातार्जुनीयम्।

63. एतेष्वे को भिन्न:
(a) रघुवंशम् (b) कुमारसम्भवम्
(c) मेघदूतम् (d) अभिज्ञानशाकुन्तलम्

64. "सञ्चारिणी दीपशिखेव रात्रौ ··········" इयमुक्ति: रघुवंशस्य अधोलिखिते कथा प्रसंगे वर्णिता अस्ति।
(a) सीतापरित्यागे (b) इन्दुमतीस्वयंवरे
(c) 'विश्वजित्' यज्ञे (d) राज्याभिषेके

65. किरातार्जुनीय 'किरात' इति कस्य बोधक:?
(a) वनेचरस्य (b) किरीटधारिण:
(c) शङ्करस्य (d) कार्तिकेयस्य

66. रैवतकपर्वतस्य वर्णनं कस्मिन् काव्ये वर्तते?
(a) उत्तररामचरिते (b) कुमारसम्भवे
(c) शिशुपालवधे (d) कादम्बर्याम्

67. सत्यं किमस्ति—
(a) दशकुमारचरिते पञ्चोच्छ्वासाः सन्ति
(b) दशकुमारचरिते सप्तोच्छ्वासाः सन्ति
(c) दशकुमारचरिते अष्टोच्छ्वासाः सन्ति
(d) दशकुमारचरिते द्वादशोच्छ्वासाः सन्ति

68. "आर्जव हि कुटिलेषु न नीति:"— इयमुक्ति: कस्य ग्रन्थस्य?
(a) नैषधीयचरितस्य (b) शिशुपालवधस्य
(c) किरातार्जुनीयस्य (d) कुमारसम्भवस्य

69. रघुवंशस्य कस्मिन् सर्गे दिलीपस्य गोसेवा वर्णिता?
(a) प्रथमे (b) द्वितीये
(c) तृतीये (d) चतुर्थे

70. रघु: किन्नामकं यज्ञं चकार?
(a) राजसूयम् (b) विश्वजित्
(c) अश्वमेघ: (d) पुत्रेष्टि:

71. किरातार्जुनीयस्य प्रतिसर्गस्यान्तिमं पदं भवति
(a) लक्ष्मी: (b) विभु: (c) शिव: (d) श्री:

72. 'क्षणे क्षणे यन्नवतामुपैति तदेव रूपं रमणीयताया:'—इयमुक्ति-वर्तते
(a) किरातार्जुनीये (b) शिशुपालवधे
(c) नैषधीयचरिते (d) कुमारसम्भवे

73. 'वरं विरोधोऽपि समं महात्मभि:', इत्यस्ति
(a) शिशुपालवधे (b) बुद्धचरिते
(c) किरातार्जुनीये (d) नैषधीयचरिते

74. सौन्दरनन्दमहाकाव्यस्य रचयिता वर्तते
(a) शङ्कराचार्य: (b) कालिदास:
(c) अश्वघोष: (d) हर्षदेव:

75. "श्रुतेरिवार्थं स्मृतिरन्वगच्छत्" इत्यस्ति
(a) रामायणे (b) महाभारते
(c) रघुवंशे (d) वेणीसंहारे

76. "प्रवृत्तिसारा: खलु मादृशं गिर:" इति वचनं वर्तते—
(a) वनेचरस्य (b) युधिष्ठिरस्य
(c) नारदस्य (d) द्रोपद्याः

77. 'सहसा विदधीत न क्रियामविवेक: परमापदां पदम्' इति वाक्यस्य कर्ता
(a) कालिदास: (b) भारवि:
(c) माघ: (d) श्रीहर्ष:

78. रघुवंशमहाकाव्ये कति सर्गाः सन्ति?
(a) एकोनविंशति (b) अष्ट
(c) द्वाविंशति (d) विंशति

79. किरातार्जुनीयमहाकाव्ये किरात: क:?
(a) अर्जुन: (b) शिव: (c) कृष्ण: (d) धर्मराज:

80. महीयांस: प्रकृत्या मितभाषिण: इदं वाक्यमस्ति
(a) रघुवंशे (b) नैषधीयचरिते
(c) शिशुपालवधे (d) रामायणे

81. "प्रतिबध्नाति हि श्रेय: पूज्यपूजाव्यतिक्रम:" इदं वाक्यमस्ति
(a) रघुवंशे (b) महाभारते
(c) शिशुपालवधे (d) किरातार्जुनीये

82. "शैशवेऽभ्यस्त विद्यानाम्" इत्यस्ति
(a) किरातार्जुनीय (b) बुद्धचरिते
(c) मेघदूते (d) रघुवंशमहाकाव्ये

83. अश्वघोषविरचितमस्ति
(a) रघुवंशमहाकाव्यम् (b) दशकुमारचरितम्
(c) बुद्धचरितम् (d) हर्षचरितम्

84. मेघदूतस्य उपजीव्यकाव्यमस्ति
(a) ब्रह्मवैवर्तपुराणम् (b) नारदपुराणम्
(c) कुबेरपुराणम् (d) विष्णुपुराणम्

85. मेघदूतस्य अभिशप्तः यक्षः कुत्र निवसति?
(a) आम्रकटे (b) विन्ध्याचले
(c) चित्रकूट (d) रामगिरौ

86. मेघदूते कैलासपर्यन्तं मेघस्य सहयात्रिणः सन्ति
(a) दिङ्नागाः (b) बलाकाः
(c) राजहंसाः (d) चातकाः

87. मेघदूतस्य यक्षः कस्यानुचरः आसीत्?
(a) कुबेरस्य (b) शिवस्य
(c) यमस्य (d) वरुणस्य

88. मेघदूते यक्षाणां वसतिः कुत्र अस्ति?
(a) मालभूमौ (b) अलकायाम्
(c) मानसरोवरे (d) हिमनदे

89. 'ऋतुसंहारम्' कस्य कृतिरस्ति?
(a) कालिदासस्य (b) जयदेवस्य
(c) कल्हणस्य (d) श्रीहर्षस्य

90. 'ऋतुसंहारे' ऋतुवर्णनक्रमे प्रथमर्तुः
(a) ग्रीष्मः (b) वसन्तः
(c) वर्षा (d) शरद्

91. 'ऋतुसंहारे' ऋतुवर्णनक्रमे अन्तिमः ऋतुः
(a) ग्रीष्मः (b) वसन्तः
(c) वर्षा (d) शरद्

92. 'गीतगोविन्दम्' कस्य गीतिकाव्यमस्ति?
(a) भर्तृहरेः (b) जयदेवस्य
(c) कल्हणस्य (d) बिल्हणस्य

93. "कण्ठाश्लेषप्रणयिनि जने किं पुनर्दूरसंस्थे" पद्ये अस्मिन् 'जन' शब्दः कस्य बोधकः अस्ति?
(a) हंसस्य (b) मेघस्य
(c) यक्षस्य (d) चातकस्य

94. "याच्ञा मोघा वरमधिगुणे नाधमे लब्धकामा"। इत्यत्र 'अधिगुण' शब्देन कस्य बोधः भवति?
(a) मेघस्य (b) यक्षस्य
(c) शिवस्य (d) चातकस्य

95. "रिक्तः सर्वो भवति हि लघुः पूर्णता गौरवाय" सूक्तिरियं कुतः समुधृताऽस्ति?
(a) रघुवंशात् (b) मेघदूतात्
(c) कुमारसम्भवात् (d) किरातार्जुनीयात्

96. "स्त्रीणामाद्यं प्रणयवचनं विभ्रमो हि प्रियेषु" इति सूक्ति सम्बद्धा नदी का अस्ति?
(a) रेवा (b) निर्विन्ध्या
(c) गम्भीरा (d) शिप्रा

97. "प्रायः सर्वोपरि भवति करुणावृत्तिरार्द्रन्तरात्मा" इत्यत्र सर्वशब्देन कस्य संकेतग्रहः भवति?
(a) यक्षस्य
(b) यक्षिण्याः
(c) विद्युतः
(d) मेघस्य

98. 'नीचैः गच्छत्युपरि च दशाचक्रनेमिक्रेमण' सूक्तिरियं कस्मिन् ग्रन्थे समुपलभ्यते?
(a) वेणीसंहारे (b) रघुवंशे
(c) कुमारसम्भवे (d) मेघदूते

99. मेघदूते यक्षाणां वसतिः कुत्र वर्तते?
(a) मानसरोवरे (b) हिमालये
(c) मालवभूमौ (d) अलकायाम्

100. "रिक्तः सर्वो भवति हि लघुः पूर्णता गौरवाय" — इयमुक्तिः केन सम्बद्धा?
(a) कुबेरेण (b) मेघेन
(c) यक्षेण (d) यक्षिण्या

101. खण्डकाव्यमस्ति
(a) दशकुमारचरितम् (b) नलचम्पू
(c) मेघदूतम् (d) किरातार्जुनीयम

102. 'दशकुमारचरितम्' कस्य रचना अस्ति?
(a) दण्डिनः (b) सुबन्धोः
(c) बाणभट्टस्य (d) अम्बिकादत्तव्यासस्य

103. दशकुमारचरितस्य पात्रविशेषः अस्ति
(a) मैत्रेयः (b) चित्ररथः
(c) राजवाहनः (d) वसन्तकः

104. 'विश्रुतचरितम्' कस्य वैशिष्ट्यमस्ति?
(a) दर्षचरितस्य (b) रघुवंशस्य
(c) दशकुमारचरितस्य (d) शिवराजविजयस्य

105. दशकुमारचरिते राजवाहनस्य पिता कः?
(a) राजहंसः (b) चित्रहंसः
(c) चित्ररथः (d) हंसराजः

106. 'अपहारवर्मा' कस्मिन् गद्यकाव्ये दरीदृश्यते?
(a) दशकुमारचरिते (b) कादम्बर्याम्
(c) हर्षचरिते (d) शिवराजविजये

107. दशकुमारचरितस्य पात्रविशेषः नास्ति?
(a) चित्ररथः (b) सोमदत्तः (c) मन्त्रगुप्तः (d) अर्थपालः

108. अवन्तिसुन्दरी-राजवाहनयोः विवाहः दशकुमारचरितस्य कस्मिन् उच्छ्वासे प्राप्यते?
(a) प्रथमे उच्छ्वासे (b) द्वितीये उच्छ्वासे
(c) तृतीये उच्छ्वासे (d) पंचमे उच्छ्वासे

109. 'वासवदत्ता' कस्य कृतिरस्ति?
(a) सुबन्धोः (b) दण्डिनः
(c) बाणभट्टस्य (d) श्रीहर्षस्य

110. सुबन्धोः वासवदत्तायाः नायकः कः?
(a) श्वेतकेतुः (b) चन्द्रकेतुः
(c) मित्रकेतुः (d) कन्दर्पकेतुः

111. प्रत्यक्षरश्लेषमयप्रबन्धविन्यास वैदग्ध्यनिधिर्निबन्धनम्' उक्तिरियं कस्य गद्यकाव्यस्य वैशिष्ट्यमस्ति?
(a) सुबन्धोः (b) दण्डिनः
(c) बाणभट्टस्य (d) अम्बिकादत्तव्यासस्य

112. 'हर्षचरितम्' कस्य रचना अस्ति?
(a) सुबन्धोः (b) दण्डिनः
(c) बाणभट्टस्य (d) अम्बिकादत्तव्यासः

113. हर्षचरिताख्ये गद्यकाव्ये कति उच्छ्वासाः विद्यन्ते?
(a) 07 (b) 08 (c) 09 (d) 10

114. हर्षस्य सेनापति कः?
(a) मेघनादः (b) ग्रहवर्मा (c) शशांकः (d) सिंहनादः

115. हर्षवर्द्धनस्य माता अस्ति
(a) यशोवती (b) अक्षमाला
(c) मालती (d) सरस्वती

116. हर्षचरिते हर्षस्य भगिनी का अस्ति?
(a) राज्यश्रीः (b) यशोमती
(c) इन्दुमती (d) विजयश्रीः

117. हर्षवर्द्धनस्य पिता अस्ति
(a) ग्रहवर्मा (b) राज्यवर्द्धनः
(c) प्रभाकरवर्द्धनः (d) मानसारः

118. हर्षवर्द्धनस्य भ्राता कः?
(a) ग्रहवर्मा (b) राज्यवर्द्धनः
(c) प्रभाकरवर्द्धनः (d) मानसारः

119. हर्षचरिते 'स्थाणीश्वम्' कस्य राजधानी अस्ति?
(a) भैरवाचार्यस्य (b) शशांकस्य
(c) हर्षवर्द्धनस्य (d) ग्रहवर्मणः

120. हर्षचरितस्य प्रारम्भिकेषु त्रिषु उच्छ्वासेषु कस्य कथा वर्णिताऽस्ति?
(a) प्रभाकरवर्द्धनस्य (b) हर्षस्य
(c) बाणभट्टस्य (d) राज्यवर्द्धनस्य

121. द्वितीयोच्छ्वासे हर्षचरिते वर्णितः कृष्णः कस्य पितृव्यपुत्र आसीत्?
(a) हर्षस्य (b) बाणस्य
(c) शशांकस्य (d) प्रभाकरस्य

122. भैरवाचार्यस्य वर्णनं कुत्र मिलति?
(a) कादम्बर्याम् (b) वासवदत्तायाम्
(c) दशकुमारचरिते (d) हर्षचरिते

123. 'कादम्बरी' कस्य रचना अस्ति?
(a) सुबन्धोः (b) दण्डिनः
(c) बाणभट्टस्य (d) हर्षवर्द्धनस्य

124. शूद्रकः पूर्वजन्मनि कः आसीत्?
(a) चन्द्रापीडः (b) पुण्डरीकः
(c) वैशम्पायनः (d) कपिञ्जलः

125. चन्द्रापीडः कस्य अवतारः अस्तिः?
(a) ब्रह्मणः (b) पुण्डरीकस्य
(c) चन्द्रमसः (d) शिवस्य

126. जन्मान्तरे पुण्डरीक एव अभूत
(a) वैशम्पायनः (b) चन्द्रापीडः
(c) इन्द्रायुधः (d) शूद्रकः

127. 'शुकः' कादम्बर्याम् पूर्वजन्मनि कः आसीत्?
(a) श्वेतकेतुः (b) वैशम्पायनः
(c) कपिञ्जलः (d) चन्द्रापीडः

128. पुण्डरीकस्य पिता कः?
(a) चन्द्रकेतुः (b) श्वेतकेतुः (c) अश्वकेतुः (d) सूर्यकेतुः

129. पुण्डरीकस्य माता का आसीत्?
(a) महाश्वेता (b) विलासवती
(c) लक्ष्मीः (d) पत्रलेखा

130. चन्द्रापीडस्य पिता कः?
(a) तारापीडः (b) शूद्रकः
(c) शुकनासः (d) कपिञ्जलः

131. साम्राज्ञी विलासवती कस्य माता अस्ति?
(a) तारापीडस्य (b) पुण्डरीकस्य
(c) शूद्रकस्य (d) चन्द्रापीडस्य

132. वैशम्पायनस्य पिता कः?
(a) तारापीडः (b) शूद्रकः
(c) शुकनासः (d) चन्द्रापीडः

133. पुण्डरीकस्य अनन्यमित्रम् अस्ति
(a) शूद्रकः (b) कपिञ्जलः
(c) वैशम्पायनः (d) चित्ररथः

134. चन्द्रापीडस्य सेविका दूती वा का अस्ति?
(a) पत्रलेखा (b) चन्द्रलेखा
(c) मदनलेखा (d) सूर्यलेखा

135. किन्नरयुगलमनुसरन् चन्द्रापीडः कुत्र अगच्छत्?
(a) सुमेरूपर्वतं यावत् (b) विन्ध्यगिरिं यावत्
(c) हेमकूटं यावत् (d) रामगिरिं यावत्

136. महाश्वेतायाः आश्रमः कुत्र आसीत्?
(a) हेमकूटशिखरे (b) रामगिरिं यावत्
(c) सुमेरूपर्वतं यावत् (d) अच्छोदसरोवरस्यपार्श्वे

137. महाश्वेतायाः दासी अस्ति
(a) तरलिका (b) मदनिका
(c) पत्रलेखा (d) चन्द्रलेखा

138. महाश्वेता कस्य पुत्री आसीत्?
(a) इन्द्रायुधस्य (b) हंसस्य
(c) चित्ररथस्य (d) भानुकेतोः

139. 'कादम्बरी' कस्य पुत्री अस्ति?
(a) गंधर्वराजहंसस्य (b) भगवतः श्वेतकेतोः
(c) महर्षिजाबालेः (d) गन्धर्वराजचित्ररथस्य

140. तारापीडस्य राजधानी कुत्र आसीत्?
(a) उज्जयिनी (b) द्वारावती (c) विदिशा (d) अलका

141. शूद्रकस्य राजधानी कुत्र आसीत्?
(a) उज्जयिनी (b) द्वारावती
(c) विदिशा (d) अलका

142. कादम्बर्याः सहचरी का अस्ति?
(a) चित्रलेखा (b) पत्रलेखा
(c) मदलेखा (d) चन्द्रलेखा

143. आचार्य दण्डिनः रचना .... अस्ति।
(a) हर्षचरितम् (b) दशकुमारचरितम्
(c) मृच्छकटिकम् (d) मुद्राराक्षसम्

144. ……… आख्यायिका अस्ति।
(a) दशकुमारचरितम् (b) कादम्बरी
(c) हर्षचरितम् (d) प्रियदर्शिका

145. शिवराजविजये ……… निःश्वासाः सन्ति।
(a) 10 (b) 12
(c) 14 (d) 16

146. सत्यं किमस्ति?
(a) हर्षचरितं कथा वर्तते (b) हर्षचरितम् आख्यायिका वर्तते
(c) हर्षचरितं चम्पू वर्तते (d) हर्षचरितं महाकाव्यं वर्तते

147. पदलालित्याय सुप्रसिद्धः कविरस्ति
(a) भारविः (b) कालिदासः (c) दण्डी (d) भवभूतिः

148. कादम्बरी अस्ति—
(a) आख्यायिका (b) कथा
(c) परिकथा (d) कथानिका

149. वज्रायुधस्य वर्णनमस्ति
(a) कादम्बर्याम् (b) वासवदत्तायाम्
(c) हर्षचरिते (d) दशकुमारचरिते

150. 'सतां हि प्रियंवदता कुलविद्या' इदं वाक्यमस्ति
(a) हर्षचरिते (b) कादम्बर्याम्
(c) दशकुमारचरिते (d) बुद्धचरिते

151. चम्पूः शब्दे कस्य गणस्य प्रयोग अभवत्?
(a) चुरादिगणः (b) भवादिगण
(c) दिवादिमणः (d) वुदादिगणः

152. चम्पूः शब्दे कः धातुः अस्ति?
(a) चम् (b) दा
(c) चम्प् (d) हन्

153. "गद्यगद्यमयं काव्यं चम्पूरिव्यभिधीयते"। ऐषां परिभाषा कुतः स्वीकृतं अस्ति?
(a) काव्य प्रकाश (b) साहित्यदर्पण
(c) अभिज्ञान शाकुन्तलम् (d) मुद्राराक्षस

154. साहित्यदर्पण लेखकः कः अस्ति?
(a) विश्वनाथ (b) कालिदास
(c) मम्मर (d) श्री हर्ष

155. चम्पूः काव्यस्य कास्मिन् पुराणे लभते?
(a) अग्निपुराणः (b) वायुपुराण
(c) ब्रह्मपुराण (d) शिवपुराण

156. चम्पूः काव्यस्य प्रारब्ध कस्मिन् वेदेसगुपलभ्यते?
(a) ऋग्वेद (b) यजुर्वेद
(c) सामवेद (d) अथर्ववेद

157. गद्यपद्य च मिश्रित रूपं कथ्याते?
(a) चम्पूकाव्य (b) महाकाव्
(c) गीतिकाव्य (d) कथाकाव्य

158. काव्यादर्शस्य लेखक कः धस्ति?
(a) दण्डी (b) मम्मटः
(c) दोमेन्द्र (d) उद्भरः

159. नलचम्पूः कस्य रचना अस्तिः?
(a) विशाखदत्तः (b) त्रिविक्रमभट्टः
(c) भामट्टः (d) दण्डी

160. मदालसाचम्पूः कस्य रचना अस्ति?
(a) सोट्टल (b) हरिश्चन्द्रः
(c) सोमदेवसरी (d) त्रिविक्रमभट्टः

161. निम्नलिखित[illegible]ना त्रिविक्रमभट्टस्य अस्ति
(a) नलचम्पूः (b) कादम्बरी
(c) उत्तररामचरित् (d) यशस्तिलकचम्पूः

162. त्रिविक्रमभट्टस्य शैली का?
(a) सरल (b) सस्य (c) श्लेषः (d) माथुर्य

163. नलचम्पूः कति उच्छ्वासः सन्ति?
(a) 4 (b) 5 (c) 6 (d) 7

164. नलचम्पू नायक कः?
(a) हर्ष (b) नल (c) इन्द्र (d) वरुण

165. नलचम्पू काव्यस्य नायिकायाः नाम किम्?
(a) दम्यन्ती (b) द्रोपदी
(c) विद्योत्तमा (d) यक्षिणी

166. निम्नाकितेषु त्रिविक्रमभट्टदृस्य रचना का अस्ति?
(a) जीवनधर चम्पू (b) मदालसाचम्पू
(c) यशस्तिलकचम्पूः (d) भागवतचम्पूः

167. राज्ञ का कस्य देशस्य सम्बन्धित अस्ति?
(a) विदर्भ (b) कुण्डिनपुरः
(c) प्रयागः (d) विदिशा

168. दम्यन्ती कस्य देशस्य आसीत्?
(a) विदिशा (b) दशर्णः
(c) उज्जैनी (d) कुण्डिनपुर

169. नलचम्पू उपजीव्य ग्रन्थ कः?
(a) रामायणः (b) महाभारत
(c) भगवद्गीता (d) पुराणः

170. त्रिविक्रमभट्टस्य द्वितीय नाम किम् आसीत?
(a) यमुनात्रिविक्रमः (b) कालिदास
(c) भारवि (d) माद्यः

171. निम्नाकितेषु सोमदेवसूरमा रचना का अस्ति?
(a) सदालसा चम्पूः (b) यशस्तिलकचम्पूः
(c) नलचम्पूः (d) कादम्बरी

172. सोमदेवसूरिम् कस्य राजः सरक्षणं आसीत्?
(a) अरिकेसरी तृतीय (b) बाबर
(c) विक्रमभट्टः (d) तारापीड

173. यशरितलक चम्पूः कति उच्छवासा सन्ति?
(a) 4 (b) 5 (c) 6 (d) 8

174. दमयन्त्याः पितुः नाम किम्?
(a) चन्द्रापीडः (b) भीमः
(c) शूद्रकः (d) अर्जुनः

175. शान्तिपर्वे कवि नीतिकथा शान्ति

(a) 12 (b) 15 (c) 18 (d) 19

176. बृहतकथा कस्य रचना अस्ति?

(a) गुणाढ्य (b) कालिकदास (c) क्षेमेन्द्र (d) भास

177. पंचतन्त्रस्य कति ई.पू. अस्ति

(a) 300 ई. पू. (b) 700 ई. पू.

(c) 900 ई. पू. (d) 1100 ई. पू.

178. पञ्चतन्त्रस्य लेखक स्वस्य आयु कति उक्तम्?

(a) 70 (b) 80 (c) 75 (d) 65

179. प्रो. हर्टलेन् पंचतन्त्रस्य समया क: मन्यते?

(a) 200 ई. पू. (b) 100 ई. पू.

(c) 500 ई. पू. (d) 300 ई. पू.

180. प्रस्ताविकायां कति श्लोक, सन्ति?

(a) 40 (b) 42 (c) 45 (d) 47

181. पंचतन्त्रे कति मुख्या कथा, सन्ति?

(a) 3 (b) 4 (c) 5 (d) 6

182. मित्रभेदे कति उपकथा सन्ति?

(a) 21 (b) 22 (c) 23 (d) 24

183. मित्रभेदस्य श्लोक संख्या कति?

(a) 461 (b) 463 (c) 464 (d) 467

184. पंचतन्त्रे कति तन्त्रा सन्ति?

(a) 2 (b) 3 (c) 7 (d) 5

185. अगरशक्ति राज्ञ कति पुत्रा आसन्?

(a) 3 (b) 4 (c) 5 (d) 6

186. हितोपदेशस्य लेखक: क: अस्ति?

(a) नारायण पण्डित (b) जगदीशशरण:

(c) सोमदत्त पण्डित (d) विपिन पण्डित

187. काकूलोकीयतन्त्रे कति श्लोका: सन्ति?

(a) 251 (b) 255 (c) 260 (d) 265

188. मित्र संप्रासया: कति उपकथा सन्ति?

(a) 6 (b) 7

(c) 9 (d) 10

उत्तरमाला

1.	(d)	2.	(c)	3.	(a)	4.	(b)	5.	(c)	6.	(a)	7.	(b)	8.	(c)	9.	(a)	10.	(b)
11.	(d)	12.	(b)	13.	(d)	14.	(d)	15.	(c)	16.	(c)	17.	(b)	18.	(b)	19.	(a)	20.	(a)
21.	(d)	22.	(a)	23.	(c)	24.	(a)	25.	(c)	26.	(c)	27.	(d)	28.	(a)	29.	(a)	30.	(c)
31.	(b)	32.	(a)	33.	(d)	34.	(a)	35.	(c)	36.	(b)	37.	(b)	38.	(b)	39.	(a)	40.	(b)
41.	(c)	42.	(a)	43.	(c)	44.	(c)	45.	(b)	46.	(b)	47.	(a)	48.	(c)	49.	(a)	50.	(b)
51.	(c)	52.	(a)	53.	(c)	54.	(a)	55.	(c)	56.	(c)	57.	(c)	58.	(b)	59.	(a)	60.	(b)
61.	(d)	62.	(d)	63.	(d)	64.	(b)	65.	(c)	66.	(c)	67.	(c)	68.	(a)	69.	(b)	70.	(b)
71.	(a)	72.	(b)	73.	(c)	74.	(c)	75.	(c)	76.	(a)	77.	(b)	78.	(a)	79.	(b)	80.	(a)
81.	(a)	82.	(d)	83.	(c)	84.	(a)	85.	(d)	86.	(c)	87.	(a)	88.	(b)	89.	(a)	90.	(a)
91.	(b)	92.	(b)	93.	(b)	94.	(c)	95.	(b)	96.	(b)	97.	(a)	98.	(d)	99.	(d)	100.	(b)
101.	(c)	102.	(a)	103.	(c)	104.	(c)	105.	(a)	106.	(a)	107.	(a)	108.	(b)	109.	(a)	110.	(d)
111.	(a)	112.	(c)	113.	(b)	114.	(d)	115.	(a)	116.	(a)	117.	(c)	118.	(b)	119.	(c)	120.	(c)
121.	(a)	122.	(c)	123.	(c)	124.	()a	125.	(c)	126.	(a)	127.	(b)	128.	(b)	129.	(c)	130.	(a)
131.	(d)	132.	(c)	133.	(b)	134.	(a)	135.	(c)	136.	(d)	137.	(a)	138.	(b)	139.	(d)	140.	(a)
141.	(c)	142.	(a)	143.	(b)	144.	(c)	145.	(c)	146.	(b)	147.	(c)	148.	(d)	149.	(b)	150.	(d)
151.	(a)	152.	(c)	153.	(b)	154.	(a)	155.	(a)	156.	(d)	157.	(a)	158.	(a)	159.	(b)	160.	(d)
161.	(a)	162.	(c)	163.	(d)	164.	(b)	165.	(a)	166.	(b)	167.	(a)	168.	(d)	169.	(b)	170.	(a)
171.	(b)	172.	(a)	173.	(d)	174.	(b)	175.	(a)	176.	(a)	177.	(a)	178.	(b)	179.	(a)	180.	(d)
181.	(c)	182.	(b)	183.	(a)	184.	(d)	185.	(a)	186.	(a)	187.	(b)	188.	(a)				

अध्याय 10

काव्यशास्त्र: अलंकार, छन्द, रस

अलंकार

'अलड्कारोति इति अलंकार;' अथवा अलंकरोति शब्दार्थानिति' अथवा 'अलंक्रियते अनेन' अर्थात् काव्य की सुन्दरता को बढ़ाने वाले साधनों को अलंकार कहा जाता है। जिस प्रकार कुण्डल, हार आदि आभूषण शरीर को अलंकृत करते हैं, उसी प्रकार काव्य में अनुप्रास, उपमा आदि धर्म काव्य के शरीर भूत शब्द और अर्थ को अलंकृत करते हैं। वामन के शब्दों में काव्यं ग्राह्यमलंकारात् सौन्दर्यमलङ्कार: अर्थात् अलंकार के ही कारण काव्य ग्राह्य है, सौन्दर्य को ही अलंकार कहते हैं। अलंकार काव्य के शोभावर्द्धक तत्त्व हैं।

अलंकार सम्प्रदाय के प्रवर्तक भामह के अनुसार, 'वक्राभिधेय शब्दोक्तिरिष्टवाचामलंकृति:' अर्थात् लोकोत्तर चमत्कार के जनक शब्दों के द्वारा अभिप्रेत अर्थ के वक्र रीति से कहने को अलंकार कहते हैं। आचार्य आनन्दवर्द्धन के अनुसार 'विवक्षा तत्परत्वेनाडित्वेन कदाचन।' अर्थात् काव्य में अलंकारों का सन्निवेश रस आदि के अंग रूप में किया जाना चाहिए न कि अंगी रूप में। आचार्य कुन्तक के अनुसार '—सालंकारस्य काव्यता' अर्थात् काव्य में काव्यत्व अलंकारों के द्वारा ही होता है। अलंकार के अभाव में कविता रूपी नायिका सामाजिकों के हृदय को अपनी ओर आकर्षित नहीं कर पाती है।

अलंकार काव्य के अस्थायी धर्म (साधन) हैं। अलंकार के शब्दगत और अर्थगत दो भेद हैं। वे अलंकार जो शब्दों के सौन्दर्य में वृद्धि करके काव्य की शोभा बढ़ाते हैं। शब्दगत अर्थात् शब्दालंकार कहे जाते हैं। वे अलंकार जो अर्थों की सुन्दरता में वृद्धि करके काव्य की शोभा बढ़ाते हैं, अर्थालंकार कहे जाते हैं। साहित्यदर्पण के अनुसार, अनुप्रास अलंकार के पाँच भेद होते हैं। साहित्यदर्पण में दस परिच्छेद हैं। आचार्य दण्डी ने 35 अलंकार माने हैं। आचार्य मम्मट ने 61 अर्थालंकार स्वीकृत किए हैं।

श्लेष अलंकार के आठ (8) भेद हैं। उपमा में साम्य तीन (3) प्रकार का होता है। मन्ये, शङ्के, मनु, जनु, मानो, जानो आदि उत्प्रेक्षा वाचक शब्द हैं। सी, सा, से, सम, तुल्य आदि उपमावाचक शब्द हैं। आचार्य रुय्यक के अनुसार, 67 अलंकार हैं। काव्यालंकार प्रणेता भामह के अनुसार, 48 अलंकार हैं। भोज के 'सरस्वती काष्ठ्राभरण' में 27, अप्पयदीक्षित के 'कुवलयानन्द' में 124 तथा पण्डित राज जगन्नाथ के 'रस गंगाधर' में लगभग 180 अलंकारों का उल्लेख है। जिनमें से कुछ प्रमुख अलंकारों का परीक्षा की दृष्टि से इस अध्याय में उदाहरण एवं लक्षण सहित उल्लेख किया जा रहा है।

उपमा अलंकार

'साम्यं वाच्यमवैधर्म्यं वाक्यैक्यउपमा द्वयो:।'

लक्षण एवं परिभाषा एक ही वाक्य दो पदार्थों के वैधर्म्यरहित वाच्य सादृश्य को 'उपमा' कहते हैं। आचार्य दण्डी ने लिखा है कि 'स्पष्ट और सुन्दर समता को 'उपमा' कहते हैं (प्रस्फुटं सुन्दर साम्यमुपमेत्यभिधीयते')।

उदाहरण ''सौरभमम्भोरुहवत्मुखस्य कुम्भाविव स्तनौ पीनौ।
हृदयं मदयित वदनं तव शरदिन्दुर्यथा बाले।।''

अर्थात् तुम्हारे मुख का सौरभ कमल के समान, (तुम्हारे) स्तम्भ कुम्भ की तरह पीन हैं, शरद् ऋतु के चन्द्रमा के समान तुम्हारा मुख हृदय को प्रमत्त कर रहा है।

स्पष्टीकरण उपमा के चार अंग होते हैं— • उपमेय, • उपमान, • समान धर्म और • उपमावाचक शब्द। इस श्लोक के 'वत् मुखस्य सौरभमम्भोरुहवत्' इस वाक्य में उपमेय 'मुख' उपमान 'अम्भरुह' (कमल), साधारणधर्म 'सौरभ' तथा उपमावाचक 'वति' (प्रत्यय, अम्भोरुह + वति = 'अम्भोरुहवत्') है। अतएव इन चारों के होने से पूर्णोपमा अलंकार है। तब 'स्तनौ कुम्भाविव पीनौ' यहाँ उपमेय 'स्तन' उपमान 'कुम्भ' साधारण धर्म 'पीनत्व' तथा उपमावाचक 'इव' है। अत: पूर्णोपमा है। 'शरदिन्दुर्यथा ते वदनं हृदयं मदयति' यहाँ 'वदन' उपमेय 'शरदिन्दु' उपमान, 'मस्त करना' साधारण धर्म तथा 'इव' उपमावाचक है। अत: पूर्णोपमा है। इस प्रकार यहाँ तीन स्थानों पर उपमा है।

रूपकम् अलंकार

'रूपकं रूपितारोऽपो विषये निरुपह्नवे।'

लक्षण एवं परिभाषा निरपह्नव अर्थात् निषेधरहित विषय (उपमेय) में रूपित (उपमान) के आरोप को 'रूपक अलंकार' कहते हैं। जहाँ भेद से रहित उपमान का उपमेय होता है, परन्तु उपमेय के स्वरूप का निषेध करने वाला कोई शब्द नहीं होता है, वहाँ रूपक अलंकार होता है।

उदाहरण ''आहवे जगदुद्दण्डराजमण्डलराहवे।
श्रीनृसिंहमहीपाल, स्वस्त्यस्तु तव बाहवे।।''

अर्थात् हे नृसिंह महीपाल! युद्ध में जगत् के उद्दण्ड राजमण्डल (चन्द्रमण्डल रूप राजमण्डल) के लिए राहुरूपी आपके भुजदण्ड का कल्याण हो।

स्पष्टीकरण इस श्लोक में राजमण्डल शब्द श्लिष्ट है, क्योंकि वह राजसमूह और चन्द्रबिम्ब दोनों का ही वाचक है। इस प्रकार यहाँ राजमण्डल (राजसमूह) रूप विषय पर राजमण्डल (चन्द्रबिम्ब) रूप विषयी का आरोप है। यही आरोप बाहु के आरोप का कारण है। राजाओं को जब चन्द्रमा मान लिया गया, तभी तो बाहु को राहु मानने से उसका दमनकारित्व सिद्ध होता है, अन्यथा राहु को बहुत कहना व्यर्थ ही है। जब राजा लोग चन्द्रमा हैं, तभी उनके दमन करने वाले को राहु कहना ठीक होगा। यहाँ एक आरोप (राजाओं में चन्द्रत्व का) दूसरे आरोप (बाहु में राहुत्व के आरोप) का कारण है। अतएव यह श्लिष्ट शब्दमूलक केवल पारम्परिक रूपक का उदाहरण है।

दृष्टान्त अलंकार

लक्षण

''दृष्टान्तस्तु सधर्मस्य वस्तुनः प्रतिबिम्बनम्।''

अर्थात् जहाँ पर समान दो धर्मों वाले दो वर्णनीय विषयों में विम्बप्रतिबिम्ब भाव होता है वहाँ दृष्टान्त अलंकार होता है।

अथवा

लक्षण ''दृष्टान्तः पुनरेतेषां सर्वेषा प्रतिबिम्बनम्''= उपमान, उपमेय, उनके विशेषण और साधारण धर्मादि का भिन्न होते हुए औपम्य के प्रतिपादनार्थ उपमानवाक्य तथा उपमेय वाक्य में पृथग् उपादान रूप 'बिम्बप्रतिबिम्बभाव'' होने पर दृष्टान्तालंकार होता है। 'दृष्टान्त' शब्द का अवयवार्थ या उपमानवाक्य के साथ बिम्बप्रतिबिम्बभाव के द्वारा दार्ष्टान्तिकवाक्य या उपमेय वाकय के अर्थ का अन्त अर्थात् निश्चय देखा जाता है, वह दृष्टान्त होता है। यह दृष्टान्त साधर्म्य और वैधम्य-भेद से दो प्रकार का होता है।

उदाहरण

त्वयि दृष्ट एवं तस्या निर्वाति मनो मनोभवज्वलितम्।
आलोक के हि हमांशोर्विकसति कुसुमं कुमुद्वत्याः॥

''तुमको = नायक के तो देखते ही उस नायिका का काम से सन्तप्त हृदय शान्त हो जाता है। जैसे चन्द्रमा को देखने पर कुमुदिनी का फूल लिख उठता है।''

प्रस्तुत उदाहरण में नायक तथा चन्द्रमा का, नायिका तथा कुमुदिनी का, मन व कुसुम का, मनोभवसन्तप्तत्व तथा सूर्यसन्तप्तत्व का, निर्वाण और विकास का बिम्बप्रतिबिम्बभाव होने से दृष्टान्त अलंकार है।

उदाहरण

तवाहवे साहसकर्मशर्मणः करं कृपाणान्तिकमानिनीषतः।
भटाः परेषां विशरारुतामगुः दधत्वयाते स्थिरतां हि पांसवः॥

''हे राजन! साहसपूर्ण कामों में आनन्द प्राप्त करने वाले तुम्हारे तलवार की ओर हाथ बढ़ाते ही शत्रुओं के सैनिक तितर-बितर हो गए। वायु न चलने पर ही धूल स्थिर रहती है।

प्रस्तुत उदाहरण में धूल तथा शत्रु-सैनिकों का और पलायन एवं अस्थित्व का बिम्बप्रतिबिम्बभाव है। अतः यह विधर्म्यपूर्वक दृष्टान्त अलंकार का उदाहरण है।

अर्थान्तरन्यासः अलंकार

''सामान्यं वा विशेषेणन विशेषस्तेन वा यदि।
कार्यं च कारणेनेदं कार्येण च समर्थ्यते।
साधर्म्येतरेणार्थान्तरन्यासोऽष्टधा मताः।।''

लक्षण एवं परिभाषा जहाँ साधर्म्य अथवा वैधर्म्य के द्वारा —• विशेष से सामान्य या • सामान्य से विशेष अथवा • कारण से कार्य या • कार्य से कारण का समर्थन किया जाता है, वहाँ अर्थान्तरन्यास अलंकार होता है। इस प्रकार उसके आठ भेद होते हैं।

उदाहरण ''बृहत्सहायः कार्यान्तं क्षोदीयानपि गच्छति।
सम्भूयाम्भोधिमभ्येति महानद्या नगापगा।।''

अर्थात् बड़ों की सहायता पाकर छोटा भी कार्य के फल तक पहुँच जाता है। छोटी नदी भी बड़ी नदी से मिलकर समुद्र तक पहुँच जाती है।

स्पष्टीकरण इस श्लोक में उत्तरार्द्ध में वर्णित विशेष विषय के द्वारा पूर्वार्द्ध में वर्णित एक सामान्य सिद्धान्त का समर्थन किया गया है। अतः यहाँ अर्थान्तरन्यास अलंकार है।

उत्प्रेक्षा अलंकार

'भवेत्सम्भावनोत्प्रेक्षा प्रकृतस्य परात्मना।'

लक्षण एवं परिभाषा किसी प्रस्तुत वस्तु की अप्रस्तुत वस्तु के रूप में सम्भावना करने को 'उत्प्रेक्षा अलंकार' कहते हैं।

उत्प्रेक्षा वाचक शब्द मन्ये, शङ्के, ध्रुवम्, प्रायः नूनम् इव आदि शब्दों के द्वारा उत्प्रेक्षा व्यंजित होती है और इसी प्रकार इव शब्द भी उत्प्रेक्षा का व्यञ्जक है

''मन्ये शङ्के, ध्रुवम् प्रायो नूनमित्येवमादिभिः।
उत्प्रेक्षा व्यज्यते शब्दैरिवशब्दोऽपि तादृशः।।''

उदाहरण ''लिम्पतीव तमोऽङ्गानि वर्षतीवाञ्जनं नभः।
असत्पुरुषसेवेव दृष्टिर्विफलतां गता।।''

अर्थात् अन्धकार मानो अंगों को लीप रहा है, आकाश मानो काजल की वर्षा कर रहा है, जिस प्रकार दुष्ट पुरुष की सेवा निष्फल होती है, उसी प्रकार दृष्टि भी निष्फल (बेकार) हो गई है।

स्पष्टीकरण यह अन्धकार का फैलना और गिरना, जोकि वस्तुतः वर्णनीय विषय है, उसका जबकि वर्णन नहीं किया गया है, अपितु यह सम्भावना की गई है कि मानो अन्धकार अंगों को लीप रहा है। यहाँ प्रस्तुत अन्धकार वस्तु की अप्रस्तुत के रूप में सम्भावना की गई है। अतः यहाँ उत्प्रेक्षा अलंकार है।

उदाहरण ''अयं मार्तण्डः किम् ? स खलु तुरगैः सप्तभिरितः,
कृशानुः किम् ? सर्वाः प्रसरित दिशो नैव नियतम्।
कृतान्तः किम् ? साक्षान्महिषवहनोऽसविति चिरः,
समालोक्याजौ त्वां विदधति विकल्पान् प्रतिभटाः।।''

अर्थात् हे राजन् ! तुम्हें संग्राम में देखकर विरोधी योद्धागण तुम्हारे विषय में अनेक विकल्प करते हैं। जैसे कि क्या यह राजा सूर्य है? किन्तु सूर्य तो सात घोड़ों के रथ पर चलता है, तो क्या यह राजा अग्नि है? परन्तु अग्नि तो सभी दिशाओं में फैलती है, यह तो ऐसा भी नहीं है, तो क्या यह राजा साक्षात् यमराज है, परन्तु यमराज तो भैंसे पर बैठकर चलते हैं।

स्पष्टीकरण इस उदाहरण में वर्णनीय राजा के विषय में कवि ने अनेक संशयात्मक कोटियाँ कल्पित की हैं। अत: यहाँ सन्देह अलंकार है

यमकम् अलंकार

"सत्यर्थे पृथगर्थाया: स्वरव्यञ्जनसंहते:।
क्रमेण तेनैवावृत्तिर्यमकं विनिगद्यते।।"

लक्षण एवं परिभाषा वह शब्दालंकार है, जिसमें सार्थक तथा परस्पर भिन्न अर्थ वाले स्वर व्यंजन समूह की एक ही क्रम में आवृत्ति होती है अर्थात् स्वर व्यंजन समूह एक सार्थक शब्द भी हो सकता है और एक निरर्थक वर्ण समुदाय भी, परन्तु जहाँ स्वर व्यंजन समूह सार्थक रहता है तथा भिन्न अर्थों में उसकी पुनरावृत्ति होती है, वहाँ 'यमक' अलंकार होता है। यदि स्वर व्यंजन समूह एक निरर्थक वर्ण समुदाय है तथा उसकी पुनरावृत्ति होती है, तो वहाँ यमक अलंकार होता है।

उदाहरण "नवपलाशपलाशवनं पुर: स्फुटपरागपरागतपङ्कजम्।
मृदुलतान्तलतान्तमलोकयत् स सुरभिं सुरभिं सुमनोभरै:।।"

अर्थात् जिसमें पलाशों (ढाकों) का वन नवीन पलाशों (पत्तों) से युक्त हो गया है, कमल बढ़े हुए पराग से युक्त (परागत) हो गए हैं, लताओं के प्रान्त (लतान्त) मृदुल और विस्तृत या झुके हुए (लतान्त) हो गए हैं, पुष्पों की अधिकता से सुगन्धित (सुरभिं) इस प्रकार की उस सुरभि (बसन्त ऋतु) को उन्होंने (श्रीकृष्ण ने रैवतक पर्वत पर) देखा।

स्पष्टीकरण इस श्लोक के प्रथम चरण में 'पलाश-पलाश' दोनों की, द्वितीय चरण में प्रथम 'पराग' पद की, 'तृतीय चरण में द्वितीय 'लतान्त' पद की सार्थकता तथा चतुर्थ चरण में 'सुरभिं' 'सुरभिं' दोनों पदों की निरर्थकता है। इसलिए यहाँ पलाश, पराग, लतान्त सुरभिम्, सुरभि इन सार्थक एवं निरर्थक स्वर व्यंजनान्त समुदाय की उसी क्रम से आवृत्ति होने के कारण 'यमक' अलंकार है

अनुप्रास अलंकार

अनुप्रास अलंकार प्रथमत: वर्णानुप्रास और पदानुप्रास के भेद से दो प्रकार का होता है। उसमें वर्णानुप्रास के छेकानुप्रास और वृत्त्यनुप्रास ये दो भेद होते हैं। पदानुप्रास का दूसरा नाम 'लाटानुप्रास' भी है। यथा

- अनेक पदों की आवृत्ति रूप,
- एक पद की आवृत्ति रूप
- एक समास में प्रातिपदिक की आवृत्ति रूप,
- भिन्न समासों में प्रातिपदिक की आवृत्ति रूप, और
- समास तथा असमास दोनों में प्रातिपदिक की आवृत्ति रूप के भेद से पाँच प्रकार का होता है। इनका क्रमश: विवेचन निम्न प्रकार है

(i) **वर्णानुप्रास "वर्णसाम्यमनुप्रास:"** = वर्णों की समानता अनुप्रास है। वर्णो की समानता से अभिप्राय स्वरों का भेद होने पर भी व्यंजकों की समानता से है—"स्वरवैसादृश्येऽपि व्यंन्जनसदृशत्वं वर्णसाम्यम्।

वर्णानुप्रास दो प्रकार का है—छेकगत और वृत्तिगत—"छेकवृत्तितो द्विधा।" अर्थात् छेकानुप्रास तथा वृत्त्यनुप्रास यह दो प्रकार का वर्णसाम्य रूप वर्णानुप्रास होता है।

(क) **छेकानुप्रास** "सोऽकस्य सकृत्पूर्व:"—अनेक वर्णो का एक बार आवत्ति रूप साम्य छेकानुप्रास है; यथा—

"ततोऽरूणपरिस्पन्दमन्दीकृतवपु: शशी।
दध्रे कामपरिक्षामकानीगण्डपाण्डुताम् ।।"

यहाँ 'स्पन्दमन्दी' में 'न' और 'द' की तथा 'कामपरिक्षामकामिनी' में 'क' और 'म' की ठीक उसी क्रम में आवृत्ति हुई है। दोनों में स्वरूप तथा क्रम की समानता होने के कारण छेकानुप्रास है।

(ख) **वृत्त्यनुप्रास** "एकस्याप्यसकृत्पर:"— एक वर्ण का भी और अनेक वर्णों का भी अनेक बार का अवृत्तिसाम्य होने पर वृत्त्यनुप्रास होता है। वृत्तियों में होने से यह वृत्त्यनुप्रास कहलाता है। वृत्तियाँ तीन मानी हैं— उपनागरिका, परुशा तथा कोमला। ये तीनों वृत्तियाँ उद्भव सम्मत हैं। वामनादि आचार्यों ने इन्हीं को वेदर्भी, गौडी और पाञ्चाली— 'रीतियाँ' माना है।

उदाहरण—"वहन्ति वर्षन्ति नदन्ति भान्ति ध्यायन्ति नृत्यन्ति समाश्वसन्ति।
नद्यो घना मत्तगजा वनान्ता: प्रियाविहीना: शिखिन: प्लवंगा: ।।"(रामायणम)

इस श्लोक में आए हुए वहन्ति वर्षन्ति, नदन्ति, भान्ति ध्यायन्ति नृत्यन्ति तथा समाश्वसन्ति इन शब्दों में अनेक वर्णों की समान आवृत्ति है, जो श्लोक की चारूता की अभिवृद्धि में सहायक है। अत: यहाँ पर अनुप्रास अलंकार है।

(ii) **पदानुप्रास अथवा लाटानुप्रास** "शाब्दस्तु लाटानुप्रासो भेदे तात्पर्यमात्रत:।"आवृत्त पद में तात्पर्य मात्र से भेद होने पर शब्दानुप्रास लाटानुप्रास कहलाता है। शब्दगत अनुप्रास शब्द और अर्थ दोनों का अभेद होने पर भी अन्वय मात्र के भेद से लाट देश के लोगों का प्रिय होने से लाटानुप्रास कहलाता है। दूसरे लोग इसको पदानुप्रास कहते हैं, क्योंकि वह पदों का होता है— "पदानां स:।"

पदानुप्रास के पाँच भेद हैं—

- अनेक पदों की आवृत्ति रूप ,
- एक पद की आवृत्ति रूप,
- एक समास में प्रातिपदिक की आवृत्ति रूप
- भिन्न समासो में प्रातिपदिक की आवृत्ति रूप और
- समास तथा असमास दोनों में प्रातिपदिक की आवृत्ति रूप। इनके क्रमश: उदाहरण निम्न हैं

"यस्य न सविधे दयिता दवदहनस्तुहिनदीधितिस्तस्य।"

"यस्य च सविधे दयिता दवदहनस्तुहिनदीधितिस्तस्य।"

यहाँ अनेक पदों की आवृत्ति है पूर्वार्द्ध में 'तुहिनदीधिति' में दवदहनत्व विधेय है। और उत्तरार्द्ध में 'दवदहन' में बुहिनदीधितित्व' विधेय है इस प्रकार उद्देश्य विधेयभाव में भेद होने से तात्पर्य मात्र का भेद हो जाता है। अत: यहाँ लाटनुप्रास है।

"वदनं वरर्णिन्यासतस्या: सत्यं सुधाकर: ।
सुधाकर: क्व नु पुन: कलङ्कविकल्पो भवेत् ।।"

यहाँ केवल 'सुधाकर' एक पद की आवृत्ति हुई है। और प्रथम 'सुधाकर' पद विधेय तथा द्वितीय 'सुधाकर' पद उद्देश्य इसलिए तात्पर्य भेद भी है। अतएव यह श्लोक लाटानुप्रास का उदाहरण है।

श्लेष अलंकार

'शिलष्टे: पदैरनेकार्थाभिमाने श्लेष इष्यते।'

लक्षण एवं परिभाषा शिलष्ट पदों अर्थात् अनेकार्थक शब्दों के द्वारा जब अनेक अर्थों को कहा जाता है, तो 'श्लेष' अलंकार होता है।

जिनमें एक से अधिक अर्थ समान रूप से निहित होते हैं, वे शब्द श्लिष्ट कहलाते हैं। श्लेष वर्ण, प्रत्यय, लिंग, प्रकृति, पद, विभक्ति, वचन और भाषा के भेद से आठ प्रकार का होता है—

"वर्णप्रत्ययलिङ्गनां प्रकृत्योः पदयोरपि।
श्लेषाद्विभक्तिवचनभाषाणामष्टधा च सः।।"

उदाहरण

"प्रतिकूलतामुपगते हि विधौ विफलत्वमेति बहुसाधनता।
अवलम्बनाय दिनभर्तुरभून्न पतिष्यतः करसहस्रमपि।।"

अर्थात् विधु = चन्द्रमा अथवा विधि = भाग्य के प्रतिकूल होने पर समस्त साधन विफल हो जाते हैं। अस्त होने (गिरने) के समय सूर्य के हजार कर (किरण या हाथ) भी सहारा देने को पर्याप्त न हो सकें। कहने का भाव यह है कि जब सहस्र हाथों वाले सूर्य भी विधु की प्रतिकूलता के समय गिरने से न बच सकें तो विधि की प्रतिकूलता में अन्य सामान्य जनों की तो बात ही क्या, वे तो गिरेंगे ही।

स्पष्टीकरण इस श्लोक में 'विधौ' इस पद में 'विधु' (चन्द्रमा) और 'विधि' (विधाता) शब्दों में उकार और इकार वर्णों के स्थान पर आकार रूप हो जाने से वर्ण श्लेष है। 'करसहस्र' पद के 'कर' शब्द का हस्त तथा किरण अर्थ है। अतः प्रकृति श्लेष भी है।

छन्द

छन्द शब्द की व्युत्पत्ति छन्द आह्लादने या छदि आच्छादने धातु से मानी जाती है। अतः छन्द का अर्थ है- आह्लदक या आच्छादक। निरुक्तकार यास्क आचार्य के अनुसार, 'छन्दांसि छादानात्' अर्थात् आच्छादन करने के कारण छन्दों की अन्तर्थ संज्ञा होती है। जिस शास्त्र में छन्दों की विवेचना की जाती है, उसे छन्द शास्त्र कहते हैं। छन्द शास्त्र का महत्त्व वैदिककाल से ही प्रख्यात है, क्योंकि वेद के छः अंगों में छन्दः शास्त्र को वेद पुरुष का चरण माना गया है।

'छन्दः पादौ तु वेदस्य'

छन्द के प्रकार

छन्द मुख्यतः दो प्रकार के होते हैं।

1. वैदिक छन्द 2. लौकिक छन्द।

1. वैदिक छन्द

वैदिक छन्दों में सात छन्द प्रमुख हैं

(i) गायत्री (ii) उष्णिक्
(iii) अनुष्टुप् (iv) बृहती
(v) पंक्ति (vi) त्रिष्टुप्
(vii) जगती।

वैदिक छन्दों का प्रयोग केवल वैदिक मन्त्रों के उच्चारण के लिए किया जाता है जबकि साहित्यिक काव्य पाठ के लिए लौकिक छन्दों का उपयोग किया जाता है।

2. लौकिक छन्द

लौकिक छन्द दो प्रकार के **मात्रिक** व **वर्णिक** होते हैं।

मात्रिक छन्द तथा वर्णिक छन्दों के अनेक भेद होते हैं। जिनका वर्णन साहित्यिक दृष्टि से अनिवार्य है प्रस्तुत अध्याय में लौकिक छन्द के मात्रिक तथा **वर्णिक** दोनों प्रकार के छन्दों का लक्षण एवं उदाहरण सहित वर्णन किया जा रहा है।

गणों के आधार पर लघु और गुरु मात्रा अथवा वर्ण की गणना का सूत्र निम्नलिखित है—

'यमाताराजभानसलगम्'

मार्त्रिक व वार्णिक छन्द के लघु व गुरु की गणना का तरीका

छन्दःशास्त्र में व्यंजन रहित और व्यंजन सहित स्वर को वर्ण कहते हैं। ये दो प्रकार के माने जाते हैं—ह्रस्व और दीर्घ। अ, इ, उ, ऋ और लृ ये ह्रस्व स्वर हैं। आ, ई, ऊ, ॠ, लृ, ए, ऐ, ओ, औ, ये दीर्घ स्वर हैं।

इस शास्त्र में ह्रस्व स्वर लघु के नाम से और दीर्घ स्वर गुरु के नाम से प्रसिद्ध हैं, परन्तु ह्रस्व स्वरों में यदि विसर्ग या अनुस्वार लगा दिया जाए, तो वे गुरु माने जाते हैं। इसी प्रकार संयुक्त अक्षर के पहले का ह्रस्व स्वर भी गुरु समझा जाता है। प्र, ह, क्र, व्र इन चार अक्षरों में से किसी के पूर्व का ह्रस्व अक्षर विकल्प से गुरु होता है। द्वितीय तथा चतुर्थ चरणों के अन्त का अक्षर चाहे वह ह्रस्व हो या दीर्घ आवश्यकतानुसार गुरु या लघु मान लिया जाता है; यथा—

संयुक्ताद्यं दीर्घं सानुस्वारं विसर्गसंमिश्रम्।
विज्ञेयमक्षरं गुरु पादान्तस्थं विकल्पेन।।

मात्रिक छन्दों में मात्राओं की गणना में लघु वर्ण की एक मात्रा और गुरुवर्ण की दो मात्राएँ गिनी जाती हैं। वर्णिक छन्दों में व्यंजन रहित या व्यंजन सहित स्वर को एक वर्ण माना जाता है; जैसे-अ, आ आदि अथवा क, ख आदि।

लौकिक छन्द निम्न प्रकार हैं

अनुष्टुप् छन्द

लक्षण एवं परिभाषा

श्लोके षष्ठं गुरु ज्ञेयं सर्वत्र लघु पञ्चमम्।
द्विचतुष्पादयोर्ह्रस्वं सप्तमं दीर्घमन्ययोः।।
पञ्चमं लघु सर्वत्र सप्तमं द्विचतुर्थयोः।
षष्ठं गुरु विजानीयादेतत्पद्यस्य लक्षणम्।।

जिसमें प्रत्येक पाद में छठा अक्षर गुरु, पाँचवाँ लघु और सातवाँ दूसरे, चौथे पाद में लघु और पहले तीसरे में गुरु हो, तो उसे पद्य कहते हैं। पद्य को ही अनुष्टुप् छन्द या श्लोक कहते हैं। इसका प्रत्येक पाद आठ अक्षर का होता है। पाद के अन्त में यति होती है।

न स म र स ग
ऽ। ऽ। । ऽऽऽ ऽ।।।। ।ऽ

उदाहरण वागर्थाविव संपृक्तौ वागर्थप्रतिपत्तये।
जगतः पितरौ वन्दे पार्वतीपरमेश्वरौ।।

स्पष्टीकरण यहाँ प्रत्येक चरण में आठ वर्ण होने के कारण तथा प्रत्येक चरण का छठा अक्षर गुरु, पाँचवाँ अक्षर लघु तथा दूसरे और चौथे पाद का सातवाँ अक्षर लघु होने के कारण एवं पहले और तीसरे चरण में सातवाँ अक्षर लघु होने के कारण अनुष्टुप् छन्द है।

उपजाति छन्द

लक्षण एवं परिभाषा

अनन्तरोदीरितलक्ष्मभाजौ, पादौ यदीयावुपजातस्यता:।

त त ज ग ग ज त ज ग ग

ऽ ऽ। ऽऽ। ।ऽ। ऽऽ ।ऽ। ।ऽ ऽ। ऽऽ ।ऽऽ

जिनके चरण उपरोक्त इन्द्रवज्रा और उपेन्द्रवज्रा के लक्षण वाले (किसी भी क्रम से) हों, उन छन्दों का नाम उपजाति है। प्रत्येक चरण में 11 अक्षर होते हैं।

इन्द्रवज्रा तथा उपेन्द्रवज्रा के मिश्रण को उपजाति कहते हैं। यह मिश्रण (14) प्रकार से सम्भव है; जैसे (इ उ उ इ), उ इ इ उ, उ इ उ इ, उ इ इ उ आदि।

उदाहरण ऽऽ ।ऽऽ।।ऽ।ऽऽ

काजिन्मुरारेर्वदनारविन्दं,
सङ्क्रान्तमालोक्य जले नवोढा।
व्यक्तं सलज्जा परिचुम्बितुं तत्,
तदर्थमेवाम्भसि निर्ममज्ज।।

स्पष्टीकरण यहाँ पर क्रमश: दो तगण एक जगण तथा अन्त में दो गुरु होने के कारण उपजाति छन्द है।

वंशस्थ छन्द

लक्षण एवं परिभाषा वदन्ति वंशस्थविलं जतौ जरौ।
जतौ तु वंशस्थमुदीरितं जरौ।

जिसके चारों चरणों में क्रमश: जगण, तगण, जगण, रगण हों, प्रत्येक चरण में 12 अक्षर हों, तो उस छन्द को वंशस्थविल, वंशस्थनित या वंशस्थवृत्त भी कहते हैं। पादान्त में यति होती है।

ज त ज र

।ऽ।ऽऽ।। ऽ।ऽ।ऽ

उदाहरण विलासवंशस्थविलं मुखानिलं,
प्रपूर्य य: पञ्चमरागमुद्गिरन्।
व्रजाङ्गनानामपि गानशालिनां,
जहार मानं स हरि: पुनातु न:।।

अर्थात् जिस श्रीकृष्ण ने अपनी मुख वायु से आनन्ददायक वंशी के छिद्र को फूँककर पञ्चम राग गाते हुए ब्रजवधुओं तथा नारद आदि संगीत विशेषज्ञों के घमण्ड को चूर-चूर कर दिया, वह श्रीकृष्ण हम सब की आत्मा को पवित्र करें।

स्पष्टीकरण प्रत्येक चरण में क्रमश: जगण, तगण, जगण तथा रगण के क्रम में वर्णों के रखे होने तथा चरण के अन्त में यति होने के कारण वंशस्थ छन्द का प्रयोग है।

विशेष वंशस्थ छन्द का वैशिष्ट्य किसी विशेष वंश, राजा आदि के चरित्र का वर्णन तथा राजाओं से सम्बन्धित कथानक को प्रस्तुत करने में है; जैसे—किरातार्जुनीयम् में दुर्योधन की शासन व्यवस्था तथा द्रौपदी की मनोदशा का वर्णन वंशस्थ छन्द में है।

शिखरणी छन्द

लक्षण:

"रसै रुदै श्छिन्ना यमन सभलाग: शिखरिणी।"

अर्थात् जिस छन्द के चारों चरणों में क्रमश: यगण, मगण, नगण, सगण, भगण और अन्त में एक लघु और एक गुरु हो तथा प्रत्येक चरण के षष्ठ एवं एकादश वर्णों पर यति हो और कुल 17 वर्ण हो वह शिखरणी छन्द होता है।

उदाहरण

यगण मगण नगण सगण भगण लघु गुरु

।ऽऽऽऽऽ।।।।ऽऽ।।।ऽ

अनाघ्रातं पुष्पं, किसलयमलूनं कररुहै,
रनाविद्धं रत्नं, मधु नवमनास्वादित रसम्। अखण्डं
पुण्यानां, फलमिव च यद् रूपमनघं,
न जाने भोक्तारं, कमिह समुपस्थास्यति विधि:।।

यहाँ प्रथम चरण में ' अनाघ्रा' में यगण (।ऽऽ), 'तं पुष्पं, में मगण (ऽऽऽ), 'किसल' में नगण (।।।), 'य मलू' में सगण (।।ऽ), 'नं कर' में भगण (ऽ।।) तथा 'रु' लघु वर्ण, हैं, गुरु वर्ण होने से तथा 6,11 पर यति होने से शिखरिणी छन्द है।

मालिनी छन्द

लक्षण एवं परिभाषा

ननमययुतेयं मालिनी भोगिलोकै:।

जिसके चारों चरणों में क्रमश: नगण, नगण, मगण, यगण , यगण हों तथा आठ और सात अक्षरों में यति हो, तो उसको मालिनी छन्द कहते हैं। इसके प्रत्येक चरण में 15 (पन्द्रह) अक्षर होते हैं। भोगी का अर्थ है—नाग जोकि संख्या में आठ हैं तथा लोक सात हैं, जो लाक्षणिक रूप से 8 तथा 7 संख्या का संकेत करते हैं। विशेष प्रेम, विशिष्ट सुन्दरता, आशीर्वाद तथा हृदयगत भावना को व्यक्त करने के लिए काव्य में मालिनी छन्द का प्रयोग होता है।

न न म य य

।। ।।।।ऽऽऽ ।ऽऽ।ऽऽ

उदाहरण मृग मद कृत चर्चा पी तकौ शेय वासा,
रुचिरशिखिशिखण्डाऽऽबद्धधम्मिल्लपाशा।
अनृजुनिहितमंशे वंशमुक्त्वाणयन्ती,
धृतमधुरिपुलीला मालिनी पातु राधा।।

अर्थात् अपने (गौर वर्ण के) शरीर में कस्तूरी का अङ्गराग लगाकर (अर्थात् अपने को साँवली बनाकर), पीले रेशमी वस्त्र धारण कर, मनोहर मयूर पंखों को अपने जूड़े में लगाकर, गले में माला धारण कर, तिरछे कन्धे पर मुरली को रखकर बजाती हुई, इस प्रकार (सब भाँति) श्रीकृष्ण का अनुकरण करने वाली राधा हमारी रक्षा करें।

स्पष्टीकरण यहाँ पर प्रत्येक चरण में क्रमश: दो नगण, एक मगण, दो यगण तथा आठवें तथा सातवें वर्ण पर यति होने के कारण तथा प्रत्येक चरण में 15 वर्णों के होने के कारण मालिनी छन्द है।

मन्दाक्रान्ता छन्द

लक्षण एवं परिभाषा

मन्दाक्रान्ताम्बुधिरसनगैर्मो भनौ तौ गयुग्मम्।

जिसके प्रत्येक चरण में मगण, भगण, नगण, तगण, तगण और दो गुरु वर्ण हों, उसको मन्दाक्रान्ता छन्द कहते हैं। इसमें 4, 6, 7 वर्णों पर यति होती है। इसमें प्रत्येक चरण में सत्रह अक्षर होते हैं। इस छन्द का प्रयोग महाकवि कालिदास ने अपने 'मेघदूत' में किया है।

अम्बुधिश्च रसाश्च तैः, अम्बुधिरसनगैः—अम्बुधि चार समुद्र छः रस तथा सात नग (पर्वत) अक्षरों के बाद यति मन्द्राक्रान्ता छन्द में होती है। प्रावृट् प्रवासव्यसने मन्द्राक्रान्ता विराजते अर्थात् वर्षा प्रवास, विरह तथा आदत के वर्णन में मन्द्राक्रान्ता छन्द का विशेष सौन्दर्य होता है। इसमें धीरे-धीरे कवि वर्णन करता हुआ भावों के उत्कर्ष को प्रस्तुत करता है।

म भ न त त गु गु

ऽऽऽऽ ।।।।।ऽ ऽ।ऽऽ।ऽऽ

उदाहरण प्रमालापैः प्रियवितरणैः प्रीणनालिङ्गनाद्यै,

मन्द्राक्रान्ता तदनु नियतं वश्यतामेति बाला।

एवं शिक्षावचनसुधया राधिकायाः सखीनां,

प्रीतः पायात् स्मितसुवदनो देवकीनन्दनो नः॥

अर्थात् मधुर वार्तालापों से, इच्छित वस्तुओं के वितरण से तथा आलिंगन-चुम्बन आदि से सन्तुष्ट की गई नवयौवना नायिका निश्चित रूप से वश में हो जाती है। राधा की सखियों के उपरोक्त वाक्यों से प्रसन्नमुख देवकी के पुत्र श्रीकृष्ण हमारी रक्षा करें।

स्पष्टीकरण यहाँ पर प्रत्येक चरण में मगण, भगण, नगण, तगण तथा चरण के अन्त में दो गुरु वर्ण होने के कारण तथा चौथे, छठे व सातवें वर्णों पर यति होने के कारण एवं प्रत्येक चरण में कुल 17 वर्ण होने के कारण मन्दाक्रान्ता छन्द का प्रयोग है।

शार्दूलविक्रीडित छन्द

लक्षण एवं परिभाषा

सूर्याश्वैर्यदि मः सजौ सततगाः शार्दूलविक्रीडितम्।

जिसके चारों चरणों में क्रमशः मगण, सगण, जगण, सगण, तगण और एक गुरु वर्ण हो, उसको शार्दूलविक्रीडित छन्द कहते हैं। इसमें 12 और 7 वर्णों पर यति होती है।

शार्दूलविक्रीडित छन्द के प्रत्येक चरण में 19 (उन्नीस) अक्षर होते हैं। सिंह की क्रीड़ात्मक गति की तरह इस छन्द की भी गति (लय) होती है। 'सूर्यश्च अश्वश्च, तैः' अर्थात् सूर्य (सौरमण्डल के 12 देवता होने से) लाक्षणिक रूप से 12 संख्या का संकेत करता है। 'अश्व' शब्द सूर्य के रथ के सात घोड़े होने से 7 संख्या का द्योतक है।

म स ज स त त गु

ऽऽऽ ।।ऽ।ऽ। ।।ऽ ऽऽ।ऽऽ।ऽ

उदाहरण गोविन्दं प्रणमोत्तमाङ्ग! रसने! तं घोषयाऽहर्निशं

पाणी! पूजय तं, मनः स्मर, पदे! तस्यालयं गच्छतम्।

एवञ्चेत् कुरुथाखिलं मम हितं शीर्षादयस्तद् ध्रुवं

न प्रेक्षे भवतां कृते भव महाशार्दूलविक्रीडितम्॥

अर्थात् हे सिर! भगवान् श्रीकृष्ण को प्रणाम कर, जीभ! रात-दिन उसी का जप करो, हाथों! तुम उसकी पूजा करो, मन! उसका स्मरण कर और पैरो! तुम भगवान् के मन्दिर में जाओ, हे मेरे सिर आदि अंगों! तुम सब उपयुक्त प्रकार से मेरा हित करो। तुम्हारे सहयोग से मुझे भव व्याघ्र की लीलाओं के पुनः दर्शन नहीं करने पड़ेंगे।

स्पष्टीकरण यहाँ प्रत्येक चरण में क्रमशः मगण, सगण, जगण, सगण, तगण, तगण तथा अन्त में एक गुरु वर्ण होने के कारण एवं प्रत्येक चरण में 12वें व 7वें वर्ण पर यति होने पर प्रत्येक चरण में कुल 19 वर्णों के होने के कारण शार्दूलविक्रीडित छन्द है।

इन्द्रवज्रा छन्द

लक्षण एवं परिभाषा

स्यादिन्द्रवज्रा यदि तौ जगौ गः।

जिसके चारों चरणों में क्रमशः दो तगण (ऽऽ।) एक जगण (।ऽ।) और दो गुरु वर्ण हों, उसको इन्द्रवज्रा वृत्त कहते हैं। इसके प्रत्येक चरण में ग्यारह अक्षर होते हैं, सम्पूर्ण पद्य में चौवालीस (44) अक्षर होते हैं। प्रत्येक चरण के अन्त में यति विराम होता है।

त त ज गुरु गुरु

ऽ ऽ । ऽऽ। ।ऽ। ऽऽ

उदाहरण गोष्ठे गिरिं सव्यकरेण धृत्वा, रुष्टेन्द्रवज्राहति मुक्तवृष्टौ।

यो गोकुलं गोकुलज्ज सुस्थं, चक्रे स नो रक्षतु चक्रपाणिः॥

अर्थात् ब्रजवासियों द्वारा अपमान से रुष्ट देवराज इन्द्र ने उनके ऊपर वज्र प्रहार और मूसलाधार वर्षा करना प्रारम्भ कर दिया। उस समय जिस श्रीकृष्ण ने गोशाला के समीप अपने बाएँ हाथ से गोवर्द्धन पर्वत को उठाकर गायों तथा गोकुल की रक्षा की, वह सुदर्शनचक्रधारी श्रीकृष्ण हमारी रक्षा करें। प्राचीनकाल में ब्रजवासी देवराज इन्द्र की पूजा किया करते थे। एक बार जब श्रीकृष्ण ने देखा इन्द्र गर्वोद्धत हो गए हैं, तो उन्होंने इन्द्र की पूजा का विरोध किया। इस प्रकार अपना अपमान देख देवराज ने वज्र प्रहार और मूसलाधार वर्षा प्रारम्भ कर दी। इससे त्राण देने के लिए श्रीकृष्ण ने सात वर्ष की अवस्था में अपने बाएँ हाथ की सबसे छोटी उँगली पर गोवर्द्धन पर्वत को उठाकर इन्द्र के प्रयासों को विफल कर उनका गर्व नष्ट कर दिया।

स्पष्टीकरण यहाँ प्रत्येक चरण में 11 (ग्यारह) वर्ण क्रमशः दो तगण, एक जगण और अन्त में दो गुरु वर्णों के होने के कारण तथा पूरे श्लोक में 44 वर्ण तथा प्रत्येक चरण के अन्त में यति होने के कारण इन्द्रवज्रा छन्द है।

रस

"विभावेनानुभावेन व्यक्तः संचारिणा तथा।

रसतामेति रत्यादिः स्थायी भावः सचेतसाम्॥"

अर्थात् विभाव, अनुभाव, सञ्चारी भाव से व्यञ्जनावृत्ति से अभिव्यक्त सहृदयों के हृदय में विद्यमान रति आदि स्थायी भाव रस के रूप में परिणत होता है। 'रसः स्वाद्यते' अर्थात् आस्वादित होता है। 'रस्यते इति रसः, अर्थात् जो आस्वादित होता है, उन सबको रस कहते हैं। यह रस ज्ञानकाल में ही रहता है। अज्ञानकाल में इसकी सत्ता न होने से, इसे अनित्य माना गया है। प्रत्यक्षतः आनन्दमय तथा प्रकाशस्वरूप होने से रस भविष्यत् काल में होने वाला भी नहीं है।

रस के स्थायीभाव

"अविरुद्धा विरुद्धा वा यं तिरोधातुमक्षमा:।
आस्वादांकुरकन्दोऽसौ भाव: स्थायीति संमत:।"

अर्थात् अविरुद्ध (अनुकूल) या विरुद्ध (प्रतिकूल) भाव जैसे तिरोहित करने में असमर्थ हो जाते हैं, रस के अनुभव का मूलरूप वह स्थायीभाव माना गया है। यह रति, हास, शोक, क्रोध, उत्साह, भय, जुगुप्सा, विस्मय के भेद से आठ और शम को भी मिलाकार कुल नौ प्रकार का होता है

"रतिर्हासश्च शोकश्च क्रोधोत्साहौ भयं तथा।
जुगुप्सा विस्मयश्चेत्थमष्टौ प्रोक्ता: शमोऽपि च।।"

स्थायी भावों के लक्षण

1. **रति** "रतिर्मनोऽनुकूलेऽर्थे मनस: प्रवणायितम्" अर्थात् मन का प्रिय वस्तु के विषय में प्रेमपूर्ण तत्परता का भाव रति है।
2. **हास** "वागादिवैकृतैश्चेतो विकासो हास इष्यते" अर्थात् वचन आदि के विकारों से होने वाला चित्त का विकास हास कहलाता है।
3. **शोक** 'इष्टनाशादिभिश्चेतोवैक्लव्यं शोकशब्दभाक्' अर्थात्-प्रिय के नाशादि के कारण चित्त का व्याकुल होना शोक कहलाता है।
4. **क्रोध** "प्रतिकूलेषु तैक्षण्यस्यावबोध: क्रोध इष्यते" अर्थात् विरोधियों के विषय में उत्कट अपकर करने के ज्ञान को उत्पन्न करने वाला चित्त विकार विशेष क्रोध कहलाता है।
5. **उत्साह** "कार्यारम्भेषु संरम्भ: स्थेयानुत्साह उच्यते" अर्थात् कार्य आरम्भ में अत्यन्त स्थिर आवेश को उत्साह कहते हैं।
6. **भय** "रौद्रशक्त्या तु जनितं चित्तवैक्लव्यदं भयम्" अर्थात् रौद्र की स्थिति से उत्पन्न चित्त की व्याकुलता को बढ़ाने वाला मनोवृत्ति विशेष भय होता है।
7. **जुगुप्सा** "दोषेक्षणादिभिर्ग्रहा जुगुप्सा विषयोदभवा" अर्थात् दोष दर्शनादि के कारण भोग्य वस्तुओं में उत्पन्न होने वाली घृणा जुगुप्सा कहलाती है।
8. **विस्मय** "विविधेषु पदार्थेषु लोकसीमातिवर्तिषु" अर्थात् नाना प्रकार के लोक की सीमा का अतिक्रमण करने वाले अर्थात् अलौकिक पदार्थों में चित्त का जो विकास है, उसे विस्मय कहा गया है।
9. **शम** "शमो निरीहावस्थायां स्वात्मविश्रामजं सुखम्" अर्थात् निस्पृह अवस्था में चित्त में विश्राम से उत्पन्न सुख शम कहलाता है।

रसभेद

"श्रृङ्गार-हास्य-करुण-रौद्र-वीर-भयानका:।
बीभत्सोऽद्भुत इत्यष्टौ रसा: शान्तस्तथा मत:।।"

अर्थात् श्रृङ्गार, हास्य, करुण, रौद्र, वीर, भयानक, बीभत्स, अद्भुत तथा शान्त के भेद से कुल नौ रस पाए जाते हैं।

1. श्रृंगार रस

"श्रृङ्गं हि मन्मथोद्भेदस्तदागमन-हेतुक:
उत्तमप्रकृतिप्रायो रस: श्रृङ्गार इष्यते।"

अर्थात् कामदेव का उद्रेक श्रृङ्ग कहलाता है। उसके आगमन को श्रृङ्गार कहते हैं। यह उत्तम प्रकृति वाला तथा रति स्थायी भाव वाला होता है। इसके दो भेद-सम्भोग एवं विप्रलम्भ होते हैं।

2. हास्य रस

"विकृताकारवाग्वेष-चेष्टादे: कुहकाद्भवेत्।
हास्यो हासस्थायीभाव: श्वेत: प्रथमदैवत:।।"

अर्थात् विकृत आकार, वाणी, वेश व चेष्टादि वाला रस हास्य होता है। इसका स्थायी भाव हास है। इसके पात्रों के आधार पर छ: भेद होते हैं।

3. करुण रस

"इष्टनाशादनिष्टाप्ते: करुणाख्यो रसो भवेत्।
धीरै: कपोतवर्णोऽयं कथितो यमदैवत:।"

अर्थात् प्रिय वस्तु के अथवा पुत्रादि के विनष्ट होने से अथवा मृत्यु होने से तथा अनिष्ट की प्राप्ति से करुण नामक रस होता है। इसका स्थायी भाव शोक है। यह कपोत वर्ण वाला तथा यम देव वाला है, ऐसा पण्डितों ने कहा है।

4. रौद्र रस

'रौद्र: क्रोध स्थायिभावो रक्तो रुद्राधिदैवत:'।

अर्थात् रौद्र रस का स्थायी भाव क्रोध है। इसका वर्ण लाल होता है क्योंकि क्रोध रजोगुण से उत्पन्न होता है।

5. वीर रस

"उत्तमप्रकृतिर्वीर: उत्साहस्थायि-भावक:।
महेन्द्रदैवतो हेमवर्णोऽयं समुदाहृत:।।"

अर्थात् उत्कृष्ट धीरोदात्त गुणों से युक्त नायक वाला, उत्कृष्ट उत्साह स्थायी भाव वाला रस वीर कहलाता है। यह महेन्द्र देवता तथा सुवर्ण वर्ण वाला होता है।

इसके चार भेद हैं—दानवीर, धर्मवीर, युद्धवीर और दयावीर।

6. भयानक रस

"भयानको भय-स्थायि-भावो कालाधिदैवत:।
स्त्रीनीच प्रकृति: कृष्णो मतस्तत्त्वविशारदै:।।"

अर्थात् इसका स्थायी भाव भय है। यमराज अधिष्ठाता देवता है। स्त्रीजाति तथा अधम पुरुष से आश्रित रस भयानक कहलाता है।

7. बीभत्स रस

"जुगुप्सास्थायिभावस्तु बीभत्स: कथ्यते रस:।
नीलवर्णो महाकालदैवतोऽयमुदाहृत:।।"

अर्थात् इसमें जुगुप्सा स्थायी भाव होता है, नील वर्ण तथा महाकाल देवता वाला बीभत्स रस होता है।

8. अद्भुत रस

"अद्भुतो विस्मयस्थायिभावो गन्धर्वदैवत:।
पीतवर्णो वस्तु लोकातिगमालम्बनं मतम्।।"

अर्थात् इसका स्थायी भाव विस्मय होता है। पीत वर्ण वाला तथा गन्धर्व देवता वाला होता है।

9. शान्त रस

"शान्त: शमस्थायिभाव उत्तम प्रकृतिर्मत:।
कुन्देन्दुसुन्दरच्छाय: श्रीनारायणदैवत:।।"

अर्थात् शम स्थायी भाव वाला रस शान्त होता है। इसके देवता श्रीनारायण हैं।

अभ्यास प्रश्न

1. मेघनाश्यामः इत्यत्रालङ्कारोऽस्ति
(a) उपमा (b) रूपकम् (c) निदर्शनम् (d) अनन्वयः

2. शब्दालङ्कारस्योदाहरणं नास्ति
(a) वक्रोक्तिः (b) अनुप्रास (c) उपमा (d) यमकम्

3. संसारविषवृक्षस्य द्वे एवं रसवत् फले इत्यात्रालङ्कार वर्तते
(a) यमकः (b) उत्प्रेक्षा
(c) रूपकः (d) उपमा

4. तद्रूपकमभेदो य उपमानोपमेययोः इति लक्षणमस्ति
(a) उपमायाः (b) यमकस्य (c) रूपकस्य (d) श्लेषस्य

5. बिम्बप्रतिबिम्बभावश्च कस्यालङ्कारस्य मुख्या विशेषता–
(a) यमकस्य (b) दृष्टान्तस्य
(c) उपमायाः (d) श्लेषस्य

6. त्वमेव कीर्तिमान् राजन्! विधुरेव हि कान्तिमान इत्यत्र अलङ्कारः विद्यते
(a) अनन्वयः (b) दृष्टान्तः
(c) विशेषोक्तिः (d) यमकम्

7. वृहत्सहायः कार्यान्तं क्षोदीयानपि गच्छति।
सम्भूयाम्भोधिमभ्येति महानद्या नगापगाः॥
अस्मिन् पद्ये कोऽलङ्कारो वर्तते?
(a) परिकरः (b) अर्षान्तरन्यासः
(c) प्रतिवस्तूपमा (d) विशेषोक्तिः

8. उपमेयस्य उपमानेन सह संभावना प्रदर्शयते तत्रालंकारो भवति
(a) भ्रान्तिमान (b) सन्देह
(c) यमकम् (d) उत्प्रेक्षा

9. लिम्पतीव तमोऽङ्गानि उदाहरणमस्ति
(a) अर्षान्तरन्यासस्य (b) उत्प्रेक्षायाः
(c) सन्देहस्य (d) तुल्ययोगितायाः

10. 'नवपलाशपलाशवनं पुरः' उदाहरणमस्ति
(a) सन्देहस्य (b) उत्प्रेक्षायाः
(c) दीपकस्य (d) यमकस्य

11. 'स सुरभि सुरभिं सुमनोभरेः' इति उदाहरणमस्ति
(a) सन्देहस्य (b) यमकस्य
(c) स्वभावोक्तेः (d) दीपकस्य

12. वर्णसाम्यम्
(a) रूपकम् (b) उत्प्रेक्षा
(c) अनुप्रास (d) उपमा

13. निम्नलिखितेषु शब्दालङ्कारोऽस्ति
(a) उत्प्रेक्षा (b) उपमा
(c) अनुप्रासः (d) श्लेषः

14. 'वधाय वध्यस्य शरं शरण्यः'
अत्र अलङ्कारोऽस्ति–
(a) श्लेषः (b) उपमा
(c) स्वभावोक्ति (d) अनुप्रासः

15. योऽलङ्कारः शब्दाश्रितोऽर्थाश्रितश्च प्राप्यते
(a) उपमा (b) अनुप्रासः
(c) विभावना (d) श्लेषः

16. उभयालङ्कारो वर्तते
(a) उपमा (b) रूपकम्
(c) अनन्वयः (d) श्लेषः

17. अनुष्टुप्–छन्दसि प्रतिचरणं वर्णः भवन्ति
(a) अष्टौ (b) नव
(c) द्वादश (d) अष्टादश

18. अनुष्टुप–छन्दसि द्वि–चतुर्थपादयोः लघु भवति
(a) पञ्चमम् अक्षरम् (b) षष्ठम् अक्षरम्
(c) सप्तमम अक्षरम् (d) अन्तिमम् अक्षरम्

19. मिश्रितं छन्दो वर्तते
(a) उपजातिः (b) जातिः
(c) इन्द्रवज्रा (d) मालिनी

20. उपजाति–छन्दसि प्रत्येक पादे वर्णाः भवन्ति
(a) 11 (b) 12
(c) 13 (d) 14

21. द्वादशवर्णात्मकं छन्दो भवति
(a) वसन्ततिलका (b) वंशस्थम्
(c) हरिणी (d) शिखरिणी

22. प्रतिपदं जतौ जरौ कस्मिन् छन्दसि भवति?
(a) उपजातौ (b) मालिनीवृत्ते
(c) वंशस्थवृत्ते (d) शिखरिणी वृत्ते

23. सप्तदशवर्णात्मकं छन्दो भवति
(a) शिखरिणी (b) वसन्ततिलका
(c) स्रग्धरा (d) वंशस्थ

24. यस्मिन् छन्दसि षड्वर्णान्ते एकादशवर्णान्ते यतिः भवति, तच्छन्दोऽस्ति
(a) मन्दाक्रान्ता (b) शिखरिणी
(c) हरिणी (d) शार्दूलविक्रीडितम्

25. 'दिनकृतभेव लक्ष्मीरत्न समम्येभु भूयः'
इति कस्य छन्दसः उदाहरण पादः स्यात्।
(a) वंशस्थम्
(b) वसन्ततिलका
(c) मालिनी
(d) इन्द्रवज्रा

26. मालिनीच्छन्दसि क्रमेण गणासन्तिं
(a) मगण-रगण-भगण-नगग-यगण-यगण-यगणा:
(b) नगग-नगण-मगण-यगण-यगणा:
(c) जगण-तगण-जगण-रगणा:
(d) नगण-भगण-भगण-रगणा:

27. 'सेवाधर्म: परम गहनो योगिनामप्यगम्य': पद्यांशे प्रयुक्तं छन्द: वर्तते
(a) शिखरिणी (b) वसन्ततिलका
(c) मन्दाक्रान्ता (d) स्रग्धरा

28. मन्दाक्रान्ताछन्दसि प्रतिचरणं वर्णा: भवन्ति
(a) सप्तदश (b) षोडश
(c) पञ्चदश (d) एकविंशति

29. प्रतिचरणे द्वादशवर्णान्ते सप्तवर्णान्ते च यति: यस्मिन् छन्दसि भवति, तस्य नाम वर्तते
(a) स्रग्धरा (b) मन्दाक्रांता
(c) हरिणी (d) शार्दूलविक्रीडितम्

30. 'विद्या राजसु पूज्यते न तु धनं विद्याविहीन: पशु:' इति उदाहरणमस्ति
(a) वसन्ततिलकाया: (b) मन्दाक्रान्ताया:
(c) शार्दूलविक्रीडितस्य (d) स्रग्धराया:

31. इन्द्रवज्राजातीयं छन्दो विद्यते
(a) श्लोक: (b) त्रिष्टुप्
(c) जाति: (d) उपजाति:

32. अधोलिखितेषु रस: क:?
(a) हास्य: (b) शोक:
(c) क्रोध: (d) विस्मय:

33. कोऽप्येक: रस: नास्ति
(a) भयानक: (b) शृङ्गार:
(c) उत्साह: (d) वीर:

34. अर्वाचीनरस: क:?
(a) करुण: (b) शान्त: (c) शृंङ्गार: (d) वीर:

35. आस्वादंकुरकन्दोऽसौ भाव:
(a) स्थायिभाव: (b) अनुभाव:
(c) विभाव: (d) रस:

36. 'रति:' कस्य स्थायिभाव:
(a) करुणस्य (b) वीरस्य
(c) शृंगरस्य (d) रौद्रस्य

37. रोद्रशक्त्या तु जनितं चिन्तवैक्लव्यदं।
(a) रति: (b) शोक: (c) भयम् (d) जुगुप्सा

38. भयानकरसस्य स्थायीभाव: क:?
(a) क्रोध: (b) जुगुप्सा (c) विस्मय: (d) भयम्

39. कार्यारम्भेषु संरम्भ:
(a) क्रोध: (b) उत्साह: (c) रति: (d) विस्मय:

40. उत्साह: कस्य स्थायिभाव:?
(a) वीरस्य (b) करुणस्य (c) रौद्रस्य (d) बीभत्सरस्य

41. करुणस्य स्थायिभाव: क:?
(a) शोक: (b) विस्मय:
(c) जुगुप्सा (d) रति:

42. 'क्रोध:' कस्य रसस्य स्थायिभाव:?
(a) वीरस्य (b) रौद्ररसस्य
(c) भयानकरसस्य (d) बीभत्सरस्य

43. सर्वभावेषु प्रधान: भाव: क:?
(a) स्थायिभाव: (b) विभाव:
(c) अनुभाव: (d) व्यभिचारिभाव:

44. 'ह्रास:' कस्य स्थायिभाव:?
(a) हास्यस्य (b) वीरस्य
(c) अद्भुतस्य (d) शान्तस्य

45. 'विस्मय:' कस्य स्थायिभाव:?
(a) करुणस्य (b) रौद्रस्य
(c) भयानकस्य (d) अद्भुतस्य

46. 'जुगुप्सा' कस्य स्थायिभाव:?
(a) बीभत्सस्य (b) अद्भुतस्य
(c) वीरस्य (d) रौद्रस्य

47. 'शम:' कस्य स्थायिभाव:?
(a) शान्तस्य (b) करुणस्य
(c) वीरस्य (d) भयानकस्य

48. अधोलिखितेषु समीचीन: क्रम: चीयताम
(a) शृंगार:, हास्य, करुण:, रौद्र:
(b) शृंगार:, करुण:, हास्य, रौद्र:
(c) हास्य, करुण:, शृंगार: रौद्र:
(d) शृंगार:, रौद्र:, हास्य: करुण:

49. अधोलिखितानां रसानां यथायोग्य क्रमं चिनुत
(a) बीभत्स:, भयानक: अद्भुत:, शान्त:
(b) भयानक, बीभत्स:, अद्भुत:, शान्त:
(c) भयानक: अद्भुत: बीभत्स:, शान्त:
(d) बीभत्स: अद्भुत: भयानक:, शान्त:

उत्तरमाला

1.	(a)	2.	(c)	3.	(c)	4.	(c)	5.	(b)	6.	(b)	7.	(b)	8.	(d)	9.	(b)	10.	(d)
11.	(b)	12.	(c)	13.	(c)	14.	(a)	15.	(d)	16.	(d)	17.	(a)	18.	(a)	19.	(a)	20.	(a)
21.	(b)	22.	(c)	23.	(a)	24.	(b)	25.	(c)	26.	(b)	27.	(c)	28.	(a)	29.	(d)	30.	(c)
31.	(a)	32.	(a)	33.	(c)	34.	(b)	35.	(a)	36.	(c)	37.	(d)	38.	(d)	39.	(b)	40.	(a)
41.	(a)	42.	(b)	43.	(a)	44.	(a)	45.	(d)	46.	(a)	47.	(a)	48.	(a)	49.	(b)		

अध्याय 11

कारक एवं विभक्ति

कारक की परिभाषा

संज्ञा या सर्वनाम के जिस रूप में वाक्य के अन्य शब्दों के साथ उसका सम्बन्ध जाना जाए, उसे कारक कहते हैं;
यथा— राम ने रावण को युद्ध में मारा।

इस वाक्य में रेखांकित सभी शब्द कारक हैं। 'राम:' कर्ता कारक, 'रावणं' कर्म कारक, 'युद्ध' अधिकरण कारक है।

कारक के भेद

कारक के निम्नलिखित आठ भेद होते हैं

	कारक	विभक्ति	चिह्न
1.	कर्ता	प्रथमा	ने
2.	कर्म	द्वितीया	को
3.	करण	तृतीया	से, के द्वारा (सहायता)
4.	सम्प्रदान	चतुर्थी	के लिए
5.	अपादान	पञ्चमी	से, (अलग होना)
6.	सम्बन्ध	षष्ठी	का, के, की, रा, रे, री
7.	अधिकरण	सप्तमी	में, पर
8.	सम्बोधन	प्रथमा	हे! अरे! ए!

नोट मूल कारक छ: होते हैं, क्योंकि सम्बन्ध व सम्बोधन कारक की गणना नहीं की जाती है।

1. कर्ता कारक

किसी क्रिया के करने वाले को 'कर्ता' कहते हैं। कर्ता कारक में प्रथमा विभक्ति होती है; यथा— मोहन: खादति। इस वाक्य में रेखांकित शब्द कर्ता है, क्योंकि क्रिया उसी के द्वारा पूरी की जा रही है।

2. कर्म कारक

कर्तुरीप्सिततमं कर्म कर्ता अपनी क्रिया द्वारा जिस पदार्थ को सर्वाधिक प्राप्त करने की इच्छा करता है। उस कारक को कर्म कारक कहते हैं।

कर्मणि द्वितीया कर्म में द्वितीया विभक्ति होती है। जिस पर क्रिया का प्रभाव पड़े उसे कर्म कहते हैं; यथा—बालक: वानरं पश्यति। इस वाक्य में रेखांकित शब्द कर्म है, क्योंकि इसमें बालक कर्ता है और वह 'देखने' क्रिया के द्वारा बन्दर (वानर) को देख रहा है अर्थात् यहाँ प्रभाव वानर पर पड़ रहा है।

3. करण कारक

साधकतमं करणम् क्रिया की सिद्धि में जिसकी सहायता ली जाती है, उसे करण कारक कहते हैं।

कर्तृकरणयोस्तृतीया जब कर्ता अनुक्त होता है (भाव वाच्च और कर्मवाच्य में) तो कर्ता में तथा करण में तृतीया विभक्ति होती है।

किसी क्रिया के करने में जिस साधन की सहायता ली जाती है, उसे 'करण कारक' कहते हैं। करण कारक में तृतीया विभक्ति होती है; यथा—लेखक कलम से लिखता है। लेखक: कलमेन लिखति।

इस वाक्य में लेखक लिखने की क्रिया कलम से पूरी करता है। अत: कलम में करण कारक तृतीया विभक्ति होने के कारण 'कलमेन' रूप बना।

4. सम्प्रदान कारक

कर्मणा यमभिप्रैति स सम्प्रदानम् दान के कर्म द्वारा कर्ता जिसे उद्देश्य बनाता है उसकी सम्प्रदान संज्ञा होती है अर्थात् उसमें चतुर्थी विभक्ति होती है।

चतुर्थी सम्प्रदाने सम्प्रदान में चतुर्थी विभक्ति होती है।

जिसके लिए क्रिया की जाए उसे सम्प्रदान कारक कहते हैं। सम्प्रदान कारक में चतुर्थी विभक्ति होती है; यथा— हम ज्ञान के लिए पढ़ते हैं।

वयं ज्ञानाय पठाम:।

5. अपादान कारक

ध्रुवमपायेऽपादानम् पृथक् होना अथवा अलग होना 'अपाय' कहलाता है अर्थात् कोई वस्तु जब किसी वस्तु से अलग होती है तो वह जिससे अलग होती है, उसमें अपादान संज्ञा अर्थात् पंचमी विभक्ति होती है; यथा—

- छात्र विद्यालय से जाते हैं।
  छात्रा: विद्यालयात् गच्छन्ति।
- पेड़ से पत्ते गिरते हैं।
  वृक्षात् पत्राणि पतन्ति।

उपरोक्त वाक्यों में यहाँ छात्र विद्यालय से व पत्ते पेड़ से अलग हो रहे हैं।

6. सम्बन्ध कारक

वाक्य में एक संज्ञा शब्द का दूसरे संज्ञा शब्द से जो सम्बन्ध होता है, वही सम्बन्ध, सम्बन्ध कारक कहलाता है। इस कारक में षष्ठी विभक्ति होती है; यथा—

- श्याम का भाई राम है।
  श्यामस्य भ्राता रामः अस्ति।

7. अधिकरण कारक

आधारोऽधिकरणम् क्रिया के आधार को 'अधिकरण कारक' कहते हैं। अधिकरण कारक में सप्तमी विभक्ति होती है। आधार से अभिप्राय आश्रय या सहारा होता है। कर्ता और कर्म के द्वारा क्रिया के आधार की अधिकरण संज्ञा होती है अर्थात् जिसमें या जिस पर कुछ रखा जाए वह 'आधार' होता है तथा इसमें अधिकरण कारक, सप्तमी विभक्ति होती है; यथा—

- छात्र विद्यालय में पढ़ते हैं।
  छात्राः विद्यालये पठन्ति।

8. सम्बोधन कारक

जहाँ कर्ता किसी अन्य व्यक्ति को पुकार कर सम्बोधित करता है, वहाँ सम्बोधन कारक होता है; यथा—हे भगवान! मेरी सहायता करो! त्राहि माम्!

विभक्ति

हिन्दी भाषा में कारकों में लगने वाले चिह्नों का प्रयोग किया जाता है। संस्कृत भाषा में इसके स्थान पर विभक्तियों का प्रयोग किया जाता है।

विभक्ति के भेद

विभक्ति दो प्रकार की होती है

1. **कारक विभक्ति** जो विभक्ति हिन्दी के वाक्य में प्रयोग किए गए कारकों के चिह्नों के अनुसार लगती है, उसे कारक विभक्ति कहते हैं; यथा—सा लतां पश्यति/वह लता को देखती है। इस वाक्य में 'वह' देखने वाली है। अतः 'वह' का प्रयोग कर्ता कारक एकवचन में 'सा' हुआ। इस वाक्य का दूसरा शब्द 'लता को' है। यहाँ कारक का चिह्न 'को' है। 'को' यह चिह्न कर्म कारक का है। इसमें द्वितीया विभक्ति है। अतः 'लता' शब्द का द्वितीया विभक्ति एकवचन में लतां शब्द प्रयोग किया गया है। यही कारक विभक्ति होती है।
2. **उपपद विभक्ति** 'उपपद' यह शब्द दो शब्दों उप + पद के मेल से बना है। 'उप' का अर्थ 'योग' अथवा 'पास' होता है और पद का अर्थ शब्द होता है। इस प्रकार जो विभक्ति कारक के चिह्न के अनुसार न लगकर किसी शब्द या धातु के योग में प्रयोग होती है, उसे 'उपपद' विभक्ति कहते हैं; यथा—पुत्र माता के साथ जाता है। पुत्रः मात्रा सह गच्छति।

   इस वाक्य में कारक के चिह्न को देखा जाए तो का, के, की षष्ठी विभक्ति के चिह्न हैं। इस आधार पर इस वाक्य के 'माता' शब्द में षष्ठी विभक्ति लगकर 'मातः' रूप होना चाहिए, परन्तु ऐसा नहीं हुआ, क्योंकि संस्कृत में 'के साथ' 'सह' शब्द का प्रयोग किया जाता है और 'उपपद' विभक्ति के नियम के अनुसार 'सह' शब्द के योग में जिसके साथ कोई क्रिया की जाती है (जाने की, पढ़ने आदि की) उसमें तृतीया विभक्ति होती है। अतः 'माता' में 'सह' शब्द के साथ तृतीया विभक्ति होकर 'मात्रा' रूप बना। यही 'उपपद' विभक्ति है।

विभक्तियों की संख्या

विभक्तियों की कुल संख्या सात है

- प्रथमा विभक्ति • द्वितीया विभक्ति • तृतीया विभक्ति • चतुर्थी विभक्ति
- पञ्चमी विभक्ति • षष्ठी विभक्ति • सप्तमी विभक्ति

1. प्रथमा विभक्ति

(**सूत्र** प्रातिपदिकार्थ-लिङ्ग-परिमाण-वचनमात्रे प्रथमा) अर्थ की अधिकता में, लिंगमात्र की अधिकता में, परिमाणमात्र (मापमात्र) में तथा वचनमात्र (संख्यामात्र) में प्रथमा विभक्ति होती है।

उदाहरण

प्रातिपदिकार्थमात्र उच्चैः (ऊँचा), नीचैः (नीचा), कृष्णः (कृष्ण), श्री (लक्ष्मी), ज्ञानम् (ज्ञान, जानना)।

लिंगमात्र तटः, तटी, तटम्।

परिमाणमात्र द्रोणो व्रीहिः (द्रोण परिमाण से मापा हुआ धन)।

संख्यामात्र एकः, द्वौ, बहवः।

सम्बोधन में हे राम! हे अर्जुन!

2. द्वितीया विभक्ति

- (**सूत्र** 'अभितः परितः समय निकषा-हा-प्रतियोगेऽपि) अभितः' (दोनों ओर), परितः (चारों ओर), निकषा (समीप), हा (धिक्कार) प्रति (ओर, तरफ) के साथ द्वितीया विभक्ति होती है।

उदाहरण **बिलग्रामं** निकषा गंगा प्रवहति।
विद्यालयम् परितः वृक्षाः सन्ति।
ग्रामम् परितः क्षेत्राणि सन्ति।
कार्यालयम् अभितः भवनानि सन्ति।
ग्रामम् अभितः वृक्षा सन्ति।
विद्यालयं निकषा जलाशयः अस्ति।
ग्रामम् समया नदी अस्ति।
गुरु **शिष्यान्** प्रति कृपालु अस्ति।
ग्रामं परितः उपवनानि सन्ति।
नदीम् अभितः क्षेत्राणि सन्ति।
विद्यालयं उभयतः हरिताः वृक्षाः सन्ति।
ग्रामं निकषा वाटिका अस्ति।
वणिक् **धनं** प्रति आसक्तः अस्ति।
कूपं परितः जनाः तिष्ठन्ति।
विद्यालयं परितः वनम् अस्ति।
आश्रमम् अभितः वनम् अस्ति।

- अधिशीङ्स्थासां कर्म अधि उपसर्गपूर्वक शीङ्, स्था तथा आस् धातुओं के योग में इनके आधार की कर्मसंज्ञा होती है तथा कर्म में द्वितीया विभक्ति प्रयुक्त होती है।

उदाहरणार्थम्

अधिशेते (सोता है) —सुरेश: **श्य्याम्** अधिशेते।

अधितिष्ठति (बैठता है)—अध्यापक: **आसन्दिकाम्** अधितिष्ठति।

अध्यास्ते (बैठता है)—नृप: **सिंहासनम्** अध्यास्ते।

- उपान्वध्याङवस: उप, अनु, अधि, आ उपसर्गपूर्वक वस् धातु के योग में इनके आधार की कर्म संज्ञा होती है एवं कर्म में द्वितीया विभक्ति प्रयुक्त होती है; यथा–

उपवसति (पास में रहता है)—श्याम: नगरम् उपवसति।

अनुवसति (पीछे रहता है)—कुलदीप: गृहम् अनुवसति।

अधिवसति (में रहता है)—सुरेश: जयपुरम् अधिवसति।

आवसति (रहता है)—हरि: वैकुण्ठम् आवसति।

- **अभिनिविशश्च** 'अभिनि' इन दो उपसर्गों के साथ विश् धातु का प्रयोग होने पर इसके आधार की कर्म संज्ञा होती है एवं कर्म में द्वितीय विभक्ति आती है।
  (i) अभिनिविशते (प्रवेश करता है)—दिनेश: ग्रामम् अभिनिविशते।
  (दिनेश गाँव में प्रवेश करता है।)

- **अकथितं** च अपादान आदि कारकों की जहाँ विवक्षा नहीं होती है, वहाँ उसकी कर्मसंज्ञा होती है और कर्म में द्वितीया विभक्ति प्रयुक्त होती है। संस्कृत भाषा में इस प्रकार की 16 धातुएँ हैं, जिनके प्रयोग में एक तो मुख्य कर्म होता है और दूसरा अपादानादि कारकों से अविवाक्षित गौण कर्म होता है। इस गौण कर्म में ही द्वितीया विभक्ति प्रयुक्त होती है। ये धातुएँ ही द्विकर्मक धातुएँ कही जाती हैं। इनका प्रयोग यहाँ किया जा रहा है

दुह	गोपाल: गां दुग्धं दोग्धि। (गोपाल गाय से दूध दुहता है।)
याच् (माँगना)	सुरेश: महेशं पुस्तकं याचते। (सुरेश महेश से पुस्तक माँगता है।)
पच् (पकाना)	पाचक: तण्डुलान् ओदनं पचति। (पाचक चावलों से भात पकाता है)
दण्ड् (दण्ड देना)	राजा गर्गान् शतं दण्डयति। (राजा गर्गों को सौ रुपये का दण्ड देता है।)
प्रच्छ् (पूछना)	स: माणवकं पन्थानं पृच्छति। (वह बालक से मार्ग पूछता है।)
रुध् (रोकना)	ग्वाल: गां व्रजम् अवरुणाद्धि। (ग्वाला गाय को व्रज में रोकता है।)
चि (चुनना)	मालाकार: लतां पुष्पं चिनोति। (माली लता से पुष्प चुनता है।)
जि (जीतना)	नृप: शत्रुं राज्यं जयति। (राजा शत्रु से राज्य को जीतता है।)
ब्रु (बोलना)/शास् (कहना)	गरु शिष्यं धर्मं ब्रूते/शस्ति। (गुरु शिष्य से धर्म कहता है।)
मथ् (मथना)	स: क्षीरनिधिं सुधां मथ्नाति। (वह क्षीरसागर से अमृत मथता है।)
मुष् (चुराना)	चौर: देवदत्तं धनं मुष्णाति। (चोर देवदत्त का धन चुराता है।)
नी (ले जाना)	स: अजां ग्रामं नयति। (वह बकरी को गाँव ले जाता है।)
हृ (हरण करना)	स: कृपणं धनं हरति। (वह कंजूस के धन का हरण करता है।)
वह् (ले जाना)	कृषक: ग्रामं भारं वहति। (किसान गाँव में बोझा ले जाता है।)
कृष् (खींचना)	कृषक: क्षेत्रं महिषीं कर्षति। (किसान खेत में भैंस को खींचता है।)

कालाध्वनोरत्यन्तसंयोगे कालवाचक और मार्गवाचक शब्द में अत्यन्त संयोग होने पर गम्यमान में द्वितीया विभक्ति प्रयुक्त होती है; यथा–

(i) सुरेश: अत्र पञ्चदिनानि पठति।
(सुरेश यहाँ लगातार पाँच दिन से पढ़ रहा है।)

(ii) मोहन: मासम् अधीते।
(मोहन लगातार महीने भर से पढ़ता है।)

(iii) नदी क्रोशं कुटिला अस्ति।
(नदी कोस भर तक लगातार टेढ़ी है।)

(iv) प्रदीप: योजन: पठति।
(प्रदीप लगातार एक योजना तक पढ़ता है।)

3. तृतीया विभक्ति

(**सूत्र** येनाङ्गविकार:) शरीर के अंगों में विकृति दिखाई पड़ने पर विकृत अंग के वाचक शब्द में तृतीया विभक्ति होती है।

उदाहरण दिलीप: **शिरसा** खल्वाट:।

स: पादेन खञ्ज: अस्ति।

भिक्षुक: **पादेन** खञ्ज: अस्ति।

भिक्षुक: **नेत्रेण** काण: अस्ति।

सुरेश: **शिरसा** खल्वाट: अस्ति।

मन्थरा **कट्या** कुब्जा आसीत्।

दिनेश: **पादेन** खञ्ज: अस्ति।

देवदत्त: **अक्ष्णा:** काण:।

(**सूत्र** सहयुक्तेऽप्रधाने) सह, साकम्, सार्धम्, समम् के साथ वाले शब्दों में तृतीया विभक्ति होती है।

उदाहरण छात्रा; **अध्यापकेन** सह क्रीडन्ति।

अहमपि **त्वया** सार्धं यास्यामि।

रामेण सह सीता वनम् अगच्छत्।

माता **पुत्रेण** साकं श्व: आगमिष्यति।

स: **बालिकाभि:** सह कन्दुकं क्रीडति।

गुरुणा सह शिष्य: अपि आगच्छति।

(**सूत्र** प्रकृत्यादिध्य उपसंख्यानम्) प्रकृति (स्वभाव) आदि क्रिया-विशेषण शब्दों में तृतीया विभक्ति होती है।

उदाहरण अस्माकं प्रधानाचार्य: **प्रकृत्या** सज्जन: अस्ति।

देवदत्त: **जलेन** मुखं प्रक्षालयति।

प्रकृत्या साधु:।

स: **प्रकृत्या** चञ्चल: अस्ति।

स: **प्रकृत्या** मृदु: अस्ति।

स: **प्रकृत्या** मृदु: न अस्ति।

निषेधार्थक 'अलम्' शब्द के योग में तृतीया विभक्ति होती है।

यथा–अलं हसितेन

अलं विवादेन

4. चतुर्थी विभक्ति

(**सूत्र** नम: स्वस्तिस्वाहास्वधाऽलंवषड्योगाच्च) नम:, स्वस्ति, स्वाहा, स्वधा, अलम्, वषट् शब्दों के योग में चतुर्थी विभक्ति होती है। **दानार्थे चतुर्थी** दान के अर्थ में चतुर्थी विभक्ति होती है।

उदाहरण **हनुमते** नमः सीतायै नमः।
श्री गुरवे नमः **कृष्णाय** नमः।
माता **पुत्राय** फलानि यच्छन्ति।
श्री गणेशाय नमः।
इन्द्राय वषट्।
आग्नये स्वाहा।
रामाय नमः।
कृष्णाय नमः।
गुरुवे नमः।
पितृभ्यः स्वधा।

रुच्यर्थानां प्रीयमाणः रुचि अर्थ वाली धातुओं के प्रयोग में जो प्रसन्न होने वाला होता है उसकी सम्प्रदान संज्ञा होती है और सम्प्रदान में चतुर्थी विभक्ति प्रयुक्त होती है; यथा—

भक्ताय रामायणं रोचते। (भक्त को रामायण अच्छी लगती है।)

बालकाय मोदकाः रोचन्ते। (बालक को लड्डू अच्छे लगते हैं।)

गणेशाय दुग्धं स्वदते। (गणेश को दूध पसन्द है।)

क्रुधद्रुहेर्ष्यांसूयार्थानां यं प्रति कोपः

क्रुद्ध आदि अर्थ वाली धातुओं के प्रयोग में जिसके ऊपर क्रोध किया जाता है उसकी सम्प्रदान संज्ञा होती है और सम्प्रदान में चतुर्थी विभक्ति आती है।

यथा—
- क्रुध् (क्रोध करना) — पिता पुत्राय क्रुध्यति।
- द्रुह् (द्रोह करना) — किंकरः नृपाय द्रुह्यति।
- ईर्ष्य् (ईर्ष्या करना) — दुर्जनः सज्जनाय ईर्ष्यति।
- असूय् (निन्दा करना) — सुरेशः महेशाय असूयति।

स्पृहेरीप्सितः 'स्पृह' धातु के प्रयोग में जो इच्छित हो उसकी सम्प्रदान संज्ञा होती है और सम्प्रदान में चतुर्थी प्रयुक्त होती है।

यथा—
- स्पृह् (इच्छा करना)—बालकः पुष्पाय स्पृह्यति।
  (बालक पुष्प की इच्छा करता है।)

धारेरुत्तमर्णः धृञ् (धारण करना) धातु के प्रयोग में जो कर्ज देने वाला होता है, उसकी सम्प्रदान संज्ञा होती है और सम्प्रदान में चतुर्थी विभक्ति प्रयुक्त होती है। यथा—देवदत्तः यज्ञदत्ताय शतं धारयति।

तादर्थ्ये चतुर्थी वाच्या जिस प्रयोजन के लिए जो क्रिया की जाती है उस प्रयोजन वाचक शब्द में चतुर्थी विभक्ति होती है;

यथा— सः **मोक्षाय** हरिं भजति।
बालकः **दुग्धाय** क्रन्दति।

निम्नलिखित धातुओं के योग में प्रायः चतुर्थी विभक्ति प्रयुक्त होती है;

यथा—
- कथय् (कहना) — रामः **स्वमित्राय** कथयति।
- निवेदय् (निवेदन करना) — शिष्यः **गुरवे** निवेदयति।
- उपदिश् (उपदेश देना) — साधुः **सज्जनाय** उपदिशति।

5. पञ्चमी विभक्ति

- (**सूत्र** ध्रुवमपायेऽपादानम्) किसी वस्तु का ध्रुव (निश्चित) वस्तु से स्थायी अलगाव अपादान कहलाता है। 'अपादाने पञ्चमी' सूत्रानुसार अपादान में पंचमी विभक्ति होती है।

उदाहरण **वृक्षात्** फलानि पतन्ति।
वृक्षात् फलं पतति।
वृक्षात् पतितं फलं आनय।
दिनेशः **विद्यालयात्** आगच्छति।
छात्रः **विद्यालयात्** गृहम् आगच्छति।
मालाकारः **उद्यानात्** पुष्पाणि आनयति।
मोहनः **गृहात्** आगच्छति।

- **भीत्रार्थानां भयहेतुः** भय और रक्षा अर्थ वाली धातुओं के प्रयोग में भय का जो कारण है उसकी अपादान संज्ञा होती है और अपादान में पंचमी विभक्ति प्रयुक्त होती है।

  यथा—बालकः **सिंहात्** बिभेति। (बालक सिंह से डरता है।)
  नृपः दुष्टात् रक्षति/त्रायते। (राजा दुष्ट से रक्षा करता है।)

- आख्यातोपयोगे जिससे नियमपूर्वक विद्याग्रहण की जाती है उस शिक्षक आदि मनुष्य की अपादान संज्ञा होती है और अपादान में पंचमी विभक्ति प्रयुक्त होती है।

  यथा—शिष्यः **उपाध्यायात्** अधीते।
  छात्रः **शिक्षकात्** पठति।

- जुगुप्साविरामप्रमादार्थानामुपसंख्यानम् जुगुप्सा, विराम, प्रमाद अर्थ वाली धातुओं के प्रयोग में जिससे घृणा आदि की जाती है, उसकी अपादान संज्ञा होती है और अपादान में चतुर्थी विभक्ति प्रयुक्त होती है;

  यथा—महेशः **पापात्** जुगुप्सते।
  कुलदीपः **अधर्मात्** विरमतिः।
  मोहनः **अध्ययनात्** प्रमाद्यति।

- भुवः प्रभवः भू धातु के कर्त्ता का जो उत्पत्ति स्थान है, उसकी अपादान संज्ञा होती है और अपादान में पंचमी विभक्ति प्रयुक्त होती है।

  यथा—गंगा **हिमालयात्** प्रभवति।
  कश्मीरेभ्यः वितस्तानदी प्रभवति।

- **जनिकर्तुः प्रकृतिः** 'जन्' धातु का जो कर्ता है, उसका जो कारण है, उसकी अपादान संज्ञा होती है और अपादान में पंचमी विभक्ति प्रयुक्त होती है।

  यथा—**गोमयात्** वृश्चिकः जायते।
  कामात् क्रोधः जायते।

- अन्तर्धौयेनादर्शनमिच्छति जब कर्ता जिससे अदर्शन (छिपना) चाहता है तब उस कारक की अपादान संज्ञा होती है और अपादान में पंचमी विभक्ति प्रयुक्त होती है।

  यथा—बालकः **मातुः** निलीयते। (बालक माता से छिपता है।)
  महेशः **जनकात्** निलीयते। (महेश पिता से छिपता है।)

- **वारणार्थानामीप्सितः** वारणार्थक (दूर करना) धातुओं के प्रयोग में जो इच्छित अर्थ होता है, उस कारक की अपादान संज्ञा होती है और अपादान में पंचमी विभक्ति होती है।

  यथा—कृषकः **यवेभ्यः** गां वारयति।
  किसान यवों (जौ) से गाय को हटाता है।

- **पञ्चमी विभक्तेः** जब दो पदार्थों में से किसी एक पदार्थ की विशेषता प्रकट की जाती है, तब विशेषण शब्दों के साथ ईयसुन् अथवा तरप् प्रत्यय का प्रयोग किया जाता है और जिससे विशेषता प्रकट की जाती है उसमें पंचमी विभक्ति का प्रयोग होता है।

यथा—रामः **श्यामात्** अस्ति।

माता **भूमेः** गुरुतरा अस्ति।

जननी जन्मभूमिश्च **स्वर्गात्** अपि गरीयसी।

निम्नलिखित शब्दों के योग में पंचमी विभक्ति प्रयुक्त होती है।

यथा—

- ऋते (बिना) — **ज्ञानात्** ऋते मुक्तिः न भवति।
- प्रभृति (से लेकर) — सः **बाल्यकालात्** प्रभृति अद्यावधि अत्रैव पठति।
- बहिः (बाहर) — छात्राः **विद्यालयात्** बहिः गच्छन्ति।
- पूर्वम् (पहले) — **विद्यालयगमनात्** पूर्वं गृहकार्यं कुरु।
- प्राक् (पूर्व) — **ग्रामात्** प्राक् आश्रमः अस्ति।
- अन्य (दूसरा) — **रामात्** अन्यः अयं कः अस्ति।
- अनन्तरम् (बाद) — यशवन्तः पठनात् अनन्तरं क्रीडाक्षेत्रं गच्छति।
- पृथक् (अलग) — **नगरात्** पृथक् आश्रमः अस्ति।
- परम् (बाद) — **रामात्** परम् श्यामः अस्ति।

6. षष्ठी विभक्ति

- (**सूत्र** षष्ठी शेषे) कारक एवं प्रातिपदिकार्थ से भिन्न स्वस्वामिभाव आदि सम्बन्ध 'शेष' होने पर षष्ठी विभक्ति होती है।

उदाहरण सुग्रीवः **रामस्य सखा** आसीत्।
रामायणस्य कथा।
रामस्य गृहम् अस्ति।
कृष्णस्य पिता वासुदेवः।
सुदामा **कृष्णस्य** मित्रम् आसीत्।
छात्रस्य पुस्तकम् अस्ति।
सुवर्णस्य आभूषणम् बहुमूल्यम् अस्ति।
सुग्रीवस्य भ्राता बालिः आसीत्।
गङ्गायाः उदकम्।
राज्ञः पुत्रः।

- **यतश्च निर्धारणाम्** जब बहुत में से किसी एक की जाति, गुण, क्रिया के द्वारा विशेषता प्रकट की जाती है, तब विशेषण शब्दों के साथ इष्ठन् अथवा **तमप्** प्रत्यय का प्रयोग किया जाता है और जिससे विशेषता प्रकट की जाती है, उसमें षष्ठी विभक्ति अथवा सप्तमी विभक्ति का प्रयोग होता है।

यथा—

कवीनां (कविषु वा)—कालिदासः श्रेष्ठः अस्ति।

छात्राणां (छात्रेषु वा)—सुरेशः पटुतमः अस्ति।

- निम्नलिखित शब्दों के योग में षष्ठी विभक्ति होती है।

यथा—

- अधः (नीचे) — **वृक्षस्य** अधः बालकः शेते।
- उपरि (ऊपर) — **भवनस्य** उपरि खगाः सन्ति।
- पुरः (समाने) — **विद्यालयस्य** पुरः मन्दिरम् अस्ति।
- समक्षम् (सामने) — **अध्यापकस्य** समक्षं शिष्यः अस्ति।
- समीपम् (समीप) — **नगरस्य** समीपं ग्रामः अस्ति।
- मध्य (बीच में) — **पशूनां** मध्ये ग्वालः अस्ति।
- कृते (लिए) — **बालकस्य** कृते दुग्धम् आनय।
- अन्तः (अन्दर) — **गृहस्य** अन्तः माता विद्यते।

- तुल्यार्थैरतुलोपमाभ्यां तृतीयान्यतरस्याम् तुल्यवाची शब्दों के योग में षष्ठी अथवा तृतीया विभक्ति होती है।

यथा— सुरेशः महेशस्य (महेशेन वा) तुल्यः अस्ति।

सीता गीतायाः (गीतया वा) तुल्या विद्यते।

7. सप्तमी विभक्ति/षष्ठी विभक्ति

(**सूत्र** यतश्च निर्धारणम्) किसी वस्तु की अपने समुदाय से किसी विशेषण द्वारा कोई विशिष्टता दिखाई जाने पर समुदायवाचक शब्द में षष्ठी अथवा सप्तमी विभक्ति होती है।

उदाहरण **छात्रासु** मंजरी श्रेष्ठा।
नगरेषु प्रयागः श्रेष्ठः अस्ति।
छात्रेषु रामः श्रेष्ठतमः अस्ति।
छात्रेषु आशीषः श्रेष्ठः।
बालकेषु अरविन्दः श्रेष्ठः।
छात्रासु रत्ना श्रेष्ठा।
कविषु कालिदासः श्रेष्ठः।

- (**सूत्र** सप्तम्यधिकरणे च) अधिकरण (कारक) में सप्तमी विभक्ति होती है।

उदाहरण **पात्रे** जलम् अस्ति।
छात्राः **विद्यालये** पठन्ति।
त्वं **गृहे** वससि।
वयं **नगरे** वसामः।
मीनाः **जले** तरन्ति।
सिंहाः **पञ्जरे** गर्जिष्यन्ति।
ग्रामे सरोवराः भवन्ति।

- जिसमें स्नेह किया जाता है उसमें सप्तमी विभक्ति का प्रयोग होता है।
  यथा—पिता पुत्रे स्निह्यति।
- संलग्नार्थक और चतुरार्थक शब्दों के योग में सप्तमी विभक्ति का प्रयोग होता है।

  यथा—बलदेवः स्वकार्ये संलग्नः अस्ति।

  जयदेवः **संस्कृते** चतुरः अस्ति।
- निम्नलिखित शब्दों के योग में सप्तमी विभक्ति होती है। यथा—
  (i) श्रद्धा — बालकस्य **पितरि** श्रद्धा अस्ति।
  (ii) विश्वासः — महेशस्य **स्वमित्रे** विश्वासः अस्ति।
- **यस्य च भावेन भावलक्षणम्** जब एक क्रिया के बाद दूसरी क्रिया होती है तब पूर्व क्रिया में और उसके कर्ता में सप्तमी विभक्ति होती है;

  यथा—**रामे** वनं गते दशरथः प्राणान् अत्यजत्।

  (राम के वन जाने पर दशरथ ने प्राणों को त्याग दिया।)

  सूर्यें अस्तं गते सर्वें बालकाः गृहम् आगच्छन्।

  (सूर्य के अस्त होने पर सभी बालक घर चले गए।)

अभ्यास प्रश्न

1. कारकों की संख्या कितनी है?
(a) चार (b) पाँच
(c) छः (d) दस

2. राम: पुस्तकं पठति। इस वाक्य के रेखांकित पद में कौन-सी विभक्ति है?
(a) प्रथमा (b) तृतीया
(c) षष्ठी (d) सप्तमी

3. हे! अरे! ओ! भो! किस कारक के चिह्न हैं?
(a) अधिकरण (b) सम्बोधन
(c) सम्बन्ध (d) सम्प्रदान

4. 'ने' चिह्न किस कारक का है?
(a) कर्ता (b) कर्म
(c) करण (d) सम्प्रदान

5. अहं गृहं गच्छामि। इस वाक्य के रेखांकित पद में विभक्ति बताइए।
(a) प्रथमा (b) तृतीया
(c) चतुर्थी (d) द्वितीया

6. विद्यालयं परित: वृक्षा: सन्ति। इस वाक्य के रेखांकित पद में विभक्ति बताइए।
(a) द्वितीया (b) तृतीया
(c) पञ्चमी (d) षष्ठी

7. द्वितीया विभक्ति है
(a) करण कारक (b) सम्प्रदान कारक
(c) कर्म कारक (d) अपादान कारक

8. 'राम: ग्रन्थं पठित:' वाक्य के 'ग्रन्थ' पद में कौन-सा कारक है?
(a) कर्म कारक (b) कर्ता कारक
(c) करण कारक (d) अपादान कारक

9. 'गां दोग्धि पय:'। वाक्य के रेखांकित पद में कौन-सी विभक्ति है?
(a) पञ्चमी (b) तृतीया
(c) द्वितीया (d) चतुर्थी

10. 'बाल: श्य्याम् अधिशेते।' इस वाक्य के रेखांकित पद में कौन-सी विभक्ति है?
(a) पञ्चमी (b) तृतीया
(c) द्वितीया (d) चतुर्थी

11. 'राम: गच्छति' इस वाक्य का कर्ता कौन है?
(a) राम: (b) गच्छति
(c) 'a' और 'b' दोनों (d) इनमें से कोई नहीं

12. 'सीता पुस्तक पढ़ती है।' इस वाक्य में कर्म कारक में कौन-सा कारक है?
(a) सीता (b) पुस्तक
(c) पढ़ती है (d) इनमें से कोई नहीं

13. 'ग्रामं निकषा समुद्रोवर्तते' में 'ग्राम' पद में विभक्ति है?
(a) चतुर्थी
(b) द्वितीया
(c) पञ्चमी
(d) सप्तमी

14. व्याध: मृगं शरेण अघ्नत्। इस वाक्य के रेखांकित पद में कौन-सी विभक्ति है?
(a) द्वितीया (b) सप्तमी
(c) चतुर्थी (d) तृतीया

15. स: हस्तेन पत्रं लिखति। इस वाक्य के रेखांकित पद में विभक्ति बताइए।
(a) तृतीया (b) द्वितीया (c) चतुर्थी (d) पञ्चमी

16. बालका: कन्दुकेन क्रीडन्ति। इस वाक्य के रेखांकित पद में विभक्ति बताइए।
(a) प्रथमा (b) तृतीया
(c) द्वितीया (d) षष्ठी

17. मनोहर: अक्ष्णा काण: अस्ति। इस वाक्य के रेखांकित पद में विभक्ति बताइए।
(a) तृतीया (b) पञ्चमी
(c) द्वितीया (d) चतुर्थी

18. रजक: गदर्भं दण्डेन ताडयति। इस वाक्य के रेखांकित पद में विभक्ति बताइए।
(a) द्वितीया (b) पञ्चमी
(c) तृतीया (d) षष्ठी

19. तृतीया विभक्ति है
(a) करण कारक (b) कर्म कारक
(c) अपादान कारक (d) सम्प्रदान कारक

20. सहयुक्तेऽप्रधाने में विभक्ति है
(a) प्रथमा विभक्ति (b) द्वितीया विभक्ति
(c) तृतीया विभक्ति (d) पञ्चमी विभक्ति

21. 'येनाङ्गविकार:' में कौन-सी विभक्ति है?
(a) प्रथमा (b) द्वितीया
(c) तृतीया (d) चतुर्थी

22. 'स: प्रकृत्या दयालु: अस्ति' इस वाक्य के रेखांकित पद में विभक्ति बताइए।
(a) चतुर्थी (b) तृतीया
(c) पञ्चमी (d) सप्तमी

23. 'कर्णेन वधिर:' इस वाक्य के रेखांकित पद में कौन-सी विभक्ति है?
(a) तृतीया (b) चतुर्थी
(c) षष्ठी (d) सप्तमी

24. 'बालिका लेखिन्या लिखति' में रेखांकित पद में कौन-सी विभक्ति है?
(a) तृतीया (b) पञ्चमी
(c) सप्तमी (d) चतुर्थी

25. 'अहं रामेण सह गच्छामि' में रेखांकित पद में कौन-सी विभक्ति है?
(a) द्वितीया (b) सप्तमी
(c) तृतीया (d) द्वितीया

26. 'स: नेत्राभ्यां पश्यति' में रेखांकित पद में विभक्ति है
(a) तृतीया (b) सप्तमी
(c) पञ्चमी (d) चतुर्थी

27. करण कारक का चिह्न है
(a) से (अलग) (b) में, पर
(c) के द्वारा (d) के लिए

28. 'रमया सह पठति' वाक्य में 'रमया' पद में कौन-सी विभक्ति है?
(a) प्रथमा (b) द्वितीया
(c) तृतीया (d) चतुर्थी

29. 'शिशुः पादेन खञ्जः' वाक्य में 'पादेन' पद में कौन-सी विभक्ति है?
(a) द्वितीया (b) पञ्चमी
(c) तृतीया (d) षष्ठी

30. 'छात्रैः सह क्रीड़ास्थले आगच्छ! वाक्य के 'छात्रैः' पद में कौन-सी विभक्ति और वचन है?
(a) द्वितीया, बहुवचन (b) तृतीया बहुवचन
(c) चतुर्थी, एकवचन (d) पञ्चमी, द्विवचन

31. बालकाय मोदकं देहि। इस वाक्य के बालकाय पद में कौन-सी विभक्ति है?
(a) तृतीया (b) चतुर्थी
(c) पञ्चमी (d) षष्ठी

32. शिशवे मोदकं रोचते। इस वाक्य के शिशवे पद में कौन-सी विभक्ति है?
(a) चतुर्थी (b) द्वितीया
(c) तृतीया (d) पञ्चमी

33. 'के लिए' कारक चिह्न किस विभक्ति के लिए प्रयुक्त होता है?
(a) प्रथमा (b) द्वितीया
(c) तृतीया (d) चतुर्थी

34. चतुर्थी विभक्ति का कारक है
(a) सम्प्रदान (b) अपादान
(c) सम्बन्ध (d) अधिकरण

35. 'शिष्याय स्वस्ति' इस वाक्य के 'शिष्याय' पद में कौन-सी विभक्ति है?
(a) प्रथमा (b) तृतीया
(c) चतुर्थी (d) सप्तमी

36. 'पुष्पा पुष्पेभ्यः स्पृह्यति' इस वाक्य में पुष्पेभ्यः में कौन-सी विभक्ति एवं वचन है?
(a) चतुर्थी एकवचन (b) पञ्चमी, बहुवचन
(c) चतुर्थी, बहुवचन (d) प्रथमा, द्विवचन

37. 'पुष्पेभ्यः स्पृह्यति' वाक्य में पुष्पेभ्यः में कौन-सी विभक्ति एवं वचन है?
(a) सप्तमी, एकवचन (b) द्वितीया, बहुवचन
(c) चतुर्थी, बहुवचन (d) षष्ठी, बहुवचन

38. 'कृष्णाय तुभ्यं नमः' इस वाक्य में 'कृष्णाय' पद में कौन-सी विभक्ति-वचन है?
(a) चतुर्थी, एकवचन (b) चतुर्थी, द्विवचन
(c) चतुर्थी, बहुवचन (d) तृतीया, एकवचन

39. 'स्वस्ति भवते' वाक्य के 'भवते' पद में विभक्ति है
(a) षष्ठी (b) द्वितीया
(c) चतुर्थी (d) तृतीया

40. 'दुष्टः सज्जनाय दुह्यति' इस वाक्य में 'सज्जनाय' पद में कौन-सी विभक्ति है?
(a) द्वितीया (b) तृतीया
(c) चतुर्थी (d) पञ्चमी

41. 'यूयाय दारु' इस वाक्य में 'यूयाय' पद में कौन-सी विभक्ति है?
(a) द्वितीया (b) तृतीया
(c) चतुर्थी (d) पञ्चमी

42. 'नमो गुरुभ्यः' में गुरुभ्य पद में कौन-सी विभक्ति है?
(a) द्वितीया (b) तृतीया (c) चतुर्थी (d) षष्ठी

43. 'अग्नये स्वाहा' वाक्य के 'अग्नये' पद में कौन-सी विभक्ति है?
(a) प्रथमा (b) तृतीया
(c) पञ्चमी (d) चतुर्थी

44. 'गुरुः छात्राय क्रुध्यति।'वाक्य में 'छात्राय' पद में कौन-सी विभक्ति है?
(a) तृतीय (b) चतुर्थी
(c) पञ्चमी (d) षष्ठी

45. 'गणेशाय नमः' वाक्य में 'गणेशाय' पद में कौन-सी विभक्ति है?
(a) प्रथमा (b) तृतीया
(c) पञ्चमी (d) चतुर्थी

46. 'मोक्षाय हरिं भजति' वाक्य में 'मोक्षाय' पद में विभक्ति है
(a) तृतीया (b) चतुर्थी
(c) पञ्चमी (d) षष्ठी

47. 'विप्राय गां ददाति' वाक्य में 'विप्राय' पद में कौन-सी विभक्ति है?
(a) द्वितीया (b) तृतीया
(c) चतुर्थी (d) षष्ठी

48. 'सीतायै नमः' वाक्य में 'सीतायै' पद में कौन-सी विभक्ति है?
(a) द्वितीया (b) तृतीया
(c) चतुर्थी (d) षष्ठी

49. 'प्रजाभ्यः स्वस्ति' वाक्य में 'प्रजाभ्यः' पद में कौन-सी विभक्ति है?
(a) तृतीया (b) चतुर्थी
(c) पञ्चमी (d) षष्ठी

50. 'सोमाय स्वाहा' वाक्य में 'सोमाय' पद में कौन-सी विभक्ति है?
(a) द्वितीया (b) तृतीया
(c) चतुर्थी (d) पञ्चमी

51. 'शत्रुभ्यः क्रुध्यति वीरः' वाक्य में शत्रुभ्यः' पद में विभक्ति है?
(a) द्वितीया (b) तृतीया
(c) चतुर्थी (d) षष्ठी

52. 'हरये भक्तिः रोचते' में 'हरये' पद में विभक्ति है
(a) द्वितीया (b) चतुर्थी
(c) पञ्चमी (d) तृतीया

53. 'बाला पुष्पेभ्यः स्पृह्यति' इस वाक्य में 'पुष्पेभ्यः' पद में कौन-सी विभक्ति है?
(a) द्वितीया (b) तृतीया
(c) चतुर्थी (d) षष्ठी

54. 'लक्ष्म्यै नमः' इस वाक्य में 'लक्ष्म्यै' पद में कौन-सी विभक्ति है?
(a) द्वितीया (b) तृतीया
(c) चतुर्थी (d) पञ्चमी

55. 'तुभ्यम् स्वस्ति' इस वाक्य में 'तुभ्यम्' पद में कौन-सी विभक्ति है?
(a) द्वितीया
(b) तृतीया
(c) चतुर्थी
(d) षष्ठी

56. 'भवते रोचते यथा' इस वाक्य में 'भवते' पद में कौन-सी विभक्ति एवं वचन है?
(a) सप्तमी, एकवचन (b) द्वितीया, बहुवचन
(c) चतुर्थी, एकवचन (d) प्रथमा, द्विवचन

57. 'हरये नमः' में 'हरये' पद में विभक्ति है
(a) चतुर्थी (b) द्वितीया
(c) सप्तमी (d) पञ्चमी

58. 'पितृभ्यो नमः' में 'पितृभ्यः' पद में कौन-सी विभक्ति है?
(a) सप्तमी (b) तृतीय
(c) चतुर्थी (d) इनमें से कोई नहीं

59. 'हनुमते नमः' वाक्य में 'हनुमते' पद में कौन-सी विभक्ति है?
(a) सप्तमी (b) षष्ठी
(c) चतुर्थी (d) पञ्चमी

60. 'नमो भगवते वासुदेवाय' में 'वासुदेवाय' पद में कौन-सी विभक्ति है?
(a) प्रथमा (b) षष्ठी
(c) चतुर्थी (d) सप्तमी

61. 'रामः तस्मै क्रुध्यति' वाक्य में 'तस्मै' पद में कौन-सी विभक्ति है?
(a) पञ्चमी (b) षष्ठी
(c) चतुर्थी (d) तृतीया

62. 'बालकेभ्यः फलानि यच्छति' वाक्य में 'बालकेभ्यः' पद में कौन-सी विभक्ति है?
(a) सप्तमी (b) चतुर्थी
(c) तृतीया (d) षष्ठी

63. वृक्षात् पत्राणि पतन्ति। इस वाक्य के रेखांकित पद में कौन-सी विभक्ति है?
(a) तृतीया (b) पञ्चमी
(c) द्वितीया (d) चतुर्थी

64. बालिका उद्यानात् पुष्पाणि आनयति। इस वाक्य के रेखांकित पद में कौन-सी विभक्ति है?
(a) षष्ठी (b) सप्तमी
(c) चतुर्थी (d) पञ्चमी

65. मोहनः आपणात् फलानि आनयति। इस वाक्य के रेखांकित पद में कौन-सी विभक्ति है?
(a) द्वितीया (b) तृतीया
(c) पञ्चमी (d) षष्ठी

66. महिला कूपात् जलम् आनयति। इस वाक्य के रेखांकित पद में कौन-सी विभक्ति है?
(a) तृतीया (b) द्वितीया
(c) पञ्चमी (d) षष्ठी

67. 'अश्वात्' पतति। इस वाक्य के रेखांकित पद में कौन-सी विभक्ति है?
(a) तृतीया (b) पञ्चमी (c) सप्तमी (d) षष्ठी

68. 'वृक्षात् पर्णानि पतन्ति।' इस वाक्य के रेखांकित पद में कौन-सी विभक्ति है?
(a) द्वितीया (b) तृतीया
(c) पञ्चमी (d) षष्ठी

69. अश्वात् पतति इस वाक्य के रेखांकित पद में कौन-सी विभक्ति है?
(a) चतुर्थी (b) प्रथमा
(c) तृतीया (d) पञ्चमी

70. पञ्चमी विभक्ति के लिए प्रयुक्त कारक है
(a) सम्प्रदान (b) अपादान
(c) सम्बन्ध (d) अधिकरण

71. से (अलग होना) कौन-से कारक का चिह्न है?
(a) अपादान (b) सम्बन्ध
(c) अधिकरण (d) सम्बोधन

72. 'सज्जनात्' यह पद सज्जन शब्द के किस विभक्ति एवं वचन है?
(a) प्रथमा, एकवचन (b) द्वितीया, बहुवचन
(c) पञ्चमी, एकवचन (d) चतुर्थी, द्विवचन

73. 'धरवतः' अश्वात् पतति' वाक्य में 'धावतः' पद में विभक्ति है
(a) प्रथमा (b) षष्ठी (c) पञ्चमी (d) चतुर्थी

74. 'गङ्गे! तव दर्शनात् मुक्तिः' इस वाक्य में 'दर्शनात्' पद में कौन-सी विभक्ति है?
(a) सप्तमी (b) पञ्चमी
(c) प्रथमा (d) इनमें से कोई नहीं

75. 'मातुः निलीयते कृष्णः' इस वाक्य में 'मातुः' पद में विभक्ति-वचन है
(a) षष्ठी, एकवचन (b) पञ्चमी, एकवचन
(c) चतुर्थी, एकवचन (d) सप्तमी, एकवचन

76. 'क्षेत्रेभ्यः' गां वारयति' में 'क्षेत्रेभ्यः' पद में कौन-सी विभक्ति है?
(a) द्वितीया (b) तृतीया
(c) पञ्चमी (d) षष्ठी

77. 'हिमालयात् गङ्गा प्रभवति' इस वाक्य में 'हिमालयात्' पद में कौन-सी विभक्ति है?
(a) चतुर्थी (b) पञ्चमी
(c) षष्ठी (d) सप्तमी

78. 'गंगे तव दर्शनात् मुक्तिः' इस वाक्य में 'दर्शनात्' पद में कौन-सी विभक्ति है?
(a) सप्तमी (b) पञ्चमी
(c) प्रथमा (d) षष्ठी

79. 'उपाध्यायाद् अधीते' में 'उपाध्यायाद्' पद में कौन-सी विभक्ति है?
(a) षष्ठी (b) द्वितीया
(c) चतुर्थी (d) पञ्चमी

80. 'सः चौरात् बिभेति' इस वाक्य के 'चौरात्' पद में विभक्ति है?
(a) द्वितीया (b) पञ्चमी
(c) सप्तमी (d) षष्ठी

81. 'देवदत्तः पापात् जुगुप्सते' वाक्य में 'पापात्' पद में विभक्ति है?
(a) चतुर्थी (b) पञ्चमी
(c) द्वितीया (d) षष्ठी

82. 'सुशीला सिंहात् बिभोति।' वाक्य में 'सिंहात्' पद में कौन-सी विभक्ति है?
(a) द्वितीया (b) तृतीया (c) पञ्चमी (d) षष्ठी

83. इयं रामस्य पुस्तकम् अस्ति। इस वाक्य के रेखांकित पद में विभक्ति बताइए।
(a) पञ्चमी (b) षष्ठी (c) सप्तमी (d) पञ्चमी

84. अयोध्याया: नृप दशरथ: आसीत् इस वाक्य के रेखांकित पद में विभक्ति बताइए।
(a) तृतीया (b) पञ्चमी (c) षष्ठी (d) सप्तमी

85. रमाया: भ्राता विनय: तत्र अस्ति। इस वाक्य के रेखांकित पद में विभक्ति बताइए।
(a) पञ्चमी (b) षष्ठी (c) सप्तमी (d) चतुर्थी

86. सम्बन्ध कारक में विभक्ति होती है
(a) पञ्चमी (b) सप्तमी (c) षष्ठी (c) तृतीया

87. का, के, की किस कारक के चिह्न हैं?
(a) अपादान (b) सम्बन्ध (c) अधिकरण (d) सम्बोधन

88. 'रामायणस्य कथा रम्या' इस वाक्य के रामायणस्य पद में कौन-सी विभक्ति है?
(a) तृतीया (b) चतुर्थी (c) पञ्चमी (d) षष्ठी

89. 'भगवत: कृपा' में 'भगवत:' पद में कौन-सी विभक्ति है?
(a) प्रथमा (b) द्वितीया (c) चतुर्थी (d) षष्ठी

90. 'लक्ष्मण: रामस्य प्रियतम: भ्राता आसीत्' उपरोक्त वाक्य के 'रामस्य' पद में विभक्ति होगी
(a) द्वितीया (b) तृतीया (c) पञ्चमी (d) षष्ठी

91. पुस्तकं काष्ठपटले अस्ति । इस वाक्य के रेखांकित पद में कौन-सी विभक्ति है?
(a) द्वितीया (b) तृतीया (c) सप्तमी (d) षष्ठी

92. वृक्षे चटका: सन्ति। इस वाक्य के रेखांकित पद में कौन-सी विभक्ति है?
(a) षष्ठी (b) पञ्चमी (c) चतुर्थी (d) सप्तमी

93. त्वं कस्मिन् विद्यालये पठसि? । इस वाक्य के रेखांकित पद में कौन-सी विभक्ति है?
(a) सप्तमी (b) पञ्चमी (c) षष्ठी (d) चतुर्थी

94. 'तिलेषु तैलम्' वाक्य के 'तिलेषु' पद में प्रयुक्त विभक्ति कौन-सी है?
(a) तृतीया (b) पञ्चमी (c) सप्तमी (d) प्रथमा

95. रेखांकित पद में कौन-सी विभक्ति है?
मोक्षे इच्छा अस्ति
(a) प्रथमा (b) सप्तमी (c) पञ्चमी (d) षष्ठी

96. 'में, पर' किस विभक्ति के चिह्न हैं?
(a) सप्तमी (b) षष्ठी (c) पञ्चमी (d) चतुर्थी

97. 'बालिका भुवि तिष्ठति' इस वाक्य में भुवि पद में कौन-सी विभक्ति और वचन है?
(a) पञ्चमी, बहुवचन (b) द्वितीय, एकवचन
(c) तृतीया, द्विवचन (d) सप्तमी, एकवचन

98. शिशु: भुवि तिष्ठति। वाक्य के 'रेखांकित' पद में विभक्ति और वचन है
(a) द्वितीया, एकवचन (b) तृतीया, द्विवचन
(c) सप्तमी, एकवचन (d) पञ्चमी, बहुवचन

99. 'कविषु कालिदास: श्रेष्ठ:' वाक्य में 'कविषु' में कौन-सी विभक्ति है?
(a) प्रथमा (b) चतुर्थी (c) पञ्चमी (d) सप्तमी

100. 'कर्त्तव्यौ भातृषु स्नेह:' वाक्य में 'भातृषु' पद में विभक्ति है
(a) चतुर्थी विभक्ति (b) पञ्चमी विभक्ति
(c) सप्तमी विभक्ति (d) तृतीया विभक्ति

101. 'नृप: सिंहासने अस्ति' में 'सिंहासने' पद में विभक्ति है
(a) तृतीय (b) चतुर्थी (c) पञ्चमी (d) सप्तमी

102. 'तिलेषु तैलम्' में 'तिलेषु' पद में विभक्ति है
(a) द्वितीया (b) पञ्चमी
(c) षष्ठी (d) सप्तमी

103. 'मोक्षे इच्छाऽस्ति- में 'मोक्षे' पद में विभक्ति है
(a) षष्ठी (b) तृतीया
(c) प्रथमा (d) सप्तमी

104. 'गोष्ठे गाव: तिष्ठन्ति' में 'गोष्ठे' पद में कौन-सी विभक्ति है?
(a) तृतीया (b) प्रथमा (c) सप्तमी (d) षष्ठी

105. 'देवदत्त: मातरि स्निह्यति' वाक्य में 'मातरि' पद में कौन-सी विभक्ति है?
(a) द्वितीया (b) तृतीया
(c) सप्तमी (d) षष्ठी

106. 'असौ स्थाल्यां पचति' वाक्य के 'स्थाल्यां' पद में कौन-सी विभक्ति है?
(a) पञ्चमी (b) षष्ठी
(c) सप्तमी (d) द्वितीया

उत्तरमाला

1.	(c)	2.	(a)	3.	(b)	4.	(a)	5.	(d)	6.	(a)	7.	(c)	8.	(a)	9.	(c)	10.	(c)
11.	(a)	12.	(b)	13.	(b)	14.	(d)	15.	(a)	16.	(b)	17.	(a)	18.	(c)	19.	(a)	20.	(c)
21.	(c)	22.	(b)	23.	(a)	24.	(a)	25.	(c)	26.	(a)	27.	(b)	28.	(b)	29.	(c)	30.	(b)
31.	(b)	32.	(a)	33.	(d)	34.	(a)	35.	(c)	36.	(c)	37.	(c)	38.	(a)	39.	(c)	40.	(c)
41.	(c)	42.	(c)	43.	(d)	44.	(b)	45.	(d)	46.	(b)	47.	(c)	48.	(c)	49.	(b)	50.	(c)
51.	(c)	52.	(b)	53.	(c)	54.	(c)	55.	(c)	56.	(c)	57.	(a)	58.	(c)	59.	(c)	60.	(c)
61.	(c)	62.	(b)	63.	(b)	64.	(d)	65.	(c)	66.	(c)	67.	(b)	68.	(c)	69.	(d)	70.	(b)
71.	(a)	72.	(c)	73.	(c)	74.	(b)	75.	(b)	76.	(c)	77.	(b)	78.	(b)	79.	(d)	80.	(b)
81.	(b)	82.	(c)	83.	(b)	84.	(c)	85.	(b)	86.	(c)	87.	(b)	88.	(d)	89.	(c)	90.	(d)
91.	(c)	92.	(d)	93.	(a)	94.	(c)	95.	(b)	96.	(a)	97.	(d)	98.	(c)	99.	(d)	100.	(c)
101.	(d)	102.	(d)	103.	(d)	104.	(c)	105.	(c)	106.	(c)								

अध्याय 12

अनुवाद

अनुवाद की परिभाषा

किसी एक भाषा की कही या लिखी बात को दूसरी भाषा में लिखने या कहने की प्रक्रिया को भाषान्तरण या अनुवाद कहते हैं। किसी अन्य भाषा का संस्कृत भाषा में रूपान्तरण करना संस्कृतानुवाद कहलाता है।

यथा-राम जाता है (हिन्दी भाषा)।

रामः गच्छति (संस्कृत भाषा)।

अनुवाद के नियम

संस्कृत भाषा में अनुवाद करते समय निम्नलिखित नियमों को ध्यान में रखना चाहिए

- सर्वप्रथम हमें यह देखना है कि जो वाक्य अनुवाद करने के लिए दिया गया है, वह किस काल से सम्बन्धित है;

  यथा—
  - राम जाता है। (वर्तमानकाल)
  - राम गया। (भूतकाल)
  - राम जाएगा। आदि (भविष्यकाल)
- काल का निर्धारण करने के उपरान्त वाक्य में कर्ता की पहचान करनी चाहिए। कर्ता का पता चलने पर देखेंगे कि कर्ता किस पुरुष और किस वचन का है?
- कर्ता जिस वचन और पुरुष का होगा, क्रिया भी उसी वचन और पुरुष की लगेगी, अन्य की नहीं।
- वाक्य में कारकों में लगने वाला चिह्न जिस शब्द के अन्त में है उस शब्द में वही विभक्ति होगी, जिस विभक्ति का वह चिह्न है। साथ ही हमें यह भी ध्यान रखना है कि उपपद विभक्ति से सम्बन्धित कोई शब्द अथवा उपसर्ग तो नहीं है। यदि है तो उपपद विभक्ति का प्रयोग किया जाएगा।
- वर्तमानकाल की क्रिया के साथ 'स्म' का प्रयोग करके भूतकाल में परिवर्तित किया जा सकता है;

  यथा—

  श्यामः क्रीडति—श्याम खेलता है।

  श्याम खेलता था—श्यामः क्रीडति स्म।

पुरुष

संस्कृत में तीन पुरुष होते हैं

1. **प्रथम पुरुष** जिसके विषय में कुछ कहा जाए, उसे 'प्रथम पुरुष' कहते हैं।

   प्रथम पुरुष के कर्ता—सः (वह, संज्ञा शब्द), तौ (वे दोनों), ते (वे सब) तथा सभी संज्ञा शब्द भी प्रथम पुरुष के कर्ता होते हैं अर्थात् मध्यम पुरुष तथा उत्तम पुरुष के कर्ताओं को छोड़कर शेष सभी संज्ञाएँ तथा सर्वनाम शब्दों को प्रथम पुरुष कहा जाता है।
2. **मध्यम पुरुष** जिससे बात की जाती है, उसे 'मध्यम पुरुष' कहते हैं।

   मध्यम पुरुष के कर्ता—त्वम् (तुम), युवाम् (तुम दोनों), यूयम् (तुम सब) हैं।
3. **उत्तम पुरुष** किसी विषय पर स्वयं कथन करने वाले को उत्तम पुरुष कहते हैं।

   उत्तम पुरुष के कर्ता—अहम् (मैं), आवाम् (हम दोनों), वयम् (हम सब) हैं।

इस प्रकार हम कह सकते हैं कि मैं (अस्मद् शब्द), अहम् (मैं), आवाम् (हम दोनों), वयम् (हम सब) उत्तम पुरुष होता है।

तू (युष्मद् शब्द), त्वम् (तुम), युवाम् (तुम दोनों), यूयम् (तुम सब) मध्यम पुरुष होता है।

इन दोनों अस्मद् व युष्मद् को छोड़कर शेष सभी शब्द प्रथम पुरुष के होते हैं। अनुवाद करते समय पुरुष तथा वचन का ध्यान रखना अनिवार्य होता है। लकार चाहे कोई-सा भी हो, वचन तथा पुरुष का सही होना अनिवार्य है।

वचन

संस्कृत में तीन वचन होते हैं

1. **एकवचन** जिससे किसी प्राणी, पदार्थ, वस्तु की एक संख्या होने का पता चलता है, उसे 'एकवचन' कहते हैं; यथा—राम, कुत्ता, किताब आदि।
2. **द्विवचन** जिससे किसी प्राणी, पदार्थ, वस्तु की दो संख्या होने का पता चलता है, उसे 'द्विवचन' कहते हैं; यथा—दो कलम, दो किताब, दो फूल आदि।

3. **बहुवचन** जिससे किसी प्राणी, पदार्थ या वस्तु की दो से अधिक निश्चित या अनिश्चित संख्या का ज्ञान होता है, उसे 'बहुवचन' कहते हैं; यथा—चालीस छात्र, चार किताब, पाँच फूल, बच्चे आदि।

सामान्यत: एक के लिए एकवचन, दो के लिए द्विवचन और दो से अधिक के लिए बहुवचन का प्रयोग होता है। कभी-कभी सम्मान प्रदर्शन करने के लिए भी बहुवचन का प्रयोग किया जाता है।
यथा—'श्रीगान्धीमहाभागा:।'

संस्कृत में वचन प्रयोग करते समय निम्नलिखित सावधानियाँ रखनी चाहिए

- यद्यपि द्वयम्, युगलम्, त्रयम्, तृतीयम्, तुरीयम् आदि दो, तीन व चार को प्रकट करते हैं, तथापि इनका प्रयोग सदा ही एकवचन में होता है, यथा—पुस्तकद्वयम्, मुनित्रयम् , देवयुगलम् आदि।
- प्रमाणम्, पात्रम्, पदम्, आस्पदम्, स्थानम्, भाजनम् आदि शब्द सदैव एकवचन नपुंसकलिंग में ही आते हैं; यथा—भवन्त: एवं अत्र प्रमाणं सन्ति। दुर्जना: घृणापात्रं भवन्ति। गुणिषु गुणा एवं पूजा स्थानं सन्ति।
- अक्षत, प्राण, दारा आदि शब्द सदा बहुवचन और पुल्लिंग में ही प्रयुक्त होते हैं। आप्, वर्षा, सिकता शब्द का बहुवचन में स्त्रीलिंग में ही प्रयोग होता है; यथा— अक्षतान् समर्पयामि। प्राणान् रक्षेत् सदा धनै:। इमे दारा: सन्ति। वर्षासु न गच्छेत्।
- कति, यति, तति शब्द नित्य बहुवचनान्त हैं। इनका प्रयोग सदा बहुवचन में होता है; यथा—कति पुष्पाणि? यति पुष्पाणि अत्र सन्ति, तति तत्र न सन्ति।

लिंग

जिससे पुरुष, स्त्री या निर्जीव वस्तुओं की जानकारी होती है, उसे 'लिंग' कहते हैं। वचन व पुरुष के समान ही संस्कृत में लिंग के तीन भेद होते हैं

1. **पुल्लिंग** जिस लिंग से पुरुष होने का पता चलता है, उसे 'पुल्लिंग' कहते हैं; यथा—राम, मोहन, हाथी, कुत्ता, घोड़ा आदि।
   - पर्वतवाची शब्द एवं समुद्रवाची शब्द पुल्लिंग होते हैं; यथा—हिमालय:, अद्रि:, गिरि:, जलधि:, सागर:, सिन्धु: आदि।
   - यज्ञ के समानार्थक सभी शब्द पुल्लिंग होते हैं; यथा—मख:।
   - अन् प्रत्यय से समाप्त होने वाले तथा 'घ' एवं 'कि' प्रत्यय वाले शब्द सदा पुल्लिंग में ही आते हैं; यथा—राजन्, मघवन्, राशि:, निधि: आदि।
   - 'दिन' और 'अहन्' शब्द को छोड़कर शेष समयवाचक शब्द पुल्लिंग होते हैं? यथा—दिवस:, मास:, पक्ष: आदि।
   - इमनिच् प्रत्यय वाले—गरिमा, महिमा, लघिमा आदि एवं 'घञ्' प्रत्यय से बने शब्द—पाक:, लाभ:, ताप, प्रणाम: आदि सदा पुल्लिंग में ही रहते हैं।
   - 'देवता' शब्द को छोड़कर देववाची शब्द और 'रक्षस्' शब्द को छोड़कर राक्षसवाची शब्द पुल्लिंग होते हैं।
2. **स्त्रीलिंग** जिस लिंग से स्त्री होने का पता चलता है, उसे स्त्रीलिंग कहते हैं; यथा—रमा, लता, हथिनी, घोड़ी, गाय आदि।
   - क्तिन् प्रत्यय से तथा तल् (ता) प्रत्यय से बने सभी शब्द स्त्रीलिंग होते हैं; यथा—मति:, गति:, मूर्खता, पशुता आदि।
   - आ, ई, ऊ से समाप्त होने वाले शब्द स्त्रीलिंग होते हैं; यथा—गङ्गा, नदी, वधू: आदि।
   - भाषा व नदी वाची शब्द सदा स्त्रीलिंग होते हैं; यथा—वैदर्भी, पैशाची, प्राकृतभाषा, नर्मदा, कावेरी, गङ्गा आदि।
   - विंशति: (बीस) से नवति: (नब्बे) तक के संख्यावाची शब्द स्त्रीलिंग में ही होते हैं।
3. **नपुंसकलिंग** जिस लिंग से बेजानदार (निर्जीव) वस्तुओं की जानकारी होती है, उसे 'नपुंसकलिंग' कहते हैं; यथा—पुस्तक, मेज, फूल, कलम, कुर्सी आदि।
   - ल्युट् , त्व, ष्यञ् प्रत्ययान्त शब्द नपुंसकलिंग में होते हैं; यथा—पठनम् महत्त्वम्, लघुत्वम्, सौन्दर्यम् आदि।
   - क्रिया-विशेषण नपुंसकलिंग होते हैं; यथा-किं, शीघ्रं, मधुरं, वदति आदि।

महिमा, अग्नि यथा शब्द हिन्दी में स्त्रीलिंग हैं, परन्तु संस्कृत में ये पुल्लिंग हैं। 'दारा' शब्द का अर्थ 'पत्नी' है, परन्तु इसका प्रयोग सदा पुल्लिंग में और बहुवचन में ही होता है। इसी प्रकार देवता शब्द सदा स्त्रीलिंग में ही प्रयुक्त होता है। लिंग सम्बन्धी कुछ सामान्य नियमों को जान लेना अनुवाद कार्य में बड़ा सहायक होता है। अत: कुछ नियम आगे दिए जा रहे हैं।

कारक

क्रिया वयियित्वं कारकत्वम् अर्थात् क्रिया से जिसका सम्बन्ध हो, उसे कारक कहते हैं। यथा— राम ने रावण को बाण से सीता के लिए वन से आकर लंका में मारा।

हिन्दी की तरह संस्कृत में भी कर्ता, कर्म, करण आदि सात कारक होते हैं, किन्तु उन्हें प्रथमा, द्वितीया, तृतीया आदि कहा जाता है। विभक्ति, कारक एवं उनके चिह्न निम्न प्रकार हैं

विभक्ति	कारक	चिह्न
प्रथमा	कर्ता	ने
द्वितीया	कर्म	को
तृतीया	करण	से, के द्वारा (सहायता)
चतुर्थी	सम्प्रदान	के लिए
पञ्चमी	अपादान	से (अलग होना)
षष्ठी	सम्बन्ध	का, की, के, रा, री, रे
सप्तमी	अधिकरण	में, पर
सम्बोधन	सम्बोधन	हे! ओ, अरे, ए आदि।

क्रिया

क्रिया और धातु की प्रकृति शब्द का वह रूप, जिससे किसी काम का करना या होना पाया जाता है, क्रिया कहलाता है; यथा—पठनम्, गमनम् आदि। क्रिया के वाचक मूलशब्द धातु कहलाते हैं; यथा—भू, गम् आदि। जिस मूलशब्द से प्रत्यय का विधान किया जाता है, उसे प्रकृति कहते हैं, यथा—गम् + तिप्:, यहाँ 'गम्' धातु से 'तिप्' प्रत्यय का विधान किया जाता है। अत: 'गम्' प्रकृति है। प्रकृति का पारिभाषिक नाम है 'अंग'। क्रिया के दो मुख्य भेद होते हैं

- **सकर्मक क्रिया** जिसमें कर्म रहता है, उसे सकर्मक क्रिया कहा जाता है। कर्म को पहचानने के लिए 'क्या' अथवा 'कहाँ' का उत्तर देखिए, जो उत्तर आए वह कर्म है; यथा—रामः पुस्तकं पठति। इस वाक्य में 'पठति' क्रिया है। प्रश्न हुआ—क्या पढ़ता है? 'पुस्तकं' उत्तर आता है। अतः 'पुस्तकं' कर्म हुआ। अतः यहाँ 'पठति' सकर्मक क्रिया है।
- **अकर्मक क्रिया** वे क्रियाएँ, जिनका कर्म नहीं होता, अकर्मक क्रिया कहलाती हैं। इनमें भी 'क्या' और 'कहाँ' लगाकर जान सकते हैं कि क्रिया कैसी है, यथा—रामः शेते। इस वाक्य में 'शेते' क्रिया है। क्या सोता है? में 'क्या' का कोई उत्तर नहीं है। अतः 'शेते' अकर्मक क्रिया है।

लकार

संस्कृत में लकार को ही काल कहते हैं। वैसे तो भूतकाल, वर्तमानकाल और भविष्यत्काल, ये तीन काल माने जाते हैं, परन्तु इनमें भी और अधिक सूक्ष्मता लाने के लिए संस्कृत वैयाकरणों ने दस लकार माने हैं

1. **लट्लकार** (वर्तमानकाल)
2. **लिट्लकार** (परोक्ष भूत)
3. **लुट्लकार** (अनद्यतन भविष्यत्काल)
4. **लृट्लकार** (सामान्य भविष्यत्काल)
5. **लेट्लकार**
6. **लोट्लकार** (आज्ञार्थक)
7. **लङ्लकार** (अनद्यतन भूतकाल)
8. **विधिलिङ्लकार** (विधि आदि और आशीर्वाद के अर्थ में)
9. **लङ्लकार** (भूतकाल)
10. **लृङ्लकार** (हेतु-हेतुमद् भूतकाल)। इनमें लेट्लकार का प्रयोग केवल वैदिक संस्कृत में ही होता है। वहाँ यह 'लिङ्' लकार के अर्थ में प्रयुक्त हुआ है—'लङर्थे लेट्।' लिङ्लकार के दो भेद हैं—विधिलिङ् और आशीर्लिङ् । ये क्रमशः विधि आदि और आशीर्वाद यथा अर्थ-विशेष (Moods) को द्योतित करते हैं।

इनमें लट्, लोट्, लङ्, विधिलिङ् को **सार्वधातुक** और शेष छः को **आर्धधातुक** लकार कहा जाता है।

नोट छात्रों की सुविधा के लिए पाठ्यक्रम में निर्धारित पाँच लकारों के प्रत्ययों की आकृतियों के रूप, परस्मैपदी और आत्मनेपदी में दिए गए हैं। अतः छात्रों को इन्हें ठीक से समझ लेना चाहिए। यद्यपि कहीं-कहीं ये प्रत्यय बदलकर भी लगते हैं, यथा—ददाति, दत्तः, ददति में ददन्ति नहीं बनता है, तथापि सामान्यतः ये ही प्रत्यय लगते हैं।

प्रत्यय परस्मैपदी

1. लट्लकार (वर्तमानकाल)

परस्मैपदी धातुओं के लकार सहित प्रत्यय निम्नलिखित हैं

पुरुष	एकवचन	द्विवचन	बहुवचन
प्रथम पुरुष	ति	तः	अन्ति
मध्यम पुरुष	सि	थः	थ
उत्तम पुरुष	आमि	आव	आमः

2. लोट्लकार (आज्ञा और आशीर्वाद)

पुरुष	एकवचन	द्विवचन	बहुवचन
प्रथम पुरुष	तु	ताम्	अन्तु
मध्यम पुरुष	अ	तम्	त
उत्तम पुरुष	आनि	आव	आम

3. लङ्लकार (अनद्यतन भूत)

पुरुष	एकवचन	द्विवचन	बहुवचन
प्रथम पुरुष	त्	ताम्	अन्
मध्यम पुरुष	अः	तम्	त
उत्तम पुरुष	अम्	आव	आम

4. विधिलिङ्लकार (विधि और प्रार्थना)

पुरुष	एकवचन	द्विवचन	बहुवचन
प्रथम पुरुष	एत् (यात्)	एताम् (याताम्)	एयुः (युः)
मध्यम पुरुष	एः (याः)	एतम् (यातम्)	एत (यात)
उत्तम पुरुष	एयम् (याम्)	एव (याव)	एम (याम)

5. लृट्लकार (भविष्यत्काल)

पुरुष	एकवचन	द्विवचन	बहुवचन
प्रथम पुरुष	स्यति	स्यतः	स्यन्ति
मध्यम पुरुष	स्यसि	स्यथः	स्यथ
उत्तम पुरुष	स्यामि	स्यावः	स्यामः

आत्मनेपदी

आत्मनेपदी धातुओं के लकार सहित प्रत्यय निम्नलिखित हैं

1. लट्लकार (वर्तमानकाल)

पुरुष	एकवचन	द्विवचन	बहुवचन
प्रथम पुरुष	ते	एते (आते)	अन्ते (अते)
मध्यम पुरुष	से	एथे (आथे)	ध्वे
उत्तम पुरुष	इ (ए)	वहे	महे

2. लोट्लकार (आज्ञा और आशीर्वाद)

पुरुष	एकवचन	द्विवचन	बहुवचन
प्रथम पुरुष	ताम्	एताम् (अताम्)	अन्ताम् (अताम्)
मध्यम पुरुष	स्व	एथाम् (अथाम्)	ध्वम्
उत्तम पुरुष	ऐ	आवहै	आमहै

3. लङ्लकार (अनद्यतन भूत)

पुरुष	एकवचन	द्विवचन	बहुवचन
प्रथम पुरुष	त	एताम् (आताम्)	अन्त
मध्यम पुरुष	थाः	एथाम् (आथाम्)	ध्वम्
उत्तम पुरुष	इ (ए)	वहि (आवहि)	महि

4. **विधिलिङ्लकार** (विधि और प्रार्थना)

पुरुष	एकवचन	द्विवचन	बहुवचन
प्रथम पुरुष	ईत	ईताम्	ईरन् (अत)
मध्यम पुरुष	ईथा:	ईथाम्	ईध्वम्
उत्तम पुरुष	ईय	ईवहि	इमहि (आमहि)

5. **लृट्लकार** (भविष्यत्काल)

पुरुष	एकवचन	द्विवचन	बहुवचन
प्रथम पुरुष	स्यते	स्येते	स्यन्ते
मध्यम पुरुष	स्यसे	स्येथे	स्यध्वे
उत्तम पुरुष	स्ये	स्यावहे	स्यामहे

उपपदविभक्तय:

किसी शब्द विशेष के कारण जब विभक्ति विशेष का प्रयोग करते हैं, तब वह उपपद विभक्ति कहलाती है। उपपद विभक्ति की निम्न विभक्ति होती हैं

प्रथमा विभक्ति

किसी व्यक्ति, वस्तु, स्थान आदि का नाम बताने में क्रिया करने वाले को कर्त्ता कहते हैं। कर्तृवाच्य के कर्ता में प्रथमा विभक्ति का प्रयोग होता है। संस्कृत में बिना विभक्ति लगाए शब्द निरर्थक होते हैं। अत: अर्थ बनाने के लिए संज्ञा शब्दों में प्रथमा विभक्ति आती है। पुल्लिग, स्त्रीलिंग, नपुंसकलिंग बनाने के लिए तथा अव्ययों के साथ केवल नाम के कथन में प्रथमा विभक्ति का प्रयोग होता है। यथा—

- राम लिखता है। रामः लिखति।
- तोता एक चिड़िया है। शुक: एका चटका अस्ति।
- यह एक नगर है। इदं एकं नगरम् अस्ति।

द्वितीया विभक्ति

अभित: (दोनों ओर), उभयत: (दोनों ओर), परित: (चारों ओर), समया/निकषा (समीप में), प्रति (ओर), धिक् (धिक्कार), विना (बिना) जहाँ उपरोक्त में से किसी का भी प्रयोग होगा, वहाँ द्वितीया विभक्ति होती है। यथा—

- विद्यालय समया/निकषा देवालय: अस्ति। विद्यालय के समीप में देवालय है।
- छात्रा: विद्यालयं प्रति गच्छन्ति। छात्र विद्यालय की ओर जाते हैं।
- दुष्टं धिक्। दुष्ट को धिक्कार है।
- प्रदीप: पुस्तकं विना पठति। प्रदीप पुस्तक के बिना पढ़ता है।

तृतीया विभक्ति

सह (साथ), अलम् (निषेध), विना (विना) तथा विकृत अंगवाची शब्द के साथ तृतीया विभक्ति का प्रयोग होता है। यथा—

- अलं हसितेन हँसो मत
- जनक: पुत्रेण सह गच्छति। पिता पुत्र के साथ जाता है।
- स: नेत्रेण काण: अस्ति। वह आँख से काना है।
- कृष्णेन विना राधा दु:खिता अभवत्। कृष्ण के बिना राधा दु:खी हो गई।

चतुर्थी विभक्ति

नम: (नमस्कार), कुप् (क्रोध करना), स्वस्ति (कल्याण) तथा स्वाहा (देवताओं के लिए अग्नि में आहुति) उपरोक्त शब्दों के साथ चतुर्थी विभक्ति होती है यथा—

- तस्मै गुरवे नम:। उन गुरु को नमस्कार।
- पिता पुत्राय कुप्यति। पिता पुत्र पर क्रोध करता है।
- गणेशाय स्वस्ति। गणेश का कल्याण हो।
- प्रजापतये स्वाहा। प्रजापति के लिए आहुति

पञ्चमी विभक्ति

ऋते (विना), बहि: (बाहर), अनन्तरम (बाद में), भी (डरना) उपरोक्त के साथ पंचमी विभक्ति का प्रयोग होता है;

यथा—

- यशवन्त: पठनात् अनन्तरं क्रीड़ा क्षेत्रं गच्छति।
  यशवन्त पढ़ने के बाद खेलने जाता है।
- रामात् ऋते ने कोऽपि मम रक्षक:।
  राम के बिना कोई भी मेरा रक्षक नहीं है।
- बालक: सिंहात् बिभेति। बालक शेर से डरता है।
- सर्प: बिलात् बहि: आगच्छत्। साँप बिल से बाहर आता है।

षष्ठी विभक्ति

अन्त: (अन्दर), उपरि (ऊपर), पुर: (सामने) तथा अध: (नीचे) उपरोक्त शब्दों के साथ षष्ठी विभक्ति का प्रयोग होता है।

यथा—

- मोहन गृहस्य अन्त: प्राविशत् । मोहन घर के अन्दर प्रवेश करता है।
- वृक्षस्य उपरि खगा: सन्ति। वृक्ष के ऊपर पक्षी हैं।
- गृहस्य पुर: देवालय: अस्ति। घर के सामने मन्दिर है।
- वृक्षस्य अध: बालक: शेते। वृक्ष के नीचे बालक सोता है।

सप्तमी विभक्ति

प्रवीण: (कुशल) चतुर: (चतुर) श्रेणीनिर्धारणम्। समूह में से किसी एक की श्रेष्ठता निर्धारण में षष्ठी/सप्तमी विभक्ति का प्रयोग होता है;

यथा—

- कौशल: वीणायां प्रवीण:। कौशल वीणावादन में कुशल है।
- राधिका वार्तालापे चतुरा। राधिका वार्तालाप में चतुर है।
- कवीनां कविषु वा कालिदास: श्रेष्ठ:। कवियों में कालिदास श्रेष्ठ हैं।

अभ्यास प्रश्न

निर्देश अधोलिखितानां प्रश्नानां उचित विकल्पं चिनुत।
(निम्नलिखित अनुवादों के सही विकल्प चुनकर लिखिए।)

1. सूर्यास्त के समय सूर्य किस दिशा में होता है?
(a) सूर्यास्त काले सूर्यः कस्मिन् दिशे भवन्ति
(b) सूर्यास्त काले सूर्यः किम् दिशा भवन्ति
(c) सूर्यास्तस्य कालं सूर्यः कस्मिन् दिशे भवति
(d) सूर्यास्तस्य कालं सूर्यः किं दिशा भविन्त

2. देवों को सामग्री अर्पित करो।
(a) देवानां सामग्रीन् अर्पितं कुरु
(b) देवानां सामग्रीन् अर्पितं कुरु
(c) देवानां सामग्रीन् अर्पित करु
(d) देवानां सामग्रीन् अर्पिताम् कुरु

3. स्काउट्स कभी आग से नहीं डरते।
(a) स्काउट्स कदापि, वह्निना विभेतय्
(b) स्काउट्स कदापि वह्निना विभाति
(c) स्काउट्स कदापि विह्निनाम् विभेत
(d) स्काउट्स कदापि वह्निना न बिभेति।

4. छात्रों के द्वारा गृह कार्य किया गया।
(a) छात्रैः गृहकार्यम् कुर्वन्।
(b) छात्रैणः गृहकार्यम् अकुर्वन
(c) छात्रैः गृहकार्यम् अकुर्वन
(d) छात्राणाम्ः गृहकार्यम् अकुर्वन

5. विद्यालय के चारों ओर सड़क है।
(a) विद्यालयं परिताम् मार्गाः सन्ति। (b) विद्यालयं परित मार्गाः सन्ति।
(c) विद्यालयं परिते मार्गाः सन्ति। (d) विद्यालयं परित मार्गाः सन्ति।

6. मेरे साथ मेरा मित्र विद्यालय जाता है।
(a) माय सह मम मित्रं विद्यालयं गच्छत्।
(b) माय सह मम मित्रं विद्यालयं गच्छति।
(c) माय सह मम मित्रं विद्यालयं गच्छामि।
(d) माय सह मम मित्रं विद्यालयं गच्छावः।

7. तीर्थराज प्रयाग एक प्रसिद्ध नगरी है।
(a) तीर्थराज प्रयागाय प्रसिद्धः नगरी अस्ति।
(b) तीर्थराज प्रयागाय प्रसिद्ध नगरी अस्ति।
(c) तीर्थराज प्रयागाय प्रसिद्ध नगरी सन्ति।
(d) तीर्थराज प्रयागः एकः प्रसिद्ध नगरी अस्ति।

8. विद्यालय के दोनों ओर गंगा नदी बहती है।
(a) विद्यालयम् उभयतः गंगा नदी वहताम्।
(b) विद्यालयम् उभयतः गंगा नदी वहति।
(c) विद्यालयम् उभयतः गंगा नदा वहन्ति।
(d) विद्यालयम् परितः गंगा नदी वहति।

9. तुम लोग अपने हाथ से काम करो।
(a) यूयं स्व हस्तेन कार्यं कुरुत।
(b) यूयं स्व हस्तेन कार्यं कुरोत
(c) यूयं स्व हस्तेन कार्यं कुरोमि
(d) यूयं स्व हस्तेन कार्यं कुरुतः

10. राम के साथ लक्ष्मण भी वन गए।
(a) रामेण सह लक्ष्मणोऽपि वनाय अगच्छत्।
(b) रामेण सह लक्ष्मणोऽपि वनम् अगच्छत्।
(c) रामेण सह लक्ष्मणोऽपि वनम् अगच्छताय।
(d) रामेण सह लक्ष्मणोऽपि वनम् अगच्ताम्।

11. पेड़ परोपकार के लिए फलते हैं।
(a) वृक्षाः परोपकाराय फलन्ति।
(b) वृक्षाः परोपकाराय फलानि।
(c) वृक्षाः परोपकाराय फलति।
(d) वृक्षाः परोपकाराय फलतः।

12. राम श्याम पर क्रोध करता है।
(a) रामः श्यामाय क्रुध्यति।
(b) रामः श्यामाय क्रुध्यतः।
(c) रामः श्यामाय क्रोधयामि।
(d) रामः श्यामाय क्रोधयाम।

13. ज्ञान के बिना मुक्ति नहीं होती।
(a) ऋते ज्ञानान्न मुक्तिः।
(b) ऋते ज्ञानान्न मुक्तः।
(c) ऋते ज्ञानान्न मुक्तिानि।
(d) ऋते ज्ञानान्न मुक्ताय।

14. कुएँ का पानी ठण्डा होता है।
(a) कूपस्य जलं शीतलं भवन्ति।
(b) कूपस्य जलं शीतलं भवति।
(c) कूपस्य जलं शीतलं भवाम्।
(d) कूपस्य जलं शीतलं भवामि।

15. वह अध्ययन के लिए छात्रावास में निवास करता है।
(a) सः अध्ययनस्य हेतोः छात्रावासे निवास।
(b) सः अध्ययनस्य हेतोः छात्रावासे निवाामि।
(c) सः अध्ययनस्य हेतोः छात्रावासे निवसति।
(d) सः अध्ययनस्य हेतोः छात्रावासे निवसन्ति।

16. विद्यालय के दोनों ओर सुन्दर उद्यान हैं।
(a) विद्यालयं उभयतः रमणीयानि उद्यानानि सन्तः।
(b) विद्यालयं उभयतः रमणीयानि उद्यानानि सन्ति।
(c) विद्यालयं उभयतः रमणीयानि उद्यानानि अस्तिः।
(d) विद्यालयं उभयतः रमणीयानि उद्यानानि सन्ति।

17. राजाओं में राम श्रेष्ठ हैं।
(a) नृपेषु रामः श्रेष्ठः। (b) नृपेषु रामः श्रेष्ठम्।
(c) नृपेषु रामः श्रेष्ठाय। (d) नृपेषु रामः श्रेष्ठ।

18. छात्र अध्यापक से प्रश्न पूछता है।
(a) छात्रः अध्यापकं प्रश्नं पृच्छति।
(b) छात्रः अध्यापकं प्रश्नं पृच्छामि।
(c) छात्रः अध्यापकं प्रश्नं पृच्छन्ति।
(d) छात्रः अध्यापकं प्रश्नं पृच्छावः।

19. भगवान् को नमस्कार।
(a) भगवते नमः।
(b) भगवन्ताय नमः।
(c) भगवन्त नमः।
(d) भगवता नमः।

20. नदी कोस भर टेढ़ी है।
(a) क्रोशाय कुटिला नदी।
(b) क्रोशम् कुटिला नदी।
(c) क्रोशं कुटिला नद्यः।
(d) क्रोशं कुटिला नदी।

21. राधा चोरों से डरती है।
(a) राधा चौरात् विभति।
(b) राधा चौरात् विभातः।
(c) राधा चौरात् विभेति।
(d) राधा चौरात् विभामि।

22. मनुष्यों में परोपकारी ही प्रशंसनीय है।
(a) मानवेषु परोपकारी एव प्रशंसनीयः।
(b) मानवाय परोपकारः एव प्रशंसनीयः।
(c) मानवेषु परोपकाराय एव प्रशंसनीयः।
(d) मानवेषाः परोपकाराय एव प्रशंसनीयः।

23. ज्ञान के बिना मुक्ति नहीं होती।
(a) ज्ञानेन बिना मुक्तिः न भवामि।
(b) ज्ञानेन बिना मुक्तिः न भवामः।
(c) ज्ञानेन बिना मुक्तिः न भवति।
(d) ज्ञानेन बिना मुक्तिः न भवन्ति।

24. ग्वाला गाय से दूध दुहता है।
(a) गोपालः गां दुग्धं दोग्धिः।
(b) गोपालः गां दुग्धं दोग्धि।
(c) गोपालः गां दुग्धं दोग्धिः।
(d) गोपालः गां दुग्धं दुग्धाय।

25. देवदत्त चावलों से भात पकाता है।
(a) देवदत्तः तन्डुलान् ओदनं पचति।
(b) देवदत्तः तन्डुलान् ओदनं पचामि।
(c) देवदत्तः तन्डुलान् ओदनं पचाव।
(d) देवदत्तः तन्डुलान् ओदनं पचामः।

26. मन्दिर के चारों ओर वाटिका है।
(a) मन्दिरं परितः वाटिका सन्ति।
(b) मन्दिरं उभयतः वाटिका अस्ति।
(c) मन्दिरं परितः वाटिका अस्ति।
(d) मन्दिरं परितः वाटिकाम् सन्ति।

27. वह मित्रों के साथ विद्यालय जाता है।
(a) सः मित्रेण सह विद्यालयं गच्छति।
(b) सः मित्रेण सह विद्यालयं गच्छामि।
(c) सः मित्रेण सह विद्यालयं गच्छावः।
(d) सः मित्रेण सह विद्यालयं गच्छामः।

28. दुर्योधन पाण्डवों पर क्रोध करता है।
(a) दुर्योधनः पाण्डवेभ्यः क्रुध्यति।
(b) दुर्योधनः पाण्डवेभ्यः क्रुधः।
(c) दुर्योधनः पाण्डवेभ्यः क्रुध्यति।
(d) दुर्योधनः पाण्डवेभ्यः क्रोध्याम्।

29. भीष्म वीरों में श्रेष्ठ थे।
(a) भीष्मः वीरेषु श्रेष्ठः आसीत्।
(b) भीष्मः वीरेषु श्रेष्ठः असित्।
(c) भीष्मः वीरेषु श्रेष्ठः आसित्।
(d) भीष्मः वीरेषु श्रेष्ठः आसीम्।

30. वह निर्धनों को धन देता है।
(a) सः निर्धनेभ्यः धनं ददति।
(b) सः निर्धनेभ्यः धनं ददाति।
(c) सः निर्धनेभ्यः धनं ददामि।
(d) सः निर्धनेभ्यः धनं ददामः।

31. विद्यालय के चारों ओर विशाल वृक्ष हैं।
(a) विद्यालयं परितः विशालवृक्षाः अस्ति।
(b) विद्यालयं परितः विशालवृक्षाः सन्त।
(c) विद्यालयं परितः विशालवृक्षाः सन्ति।
(d) विद्यालयं परितः विशालवृक्षाः सन्ती।

32. सिद्धार्थ कलम से लिखता है।
(a) सिद्धार्थः लेखन्या लिखतः।
(b) सिद्धार्थः लेखन्या लिखन्ति।
(c) सिद्धार्थः लेखन्या लिखामि।
(d) सिद्धार्थः लेखन्या लिखति।

33. गंगा हिमालय से निकलती हैं।
(a) गंगा हिमालयात् निर्गच्छति।
(b) गंगा हिमालयात् निर्गगच्छामि
(c) गंगा हिमालयात् निर्गगच्छाव।
(d) गंगा हिमालयात् निर्गच्छन्तः।

34. गाँव के दोनों ओर वृक्ष हैं।
(a) ग्रामम् परिताः वृक्षाः सन्ति।
(b) ग्रामम् उभयतः वृक्षाः सन्ति।
(c) ग्रामम् उभयतः वृक्षाः अस्ति।
(d) ग्रामाय उभयतः वृक्षाः सन्ति।

35. राम ने रावण को बाण से मारा।
(a) रामः, रावणं बाणेन् अहनत्।
(b) रामः, रावणं बाणाय अहनत्।
(c) रामः, रावणं बाणेन अहनत्।
(d) रामः, रावणं बाणेभ्यः अहनत्।

36. मोहन पैर से लंगड़ा है।
(a) मोहनः पादम् खञ्जः।
(b) मोहनः पादेभ्य खञ्जः।
(c) मोहनः पादाय खञ्जः।
(d) मोहनः पादेन खञ्जः।

37. देवदत्त को लड्डू अच्छे लगते हैं।
(a) देवदत्ताय मोदकं रोचते।
(b) देवदत्ताय मोदकं रुच्यते।
(c) देवदत्ताय मोदकं रोचेत।
(d) देवदत्ताय मोदकं रोचति।

38. घर के दोनों ओर बगीचा है।
(a) गृहम् परित उद्यानम् अस्ति।
(b) गृहम् उभयतः उद्यानम् अस्ति।
(c) गृहम् उभयतः उद्यामः अस्ति।
(d) गृहम् उभयतः उद्यानम् सन्ति।

39. बगीचे में सुन्दर पुष्प हैं।
(a) उद्यानेषु सुन्दरं पुष्पानि अस्ति।
(b) उद्यानेषु सुन्दरं पुष्पाय अस्ति।
(c) उद्यानेषु सुन्दरं पुष्पम् अस्ति।
(d) उद्यानेषु सुन्दरं पुष्पम् सन्ति।

40. गणेशजी को लड्डू अच्छा लगता है।
(a) गणेशाय मोदकाय रोचते।
(b) गणेशाय मोदकं रोचते।
(c) गणेशः मोदकं रोचते।
(d) गणेश मोदकं रोचते।

41. शिष्य गुरु से प्रश्न पूछता है।
(a) शिष्यः गुरुं प्रश्नं पृच्छामि।
(b) शिष्यः गुरुं प्रश्नं पृच्छति।
(c) शिष्यः गुरुं प्रश्नं पृच्छावः।
(d) शिष्यः गुरुं प्रश्नं पृच्छायः।

42. वह जल से हाथ धोता है।
(a) सः जलेन हस्तं प्रक्षालयति।
(b) सः जलम् हस्तं प्रक्षालयति।
(c) सः जलाय हस्तं प्रक्षालयति।
(d) सः जलेनम हस्तं प्रक्षालयति।

43. पिता पुत्र पर क्रोध करता है।
(a) पित्रा पुत्रेव क्रुध्यति।
(b) पित्रा पुत्रवे क्रुध्यति।
(c) पित्रा पुत्राय क्रुध्यति।
(d) पित्रा पुत्रम् क्रुध्यति।

44. ग्वाला गाय से दूध दुहता है।
(a) गोपालः गौः दुग्धं दोग्धि।
(b) गोपालः गांः दुग्धं दोग्धि।
(c) गोपालः गावः दुग्धं दोग्धि।
(d) गोपालः गाम दुग्धं दोग्धि।

45. गाँव के दोनों ओर जलाशय है।
(a) ग्रामाय उभयतः जलाशयः अस्ति।
(b) ग्रामेण उभयतः जलाशयः अस्ति।
(c) ग्रामाभ्याम् उभयतः जलाशयः अस्ति।
(d) ग्रामं उभयतः जलाशयः अस्ति।

46. गंगा और यमुना के बीच में प्रयाग है।
(a) गंगा, यमुना च मध्ये प्रयागः अस्ति।
(b) गंगा, यमुना च मध्ये प्रयागाः अस्ति।
(c) गंगा, यमुना च मध्ये प्रयागम्ः अस्ति।
(d) गंगा, यमुना च मध्ये प्रयागः अस्ति।

47. महेश एक आँख से काना है।
(a) महेशः एकं अक्ष्णा काणा अस्ति।
(b) महेशः एकं अक्ष्णा काणः अस्ति।
(c) महेशः एकं अक्ष्णा काणम् अस्ति।
(d) महेशः एकं अक्ष्णा कणेः अस्ति।

48. कवियों में कालिदास श्रेष्ठ हैं।
(a) कवयः कालिदासः श्रेष्ठः।
(b) कविषु कालिदासः श्रेष्ठः।
(c) कवि कालिदासः श्रेष्ठः।
(d) कविनाम् कालिदासः श्रेष्ठः।

49. नदी एक कोस टेढ़ी-मेढ़ी है।
(a) एकं क्रोशं कुटिला नदी।
(b) एकं क्रोशं कुटिलः नदी।
(c) एकं क्रोशं कुटिलाः नदी।
(d) एकं क्रोशं कुटिलाय नदी।

50. राजा सिंहासन पर बैठता है।
(a) नृपाय सिंहासने तिष्ठति।
(b) नृपः सिंहासने तिष्ठति।
(c) नृपाम्ः सिंहासने तिष्ठति।
(d) नृपाय सिंहासने तिष्ठति।

51. हमारे महाविद्यालय के दोनों ओर उद्यान हैं।
(a) अस्माकं महाविद्यालयं उभयतः उद्यानम् अस्ति।
(b) अस्माकं महाविद्यालयं परितः उद्यानम् अस्ति।
(c) अस्माकं महाविद्यालयं परिताः उद्यानम् अस्ति।
(d) अस्माकं महाविद्यालयं उभयताः उद्यानम् अस्ति।

52. छात्रों में राम कुशल है।
(a) छात्रेषु रामम् कुशलः।
(b) छात्रेषु रामायः कुशलः।
(c) छात्रेषु रामः कुशलः।
(d) छात्रेषु रामेण कुशलः।

53. मुक्ति के लिए भक्त हरि को भजता है।
(a) मुक्तये भक्तः हरिं भजतः।
(b) मुक्तये भक्तः हरिं भजति।
(c) मुक्तये भक्तः हरिं भजन्ते।
(d) मुक्तये भक्तः हरिं भजामि।

54. मैं लिखता हूँ।
(a) अहं लिखतः।
(b) अहं लिखाय।
(c) अहं लिखाव।
(d) अहं लिखामि।

55. सुरेश आँख से काना है।
(a) सुरेशः नेत्रे काणः अस्ति।
(b) सुरेशः अक्ष्णा काणः अस्ति।
(c) सुरेशः नेत्रायः काणः अस्ति।
(d) सुरेशः नेत्राः काणः अस्ति।

56. रमेश दौड़ता है।
(a) रमेशः धावति।
(b) रमेशः धावतः।
(c) रमेशः धावन्ति।
(d) रमेशः धावसः।

57. हम दोनों कहाँ जाते हैं?
(a) आवां कुत्र गच्छावः?
(b) आवां कुत्र गच्छतिः?
(c) आवां कुत्र गच्छामि?
(d) आवां कुत्र गच्छाव?

58. गाँव के समीप विद्यालय है।
(a) ग्रामं निकषा विद्यालय् अस्ति।
(b) ग्रामं निकषा विद्यालयः अस्ति।
(c) ग्रामं निकषा विद्यालयता अस्ति।
(d) ग्रामं निकषा विद्यालयं अस्ति।

59. हिमालय से नदी निकलती है।
(a) हिमालयात् नदी प्रभवतः।
(b) हिमालयात् नदीम् प्रभवति।
(c) हिमालयात् नदी प्रभवति।
(d) हिमालयात् नदी प्रभवन्ति।

60. गुरु शिष्य पर क्रोध करता है।
(a) गुरुः शिष्याय क्रुध्यति।
(b) गुरुः शिष्यः क्रुध्यति।
(c) गुरुः शिष्यम् क्रुध्यति।
(d) गुरुः शिष्य्व क्रुध्यति।

61. हमारे विद्यालय के दोनों ओर नदी है।
(a) अस्माकं विद्यालयात्त उभयतः नदी अस्ति।
(b) अस्माकं विद्यालयम् उभयतः नदी अस्ति।
(c) अस्माकं विद्यालयं उभयतः नदी अस्ति।
(d) अस्माकं विद्यालय परितः नदी अस्ति।

62. सीता राम के साथ वन में जाती है।
(a) सीता रामाय सह वनं गच्छति।
(b) सीता रामेण सह वनं गच्छति।
(c) सीता रामः सह वनं गच्छति।
(d) सीता रामम् सह वनं गच्छति।

63. हिमालय से गंगा निकलती है।
(a) हिमालयात् गंगा निर्गच्छति।
(b) हिमालयात् गंगा प्रभवति।
(c) हिमालयात् गंगा प्रभवताम्।
(d) हिमालयात् गंगा प्रभवतिम्।

64. नदी के दोनों ओर आम के पेड़ हैं।
(a) नदीम् उभयतः आम्रवृक्षाः सन्ति।
(b) नद्यः उभयतः आम्रवृक्षाः सन्ति।
(c) नद्याम उभयतः आम्रवृक्षाः सन्ति।
(d) नदीः उभयतः आम्रवृक्षाः सन्ति।

65. अध्यापक छात्र से प्रश्न पूछता है।
(a) अध्यापकः छात्रं प्रश्नं पृच्छ।
(b) अध्यापकः छात्रं प्रश्नं पृच्छताम्।
(c) अध्यापकः छात्रं प्रश्नं पृच्छति।
(d) अध्यापकः छात्रं प्रश्नं पृच्छानि।

66. रमेश मामा के साथ बाजार गया।
(a) रमेशः मातुलेन सह आपणम् अगच्छत्।
(b) रमेशः मातुलः सह आपणम् अगच्छत्।
(c) रमेशः माताः सह आपणम् अगच्छत्।
(d) रमेशः मातूलेन सह आपणम् अगच्छत्।

67. देवदत्त स्वभाव से मधुर है।
(a) देवदत्तः स्वभावेन मधुराणि अस्ति।
(b) देवदत्तः स्वभावेन मधूरः अस्ति।
(c) देवदत्तः स्वभावेन मधुरः अस्ति।
(d) देवदत्तः स्वभावेन मधुर अस्ति।

68. पर्वत के दोनों ओर नदियाँ हैं।
(a) पर्वतम् उभयतः नद्याः सन्ति।
(b) पर्वतम् उभयतः नद्याम् सन्ति।
(c) पर्वतम् उभयतः नद्यायः सन्ति।
(d) पर्वतम् उभयतः नदीयः सन्ति।

69. गायों में काली गाय बहुत दूध देनेवाली होती है।
(a) गवेषु कृष्णाः धेनुः बहुक्षीराः भवन्ति।
(b) गवेषु कृष्णाः धेनुः बहुक्षीराः भवतः।
(c) गवेषु कृष्णाः धेनुः बहुक्षीराः भवसः।
(d) गवेषु कृष्णाः धेनुः बहुक्षीराः भवसि।

70. पिता पुत्र के साथ विद्यालय जाता है।
(a) पिता पुत्रः सह विद्यालयं गच्छति।
(b) पिता पुत्रेण सह विद्यालयं गच्छति।
(c) पिता पुत्राय सह विद्यालयं गच्छति।
(d) पिता पुत्रे सह विद्यालयं गच्छति।

71. ग्राम के चारों ओर वन हैं।
(a) ग्रामं परितः वनः अस्ति।
(b) ग्रामं परितः वनम् अस्ति।
(c) ग्रामं परितः वनाय अस्ति।
(d) ग्रामं परितः वनाम् अस्ति।

72. भगवान् वैकुण्ठ में रहते हैं।
(a) भगवान् वैकुण्ठं अधिशेते।
(b) भगवान् वैकुण्ठः अधिशेते।
(c) भगवान् वैकुण्ठम् अधिशेते।
(d) भगवान् वैकुण्ठाय अधिशेते।

73. ग्राम के दोनों ओर नदी है।
(a) ग्रामं उभयताम् नदी अस्ति।
(b) ग्रामं उभयत् नदी अस्ति।
(c) ग्रामं उभयतः नदी अस्ति।
(d) ग्रामं उभयत नदी अस्ति।

74. यात्री छात्र से रास्ता पूछता है।
(a) पथिकः छात्रं पथं पृच्छति।
(b) पथिकः छात्राय पथं पृच्छति।
(c) पथिकः छात्रेण पथं पृच्छति।
(d) पथिकः छात्राम पथं पृच्छति।

75. कृष्ण के चारों ओर ग्वाल-बाल हैं।
(a) कृष्णं उभयतः ग्वाल-बालाः सन्ति।
(b) कृष्णं परितः ग्वाल-बालाः सन्ति।
(c) कृष्णं परिताम् ग्वाल-बालाः सन्ति।
(d) कृष्णं परित् ग्वाल-बालाः सन्ति।

76. नगर के चारों ओर जंगल है।
(a) नगरं परितः वनः अस्ति।
(b) नगरः परितः वनः अस्ति।
(c) नगराम परितः वनः अस्ति।
(d) नगराणि परितः वनः अस्ति।

77. छात्र अध्यापक के साथ आते हैं।
(a) छात्राः शिक्षकः सह आगच्छन्ति।
(b) छात्राः शिक्षकानि सह आगच्छन्ति।
(c) छात्राः शिक्षकेन सह आगच्छन्ति।
(d) छात्राः शिक्षक सह आगच्छन्ति।

78. कारुणिकजन याचकों को धन देते हैं।
(a) कारुणिकजनाः याचकः धनं ददन्ति।
(b) कारुणिकजनाः याचकाय धनं ददन्ति।
(c) कारुणिकजनाः याचकानि धनं ददन्ति।
(d) कारुणिकजनाः याचकाय धनं ददन्ति।

79. छात्र गुरु से प्रश्नोत्तर पूछता है।
(a) छात्र गुरुं प्रश्नोत्तरं पृच्छति।
(b) छात्र गुरुं प्रश्नोत्तरं पृच्छतः।
(c) छात्र गुरुं प्रश्नोत्तरं पृच्छन्ति।
(d) छात्र गुरुं प्रश्नोत्तरं पृच्छानि।

80. वह भिक्षकों को भोजन देता है।
(a) सः भिक्षुकाय भोजनं ददति।
(b) सः भिक्षुकाय भोजनं ददाति।
(c) सः भिक्षुकाय भोजनं ददत।
(d) सः भिक्षुकाय भोजनं ददामि।

81. वह शिर से खल्वाट है।
(a) सः शिरः खल्वाटः अस्ति।
(b) सः शिरसः खल्वाटः अस्ति।
(c) सः शिरसा खल्वाटः अस्ति।
(d) सः शिरसाः खल्वाटः अस्ति।

82. राणाप्रताप को घोड़ा इतिहास में प्रसिद्ध है।
(a) राणाप्रतापस्य अश्वाम् इतिहासे प्रसिद्धः।
(b) राणाप्रतापस्य अश्वाः इतिहासे प्रसिद्धः।
(c) राणाप्रतापस्य अश्व इतिहासे प्रसिद्धः।
(d) राणाप्रतापस्य अश्वः इतिहासे प्रसिद्धः।

83. विद्यालय के चारों तरफ वृक्ष हैं।
(a) विद्यालयं उभयतः वृक्षाः सन्ति।
(b) विद्यालयं परिताः वृक्षाः सन्ति।
(c) विद्यालयं परित वृक्षाः सन्ति।
(d) विद्यालयं परितः वृक्षाः सन्ति।

84. हमारे देश में अनेक नदियाँ बहती हैं।
(a) अस्माकं देशे अनेकः नद्यः प्रवहन्ति।
(b) अस्माकं देशे अनेक नद्यः प्रवहन्ति।
(c) अस्माकं देशे अनेकानि नद्यः प्रवहन्ति।
(d) अस्माकं देशे अनेकान नद्यः प्रवहन्ति।

85. गाँव के चारों ओर जंगल हैं।
(a) ग्राम उभयतः वनम् अस्ति।
(b) ग्रामं परितः वनम् अस्ति।
(c) ग्रामं परिताय् वनम् अस्ति।
(d) ग्रामं परित वनम् अस्ति।

86. जंगल के मध्य एक सरोवर है।
(a) वनः मध्ये एकः सरोवरः अस्ति।
(b) वनम् मध्ये एकः सरोवरः अस्ति।
(c) वनस्य मध्ये एकः सरोवरः अस्ति।
(d) वनाय मध्ये एकः सरोवरः अस्ति।

उत्तरमाला

1.	(c)	2.	(a)	3.	(d)	4.	(a)	5.	(b)	6.	(b)	7.	(d)	8.	(b)	9.	(a)	10.	(a)
11.	(a)	12.	(a)	13.	(a)	14.	(b)	15.	(c)	16.	(b)	17.	(a)	18.	(a)	19.	(a)	20.	(d)
21.	(c)	22.	(a)	23.	(c)	24.	(b)	25.	(a)	26.	(b)	27.	(a)	28.	(c)	29.	(a)	30.	(b)
31.	(c)	32.	(d)	33.	(a)	34.	(b)	35.	(c)	36.	(d)	37.	(a)	38.	(b)	39.	(c)	40.	(b)
41.	(b)	42.	(a)	43.	(b)	44.	(b)	45.	(d)	46.	(a)	47.	(b)	48.	(b)	49.	(a)	50.	(b)
51.	(a)	52.	(c)	53.	(b)	54.	(d)	55.	(b)	56.	(a)	57.	(a)	58.	(d)	59.	(b)	60.	(a)
61.	(c)	62.	(b)	63.	(b)	64.	(a)	65.	(c)	66.	(a)	67.	(c)	68.	(b)	69.	(a)	70.	(b)
71.	(b)	72.	(a)	73.	(c)	74.	(a)	75.	(b)	76.	(a)	77.	(c)	78.	(d)	79.	(a)	80.	(b)
81.	(c)	82.	(b)	83.	(d)	84.	(c)	85.	(b)	86.	(c)								

अध्याय 13

अनुच्छेद लेखन एवं कथा निर्माण

अनुच्छेदलेखनम्

अनुच्छेद-लेखने ध्यानयोग्याः बिन्दवः

अनुच्छेद-लेखने समये अधोलिखित बिन्दुनां ध्यातव्यम्

- अनुच्छेदे एकः एव भावः विचारो वा प्रस्तोतव्याः।
- अनुच्छेदलेखने भूमिका उपसंहारो वा न भवति। विषयं सद्यः एव आरम्भः क्रियते।
- अनुच्छेदस्य वाक्यानि परस्परं सम्बन्धानि भवेयुः। रोचकता अनुच्छेदस्य विशिष्टा गुणा भवितव्या।
- अस्य भाषा सरला सुबोधा प्रभावपूर्णा च भवितव्या।
- अनुच्छेदे प्रस्तुत विषयस्य केंद्रीयभावाः प्रारम्भे अन्ते वा अवश्यं दातव्याः।
- अनुच्छेदः अतिविस्तृतः अतिलघुः वा न स्यात्। प्रायः पञ्चवाक्यानि प्राप्तानि भवन्ति।

अनुच्छेद-लेखन में ध्यान रखने योग्य बिन्दु

अनुच्छेद-लेखन करते समय निम्नलिखित बिन्दुओं का ध्यान रखना चाहिए

- अनुच्छेद में एक ही भाव या विचार प्रस्तुत करना चाहिए।
- अनुच्छेद-लेखन में भूमिका या उपसंहार नहीं होता है। विषय को तुरन्त आरम्भ किया जाता है।
- अनुच्छेद के वाक्य परस्पर सम्बन्धित होने चाहिए। रोचकता का गुण अनुच्छेद की विशेषता है।
- इसकी भाषा सरल, सुबोध और प्रभावमयी होनी चाहिए।
- अनुच्छेद में प्रस्तुत विषय का केन्द्रीय भाव प्रारम्भ में अथवा अन्त में अवश्य देना चाहिए।
- अनुच्छेद बहुत बड़ा अथवा बहुत छोटा नहीं होना चाहिए। प्रायः पाँच वाक्य अवश्य होने चाहिए

साधित उदाहरणम्

उद्योगः

स्वस्थ राष्ट्रस्य वा समुन्नतऽर्थां यत् कार्यम् क्रियते स एव उद्योग शब्देन कथ्यते। उत् उपनियोग सम्बन्धा इति 'उद्योगः'। अस्मिन् संसारे सर्वे मानवा सुखम् न कश्चित् जनाः दुःखम् इच्छति। परन्तु तदनुकूलं कार्यं न कुर्वन्ति। पुण्येन् कार्येन् सुखं भवति। पापेन दुःखं भवति। पुण्यकार्य करणे कष्टं भवति पापं च सुखम् भवति फलं च विपरीतं जायते। अतः एव कथितं पुण्यस्य फलं इच्छन्ति पुण्यं नेच्छन्ति मानवा। उद्योगः इव मानवजीवनस्य आधार-शिला वर्तते। ये पुरुषः उद्योगहीनः भवन्ति ते सुखं न प्राप्नुवन्ति। उद्योगेन एव सर्वाणि कार्याणि सिद्धयन्ति। उद्योगेन निर्धनः धनिनः भवितुंऽर्हन्ति। विद्याहीनः विद्याऽपि प्राप्तुऽर्हनित निर्बला सबला भवितुऽर्हन्ति। सामान्य जनाऽपि उद्योगेन महापुरुषा अभवन्। उद्योगेव सफलताया कुञ्जिका वर्तते।

कालिदासः

महाकवि कालिदासः संस्कृत साहित्यस्य सर्वश्रेष्ठ कविः अस्ति। सः नाटककारः, महाकाव्य निर्माता गीतिकाव्यस्य कर्ता च आसीत्। तेषु प्रमुख ग्रन्थेषु 'मालविकाग्निमित्रम्', 'विक्रमोर्वशीयम्', अभिज्ञानशाकुन्तलम्। नाटकरूपेण् कुमारसम्भवम्, रघुवंशम् महाकाव्यरूपेण-ऋतुसंहार, मेघदूतम् गीतिकाव्यरूपेण प्रसिद्धमस्ति। वैदर्भी रीति प्रयोगे तस्य प्रतिभा सर्वतोमुखी आसीत्। तस्य कृतिषु प्रसाद माधुर्य गुणानाञ्च अपूर्व सम्मिश्रणम् अस्ति। तेषु कृत्रिमता, क्लिष्टताया च अभावो दृश्यते। महाकवि कालिदासस्य काव्येषु रसानां परिपाकः अपि उत्तमरूपेण अस्ति। काव्येषु शब्दलाघन तस्य कलात्मक रुचेः परिचालकः अस्ति। सः चरित्र-चित्रणे अपि असाधारण पटुः आसीत्। महाकवि कालिदासस्य उपमा अलंकारः अतीव प्रसिद्धं वर्तते। उक्तमपि "उपमा कालिदासस्य"।

क्रिकेट क्रीडनम्

क्रिकेट क्रीड़ा एका प्रसिद्धा क्रीड़ा वर्तते। वर्तमान समये एषा भारतदेशे अपितु सम्पूर्ण विश्वे लोकप्रिय क्रीड़ा वर्तते। क्रिकेटं प्रति विश्व मानवस्य आकर्षणम् अतीव प्राचीन कालादेव प्रवृत्तं प्रतीयते। अस्याः क्रीडायाः प्रारम्भः सर्वप्रथम आंग्लदेशे अभवत्। वर्तमान समये एषा क्रीडा इंगलैण्ड देशस्य राष्ट्रीय क्रीड़ा वर्तते। एषा क्रीडा वस्तुतोः विश्वस्य प्राचीनासु क्रीडा स्वेकाऽवश्यमस्ति।

भारतदेशे सचिन तेन्दुलकर प्रसिद्धः कश्चन क्रिकेट् क्रीडापटुः जगत्प्रसिद्धः। सः जगति क्रिकेट क्षेत्रस्य केन्द्र बिन्दुः जातः। क्रिकेट क्षेत्रस्य सचिनेन विक्रमः क्रियते इति केनापि न ऊहितम् आसीत्।

विद्या

सद्गुणानां प्रकाशिका दुर्गुणानां विनाशिका विद्या कं न अलंकरोति? नूतनानां विचाराणां जनयित्री, परितापानां हर्त्री विद्या सर्वेषां कल्याणं करोति। सर्वविधस्य ज्ञानस्य आधारः विद्या एव अस्ति। विद्यालयेषु यावन्तः विषयाः पाठ्यन्ते जीवने वा यद् ज्ञानं लभ्यते तत् सर्व विद्या एव। विद्या एतादृशं शाश्वतिकं धनं अस्ति यत् त्रिकालेऽपि विनाशं न गच्छति। इदं न बन्धुभिः विभाज्यते, न चौरैः चोर्यते, न केनापि अन्येन अपहर्तुं शक्यते। विद्याः बहुविद्याः भवन्ति यथा साहित्यं, संगीतं, कला, विज्ञानम् इति। विद्यातु निरन्तरम् अभ्यासेन परिश्रमेण वा प्राप्तु शक्यते। यया विद्यया सर्वेषां कल्याणं भवति सा एव विद्या किन्तु यया अन्येषाम् अहितं भवेत् सा न विद्या, अपितु अविद्या एव। साम्प्रतं सर्वत्र शस्त्राणां स्पर्द्धाः वर्द्धते, यया मानवजीवनं संकटापन्नं विनाशोन्मुखं च भवति। अतः ज्ञानस्य उपयोगः मानवकल्याणाय एवं भवेत्, एतदर्थ गम्भीरतया विवेचनीयम्।

सदाचारः

सत्पुरुषाणाम् आचारः सदाचारः भवति। सदाचारः एव मानवस्य विभूषणम्। सदाचारेण मनुष्यः समाजे प्रतिष्ठाम् अर्जयति जीवने च उन्नतिं करोति। सदाचारी जनः मनसा यत् विचारयति वाचा तद् वदति तदेव आचरति च। अतः सः सर्वेषां विश्वसनीयः अनुकरणीयश्च भवति। श्रेष्ठाः मानवीयाः गुणाः अहिंसाः, दया, दाक्षिण्यं, साहसं, धैर्यम् विनयश्च सदाचारस्यैव फलानि सन्ति। सदाचारस्य महत्त्वं सर्वेषु धर्मेषु समानरूपेण स्वीकृतम् अस्ति। सदाचारस्य शिक्षा न केवलं विद्यालयेषु अपितु गृहे समाजे च निरन्तरं प्रचलति। शिशुः यथा अन्यान् आचरतः पश्यति, तथैव सः अपि आचरति।

कथालेखनम्

कथा लेखने ध्यानयोग्याः बिन्दवः

कथालेखन समये अधोलिखिततानां बिन्दुनां ध्यातव्यम्

- कथायाः एकः शीर्षकः अनिवार्यः रूपेण भवेत्।
- कथाशीर्षकानुरूपं भवेत।
- कथायां रोचकता अनिवार्या भवेत्।
- कथायाः भाषा सरसा, सरला; सुबोधा प्रभावपूर्णा च भवितव्या।
- कथायाः वाक्यानि परस्परं सम्बन्धानि भवेयुः।
- कथा अपूर्णा न भवेत् सम्पूर्णा भवेत्।
- कथायांक्रम बद्धता अनिवार्या अस्ति।
- कथायाः भाषा पात्रानुकूला भवेत्।
- कथायां देश कालाय परिस्थितिनां वर्णनं भवेत्।

कथा लेखन में ध्यान रखने योग्य बिन्दु

कथा लिखते समय निम्नलिखित बिन्दुओं का ध्यान राखना चाहिए

- कथा का एक शीर्षक अनिवार्य रूप से होना चाहिए।
- कथा शीर्षक के अनुरूप होनी चाहिए।
- कथा में रोचकता अनिवार्य होनी चाहिए।
- कथा की भाषा सरस, सरल, सुबोध एवं प्रभावशाली होनी चाहिए।
- कथा के वाक्य एक दूसरे से सम्बन्धित होने चाहिए।
- कथा अपूर्ण नहीं होनी चाहिए सम्पूर्ण होनी चाहिए।
- कथा में क्रमबद्धता अनिवार्य है।
- कथा की भाषा पात्रानुकूल होनी चाहिए।
- कथा में देशकाल परिस्थिति आदि का वर्णन होना चाहिए।

साधित उदाहरणम्

चतुरः शृगालः संस्कृत कथा

एकः वनम् अस्ति। तत्र एकः सिंहः निवसति। सः अतीव क्रूरः। सः प्रतिदिनम् एकः मृगं खादति। एकदा तत्र एकः शृगालः आगच्छति। सः अतीव चतुरः। सः सिंह पश्यति भीतः च भवति। सिंहः शृगालस्य समीपम् आगच्छति। तं खादितुं तत्परः भवति। तदा शृगालः रोदनं करोति।

सिंहः शृगालः पृच्छति।

भवान् किमर्थ रोदनं करोति।

शृगालः वदति।

श्रीमान् वने एकः अन्यः सिंह अस्ति। सः मम् पुत्रान् खादितवान्। अतः अहं रोदनं करोमि।

सिंहः पृच्छति—

सः अन्यः सिंहः कुत्र अस्ति?

शृगालः वदति।

समीपे एकः कूपः अस्ति। सः तत्र निवासं करोति।

सिंहः वदति।

अहं तत्र गत्वा पश्यामि। तं सिंहं मारयामि।

शृगालः वदति—

श्रीमान् आगच्छतु। अहं तं दर्शयामि।

शृगालः सिंह कूपस्य समीपं नयति। कूप जलं दर्शयति सिंहः तत्र स्वप्रतिबिम्ब पश्यति। सः कोपेन गर्जनं करोति। कूपात् प्रति ध्वनिः भवति। तम् अन्य सिंहः इति सः चिन्तयति। कुपितः सिंहः कूपे कूर्दनं करोति। सः तत्र एवं मृदा भवति।
शृगालः स्वचातुर्येण आत्मरक्षणं करोति।

बुद्धिमान शिष्यः

कुशीनगरे एकः पण्डितः वसति। पण्डित समीपम् एक शिष्यः आगच्छति शिष्य वदति—आचार्य विद्याभ्यासार्थम् अहम् आगतः। पण्डितः शिष्य बुद्धि परीक्षार्थं पृच्छति। वत्स-देवः कुत्र अस्ति। शिष्यः वदति गुरो, देवः कुत्र नास्ति। कृपया भवान् एव समाधानं वदतु। सन्तुष्ट गुरुः वदति-देवाः सर्वत्र अस्ति। देवः सर्वव्यापी। त्वं बुद्धिमान् अतः विद्याभ्यासार्थम् अत्रैव वस।

तृषित: काक:

एक: काक: अस्ति। स: बहु तृषित:। स: जलार्थं भ्रमति। तदा ग्रीष्म काल:। कुत्रापि जलं नास्ति। काक: कष्टेन बहुदूरं गच्छति। तत्र स: एकं घटं पश्यति। काकस्य अतीव सन्तोष: भवति। किन्तु घटे स्वलपम् एव जलम् अस्ति। जलं कथं पिबामि। इति काक: चिन्तयति। स: एकम् उपायं करोति। शिलाखण्डान् आनयति। घटे पूरयति। जलम् उपरि आगच्छति। काक: सन्तोषेण जलं पिबति।

साधूनां जीवनम्

गङ्गातीरे एक: साधु: आसीत्। स: बहु उपकारं करोति स्म। य: अपकारं करोति तस्यापि उपकारं करोति स्म। एकस्मिन् दिने स: गंगा नद्यां स्नानं कर्तुं नदी गतवान्। नदी प्रवाहे एक: वृश्चिक: आगत: साधु: वृश्चिकं दृष्टवान्। तं हस्तेन गृहीतवान्। तीरे स्थापयितुं प्रयत्नं कृतवान्। किन्तु स: साधो: हस्तम् अदशत्। साधु: तं त्यक्तवान्। वृश्चिक: जले अपतत्। पुन: साधु: वृश्चिकं ग्रहीत्वा तीरे स्थापयितुं प्रयत्नं कृतवान्। पुन: वृश्चिक: हस्तम् अदशत्। एवम् अनेक वारं साधु: वृश्चिकं गृहीतवान्। वृश्चिक-अपि अदशत्। नदीतीरे एक: पुरुष: आसीत्।

स: उक्तवान्—साधु महाराज! अयं वृश्चिक: दुष्ट:। स: पुन: दशति। भवान् किमर्थं वं हस्ते वृथा स्थापयति। वृश्चिकं त्यजतु।

साधु: उक्तवान्-वृश्चिक: क्षुद्र: जन्तु:। दंशनं तस्य स्वभाव:। स: स्वस्य स्वभावं न त्यजति। अहं तु मनुष्य:। अहं मम् परोपकार स्वभावं कथं त्यजामि। य: अपकारिणाम् अपि उपकारं करोति स: एवं साधु: भवति।

उपकारी चोर:

कस्मिश्चित् नगरे कश्चन चोर: आसीत्। स: चौर्ये अतीव निपुण: एकदा चत्वार: पण्डिता: तद् नगरम् आगतवन्त:। पण्डितानां सविधे अधिकं धनम् आसीत्। तद् धनम् अपहरणीयम् इति चोर: चिन्तितवान्। अत: स: तेषां स्नेहं सम्पादितवान्। किन्तु पण्डिता: सर्व धनं दत्त्वा बहुमूल्यानि रत्नानि क्रीतवन्त:। तानि रत्नानि कोषे स्थापयित्वा तत: ते प्रस्थितवन्त:।

तदा चोर: चिन्तितवान् अहम् अपि एतै: सह गच्छामि। मार्गे कुत्रापि एतेषां वधं कृत्वा रत्नानि अपहरिव्यामि इति। अत: स: तान् उक्तवान्—भो: पण्डिता:। अहं भवद्भि: विना जीवतुं न शक्नोमि। अत: भवद्भि: सह एव आगच्छामि। ''कृपया अनुमति यच्छन्तु'' इति। पण्डिता: एतत् अङ्गीकृतवन्त: अनन्तरं ते मार्ग मध्ये अरण्यम् आसीत्। तत्र किराता: वासं कुर्वन्ति। किरात वसतौ कश्चन काक: आसीत्। स: विचित्र शक्तिमान्। मार्गे ये गच्छन्ति तेषां सविधे धनम् अस्ति चेत् स: जानाति। किरातान् सूचयति च। इदानीं पण्डितान् दृष्टा: काक स्वभाषया। किरातान् उक्तवान्—''रे किराता:! धावन्तु, एतेषां पण्डितानां सविधे धनम् अस्ति। तद् भवन्त: वशी कुर्वन्तु'' इति।

तदा पण्डिता: रत्न रक्षणार्थम् एकम् उपायं चिन्तित वन्त:। ते रत्नानि गीर्णवन्त:। किराता: काकस्य वचनं श्रुत्वा पण्डितान् बद्धवन्त:। तेषां वस्त्राणि निष्कास्य सर्वत्र अन्विष्ट वन्त:। परन्तु धनं न लब्धम्। तदा किराता: उक्तवन्त: ''भो:! धनम् अस्ति एव। तत् यच्छन्तु। नो चेत् सर्वेषां वधं कृत्व चर्म विदार्य प्रत्यङ्गम् अन्वेषणं कुर्म:'' इति।

किरातानां वचनं श्रुत्वा चोर: चिन्तितवान्—''यदा एते पण्डितानां वधं कृत्वा शरीरे अन्वेषणं कुर्वन्ति तदा रत्नानि लभ्यन्ते। तदा मम् शरीरे अपि रत्नं स्यात् इति ममापि वधं कुर्वन्ति एव। अत: अहं प्रथमं मम् वधं कर्तुं वदामि। मम् शरीरे तु रत्नं नास्ति। तद् ज्ञात्वा किराता: पण्डितान् मुञ्चन्ति मम् प्राणार्पणेन पण्डितानां रक्षणं भवतु'' इति।

अनन्तरं स: उक्तवान्—''भो: किराता:! अस्माकं सविधे धनं किमपि नास्ति। तथापि संशय: अस्ति चेत् मम् वधं कृत्वा पश्यन्तु'' इति। किराता: चोरस्य वधं कृतवन्त: शरीरे सर्वत्र अन्वेषणं कृतवन्त:। परन्तु कुत्रापि धनं न लब्धा तदा ते काकस्य वचनम् एव असत्यं स्यात् इति चिन्तयित्व क्षमायाचनं कृत्वा तान् पण्डितान् सगौरवं तत: प्रेषितवन्त:।

धूर्त शृगाल:

एकस्मिन् वनप्रदेशे एक: पुष्ट: हरिण: वसति स्म। कोऽपि शृगाल: तस्य मांसलं शरीरमवलोक्य तस्य सुस्वादु-मांस भक्षितुमिच्छति स्म। स: मृगस्य समीपं गत्वा मैत्रीप्रस्तावं न्यवेदयत। मृगेण प्रस्ताव: स्वीकृत:। शृंगालोऽचिन्तयत् एनं छलेन हत्वा विपुलं मांसं प्राप्य चिरं भोजनं करष्यिामि।

तावुभौ मृगस्य आवासस्थलं प्राप्तवन्तौ। तत्र काक: हरिणस्य मित्रं तिष्ठति। काक: अस्य सौहार्दस्य विरोधम् अकरोत्। एकदा धूर्त: शृगाल: वञ्चयित्वा मृगं शस्यपूर्णक्षेत्रमनयत्। तत्रासौ हिरण: कृषकेण पाशबद्ध: जम्बुकं मोचयितुं न्यवेदयत्। परञ्च शृगालेन उपवासव्याजेन मोचनमस्वीकृतम्। संध्याकाले तमन्विपन् काक: अपि तत्र अगच्छत्। काक: मृगेण सह परामृश्य उपायमेकमचिन्तयत्। काकस्य योजनानुसारेण हिरण: पाशमुक्त: सन् पलायित:। कृषक: तं ताडयितुं लगुडं प्रक्षिपत्। प्रक्षिप्तेन लगुडेन गुल्मे स्थित: । आहत: हतश्च।

समयस्य महत्त्वम्

कर्णपुरनाम्नि नगरे एक: श्रेष्ठी आसीत्। तस्य प्रभूतं धनम् आसीत्। तस्य बहव: उद्योगशाला: आसन्। तासु उद्योगशालासु अनेके कर्मचारिण: आसन्। श्रेष्ठी नियमपालने दृढ़ आसीत्। स कणं क्षणं वा व्यर्थं न करोति। स: सर्वान् काल-पालनम् अपेक्षते स्म। तस्य कर्मचारिषु आसीत् एक: काल-पालनं प्रति उदासीन:। स: सदैव विलम्बेन कार्यालयम् आयाति। किमपि मिथ्यानिमित्तं कथयति।

एकदा असौ कर्मचारी विलम्बेन कार्यालयम् आगच्छत्। श्रेष्ठी तम् आयान्तम् अपश्यत्। श्रेष्ठी तम् अपृच्छत्-कथं विलम्बेन आयाति? कर्मचारी प्रकोष्ठे बद्धं घटिकायन्त्रं पश्यति कथयति च अहो मे घटिकायन्त्रं विलम्बेन चलति। अनेन कारणेन एव मम कालनिपात:। श्रेष्ठी कथयति-त्वं नवीनं घटिकायन्त्रं क्रीणीष्व अहं वा नवीनं कर्मचारिणं नियोजयिष्यामि। कर्मचारी क्षमाम् अयाचत प्रत्यशृणोत् च यत् भविष्यते अहं कदापि विलम्बेन न आयास्यामि।

अभ्यास प्रश्न

1. अनुच्छेदे कति विचारा: भावाश्च भवन्ति?
(a) एक: (b) विविधा:
(c) असंख्या: (d) कोऽपि नास्ति

2. अनुच्छेदे न भवति?
(a) भूमिका (b) लाभांश
(c) गद्यांश (d) कोऽपि नास्ति

3. अनुच्छेदस्य विशिष्टं गुणं भवित?
(a) जिज्ञासा (b) रोचकता
(c) क्लिष्टता (d) कोऽपि नास्ति

4. अनुच्छेदस्य भाषा अस्ति
(a) सरल: व सुबोध: (b) प्राञ्जल
(c) दीर्घसमास बहुला (d) कोऽपि नास्ति

5. अनुच्छेदे प्रस्तुत विस्यस्य केंद्रीय भाव: कुत्र दातव्यम्?
(a) मध्ये (b) कुत्रापि न दातव्यम्
(c) आरम्भे अन्ते वा (d) कोऽपि नास्ति

6. अनुच्छेदे कति भाव: अथवा विचार: प्रस्तोतव्या:?
(a) एक: (b) द्दौ
(c) त्रय: (d) चत्वार:

7. अनुच्छेदे कति वाक्य प्राप्तानि भवन्ति?
(a) हौ (b) त्रय: (c) चत्वार: (d) पच्च:

8. कथाया: कति शीर्षका: भवेत्?
(a) एक: (b) द्दौ
(c) विविध: (d) कोऽपि नास्ति।

9. कथा कस्यानुरूपं भवेत्?
(a) कालस्य (b) शीर्षकस्य
(c) धर्मस्य (d) कोऽपि नास्ति

10. कथायाम् अनिवार्या का?
(a) रोचकता
(b) क्लिष्टता
(c) अनियमितता
(d) कोऽपि नास्ति

11. कथाया: भाषा भवेत्
(a) सुबोधा (b) दुर्बोधा
(c) कठिना (d) कोऽपि नास्ति

12. कथयाम् का भवेत्?
(a) दोष: (b) क्रमबद्धता
(c) क्लिलिष्टता (d) कोऽपि नास्ति

13. कथाया: भाषा कीदृशी भवेत्?
(a) पात्रानुकूल (b) निकृष्टा
(c) दुर्बोधा (d) कोऽपि नास्ति

14. कथा अपूर्णा भवेत् पूर्णा वा
(a) अपूर्णा (b) पूर्णा
(c) अपूर्णा, पूर्णा (d) कोऽपि नास्ति

15. कथायां वाक्यानि कीदृशानि भवेयु:?
(a) विस्तृता: (b) परस्परं सन्बन्धिता:
(c) निमूर्ला: (d) कोऽपि नास्ति

उत्तरमाला

1.	(a)	2.	(a)	3.	(b)	4.	(a)	5.	(c)	6.	(a)	7.	(d)	8.	(a)	9.	(b)	10.	(a)
11.	(a)	12.	(b)	13.	(a)	14.	(b)	15.	(b)										

अध्याय 14

संस्कृत गिनती

एक से सौ तक के संख्यावाचक शब्द

1. एकः, एका, एकम्
2. द्वौ,द्वे,द्वे
3. त्रयः, तिस्रः, त्रीणि,
4. चत्वारः, चतस्रः चत्वारि
5. पञ्च
6. षट्
7. सप्त
8. अष्ट
9. नव
10. दश
11. एकादश
12. द्वादश
13. त्रयोदश
14. चतुर्दश
15. पञ्चदश
16. षोडश
17. सप्तदश
18. अष्टादश
19. नवदश/एकोनविंशतिः
20. विंशतिः
21. एकविंशतिः
22. द्वाविंशतिः
23. त्रयोविंशतिः
24. चतुर्विंशतिः
25. पञ्चाविंशतिः
26. षड्विंशतिः
27. सप्तविंशतिः
28. अष्टाविंशतिः
29. नवविंशतिः/एकोनत्रिंशत्
30. त्रिंशत्
31. एकत्रिंशत्
32. द्वात्रिंशत्
33. त्रयस्त्रिंशत्
34. चतुस्त्रिंशत्
35. पञ्चत्रिंशत्
36. षट्त्रिंशत्
37. सप्तत्रिंशत्
38. अष्टत्रिंशत्
39. नवत्रिंशत्/एकोनचत्वारिंशत्
40. चत्वारिंशत्
41. एकचत्वारिंशत्
42. द्विचत्वारिंशत्/द्वाचत्वारिंशत्
43. त्रिचत्वारिंशत्/त्रयश्चत्वारिंशत्
44. चतुश्चत्वारिंशत्
45. पञ्चचत्वारिंशत्
46. षट्चत्वारिंशत्
47. सप्तचत्वारिंशत्
48. अष्टचत्वारिंशत्/अष्टाचत्वारिंशत्
49. नवचत्वारिंशत्/एकोनपञ्चाशत्
50. पञ्चाशत्
51. एकपञ्चाशत्
52. द्विपञ्चाशत्/द्वापञ्चाशत्
53. त्रिपञ्चाशत्/त्रयः पञ्चाशत्
54. चतुः पञ्चाशत्
55. पञ्चपञ्चाशत्
56. षट्पञ्चाशत्
57. सप्तपञ्चाशत्
58. अष्टपञ्चाशत् (अष्टापञ्चाशत्)
59. नवपञ्चाशत् (एकोनषष्टिः)
60. षष्टिः
61. एकषष्टिः
62. द्विषष्टिः
63. त्रिषष्टिः
64. चतुष्षष्टिः
65. पञ्चषष्टिः
66. षट्षष्टिः
67. सप्तषष्टिः
68. अष्टषष्टिः/अष्टाषष्टिः)
69. नवषष्टिः/एकोनसप्ततिः
70. सप्ततिः
71. एकसप्ततिः
72. द्विसप्ततिः/द्वासप्ततिः
73. त्रिसप्ततिः/त्रयःसप्ततिः
74. चतुःसप्ततिः
75. पञ्चसप्ततिः
76. षट्सप्ततिः
77. सप्तसप्ततिः
78. अष्टसप्ततिः/अष्टासप्ततिः
79. नववसप्ततिः/ऊनाशीतिः /एकोनाशीति
80. अशीतिः
81. एकाशीतिः
82. द्वयाशीतिः
83. त्र्यशीतिः
84. चतुरशीतिः
85. पञ्चाशीतिः
86. षडशीतिः
87. सप्ताशीतिः
88. अष्टाशीतिः
89. नवाशीतिः/ऊननवतिः एकोननवतिः
90. नवतिः
91. एकनवतिः
92. द्विनवतिः
93. त्रिनवतिः/त्रयोनवतिः
94. चतुर्नवतिः
95. पञ्चनवतिः
96. षण्णवतिः
97. सप्तनवतिः
98. अष्टनवतिः/अष्टानवतिः
99. नवनवतिः/एकोनशतम्
100. शतम्।

अभ्यास प्रश्न

1. '35' का संस्कृत संख्यावाची पद है
(a) त्रिपञ्चाशत् (b) पञ्चपञ्चाशत्
(c) पञ्चत्रिंशत् (d) त्रित्रिंशत्

2. .... (5) बालका: पठन्ति। रिक्त स्थान के लिए उपयुक्त पद होगा
(a) सप्त (b) पञ्च
(c) षट् (d) पञ्चदश

3. .... (1) बालिका क्रिड़ति। रिक्तस्थान के लिए उपयुक्त पद होगा
(a) एक: (b) एकम्
(c) एका (d) एकादश

4. 'षोडश' के पश्चात् संख्यावाची पद आएगा
(a) अष्टादश (b) त्रयोदश
(c) पञ्चादश (d) सप्तदश

5. 'त्रिंशत्' से पहले संख्यावाची पद आएगा
(a) नवत्रिंशत् (b) विंशत्
(c) नवविंशतिः (d) एकत्रिंशत्

6. 'नवपञ्चाशत्' का संख्यावाची होगा
(a) 49 (b) 59
(c) 95 (d) 39

7. "ऊननवतिः/नवाशीतिः" का संख्यावाची होगा
(a) 90 (b) 80
(c) 89 (d) 98

8. "........ (2) बालकौ पठत:।" रिक्तस्थान के लिए उपयुक्त पद होगा
(a) द्वे (b) द्वौ
(c) त्रयः (d) चत्वारः

9. "तत्र ......(3) पुस्तकानि सन्ति।" रिक्तस्थान के लिए उपयुक्त पद होगा
(a) तिस्त्र (b) त्रयः (c) त्रीणि (d) तीन

10. 'एकविंशतिः' का संख्यावाची होगा
(a) 19 (b) 20
(c) 31 (d) 21

11. '56' का संस्कृत संख्यावाची पद होगा
(a) षट्पञ्चाशत् (b) पञ्चषष्टि
(c) पञ्चपञ्चाशत् (d) पञ्चविंशंति

12. 'द्विनवतिः' का संख्यावाची होगा
(a) 25 (b) 93 (c) 29 (d) 92

13. 'सप्तषष्टिः' का संख्यावाची होगा
(a) 76 (b) 67 (c) 65 (d) 75

14. ...... (4) बालिका: नृत्यन्ति/रिक्तस्थान के लिए उपयुक्त पद होगा
(a) चत्वार: (b) चतस्र:
(c) चत्वारि (d) कोई नहीं

15. 'त्रयस्त्रिशत्' के पश्चात् पद आएगा
(a) द्वात्रिंशत् (b) चतुर्विंशति
(c) चतुस्त्रिंशत (d) त्रयश्चत्वारिशंत्

16. 'अष्टषष्टिः' का संख्यावाची होगा
(a) 86 (b) 68 (c) 78 (d) 87

17. 'सप्तचत्वारिंशत्' का संख्यावाची होगा
(a) 74 (b) 47
(c) 87 (d) 44

18. 'नवषष्टिः' एकोनसप्ततिः का संख्यावाची होगा
(a) 79 (b) 96
(c) 69 (d) 90

19. 'चतुरशीतिः' का संख्यावाची होगा
(a) 84 (b) 48 (c) 80 (d) 40

20. '32' का संस्कृत संख्यावाची पद होगा
(a) द्वात्रिंशत् (b) त्रयोविंशति
(c) षटत्रिंशत् (d) त्रिशंत्

21. 'द्विषष्टिः' का संख्यावाची होगा
(a) 26 (b) 62
(c) 64 (d) 24

22. 'चत्वारिंशत्' के पश्चात् संख्यावाची पद होगा
(a) त्रिंशत (b) पञ्चाशत्
(c) एकचत्वारिंशत् (d) षष्टिः

23. 'एकोनशतम' का संख्यावाची होगा
(a) 89 (b) 91
(c) 100 (d) 99

उत्तरमाला

1.	(c)	2.	(b)	3.	(c)	4.	(d)	5.	(c)	6.	(b)	7.	(c)	8.	(b)	9.	(c)	10.	(d)
11.	(a)	12.	(d)	13.	(b)	14.	(b)	15.	(c)	16.	(b)	17.	(b)	18.	(c)	19.	(a)	20.	(a)
21.	(b)	22.	(c)	23.	(d)														

अध्याय 15

अनुच्छेद से प्रश्न निर्माण

अनुच्छेदः 1

मानवः जीवने सुखं वाञ्छति। सुखं कुत्र अस्ति, कुतः वा प्राप्यते? केचन मन्यन्ते धनेन सुखं भवति संसारेऽस्मिन् नैकोऽपि जनः यः चिन्तया व्याकुलः न भवेत्। 'सन्तोषः' तु अद्यतनीयानाम् जनानाम् जीवने विराजते एव न। सर्वविध रोगाणां जननी चिन्ता तु एका व्याधिः। या नरं जीवनपर्यन्तं विविध रूपाणि गृहीत्वा छाया इव अनुसरति। चिन्तायुक्तः जनः रुग्णः निष्प्रभः शोकसंतप्तः च भवति। तस्य बुद्धिः शक्तिः विवेकः च विनश्यति। चिन्ता तु चिताम् अपि अतिशेते। चिता तु निर्जीवं शरीरं दाहयति परं चिन्ता तु जीवितं मानवं प्रदहति। चिन्तायां समयस्य-नाशनं न कर्त्तव्यम्। आत्मविश्वासः दृढ़निश्चयः पवित्राचरणम् सन्तोषभावनां च इत्यादीनि चिन्ताविनाशक साधनानि, एतानि अनुसृत्य शान्तम् आनन्दमयं च जीवनं यापयितव्यम्।

प्रश्नाः

प्रदत्तविकल्पेभ्यः उचितम् उत्तरं चित्वा लिखत।

(दिए गए विकल्पों में से उचित उत्तर चुनकर लिखिए)

1. ''तस्य बुद्धिः शक्तिः च नश्यति'' अत्र 'तस्य' सर्वनापदं कस्मै प्रयुक्तम्?

(a) चिन्तायै (b) चिन्तायुक्त जनाय
(c) निर्जीवाय (d) चिन्तायुक्तः

2. ''एतानि अनुसृत्य शान्तम् आनन्दमयं च जीवनं यापयितव्यम्''। अन्तिम पंक्तौ 'शान्तम्' इतिविशेषणपदस्य किं विशेष्यपदम्?

(a) जीवनम् (b) आनन्दप्रदम्
(c) यापयितव्यम् (d) सुखम्

3. 'सजीवम्' इति पदस्य विपरीतार्थकं पदं चित्वा लिखत।

(a) जीवितम् (b) जीवनयुक्तम्
(c) निर्जीवम् (d) निर्जीवः

4. 'दाहयति' इति क्रियापदस्य कर्तृपदं चित्वा लिखत।

(a) चिता (b) जीवितम्
(c) निर्जीवः (d) शरीरम्

5. का चिताम् अपि अतिशेते?

(a) सन्तोष (b) चिन्ता (c) रुग्णः (d) सुख

अनुच्छेदः 2

आदर्शरामचरितस्य लेखकः वाल्मीकिः जनमानसस्य हृदये प्रतिष्ठितः। रामायणं अस्माकम् धर्मग्रन्थः अस्ति। रामायणस्य रचयिता महर्षिः वाल्मीकिः वर्तते सः आदिकविः इति कथ्यते। अस्मिन् ग्रन्थे पुरुषोत्तमस्य श्री रामचन्द्रस्य जीवनस्य वृतान्तम् अस्ति। भगवान् श्रीरामः स्वपितुः आज्ञापालनाय चतुर्दश वर्षाणि वने अवसत्। रामेण सह तस्य भार्या सीता अनुजः लक्ष्मणः च अपि वनम् अगच्छताम्। वने लंकायाः नृपः रावणः सीताम् अहरत्। तत्र श्रीरामः सुग्रीवः अंगदादीनां वानराणां सहाय्येन रावणं हत्वा सीताम् अलभत्। रामायणं, भारतस्य आदिकाव्यं अस्ति। आदिकविना विरचिता अयम् काव्यग्रन्थः अस्माकं राष्ट्रस्य अमूल्यः धरोहरः अस्ति। रामायणं पठित्वा जनाः शान्तिप्रियाः सदाचारिणः च भवन्ति। अस्य ग्रन्थस्य पाठ जनाः प्रतिदिनं कुर्वन्ति।

प्रश्नाः

प्रदत्तविकल्पेभ्यः उचितम् उत्तरं चित्वा लिखत।

(दिए गए विकल्पों में से उचित उत्तर चुनकर लिखिए)

1. 'अवसत्' इति क्रियापदस्य कर्तृपदम् किम् अस्ति?

(b) रावणः (b) नृपः
(c) लक्ष्मणः (d) श्रीरामः

2. 'कपीनाम्' इति अर्थे किं पदम् अत्र प्रयुक्तम्?

(a) अंगदादीनां (b) अगच्छताम्
(c) रामायणं (d) वानराणां

3. 'अशान्तिप्रियाः' इति पदस्य विलोमपदम् अत्र किम्?

(a) शान्तिः (b) प्रियाः
(c) शान्तिप्रियाः (d) भार्या

4. 'राजा' इति पदस्य पर्यायपदम् अत्र किम्?

(a) नृपः (b) श्रीरामः
(c) कविः (d) अमूल्यः

5. अस्मांक धर्मग्रन्थः किम्?

(a) रामायणं (b) महाभारतं
(c) गीता (d) शिव पुराण

अनुच्छेदः 3

विद्याध्ययनं परिसमाप्य गुरुदक्षिणां दातुं उत्सुकः असौ कौत्सः एकदा गुरुम् उपगम्य निजेच्छां प्रकटितवान्। तस्य वचः श्रुत्वा गुरुणा कथितम्- ''तव विशुद्धया श्रद्धया, उत्कृष्टतया भावनया, परमया सेवया च नितान्तमस्मि प्रीतः। तस्मात् नाहं कामये अन्यां काञ्चित् दक्षिणाम्''। आचार्यवाक्यं श्रुत्वा कौत्सः पुनः अवदत्-''यदि न ग्रहीष्यन्ति भवन्तः मम सकाशात् किमपि, तदा ममाध्ययनं व्यर्थम् एवेति में विश्वासः''। एवं रीत्या यदा कौत्सः वारम्-वारम् आग्रहं कृतवान् तदा कुपितेन गुरुणा कथितम्-''त्वम् मम सकाशात् चतुर्दश विद्याः अधीतवान् असि, अतः चतुर्दशकोटिः स्वर्णमुद्राः मह्यम् देहि'' इति। गुरोः वचनं श्रुत्वा कौत्सस्य मनसि चिन्ता जाता, इयत्यः मुद्राः कुतः आनेयाः? इति। न च दृश्यते कश्चन् अन्यो जनः एतावत् धनं दातुम् समर्थः। तस्मात् दातृणां मध्ये श्रेष्ठस्य रघोः सकाशम् एव चलितव्यम् इति विचार्य कौत्सः रघोः समीपम् उपागच्छत्।

प्रश्नाः

प्रदत्तविकल्पेभ्यः उचितम् उत्तरं चित्वा लिखत।
(दिए गए विकल्पों में से उचित उत्तर चुनकर लिखिए)

1. 'कथितम्' इत्यस्य किं कर्तृपदम् अस्ति?
(a) कौत्सः (b) तस्य
(c) वचः (d) गुरुणा

2. ''तव विशुद्धया श्रद्धया, उत्कृष्टया ....'' अत्र 'तव' पदं कस्मै प्रयुक्तम्?
(a) कौत्साय (b) गुरुवे
(c) राघवे (d) मित्राय

3. ''कौत्सस्य मनसि चिन्ता जाता'' अत्र 'चिन्ता' इति कर्तृपदस्य किं क्रियापदं प्रयुक्तम्?
(a) कौत्सस्य (b) मनसि
(c) जाता (d) रीत्या

4. 'ग्रहीतुम्' इति पदस्य कः विलोमः गद्यांशे प्रयुक्तम्?
(a) उत्सुकः (b) दातुम्
(c) निजेच्छां (d) विचार्य

5. किं समाप्य कौत्सः गुरुम् उपागच्छत?
(a) विद्याध्ययनं (b) दक्षिणाम्
(c) स्वर्णमुद्राः (d) मुद्रा

अनुच्छेदः 4

बीरबलः राज्ञः अकबरस्य नव रत्नेषु एकम् रत्नम् आसीत्। सः अतीव बुद्धिमान् वाकपटुः चतुरः चासीत्। एकदा अकबरः बीरबलम् अवदत्-''यदि भवान् एतावान् बुद्धिमान् अस्ति तदा तव पिता तु त्वत्तः अपि चतुरतरः भविष्यति, अहम् तव पितरम् द्रष्टुम् इच्छामि'' इति। गृहम् गत्वा बीरबलः पितरम् अवदत्, ''राजा भवन्तम् द्रष्टुम् इच्छति, परम् भवान् तस्य समक्षम् तूष्णीम् तिष्ठेत्'' इति। बीरबलस्य पिता राज्ञः अकबरस्य राजभवनम् अगच्छत्। राजा तम् अनेकान् प्रश्नान् अपृच्छत् परम सः किमपि न अवदत्। अन्यस्मिन् अहनि यदा बीरबलः राजप्रासादम् आगच्छत् तदा राजा बीरबलम् अपृच्छत्, ''यदि कोऽपि मूर्खः तव समक्षम् आगच्छेत् तदा किम् कर्त्तव्यम्''? बीरबल प्रत्यवदत्-''तूष्णीम् स्थातव्यम्'' इति। अकबरः बीरबलस्य चातुर्यम् दृष्ट्वा अहसत्।

प्रश्नाः

प्रदत्तविकल्पेभ्यः उचितम् उत्तरं चित्वा लिखत।
(दिए गए विकल्पों में से उचित उत्तर चुनकर लिखिए)

1. 'मौनं' इति पदस्य किम् पर्यायपदम् अत्र प्रयुक्तम्?
(a) तूष्णीम् (b) वाक्पटुः
(c) चातुर्यम् (d) बुद्धिमान्

2. 'भवान् तस्य समक्षम् तूष्णीम् तिष्ठेत्' अत्र 'तस्य' इति पदं कस्मै प्रयुक्तम्?
(a) बीरबालाय (b) नृपाय
(c) सेवकाय (d) पित्रे

3. 'भविष्यति' इति क्रियापदस्य कर्तृपदम् किम्?
(a) बीरबलः (b) पिता
(c) सेवक (d) नृपः

4. 'मूर्खत्वम्' इति पदस्य किम् विपर्ययपदम् अत्र प्रयुक्तम्?
(a) बुद्धिमान् (b) वाक्पटुः
(c) चातुर्यम् (d) तूष्णीम्

5. अकबरस्य नव रत्नेषु एकम् रत्नम् कः आसीत्?
(a) बीरबल (b) कालिदासः
(c) भर्तृहरि (d) भास

अनुच्छेदः 5

क्रोधः मनुष्यस्य महान् शत्रुः। क्रुद्धः जनः गुरून् अपि निन्दति, अपभाषणं करोति, ज्येष्ठानां हितवचनानि अपि न शृणोति। तस्माद् वयं क्रोधे सावधानाः भवेम। यदि क्रोधः आगच्छति तदा तस्मिन् एव क्षणे मौनं धारणीयम्। मौनेन मनः शान्तं भवति। वाणी अपि नियन्त्रिता भवति। ईदृशे काले किञ्चित पुस्तकं गृहीत्वा पठेम। कोपात् सर्वदा आत्मानं रक्षेम।

प्रश्नाः

प्रदत्तविकल्पेभ्यः उचितम् उत्तरं चित्वा लिखत।
(दिए गए विकल्पों में से उचित उत्तर चुनकर लिखिए)

1. 'क्रुद्धः' इति कस्य पदस्य विशेषणम्?
(a) गुरोः (b) जनस्य
(c) शत्रोः (d) ज्येष्ठस्य

2. 'भवेम' इति क्रियापदस्य किं कर्तृपदं गद्यांशे प्रयुक्तम्?
(a) जनः (b) वाणी
(c) क्रोधः (d) वयम्

3. 'सर्वस्मिन् काले' इत्यर्थे किम् अव्ययपदं गद्यांशे प्रयुक्तम्?
(a) सर्वदा (b) नियन्त्रिता
(c) तस्मिन् एव (d) अपि

4. 'असावधानाः' इति पदस्य किं विलोमपदम् अत्र प्रयुक्तम्?
(a) नियन्त्रिता (b) सर्वदा
(c) सावधानाः (d) शान्तम्

5. मनुष्यस्य महान् शत्रुः कः?
(a) क्रोधः (b) मौनं
(c) शान्तं (d) लोभः

अनुच्छेदः 6

कश्चित् जनः पुस्तकम् क्रेतुम् आपणं गतः। तत्र सः एकस्यां विपण्यां बहुषु पुस्तकेषु एकस्य चयनं कृत्वा विक्रेतारं तन्मूल्यम् अपृच्छत्। विक्रेता एक डालरमितं तस्य मूल्यम् अवदत्। ग्राहकोऽल्पमूल्येन पुस्तकं दातुम् अनुरोधं कृतवान्। विक्रेता तदनुरोधः न स्वीकृतः। तदा ग्राहकः आवश्यक कर्मनिरतं आपणस्य स्वामिनं फ्रेंकलिन महाभागम् आकारयत् अपृच्छत् च-कियद् अस्य पुस्तकस्य मूल्यम् इति? तेनोक्तम्-'सपादडालरमितम्'।

इति। ग्राहकोऽवदत् विक्रेता एकं डालरम् अस्य मूल्यं वदति, भवान् सपादडालरम्? उच्यतां कियद् अस्य समुचितं मूल्यम्? फ्रेंकलिनः दृढ़स्वरेण अवदत् सार्धडालरम्। महाशयः अहम् समयस्य मूल्यं जानामि। भवता च मम समयहानिः क्रियते। यदि भवान् विलम्बं करोति, अस्य मूल्यम् इतोऽपि वर्धिष्यते। ग्राहकः तूष्णीम् भूत्वा सार्धडालरमूल्येन पुस्तकम् अक्रीणात्। अवगतं तेन समयस्य मूल्यम्।

प्रश्नाः

प्रदत्तविकल्पेभ्यः उचितम् उत्तरं चित्वा लिखत।

(दिए गए विकल्पों में से उचित उत्तर चुनकर लिखिए)

1. 'विक्रेतुम्' अस्य किं विलोमपदम् अनुच्छेदे प्रयुक्तम्?
   (a) दातुम् (b) क्रेतुम्
   (c) क्रियते (d) क्रेताम्
2. "भवता मम समयहानिः क्रियते" अत्र 'भवता' पदं कस्मै प्रयुक्तम्?
   (a) ग्राहकाय (b) फ्रेंकलिन महाभागाय
   (c) विक्रेत्रे (d) ग्राहकः
3. 'मौनम्' इत्यर्थे किम् समानार्थकम् अव्ययपदम् गद्यांशे प्रयुक्तम्?
   (a) अनुरोधम् (b) समुचितम्
   (c) तूष्णीम् (d) मूल्यम्
4. यदि भवान् विलम्बं करोति, अस्य मूल्यम् इतोऽपि 'वर्धिष्यते' इति क्रियापदस्य कर्तृपदं किम्?
   (a) भवान् (b) मूल्यम्
   (c) विलम्बम् (d) स्वीकृतः
5. जनः किम् क्रेतुम् आपणं गतः
   (a) फलानि (b) पुस्तकम्
   (c) वस्त्राणि (d) संचिका

अनुच्छेदः 7

संस्कृतभाषा संसारस्य सर्वासु भाषासु प्राचीनतमा भाषा अस्ति इयं दिव्या भाषा। अस्याः देवभाषा, सुरवाणी देववाणी, गीर्वाणवाणीं प्रभृति नामानि अपिसन्ति। संस्कृतं पुरा भारतीयानाम् लोकप्रिया जनभाषा आसीत्। रामायण-महाभारतकाले संस्कृतमेव जनभाषा-रूपेण प्रचलिता आसीत्। संस्कृतम् एव आधुनिक-प्रान्तीय भाषाणां जननी अस्ति। सर्वासु प्रान्तीयभाषासु प्रतिशतकं षष्टिशब्दाः संस्कृत भाषायाः एव सन्ति। साम्प्रतम् संस्कृतमेव प्रान्तीय भाषासु जीवनरसं सञ्चारयितुं प्रभवति। संस्कृतस्य ज्ञानादेव प्रान्तीयभाषाणां सम्यक् ज्ञानं भवति। अधुना हिन्दी भाषा राष्ट्रभाषा सञ्जाता। तस्याः समुन्नतिः कथं स्यात्? संस्कृतमेवएकमात्रं तादृशी भाषा यस्याः शब्दकोशः विशालः सुसम्पन्नः च अस्ति। संस्कृतस्य व्याकरणम् अपि अप्रतिमम् अस्ति। अस्य व्याकरणस्य अपूर्वा शब्दरचनाभक्तिः विद्यते। यथा आङ्ग्लभाषा लेटिनादितः शब्दान् अङ्गीकृत्य आत्मानं भरति, तथैव संस्कृतभाषातः शब्दान् गृहीत्वा हिन्दी-भाषा अपि निजशब्दराशिप्रवर्धनेन आत्मानं सम्पन्नां समृद्धां च कर्तुम् पारयति।

प्रश्नाः

प्रदत्तविकल्पेभ्यः उचितम् उत्तरं चित्वा लिखत।

(दिए गए विकल्पों में से उचित उत्तर चुनकर लिखिए)

1. 'लोकप्रिया जनभाषा' इत्यत्र किम् विशेषणपदम् प्रयुक्तम्?
   (a) जनभाषा (b) लोकप्रिया
   (c) उभौ (d) किमपि न
2. 'भरति' इति क्रियापदस्य कर्तृपदं लिखत।
   (a) हिन्दी भाषा (b) संस्कृत भाषा
   (c) लेटिन भाषा (d) आङ्ग्लभाषा
3. 'यस्याः शब्दकोशः विशालः अस्ति' अत्र 'यस्याः' सर्वनामदं कस्मै प्रयुक्तम्?
   (a) हिन्दीभाषायै (b) संस्कृतभाषायै
   (c) आङ्ग्लभाषायै (d) किमपि न
4. 'अधुना हिन्दी भाषा राष्ट्रभाषा सञ्जाता' अत्र किम् अव्ययपदम् प्रयुक्तम्?
   (a) अधुना (b) हिन्दी भाषा
   (c) राष्ट्रभाषा (d) सञ्जाता
5. संस्कृतं पुरा भारतीयानां कीदृशी-जनभाषा आसीत्?
   (a) लोकप्रिया (b) राष्ट्रभाषा (c) देवभाषा (d) सुरवाणी

अनुच्छेदः 8

गंगा भारतवर्षस्य प्राचीना पुनीता च नदी मन्यते। सा सर्वासां नदीनां श्रेष्ठा अस्ति। सा लोकस्य कल्याण कारिणी अस्ति। गङ्गाम् उभयतः विविधैः वृक्षैः सुशोभिताः ग्रामाः आसन्। तत्र एकस्मात् ग्रामात् बहिः वृक्षस्य अधः एकः जीर्णः कूपः आसीत्। तस्मिन् कूपे मण्डूकानाम् अधिपतिः गङ्गदत्तः परिजनैः सह निवसति स्म। सः गङ्गदत्तः परिश्रमं विनैव प्रभुत्वं प्राप्नोत्। अतः गर्वितः अभवत्। तस्य दुर्व्यवहारेण केचित् प्रमुखाः भेकाः रुष्टाः जाताः। ते गङ्गदत्तम् अधिकारेण हीनं कृत्वा कूपात् बहिः कर्तुम् उद्यताः अभवन। तद्ज्ञात्वा गङ्गदत्तः विषादम् अनुभवति स्म। "शत्रुणां नाशः कथं भवेत्' इति एकान्ते चाटुकारैः सह मन्त्रणाम् अकरोत्। एकः नष्टबुद्धिः नाम मण्डूकः नत्वा अकथयत्-"नीतिं विना किमपि न सिध्यति। शत्रुः शत्रुणा नाशयितव्यः इति नीतिः। एषां शत्रुणां नाशाय सर्पः सहायकः भविष्यति। यः वृक्षस्य कोटरे निवसति। एवं संघर्षे विनैव शत्रुनाशः भविष्यति।"

प्रश्नाः

प्रदत्तविकल्पेभ्यः उचितम् उत्तरं चित्वा लिखत।

(दिए गए विकल्पों में से उचित उत्तर चुनकर लिखिए)

1. शत्रुणां नाशः कथं भवेत्' अत्र 'भवेत्' पदस्य कर्तृपदं किम्?
   (a) शत्रूणाम्
   (b) नाशः
   (c) कथम्
   (d) भवेत्

2. 'प्रसन्ना:' पदस्य क: विलोम: अत्र प्रयुक्त:?
(a) रुष्टा: (b) गर्विता:
(c) सहायक: (d) उद्यता:

3. 'सर्प: सहायक:' अत्र क: विशेष्य:?
(a) सर्प: (b) सहायक:
(c) उभौ (d) किमपि न

4. 'एषां विनाशाय' अत्र 'एषां' पदं कस्मै प्रयुक्तम्?
(a) पशुभ्य: (b) सर्पेभ्य:
(c) मण्डूकेभ्य: (d) मित्रेभ्य:

5. कूप: कीदृश: आसीत्?
(a) शुष्क: (b) जीर्ण:
(c) गम्भीर: (d) अन्धकारपूर्ण

अनुच्छेद: 9

मानवजीवन: मानवेन अतीव कठिनतया प्राप्यते। किन्तु मानव: अस्य महत्त्वं न जानाति। मानव जीवने अनेके दोषा: मानवस्य जीवनम् नष्टं करोति षट् कारणानि श्रियं विनाशयन्ति। प्रथमं कारणमस्ति असत्यम्। य: नर: असत्यं वदति तस्य कोऽपि जन: विश्वासं न करोति। उक्तञ्च-'सत्यं ब्रूयात्, प्रियं ब्रूयात्, न ब्रूयात् सत्यमप्रियम्'। निष्ठुरता अस्ति द्वितीय कारणम्। कदापि केनापि सह निष्ठुरता न उचिता। सदैव जगति सर्वै: सह करुणा, दया, नम्रता च करणीया:। तृतीयं कारणम् अस्ति कृतघ्नता। जीवने अनेके जना: अस्मान् उपकुर्वन्ति। प्राय: जना: उपकारिणं विस्मरन्ति, प्रत्युपकारं न कुर्वन्ति। एतादृश: स्वभाव: कृतघ्नता इति उच्यते। अहङ्कार: मनुष्यस्य मतिं नाशयति। अहङ्कारी मनुष्य: सर्वदा आत्मप्रशंसाम् एव करोति। न कदापि कस्यचित् उपकारं करोति। व्यसनानि अपि श्रियं हरन्ति। ये मद्यपानं कुर्वन्ति तेषाम् आत्मिकबलम्, बुद्धिबलं शारीरिकबलं च नश्यन्ति। अत: बुद्धिमान् एतान् दोषान् सर्वथा त्यजेत्।

प्रश्ना:

प्रदत्तविकल्पेभ्य: उचितम् उत्तरं चित्वा लिखत।
(दिए गए विकल्पों में से उचित उत्तर चुनकर लिखिए)

1. 'उच्यते' इति क्रियापदस्य कर्तृपदं किम्?
(a) कृतज्ञता (b) परोपकार:
(c) उपकार: (d) कृतघ्नता

2. 'अहङ्कारी मनुष्य:' इत्यत्र किम् विशेषणपदं प्रयुक्तम्?
(a) अहङ्कारी (b) मनुष्य:
(c) किमपि न (d) उभौ

3. 'निर्दयता' इति अस्य पदस्य किम् पर्यायपदम् अत्र प्रयुक्तम्?
(a) कृतघ्नता (b) निष्ठुरता
(c) नम्रता (d) कृतज्ञता

4. 'अविश्वासं' इति अस्य पदस्य किम् विपर्ययपदम् अत्र प्रयुक्तम्?
(a) करुणा (b) दया
(c) विश्वासं (d) नम्रता

5. मानवस्य जीवनम् कानि कारणानि विनाशयन्ति?
(a) त्रय: (b) द्वौ
(c) षट् (d) पञ्च

अनुच्छेद: 10

आधुनिककाले संचारक्षेत्रेषु विज्ञानस्य प्रभाव: विस्मयप्रद: अवलोक्यते। वैज्ञानिका: सञ्चारसाधनेषु प्रतिदिनं नवानतान् आविष्करान् कुर्वन्ति येन सन्देशप्रेषणे अधिकतमा सुविधा स्यात्। चलभाषितयन्त्रम् (मोबाइल/सेलफोन) तादृशम् एव लोकप्रियं यन्त्रम्। बाला:, वृद्धा:, युवका:, पुरुषा: महिला:, नागरिका: ग्रामीणा: वा, सर्वेषाम् एव एतत् कर्णभूषणं जातम्। यानानि आरुढ़ा:, कार्यालयेषु कार्यं कुर्वन्त:, मार्गेषु चलन्त:, सभागारेषु प्रवचनं शृण्वन्त: जना: अस्य ध्वनिं श्रुत्वा वार्तामग्ना: भवन्ति। अविवेकपूर्ण: अस्य प्रयोग: कार्येषु व्यवधानं करोति। मार्गेषु दुर्घटना: भवन्ति। सभागारेषु, कक्षासु अन्यसभासु वा अव्यवस्था भवति। सत्यम् अस्ति यत् आविष्कार: कदापि हानिकर: न, परन्तु तस्य दुष्प्रयोगेण जीवनस्य शान्ति: नश्यति। वस्तुत: वयम् यन्त्रस्य अधीना: न स्याम अपितु यन्त्रम् अस्माकम् अधीनं स्यात्। ते एव बुद्धिमन्त: ये विज्ञानस्य सदुपयोगं कुर्वन्ति। वैज्ञानिकानाम् विवेके न मानवजीवने विज्ञानस्य सदुपयोगेन लाभ: भवति दुरुपयोगे न च हानिरपि भवितुं शक्यते।

प्रश्ना:

प्रदत्तविकल्पेभ्य: उचितम् उत्तरं चित्वा लिखत।
(दिए गए विकल्पों में से उचित उत्तर चुनकर लिखिए)

1. 'अविवेकपूर्ण: अस्य प्रयोग:' अत्र किं विशेषणपदम्?
(a) अस्य (b) प्रयोग: (c) अविवेकपूर्ण: (d) किमपि न

2. "अस्य ध्वनिं श्रुत्वा वार्तामग्ना: भवन्ति" अत्र 'अस्य' इति पदं कस्मै प्रयुक्तम्?
(a) मनुष्याय (b) जीवनाय
(c) चलभाषितयन्त्राय (d) आविष्काराय

3. 'ते एव बुद्धिमन्त:' इति वाक्ये किम् अव्ययपदम्?
(a) ते (b) बुद्धिमन्त: (c) मन्त: (d) एव

4. "विवेकपूर्ण:" इति पदस्य किं विलोमपदम् अत्र प्रयुक्तम्?
(a) हानिकर: (b) बुद्धिमन्त:
(c) अविवेकपूर्ण: (d) अधीना:

5. वैज्ञानिका: प्रतिदिन नवीनतमान् किम् कुर्वन्ति?
(a) वस्तूनि (b) आविष्कारान् (c) आभूषणानि (d) प्रवचनानि

अनुच्छेद: 11

अहम् पुस्तकम् अस्मि। य: मम उपरि शिर: प्रस्थाप्य स्वपिति, स: मम स्वामी अस्ति। अहम् तु अतीव सन्त्रस्तम् दुखितम् च अस्मि। मम स्वामिना स्थाने-स्थाने मम पृष्ठेषु लेखन्या व्रणा: कादिता:। मम पृष्ठानाम् अधिकांशा: कोणा: तु परिवर्तनेन भग्ना: जाता: नानावर्णै: अलंकृतानि मम चित्राणि अस्य द्विवर्षीय भ्रात्रा नष्टीकृतानि। स: माम् इतस्तत: स्थापयित्वा क्रीडामग्न: भवति। तेन शिशुना मम मुखं कृष्णमसीं पातयित्वा दूषितम् अपि कृतम्। मया श्रुतं यत् बालकेषु कृतान् अत्याचारान् अधिकृत्य मानव अधिकारदिवस: आयोज्यते। अहं कथयामि यत् पुस्तकाधिकारदिवस: अपि आयोजनीय: येन मदीय बन्धुबान्धवानाम् अपि जीवनरक्षा स्यात्। पुस्तकानि तु मानवस्य मित्राणि मन्यन्ते। अस्ति कश्चिद् एवं विध: य: अस्माकम् सर्वेषाम् रक्षायै प्रयत्नं करिष्यति। यद्यपि संसारे बहुनि वस्तूनि सन्ति परन्तु विद्यैव श्रेष्ठं अस्ति।

प्रश्नाः

प्रदत्तविकल्पेभ्यः उचितम् उत्तरं चित्वा लिखत।
(दिए गए विकल्पों में से उचित उत्तर चुनकर लिखिए)

1. नानावर्णैः अलंकृतानि मम चित्राणि अस्य द्विवर्षीय भ्रात्रा नष्टीकृतानि अस्मिन् वाक्ये 'चित्राणि' इति संज्ञापदस्य विशेषणपदं किम्?
(a) नानावर्णैः (b) नष्टीकृतानि
(c) अलंकृतानि (d) अलंकृतः

2. 'अहम् तु अतीव सन्त्रस्तम् दुखितम् च' अस्मिन् वाक्ये 'अहम्' इति सर्वनाम पदं कस्मै प्रयुक्तम्?
(a) शिशवे (b) स्वामिने
(c) पुस्तकाय (d) पुस्तकम्

3. 'प्रस्थाप्य' इति अस्य पदस्य किम् समानार्थकं पदं गद्यांशे प्रयुक्तम् अस्ति?
(a) स्थापयित्वा (b) पातयित्वा
(c) अधिकृत्य (d) प्रयत्नम्

4. 'सः मम स्वामी अस्ति' अस्मिन् वाक्ये 'अस्ति' क्रियापदस्य कर्तृपदम् किम्?
(a) सः (b) स्वामी
(c) मम (d) माम्

5. अस्मिन् गद्यांशे वक्ता कः अस्ति?
(a) पुस्तकम् (b) फलम् (c) नदीम् (d) जलम्

अनुच्छेदः 12

प्रातः कालः अतीव मधुरः कालः भवति। यदा स्वच्छे आकाशे सूर्यः उदेति अंधकारः दूरं गच्छति। सर्वत्र प्रकाशः एव प्रकाशः भवति। पक्षिणः यत्र-तत्र न भ्रमन्ति। मधुरेण स्वरेण मधुरं गीतं गायन्ति। सरोवरेषु कमलानि उद्यानेषु च विभिन्नानि पुष्पाणि विकसन्ति। तेषु भ्रमराः सानन्दं विचरन्ति। शीतलः वायुः वहति। सम्पूर्णं वातावरणं सुगन्धमयम् अस्ति। भ्रमणशीलाः प्रसन्नाः जनाः उद्यानेषु भ्रमन्ति। केचन तत्रैव व्यायामं कुर्वन्ति। अनेके बालाः अपि उद्यानेषु यत्र-तत्र धावन्ति क्रीडन्ति च। ते अतीव प्रसन्नाः सन्ति। पशवः अपि प्रसन्नाः। वानराः वृक्षेषु कूर्दन्ति। कुक्कुराः क्रीडन्ति, हरिणाः धावन्ति, विडालाः च दुग्धं पिबन्ति। अधुना सर्वे जनाः स्वकार्येषु संलग्नाः भविष्यन्ति। एषा सुखदायिनी प्रभातवेला जनान् कर्त्तव्यस्य पाठं पाठयति। "धन्या एषा प्रभातवेला"।

प्रश्नाः

प्रदत्तविकल्पेभ्यः उचितम् उत्तरं चित्वा लिखत।
(दिए गए विकल्पों में से उचित उत्तर चुनकर लिखिए)

1. 'सूर्यः' इति कर्तृपदस्य अत्र किं क्रियापदं प्रयुक्तम्?
(a) गच्छति (b) अस्ति
(c) उदेति (d) दूरे

2. 'भविष्यन्ति' इति क्रियापदस्य कर्तृपदं किम् अस्ति?
(a) हरिणाः (b) जनाः
(c) भ्रमराः (d) बालाः

3. 'प्रभातवेला' इति पदस्य किम् विशेषणपदम् अत्र प्रयुक्तम्?
(a) मधुरः
(b) प्रसन्ना
(c) स्फूर्तिदायिनी
(d) सुखदायिनी

4. 'ते अतीव प्रसन्नाः सन्ति' इति वाक्ये 'ते' सर्वनाम पदं केभ्यः प्रयुक्तम्?
(a) खगेभ्यः (b) बालेभ्यः
(c) जनेभ्यः (d) विडालेभ्यः

5. प्रभातवेला जनान कस्य पाठं पाठयति?
(a) कर्त्तव्यस्य (b) सत्यस्य
(c) मधुरतायां (d) भ्रमणस्य

अनुच्छेदः 13

एकदा बालः सिद्धार्थः प्रातः भ्रमणाय उपवनम् अगच्छत्। उपवने पक्षिणः मधुरं कूजन्ति स्म। तेषां कलरवं श्रुत्वा सिद्धार्थः प्रसत्रः अभवत्। किञ्चित् कालानन्तरं तस्य भ्राता देवदत्तः अपि आखेटनाय तत्र आगच्छत्। सः बाणेन आकाशे एकं हंसम् अविध्यत्। बाणेन विद्धः हंसः भूमौ अपतत्। सिद्धार्थः करुणया तं हंसं कुटीरम् आनीय हंसस्य परिचर्याम् अकरोत्। सिद्धार्थस्य देवदत्तस्य च मध्ये विवादः भवति यत् 'हंसः कस्य'? अन्ते नृपः निर्णयम् अकरोत् यत् हंसः सिद्धार्थस्य एव। सत्यमेव कथ्यते—"रक्षकः भक्षकात् श्रेष्ठः" इति।

प्रश्नाः

प्रदत्तविकल्पेभ्यः उचितम् उत्तरं चित्वा लिखत।
(दिए गए विकल्पों में से उचित उत्तर चुनकर लिखिए)

1. गद्यांशे 'अकरोत्' क्रियापदस्य कर्तृपदम् किम् अस्ति?
(a) हंसः (b) सिद्धार्थः
(c) देवदत्तः (d) भक्षकः

2. 'किञ्चित् कालानान्तरं तस्य भ्राता ......' इति वाक्ये 'तस्य' सर्वनामपद कस्मै प्रयुक्तम्?
(a) नृपाय (b) कुटीराय
(c) हंसाय (d) सिद्धार्थाय

3. गद्यांशे 'नृपः' इति कर्तृपदस्य किं क्रियापदं प्रयुक्तम्?
(a) अकरोत (b) अविध्यत्
(c) अभवत् (d) अगच्छत्

4. अनुच्छेदे 'सेवाम्' इति अर्थे किं पदं प्रयुक्तम्?
(a) परिचर्याम् (b) निर्णयम्
(c) सत्यम् (d) मधुरम्

5. हंस:कस्य? इति निर्णयम् कः अकरोत?
(a) जनकः
(b) सिद्धार्थः
(c) देवदत्तः
(d) नृपः

अनुच्छेदः 14

पुरा एकस्मिन् वृक्षे एका चटका प्रतिवसति स्म। कालेन तस्याः सन्ततिः जाता। एकदा कश्चित् प्रमत्तः गजः तस्य वृक्षस्य अधः आगत्य तस्य शाखां शुण्डेन अत्रोटयत्। चटकायाः नीडं भुवि अपतत्। तेन अंडानि विशीर्णानि। अथ सा चटका व्यलपत्। तस्याः विलापं श्रुत्वा काष्ठकूटः नाम खगः दुःखेन ताम् अपृच्छत्—"भद्रे, किमर्थम् विलपसि?" चटकावदत्—"दुष्टेनैकेन गजेन मम सन्ततिः नाशिता। तस्य गजस्य वधेनैव मम दुःखम् अपसरेत्। "ततः काष्ठकूटः तां वीणारवा—नाम्न्याः मक्षिकायाः समीपम् अनयत्। तयोः वार्ताम् श्रुत्वा मक्षिकावदत्—"ममापि मित्रं मण्डूकः मेघनाद अस्ति। शीघ्रं तमुपेत्य यथोचितं करिष्यामः"। तदानी तौ मक्षिकया सह गत्वा मेघनादस्य पुरः सर्वं वृतान्तं न्यवेद्यताम्।

प्रश्नाः

प्रदत्तविकल्पेभ्यः उचितम् उत्तरं चित्वा लिखत।

(दिए गए विकल्पों में से उचित उत्तर चुनकर लिखिए)

1. 'व्यलपत्' अस्य क्रियापदस्य कर्तृपदं किम्?
   (a) मेघनादः (b) काष्ठकूटः (c) चटका (d) वीणारवा
2. "सर्वं वृत्तान्तम्" अत्र कः विशेष्यः अस्ति?
   (a) सर्वं (b) वृत्तान्तम् (c) उभौ (d) सर्ववृत्तान्तम्
3. 'तयोः वार्तां श्रुत्वा" अत्र 'तयोः' पदं कयोः कृते प्रयुक्तम्?
   (a) वीणारवा मेघनादयोः (b) चटकाकाष्ठकूटयोः
   (c) चटकामेघनादयोः (d) काष्ठकूटमेघनादयोः
4. "दूरं भवेत्" अस्य किम् पर्यायपदम् गद्यांशे प्रयुक्तम्?
   (a) अपसरेत् (b) अनयत् (c) अत्रोटयत् (d) न्यवेदयताम्
5. चटका कुत्र प्रतिवसतिस्म?
   (a) जले (b) वृक्षे (c) गृहे (d) आकाशे

अनुच्छेदः 15

जिह्वायाः माधुर्यं स्वर्गं प्रापयति, जिह्वायाः कटुता नरके पातयति। एकः एव शब्दः जीवनं विभूषयेत्, अन्यः एकः शब्दः जीवनं नाशयेत्। एकदा द्वयोः धनिकयोः मध्ये विवादः उत्पन्नः जातः। तौ न्यायालयं गतौ। एकः धनिकः अचिन्तयत् 'अहं लक्षं रूप्यकाणि न्यायाधीशस्य यच्छामि'। सः स्यूते लक्षं रूप्यकाणि स्थापयित्वा न्यायाधीशस्य गृहं गतवान्। न्यायाधीशः तस्य मन्तव्यं ज्ञात्वा क्रुद्धः अभवत्। धनिकः अवदत्–भो मत्सदृशाः लक्षरूप्यकाणां दातारः दुर्लभा एव। न्यायधीशः अवदत्–लक्षरूप्यकाणां दातारः कदाचित् अन्येऽपि भवेयुः परन्तु लक्षरूप्यकाणां निराकर्त्तारः मत्सदृशाः अन्ये विरलाः एव। अतः कृपया गच्छतु। न्यायस्थानं मलिनं मा कुरू। लज्जितः धनिकः धनस्यूतं गृहीत्वा ततः निर्गतः।

प्रश्नाः

प्रदत्तविकल्पेभ्यः उचितम् उत्तरं चित्वा लिखत।

(दिए गए विकल्पों में से उचित उत्तर चुनकर लिखिए)

1. "तस्य मन्तव्यं ज्ञात्वा क्रुद्धः अभवत्" अत्र 'तस्य' इति सर्वनामपदं कस्मै प्रयुक्तम्?
   (a) धनिकाय (b) न्यायाधीशाय (c) लक्षाय (d) धनाय
2. 'पातयति' इति क्रियापदस्य कर्तृपदं किम्?
   (a) नरकः (b) जिह्वा
   (c) माधुर्यम् (d) कटुता
3. 'लज्जितः' इति पदम् अत्र कस्य विशेषणम्?
   (a) न्यायाधीशस्य (b) जीवनस्य
   (c) स्थानस्य (d) धनिकस्य
4. 'सुलभाः' इतिपदस्य किं विलोमपदम् अनुच्छेदे प्रयुक्तम्?
   (a) दुर्लभाः (b) दातारः
   (c) निराकर्त्तारः (d) विरलाः
5. कस्याः माधुर्यं स्वर्गं प्रापयति?
   (a) फलस्य (b) जिह्वायाः
   (c) शर्करायाः (d) मोदकस्य

अनुच्छेदः 16

काचित् बालिका आसीत्। एकदा सा क्रीडितुं मित्रैः सह उद्यानं प्रति गच्छति। उद्याने अनेके वानराः अपि आसन्। बालाः वानरान् दृष्ट्वा अतीव प्रसन्नाः भवन्ति। वानराः अपि बालान् दृष्ट्वा प्रसन्नाः भवन्ति। वानराः वृक्षस्य उपरि आसन्। बालाः वृक्षस्य अधः उपविशन्ति। वानराः अपि अधः आगत्य उपविशन्ति। इदं दृष्ट्वा बालाः चकिताः भवन्ति। वानरैः सह च खेलितुम् इच्छन्ति। वानराः बालानाम् भावम् अवगच्छन्ति। ते बालानां समीपे आगत्य अनेक-क्रीडा कुर्वन्ति। सर्वे मिलित्वा आनन्देन क्रीडन्ति। प्रसन्नाः वानराः वृक्षान् आरुह्य बालानां कृते फलानि क्षिपन्ति। सर्वे मिलित्वा फलानि खादन्ति, प्रसन्नाः च भवन्ति।

प्रश्नाः

प्रदत्तविकल्पेभ्यः उचितम् उत्तरं चित्वा लिखत।

(दिए गए विकल्पों में से उचित उत्तर चुनकर लिखिए)

1. गद्यांशे 'क्षिपन्ति' क्रियापदस्य कर्तृपदं किम् अस्ति?
   (a) बालाः (b) वानराः
   (c) फलानि (d) सर्वे
2. 'एकदा सा क्रीडितुं मित्रैः सह उद्यानं प्रति गच्छति' इति वाक्ये 'सा' सर्वनामपदं कस्मै प्रयुक्तम्?
   (a) वानराय (b) बालेभ्यः
   (c) बालिकायै (d) वानरेभ्यः
3. गद्यांशे 'सर्वे' इति कर्तृपदस्य क्रियापदं किं प्रयुक्तम्?
   (a) आसन् (b) क्षिपन्ति
   (c) भवन्ति (d) क्रीडन्ति
4. अनुच्छेदे 'नीचैः' इति अर्थे किं पदं प्रयुक्तम्?
   (a) समीपे (b) अधः
   (c) उपरि (d) आगत्य
5. बालिका क्रीडितुं कुत्र गच्छति?
   (a) क्षेत्रं
   (b) उद्यानं
   (c) विद्यालयं
   (d) नदीम्

उत्तरमाला

अनुच्छेद 1

1. (b) चिन्तायुक्त जनाय **2.** (a) जीवनम् **3.** (c) निर्जीवम्
4. (a) चिता **5.** (b) चिन्ता

अनुच्छेद 2

1. (d) श्रीराम: **2.** (d) वानराणां **3.** (c) शान्तिप्रिया:
4. (a) नृप: **5.** (a) रामायणं

अनुच्छेद 3

1. (d) गुरुणा **2.** (a) कौत्साय **3.** (c) जाता
4. (b) दातुम् **5.** (a) विद्याध्ययनं

अनुच्छेद 4

1. (a) तूष्णीम् **2.** (b) नृपाय **3.** (b) पिता
4. (c) चातुर्यम् **5.** (a) बीरबल

अनुच्छेद 5

1. (b) जनस्य **2.** (d) वयम् **3.** (a) सर्वदा
4. (c) सावधाना: **5.** (a) क्रोध:

अनुच्छेद 6

1. (b) क्रेतुम् **2.** (a) ग्राहकाय **3.** (c) तूष्णीम्
4. (b) मूल्यम् **5.** (b) पुस्तकम्

अनुच्छेद 7

1. (b) लोकप्रिया **2.** (d) आङ्ग्लभाषा
3. (b) संस्कृतभाषायै **4.** (a) अधुना **5.** (a) लोकप्रिया

अनुच्छेद 8

1. (b) नाश: **2.** (a) रुष्टा: **3.** (a) सर्प:
4. (c) मण्डूकेभ्य: **5.** (b) जीर्ण:

अनुच्छेद 9

1. (d) कृतघ्नता **2.** (a) अहङ्कारी **3.** (b) निष्ठुरता
4. (c) विश्वासं **5.** (c) षट्

अनुच्छेद 10

1. (c) अविवेकपूर्ण: **2.** (c) चलभाषितयन्त्राय
3. (d) एव **4.** (c) अविवेकपूर्ण: **5.** (b) आविष्कारान्

अनुच्छेद 11

1. (c) अलंकृतानि **2.** (c) पुस्तकाय **3.** (a) स्थापयित्वा
4. (a) स: **5.** (a) पुस्तकम्

अनुच्छेद 12

1. (c) उदेति **2.** (b) जना: **3.** (d) सुखदायिनी
4. (b) बालेभ्य: **5.** (a) कर्त्तव्यस्य

अनुच्छेद 13

1. (b) सिद्धार्थ: **2.** (d) सिद्धार्थाय **3.** (a) अकरोत्
4. (a) परिचर्याम् **5.** (d) नृप:

अनुच्छेद 14

1. (c) चटका **2.** (b) वृत्तान्तम्
3. (b) चटकाकाष्ठकूटयो: **4.** (a) अपसरेत् **5.** (b) वृक्षे

अनुच्छेद 15

1. (a) धनिकाय **2.** (d) कटुता **3.** (d) धनिकस्य
4. (a) दुर्लभा: **5.** (b) जिह्वाया:

अनुच्छेद 16

1. (b) वानरा: **2.** (c) बालिकायै
3. (d) क्रीडन्ति **4.** (b) अध: **5.** (b) उद्यानं

अध्याय 16

श्लोकों से प्रश्न निर्माण

श्लोकः 1

पृथिव्यां त्रीणि रत्नानि जलमन्नं सुभाषितम्।
मूढ़ैः पाषाणखण्डेषु रत्न संज्ञा विधीयते।।

प्रश्नाः

प्रदत्तविकल्पेभ्यः उचितम् उत्तरं चित्वा लिखत।
(दिए गए विकल्पों में से उचित उत्तर चुनकर लिखिए)

1. प्रस्तरखण्डेषु कैः रत्न संज्ञा विधीयते?
(a) विद्वानः (b) पण्डितः (c) मूढ़ैः (d) सुभाषितः
2. 'प्राज्ञैः' इति पदस्य विलोमपदं श्लोकात् चित्वा लिखत।
(a) मूढ़ैः (b) मूर्खैः (c) रत्नानि (d) पण्डितैः
3. 'सलिलं' इत्यर्थे श्लोके किं पदं प्रयुक्तम्?
(a) रत्नानि (b) अन्नं (c) जलं (d) संज्ञा
4. पृथिव्यां कति रत्नानि ?
(a) त्रीणि (b) चत्वारि
(c) पञ्च (d) सप्त
5. मूढ़ैः पाषाण खण्डेषु किं विधीयते?
(a) सुभाषितं (b) रत्नं (c) त्रीणि (d) जलम्

श्लोकः 2

शोको नाशयते धैर्यं, शोको नाशयते श्रुतम्।
शोको नाशयते सर्वं, नास्ति शोक समो रिपुः।।

प्रश्नाः

प्रदत्तविकल्पेभ्यः उचितम् उत्तरं चित्वा लिखत।
(दिए गए विकल्पों में से उचित उत्तर चुनकर लिखिए)

1. सर्वं कः नाशयते?
(a) रिपुः (b) सर्वः (c) शोकः (d) मानवः
2. 'मित्रं' इति पदस्य विलोमपदं किं अत्र प्रयुक्तम्?
(a) शत्रुः (b) रिपुः
(c) रिपूः (d) शोकः
3. 'शत्रुः' इति पदस्य पर्यायपदं किम्?
(a) शोकः (b) सर्वम् (c) श्रुतं (d) रिपुः
4. केन समो रिपुः नास्ति?
(a) मित्र (b) सर्व
(c) शोक (d) धैर्यं
5. 'नास्ति' इति पदस्य सन्धि विच्छेदं किम् अस्ति?
(a) न + अस्ति (b) ना + अस्ति
(c) ने + अस्ति (d) न + आस्ति

श्लोकः 3

जाड्यं धियो हरति सिञ्चति वाचि सत्यम्,
मनोन्नतिं दिशति पापमपाकरोति।
चेतः प्रसादयति दिक्षु तिनोति कीर्तिम्,
सत्संगति कथय किं न करोति पुंसाम्।।

प्रश्नाः

प्रदत्तविकल्पेभ्यः उचितम् उत्तरं चित्वा लिखत।
(दिए गए विकल्पों में से उचित उत्तर चुनकर लिखिए)

1. सत्संगतिः कस्य जाड्यां हरति?
(a) वाचि (b) दिशति
(c) धियो (d) पुंसाम
2. 'प्रसारयति' इतिपदस्य समानार्थकं क्रियापदं चित्वा लिखत।
(a) दिशति (b) अपाकरोति
(c) प्रसादयति (d) तिनोति
3. 'असत्यम्' इतिपदस्य विपरीतार्थकं पदं पद्यांशात् चित्वा लिखत।
(a) जाड्यं (b) सत्यम्
(c) चेतः (d) सत्संगतिः
4. 'सत्संगति' कुत्र कीर्तिं तिनोति?
(a) चक्षु (b) दिक्षु
(c) वाचि (d) चेतः
5. 'यश': इति पदस्य पर्याय पदं पद्यांशे किं प्रयुक्तम्?
(a) दिशति (b) कथय
(c) पुंसाम् (d) कीर्तिम्

श्लोकः 4

आदानस्य प्रदानस्य कर्त्तव्यस्य च कर्मणः।
क्षिप्रमक्रियमाणस्य कालः पिबति तद्रसम्।।

प्रश्नाः

प्रदत्तविकल्पेभ्यः उचितम् उत्तरं चित्वा लिखत।
(दिए गए विकल्पों में से उचित उत्तर चुनकर लिखिए)

1. कालः कस्य रसं पिबति?
(a) कर्मणः (b) क्रियामाणस्य
(c) धर्मस्य (d) धनस्य

2. 'शीघ्रं' इति पदस्य पर्यायपदं अत्र किम् प्रयुक्तम्?
(a) क्षिप्रम् (b) कालः
(c) क्षिप्राम् (d) क्षिप्र

3. 'पिबति' इति क्रियापदस्य कर्तृपदं किम् प्रयुक्तम्?
(a) सर्पः (b) विप्रः (c) नकुलः (d) कालः

4. 'समय' इति पदस्य कृते श्लोके किं संस्कृत पदे प्रयुक्तम्?
(a) कालः (b) पिबति (c) कर्मणः (d) सम्

5. 'पिबति' इति क्रियापदस्य लकारं किम् अस्ति?
(a) लोट् (b) लृट् (c) लट् (d) लङ्

श्लोकः 5

सुपूर्णम् सदैवास्ति खाद्यान्नभाण्डं
नदीनां जलं यत्र पीयूषतुल्यम्।
इयं स्वर्णवत्भातिशस्यैर्धरेयं
क्षितौ राजते भारतस्वर्णभूमिः।।

प्रश्नाः

प्रदत्तविकल्पेभ्यः उचितम् उत्तरं चित्वा लिखत।
(दिए गए विकल्पों में से उचित उत्तर चुनकर लिखिए)

1. भारतस्य किं सदैव सुपूर्णम् अस्ति?
(a) खाद्यान्नभाण्डं (b) पीयूषतुल्यम्
(c) सुपूर्णम् (d) शस्यैर्धरेयं

2. श्लोके 'राजते' इति क्रियापदस्य कर्तृपदं किम्?
(a) क्षितौ (b) भारतस्य
(c) भारतस्वर्णभूमिः (d) स्वर्णभूमिः

3. 'सुपूर्णं खाद्यान्नभाण्डं' एतयोः पदयोः विशेषणं किम्?
(a) खाद्यान्नं (b) भाण्डं
(c) सुपूर्णम् (d) खाद्यान्नभाण्डं

4. केषां जलं पीयूषतुल्यम्?
(a) नदीनां (b) वापीनां (c) तड़ागााां (d) कूपानां

5. 'सदैव' इति पदस्य सन्धि विच्छेदम् किम् अस्ति?
(a) सद् + एव (b) सदा + एव
(c) सदे + एव (d) सदा + ऐव

श्लोकः 6

आरम्भ गुर्वी क्षयिणी क्रमेण,
लध्वी पुरा वृद्धिमती च पश्चात्।
दिनस्य पूर्वार्द्ध परार्द्ध च भिन्ना
छायेव मैत्री खलसज्जनानाम्।।

प्रश्नाः

प्रदत्तविकल्पेभ्यः उचितम् उत्तरं चित्वा लिखत।
(दिए गए विकल्पों में से उचित उत्तर चुनकर लिखिए)

1. खलानाम् मैत्री आरम्भे कीदृशी भवति?
(a) लध्वी (b) क्षयिणी
(c) गुर्वी (d) बुद्विमती

2. श्लोके 'पुरा' पदस्य कः विपर्ययः आगतः?
(a) आरम्भे (b) पश्चात् (c) पूर्वार्द्ध (d) परार्द्ध

3. 'क्षयिणी' इति क्रियापदस्य अत्र कर्तृपदम् किम् प्रयुक्तम्?
(a) गुर्वी (b) लध्वी (c) मैत्री (d) छाया

4. सज्जनानां मैत्री आरम्भे कीदृशी भवति?
(a) गुर्वी (b) क्षयिणी (c) परार्द्ध (d) लध्वी

5. 'दिनस्य' इत्यस्मिन् पदे विभक्ति किम् अस्ति?
(a) पञ्चमी (b) षष्ठी (c) सप्तमी (d) तृतीया

श्लोकः 7

पापान्निवारयति योजयते हिताय
गुह्यं निगूहति गुणान् प्रकटी करोति।
आपदगतं च न जहाति, ददाति काले
सन्मित्र लक्षणमिदं प्रवदन्ति सन्तः।

प्रश्नाः

प्रदत्तविकल्पेभ्यः उचितम् उत्तरं चित्वा लिखत।
(दिए गए विकल्पों में से उचित उत्तर चुनकर लिखिए)

1. सन्मित्रम् स्वमित्रम् कस्मात् निवारयति?
(a) पापात् (b) धर्मात्
(c) पुण्यात् (d) कर्मात्

2. 'निगूहति' इति पदस्य विपरीतार्थकं पदं चित्वा लिखत।
(a) निवारयति (b) प्रकटीकरोति
(c) योजयते (d) प्रवदन्ति

3. 'काले ददाति' अत्र ददाति क्रियापदस्य कर्तृपदं किम्?
(a) काले (b) सन्मित्रम् (c) गुह्यं (d) आपदगतं

4. 'दोषान्' इति पदस्य विलोमपदं श्लोके किं प्रयुक्तम्?
(a) गुणान् (b) हिताय (c) काले (d) सन्तः

5. 'करोति' इत्यस्मिन् क्रियापदे लकारः किम् अस्ति
(a) लोट् (b) लङ् (c) लट् (d) लृट्

श्लोकः 8

लुब्धस्य नश्यति यशः पिशुनस्य मैत्री
नष्टक्रियस्य कुलमर्थपरस्य धर्मः।
विद्याफलं व्यसनिनः कृपणस्य सौख्यम्
राज्यं प्रमत्तसचिवस्य नराधिपस्य।।

प्रश्नाः

प्रदत्तविकल्पेभ्यः उचितम् उत्तरं चित्वा लिखत।
(दिए गए विकल्पों में से उचित उत्तर चुनकर लिखिए)

1. कस्य यशः नश्यति?
(a) पिशुनस्य (b) कृपणस्य
(c) सचिवस्य (d) लुब्धस्य

2. 'नराधिपस्य' इति अस्य पदस्य किं विशेषणपदं पद्यांशे प्रयुक्तम्?
(a) पिशुनस्य (b) प्रमत्तसचिवस्य
(c) कृपणस्य (d) नष्टक्रियस्य

3. 'उदारस्य' इति अस्य किं विलोमपदं पद्यांशे प्रयुक्तम्?
(a) व्यसनिनः (b) नष्टक्रियस्य
(c) कृपणस्य (d) लुब्धस्य

4. कृपणस्य किं नश्यति?
(a) धर्मः (b) सौख्यम्
(c) राज्यं (d) मैत्री

5. व्यसनिनः किं नश्यति?
(a) राज्यं (b) यशः
(c) विद्याफलं (d) धर्म

श्लोकः 9

गुणाः गुणज्ञेषु गुणाः भवन्ति।
ते निर्गुणं प्राप्य भवन्ति दोषाः।।
आस्वाद्यतोयाः प्रवहन्ति नद्यः।
समुद्रमासाद्य भवन्त्यपेयाः।।

प्रश्नाः

प्रदत्तविकल्पेभ्यः उचितम् उत्तरं चित्वा लिखत।
(दिए गए विकल्पों में से उचित उत्तर चुनकर लिखिए)

1. गुणाः गुणज्ञेषु किम् भवन्ति?
(a) दोषाः (b) गुणाः
(c) निर्गुणांः (d) तोयाः

2. 'वहन्ति' इति अस्य किम् पर्यायपदं पद्यांशे प्रयुक्तम्?
(a) प्रवहन्ति (b) भवन्ति
(c) उद्‌गच्छन्ति (d) प्रभवन्ति

3. 'जलम्' इति अर्थे किम् पदम् पद्यांशे प्रयुक्तम्?
(a) नद्यः (b) नीरः
(c) तोयाः (d) वारिः

4. गुणाः निर्गुणं प्राप्य किं भविन्त?
(a) दोषाः (b) गुणाः
(c) सद्‌गुणाः (d) नद्याः

5. नद्यः समुद्रमासाद्य कीदृशी भवन्ति?
(a) पेयाः (b) अपेयाः
(c) मधुरा (d) दोषाः

श्लोकः 10

अष्टादशपुराणेषु व्यासस्य वचनद्वयम्।
परोपकारः पुण्याय पापाय परपीडनम्।।

प्रश्नाः

प्रदत्तविकल्पेभ्यः उचितम् उत्तरं चित्वा लिखत।
(दिए गए विकल्पों में से उचित उत्तर चुनकर लिखिए)

1. पुराणानि कति सन्ति?
(a) एकादश (b) द्वादश
(c) पंचदश (d) अष्टादश

2. 'कथनम्' इत्यर्थे श्लोके कः शब्दः प्रयुक्तः?
(a) द्वयम् (b) पीडनम्
(c) वचनम् (d) उपकारः

3. 'अपकारः' इत्यस्य किं विलोमपदं श्लोके प्रयुक्तम्?
(a) परोपकारः (b) परपीडनम्
(c) वचनद्वयम् (d) पापाय

4. अष्टादश पुराणेषु कस्य वचनद्वयं?
(a) व्यासस्य (b) कुमारस्य
(c) राज्ञस्य (d) नरस्य

5. किम् पुण्याय?
(a) वचनं (b) परोपकारः
(c) पापाय (d) वचनम्

श्लोकः 11

वृक्षाः मित्राणि अस्माकं दशपुत्रसमो द्रुमः।
इत्थं विचार्य कर्त्तव्यं वृक्षाणां रक्षणं सदा।।

प्रश्नाः

प्रदत्तविकल्पेभ्यः उचितम् उत्तरं चित्वा लिखत।
(दिए गए विकल्पों में से उचित उत्तर चुनकर लिखिए)

1. दशपुत्रसमो कः?
(a) सिंहः (b) द्रुमः
(c) धनम् (d) ज्ञानम्

2. 'द्रुमः' इति कस्य पदस्य पर्यायः?
(a) दश (b) सम्
(c) पुत्रः (d) वृक्षः

3. 'रिपवः' इति पदस्य विलोमपदं किम्?
(a) मित्राणि (b) दशपुत्रः (c) वृक्षाः (d) द्रुमः

4. के अस्माकं मित्राणि?
(a) जना: (b) पुत्रा:
(c) वृक्षा: (d) कोऽपि न

5. अस्माकं किं कर्त्तव्यम्?
(a) वृक्षाणां रक्षणं (b) वृक्षाणांकर्तनं
(c) वृक्षाणां उत्खननं (d) ऐतेषु किमपि न

श्लोकः 12

लोभेन ये नरा: मूढ़ा: कुर्वन्ति परवञ्चनम्।
कदाचित् वञ्चिता भूत्वा ते प्रयान्त्युपहास्यताम्।।

प्रश्नाः

1. नरा: लोभेन किं कुर्वन्ति?
(a) परवञ्चनम् (b) रोदनं
(c) प्रताड़ितम् (d) वदनं

2. 'नरा:' इति पदस्य विशेषणपदं किम्?
(a) लोभेन (b) वञ्चिता
(c) परवञ्चनम् (d) मूढ़ा:

3. निम्नलिखितेषु क्रियापदं किम्?
(a) परवञ्चनम् (b) कुर्वन्ति
(c) लोभेन (d) ये

4. मूढ़ा: केन परवञ्चनम् कुर्वन्ति?
(a) नरेण (b) ज्ञानेन
(c) मानेन (d) लोभेन

5. 'भूत्वा' इत्यस्मिन् पदे किम् प्रत्यय: अस्ति?
(a) क्त्वा (b) ल्यप्
(c) तुमुन (d) मतुप्

श्लोकः 13

श्रोत्रं श्रुतेनैव न कुण्डलेन दानेन पाणिर्न तु कङ्कणेन।
विभाति काय: करुणापराणाम् परोपकारैर्न तु चन्दनेन।।

प्रश्नाः

प्रदत्तविकल्पेभ्य: उचितम् उत्तरं चित्वा लिखत।
(दिए गए विकल्पों में से उचित उत्तर चुनकर लिखिए)

1. पाणि: केन विभाति?
(a) दानेन (b) कङ्कणेन
(c) चन्दनेन (d) कुण्डलेन

2. 'विभाति' इति क्रियापदस्य कर्तृपदं किम्?
(a) काय: (b) परोपकारै:
(c) चन्देन (d) करुणापराणाम्

3. 'हस्त:' इत्यर्थे श्लोके किं पदम् प्रयुक्तम्?
(a) पाणिर्न (b) दानेन
(c) पाणि: (d) श्रोत्रं

4. 'दानेन' इत्यस्मिन् पदे किं विभक्ति: अस्ति
(a) चतुर्थी (b) पञ्चमी
(c) षष्ठी (d) तृतीया

5. 'शरीर': इति पदस्य कृते श्लोके किं प्रयुक्तम्?
(a) काय: (b) पाणिन:
(c) दानेन (d) कङ्कण:

श्लोकः 14

सर्पा: पिबन्ति पवनं न च दुर्बलास्ते,
शुष्कैस्तृणैर्वनगजा: बलिनो भवन्ति।
कन्दै: फलैर्मुनिवरा: क्षपयन्ति कालं,
सन्तोषं एव पुरुषस्य परं निधानम्।।

प्रश्नाः

प्रदत्तविकल्पेभ्य: उचितम् उत्तरं चित्वा लिखत।
(दिए गए विकल्पों में से उचित उत्तर चुनकर लिखिए)

1. सर्पा: किम् पिबन्ति?
(a) काल (b) पवनं
(c) दुग्धं (d) सन्तोषं

2. 'दुर्बला:' इति अस्य पदस्य किं विशेष्यपदम् अत्र प्रयुक्तम्?
(a) गजा: (b) मुनिवरा:
(c) सर्पा: (d) पुरुषा:

3. "व्यतीतं कुर्वन्ति" इत्यर्थे पद्यांशे किं पदम् प्रयुक्तम्?
(a) पिबन्ति (b) क्षपयन्ति
(c) भवन्ति (d) बलिनो

4. शुष्कैस्तृणैर्वन गजा: कीदृशो भवन्ति?
(a) दुर्बला (b) बलिनो
(c) सन्तोषी (d) कोऽपि न

5. 'भवन्ति' इत्यस्मिन् क्रियापदे धातु अस्ति?
(a) भू (b) भवत्
(c) एतेषु (d) एतेषु कोऽपि न

श्लोकः 15

प्राक्पादयो: पतति, खादति पृष्ठमांसं,
कर्णे कलं किमपि रौति शनैर्विचित्रम्।
छिद्रं निरूप्य सहसा प्रविशत्यशङ्क:,
सर्वं खलस्य चरितं मशक: करोति।।

प्रश्नाः

प्रदत्तविकल्पेभ्य: उचितम् उत्तरं चित्वा लिखत।
(दिए गए विकल्पों में से उचित उत्तर चुनकर लिखिए)

1. पूर्वं पादयो: क: पतति?
(a) मशक: (b) खलस्य
(c) पृष्ठमांस (d) रौति

2. श्लोके 'दुष्टस्य' इति पदस्य किं पर्यायपदं प्रयुक्तम्?
(a) निरूप्य (b) खलस्य
(c) चरितम् (d) विचित्रम्

3. 'कटुकम्' इति पदस्य किं विलोमपदं श्लोके प्रयुक्तम्?
(a) छिद्रम् (b) मांसम्
(c) कलम् (d) चरितम्

4. खलस्य चरितं कः करोति?
(a) जनः (b) नरः (c) मशकः (d) कलः

5. छिद्रं निरूप्य कः सहसा प्रतिशति?
(a) मशकः (b) खलः (c) नरः (d) जनः

श्लोकः 16

नमन्ति फलिनो वृक्षाः, नमन्ति गुणिनो जनाः।
शुष्कवृक्षाश्च मूर्खाश्च, न नमन्ति कदाचन।।

प्रश्नाः

प्रदत्तविकल्पेभ्यः उचितम् उत्तरं चित्वा लिखत।
(दिए गए विकल्पों में से उचित उत्तर चुनकर लिखिए)

1. कीदृशाः जनाः नमन्ति?
(a) मूर्खाः (b) गुणिनः
(c) दुर्बलाः (d) रुग्णाः

2. श्लोके 'बुद्धिहीनाः' इत्यस्य किं पर्यायपदं प्रयुक्तम्?
(a) जनाः (b) कदाचन
(c) मूर्खाः (घ) शुष्काः

3. श्लोके 'गुणिनः' इति विशेषणपदस्य किं विशेष्यपदं प्रयुक्तम्?
(a) फलिनः (b) वृक्षाः
(c) शुष्काः (घ) जनाः

4. कीदृशाः वृक्षाः नमन्ति?
(a) फलिनो (b) जलिनो
(c) बलिनो (d) गुणिनो

5. 'जनाः' इत्यस्मिन् पदे वचनम् अस्ति?
(a) द्विवचनम् (b) एकवचनम्
(c) बहुवचनम् (d) किमपि नास्ति

श्लोकः 17

आलस्यं हि मनुष्याणां शरीरस्थो महान् रिपुः।
नास्त्युद्यमसमो बन्धुः कृत्वा यं नावसीदति।।

प्रश्नाः

प्रदत्तविकल्पेभ्यः उचितम् उत्तरं चित्वा लिखत।
(दिए गए विकल्पों में से उचित उत्तर चुनकर लिखिए)

1. मनुष्याणां शरीरस्थः महान् शत्रुः कः?
(a) आलस्यम् (b) शोकं
(c) क्रोधं (d) रिपुः

2. श्रेष्ठबन्धुः कः?
(a) आलस्य (b) उद्यमः
(c) महान् (घ) शोकः

3. 'य कृत्वा'– अत्र 'यम्' इति सर्वनाम पदं कस्मै प्रयुक्तम्?
(a) उद्यमाय (b) मनुष्याय
(c) शत्रवे: (d) न कोऽपि न

4. श्लोके 'मित्रम्' इति पदस्य विलोमपदं किं प्रयुक्तमी?
(a) जनः (b) आलस्य
(c) शत्रुः (d) परिश्रमः

5. किं कृत्वा मनुष्य न अवसीदति?
(a) उद्यमं (b) आलस्यं
(c) धर्मं (d) किमपि न

श्लोकः 18

सेवितव्यो महावृक्षः फलच्छायासमन्वितः।
यदि दैवात् फलं नास्ति छाया केन निवार्यते।।

प्रश्नाः

प्रदत्तविकल्पेभ्यः उचितम् उत्तरं चित्वा लिखत।
(दिए गए विकल्पों में से उचित उत्तर चुनकर लिखिए)

1. 'दैवात्' इति पदस्य कोऽर्थः?
(a) भाग्यात् (b) कर्मात् (c) धर्मात् (d) फलात्

2. वृक्षस्य का न निवार्यते?
(a) दया (b) छाया (c) क्षमा (घ) सेवा

3. 'सेवितव्यः' इति क्रियापदस्य कर्तृपदं किम्?
(a) महावृक्षः (b) सेवितव्यः
(c) छाया (घ) देवात्

4. 'भाग्यात्' इति पदस्य पर्यायपदं चित्वा लिखत्
(a) धर्मात् (b) फलात्
(c) दैवात् (d) कर्मात्

5. वृक्षे दैवात् यदि किं नास्ति?
(a) फलं (b) जलं (c) धनं (d) किमपि न

श्लोकः 19

'विचित्रे खलु संसारे नास्ति किञ्चिन्निरर्थकम्।
अश्वश्चेद् धावने वीरः भारस्य वहने खरः।।'

प्रश्नाः

प्रदत्तविकल्पेभ्यः उचितम् उत्तरं चित्वा लिखत।
(दिए गए विकल्पों में से उचित उत्तर चुनकर लिखिए)

1. 'खरः' इति पदस्य कोऽर्थः?
(a) गर्दभः (b) कुक्कुरः
(c) विडाल (d) वृक्षभः

2. भारस्य वहने क: वीर: अस्ति?
(a) नर: (b) खर:
(c) जन: (d) धर्म:

3. अश्व: कस्मिन् वीर: अस्ति?
(a) धानवने (b) गमने
(c) वहने (d) संसारे

4. "विचित्रे संसारे" इत्यनयो: पदयो: विशेषणपदं किम्?
(a) संसारे (b) खर:
(c) विचित्रे (d) नर:

5. 'सार्थकम्' इति पदस्य विलोमपदं श्लोके किम् प्रयुक्तम्?
(a) निरर्थकम् (b) अर्थकम्
(c) अनर्थकम् (d) सहअर्थकम्

उत्तरमाला

श्लोक 1
1. (c) मूढै: 2. (a) मूढै: 3. (c) जलं
4. (a) त्रीणि 5. (b) रत्नं

श्लोक 2
1. (c) शोक: 2. (b) रिपु: 3. (d) रिपु:
4. (c) शोक: 5. (a) न + अस्ति

श्लोक 3
1. (c) धियो 2. (d) तिनोति 3. (b) सत्यम्
4. (b) दिक्षु: 5. (d) कीर्तिम्

श्लोक 4
1. (b) क्रियामाणस्य 2. (a) क्षिप्रम् 3. (d) काल:
4. (a) काल: 5. (b) लट्

श्लोक 5
1. (a) खाद्यान्नभाण्डं 2. (c) भारतस्वर्णभूमि: 3. (c) सुपूर्णम्
4. (a) नदीनां 5. (b) सदा + एव

श्लोक 6
1. (c) गुर्वी 2. (b) पश्चात् 3. (c) मैत्री
4. (d) लध्वी 5. (b) षष्ठी

श्लोक 7
1. (a) पापात् 2. (b) प्रकटीकरोति 3. (b) सन्मित्रम्
4. (a) गुणान् 5. (c) लट्

श्लोक 8
1. (d) लुब्धस्य 2. (b) प्रमत्तसचिवस्य 3. (d) लुब्धस्य
4. (b) सौख्यम् 5. (c) विद्याफलं

श्लोक 9
1. (b) गुणा: 2. (a) प्रवहन्ति 3. (c) तोया:
4. (a) दोषा: 5. (b) अपेया:

श्लोक 10
1. (d) अष्टादश 2. (c) वचनम् 3. (a) परोपकार:
4. (a) व्यासस्य 5. (b) परोपकार:

श्लोक 11
1. (b) द्रुम: 2. (d) वृक्ष: 3. (a) मित्राणि
4. (c) वृक्षा: 5. (a) वृक्षाणां रक्षणं

श्लोक 12
1. (a) परवञ्चनम् 2. (d) मूढ़ा: 3. (b) कुर्वन्ति
4. (d) लोभेन 5. (a) कत्वा

श्लोक 13
1. (a) दानेन 2. (a) काय: 3. (c) पाणि:
4. (d) तृतीया 5. (a) काय:

श्लोक 14
1. (b) पवनं 2. (c) सर्पा: 3. (b) क्षपयन्ति
4. (b) बलिनो 5. (a) भू

श्लोक 15
1. (a) मशक: 2. (b) खलस्य 3. (b) मांसम्
4. (c) मशक: 5. (a) मशक:

श्लोक 16
1. (b) गुणिन: 2. (c) मूर्खा: 3. (d) जना:
4. (a) फलिनो 5. (c) बहुवचनम्

श्लोक 17
1. (a) आलस्यम् 2. (b) उद्यम: 3. (a) उद्यमाय
4. (c) शत्रु: 5. (a) उद्यमं

श्लोक 18
1. (a) भाग्यात् 2. (b) छाया 3. (a) महावृक्ष:
4. (c) दैवात् 5. (a) फलं

श्लोक 19
1. (a) गदर्भ: 2. (b) खर: 3. (a) धावने
4. (c) विचित्रे 5. (a) निरर्थकम्

अध्याय 17

वाच्य परिवर्तन

वाच्य का अर्थ

वाक्य में क्रिया द्वारा प्रधान रूप से जो कहा जाता है, वही क्रिया का वाच्य होता है अर्थात् वाक्य निर्माण की शैली को **वाच्य परिवर्तन** कहते हैं।

वाच्य के भेद

वाच्य के निम्नलिखित तीन भेद होते हैं

1. कर्मवाच्य 2. कर्तृवाच्य 3. भाववाच्य

वाच्य परिवर्तन के नियम

- कर्तृवाच्य में कर्ता की प्रधानता होती है। कर्ता के अनुसार, ही क्रिया का पुरुष तथा वचन होता है।
- कर्मवाच्य में कर्म की प्रधानता होती है। कर्म के अनुसार, क्रिया का पुरुष तथा वचन आत्मनेपद में होते हैं।
- भाववाच्य में भाव की प्रधानता होती है। क्रिया हमेशा नपुंसकलिंग एकवचन या प्रथम पुरुष एकवचन आत्मनेपद में होती है।

वाच्य परिवर्तनम्	कर्ता	कर्म	क्रिया
कर्मवाच्य	तृतीया विभक्तिः	प्रथमा विभक्तिः	कर्मानुसारं (आत्मनेपदी) लिंग पुरुष, विभक्ति वचन।
कर्तृवाच्ये	प्रथमा विभक्तिः	द्वितीया विभक्तिः	कर्तानुसारं (परस्मैपदी) वचन, पुरुष।
भाववाच्ये	तृतीया विभक्तिः	प्रथमा विभक्तिः	(क) लकारेषु प्रथम पुरुष एकवचन आत्मनेपदी।
			(ख) प्रत्यस्य योगे-नपुंसकलिंग, प्रथमा विभक्ति एकवचन।

कर्मवाच्य से क्रिया बनाने की विधि

कर्मवाच्य से क्रिया बनाने के लिए निम्नलिखित नियम याद रखने चाहिए

- मूल धातु के बाद वर्ण 'य' लगाया जाता है।
- धातुओं में आत्मनेपद के रूप लगते हैं;

परस्मैपद	आत्मनेपद	परस्मैपद	आत्मनेपद
लिखति	लिख्यते	गच्छति	गम्यते
पठति	पठ्यते	भक्षयति	भक्ष्यते

- सभी लकारों में क्रमशः प्रथम पुरुष और एकवचन का ही प्रयोग किया जाता है।
- ऋकारान्त धातुओं के अन्तिम 'ऋ' का 'रि' हो जाता है; यथा—

  कृ — क्रि = क्रियते, मृ — म्रियते, भृ — भ्रियते
- धातुओं में स्मृ तथा जागृ के अन्तिम 'ऋ' का 'अर्' हो जाता है; यथा—

  स्मृ — स्मर्यते, जागृ — जागर्यते
- वच्, वस्, वप्, स्वप्, ह्वे के व को 'उ' हो जाता है। यज् तथा व्यध् के 'य' को 'इ' और 'प्रच्छ्' तथा 'ग्रह' के 'र' को ऋ हो जाता है; यथा—

वच्	–	उच्यते
यज्	–	इज्यते
वस्	–	उष्यते
व्यध्	–	विध्यते

- धातु के अन्तिम 'इ' तथा 'उ' दीर्घ हो जाते हैं; यथा—

जि	–	जीयते
श्रु	–	श्रूयते
चि	–	चीयते
दु	–	दूयते

- आकारान्त धातुओं के 'आ' का 'ई' हो जाता है; यथा—

दा	–	दीयते
पा	–	पीयते
स्था	–	स्थीयते

- धातु के अन्तिम अक्षर के पहले यदि कोई अनुनासिक (किसी वर्ग का पाँचवाँ वर्ण) हो, तो उसका लोप हो जाता है; यथा—

बन्ध	–	बध्यते
रञ्ज	–	रज्यते
मन्थ	–	मथ्यते

कर्तृवाच्य से कर्मवाच्य में परिवर्तन के नियम

- कर्तृवाच्य के कर्ता की प्रथमा विभक्ति के स्थान पर कर्मवाच्य में बनाने पर कर्ता में तृतीया विभक्ति का प्रयोग किया जाता है।
- कर्तृवाच्य के 'कर्म' की द्वितीया विभक्ति के स्थान पर कर्मवाच्य में बनाने के लिए 'कर्म' में प्रथमा विभक्ति का प्रयोग किया जाता है।
- कर्मवाच्य में क्रिया का पुरुष, वचन, लिंग, विभक्ति, कर्म के पुरुष, लिंग, विभक्ति, वचन के अनुसार हो जाता है।

- कर्तृवाच्य के क्तवतु (तवत्) प्रत्यय के स्थान पर कर्मवाच्य में क्त (त) प्रत्यय हो जाता है; यथा—

कर्तृवाच्य	कर्मवाच्य
रामः पाठं पठति।	रामेण पाठः पठ्यते।
सः माम् पश्यति।	तेन अहम् दृश्ये।
त्वं पुष्पाणि चिनोषि।	त्वया पुष्पाणि चीयन्ते।
सः किं कृतवान्?	तेन किं कृतम्?

कर्तृवाच्य से कर्मवाच्य के कुछ उदाहरण

कर्तृवाच्य	कर्मवाच्य
• ते प्रातः विद्यालयं गच्छन्ति।	तैः प्रातः विद्यालयः गम्यते।
• युवां किं कुरुथ?	युवाभ्यां किं क्रियते?
• अहं त्वां पश्यामि।	मया त्वं दृश्यते।
• ते माम् पश्यतः।	ताभ्याम् अहं दृश्ये।
• सः रोटिकां खादति।	तेन रोटिकाः खाद्यन्ते।
• तौ ग्रामं गच्छतः।	ताभ्यां ग्रामः गम्यते।
• त्वं शाखां पश्यसि।	त्वया शाखाः दृश्यते।
• युवां तौ पश्यतः।	युवाभ्यां तौ दृश्येते।
• अहं तं पश्यामि।	मया सः दृश्यते।
• सः पाठान् पठति।	तेन पाठाः पठ्यन्ते।
• त्वं गीतां पठसि।	त्वया गीता पठ्यते।
• नृपः निर्धनेभ्यः धनं ददाति।	नृपेण निर्धनेभ्यः धनंदीयते।
• सैनिकाः देशं रक्षन्ति।	सैनिकैः देशः रक्ष्यते।
• हिमालयः भारतं रक्षति।	हिमालयेन भारतं रक्ष्यते।
• छात्राः शिक्षकान् नमन्ति।	छात्रैः शिक्षकाः नम्यन्ते।

कर्मवाच्य से कर्तृवाच्य में परिवर्तन के नियम

- कर्मवाच्य के कर्ता की तृतीया विभक्ति, कर्तृवाच्य में प्रथमा विभक्ति में बदल जाती है।
- कर्मवाच्य के कर्म की प्रथमा विभक्ति कर्तृवाच्य में द्वितीया विभक्ति में बदल जाती है।
- क्रिया के पुरुष व वचन कर्म के अनुसार न होकर कर्ता के अनुसार होते हैं।
- कर्मवाच्य की आत्मनेपद की क्रिया परस्मैपद क्रिया में बदल जाती है; यथा—

कर्मवाच्य से कर्तृवाच्य के कुछ उदाहरण

कर्मवाच्य	कर्तृवाच्य
रामेण पाठः पठ्यते।	रामः पाठं पठति।
मया त्वं दृश्यते।	अहम् त्वां पश्यामि।
युष्माभिः पाठः पठ्यते।	यूयम् पाठं पठथ।

कर्तृवाच्य से भाववाच्य में परिवर्तन के नियम

- भाववाच्य में प्रयुक्त होने वाली धातुओं के रूप कर्मवाच्य की क्रियाओं के समान ही होते हैं।
- भाववाच्य का कर्ता भी कर्मवाच्य के कर्ता के समान तृतीया विभक्ति में रहता है।
- इस वाच्य की क्रिया हमेशा प्रथम पुरुष एकवचन में ही रहती है।
- जहाँ क्रिया की प्रधानता होती है, वहाँ भाववाच्य होता है।

कर्तृवाच्य से भाववाच्य के कुछ उदाहरण

कर्तृवाच्य	भाववाच्य
• सः हसति।	तेन हस्यते।
• सिंहः गर्जति।	सिंहेन गर्ज्यते।
• नर्तकः मञ्चे नृत्यति।	नर्तकेण मञ्चे नृत्यते।

अभ्यास प्रश्न

1. "सः गच्छति" वाक्य का सही वाच्य परिवर्तन होगा
(a) तया गम्यते (b) तया गच्छयते
(c) मया गच्छते (d) इनमें से कोई नहीं

2. "अहं वदामि" वाक्य का भाववाच्य होगा
(a) मया गम्यते (b) मया वद्यते
(c) त्वया वदते (d) मया वदति

3. "सः क्रीडति" वाक्य का भाववाच्य परिवर्तन होगा
(a) तेन खेलति (b) तेन क्रिडते
(c) सः क्रिडति (d) तेन क्रीड्यते

4. 'रामेण हस्यते' भाववाच्य का कर्तृवाच्य में परिवर्तन करने पर रूप बनेगा
(a) रामः हसति (b) रामेण हसति
(c) रामात् हसति (d) इनमें से कोई नहीं

5. "अहं गच्छामि" वाक्य का भाववाच्य परिवर्तन रूप होगा
(a) मया गच्छते (b) मया गम्यते
(c) त्वया गच्छति (d) त्वम् गमति

6. "अहं पुस्तकम् पठामि" वाक्य का कर्मवाच्य रूप बनेगा।
(a) मया पुस्तकं पठ्यते (b) अहं पुस्तकं पठति
(c) मया पुस्तकं पठति (d) इनमें से कोई नहीं

7. 'मया दुग्धं पीयते' वाक्य का कर्तृवाच्य रूप बनेगा
(a) अहं दुग्धं पिबति (b) अहं दुग्धं पिबामि
(c) अहं दुग्धं पिबसि (d) त्वं दुग्धं पिबसि

8. 'त्वं गच्छसि' का भाववाच्य है
(a) त्वं गच्छति
(b) त्वम् गच्छामि
(c) त्वया गम्यते
(d) त्वया गच्छति

9. ''जना: पुस्तकं पठन्ति'' वाक्य का कर्मवाच्य परिवर्तन रूप बनेगा
(a) जनैः पुस्तकं पठ्यन्ते (b) जनाः पुस्तकं पठति
(c) जनै पुस्तकानि पठ्यते (d) इनमें से कोई नहीं

10. ''श्याम: वेदं पठति'' वाक्य का कर्मवाच्य परिवर्तनीय रूप होगा
(a) श्यामेन वेदं पठामि (b) श्यामः वेदं पाठयति
(c) श्यामेव वेदाः पाठयते (d) श्यामेन वेंदं पठ्यते

11. ''अहं कर्मं करोमि'' वाक्य में कर्मवाच्य परिवर्तनीय रूप होगा
(a) मया कर्मं क्रीयन्ते (b) मया कर्मं क्रियते
(c) त्वया कर्म करोति (d) त्वं कर्मम् कुरुतः

12. ''मित्र: पत्रं लिखति'' वाक्य का कर्मवाच्य परिवर्तन होगा
(a) मित्रेण पत्रं लिख्यते (b) मित्रम् पत्रं लिखन्ते
(c) मित्रः पत्रम् लिखसि (d) इनमें से कोई नहीं

13. ''यूयं पठथ'' कर्तृवाच्य का भाववाच्य रूप होगा
(a) त्वं पठति (b) युष्माभिः पठ्यते
(c) अहं पठामि (d) युवां पठथः

14. ''लता पत्रिकां पठति'' वाक्य में कर्मवाच्च परिवर्तन रूप बनेगा
(a) लतया पत्रिका पठ्यते (b) लता पत्रिका पठन्ति
(c) लतायाः पत्रिकाम् पठते (d) लतायाम् पत्रिकां पठन्ते

15. ''स: देवालयं गच्छति'' वाक्य का कर्मवाच्य परिवर्तनीय रूप होगा
(a) सा देवालयं गच्छन्ति (b) तेन देवालयं गम्यते
(c) सः देवालयम् गच्छन्ति (d) इनमें से कोई नहीं

16. ''सीता ग्रामं गच्छति।'' वाक्य का कर्मवाच्य होगा
(a) सीतया ग्रामः गम्यते (b) सीताया ग्रामं गम्यते
(c) सीतेण ग्रामं गम्यते (d) सीतया ग्रामं गच्छति

17. ''बालकै: पुस्तकं पठ्यते'' का कर्तृवाच्य होगा
(a) बालकः पुस्तकं पठति (b) बालकौ पुस्तकं पठतः
(c) बालकाः पुस्तकं पठन्ति (d) बालकाः पुस्तकं पठति

18. ''तेन पत्रं लिख्यते।'' वाच्य है
(a) कर्तृवाच्य (b) कर्मवाच्य
(c) भाववाच्य (d) इनमें से कोई नहीं

19. ''युष्माभि: जलं पीयते।'' का कर्तृवाच्य होगा
(a) युष्माभिः जलं पीबध (b) युयं जलं पिबन्ति
(c) यूयं जलं पिबथ (d) त्वं जलं पिबसि

20. ''राम: चलति।'' का भाववाच्य होगा
(a) रामेण चलति (b) रामं चलित
(c) रामेण चल्यते (d) रामेण चलन्ति

21. ''तेन क्रिड्यते।'' वाच्य है
(a) कर्तृवाच्य (b) भाववाच्य
(c) कर्मवाच्य (d) इनमें से कोई नहीं

22. ''मया किं क्रियते।'' का कर्तृवाच्य होगा
(a) अहं किं करोति (b) मम किं करोषि
(c) मया किं करोति (d) अहं किं करोमि

23. ''अहं पश्यामि।'' में वाच्य है
(a) कर्तृवाच्य (b) कर्मवाच्य
(c) भाववाच्य (d) इनमें से कोई नहीं

24. ''अध्यापक: छात्रं पृच्छति।'' वाक्य का कर्मवाच्य होगा
(a) अध्यापकेन छात्रं पृच्छयते (b) अध्यापकः छात्रं पृच्छयते
(c) अध्यापकेन छात्रः पृच्छयते (d) अध्यापकेन छात्रः पृच्छयति

25. ''अस्माभि: जलं पीयते'' वाक्य का कर्तृवाच्य होगा
(a) अहं जलं पिबामि (b) वयं जलं पिबामि
(c) अस्माभिः जलं पिबामः (d) वयं जलं पिबामः

26. ''त्वया हस्यते'' वाक्य है
(a) कर्तृवाच्य (b) कर्मवाच्य
(c) भाववाच्य (d) इनमें से कोई नहीं

27. ''अहं पुस्तकं पठामि।'' का कर्मवाच्य होगा
(a) मया पुस्तकं पठामि (b) तेन पुस्तकं पठ्यते
(c) मया पुस्तकं पठ्यते (d) अहं पुस्तकेन पठामि

28. ''बालक: पुस्तकं पठति।'' वाक्य है
(a) कर्तृवाच्य (b) कर्मवाच्य
(c) भाववाच्य (d) इनमें से कोई नहीं

29. ''रामेण पत्रं लिख्यते।'' का कर्तृवाच्य होगा
(a) रामाः पत्रं लिखन्ति (b) रामः पत्रं लिखति
(c) रामः पत्रं लिख्यते (d) रामः पत्रेण लिखति

30. ''युष्माभि: जलं पीयते।'' वाच्य है
(a) कर्तृवाच्य (b) कर्मवाच्य
(c) भाववाच्य (d) इनमें से कोई नहीं

31. ''अहं फलं भक्षयामि।'' का कर्मवाच्य होगा
(a) वयं फलं भक्षयामः (b) तेन फलं भक्ष्यते
(c) मया फलं भक्ष्यते (d) मम फलं भक्ष्यते

32. ''बालक: चन्द्र पश्यति।'' वाच्य है
(a) कर्तृवाच्य (b) कर्मवाच्य
(c) भाववाच्य (d) इनमें से कोई नहीं

33. ''मया इदं उच्यते'' वाक्य का कर्तृवाच्य होगा
(a) अहं इदं उच्यामि। (b) मया इदं वदामि
(c) सः इदं उच्यति। (d) अहं इदं वदामि

34. ''त्वं किं पठसि?'' वाक्य का कर्मवाच्य होगा
(a) तेन किं पठ्यते? (b) त्वम् किं पठसि?
(c) त्वया किं पठ्यते? (d) तेन किं पठसि?

35. ''बालकै: विद्यालयं गम्यते।'' वाच्य है
(a) कर्तृवाच्य (b) कर्मवाच्य
(c) भाववाच्य (d) इनमें से कोई नहीं

36. ''राम: कार्यं करोति।'' का कर्मवाच्य होगा
(a) रामेण कार्यं क्रियते (b) रामं कार्याणि क्रियन्ते
(c) रामाः कार्यं क्रियन्ते (d) रामैः कार्यं क्रियते

37. "रमेशः गीतां पठति।" का कर्मवाच्य होगा
(a) रमेशः गीताः पठ्यते (b) रमेशः गीता पठ्येत
(c) रमेशेण गीता पठ्यते (d) रमेशेण गीताः पठ्यामि

38. "त्वया भोजनं क्रियते" का कर्तृवाच्य होगा
(a) ते भाजनं कुर्वन्ति (b) सः भोजनं कुर्वन्ति
(c) त्वं भोजनं करोति (d) त्वं भोजनं करोषि

39. "मोहनः विद्यालयं गच्छति।" वाच्य है
(a) कर्तृवाच्य (b) भाववाच्य
(c) कर्मवाच्य (d) इनमें से कोई नहीं

40. "अहं पत्रं पठामि।" का कर्मवाच्य होगा
(a) अस्माभिः पत्रं पठ्यते (b) मां पत्रं पठ्यामि
(c) मया पत्रं पठ्यते (d) मां पत्रं पठ्यते

41. "त्वं चन्द्रं पश्यसि।" वाक्य का कर्मवाच्य होगा
(a) तेन चन्दः पश्यसि (b) त्वया चन्द्रं दृश्यते
(c) त्वया चन्द्रं पश्यते (d) त्वया चन्द्रः पश्यते

42. "बालकः कन्दुकेन क्रीडति।" वाक्य का भाववाच्य होगा
(a) बालकेन कन्दुकेन क्रीड्यते। (b) बालकेन कन्दुकं क्रिड्यते
(c) बालकाः कन्दुकेन क्रीड्यन्ते (d) बालकेन कन्दुकं क्रिडति

43. "दशरथः रामं स्मरति।" का कर्मवाच्य होगा
(a) दशरथेन रामः स्मर्यते (b) दशरथेन रामं स्मर्यते
(c) दशरथः रामेण स्मर्यते (d) दशरथेन रामं स्मर्यति

44. "केन गीयते।" वाच्य है
(a) कर्तृवाच्य (b) कर्मवाच्य
(c) भाववाच्य (d) इनमें से कोई नहीं

45. "श्यामः फलं खादति।" वाच्य है
(a) कर्तृवाच्य (b) कर्मवाच्य
(c) भाववाच्य (d) इनमें से कोई नहीं

46. "बालकेन ग्रामः गम्यते।" का कर्तृवाच्य होगा
(a) बालकः ग्रामः गच्छति (b) बालकेन ग्रामं गच्छति
(c) बालकः ग्रामं गच्छति (d) बालकेन ग्रामं गम्यते

47. "अस्माभिः जलं पीयते।" वाच्य है
(a) कर्तृवाच्य (b) कर्मवाच्य
(c) भाववाच्य (d) इनमें से कोई नहीं

48. "रामः वेदं पठति।" का कर्मवाच्य होगा
(a) रामेण वेदं पठ्यते (b) रामेण वेदः पठ्यते
(c) रामेण वेदं पठति (d) रामैः वेदं पठ्यते

उत्तरमाला

1.	(a)	2.	(b)	3.	(d)	4.	(a)	5.	(b)	6.	(a)	7.	(b)	8.	(c)	9.	(a)	10.	(d)
11.	(b)	12.	(a)	13.	(b)	14.	(a)	15.	(b)	16.	(a)	17.	(a)	18.	(b)	19.	(c)	20.	(c)
21.	(b)	22.	(d)	23.	(a)	24.	(c)	25.	(d)	26.	(c)	27.	(d)	28.	(a)	29.	(b)	30.	(b)
31.	(c)	32.	(a)	33.	(d)	34.	(c)	35.	(b)	36.	(a)	37.	(c)	38.	(d)	39.	(a)	40.	(c)
41.	(d)	42.	(a)	43.	(a)	44.	(c)	45.	(a)	46.	(c)	47.	(b)	48.	(b)				

मध्य प्रदेश

शासन, स्कूल शिक्षा विभाग के अन्तर्गत

उच्च माध्यमिक शिक्षक

प्रैक्टिस पेपर्स (1-5)

मध्य प्रदेश
उच्च माध्यमिक शिक्षक पात्रता परीक्षा (भाग-ब)

प्रैक्टिस पेपर 1

निर्देश

इस प्रश्न-पत्र में कुल 120 वस्तुनिष्ठ प्रकार के प्रश्न हैं तथा प्रत्येक प्रश्न के लिए एक अंक निर्धारित है।

1. 'राम' शब्द पञ्चमी एकवचन का रूप है
(a) रामात्
(b) रामेण
(c) रामस्य
(d) रामैः

2. 'रामाणाम्' शब्द किस विभक्ति एवं वचन का रूप है?
(a) पञ्चमी, एकवचन
(b) षष्ठी, बहुवचन
(c) चतुर्थी, द्विवचन
(d) प्रथमा, एकवचन

3. 'राम' शब्द तृतीया-एकवचन का रूप है
(a) रामस्य
(b) रामाणाम्
(c) रामेण
(d) रामैः

4. 'कवि' शब्द चतुर्थी-बहुवचन का रूप है
(a) कविभ्यः
(b) कवौ
(c) कवी
(d) कवयः

5. 'कविम्' शब्द किस विभक्ति व वचन का है?
(a) तृतीय, एकवचन
(b) द्वितीया, एकवचन
(c) चतुर्थी, एकवचन
(d) पञ्चमी, एकवचन

निर्देश (प्रश्न संख्या 6-10) अधोलिखितानां प्रश्नानां विग्रह पदं अथवा समस्त पदं विकल्पेभ्य चित्वा: लिखत (निम्नलिखित प्रश्नों के विग्रह पद अथवा समस्त पद विकल्पों में से चुनकर लिखिए)

6. **सूपकाराः** भोजनं पचन्ति।
(a) सूपं करोति इति ते
(b) सूपं कुर्वन्ति इति सः
(c) सूपानां कुर्वन्ति इति ते
(d) सूपं कुर्वन्ति इति ते

7. अहं भवतः **शरणम् आगता।**
(a) शरणागता
(b) शरणेगता
(c) शरणगता
(d) शरणा आगता

8. संसारे अनेके **दानवीराः** सन्ति।
(a) दानात् वीराः
(b) दानस्य वीराः
(c) दाने वीराः
(d) दानाय वीराः

9. **वार्तालापं** मा कुरु।
(a) वार्तायाः अलापम्
(b) वार्तेः अलापम्
(c) वार्ताम् आलापम्
(d) वार्ता आलापम्

10. **सत्यसमम्** तपः न अस्ति।
(a) सत्येन समम्
(b) सत्यस्य समम्
(c) सत्यात् समम्
(d) सत्याय समम्

11. निम्नलिखित में से दीर्घ सन्धि का उदाहरण है
(a) भूमि + ईशः
(b) इति + आदि
(c) वाक् + ईशः
(d) प्रति + एकः

12. 'दैत्य + अरिः' की सन्धि होगी
(a) दैत्यरिः
(b) दैत्युरिः
(c) दैत्यारिः
(d) दैत्योरिः

13. 'भानूदयः' का सन्धि-विच्छेद होगा
(a) भानू + उदयः
(b) भानु + उदयः
(c) भानु + ऊदयः
(d) भानू + ऊदयः

14. 'होतृ + ॠकारः' की सन्धि होगी
(a) होतृकारः
(b) होतॄकारः
(c) होतकरिः
(d) होतद्धकारः

15. निम्नलिखित में से गुण सन्धि का उहाहरण है
(a) न + इति
(b) सदा + आनन्द
(c) सु + उक्तिः
(d) एक + एक

16. दृश धातु का क्त्वा प्रत्यान्त रूप है
(a) दृष्ट्वा
(b) दर्शित्वा
(c) दृशत्वा
(d) द्रष्ट्वा

17. क्त्वा प्रत्यय का शेष रहता है
(a) त्वा
(b) क्त्वा
(c) वा
(d) इत्वा

18. 'पठ्' धातु के क्त्वा प्रत्यय लगाने पर रूप बनता है
(a) पठ्ता
(b) पठित्वा
(c) पठ्क्त्वा
(d) पठिक्त्वा

19. 'पा' धातु से क्त्वा प्रत्यय होकर रूप बनता है
(a) पात्वा
(b) पीत्वा
(c) पित्वा
(d) पाष्ट्वा

20. उपगम्य में प्रत्यय लगा है
(a) ल्यप्
(b) क्त्वा
(c) ण्यत्
(d) श्यन्

21. निम्न में से कौन-सा 'भू' धातु लृट् लकार, प्रथम पुरुष, एकवचन का रूप है?
(a) भविष्यावः
(b) भविष्यति
(c) भविष्यामि
(d) भविष्यसि

22. 'भू' धातु लोट् लकार, प्रथम पुरुष, बहुवचन का रूप है
(a) भवन्तु
(b) भवत
(c) भवताम्
(d) भवानि

23. 'भू' धातु लोट् लकार, उत्तम पुरुष के सभी वचनों के रूप हैं
(a) भवानि, भवाव, भवाम
(b) भव, भवतम्, भवत
(c) भवतु, भवताम्, भवन्तु
(d) भव, भवाव, भवाम

24. 'भू' धातु लट् लकार, प्रथम पुरुष, बहुवचन का रूप है
(a) भवति
(b) भवामः
(c) भवथ
(d) भवन्ति

25. 'भू' धातु लट् लकार, मध्यम पुरुष, द्विवचन का रूप है
(a) भवथ
(b) भवथः
(c) भवामः
(d) भवावः

26. सम्प्रति कति वेदाः वर्तन्ते?
(a) 02
(b) 03
(c) 04
(d) 05

27. वेदत्रयी अस्ति
(a) ऋग्वेदः, शुक्लयजुर्वेदः, सामवेदः
(b) ऋग्वेदः, यजुर्वेदः, सामवेदः
(c) ऋग्वेदः, कृष्णयजुर्वेदः, सामवेदः
(d) ऋग्वेदः, यजुर्वेदः, अथर्ववेदः

28. प्राचीनतम: वेद: क:?
(a) ऋग्वेद:
(b) यजुर्वेद:
(c) सामवेद:
(d) अथर्ववेद:

29. वेदशब्दस्य अथर्मभिलक्ष्य सायणाचार्येण क: उक्तम्?
(a) धर्मप्रतिपादकं वेद:
(b) ज्ञानलक्षणं वेद:
(c) मन्त्रब्रह्मणात्मकं वेद:
(d) अपौरुषेयवाक्यं वेद:

30. ऋग्वेदस्य मण्डलक्रमे कति मण्डला: समुपलभ्यते?
(a) 10
(b) 08
(c) 1028
(d) 64

31. संस्कृतसाहित्यस्य आदिकाव्यम् अस्ति
(a) महाभारतम्
(b) रघुवंशम्
(c) रामायणम्
(d) कुमारसम्भवम्

32. रामायणस्य प्रणेता क:?
(a) वाल्मीकि:
(b) कृष्णद्वैपायन:
(c) तुलसीदास:
(d) वेदव्यास:

33. रामायणे कति काण्डानि सन्ति?
(a) पञ्च
(b) सप्त
(c) षट्
(d) अष्ट

34. रामायणे कति सर्गा: विद्यन्ते?
(a) 25
(b) 250
(c) 325
(d) 500

35. 'हरिश्चन्द्रोपाख्यानम्' कुत्र प्राप्यते?
(a) रामायणे
(b) रघुवंशे
(c) महाभारते
(d) कुमारसम्भवे

36. महाकविता भासेन कति नाटकानि रचितानि?
(a) पञ्चं
(b) नव
(c) अष्ट
(d) त्रयादेश

37. प्रतिमानाटकं कस्य रचना?
(a) भासस्य
(b) कालिदासस्य
(c) भारवे:
(d) भरतमुने:

38. प्रतिज्ञायौगन्धरायणे कति अङ्का:?
(a) एक:
(b) द्वौ
(c) त्रय:
(d) चत्वार:

39. 'स्वप्नवासदत्तम्' इति नाटके अङ्का: सन्ति
(a) 5
(b) 6
(c) 7
(d) 8

40. कालिदासस्य का प्रसिद्धी
(a) उपमा
(b) योजना
(c) वक्रोक्ति:
(d) रचना

41. संस्कृतसाहित्ये आदिकाव्यमस्ति
(a) ऋग्वेद:
(b) महाभारतम्
(c) रघुवंशम्
(d) रामायणम्

42. अधोलिखितेषु आर्षकाव्यमस्ति
(a) नैषधीयचरितम्
(b) शिशुपालवधम्
(c) महाभारतम्
(d) हर्षचरितम्

43. आर्षकाव्येषु 'चतुर्विंशतिसाहस्त्री' श्लोका: अस्ति
(a) रामायणम्
(b) महाभारतम्
(c) शिशुपालवधम्
(d) नैषधीयचरितम्

44. आर्षकाव्येषु 'शतसाहस्त्री' अस्ति
(a) रामायणम्
(b) महाभारतम्
(c) शब्दकल्पद्रुमम्
(d) नाट्यशास्त्रम्

45. महाभारते कति पर्वाणि सन्ति?
(a) 10
(b) 14
(c) 18
(d) 22

46. मेघनाश्याम: इत्यत्रालङ्कारोऽस्ति
(a) उपमा (b) रूपकम्
(c) निदर्शनम् (d) अनन्वयः

47. शब्दालङ्कारस्योदाहरणं नास्ति
(a) वक्रोक्तिः
(b) अनुप्रास
(c) उपमा
(d) यमकम्

48. संसारविषवृक्षस्य द्वे एवं रसवत् फले इत्यात्रालङ्कार वर्तते
(a) यमकः (b) उत्प्रेक्षा
(c) रूपकः (d) उपमा

49. तद्रूपकमभेदो य उपमानोपमेययो: इति लक्षणमस्ति
(a) उपमायाः
(b) यमकस्य
(c) रूपकस्य
(d) श्लेषस्य

50. बिम्बप्रतिबिम्बभावश्च कस्यालङ्कारस्य मुख्या विशेषता–
(a) यमकस्य
(b) दृष्टान्तस्य
(c) उपमायाः
(d) श्लेषस्य

51. कारकों की संख्या कितनी है?
(a) चार
(b) पाँच
(c) छः
(d) दस

52. <u>रामः</u> पुस्तकं पठति। इस वाक्य के रेखांकित पद में कौन-सी विभक्ति है?
(a) प्रथमा
(b) तृतीया
(c) षष्ठी
(d) सप्तमी

53. हे! अरे! ओ! भो! किस कारक के चिह्न हैं?
(a) अधिकरण
(b) सम्बोधन
(c) सम्बन्ध
(d) सम्प्रदान

54. 'ने' चिह्न किस कारक का है?
(a) कर्ता
(b) कर्म
(c) करण
(d) सम्प्रदान

55. अहं <u>गृहं</u> गच्छामि। इस वाक्य के रेखांकित पद में विभक्ति बताइए।
(a) प्रथमा (b) तृतीया
(c) चतुर्थी (d) द्वितीया

56. सूर्यास्त के समय सूर्य किस दिशा में होता है?
(a) सूर्यास्त काले सूर्यः कस्मिन् दिशे भवन्ति
(b) सूर्यास्त काले सूर्यः किम् दिशा भवन्ति
(c) सूर्यास्तस्य कालं सूर्यः कस्मिन् दिशे भवति
(d) सूर्यास्तस्य कालं सूर्यः किं दिशा भविन्त

57. देवों को सामग्री अर्पित करो।
(a) देवानां सामग्रीन् अर्पितं कुरु
(b) देवानां सामग्रीन् अर्पितं कुरु
(c) देवानां सामग्रीन् अर्पित करु
(d) देवानां सामग्रीन् अर्पिताम् कुरु

58. स्काउट्स कभी आग से नहीं डरते।
(a) स्काउट्स कदापि वह्निना विभेतय्
(b) स्काउट्स कदापि विह्नना विभाति
(c) स्काउट्स कदापि विह्निनाम् विभेत
(d) स्काउट्स कदापि वह्निना न बिभेति।

59. छात्रों के द्वारा गृह कार्य किया गया।
(a) छात्रैः गृहकार्यम् कुर्वन्।
(b) छात्रैणः गृहकार्यम् अकुर्वन
(c) छात्रैः गृहकार्यम् अकुर्वन
(d) छात्राणाम्: गृहकार्यम् अकुर्वन

60. विद्यालय के चारों ओर सड़क है।
(a) विद्यालयं परिताम् मार्गाः सन्ति।
(b) विद्यालयं परित मार्गाः सन्ति।
(c) विद्यालयं परिते मार्गाः सन्ति।
(d) विद्यालयं परित मार्गाः सन्ति।

61. अनुच्छेदस्य का सन्धिच्छेदः वर्तते?
(a) अनुच्छे + द
(b) अनु + छेद
(c) अनुच् + छेद
(d) कोऽपि नास्ति

62. 'अनुच्छेद' शब्दे सन्धि वर्तते
(a) स्वर सन्धि
(b) व्यंजन सन्धि
(c) विसर्ग सन्धि
(d) कोऽपि नास्ति।

63. अनुच्छेदे कति विचाराः भावाश्च भवन्ति?
(a) एकः
(b) विविधाः
(c) असंख्याः
(d) कोऽपि नास्ति

64. अनुच्छेदे न भवति?
(a) भूमिका
(b) लाभांश
(c) गद्यांश
(d) कोऽपि नास्ति

65. अनुच्छेदस्य विशिष्टं गुणं भवित?
(a) जिज्ञासा
(b) रोचकता
(c) क्लिष्टता
(d) कोऽपि नास्ति

66. '35' का संस्कृत संख्यावाची पद है
(a) त्रिपञ्चाशत् (b) पञ्चपञ्चाशत्
(c) पञ्चत्रिंशत् (d) त्रित्रिंशत्

67. .... (5) बालका: पठन्ति। रिक्त स्थान के लिए उपयुक्त पद होगा
(a) सप्त
(b) पञ्च
(c) षट्
(d) पञ्चदश

68. .... (1) बालिका क्रिड़ति। रिक्तस्थान के लिए उपयुक्त पद होगा
(a) एक:
(b) एकम्
(c) एका
(d) एकादश

69. 'षोडश' के पश्चात् संख्यावाची पद आएगा
(a) अष्टादश
(b) त्रयोदश
(c) पञ्चादश
(d) सप्तदश

70. 'त्रिंशत्' से पहले संख्यावाची पद आएगा
(a) नवत्रिंशत्
(b) विंशत्
(c) नवविंशति:
(d) एकत्रिंशत्

निर्देश (प्रश्न संख्या 71-75) *अधोलिखितम् अनुच्छेद पठित्वा प्रदत्त प्रश्नानामुत्तराणि विकल्पेभ्य: चित्वा लिखित्। (निम्नलिखित अनुच्छेद को पढ़कर दिए गए प्रश्नों के उत्तर विकल्पों में से चुनकर लिखिए)।*

मानव: जीवने सुखं वाञ्छति। सुखं कुत्र अस्ति, कुत: वा प्राप्यते? केचन मन्यन्ते धनेन सुखं भवति संसारेऽस्मिन् नैकोऽपि जन: य: चिन्तया व्याकुल: न भवेत्। 'सन्तोष:' तु अद्यतनीयानाम् जनानाम् जीवने विराजते एव न। सर्वविध रोगाणां जननी चिन्ता तु एका व्याधि:। या नरं जीवनपर्यन्तं विविध रूपाणि गृहीत्वा छाया इव अनुसरति। चिन्तायुक्त: जन: रुग्ण: निष्प्रभ: शोकसंतप्त: च भवति। तस्य बुद्धि: शक्ति: विवेक: च विनश्यति। चिन्ता तु चिताम् अपि अतिशेते। चिता तु निर्जीवं शरीरं दाहयति परं चिन्ता तु जीवितं मानवं प्रदहति। चिन्तायां समयस्य-नाशनं न कर्त्तव्यम्। आत्मविश्वास: दृढ़निश्चय: पवित्राचरणम् सन्तोषभावना च इत्यादीनि चिन्ताविनाशक साधनानि, एतानि अनुसृत्य शान्तम् आनन्दमयं च जीवनं यापयितव्यम्।

प्रदत्तविकल्पेभ्य: उचितम् उत्तरं चित्वा लिखत।
(दिए गए विकल्पों में से उचित उत्तर चुनकर लिखिए)

71. ''तस्य बुद्धि: शक्ति: च नश्यति'' अत्र 'तस्य' सर्वनापदं कस्मै प्रयुक्तम्?
(a) चिन्तायै (b) चिन्तायुक्त जनाय
(c) निर्जीवाय (d) चिन्तायुक्त:

72. ''एतानि अनुसृत्य शान्तम् आनन्दमयं च जीवनं यापयितव्यम्''। अन्तिम पंक्तौ 'शान्तम्' इतिविशेषणपदस्य किं विशेष्यपदम्?
(a) जीवनम्
(b) आनन्दप्रदम्
(c) यापयितव्यम्
(d) सुखम्

73. 'सजीवम्' इति पदस्य विपरीतार्थकं पदं चित्वा लिखत।
(a) जीवितम्
(b) जीवनयुक्तम्
(c) निर्जीवम्
(d) निर्जीव:

74. 'दाहयति' इति क्रियापदस्य कर्तृपदं चित्वा लिखत।
(a) चिता
(b) जीवितम्
(c) निर्जीव:
(d) शरीरम्

75. का चिताम् अपि अतिशेते?
(a) सन्तोष
(b) चिन्ता
(c) रुग्ण: (d) सुख

निर्देश (प्रश्न संख्या 76-80) *अधोलिखितम् श्लोकं पठित्वा प्रदत्त प्रश्नांनामुत्तराणि विकल्पेभ्य: चित्वा लिखित्। (निम्नलिखित श्लोक को पढ़कर दिए गए प्रश्नों के उत्तर विकल्पों में से चुनकर लिखिए)।*

पृथिव्यां त्रीणि रत्नानि जलमन्नं सुभाषितम्।
मूढै: पाषाणखण्डेषु रत्न संज्ञा विधीयते।।

प्रदत्तविकल्पेभ्य: उचितम् उत्तरं चित्वा लिखत।
(दिए गए विकल्पों में से उचित उत्तर चुनकर लिखिए)

76. प्रस्तरखण्डेषु कै: रत्न संज्ञा विधीयते?
(a) विद्वान: (b) पण्डित:
(c) मूढै: (d) सुभाषित:

77. 'प्राज्ञै:' इति पदस्य विलोमपदं श्लोकात् चित्वा लिखत।
(a) मूढै: (b) मूर्खै:
(c) रत्नानि (d) पण्डितै:

78. 'सलिलं' इत्यर्थे श्लोके किं पदं प्रयुक्तम्?
(a) रत्नानि (b) अन्नं
(c) जलं (d) संज्ञा

79. पृथिव्यां कति रत्नानि?
(a) त्रीणि (b) चत्वारि
(c) पञ्च (d) सप्त

80. मूढै: पाषाण खण्डेषु किं विधीयते?
(a) सुभाषितं (b) रत्नं
(c) त्रीणि (d) जलम्

81. ''स: गच्छति'' वाक्य का सही वाच्य परिवर्तन होगा
(a) तया गम्यते (b) तया गच्छयते
(c) मया गच्छते (d) ये सभी

82. ''अहं वदामि'' वाक्य का भाववाच्य होगा
(a) मया गम्यते
(b) मया वद्यते
(c) त्वया वदते
(d) मया वदति

83. ''स: क्रीडति'' वाक्य का भाववाच्य परिवर्तन होगा
(a) तेन खेलति (b) तेन क्रिडते
(c) स: क्रिडति (d) तेन क्रीड्यते

84. 'रामेण हस्यते' भाववाच्य का कर्तृवाच्य में परिवर्तन करने पर रूप बनेगा
(a) रामः हसति (b) रामेण हसति
(c) रामात् हसति (d) ये सभी

85. ''अहं गच्छामि'' वाक्य का भाववाच्य परिवर्तन रूप होगा
(a) मया गच्छते (b) मया गम्यते
(c) त्वया गच्छति (d) त्वम् गमति

86. 'अस्मद्' शब्द के तृतीया एकवचन का रूप है?
(a) माम् (b) मह्यम्
(c) मया (d) मयि

87. 'युष्मद्' शब्द के षष्ठी, एकवचन का रूप है
(a) त्वया (b) तुभ्यम्
(c) तव (d) युष्मास्द

88. 'युष्मद' प्रातिपदिक के तृतीया विभक्ति एकवचन का रूप है
(a) तुभ्यम् (b) त्वत्
(c) त्वया (d) त्वयि

89. 'त्वया' पद 'युष्मद्' शब्द की किस विभक्ति और वचन का रूप है?
(a) प्रथमा विभक्ति तथा एकवचन
(b) पञ्चमी विभक्ति तथा बहुवचन
(c) तृतीया विभक्ति तथा एकवचन
(d) इनमें से कोई नहीं

90. 'युष्मद्' शब्द के तृतीया, एकवचन का रूप है
(a) त्वाम् (b) त्वया (c) तुभ्यम् (d) तव

निर्देश (प्रश्न संख्या 91-95) अधोलिखितानां प्रश्नानां विग्रह पदं अथवा समस्त पदं विकल्पेभ्य चित्वा: लिखत (निम्नलिखित प्रश्नों के विग्रह पद अथवा समस्त पद विकल्पों में से चुनकर लिखिए)

91. विष्णुः **चक्रपाणि** कथ्याते।
(a) चकं इव पाणि (b) चक्रपाणौ यस्य स:
(c) चक्र इव पाणि (d) चक्रे पाणि

92. मम नाम **गंगाधर**: अस्ति।
(a) गंगां धारयति यः सः (b) गंगायाः धर:
(c) गंगे धर (d) गंगा धारा यस्यस:

93. वयं सर्वे विजय दसमी पर्वे **दशाननं** दाहयत्ति।
(a) दश आननानि यस्य स: (b) दस आनन:
(c) दशेन आननानि (d) दशानां आनमानि

94. **दत्तं धनं यस्मै स:** जन आगच्छति।
(a) दत्तधनम् (b) दत्तधन:
(c) दत्तधनाय (d) दत्तधनस्य

95. **पीतदुग्धा** बालिका भ्रमति।
(a) पीतं दुग्धम् (b) पीतं दुग्धं येन स:
(c) पीतं दुग्धं यया सा (d) पीतं च दुग्धं च

96. क: + तत्र की सन्धि होगी
(a) कऽतत्र (b) कस्तत्र (c) कोऽत्र (d) काऽतत्र

97. 'नि: + छल' की सन्धि होगी
(a) निश्छल (b) निच्छल
(c) निस्चल (d) निऽछल

98. 'कृष्णश्च' का सन्धि विग्रह होगा
(a) कृष्ण + च (b) कृष्णं + च
(c) कष्ण: + च (d) कृष्णा + श्च

99. 'नि: + स्व:' की सन्धि होगी
(a) निरव (b) नीरव:
(c) नीस्रव (d) नैरव

100. 'प्रात: + राजते' की सन्धि होगी।
(a) प्राता + राजते (b) प्रात राजते
(c) प्रातरजते (d) प्रातऽराजते

101. संहितायां विकृतिपाठेषु कति प्रकारा: प्राप्यन्ते?
(a) 07 (b) 08
(c) 09 (d) 10

102. सामवेदस्य शाखा का अस्ति?
(a) काण्वशाखा (b) जैमिनीयशाखा
(c) शौनकशाखा (d) माण्डूकायनशाखा

103. वेदाङ्गानि उचितक्रमेण योजयत
(a) कल्प:, व्याकरणम्, छन्द:, निरुक्तम्, ज्योतिषम्, शिक्षा
(b) शिक्षा, कल्प:, व्याकरणम्, छन्द:, निरुक्तं, ज्योतिषम्
(c) शिक्षा, व्याकरणम्, छन्द:, निरुक्तं, ज्योतिषम्
(d) शिक्षा, छन्द:, कल्प:, व्याकरणम्, निरुक्तम्, ज्योतिषम्

104. अधोदत्तानां समीचीनमुत्तरं चिनुत

A.	श्रोतसूत्रे	1.	वर्णाश्रम-वर्णनम्
B.	धर्मसूत्रे	2.	रेखागणितीय-वर्णनम्
C.	गृह्यसूत्रे	3.	पञ्चयज्ञ-वर्णनम्
D.	शुल्वसूत्रे	4.	चातुर्मास्य-वर्णनम

कूट

	A	B	C	D		A	B	C	D
(a)	3	1	2	4	(b)	4	2	1	3
(c)	4	1	3	2	(d)	3	2	1	4

105. अधस्तनयुग्मानां समीचीनां तालिकां चिनुत

A.	माण्डूकीशिक्षा	1.	ऋग्वेदीय शिक्षाग्रन्थ:
B.	नारदशिक्षा	2.	सामवेदीय शिक्षाग्रन्थ:
C.	याज्ञवल्क्यशिक्षा	3.	अथर्ववेदीय शिक्षाग्रन्थ:
D.	पाणिनीयशिक्षा	4.	यजुर्वेदीय शिक्षाग्रन्थ:

कूट

	A	B	C	D		A	B	C	D
(a)	3	2	4	1	(b)	2	1	3	1
(c)	3	2	1	4	(d)	3	1	2	4

106. निम्न में से कौन अनुपलब्धि को स्वतन्त्र प्रमाण मानता है?
(a) सांख्य (b) रामानुज
(c) मीमांसा (d) न्याय

107. जैमिनी के अनुसार प्रमाण तीन हैं, परन्तु प्रभाकर ने दो और प्रमाणों को जोड़ा है, वे हैं
(a) अपोह एवं श्रुति (b) मनः पर्याय तथा अवधि
(c) उपमान एवं अर्थापत्ति (d) अन्तः प्रज्ञा तथा अर्थापत्ति

108. 'शकुन्तलोपाख्यानम्' इति महाभारतस्य कस्मिन् पर्वणि प्राप्यते?
(a) आदिपर्वणि (b) उद्योगपर्वणि
(c) वनपर्वणि (d) सभापर्वणि

109. 'नलोपाख्यानम्' कुत्र प्राप्यते?
(a) आदिपर्वणि (b) सभापर्वणि
(c) वनपर्वणि (d) उद्योगपर्वणि

110. 'मत्स्योपाख्यानम्' कुत्र प्राप्यते?
(a) वनपर्वणि (b) सभापर्वणि
(c) आदिपर्वणि (d) उद्योगपर्वणि

111. 'दशकुमारचरितम्' कस्य रचना अस्ति?
(a) दण्डिनः (b) सुबन्धोः
(c) बाणभट्टस्य (d) अम्बिकादत्तव्यासस्य

112. दशकुमारचरितस्य पात्रविशेषः अस्ति
(a) मैत्रेयः (b) चित्ररथः
(c) राजवाहनः (d) वसन्तकः

113. हर्षचरिते हर्षस्य भगिनी का अस्ति?
(a) राज्यश्रीः (b) यशोमती
(c) इन्दुमती (d) विजयश्रीः

114. शूद्रकः पूर्वजन्मनि कः आसीत्?
(a) चन्द्रापीडः (b) पुण्डरीकः
(c) वैशम्पायनः (d) कपिञ्जलः

115. अनुष्टुप्-छन्दसि प्रतिचरणं वर्णः भवन्ति
(a) अष्टौ (b) नव
(c) द्वादश (d) अष्टादश

116. अनुष्टुप-छन्दसि द्वि-चतुर्थपादयोः लघु भवति
(a) पञ्चमम् अक्षरम् (b) षष्ठम् अक्षरम्
(c) सप्तमम अक्षरम् (d) अन्तिमम् अक्षरम्

117. 'ह्रासः' कस्य स्थायिभावः?
(a) हास्यस्य (b) वीरस्य, (c) अद्भुतस्य (d) शान्तस्य

118. 'विस्मयः' कस्य स्थायीभावः?
(a) करुणस्य (b) रौद्रस्य (c) भयानकस्य (d) अद्भुतस्य

119. उपपद विभक्ति प्रायः किसके योग में आती है?
(a) अव्यय (b) संज्ञा
(c) लिंग (d) वचन

120. कथायाः भाषा कीदृशी भवेत्?
(a) पात्रानुकूल (b) निकृष्टा
(c) दुर्बोधा (d) कोऽपि नास्ति

उत्तरमाला

1.	(a)	2.	(b)	3.	(c)	4.	(a)	5.	(b)	6.	(d)	7.	(a)	8.	(d)	9.	(c)	10.	(a)
11.	(a)	12.	(c)	13.	(b)	14.	(b)	15.	(a)	16.	(a)	17.	(a)	18.	(b)	19.	(b)	20.	(a)
21.	(b)	22.	(a)	23.	(a)	24.	(d)	25.	(b)	26.	(c)	27.	(b)	28.	(a)	29.	(d)	30.	(a)
31.	(c)	32.	(a)	33.	(b)	34.	(d)	35.	(a)	36.	(d)	37.	(a)	38.	(d)	39.	(a)	40.	(a)
41.	(d)	42.	(c)	43.	(a)	44.	(b)	45.	(c)	46.	(a)	47.	(c)	48.	(c)	49.	(c)	50.	(b)
51.	(c)	52.	(a)	53.	(b)	54.	(a)	55.	(d)	56.	(c)	57.	(a)	58.	(d)	59.	(a)	60.	(b)
61.	(b)	62.	(b)	63.	(a)	64.	(a)	65.	(b)	66.	(c)	67.	(b)	68.	(c)	69.	(d)	70.	(c)
71.	(b)	72.	(a)	73.	(c)	74.	(a)	75.	(b)	76.	(c)	77.	(a)	78.	(c)	79.	(a)	80.	(b)
81.	(a)	82.	(b)	83.	(d)	84.	(d)	85.	(b)	86.	(c)	87.	(c)	88.	(c)	89.	(c)	90.	(b)
91.	(b)	92.	(a)	93.	(a)	94.	(b)	95.	(c)	96.	(b)	97.	(a)	98.	(c)	99.	(b)	100.	(a)
101.	(b)	102.	(b)	103.	(b)	104.	(c)	105.	(a)	106.	(c)	107.	(c)	108.	(a)	109.	(c)	110.	(a)
111.	(a)	112.	(c)	113.	(a)	114.	(a)	115.	(a)	116.	(a)	117.	(a)	118.	(d)	119.	(a)	120.	(a)

मध्य प्रदेश
उच्च माध्यमिक शिक्षक पात्रता परीक्षा (भाग-ब)

प्रैक्टिस पेपर 2

निर्देश

इस प्रश्न-पत्र में कुल 120 वस्तुनिष्ठ प्रकार के प्रश्न हैं तथा प्रत्येक प्रश्न के लिए एक अंक निर्धारित है।

1. 'कवि' शब्द सप्तमी-एकवचन का रूप है
(a) कवौ
(b) कवी
(c) कव्योः
(d) कवीन्

2. 'भानु' शब्द द्वितीया-बहुवचन का रूप है
(a) भानवः
(b) भानुभिः
(c) भानून्
(d) भानौ

3. 'भानुषु' किस विभक्ति व वचन का रूप है?
(a) सप्तमी, एकवचन
(b) सप्तमी, द्विवचन
(c) सप्तमी, बहुवचन
(d) इनमें से कोई नहीं

4. 'लताभिः' किस विभक्ति व वचन का रूप है?
(a) तृतीया, बहुवचन
(b) द्वितीया, बहुवचन
(c) चतुर्थी, एकवचन
(d) सप्तमी, द्विवचन

5. 'लता' शब्द (स्त्रीलिङ्ग) चतुर्थी-एकवचन का रूप है
(a) लताः
(b) लते
(c) लताम्
(d) लतायै

निर्देश (प्रश्न संख्या 6-10) अधोलिखितानां प्रश्नानां विग्रह पदं अथवा समस्त पदं विकल्पेभ्य चित्वा: लिखत्। (निम्नलिखित प्रश्नों के विग्रह पद अथवा समस्त पद विकल्पों में से चुनकर लिखिए)

6. **त्यागसमम्** सुखं न अस्ति।
(a) त्यागेन समम्
(b) त्यागेण समम्
(c) त्यागात् समम
(d) त्यागैः समम

7. सः **प्रज्ञाहीनः** अस्ति।
(a) प्रज्ञाः हीनः
(b) प्रज्ञायाः हीनः
(c) प्रज्ञया हीनः
(d) प्रज्ञेन हीनः

8. अस्माकं क्षेत्रे **सुवर्णपूरितः** कलशः विद्यते।
(a) सुवर्णेन पूरितः
(b) सुवर्णे पूरितः
(c) सुवर्णे पूरितः
(d) सुवर्ण पूरितः

9. काकः स्व **कटुभिः क्वणितैः** जलजागरणं करोति।
(a) कटक्वणितैः
(b) कटउक्वणितैः
(c) कटोवक्वजितैः
(d) कटुक्वणितैः

10. चित्रानक्षत्रयुता पूर्णिमा चैत्रमासस्य भवति।
(a) चित्रायाः नक्षत्रायाः युता
(b) चित्रनक्षत्रात् युता
(c) चित्रनक्षत्राभिः युता
(d) चित्रानक्षत्रेण युता

11. 'नवोढा' का सन्धि-विच्छेद होगा
(a) नव + ओढा
(b) नवा + ऊढा
(c) नव + ऊढा
(d) नवो + ढा

12. 'ब्रह्म + ऋषिः' की सन्धि होगी
(a) ब्रह्माषि
(b) ब्रह्मृषि
(c) ब्रह्मर्षि
(d) ब्रह्मार्षि

13. निम्नलिखित में से वृद्धि सन्धि का उदाहरण है
(a) सभा + एका
(b) सूर्य + उदय
(c) महा + ईश
(d) परम + आत्मा

14. 'जल + ओघः' की सन्धि होगी
(a) जलोघः
(b) जलौघः
(c) जलावघ
(d) जलूघ

15. 'महैरावतः' का सन्धि विच्छेद होगा
(a) मह + एरावतः
(b) महै + रावतः
(c) महा + ऐरावतः
(d) महा + एरावतः

16. आगत्य में प्रत्यय का प्रयोग हुआ है
(a) क्त्वा
(b) क्यप्
(c) ल्यप्
(d) ण्यत्

17. 'नी + ल्यप्' को जोड़ने पर शब्द बनेगा
(a) आनीय
(b) नीयत
(c) नील्य
(d) नय

18. निम्न में से 'ल्यप्' प्रत्यान्त रूप है
(a) पीत्वा
(b) आगत्य
(c) गच्छन्
(d) लभ्

19. 'गै' धातु का तुमुन् प्रत्यान्त रूप है
(a) गातुम्
(b) गीतुम्
(c) गायतुम
(d) गाष्टुम्

20. 'वह्' धातु से तुमुन् प्रत्यय लगाने पर रूप बनता है
(a) यहितुम्
(b) वक्तुम्
(c) बाढुम्
(d) वोढुम्

21. 'भू' धातु लोट् लकार, प्रथम पुरुष, द्विवचन तथा बहुवचन का रूप है
(a) भवत
(b) भवाम
(c) भवाव
(d) भवन्तु

22. 'भू' धातु विधिलिङ्ग लकार, उत्तम पुरुष, एकवचन का रूप है
(a) भवेयम्
(b) भवेः
(c) भवेत्
(d) भवेव

23. 'भू' धातु लङ् लकार, मध्यम पुरुष एकवचन का रूप है
(a) अभवत्
(b) अभवम्
(c) अभवः
(d) अभवन्

24. 'भू' धातु लट् लकार, उत्तम पुरुष, एकवचन का रूप है
(a) भवति
(b) भवामि
(c) भवसि
(d) भवथ

25. 'भू' धातु के विधिलिङ्ग लकार उत्तम पुरुष बहुवचन का रूप लिखिए
(a) भवेम
(b) भवेत
(c) भवेत्
(d) भवेव

26. ऋग्वेदस्य अष्टकक्रमे कति अध्यायाः वर्तन्ते?
(a) 10 (b) 08
(c) 1028 (d) 64

27. ऋग्वेदस्य सम्पूर्णमन्त्रसंख्या—
(a) $10580\frac{1}{4}$ (b) $1028\frac{1}{4}$
(c) $8265\frac{1}{4}$ (d) $2376\frac{1}{4}$

28. पतञ्जलेः महाभाष्ये ऋग्वेदस्य कति शाखाः स्वीकृताः?
(a) 19 (b) 21
(c) 24 (d) 27

29. ऋग्वेदस्य ऋत्विक् कः अस्ति?
(a) होता (b) अध्वर्यु
(c) उद्गाता (d) ब्रह्मा

30. ऋग्वैदिक शाखा का अस्ति?
(a) कौथुमीय (b) जैमिनीय
(c) आश्वलायन (d) द्राह्यायण

31. वाल्मीकिरामायणस्य सारसंक्षेपः कस्मिन् आख्याने प्राप्यते?
(a) अम्बोपाख्यानम् (b) रामोपाख्यानम्
(c) शिव्युपाख्यानम् (d) सावित्र्युपाख्यानम्

32. रामायणे अंगीरसः अस्ति
(a) शान्तरसः (b) वीररसः
(c) करुणरसः (d) शृङ्गारसः

33. रामायणे प्रधानछन्दः अस्ति
(a) अनुष्टुप् (b) पुष्पिताग्रा
(c) भुजङ्गः (d) उपजाति

34. अन्यरामायणग्रन्थः न अस्ति
(a) अध्यात्मरामायणम् (b) अद्भुतरामायणम्
(c) आनन्दरामायणम् (d) कुमाररामायणम्

35. अन्यरामायणग्रन्थः न अस्ति
(a) अगस्त्यरामायणम् (b) कपिलरामायणम्
(c) मयन्दरामायणम् (d) भुसुण्डिरामायणम्

36. भारतीय संस्कृतेः प्रतिनिधि कविरस्ति
(a) माघः (b) कालिदासः
(c) वेदव्यास (d) भवभूति

37. किं सर्वस्वं कालिदासस्य?
(a) रम्यम् (b) शकुन्तला
(c) अभिज्ञानशाकुन्तलम (d) शृङ्गारः

38. कालिदासस्येयमासीत् पत्नी खलु
(a) सरिता (b) विद्योत्तमा
(c) सुलोचना (d) दमयन्ती

39. कुमारसम्भवे पार्वती पतिरूपेण कं प्राप्तुमिच्छति स्म?
(a) कपिलम् (b) ब्रह्मचारिणम्
(c) शिवम् (d) कामदेवम्

40. कुमारसम्भवे पर्वतराज हिमालयस्य पुत्री का?
(a) उमा (b) दक्षा
(c) पार्वती (d) जानकी

41. 'श्रीमद्भगवद्गीता' महाभारतस्य कस्मिन् पर्वाणि विद्यते?
(a) भीष्मपर्वणि (b) सभापर्वणि
(c) आदिपर्वणि (d) उद्योगपर्वणि

42. 'जय-आख्यम्' काव्यं अस्ति
(a) रामायणम्
(b) महाभारतम्
(c) नैषधीयचरितम्
(d) शिशुपालवधम्

43. रामायणे कति काण्डानि सन्ति?
(a) 05 (b) 06
(c) 07 (d) 08

44. रामायणस्य प्रणेता कः?
(a) वाल्मीकिः (b) कृष्णद्वैपायनः
(c) तुलसीदासः (d) कालिदासः

45. महाभारतस्य प्रणेता कः?
(a) वाल्मीकिः (b) कृष्णद्वैपायनः
(c) वैशम्पायनः (d) याज्ञवल्क्यः

46. त्वमेव कीर्तिमान् राजन्! विधुरेव हि कान्तिमान इत्यत्र अलङ्कारः विद्यते
(a) अनन्वयः (b) दृष्टान्तः
(c) विशेषोक्तिः (d) यमकम्

47. वृहत्सहायः कार्यान्तं क्षोदीयानपि गच्छति। सम्भूयाम्भोधिमभ्येति महानद्या नगापगा:॥ अस्मिन् पद्ये कोऽलङ्कारो वर्तते?
(a) परिकरः
(b) अर्षान्तरन्यासः
(c) प्रतिवस्तूपमा
(d) विशेषोक्तिः

48. उपमेयस्य उपमानेन सह संभावना प्रदर्शयते तत्रालंकारो भवति
(a) भ्रान्तिमान (b) सन्देह (c) यमकम् (d) उत्प्रेक्षा

49. लिम्पतीव तमोऽङ्गानि उदाहरणमस्ति
(a) अर्षान्तरन्यासस्य (b) उत्प्रेक्षायाः
(c) सन्देहस्य (d) तुल्ययोगितायाः

50. 'नवपलाशपलाशवनं पुरः' उदाहरणमस्ति
(a) सन्देहस्य (b) उत्प्रेक्षायाः (c) दीपकस्य (d) यमकस्य

51. <u>विद्यालयं</u> परितः वृक्षाः सन्ति। इस वाक्य के रेखांकित पद में विभक्ति बताइए।
(a) द्वितीया (b) तृतीया (c) पञ्चमी (d) षष्ठी

52. द्वितीया विभक्ति है
(a) करण कारक (b) सम्प्रदान कारक
(c) कर्म कारक (d) अपादान कारक

53. 'रामः ग्रन्थं पठितः' वाक्य के 'ग्रन्थ' पद में कौन-सा कारक है?
(a) कर्म कारक (b) कर्ता कारक
(c) करण कारक (d) अपादान कारक

54. '<u>गां</u> दोग्धि पयः'। वाक्य के रेखांकित पद में कौन-सी विभक्ति है?
(a) पञ्चमी (b) तृतीया
(c) द्वितीया (d) चतुर्थी

55. 'बालः <u>श्य्याम्</u> अधिशेते।' इस वाक्य के रेखांकित पद में कौन-सी विभक्ति है?
(a) पञ्चमी (b) तृतीया (c) द्वितीया (d) चतुर्थी

56. मेरे साथ मेरा मित्र विद्यालय जाता है।
(a) माय सह मम मित्रं विद्यालयं गच्छत्।
(b) माय सह मम मित्रं विद्यालयं गच्छति।
(c) माय सह मम मित्रं विद्यालयं गच्छामि।
(d) माय सह मम मित्रं विद्यालयं गच्छावः।

57. तीर्थराज प्रयाग एक प्रसिद्ध नगरी है।
(a) तीर्थराज प्रयागाय प्रसिद्धः नगरी अस्ति।
(b) तीर्थराज प्रयागाय प्रसिद्ध नगरी अस्ति।
(c) तीर्थराज प्रयागाय प्रसिद्ध नगरी सन्ति।
(d) तीर्थराज प्रयागः एकः प्रसिद्ध नगरी अस्ति।

58. विद्यालय के दोनों ओर गंगा नदी बहती है।
(a) विद्यालयम् उभयतः गंगा नदी वहताम्।
(b) विद्यालयम् उभयतः गंगा नदी वहति।
(c) विद्यालयम् उभयतः गंगा नदा वहन्ति।
(d) विद्यालयम् परितः गंगा नदी वहति।

59. तुम लोग अपने हाथ से काम करो।
(a) यूयं स्व हस्तेन कार्यं कुरुत। (b) यूयं स्व हस्तेन कार्यं कुरोत
(c) यूयं स्व हस्तेन कार्यं कुरोमि (d) यूयं स्व हस्तेन कार्यं कुरुतः

60. राम के साथ लक्ष्मण भी वन गए।
(a) रामेण सह लक्ष्मणोऽपि वनाय अगच्छत्।
(b) रामेण सह लक्ष्मणोऽपि वनम् अगच्छत्।
(c) रामेण सह लक्ष्मणोऽपि वनम् अगच्छताय।
(d) रामेण सह लक्ष्मणोऽपि वनम् अगच्ताम्।

61. अनुच्छेदस्य भाषा अस्ति
(a) सरलः व सुबोधः
(b) प्राञ्जल
(c) दीर्घसमास बहुला
(d) कोऽपि नास्ति

62. अनुच्छेदे प्रस्तुत विस्यस्य केंद्रीय भावः कुत्र दातव्यम्?
(a) मध्ये
(b) कुत्रापि न दातव्यम्
(c) आरम्भे अन्ते वा
(d) कोऽपि नास्ति

63. अनुच्छेदे कति भावः अथवा विचारः प्रस्तोतव्याः?
(a) एकः
(b) द्दौ
(c) त्रयः
(d) चत्वारः

64. अनुच्छेदे लेखने किम् न भवति?
(a) प्रस्तावनाः
(b) विषय-वस्तुः
(c) उपवाक्य
(d) भूमिका या उपसंहारः

65. अनुच्छेदे कति वाक्य प्राप्तानि भवन्ति?
(a) हौ
(b) त्रयः
(c) चत्वारः
(d) पच्चः

66. 'नवपञ्चाशत्' का संख्यावाची होगा
(a) 49 (b) 59
(c) 95 (d) 39

67. "ऊननवतिः/नवाशीतिः" का संख्यावाची होगा
(a) 90 (b) 80
(c) 89 (d) 98

68. "...... (2) बालकौ पठतः।" रिक्तस्थान के लिए उपयुक्त पद होगा
(a) द्वे (b) द्वौ
(c) त्रयः (d) चत्वारः

69. "तत्र .....(3) ... न सन्ति।" रिक्तस्थान के लिए उपयुक्त पद होगा
(a) तिस्त्र (b) त्रयः
(c) त्रीणि (d) तीन

70. 'एकविंशतिः' का संख्यावाची होगा
(a) 19 (b) 20
(c) 31 (d) 21

निर्देश (प्रश्न संख्या 71-75) *अधोलिखितम् अनुच्छेद पठित्वा प्रदत्त प्रश्नानामुत्तराणि विकल्पेभ्यः चित्वा लिखित्। (निम्नलिखित अनुच्छेद को पढ़कर दिए गए प्रश्नों के उत्तर विकल्पों में से चुनकर लिखिए)।*

आदर्शरामचरितस्य लेखकः वाल्मीकिः जनमानसस्य ह्रदये प्रतिष्ठितः। रामायणं अस्माकम् धर्मग्रन्थः अस्ति। रामायणस्य रचयिता महर्षिः वाल्मीकिः वर्तते सः आदिकविः इति कथ्यते। अस्मिन् ग्रन्थे पुरुषोत्तमस्य श्री रामचन्द्रस्य जीवनस्य वृतान्तम् अस्ति। भगवान् श्रीरामः स्वपितुः आज्ञापालनाय चतुर्दश वर्षाणि वने अवसत्। रामेण सह तस्य भार्या सीता अनुजः लक्ष्मणः च अपि वनम् अगच्छताम्। वने लंकायाः नृपः रावणः सीताम् अहरत्। तत्र श्रीरामः सुग्रीवः अंगदादीनां वानराणां सहाय्येन रावणं हत्वा सीताम् अलभत्। रामायणं, भारतस्य आदिकाव्यं अस्ति। आदिकविना विरचिता अयम् काव्यग्रन्थः अस्माकं राष्ट्रस्य अमूल्यः धरोहरः अस्ति। रामायणं पठित्वा जनाः शान्तिप्रियाः सदाचारिणः च भवन्ति। अस्य ग्रन्थस्य पाठ जनाः प्रतिदिनं कुर्वन्ति।

प्रदत्तविकल्पेभ्यः उचितम् उत्तरं चित्वा लिखत। (दिए गए विकल्पों में से उचित उत्तर चुनकर लिखिए)

71. 'अवसत्' इति क्रियापदस्य कर्तृपदम् किम् अस्ति?
(b) रावणः (b) नृपः
(c) लक्ष्मणः (d) श्रीरामः

72. 'कपीनाम्' इति अर्थे किं पदम् अत्र प्रयुक्तम्?
(a) अंगदादीनां (b) अगच्छताम्
(c) रामायणं (d) वानराणां

73. 'अशान्तिप्रियाः' इति पदस्य विलोमपदम् अत्र किम्?
(a) शान्तिः (b) प्रियाः
(c) शान्तिप्रियाः (d) भार्या

74. 'राजा' इति पदस्य पर्यायपदम् अत्र किम्?
(a) नृपः (b) श्रीरामः
(c) कविः (d) अमूल्यः

75. अस्मांक धर्मग्रन्थः किम्?
(a) रामायणं (b) महाभारतं
(c) गीता (d) शिव पुराण

निर्देश (प्रश्न संख्या 76-80) *अधोलिखितम् श्लोकं पठित्वा प्रदत्त प्रश्नानामुत्तराणि विकल्पेभ्यः चित्वा लिखित्। (निम्नलिखित श्लोक को पढ़कर दिए गए प्रश्नों के उत्तर विकल्पों में से चुनकर लिखिए)।*

शोको नाशयते धैर्यं, शोको नाशयते श्रुतम्। शोको नाशयते सर्वं, नास्ति शोक समो रिपुः।।

प्रदत्तविकल्पेभ्यः उचितम् उत्तरं चित्वा लिखत।
(दिए गए विकल्पों में से उचित उत्तर चुनकर लिखिए)

76. सर्वं कः नाशयते?
(a) रिपुः (b) सर्वः
(c) शोकः (d) मानवः

77. 'मित्रं' इति पदस्य विलोमपदं किं अत्र प्रयुक्तम्?
(a) शत्रुः (b) रिपुः
(c) रिपूः (d) शोकः

78. 'शत्रुः' इति पदस्य पर्यायपदं किम्?
(a) शोकः (b) सर्वम्
(c) श्रुतं (d) रिपुः

79. केन समो रिपुः नास्ति?
(a) मित्र (b) सर्व
(c) शोक (d) धैर्य

80. 'नास्ति' इति पदस्य सन्धि विच्छेदं किम् अस्ति?
(a) न + अस्ति (b) ना + अस्ति
(c) ने + अस्ति (d) न + आस्ति

81. "अहं पुस्तकम् पठामि" वाक्य का कर्मवाच्य रूप बनेगा।
(a) मया पुस्तकं पठ्यते (b) अहं पुस्तकं पठति
(c) मया पुस्तकं पठति (d) इनमें से कोई नहीं

82. 'मया दुग्धं पीयते' वाक्य का कर्तृवाच्य रूप बनेगा
(a) अहं दुग्धं पिबति (b) अहं दुग्धं पिबामि
(c) अहं दुग्धं पिबसि (d) त्वं दुग्धं पिबसि

83. 'त्वं गच्छसि' का भाववाच्य है
(a) त्वं गच्छति (b) त्वम् गच्छामि
(c) त्वया गम्यते (d) त्वया गच्छति

84. "जनाः पुस्तकं पठन्ति" वाक्य का कर्मवाच्य परिवर्तन रूप बनेगा
(a) जनैः पुस्तकं पठ्यन्ते (b) जनाः पुस्तकं पठति
(c) जनै पुस्तकानि पठ्यते (d) ये सभी

85. "श्यामः वेदं पठति" वाक्य का कर्मवाच्य परिवर्तनीय रूप होगा
(a) श्यामेन वेदं पठामि (b) श्यामः वेदं पाठयति
(c) श्यामेव वेदाः पाठयते (d) श्यामेन वेदं पठ्यते

86. 'यत्' शब्द स्त्रीलिङ्ग द्वितीया विभक्ति बहुवचन का रूप है
(a) एतासु (b) एताभिः
(c) एते (d) याः

87. 'यत्' शब्द नपुंसकलिङ्ग सप्तमी विभक्ति एकवचन का रूप है
(a) यानि (b) यस्मिन्
(c) येषाम् (d) यैः

88. अस्मै रूप है 'इदम्' पुल्लिङ्ग शब्द का
(a) षष्ठी, द्विवचन (b) सप्तमी, एकवचन
(c) द्वितीया, बहुवचन (d) चतुर्थी, एकवचम

89. 'इदम्' शब्द स्त्रीलिङ्ग सप्तमी विभक्ति एकवचन का रूप है
(a) अस्याम् (b) अनयोः
(c) इमाः (d) आसु

90. 'इदम्' शब्द नपुंसकलिङ्ग पञ्चमी एकवचन का रूप है
(a) एषाम् (b) अस्मात्
(c) एषु (d) इमानि

निर्देश (प्रश्न संख्या 91-95) अधोलिखितानां प्रश्नानां विग्रह पदं अथवा समस्त पदं विकल्पेभ्य चित्वाः लिखत (निम्नलिखित प्रश्नों के विग्रह पद अथवा समस्त पद विकल्पों में से चुनकर लिखिए)

91. **पञ्चवटी** इति स्थाने रामः लक्ष्मणेन सीतया सह च अवसत्।
(a) पञ्चे वने वसति (b) पञ्चानां वटे वसति
(c) पञ्चानां वटानां समाहारः (d) पञ्च वने वंटी अस्ति

92. **रामलक्ष्मण सीताः** वन समासः अस्ति।
(a) रामलक्ष्मणौ
(b) रामः च लक्ष्मणः च सीता च
(c) राम लक्ष्मणं सीता
(d) रामलक्ष्मण च सीता

93. **मातापितरौ** पूजनीयौ।
(a) मातुः पितु च
(b) मातरौ पितरौ च
(c) माता च पिता च
(d) मात्रो : पित्रो च

94. अद्य **नवरंगः** कार्यक्रम भविष्यति।
(a) नवानां रंगम्
(b) नवीनं रंगम्
(c) नवेन रंगम्
(d) नवानां रंगानां समाहारः

95. शिवः **नीलकण्ठः** अपि अस्ति।
(a) नील कण्ठम्
(b) नीलेन कण्ठ
(c) नीलं कण्ठ यस्य सः (शिवः)
(d) नीलानि कण्ठानि

96. 'वाक् + महिमा' की सन्धि होगी
(a) वाक्महिमा (b) वाकमहिमा
(c) वाङ्महिमा (d) वामहिमा

97. 'कः + अपि' की सन्धि होगी
(a) कापि (b) कस्पि
(c) कस्यापि (d) कोऽपि

98. रामेऽयम का सन्धि विच्छेद होगा
(a) रामः + यम (b) रामो + यम
(c) रामः + अयम (d) रामा + अयम

99. 'भानुः + उदेति' की सन्धि होगी
(a) भानूदेति (b) भानूस्देति
(c) भानुरुदेति (d) भानूरुदति

100. 'हरिरेति' का सन्धि विच्छेद होगा
(a) हरि + एति (b) हरिः + एति
(c) हरीः + एति (d) हरिर + एति

101. 'नारदीयशिक्षा' कस्य वेदस्य शिक्षा वेदाङ्गमस्ति?
(a) सामवेदस्य (b) अथर्ववेदस्य
(c) ऋग्वेदस्य (d) कृष्णयजुर्वेदस्य

102. माण्डूकी-शिक्षया सम्बद्धः वेदविशेषः कः?
(a) यजुर्वेदः (b) ऋग्वेदः (c) अथर्ववेदः (d) सामवेदः

103. कस्य वेदस्य खण्डविशेषः ईशावास्योपनिषदस्ति?
(a) ऋग्वेदस्य (b) शुक्लयजुर्वेदस्य
(c) कृष्णयजुर्वेदस्य (d) सामवेदस्य

104. कृष्णयजुर्वेदीयः उपनिषद्ग्रन्थः नास्ति—
(a) ईशावास्योपनिषद् (b) तैत्तिरीयोपनिषद्
(c) बृहदारण्यकोपनिषद् (d) कठोपनिषद्

105. निम्नलिखित में से कौन न्याय-वैशेषिक दर्शन के अनुसार गुण का लक्षण नहीं है?
(a) गुण एक पदार्थ है
(b) यह ज्ञेय है
(c) यह संयोग एवं विभाग का कारण है
(d) यह अन्य गुणों से रहित होता है

106. शंकर ने न्याय-वैशेषिक के किस मत का खण्डन किया है?
(a) द्वैतवाद (b) परमाणुवाद
(c) विकासवाद (d) एकत्ववाद

107. सांख्य दर्शन के प्रवर्तक हैं
(a) महर्षि गौतम (b) महर्षि कपिल
(c) महर्षि पतंजलि (d) महर्षि कणाद

108. त्रिगुण साम्यावस्था का नाम है
(a) पुरुष (b) प्रकृति (c) संयोग (d) समवाय

109. **स्थापना** (A) रामायणे कतिच प्रसंगवशात् आख्यानकानि उपलभ्यन्ते
तर्क (R) तत्र "शुनः शेपाख्यानम्" यत्र शुनः शेपः इन्द्र देवं पूजयित्वा स्वस्य प्राण रक्षां कृतवान्।
(a) A सत्यम् / R असत्यम्
(b) A असत्यम् / R सत्यम्
(c) A, R उभे सत्ये स्तः
(d) A, R उभे असत्ये स्तः

110. **स्थापना** (A) राम कथा एक चम्पूकाव्यमस्ति।
तर्क (R) राम कथा चम्पू काव्यस्य प्रणेता लक्ष्मण भट्टोऽस्ति।
(a) A सत्यम् / R असत्यम् (b) A असत्यम् / R सत्यम्
(c) A, R उभे असत्ये स्तः (d) A, R उभे सत्ये स्तः

111. वकारादि पुराणानि ……… सन्ति।
(a) त्रीणि (b) चत्वारि (c) पञ्च (d) षड्

112. पद्मपुराणे ……… विध सृष्टेः वर्णनं प्राप्यते।
(a) सप्त (b) अष्ट (c) नव (d) दश

113. को रचनाकारो 'मृच्छकटिकस्य'?
(a) विशाखादत्तः (b) शूद्रकः
(c) भवभूतिः (d) भारविः

114. मृच्छकटिकस्य सप्तमाङ्कस्य नाम वदतु
(a) शर्विलकः (b) मदनिका
(c) आर्यकापहरणम् (d) उपसंहारः

115. भवभूतिना कति नाटकानि लिखितानि?
(a) त्रीणि (b) चत्वारि (c) पञ्च (d) सप्त

116. 'उत्तररामचरितम्' इति नाटके कति अङ्काः?
(a) पञ्च (b) षट्
(c) सप्त (d) नव

117. 'विश्रुतचरितम्' कस्य वैशिष्ट्यमस्ति?
(a) दर्षचरितस्य (b) रघुवंशस्य
(c) दशकुमारचरितस्य (d) शिवराजविजयस्य

118. 'अपहारवर्मा' कस्मिन् गद्यकाव्ये दरीदृश्यते?
(a) दशकुमारचरिते (b) कादम्बर्याम्
(c) हर्षचरिते (d) शिवराजविजये

119. द्वादशवर्णात्मिकं छन्दो भवति
(a) वसन्ततिलका (b) वंशस्थम्
(c) हरिणी (d) शिखरिणी

120. 'जुगुप्सा' कस्य स्थायिभावः?
(a) बीभत्सस्य (b) अद्भुतस्य
(c) वीरस्य (d) रौद्रस्य

उत्तरमाला

1.	*(a)*	2.	*(c)*	3.	*(c)*	4.	*(a)*	5.	*(d)*	6.	*(a)*	7.	*(c)*	8.	*(a)*	9.	*(d)*	10.	*(d)*
11.	*(c)*	12.	*(c)*	13.	*(a)*	14.	*(b)*	15.	*(c)*	16.	*(c)*	17.	*(a)*	18.	*(b)*	19.	*(a)*	20.	*(d)*
21.	*(d)*	22.	*(a)*	23.	*(c)*	24.	*(b)*	25.	*(a)*	26.	*(d)*	27.	*(a)*	28.	*(b)*	29.	*(a)*	30.	*(c)*
31.	*(b)*	32.	*(c)*	33.	*(a)*	34.	*(d)*	35.	*(b)*	36.	*(a)*	37.	*(c)*	38.	*(b)*	39.	*(c)*	40.	*(c)*
41.	*(a)*	42.	*(b)*	43.	*(c)*	44.	*(a)*	45.	*(b)*	46.	*(b)*	47.	*(b)*	48.	*(d)*	49.	*(b)*	50.	*(d)*
51.	*(a)*	52.	*(c)*	53.	*(a)*	54.	*(c)*	55.	*(c)*	56.	*(b)*	57.	*(d)*	58.	*(b)*	59.	*(a)*	60.	*(a)*
61.	*(a)*	62.	*(c)*	63.	*(a)*	64.	*(d)*	65.	*(d)*	66.	*(b)*	67.	*(c)*	68.	*(b)*	69.	*(c)*	70.	*(d)*
71.	*(d)*	72.	*(d)*	73.	*(c)*	74.	*(a)*	75.	*(a)*	76.	*(c)*	77.	*(b)*	78.	*(d)*	79.	*(c)*	80.	*(a)*
81.	*(a)*	82.	*(b)*	83.	*(c)*	84.	*(a)*	85.	*(d)*	86.	*(d)*	87.	*(b)*	88.	*(d)*	89.	*(a)*	90.	*(b)*
91.	*(c)*	92.	*(b)*	93.	*(c)*	94.	*(d)*	95.	*(c)*	96.	*(a)*	97.	*(d)*	98.	*(c)*	99.	*(c)*	100.	*(b)*
101.	*(a)*	102.	*(c)*	103.	*(b)*	104.	*(a)*	105.	*(c)*	106.	*(b)*	107.	*(a)*	108.	*(b)*	109.	*(a)*	110.	*(d)*
111.	*(b)*	112.	*(c)*	113.	*(b)*	114.	*(c)*	115.	*(a)*	116.	*(c)*	117.	*(c)*	118.	*(a)*	119.	*(b)*	120.	*(a)*

मध्य प्रदेश
उच्च माध्यमिक शिक्षक पात्रता परीक्षा (भाग-ब)

प्रैक्टिस पेपर 3

निर्देश

इस प्रश्न-पत्र में कुल 120 वस्तुनिष्ठ प्रकार के प्रश्न हैं तथा प्रत्येक प्रश्न के लिए एक अंक निर्धारित है।

1. 'पित्रे' किस विभक्ति एवं वचन का रूप है?
(a) प्रथमा विभक्ति, एकवचन
(b) द्वितीया विभक्ति, एकवचन
(c) तृतीया विभक्ति, एकवचन
(d) चतुर्थी विभक्ति, एकवचन

2. 'पितरम्' किस विभक्ति एवं वचन का रूप है?
(a) प्रथमा विभक्ति, बहुवचन
(b) सप्तमी विभक्ति, एकवचन
(c) द्वितीया विभक्ति, एकवचन
(d) द्वितीया विभक्ति, बहुवचन

3. 'पितृ' शब्द की षष्ठी विभक्ति के द्विवचन में रूप बनता है
(a) पितृभ्याम्
(b) पितृभ्यः
(c) पित्रोः
(d) पितरो:

4. 'नदी' शब्द के निम्नलिखित रूपों में से तृतीया विभक्ति द्विवचन का सही रूप चुनकर लिखिए
(a) नदीभ्याम्
(b) नदीभि
(c) नद्या
(d) नद्याम

5. 'नदीभिः' किस विभक्ति एवं वचन का रूप है?
(a) तृतीया विभक्ति, बहुवचन
(b) प्रथमा विभक्ति, द्विवचन
(c) पञ्चमी विभक्ति, एकवचन
(d) द्वितीया विभक्ति, द्विवचन

निर्देश (प्रश्न संख्या 6-10) *अधोलिखितानां प्रश्नानां विग्रह पदं अथवा समस्त पदं विकल्पेभ्य चित्वा: लिखत्। (निम्नलिखित प्रश्नों के विग्रह पद अथवा समस्त पद विकल्पों में से चुनकर लिखिए)*

6. **विद्याहीना** रमा अस्ति।
(a) विद्यया हीना
(b) विद्येन हीनः
(c) विद्यां हीनः
(d) विद्यायै हीनः

7. **भक्तिसमं** सुखं नास्ति।
(a) भक्त्याः समय्
(b) भक्त्या समम्
(c) भक्तस्य समम्
(d) भक्त्यै समम्

8. श्री कृष्णः **मोहग्रस्तम्** अर्जुनमुपादिशत्।
(a) मोहात् ग्रस्तम्
(b) मोहस्य ग्रस्तम्
(c) मोहेन ग्रस्तम्
(d) मोहीः ग्रस्तम्

9. द्रौपदी **पुत्रशोकविह्वलः** आसीत्।
(a) पुत्रशोकाय विह्वलः
(b) पुत्रशोकेन विह्वलः
(c) पुत्राय शोकः विह्वलः
(d) पुत्रशोकात विह्वलः

10. स: पथ भ्रष्ट: अस्ति।
(a) पथस्प भ्रष्ट:
(b) पथात् भ्रष्ट:
(c) पथेन भ्रष्ट:
(d) पथंभ्रष्ट:

11. 'परमौषधि:' का सन्धि विच्छेद होगा
(a) परम + ओषधि
(b) परमा + औषधि
(c) परमो + षधि:
(d) परम + औषधि:

12. यहाँ यण सन्धि का उदाहरण है
(a) अन्वय:
(b) महात्मा
(c) महैश्वर्यम
(d) सप्तर्षि

13. 'इति + आदय:' की सन्धि होगी
(a) इतीदय:
(b) इत्यादय:
(c) इत्युदय:
(d) इत्वादय:

14. 'लध्वादेश:' का सन्धि विच्छेद होगा
(a) लघू + आदेश:
(b) लघू + वादेश
(c) लघु + आदेश:
(d) लध्व + आदेश

15. 'मातृ + अंक:' की सन्धि होगी
(a) मात्रांक:
(b) मात्रंक
(c) मातर्क
(d) मातृंक

16. 'स्मृ' धातु से तुमुन् प्रत्यान्त रूप है
(a) स्मरितुम्
(b) स्मर्तुम्
(c) स्मरियतुम्
(d) समर्तुम्

17. मोक्तुम् में प्रकृति प्रत्यय है
(a) मोच् + तुमुन्
(b) मोच + तुमुन्
(c) भुज् + तुमुन्
(d) मुच् + तुमुन्

18. 'हन्' धातु से क्त प्रत्यय का रूप बनता है
(a) हन्त:
(b) हनित:
(c) धात:
(d) हत:

19. 'शास्' धातु से क्त प्रत्यय लगने पर रूप बनता है
(a) शिष्ट: (b) शास्त:
(c) शाष्ट: (d) शासित:

20. 'प्रच्छ्' धातु से क्त प्रत्यय होने पर रूप बनता है
(a) प्रच्छित:
(b) पृष्ट:
(c) प्रशित:
(d) पृच्छित:

21. 'भू' धातु लङ्ग लकार, उत्तम पुरुष, बहुवचन का रूप है
(a) अभव:
(b) अभवाम
(c) अभवम्
(d) अभवाव

22. 'भू' धातु लृट् लकार, प्रथम पुरुष, बहुवचन का रूप है
(a) भविष्यन्ति
(b) भविष्यथ
(c) भविष्यति
(d) भविष्याम:

23. 'भवेत्' किस पुरुष व वचन का रूप है?
(a) प्रथम पुरुष, एकवचन
(b) मध्यम पुरुष, एकवचन
(c) उत्तम पुरुष, एकवचन
(d) उत्तम पुरुष द्विवचन

24. 'भवथ' किस लकार, वचन व पुरुष का रूप है?
(a) लङ्ग लकार, मध्यम पुरुष, बहुवचन
(b) लट् लकार, मध्यम पुरुष, बहुवचन
(c) लोट् लकार, मध्यम पुरुष, बहुवचन
(d) लृट् लकार, मध्यम पुरुष, बहुवचन

25. 'भविष्यति' किस प्रकार का रूप है?
(a) लृट् लकार
(b) लोट् लकार
(c) लट् लकार
(d) लङ्ग लकार

26. ऋग्वैदिकशाकलसंहिताया: पदपाठ: केन कृत:?
(a) शाकलेन
(b) यास्काचार्येण
(c) वेदव्यासेन
(d) वैशम्पायनेन

27. ऋग्वेदस्य अष्टकक्रमे कति अनुवाका: प्राप्यन्ते?
(a) 80 (b) 10
(c) 8 (d) 85

28. ऋग्वेदस्य अष्टकक्रमे कति अष्टका: विद्यन्ते?
(a) 08 (b) 10
(c) 64 (d) 85

29. ऋग्वेदस्य समुपलब्धप्रचलितशाखा का अस्ति?
(a) शांखायनशाखा
(b) शाकलशाखा
(c) वाष्कलशाखा
(d) माण्डूकायनशाखा

30. ऋग्वैदिक सूक्तसंख्या अस्ति—
(a) 1028 (b) 11
(c) 885 (d) 80

31. रामायणस्य उपजीव्यत्वं प्रेरकत्वं वा काव्यं न अस्ति
(a) रघुवंशम्
(b) जानकीहरणम्
(c) सेतुबन्धः
(d) शिशुपालवधम्

32. रामायणस्य उपजीव्यत्वं प्रेरकत्वं वा नाटकं न अस्ति
(a) प्रतिमानाटकम्
(b) महावीरचरितम्
(c) प्रसन्नराघवम्
(d) मध्यमव्यायोगम्

33. राज्ञः दशरथस्य पुत्रेष्टियज्ञ ········ आध्यक्षे अभवत्।
(a) विश्वामित्रस्य
(b) वशिष्ठस्य
(c) ऋष्यश्रृङ्गस्य
(d) भारद्वाजस्य

34. गंगावतरणाख्यानम् रामायणस्य ········ वर्णितम्।
(a) बालकाण्डे
(b) अरण्यकाण्डे
(c) किष्किन्धाकाण्डे
(d) लंकाकाण्डे

35. गंगावतरणाख्यानम् ········ वर्णितमस्ति।
(a) रामायणे बालकाण्डे
(b) रामायणे सुन्दरकाण्डे
(c) महाभारते आदिपर्वे
(d) महाभारते सभापर्वे

36. कुमारसम्भवस्य कस्मिन् सर्गे हिमालयवर्णनं पार्वत्याश्च जन्मकथा वर्णिता?
(a) प्रथम सर्गे
(b) द्वितीय सर्गे
(c) तृतीये सर्गे
(d) चुतर्थे सर्गे

37. कुमारसम्भवमहाकाव्यम् विभक्तमस्ति
(a) अध्यायेषु
(b) खण्डेषु
(c) पर्वेषु
(d) सर्गेषु

38. कुमारसम्भवस्य नायकः अस्ति
(a) शिवः (b) हिमालयः
(c) गणेशः (d) कुमारः

39. कालिदासस्य रचना मेघदूतमस्ति
(a) महाकाव्यम्
(b) खण्डकाव्यम्
(c) नाटकम्
(d) प्रबन्धकाव्यम्

40. मेघदूतेअङ्गीरसोऽस्ति
(a) करुणरस्यः
(b) संयोगश्रृङ्गार
(c) शान्तरसः
(d) विप्रलम्भश्रृङ्गार

41. अधोलिखितेषु लघुत्रय्यां परिगव्यते
(a) शिशुपालवधम्
(b) किरातार्जुनीयम्
(c) नैषधीयचरितम्
(d) रघुवंशम्

42. अधोलिखितेषु लघुत्रय्यां नास्ति
(a) रघुवंशम्
(b) किरातार्जुनीयम्
(c) कुमारसंभवम्
(d) मेघदूतम्

43. अधोलिखितेषु बृहत्त्रय्यां परिगण्यते
(a) रामायणम्
(b) महाभारतम्
(c) कुमारसम्भवम्
(d) शिशुपालवधम्

44. बृहत्त्रय्यां नास्ति—
(a) शिशुपालवधम्
(b) किरातार्जुनीयम्
(c) नैषधीयचरितम्
(d) मेघदूत

45. रघुवंशे कति सर्गाः विद्यन्ते?
(a) 17 (b) 18 (c) 19 (d) 20

46. 'स सुरभि सुरभिं सुमनोभरेः' इति उदाहरणमस्ति
(a) सन्देहस्य
(b) यमकस्य
(c) स्वभावोक्तेः
(d) दीपकस्य

47. वर्णसाम्यम्
(a) रूपकम्
(b) उत्प्रेक्षा
(c) अनुप्रास
(d) उपमा

48. निम्नलिखितेषु शब्दालङ्कारोऽस्ति
(a) उत्प्रेक्षा
(b) उपमा
(c) अनुप्रासः
(d) श्लेषः

49. 'वधाय वध्यस्य शरं शरण्यः' अत्र अलङ्कारोऽस्ति–
(a) श्लेषः
(b) उपमा
(c) स्वभावोक्ति
(d) अनुप्रासः

50. योऽलङ्कारः शब्दाश्रितोऽर्थाश्रितश्च प्राप्यते
(a) उपमा
(b) अनुप्रासः
(c) विभावना
(d) श्लेषः

51. 'रामः गच्छति' इस वाक्य का कर्ता कौन है?
(a) रामः
(b) गच्छति
(c) 'a' और 'b' दोनों
(d) ये सभी

52. 'सीता पुस्तक पढ़ती है।' इस वाक्य में कर्म कारक में कौन-सा कारक है?
(a) सीता
(b) पुस्तक
(c) पढ़ती है
(d) ये सभी

53. 'ग्रामं निकषा समुद्रोवर्तते' में 'ग्राम' पद में विभक्ति है?
(a) चतुर्थी
(b) द्वितीया
(c) पञ्चमी
(d) सप्तमी

54. व्याधः मृगं <u>शरेण</u> अघ्नत्। इस वाक्य के रेखांकित पद में कौन-सी विभक्ति है?
(a) द्वितीया
(b) सप्तमी
(c) चतुर्थी
(d) तृतीया

55. सः <u>हस्तेन</u> पत्रं लिखति। इस वाक्य के रेखांकित पद में विभक्ति बताइए।
(a) तृतीया (b) द्वितीया
(c) चतुर्थी (d) पञ्चमी

56. पेड़ परोपकार के लिए फलते हैं।
(a) वृक्षाः परोपकाराय फलन्ति।
(b) वृक्षाः परोपकाराय फलानि।
(c) वृक्षाः परोपकाराय फलति।
(d) वृक्षाः परोपकाराय फलतः।

57. राम श्याम पर क्रोध करता है।
(a) रामः श्यामाय क्रुध्यति।
(b) रामः श्यामाय क्रुध्यतः।
(c) रामः श्यामाय क्रोधयामि।
(d) रामः श्यामाय क्रोधयाम।

58. ज्ञान के बिना मुक्ति नहीं होती।
(a) ऋते ज्ञानान्न मुक्तिः।
(b) ऋते ज्ञानान्न मुक्तः।
(c) ऋते ज्ञानान्न मुक्तिानि।
(d) ऋते ज्ञानान्न मुक्ताय।

59. कुएँ का पानी ठण्डा होता है।
(a) कूपस्य जलं शीतलं भवन्ति।
(b) कूपस्य जलं शीतलं भवति।
(c) कूपस्य जलं शीतलं भवाम्।
(d) कूपस्य जलं शीतलं भवामि।

60. वह अध्ययन के लिए छात्रावास में निवास करता है।
(a) सः अध्ययनस्य हेतोः छात्रावासे निवासा।
(b) सः अध्ययनस्य हेतोः छात्रावासे निवाामि।
(c) सः अध्ययनस्य हेतोः छात्रावासे निवसति।
(d) सः अध्ययनस्य हेतोः छात्रावासे निवसन्ति।

61. कथायाः कति शीर्षकाः भवेत्?
(a) एकः
(b) द्वौ
(c) विविधः
(d) कोऽपि नास्ति।

62. कथा कस्यानुरूपं भवेत्?
(a) कालस्य
(b) शीर्षकस्य
(c) धर्मस्य
(d) कोऽपि नास्ति

63. कथायाम् अनिवार्या का?
(a) रोचकता
(b) क्लिष्टता
(c) अनियमितता
(d) कोऽपि नास्ति

64. कथायाः भाषा भवेत्
(a) सुबोधा
(b) दुर्बोधा
(c) कठिना
(d) कोऽपि नास्ति

65. कथयाम् का भवेत्?
(a) दोषः
(b) क्रमबद्धता
(c) क्लिलिष्टता
(d) कोऽपि नास्ति

66. '56' का संस्कृत संख्यावाची पद होगा
(a) षट्पञ्चाशत्
(b) पञ्चषष्टि
(c) पञ्चपञ्चाशत्
(d) पञ्चविशंति

67. 'द्विनवतिः' का संख्यावाची होगा
(a) 25 (b) 93
(c) 29 (d) 92

68. 'सप्तषष्टिः' का संख्यावाची होगा
(a) 76 (b) 67
(c) 65 (d) 75

69. ...... (4) बालिकाः नृत्यन्ति/रिक्तस्थान के लिए उपयुक्त पद होगा
(a) चत्वारः
(b) चतस्रः
(c) चत्वारि
(d) कोई नहीं

70. 'त्रयस्त्रिंशत्' के पश्चात् पद आएगा
(a) द्वात्रिंशत्
(b) चतुर्विंशति
(c) चतुस्त्रिंशत
(d) त्रयश्चत्वारिशंत्

निर्देश (प्रश्न संख्या 71-75) *अधोलिखितम् अनुच्छेद पठित्वा प्रदत्त प्रश्नानामुत्तराणि विकल्पेभ्यः चित्वा लिखित्। (निम्नलिखित अनुच्छेद को पढ़कर दिए गए प्रश्नों के उत्तर विकल्पों में से चुनकर लिखिए)।*

विद्याध्ययनं परिसमाप्य गुरुदक्षिणां दातुं उत्सुकः असौ कौत्सः एकदा गुरुम् उपगम्य निजेच्छां प्रकटितवान्। तस्य वचः श्रुत्वा गुरुणा कथितम्– "तव विशुद्धया श्रद्धया, उत्कृष्टतया भावनया, परमया सेवया च नितान्तमस्मि प्रीतः। तस्मात् नाहं कामये अन्यां काञ्चित् दक्षिणाम्"। आचार्यवाक्यं श्रुत्वा कौत्सः पुनः अवदत्–"यदि न ग्रहीष्यन्ति भवन्तः मम सकाशात् किमपि, तदा ममाध्ययनं व्यर्थम् एवेति में विश्वासः"। एवं रीत्या यदा कौत्सः वारम्–वारम् आग्रहं कृतवान् तदा कुपितेन गुरुणा कथितम्–"त्वम् मम सकाशात् चतुर्दश विद्याः अधीतवान् असि, अतः चतुर्दशकोटिः स्वर्णमुद्राः मह्यम् देहि" इति। गुरोः वचनं श्रुत्वा कौत्सस्य मनसि चिन्ता जाता, इयत्यः मुद्राः कुतः आनेयाः? इति। न च दृश्यते कश्चन् अन्यो जनः एतावत् धनं दातुम् समर्थः। तस्मात् दातृणां मध्ये श्रेष्ठस्य रघोः सकाशम् एव चलितव्यम् इति विचार्य कौत्सः रघोः समीपम् उपागच्छत्।

प्रदत्तविकल्पेभ्यः उचितम् उत्तरं चित्वा लिखत।
(दिए गए विकल्पों में से उचित उत्तर चुनकर लिखिए)

71. 'कथितम्' इत्यस्य किं कर्तृपदम् अस्ति?
(a) कौत्सः (b) तस्य
(c) वचः (d) गुरुणा

72. "तव विशुद्धया श्रद्धया, उत्कृष्टया ...." अत्र 'तव' पदं कस्मै प्रयुक्तम्?
(a) कौत्साय (b) गुरुवे
(c) राघवे (d) मित्राय

73. "कौत्सस्य मनसि चिन्ता जाता" अत्र 'चिन्ता' इति कर्तृपदस्य किं क्रियापदं प्रयुक्तम्?
(a) कौत्सस्य
(b) मनसि
(c) जाता
(d) रीत्या

74. 'ग्रहीतुम्' इति पदस्य कः विलोमः गद्यांशे प्रयुक्तम्?
(a) उत्सुकः
(b) दातुम्
(c) निजेच्छां
(d) विचार्य

75. किं समाप्य कौत्सः गुरुम् उपागच्छत?
(a) विद्याध्ययनं
(b) दक्षिणाम्
(c) स्वर्णमुद्राः
(d) मुद्रा

निर्देश (प्रश्न संख्या 76-80) *अधोलिखितम् श्लोकं पठित्वा प्रदत्त प्रश्नांनामुत्तराणि विकल्पेभ्यः चित्वा लिखित्। (निम्नलिखित श्लोक को पढ़कर दिए गए प्रश्नों के उत्तर विकल्पों में से चुनकर लिखिए)।*

जाड्यं धियो हरति सिञ्चति वाचि सत्यम्, मनोन्नतिं दिशति पापमपाकरोति।
चेतः प्रसादयति दिक्षु तिनोति कीर्तिम्, सत्संगति कथय किं न करोति पुंसाम्।।

प्रदत्तविकल्पेभ्यः उचितम् उत्तरं चित्वा लिखत।
(दिए गए विकल्पों में से उचित उत्तर चुनकर लिखिए)

76. सत्संगतिः कस्य जाड्यां हरति?
(a) वाचि
(b) दिशति
(c) धियो
(d) पुंसाम

77. 'प्रसारयति' इतिपदस्य समानार्थकं क्रियापदं चित्वा लिखत।
(a) दिशति
(b) अपाकरोति
(c) प्रसादयति
(d) तिनोति

78. 'असत्यम्' इतिपदस्य विपरीतार्थकं पदं पद्यांशात् चित्वा लिखत।
(a) जाड्यं
(b) सत्यम्
(c) चेतः
(d) सत्संगतिः

79. 'सत्संगति' कुत्र कीर्तिं तिनोति?
(a) चक्षु
(b) दिक्षु
(c) वाचि
(d) चेतः

80. 'यश': इति पदस्य पर्याय पदं पद्यांशे किं प्रयुक्तम्?
(a) दिशति
(b) कथय
(c) पुंसाम्
(d) कीर्तिम्

81. "अहं कर्मं करोमि" वाक्य में कर्मवाच्य परिवर्तनीय रूप होगा
(a) मया कर्मं क्रीयन्ते
(b) मया कर्मं क्रियते
(c) त्वया कर्म करोति
(d) त्वं कर्मम् कुरुतः

82. ''मित्रः पत्रं लिखति'' वाक्य का कर्मवाच्य परिवर्तन होगा
(a) मित्रेण पत्रं लिख्यते
(b) मित्रम् पत्रं लिखन्ते
(c) मित्रः पत्रम् लिखसि
(d) ये सभी

83. ''यूयं पठथ'' कर्तृवाच्य का भाववाच्य रूप होगा
(a) त्वं पठति
(b) युष्माभिः पठ्यते
(c) अहं पठामि
(d) युवां पठथः

84. ''लता पत्रिकां पठति'' वाक्य में कर्मवाच्य परिवर्तन रूप बनेगा
(a) लतया पत्रिका पठ्यते
(b) लता पत्रिका पठन्ति
(c) लतायाः पत्रिकाम् पठते
(d) लतायाम् पत्रिकां पठन्ते

85. ''सः देवालयं गच्छति'' वाक्य का कर्मवाच्य परिवर्तनीय रूप होगा
(a) सा देवालयं गच्छन्ति
(b) तेन देवालयं गम्यते
(c) सः देवालयम् गच्छन्ति
(d) इनमें से कोई नहीं

86. 'तत्' शब्द नपुंसकलिङ्ग सप्तमी विभक्ति एकवचन का रूप है
(a) तत् (b) तानि
(c) ते (d) तस्मिन्

87. 'एतद्' शब्द पुल्लिङ्ग सप्तमी विभक्ति बहुवचन का रूप है
(a) एतेषु (b) एतैः
(c) एते (d) एषः

88. 'एतद्' शब्द स्त्रीलिङ्ग प्रथमा विभक्ति एकवचन का रूप है
(a) एताः (b) एषा
(c) एते (d) एताम्

89. 'एतद्' शब्द नपुंसकलिङ्ग षष्ठी विभक्ति एकवचन का रूप है
(a) एतत् (b) एते
(c) एतस्य (d) एतेश्यः

90. 'यत्' शब्द पुल्लिंग प्रथमा विभक्ति एकवचन का रूप है
(a) यद् (b) ये (c) यानि (d) यैः

निर्देश (प्रश्न संख्या 91-95) अधोलिखितानां प्रश्नानां विग्रह पदं अथवा समस्त पदं विकल्पेभ्य चित्वा: लिखत (निम्नलिखित प्रश्नों के विग्रह पद अथवा समस्त पद विकल्पों में से चुनकर लिखिए)

91. श्रीरामः **मृगस्य पश्चात्** गच्छति।
(a) अनुमृगम् (b) अनुमृगः
(c) उपमृगम् (d) प्रतिमृगम्

92. तत **सचित्रं** पुस्तकम् अत्र आनय।
(a) चित्रस्य समीपे
(b) चित्रस्य पश्चात्
(c) चित्रेण सहितम्
(d) चित्रस्य अभावः

93. सः अपि तत् नेत्रं **स्थानम् अनतिक्रम्य** अस्थापयत्।
(a) अस्थानम्
(b) स्थाने क्रम्य
(c) अनतिक्रम्य स्थाने
(d) यथास्थानम्

94. सः **सप्ताहे** कार्यं समापयिष्यति।
(a) सप्तानां अह्नां समाहारे
(b) सप्ते समाहारे
(c) अह्नां समाहारे
(d) सप्तानां समाहारे

95. बालकः **अष्टाध्यायीं** स्मरति।
(a अष्टानाम् अध्यायानां समाहारः ताम्
(b) अष्टे अध्यायानां समाहारः सः
(c) अष्ट अध्यायः समाहारः ते
(d) समाहारः अष्टानां अध्यायः

96. 'सम् + आचार' की सन्धि होगी
(a) सं आचार (b) सं चार
(c) समाचार (d) सम् चार

97. 'दिक् + अम्बरः' की सन्धि होगी
(a) दिक्म्बरः (b) दिक्ऽम्बर
(c) दिकम्बर (d) दिगम्बर

98. 'प्राक् + एव' की सन्धि होगी
(a) प्राकेव (b) प्राकैव
(c) प्राकव (d) प्रागेव

99. 'जगत् + ईशः' की सन्धि होगी
(a) जगतीश (b) जगदीशः
(c) जगतिश (d) जगदिश

100. 'तत् + मय' की सन्धि होगी
(a) तत्मय (b) तदमय
(c) तच्मय (d) तन्मय

101. कृष्णयजुर्वेदस्य कति शाखाः समुपलभ्यन्ते?
(a) 02 (b) 04
(c) 06 (d) 08

102. तैत्तिरीयशाखासम्बद्धः वेदविशेषः कः?
(a) कृष्णयजुर्वेदः (b) शुक्लयजुर्वेदः
(c) सामवेदः (d) अथर्ववेदः

103. सम्प्रति व्याकरणवेदाङ्गस्य प्रतिनिधिग्रन्थः अस्ति?
(a) शब्दानुशानम् (b) परिभाषेन्दुशेखरः
(c) व्याकरणमहाभाष्यम् (d) लघुसिद्धान्तकौमुदी

104. पाणिनि-प्रणीते शब्दानुशासने कति अध्यायाः समुपलभ्यन्ते?
(a) 06 (b) 08
(c) 10 (d) 12

105. स्वरवर्णाद्युच्चारणप्रकारबोधकं वेदाङ्गम् अस्ति
(a) शिक्षा (b) व्याकरणं
(c) निरुक्तं (d) कल्पं

106. वेदाङ्गानि उचितक्रमेण योजयत
(a) कल्पः, व्याकरणम्, छन्दः, निरुक्तम्, ज्योतिषम्, शिक्षा
(b) शिक्षा, कल्पः, व्याकरणम्, छन्दः, निरुक्तं, ज्योतिषम्
(c) शिक्षा, व्याकरणम्, छन्दः, निरुक्तं, ज्योतिषम्
(d) शिक्षा, छन्दः, कल्पः, व्याकरणम्, निरुक्तम्, ज्योतिषम्

107. 'ईशवास्योपनिषद्' वाजसमेयिसंहितायाः कस्मिन् अध्याये विद्यते?
(a) 34 (b) 40
(c) 20 (d) 30

108. कृष्णयजुर्वेदस्य उपनिषद्—
(a) प्रश्नोपनिषद् (b) केनोपनिषद्
(c) छान्दोग्योपनिषद् (d) श्वेताश्वतरोपनिषद्

109. योगदर्शन के प्रवर्तक हैं
(a) पतंजलि (b) महाभाष्य
(c) अरविन्द (d) महर्षि व्यास

110. योगदर्शन के ईश्वर की अवधारणा के सम्बन्ध में कौन-सा कथन सही है?
(a) वह जगत् का सृष्टा है
(b) वह शुभ कर्मों का पुरस्कार तथा पाप कर्मों का दण्ड देता है
(c) वह पुरुष विशेष है
(d) वह उद्धारकर्ता है

111. महाभारतस्य उपजीव्यत्वेषु भास्त विरचितेषु काव्येषु ……… नास्ति।
(a) पञ्चरात्रम् (b) उरुभङ्गम्
(c) दूतवाक्म् (d) प्रतिमानाटकम्

112. 'साविज्युपाख्यानम्' महाभारते ……… वर्णितम्।
(a) वनपर्वे (b) उद्योगपर्वे
(c) आदिपर्वे (d) शान्तिपर्वे

113. 'प्रतिमानाटकम्' विषये एतत् सत्यम् अस्ति
(a) महाभारतमुपजीव्यत्वं भासश्च लेखकः
(b) रामायणमु पजीव्यत्वं भोजश्च लेखकः
(c) पुराणमुपजीव्यत्वं कालिदासश्च लेखकः
(d) रामायणयुपजीव्यत्वं भासश्च लेखकः

114. विष्णुपुराणे पुराणस्य कति लक्षणानि उक्तानि?
(a) पञ्च (b) षट्
(c) सप्त (d) अष्ट

115. पुराणस्य लक्षणं न अस्ति
(a) सर्गः (b) प्रतिसर्गः
(c) वंशः (d) प्रतिवंशः

116. को मृच्छकटिकस्य विदूषक खलुः
(a) वसंतकः (b) माढव्यः
(c) मैत्रेय (d) कोऽपि न

117. मृच्छकटिके चारुदत्तस्य पुत्रोऽस्ति
(a) सर्वदमनः (b) रोहसेनः
(c) धूतानंदनः (d) मोहसेनः

118. नलचम्पू नायक कः?
(a) हर्ष (b) नल
(c) इन्द्र (d) वरुण

119. इन्द्रवज्राजातीयं छन्दो विद्यते
(a) श्लोकः (b) त्रिष्टुप्
(c) जातिः (d) उपजातिः

120. अधोलिखितेषु रसः कः?
(a) हास्यः (b) शोकः
(c) क्रोधः (d) विस्मयः

उत्तरमाला

1.	(d)	2.	(c)	3.	(c)	4.	(a)	5.	(a)	6.	(a)	7.	(b)	8.	(c)	9.	(c)	10.	(b)
11.	(d)	12.	(a)	13.	(b)	14.	(c)	15.	(b)	16.	(b)	17.	(d)	18.	(d)	19.	(a)	20.	(b)
21.	(b)	22.	(a)	23.	(a)	24.	(b)	25.	(a)	26.	(a)	27.	(d)	28.	(a)	29.	(b)	30.	(a)
31.	(d)	32.	(a)	33.	(c)	34.	(a)	35.	(a)	36.	(a)	37.	(d)	38.	(d)	39.	(b)	40.	(d)
41.	(d)	42.	(b)	43.	(d)	44.	(d)	45.	(c)	46.	(b)	47.	(c)	48.	(c)	49.	(a)	50.	(d)
51.	(a)	52.	(b)	53.	(b)	54.	(d)	55.	(a)	56.	(a)	57.	(a)	58.	(a)	59.	(b)	60.	(b)
61.	(b)	62.	(b)	63.	(a)	64.	(a)	65.	(b)	66.	(a)	67.	(d)	68.	(b)	69.	(b)	70.	(c)
71.	(d)	72.	(a)	73.	(c)	74.	(b)	75.	(a)	76.	(c)	77.	(d)	78.	(b)	79.	(b)	80.	(d)
81.	(b)	82.	(a)	83.	(b)	84.	(a)	85.	(b)	86.	(d)	87.	(a)	88.	(b)	89.	(c)	90.	(a)
91.	(b)	92.	(a)	93.	(d)	94.	(a)	95.	(a)	96.	(c)	97.	(d)	98.	(d)	99.	(b)	100.	(d)
101.	(b)	102.	(a)	103.	(a)	104.	(b)	105.	(a)	106.	(b)	107.	(b)	108.	(d)	109.	(a)	110.	(c)
111.	(d)	112.	(a)	113.	(d)	114.	(a)	115.	(d)	116.	(c)	117.	(b)	118.	(a)	119.	(a)	120.	(a)

मध्य प्रदेश
उच्च माध्यमिक शिक्षक पात्रता परीक्षा (भाग-ब)

प्रैक्टिस पेपर 4

निर्देश

इस प्रश्न-पत्र में कुल 120 वस्तुनिष्ठ प्रकार के प्रश्न हैं तथा प्रत्येक प्रश्न के लिए एक अंक निर्धारित है।

1. कर्मवाच्ये परिवर्तयतु-'सा बालिका अजां नयति'
(a) तया बालिका अजा नयति
(b) तया बालिकया अजा नीयते
(c) सा बालिका अजा नीयते
(d) सा बालिकया अजां नीयते

2. दरिद्रस्य किं शून्यम्?
(a) गृहम् (b) क्षेत्रम् (c) सर्वम् (d) उपवनम्

3. वाच्य एक वाक्यार्थः इति केषाम् आचार्याणां मतम्?
(a) अभिहितान्वयवादिनाम्
(b) ध्वनिवादिनाम्
(c) रीतिवादिनाम्
(d) अन्विताभिधानवादिनाम्

4. तर्कभाषानुसारेण परार्थनुमानवाक्यं भवति
(a) द्वयवयम् (b) त्र्यवयवम्
(c) चतुरवयम् (d) पञ्चावयम्

5. 'रजोजुषे जन्मनि सत्त्ववृत्तये'-अस्मिन् श्लोकांशे 'रजोजुषे' इति पदे विभक्तिरस्ति
(a) चतुर्थी (b) प्रथमा
(c) द्वितीया (d) सप्तमी

6. 'नादेयम्' इत्यत्र प्रयुक्तः प्रत्ययः कः?
(a) त्यक् (b) ढक्
(c) ठक् (d) यत्

7. काव्यस्य षड्विधं प्रयोजनं कस्मिन् काव्यग्रन्थे उक्तम्?
(a) काव्यालंकारे (b) वक्रोक्तिजीविते
(c) साहित्यदर्पणे (d) काव्यप्रकाशे

8. अभिज्ञानशाकुन्तलमिति नाटके नान्दी अस्ति
(a) अष्टापदा (b) द्वादशापदा
(c) त्रयोदशापदा (d) अष्टादशापदा

9. उपमानोपमेययोरभेदे सति अलङ्कारो भवति
(a) उपमा (b) रूपकम्
(c) उत्प्रेक्षा (d) सन्देहः

10. कार्याकार्य व्यवस्थितौ किं प्रमाणम्? (श्रीकृष्णानुसारम्)
(a) लोकः (b) शास्त्रम्
(c) भार्यावचनम् (d) स्वकीयं मनः

11. यत्र क्तिन्-प्रत्ययोऽस्ति
(a) वैदिकः (b) राष्ट्रीयः
(c) कृतिः (d) वन्दमानः

12. 'वयं फलानि खादामः' इत्यस्य वाक्यस्य कर्मवाच्ये रूपं भवति।
(a) मया फलानि खाद्यन्ते
(b) अस्माभिः फलानि खाद्यन्ते
(c) अस्मभ्यं फलानि खाद्यन्ते
(d) अस्माभिः फलं खाद्यते

13. "चकासतं चारुचमूरुचर्मणा"-अत्र चमूरु-पदेन कस्य पशोः संकेतः?
(a) धेनोः (b) मृगस्य
(c) कुक्कुटस्य (d) मयूरस्य

14. रामायणे शबरीवृत्तान्तः कः?
(a) पताका (b) पताकास्थानकम्
(c) प्रकरी (d) प्रवेशकः

15. 'शुष्कः' इति पदस्य निष्पत्तिरस्ति
(a) क्तप्रत्यययोगात्
(b) क्तवतुप्रत्यययोगात्
(c) शतृप्रत्यययोगात्
(d) शानच्प्रत्यययोगात्

16. 'कदापि सत्पुरुषाः शोकवक्तव्या न भवन्ति; कस्येयमुक्तिः?
(a) विदूषकस्य
(b) दुष्यन्तस्य
(c) शार्ङ्गरवस्य
(d) शारद्वतस्य

17. 'रणद्भिराघट्टनया नमस्वतः पृथग्विभिन्नश्रुति मण्डलैः स्वरैः'-श्लोकांशेऽस्मिन 'नमस्वतः' इति पदस्यार्थोऽस्ति
(a) आकाशस्य
(b) मेघस्य
(c) सूर्यस्य
(d) वायोः

18. अभिज्ञानशाकुन्तले 'कामी स्वतां पश्यति'-इत्युक्तिः कस्य?
(a) विदूषकस्य
(b) राज्ञः
(c) महर्षेः कण्वस्य
(d) शारद्वतस्य

19. प्रासङ्गिकं प्रदेशस्थं चरितं किं कथ्यते?
(a) प्रकरी
(b) पताका
(c) अर्थप्रकृति
(d) नियताप्तिः

20. असर्पभूतायां रज्जौ सर्पारोपवत् कोऽस्ति?
(a) विषयः
(b) अध्यारोपः
(c) मुमुक्षुत्वम्
(d) तितिक्षा

21. वेदान्तमतेन अज्ञानं नास्ति
(a) त्रिगुणात्मकम्
(b) सदसदभ्यामनिर्वचनीयम्
(c) अभावरूपम्
(d) भावरूपम्

22. कादम्बरीमतिरिच्य बाणभट्टस्य द्वितीयं गद्यकाव्यं किम्?
(a) दशकुमारचरितम्
(b) वासवदत्ता
(c) हर्षचरितम्
(d) तिलकमञ्जरी

23. 'चित्रगुः' इति पदे समासोऽस्ति
(a) कर्मधारयः
(b) बहुव्रीहिः
(c) द्विगुः
(d) अव्ययीभावः

24. नलचम्पूकाव्यानुसारं 'प्रसन्नाः कान्तिहारिण्यो नानाश्लेषविचक्षणा वाचः मुखे गृहे स्त्रियः' कस्मात् कारणात् भवन्ति?
(a) भाग्यैः
(b) पुण्यैः
(c) सम्यगाचरणैः
(d) सम्पद्भिः

25. बलवदपि शिक्षितानामात्मन्यप्रत्ययं चेतः-इति सुभाषितवचनं कस्मिन् ग्रन्थेऽस्ति?
(a) दशकुमारचरिते
(b) शिशुपालवधे
(c) अभिज्ञानशाकुन्तले
(d) मृच्छकटिके

26. काव्यप्रकाशाभिमतम् अवरं काव्यं किम्?
(a) गुणरहितम्
(b) समासरहितम्
(c) अलङ्काररहितम्
(d) व्यङ्ग्यरहितम्

27. 'पदं हि सर्वत्र गुणैर्निधीयते';?-सूक्तिरियं कस्य ग्रन्थस्य वर्तते?
(a) उत्तररामचरितस्य
(b) पञ्चतन्त्रस्य
(c) हितोपदेशस्य
(d) रघुवंशस्य

28. "पृथुकार्तस्वरपात्रं भूषितनिः शेषपरिजनं देव।
विलसत्करेणुगहनं सम्प्रति सममावयोः सदनम्।।"
इतिश्लोके अलङ्कारोऽस्ति
(a) यमकम्
(b) श्लेषः
(c) वक्रोक्तिः
(d) स्वभावोक्तिः

29. साहित्यदर्पणानुसारं लक्षणायाः कियन्तो भेदाः?
(a) षट्
(b) षोडश
(c) चत्वारिंशत्
(d) अशीति

30. अत्र अशुद्धवाक्यमस्ति
(a) अलं विवादेन
(b) कर्णेन बधिरः
(c) कस्मै बालकाय फलं रोचते
(d) एतस्मै ब्राह्मणं धनं ददाति

31. नलचम्पूकाव्यस्य कर्ता कः?
(a) बाणभट्टः
(b) आशाधरभट्टः
(c) त्रिविक्रमभट्टः
(d) महिमभट्टः

32. सांख्यशास्त्रे कस्मात् श्रेयान्?
(a) ईश्वरानुग्रहात्
(b) विहितकर्मणामनुष्ठानात्
(c) अद्वयतत्त्वस्य ज्ञानात्
(d) व्यक्ताव्यक्तज्ञविज्ञानात्

33. 'स्फुटोपमं भूतिसितेन शम्भुना'' इत्यस्मिन् वाक्ये कस्य संकेतः?
(a) नारदस्य
(b) कण्वस्य
(c) विश्वामित्रस्य
(d) वशिष्ठस्य

34. 'रमणीयः खल्ववधिर्विधिना विसंवादितः' कस्येयमुक्तिः?
(a) मधुकरिकायाः
(b) परभृतिकायाः
(c) सानुमत्याः
(d) प्रियम्वदायाः

35. काव्यप्रकाशे 'उपकृतं बहु तत्र किमुच्यते सुजनता प्रथिता भवता परम्।' इति श्लोको निर्दिष्ट उदाहरणरूपेण
(a) अर्थान्तरसंक्रमितवाच्यध्वनेः
(b) अत्यन्ततिरस्कृतवाच्यध्वनेः
(c) संलक्ष्यक्रमव्यङ्ग्यध्वनेः
(d) असंलक्ष्यक्रमव्यङ्ग्यध्वनेः

36. 'अग्निरनुष्णः कृतकत्वाज्जलवत्' अत्र 'कृतकत्वात्' कीदृशो हेत्वाभासः?
(a) कालात्ययापदिष्टः
(b) अनैकान्तिकः
(c) उपाधित्वासिद्धः
(d) व्याप्यत्वासिद्धः

37. 'इत्थंभूतलक्षणे' इति सूत्रेण विभक्तिर्विधीयते
(a) द्वितीया
(b) तृतीया
(c) पञ्चमी
(d) सप्तमी

38. विरतास्वभिधाद्यासु ययाऽर्थो बोध्यते परः, वसा वृत्तिः अस्ति
(a) तात्पर्या
(b) लक्षणा
(c) अभिधा
(d) व्यञ्जना

39. 'पर्वतोऽयं वह्निमान्'-इंतीदमुदाहरणं कस्य प्रमाणस्य?
(a) प्रत्यक्षस्य
(b) उपमानस्य
(c) अनुमानस्य
(d) शाब्दस्य

40. अनीयर्प्रत्यययोगाद् निष्पन्नं पदमस्ति
(a) चेयम्
(b) चेतव्यः
(c) चयनीयः
(d) एधितव्यम्

41. 'धनञ्जयः' कीदृशो वायुप्रकारः?
(a) क्षुत्करः
(b) पोषणकरः
(c) उद्गिरणकरः
(d) जृम्भणकरः

42. 'वाक्यं रसात्मकं काव्यम्'-इतीदं लक्षणं क आचार्यः कृतवान्?
(a) दण्डी
(b) पण्डितराजो जगन्नाथः
(c) महिमभट्टः
(d) विश्वनाथ कविराजः

43. कस्य नाटकस्य मङ्गलाचरणे अष्टविधशिवस्वरूपम्?
(a) उत्तररामचरितस्य मंगलाचरणे
(b) मुद्राराक्षस्य मंगलाचरणे
(c) अभिज्ञानशाकुन्तलस्य मंगलाचरणे
(d) मालविकाग्निमित्रस्य मंगलाचरणे

44. सांख्यदर्शनस्य सिद्धान्तोऽस्ति
(a) सत्कार्यवादः (b) असत्कार्यवादः
(c) विवर्तवादः (d) आरम्भवादः

45. 'उपकृष्णम्' इति समस्ते पदे किं सूत्रं प्रवृत्तम्?
(a) यथाऽसादृश्ये (b) अव्ययीभावे चाकाले
(c) अव्ययीभावश्च (d) यावदवधारणे

46. वेदान्तसारे स्थूलशरीरस्य संज्ञा अस्ति
(a) अन्नमयकोशः (b) प्राणमयकोशः
(c) मनोमयकोशः (d) विज्ञानमयकोशः

47. न्यायः कुत्र प्रवर्तते?
(a) उपलब्धेऽर्थे (b) अनुपलब्धेऽर्थे
(c) निर्णीतेऽर्थे (d) सन्दिग्धेऽर्थे

48. रिक्तस्थानस्य पूर्तिः क्रियताम्–
'क्रमादमुं नारद इत्यबोधि ..... ।।'
(a) यः (b) सः (c) नः (d) कः

49. माघ के शिशुपालवध नामक काव्य में बीस सर्ग हैं;
इत्यस्य वाक्यस्य शुद्धः संस्कृतानुवादोऽस्ति
(a) माघस्य शिशुपालवधे विंशतयः सर्गाः सन्ति
(b) माघस्य शिशुपालवधे काव्ये विंशतिः सर्गाणि सन्ति
(c) माघस्य शिशुपालवधे इति नाम्नः काव्ये विंशतयः सर्गा विद्यन्ते
(d) माघस्य शिशुपालवधनामके काव्ये विंशति सर्गाः सन्ति

50. 'गौर्जल्पति' इतीदम् उदाहरणं कस्याः लक्षणायाः निदर्शकम्?
(a) प्रयोजनवती गौणीसाध्यवसानालक्षण लक्षणायाः
(b) प्रयोजनवती गौणीसारोपालक्षणलक्षणायाः
(c) रूढ़िमती शुद्धासारोपालक्षणलक्षणायाः
(d) रूढ़िमती शुद्धासाध्यवसानालक्षणलक्षणायाः

51. भूधातोः लुट् लकार-प्रथमपुरुषैकवचनस्य रूपमस्ति
(a) भविष्यति (b) भविता (c) अभविष्यत् (d) भूयात्

52. काव्यप्रकाशानुसारं, परिसंख्याऽलङ्कारस्य कियन्तो भेदाः?
(a) त्रयः (b) षट्
(c) चत्वारः (d) अष्टौ

53. फक्प्रत्यययोगाद् निष्पन्नं पदमस्ति
(a) दाक्षिः (b) औडुलोमिः
(c) गार्ग्यायणः (d) गाङ्गः

54. जातस्य को ध्रुवः?
(a) विवाहः (b) मृत्युः (c) गतिरोधः (d) विरोधः

55. कादम्बरी-कथामुखमिति ग्रन्थस्य मङ्गलाचरणमस्ति
(a) वागर्थाविव सम्पृक्तौ वागर्थ ....
(b) रजोजुषे जन्मनि सत्त्ववृत्तये स्थितौ ....
(c) श्रियः कुरुणामधिपस्य पालनीं प्रजासु ....
(d) श्रियः पतिः श्रीमति शासितुं जगत् ....

56. सांख्यदर्शनानुसारं केषां वृत्तिः आलोचनमात्रम् इष्यते?
(a) ज्ञानेन्द्रियाणाम् (b) कर्मेन्द्रियाणाम्
(c) तन्मात्राणाम् (d) पुरुषाणाम्

57. स्रष्टुः आद्या सृष्टिः का?
(a) आकाशः (b) अग्निः (c) जलम् (d) पृथिवी

58. 'राघवपाण्डवीयम्' कस्य रचनाऽस्ति?
(a) सोमेश्वरस्य (b) वेदान्तदेशिकस्य
(c) रत्नाकरस्य (d) कविराजस्य

59. भगवद्गीतानुसारेण रजोगुणात् संजायते
(a) लोभः (b) प्रमादः
(c) मोहः (d) अज्ञानम्

60. सांख्यदर्शने स्वीकृतानां तत्त्वानां संख्या कियती?
(a) अष्टादश (18) (b) एकविंशतिः (21)
(c) द्वाविंशतिः (22) (d) पञ्चविंशतिः (25)

61. बाणभट्टस्य पितुर्नाम आसीत्
(a) वात्स्यायनः (b) कुबेरः
(c) अर्थपतिः (d) चित्रभानुः

62. 'रोहिणी' इत्यत्र कः प्रत्ययः?
(a) ङीप् (b) ङीष् (c) ङीन् (d) इनि

63. आचार्यमम्मटस्य मतानुसारं, काव्यशास्त्रे 'ध्वनि' रिति शब्दः कुत आगतः?
(a) न्यायशास्त्रात् (b) सांख्यशास्त्रात्
(c) व्याकरणशास्त्रात् (d) मीमांसाशास्त्रात्

64. सांख्यकारिकानुसारेण पुरुषबहुत्वमनुमीयते
(a) संघातपरार्थत्वात् (b) कैवल्यार्थं प्रवृत्तेः
(c) भोक्तृभावात् (d) अयुगपतप्रवृत्तेः

65. पुरुषचेतनायाः अस्तित्वसिद्धिनिमित्तं वाक्यमस्ति
(a) शक्तस्य शक्यकरणात्
(b) तत्र जरामरणकृतं दुःखं प्राप्नोति चेतनः
(c) सूक्ष्मा मातापितृजाः सह प्रभूतैस्त्रिधा
(d) भोक्तृभावात् कैवल्यार्थं प्रवृत्तेश्च

66. 'अन्तरान्तरेण युक्ते' इति सूत्रेण विभक्तिर्विधीयते
(a) द्वितीया (b) तृतीया (c) पञ्चमी (d) सप्तमी

67. श्रीमद्भगवद्गीतायाः कस्मिन्नध्याये भगवतो विभूतयो वर्णिताः सन्ति?
(a) सप्तमे (b) नवमे (c) द्वादशे (d) दशमे

68. श्रोत्रेन्द्रियेण शब्दस्य प्रत्यक्षं ज्ञानं भवति
(a) संयोगसन्निकर्षेण
(b) समवायसन्निकर्षेण
(c) संयुक्तसमवायसन्निकर्षेण
(d) विशेष्यविशेषणभावसन्निकर्षेण

69. अभिधामूला-व्यञ्जनायाः लक्षणमस्ति
(a) अनेकार्थस्य शब्दस्य संयोगाद्यैर्नियन्त्रिते
(b) लक्षणोपास्यते यस्य कृते तत्तु प्रयोजनम्
(c) विभावेनानुभावेन व्यक्तः संचारिणा तथा
(d) तात्पर्याख्यां वृत्तिमाहुः पदार्थान्वयबोधने

70. अनर्घराघवनाटकं रचितवान्
(a) भवभूतिः (b) भासः (c) विशाखदत्तः (d) मुरारिः

71. क्त-प्रत्ययविधिसूत्रमस्ति
(a) पुंसि संज्ञायां प्राचेण (b) नपुंसके भावे
(c) ण्यास-श्रन्थो (d) गुरोश्च हलः

72. डुकृञ्करणे (कृ) धातुः कस्य गणस्य वर्तते?
(a) रुधादिगणस्य (b) तनादिगणस्य
(c) दिवादिगणस्य (d) अदादिगणस्य

73. रसनिष्पत्तिविषये अभिनवगुप्तस्य सिद्धान्तोऽस्ति
(a) रसानुमितिवादः (b) रसोत्पत्तिवादः
(c) भुक्तिवादः (d) रसाभिव्यक्तिवादः

74. "भवच्छिदस्त्र्यम्बकपादपांसवः" इति पदे कस्य जय-जयकारः
(a) इन्द्रदेवस्य (b) अग्निदेवस्य
(c) शिवस्य (d) विष्णोः

75. शबरसेनापतेः नाम किम् आसीत्?
(a) माधव्यः (b) मान्धाता
(c) माल्यवान् (d) मातङ्गः

76. न्यायसूत्रानुसारेण प्रमाणानि सन्ति
(a) प्रत्यक्षानुमानोपमानशब्दाः
(b) प्रमायाः कारणानि बहूनि सन्ति
(c) योग्यता च गुणानामत्यन्ताभावाभावः
(d) प्रमात्रादिभ्योऽतिशयितत्वादतिशयितं

77. 'न प्रभांतरलं ज्योतिरुदेति वसुधातलात्' इतीयमुक्तिरस्ति
(a) प्रियंवदायाः (b) अनसूयाया
(c) दुष्यन्तस्य (d) विदूषकस्य

78. 'लिम्पतीव तमोऽङ्गानि वर्षतीवाञ्जनं नभः'-इत्यत्र कोऽलङ्कारः?
(a) रूपकम् (b) उत्प्रेक्षा
(c) उपमा (d) यमकम्

79. विशुद्धसत्त्वप्रधानया-अज्ञानसमष्ट्योसेपहितं चैतन्यं किं कथ्यते?
(a) अव्यक्तमन्तर्यामीजगत्कारणमीश्वरः
(b) प्राज्ञः
(c) जीवः
(d) उपाधिमुक्तं विशुद्धचैतन्यम्

80. "पिशङ्गमौञ्जीयुजमर्जुनच्छविं वसानमेणाजिनम-ञ्जनद्युति"–अत्र वसानमित्यस्मिन् पदे कः प्रत्ययः?
(a) ण्वुल् (b) ल्यप्
(c) अण् (d) शानच्

81. 'पारावारीणः' इत्यत्र कः प्रत्ययः?
(a) अण् (b) द्द
(c) घ (d) ख

82. 'शरीरभाजां भवदीयदर्शनं व्यनक्ति कालत्रितयेऽपि योग्यताम्' इतीदं वचनमस्ति
(a) शिशुपालवधे श्रीकृष्णस्य नारदं प्रति
(b) शिशुपालवधे नारदस्य श्रीकृष्णं प्रति
(c) अभिज्ञानशाकुन्तले अनसूयायाः दुर्वाससं प्रति
(d) कुमारसंभवे पार्वत्याः महादेवं प्रति

83. नास्ति अपादानसंज्ञाविधायकं सूत्रम्
(a) भीत्रार्थानां भयहेतुः (b) पराजेरसोढः
(c) वारणार्थानामीप्सितः (d) स्पृहेरीप्सितः

84. 'किमिव हि मधुराणां मण्डनं नाकृतीनाम्' इतीयं सूक्तिवर्तते
(a) उत्तररामचरिते (b) अभिज्ञानशाकुन्तले
(c) मेघदूते (d) नीतिशतके

85. मृच्छकटिके वसन्तसेनायाः दर्शनं सर्व प्रथम् कस्मिन्नङ्कै भवति?
(a) प्रथमे (b) द्वितीये (c) तृतीये (d) चतुर्थे

86. रूपकस्य को भेदोऽस्ति मृच्छकटिकम्?
(a) नाटकम् (b) प्रकरणम् (c) व्यायोगः (d) ईहामृगः

87. डिम्भादेः स्वक्रियारूपादिवर्णने अलङ्कारो भवति
(a) स्वभावोक्तिः (b) परिसंख्या
(c) उत्प्रेक्षा (d) अतिशयोक्तिः

88. सांख्यानुसारं विपर्ययस्य कति भेदा भवन्ति?
(a) पञ्च (b) अष्टाविंशतिः
(c) नव (d) अष्टौ

89. ध्वनिपरिवर्तनस्याऽभ्यन्तरकारणमस्ति
(a) मुखसुखम् (b) शयनसुखम् (c) मातृसुखम् (d) अर्थसुखम्

90. 'बलाबलेपादधुनाऽपि पूर्ववत्
प्रबाध्यते तेन जगज्जिगीषुणा।।
सतीव योषि प्रकृतिः सुनिश्चला
पुमांसमभ्येति भवान्तरेष्वपि।।"
—इत्यत्र कोऽलङ्कारः?
(a) अर्थान्तरन्यासः (b) दीपकम्
(c) दृष्टान्तः (d) विशेषोक्तिः

91. दुष्यन्तः कीदृशः नायकः?
(a) धीरललितः (b) धीरोदात्तः
(c) धीरप्रशान्तः (d) धीरोद्धतः

92. उपपदसमासस्य उदाहरणमस्ति
(a) कुम्भकारः (b) प्राचार्यः
(c) युधिष्ठिरः (d) चिन्मात्रम्

93. कस्मिनुदाहरणे चतुर्थी विभक्तिः?
(a) अश्वात् बालकः अपतत् (b) बालकः दुर्जनात् बिभेति
(c) तस्यै कन्यायै फलं यच्छ (d) का कन्यां पश्यसि?

94. शुद्धं वाक्यम् अभिज्ञायताम्
(a) ग्रामस्य परितो मृगा विचरन्ति (b) ग्रामस्य परितो मृगः विचरन्ति
(c) ग्रामे परितं मृगाः विचरन्ति (d) ग्रामे परितो मृगा विचरन्ति

95. दा-धातु लङ्लकारे, प्रथमपुरुषे, बहुवचने अस्ति
(a) अदत्त (b) अददाः
(c) अददुः (d) अदत्ताम्

96. 'दीर्घसक्थः' इत्यस्मिन् उदाहरणे शुद्धो विग्रहो वर्तते?
(a) दीर्घौ सक्थौ यस्य सः (b) दीर्घाः सक्थाः यस्य सः
(b) दीर्घे सक्थिनी यस्य सः (d) दीर्घे सक्थि यस्य सः

97. 'यादवाभ्युदयम्' कस्य रचना वर्तते?
(a) वेदान्तदेशिकस्य (b) वस्तुपालस्य
(c) मातृगुप्तस्य (d) भर्तृमेण्ठस्य

98. 'सदूषणापि निर्दोषा सखरापि सुकोमला।।
नमस्तस्मै कृता येन रम्या .... कथा।।"
अपरिलिखतस्य पद्यस्य रिक्तस्थानं पूरयतु।
(a) रामायणी (b) कादम्बरी
(c) भागवती (d) साहसिकी

99. मम्मटानुसारेण काव्यलक्षणमस्ति
(a) शब्दार्थौ सहितौ काव्यम्
(b) वाक्यं रसात्मकं काव्यम्
(c) तददोषौ शब्दार्थौ सगुणावनलङ्कृती पुनः क्वापि
(d) रमणीयार्थप्रतिपादकः शब्दः काव्यम्

100. नर्तकी-पदे प्रत्ययोऽस्ति
(a) सामान्यप्रकारेण ङीष् (b) विकल्पेन ङीष्
(c) सामान्य प्रकारेण ङीन् (d) विकल्पेन ङीन्

101. कः 'अन्यादृश एव लोकपालः अपूर्वो विबुधपतिः अदण्डकरो धर्मराजः, अजधन्यः प्रचेताः'?
(a) नलः (b) शूद्रकः (c) चन्द्रापीडः (d) तारापीडः

102. प्रातिपदिकार्थमात्रे प्रथमाया उदाहरणमस्ति
(a) उच्चैः (b) तटः (b) द्रोणो व्रीहिः (d) एकः

103. सांख्यदर्शनानुसारं 'करणं' कतिविधम्?
(a) अष्टविधम् (08) (b) दशविधम् (10)
(c) त्रयोदशविधम् (13) (d) षोडशविधम् (16)

104. अत्र शुद्धवाक्यमस्ति
(a) सः पितुः सह भ्रम्येत् (b) दुर्जनात् शिष्यात् कोऽर्थः
(c) सः जनकेन सह भ्रमति (d) सः पुस्तकः पठति

105. विकासदृष्ट्या भाषा कया समा?
(a) पर्वतः (b) नदी (c) सागरः (d) वृक्षः

106. तुमुन्-प्रत्ययविधिसूत्रमस्ति
(a) काल-समय-वेलासु (b) युवारनाकौ
(c) पुवः संज्ञायाम् (d) सनाशंसभिक्ष

107. ध्वनिपरिवर्तनस्य आभ्यन्तरकारणं नास्ति।
(a) लिपिदोषः (b) प्रयत्नलाघवम्
(c) काव्यात्मकता (d) बलाघातः

108. ''वीणा हि नाम असमुद्रोत्थितं रत्न''-इत्युक्तिः कस्य?
(a) विदूषकस्य (b) शकारस्य
(c) चारुदत्तस्य (d) रेभिलस्य

109. सांख्यकारिकानुसारेण सृष्टिर्भवति
(a) ईश्वरसङ्कल्पात् (b) स्वभावात्
(c) प्रकृतिपुरुषसंयोगात् (d) परमाणुसंयोगात्

110. 'वैदी' इत्यत्र कः स्त्रीप्रत्ययः प्रयुक्तः?
(a) ङीप् (b) ङीष् (c) ङीन् (d) टाप्

111. वेदान्तमतस्ति
(a) मन आत्मेति (b) बुद्धिरात्मेति
(c) अज्ञानमात्मेति (d) प्रत्यक्चैतन्यमात्मेति

112. ङीप्प्रत्यययोगाद् निष्पन्नं पदमस्ति
(a) नदी (b) ब्राह्मणी (c) तटी (d) भवानी

113. श्रीमद्भगवद्गीतायाः कस्मिन्नध्याये भगवान् स्वकीयाम् अष्टधां प्रकृतिं प्रोक्तवान्?
(a) षष्ठे (b) चतुर्थे (c) सप्तमे (d) पञ्चमे

114. नलचम्पू-काव्यस्यान्यनाम किमस्ति?
(a) रामायण चम्पू (b) उदयन सुन्दरीकथा
(c) भागवतचम्पू (d) नल-दमयन्ती-कथा

115. साहित्यदर्पणे 'नवपलाशपलाशवनं पुरः स्फुटपरागपरागतपङ्कजम्'
(a) अनुप्रासस्य (b) यमकस्य
(c) श्लेषस्य (d) वक्रोक्तेः

116. संस्कृतप्रायो नटाश्रयः वाग्व्यापारः किं कथ्यते?
(a) आरभटीवृत्तिः (b) प्रस्तावना
(c) भारतीवृत्तिः (d) पताका

117. ''तत्रापि चतुर्थोऽङ्कस्तत्र श्लोकचतुष्टयम्''
इत्यस्मिन् कथने कस्य ग्रन्थस्य प्रशंसा अस्ति?
(a) अभिज्ञानशाकुन्तलस्य (b) रघुवंशस्य
(c) मेघदूतस्य (d) ऋतुसंहारस्य

118. शिशुपालवधमहाकाव्यस्य प्रथमे सर्गे किं छन्दः प्रयुक्तम्?
(a) अनुष्टुप् (b) वसन्ततिलका
(c) उपजातिः (d) वशंस्थम्

119. 'भवितव्यानां द्वाराणि भवन्ति सर्वत्र'-
इतीयं सूक्तिः कुत्र वर्तते?
(a) मृच्छकटिके (b) अभिज्ञानशाकुन्तले
(c) शिशुपालवधस्य प्रथमे सर्गे (d) कादम्बरीकथामुखे

120. बुद्धचरितमहाकाव्यस्य प्रणेता आसीत्
(a) अश्वघोषः (b) श्रीहर्षः
(c) बिल्हणः (d) बुद्धघोषः

उत्तरमाला

1.	(b)	2.	(c)	3.	(d)	4.	(d)	5.	(a)	6.	(b)	7.	(d)	8.	(a)	9.	(b)	10.	(b)
11.	(c)	12.	(b)	13.	(b)	14.	(c)	15.	(a)	16.	(a)	17.	(d)	18.	(b)	19.	(a)	20.	(b)
21.	(c)	22.	(c)	23.	(b)	24.	(b)	25.	(c)	26.	(d)	27.	(d)	28.	(b)	29.	(d)	30.	(d)
31.	(c)	32.	(d)	33.	(a)	34.	(c)	35.	(b)	36.	(a)	37.	(b)	38.	(d)	39.	(c)	40.	(c)
41.	(b)	42.	(d)	43.	(c)	44.	(a)	45.	(c)	46.	(a)	47.	(d)	48.	(b)	49.	(d)	50.	(a)
51.	(b)	52.	(c)	53.	(c)	54.	(b)	55.	(b)	56.	(a)	57.	(c)	58.	(d)	59.	(a)	60.	(d)
61.	(d)	62.	(a)	63.	(c)	64.	(d)	65.	(d)	66.	(a)	67.	(d)	68.	(b)	69.	(a)	70.	(d)
71.	(b)	72.	(b)	73.	(d)	74.	(c)	75.	(d)	76.	(a)	77.	(c)	78.	(b)	79.	(a)	80.	(d)
81.	(d)	82.	(a)	83.	(d)	84.	(b)	85.	(a)	86.	(b)	87.	(a)	88.	(a)	89.	(a)	90.	(a)
91.	(b)	92.	(a)	93.	(c)	94.	(d)	95.	(c)	96.	(c)	97.	(a)	98.	(a)	99.	(c)	100.	(a)
101.	(a)	102.	(a)	103.	(c)	104.	(c)	105.	(b)	106.	(a)	107.	(a)	108.	(c)	109.	(c)	110.	(c)
111.	(d)	112.	(a)	113.	(c)	114.	(d)	115.	(b)	116.	(c)	117.	(a)	118.	(d)	119.	(b)	120.	(a)

मध्य प्रदेश
उच्च माध्यमिक शिक्षक पात्रता परीक्षा (भाग-ब)

प्रैक्टिस पेपर 5

निर्देश

इस प्रश्न-पत्र में कुल 120 वस्तुनिष्ठ प्रकार के प्रश्न हैं तथा प्रत्येक प्रश्न के लिए एक अंक निर्धारित है।

1. 'यथा गौस्तथा गवयः' यह उदाहरण है
(a) उपमान का (b) अनुमान का
(c) प्रत्यक्ष का (d) बुद्धिव्यवसाय का

2. 'चतुर्वर्ग फलप्राप्तिः' यह काव्य प्रयोजन स्वीकृत है
(a) मम्मट द्वारा (b) दण्डी द्वारा
(c) विश्वनाथ द्वारा (d) आनन्दवर्धन द्वारा

3. काव्यप्रकाश के अनुसार श्लेष अलङ्कार के भेद हैं
(a) आठ (b) दस
(c) ग्यारह (d) सात

4. द्रक्ष्यति यह धातु रूप है
(a) दृक्ष धातु का लट् लकार का प्रथम पुरुष एकवचन
(b) पश्य धातु का लृट् लकार का प्रथम पुरुष एकवचन
(c) दृश् धातु का लृट् लकार का प्रथम पुरुष एकवचन
(d) द्रक्ष्य धातु का लोट् लकार का प्रथम पुरुष बहुवचन

5. याच् में शानच् प्रत्यय होने पर रूप बनता है
(a) याचन् (b) याचयन्ती
(c) याचशान् (d) याचमानः

6. कुन्ती में ढक् प्रत्यय के योग से रूप बनता है
(a) कुन्ताढ़ः (b) कौन्तेयः
(c) कौन्तेयाढ्यः (d) कुन्तीढः

7. कादम्बरी कथामुख में वर्णन है
(a) अगस्त्याश्रम का (b) हारीताश्रम का
(c) जावाल्याश्रम का (d) ये सभी

8. ''करोति कस्य नाह्लादं कथा कान्तेव भारती'' यह उक्ति किस कवि की है?
(a) बाणभट्ट की (b) त्रिविक्रमभट्ट की
(c) शूद्रक की (d) कालिदास की

9. त्रिविक्रमभट्ट ने नलचम्पू में सबसे पहले स्तवन किया है
(a) कामदेव का (b) विष्णुदेव का
(c) गिरिसुता का (d) भगवान शङ्कर का

10. ''गतं तिरश्चीनमनूरुसारथेः'' में अनुरुसारथेः पद का अर्थ है
(a) नारद का (b) सूर्य का
(c) हविर्भुक् का (d) पङ्गु का

11. ''हरत्यधं सम्प्रति हेतुरेष्यतः'' यह पद्यांश है
(a) शिशुपालवध का (b) अभिज्ञानशाकुन्तल का
(c) श्रीमद्भगवद्गीता का (d) मृच्छकटिका

12. दरिद्रता के वर्णन से पूर्ण रूपक प्रणीत किया है
(a) बाणभट्ट ने (b) माघ ने
(c) त्रिविक्रमभट्ट ने (d) शूद्रक ने

13. ''प्रवर्ततां प्रकतिहिताय पार्थिवः'' यह भरतवाक्य किस नाटक में प्रयुक्त हुआ है?
(a) मृच्छकटिक में (b) अभिज्ञानशाकुन्तल में
(c) नलचम्पू में (d) भारतविजय में

14. ब्रह्मजिज्ञासा के साधन चतुष्ट्य में निम्न में से किसका ग्रहण नहीं हुआ है?
(a) नित्यानित्यवस्तुविवेक (b) इहामुत्रार्थफल भोगानुराग
(c) शमादिष्टक सम्पत्ति (d) मुमुक्षत्व

15. सांख्य मत में जो प्रमाण स्वीकार नहीं किया गया वह है
(a) द्रष्ट (b) अनुमान
(c) आप्त (d) अर्थापति

16. निम्न में से कौन-सा सिद्धान्त श्रीमद्भगवद्गीता में नहीं कहा गया है?
(a) पुनर्जन्म सिद्धान्त (b) आत्मा की नित्यता
(c) सांख्ययोग सिद्धान्त (d) अधर्मोत्थान सिद्धान्त

17. राजा नल की नगरी का नाम था
(a) अवन्ती (b) विशाला
(c) निषधा (d) काशी

18. राजा नल की कथा किस ग्रन्थ में नहीं है?
(a) रामायण में (b) स्कन्द पुराण में
(c) विक्रमाङ्कदेवचरित में (d) मत्स्यपुराण में

19. राजा नल के मन्त्री का नाम था
(a) बालाहक (b) श्रुतिशील
(c) विदध (d) बाहुक

20. बृहत्कथामञ्जरी का विभाजन है
(a) लम्बकों में (b) लावाणकों में
(c) उच्छवासों में (d) निःश्वासों में

21. "यष्टयः प्रविशन्ति" में लक्षणा है
(a) उपादानलक्षणा (b) लक्षणलक्षणा
(c) शुद्धासारोपा (d) गौणी साध्यवसाना

22. शिशुपालवध की कथा का आधार है
(a) महाभारत (b) श्रीमद्भगवद्गीता
(c) विष्णुपुराण (d) दशावतार

23. किस ग्रन्थ की गणना बृहत्त्रयी के अन्तर्गत नहीं है?
(a) किरातार्जुनीय (b) शिशुपालवध
(c) नैषधीयचरित (d) रघुवंश

24. नीचे लिखे गए ग्रन्थों में कौन-सा काव्यशास्त्र का नहीं है?
(a) ध्वन्यालोक (b) सरस्वती कण्ठाभरण
(c) कवि कर्णाभरण (d) कवि कण्ठाभरण

25. निम्नलिखित में से जो न्यायसूत्रकार के मत में नहीं हैं
(a) अनुमान (b) उपमा
(c) प्रत्यक्ष (d) परोक्ष

26. पञ्चतन्मात्राओं से उत्पत्ति होती है
(a) पञ्च प्राणों की (b) पञ्च मकारों की
(c) पञ्च इन्द्रियों की (d) पञ्च उपचारों की

27. विश्वपा शब्द के पञ्चमी एक वचन का रूप है
(a) विश्वपा (b) विश्वपः
(c) विश्वपाः (d) विश्वपि

28. शिशुपालवध में "हिरण्यगर्भाङ्गभू" कहा गया है
(a) नारद को (b) श्रीकृष्ण को
(c) बलराम को (d) गर्ग को

29. "अथवाऽनार्यः परदारव्यवहारः" यह उक्ति है
(a) कण्व की (b) माधव्य की
(c) इन्द्र की (d) दुष्यन्त की

30. "गुणः खलु अनुरागस्य कारणम्" यह उक्ति है
(a) चारुदत्त की (b) मैत्रेय की
(c) शकार की (d) वसन्तसेना की

31. निर्वात दीपवत् चलत्व होता है
(a) सविकल्पक समाधि का (b) सगुण ब्रह्म का
(c) जीव का (d) निर्विकल्पक समाधि का

32. वेदान्तसार क[illegible] प्रयोजन नहीं है
(a) दुःखनिवृत्ति
(b) अभ्युदयलाभ
(c) पाण्डित्य सम्पादन
(d) अज्ञाननिवृत्ति और स्वस्वरूपनन्दावाप्ति

33. वेदान्तसार में लिङ्ग शरीर है
(a) षोडशावयव (b) पञ्चदशावयव
(c) एकादशावयव (d) सप्तदशावयव

34. विश्वनाथ में मतानुसार हास्य होता है
(a) द्विविध (b) त्रिविध
(c) चतुर्विध (d) षड्विध

35. व्यायोग में नामक होता है
(a) धीरप्रशान्त (b) धीरोदात्त
(c) धीरोद्धत (d) धीरललित

36. "अर्थे सत्यर्थ भिन्नां वर्णानां सा पुनः पुनः श्रुतिः" यह लक्षण है
(a) अनुप्रास का (b) यमक का
(c) श्लेष का (d) उपमा का

37. संस्कृत भाषा में निम्नलिखित में से दीर्घ नहीं होता है
(a) ऋकार का (b) आकार का
(c) इकार का (d) लृकार का

38. द्वियमुनम् में समास है
(a) द्विगु (b) द्वन्द्व
(c) अव्ययीभाव (d) तत्पुरुष

39. पक्वः में प्रत्यय है
(a) क्त (b) क्तवतु
(c) घञ् (d) यत्

40. "वज्रादपि कठोराणि मृदूनि कुसुमादपि" यह सुभाषित है
(a) रघुवंश में (b) उत्तर रामचरित में
(c) अभिज्ञानशाकुन्तल में (d) वेणीसंहार में

41. "गुणाः पूजास्थानं गुणिषु न च लिङ्ग न च वयः" यह सूक्ति वाक्य है
(a) उत्तर रामचरित में (b) अभिज्ञानशाकुन्तल में
(c) मृच्छकटिक में (d) मालविकाग्निमित्र में

42. चण्डीशतक के रचयिता कौन हैं?
(a) मयूरभट्ट (b) बाणभट्ट
(c) रामानुजाचार्य (d) भर्तृहरि

43. एक मात्र वर्ण "दकार" का प्रयोग करते हुए जिस महाकवि ने पद्य निर्मित किया है वे हैं
(a) कालिदास (b) माघ
(c) भारवि (d) भवभूति

44. शकुन्तला की अँगूठी किस स्थान पर गिरी थी?
(a) सोमतीर्थ (b) शचीतीर्थ
(c) कण्वाश्रम (d) प्रभासतीर्थ

45. नलचम्पू महाभारत के किस पर्व से सम्बन्धित है?
(a) सभापर्व (b) भीष्मपर्व
(c) वनपर्व (d) द्रोणपर्व

46. नलचम्पू में जो अलङ्कार बहुलतापूर्वक प्रयुक्त हुआ है
(a) यमक (b) अनुप्रास
(c) रूपक (d) श्लेष

47. "बोध्यबोधकभावलक्षण:" किसको अभिव्यक्त करता है?
(a) अधिकारी को (b) विषय को
(c) सम्बन्ध को (d) प्रयोजन को

48. वैशेषिक दर्शन में प्रमाण के कितने भेद उपदिष्ट हैं?
(a) 4 (b) 6 (c) 2 (d) 5

49. चार्वाक दर्शन में कितने प्रमाण हैं?
(a) 3 (b) 4
(c) 5 (d) 2

50. श्री भगवद्गीता के द्वितीय अध्याय का नाम है
(a) कर्म योग (b) सांख्य योग
(c) ज्ञान कर्म संन्यास योग (d) कर्म संन्यास योग

51. साक्षात् संकेतित अर्थ की बोधक शक्ति है
(a) तात्पर्या (b) अभिधा
(c) लक्षणा (d) व्यञ्जना

52. आचार्य मम्मट द्वारा स्वीकृत रसदोषों की संख्या है
(a) बारह (b) चौदह
(c) तेरह (d) ग्यारह

53. "उगितश्च" सूत्र से किस प्रत्यय का विधान होता है?
(a) ङीष् का (b) ङीप् का
(c) ङीन् का (d) ति का

54. "ग्रामं गच्छंस्तृणं स्पृशति" यहाँ तृणं में किस सूत्र से द्वितीया विभक्ति होती है?
(a) कर्तुरीप्सितमं कर्म (b) कर्मणि द्वितीया
(c) अकथितं च (d) तथायुक्तं चानीप्सितम्

55. "महाकवि कालिदास उपमा के सम्राट हैं तो बाण परिसंख्या के"—इस कथन के कथनकार हैं
(a) डॉ. जनार्दन पाण्डेय (b) डॉ. रमाशङ्कर त्रिपाठी
(c) डॉ. अवनीश कुमार (d) डॉ. विश्वेश्वर

56. राजा शूद्रक की राजधानी थी
(a) उज्जयिनी (b) अयोध्या
(c) विदिशा (d) धारानगरी

57. "अहो दुरन्ता बलवद्विरोधिता" यह सूक्ति है
(a) शिशुपालवध में (b) किरातार्जुनीय में
(c) रघुवंश में (d) कुमारसम्भव में

58. अभिज्ञानशाकुन्तल के नान्दीपाठ में भगवान शिव की मूर्तियाँ निर्दिष्ट हैं
(a) पाँच (b) नौ (c) ग्यारह (d) आठ

59. "मलिनमपि हिमांशोर्लक्ष्म लक्ष्मीं तनोति" यहाँ पर लक्ष्म और लक्ष्मी का अर्थ है
(a) लक्ष्य और लक्ष्मी देवी (b) लाक्षा और विष्णुपत्नी
(c) चिह्न और शोभा (d) अमृत और छवि

60. मृच्छकटिक की नायिका हैं
(a) वसन्तसेना (b) विचर्चिका
(c) मालती (d) सागरिका

61. कर्मयोग का सिद्धान्त प्रतिपादित है
(a) सांख्यतत्व कौमुदी में (b) तर्कभाषा में
(c) वेदान्तसार में (d) श्रीमद्भगवद्गीता में

62. "सत्कार्यवाद सिद्धान्त" उपलब्ध होता है
(a) सिद्धान्तकौमुदी में (b) सांख्यकारिका में
(c) वेदान्तसार में (d) तर्कभाषा में

63. प्रत्यक्ष प्रमाण का अवगम होता है
(a) अनुमान से (b) शब्द से
(c) षोढ़ा सन्निकर्ष से (d) अभाव से

64. आरोपित शब्द व्यापार का दूसरा नाम है
(a) व्यञ्जना व्यापार (b) तात्पर्य व्यापार
(c) अभिधा व्यापार (d) लक्षणा व्यापार

65. "वर्णसाम्यमनुप्रास:" यह अनुप्रास अलङ्कार का लक्षण है
(a) साहित्यदर्पण के अनुसार
(b) काव्यप्रकाश के अनुसार
(c) चन्द्रालोक के अनुसार
(d) अलङ्कार सर्वस्व के अनुसार

66. भाषाविज्ञान के अर्थपरिवर्तन कारणों में जो कारण नहीं है वह है
(a) अर्थविस्तार (b) अर्थसङ्कोच
(c) अर्थव्यञ्जकता (d) अर्थविपर्यय

67. "पाणिपादम्" में समास है
(a) इतरेतर द्वन्द्व (b) समाहार द्वन्द्व
(c) कर्मधारय (d) बहुव्रीहिः

68. प्रच्छ धातु में क्त्वा प्रत्यय के योग से रूप बनता है
(a) पृष्ट्वा (b) प्रष्ट्वा
(c) प्रच्छत्वा (d) प्रच्छित्वा

69. सुभाषितं हारि विशत्यधो, गलान्न दुर्जनस्यार्करिपोरिवामृतम्। यह सूक्ति उद्धृत है
(a) कादम्बरी से (b) शिशुपालवध से
(c) अभिज्ञानशाकुन्तल से (d) नीति शतक

70. "नमस्तस्मै कृता येन रम्या रामायणी कथा" यह कहकर महर्षि वाल्मीकि का अभिवादन किया गया है
(a) कादम्बरी में (b) रामायण में
(c) नलचम्पू में (d) अभिज्ञानशाकुन्तल में

71. निम्न में से नलचम्पू की सूक्ति है
(a) नैको रसः कवे:
(b) सर्वसहा सूरय:
(c) 'a' और b' दोनों
(d) उपरोक्त में से कोई नहीं

72. शिशुपालवध महाकाव्य में प्रथमसर्ग में प्रयुक्त छन्द है
(a) वंशस्य, पुष्पिताग्रा, शिखरिणी
(b) वंशस्थ, पुष्पिताग्रा, मन्दाक्रान्ता
(c) वंशस्थ, पुष्पिताग्रा, शार्दूलविक्रीडित
(d) मन्दाक्रान्ता, पुष्पिताग्रा, शिखरिणी

73. रथाङ्गपाणि: पद में समास है
(a) तत्पुरुष (b) कर्मधारय
(c) बहुव्रीहि (d) द्वन्द्व

74. मृच्छकटिक की कथावस्तु किस नगर से सम्बद्ध है?
(a) उज्जयिनी नगर से (b) अयोध्या नगर से
(c) काशी नगर से (d) काञ्ची नगर से

75. निम्न में मृच्छकटिक का सहवचन है
(a) सुखं हि दु:खान्यनुभूय शोभते (b) विभवाऽनुगता भार्या
(c) शून्यमपुत्रस्य गृहम् (d) उपरोक्त सभी

76. पञ्चीकरण प्रक्रिया का विशद विवेचन है
(a) तर्कभाषा में (b) सांख्यकारिका में
(c) वेदान्तसार में (d) ये सभी

77. अधोलिखित में से सत्कार्यवाद का हेतु नहीं है
(a) असद्करण (b) उपादानग्रहण
(c) सर्वसम्भवभाव (d) शक्त का शक्यकरण

78. सांख्यकारिका के अनुसार सत्य गुण में नहीं होता है
(a) लाघव (b) प्रकाशकत्व
(c) 'a' और 'b' दोनों (d) चलत्व

79. अधोलिखित में श्रीमद्भगवद्गीता में जो नहीं कहा गया
(a) ईशावास्यमिदं सर्वम् (b) कर्मब्रह्मोद्भवं विद्धि
(c) योगस्थः कुरु कर्माणि (d) ओमित्येकाक्षरं ब्रह्म

80. कुमारपालित, पात्र के रूप में वर्णित हैं
(a) मृच्छकटिक में (b) कादम्बरी में
(c) नलचम्पू में (d) शिशुपालवध में

81. गद्यकाव्य का निम्न से जो प्रभेद नहीं है
(a) वृत्तगन्धि (b) चूर्णक
(c) कल्लिका प्राय (d) मुक्तक

82. बेताल पञ्चविंशतिका ग्रन्थ के लेखक हैं
(a) त्रिविक्रमभट्ट (b) त्रिविक्रमसेन
(c) त्रिबलादित्य (d) त्रिरत्नाकर

83. कथा साहित्य के रचनाकार के रूप में किसकी गणना नहीं है?
(a) क्षमाराव (b) महालिङ्ग शास्त्री
(c) नरहरि (d) रङ्गनाथाचार्य

84. निम्नलिखित में से कौन कवयित्री संस्कृत साहित्य की नहीं है?
(a) शीला भट्टारिका (b) विकट नितम्बा
(c) विज्जका (d) पत्रलेखा

85. माघ को "घण्टापथ" की उपाधि से अलंकृत किया गया है
(a) अच्छोद सरोवर के वर्णन के कारण
(b) रैवतक पर्वत के वर्णन के कारण
(c) नारद के वर्णन के कारण
(d) उपरोक्त में से कोई नहीं

86. "भवितव्यानां द्वाराणि भवन्ति" यह सूक्ति उद्धृत है
(a) अभिज्ञानशाकुन्तल से (b) नलचम्पू से
(c) कादम्बरी से (d) शिशुपालवध से

87. "अनाघ्रातं पुष्पं किसलयमनूलं कररुहै:" यह उक्ति है
(a) शकुन्तला की (b) दुष्यन्त की
(c) विदूषक की (d) प्रियंवदा की

88. वेदान्तसार के अनुसार सत्ता के कितने प्रकार हैं?
(a) दो (b) तीन
(c) चार (d) पाँच

89. वेदान्त दर्शन के अनुसार प्रमाण हैं
(a) चार (b) पाँच
(c) छः (d) तीन

90. शिशुपालवध महाकाव्य में सर्गों की संख्या है
(a) सोलह (b) सत्रह
(c) अट्ठारह (d) बीस

91. "अग्निगर्भां शमीमिव" यह उपमा दी गई है
(a) शकुन्तला की (b) गौतमी की
(c) प्रियंवदा की (d) अनसूया की

92. अधोलिखित में से जो यत् प्रत्यय से निष्पन्न नहीं है
(a) कार्यम् (b) शप्यम्
(c) ग्लेयम् (d) जेयम्

93. वेदान्तसार के अनुसार अज्ञान है
(a) भावरूप (b) अभावरूप
(c) शून्यरूप (d) निष्क्रिय

94. अधोलिखित में जो अर्थोपक्षेपकों में परिगणित नहीं है
(a) विष्कम्भक (b) प्रवेशक
(c) प्रकरी (d) चूलिका

95. सांख्यमत में आधिभौतिक दु:ख है
(a) ज्वरातिसार से उत्पन्न दु:ख (b) स्वजन वियोग जन्य दु:ख
(c) सर्पादि से उत्पन्न दु:ख (d) भूतप्रेतादि जन्य दु:ख

96. "स्वधर्मे निधं श्रेय:" यह श्रीमद्भगवद्गीता के किस अध्याय में है?
(a) द्वितीय में (b) तृतीय में
(c) चतुर्थ में (d) पञ्चम में

97. काव्यप्रकाश की सङ्केत टीका के प्रणेता हैं
(a) माणिक्यचन्द्रः (b) वामन
(c) मम्मट (d) मल्लिनाथ

98. नाटक में इतिवृत्त होता है
(a) कल्पित (b) अप्रसिद्ध
(c) प्रसिद्ध (d) मिश्र

99. "श्लिष्टै: पदैरनेकार्थाभिधाने" यह लक्षण है
(a) अनुप्रास का (b) श्लेष का
(c) सन्देह का (d) भ्रान्तिमान का

100. 'सुमद्रम्' में सु उपसर्ग का अर्थ है
(a) समीप (b) शोभन
(c) समृद्धि (d) युगपत्

101. एध्–धातु के आशीर्लिङ्ग उत्तमपुरुष एक वचन में रूप होता है
(a) एधेय (b) एधिषीय
(c) एधिताहे (d) एधिषि

102. ''वृत्तवर्तिष्यमाणानां कथांशानां निदर्शक:'' यह लक्षण है
(a) प्रवेशक का (b) अङ्कावतार का
(c) अङ्कास्य का (d) विष्कम्भक का

103. अधोलिखित वाक्यों में शुद्ध वाक्य है
(a) कृष्णं अभित: गोपा: सन्ति
(b) कृष्णेन अभित: गोपा: सन्ति
(c) कृष्णाद् अभित: गोपा: सन्ति
(d) कृष्णस्य अभित: गोपा सन्ति

104. वृहत्कथा किस भाषा शैली में लिखी गई रचना है?
(a) मागधी (b) वैदर्भी (c) पैशाची (d) गौडी

105. ''ऋते रवे: क्षालयितुं क्षमेत् क:
क्षपातमस्काण्ड मलीमसं नभ:।'' यह उक्ति है
(a) किरातार्जुनीय की (b) रघुवंश की
(c) शिशुपालवध की (d) नैषध की

106. शिशुपालवध का अङ्गीरस है
(a) हास्य रस (b) शृंङ्गार रस
(c) रौद्र रस (d) वीर रस

107. ''अत: परीक्ष्य कर्त्तव्यं विशेषात् सङ्गतं रह:'' यह उक्ति है
(a) कण्व (b) मारीच
(c) दुष्यन्त (d) शार्ङ्गरव

108. अभिज्ञानशाकुन्तल में दुष्यन्त की मन:स्थिति जानने के लिए मेनका ने अपनी किस सखी को भेजा था?
(a) सानुमती (b) उर्वशी
(c) रम्भा (d) तिलोत्तमा

109. वेदान्तसार के अनुसार प्रमाता विशेषण है
(a) ईश्वर का (b) जीवन्मुक्त का
(c) विषय का (d) अधिकारी का

110. प्रायश्चित कर्म क्या है?
(a) सन्ध्या वन्दनादि (b) जातेष्टि आदि
(c) चान्द्रायण व्रत (d) शाण्डिल्य विद्या

111. भाषा के उद्भव सिद्धान्तों में कौन–सा नहीं है?
(a) आवेग सिद्धान्त (b) वेग सिद्धान्त
(c) सङ्गीत सिद्धान्त (d) रमन सिद्धान्त

112. योगदर्शन में पदार्थों की संख्या हैं
(a) 25 (b) 26
(c) 24 (d) 22

113. ''शरीरं तावदिष्टार्थ व्यवच्छिन्ना पदावली'' यह परिभाषा किसकी है?
(a) दण्डी की (b) भामह की
(c) मम्मट की (d) आनन्दवर्धन की

114. बोधव्यवैशिष्ट्य पर आधारित है
(a) आर्थी व्यञ्जना (b) शाब्दी व्यञ्जना
(c) उपादान लक्षणा (d) गौणी लक्षणा

115. आचार्य मम्मट ने विरोधाभास अलङ्कार के प्रकार माने हैं
(a) आठ (b) दस
(c) ग्यारह (d) बारह

116. ''पंगोश्च'' सूत्र से किस स्त्री प्रत्यय का विधान होता है?
(a) ऊङ् (b) ङीप्
(c) ङीष् (d) ङीन्

117. ''सहस्त्रगुणमुत्स्त्रष्टुमादत्ते हि रसं रवि:'' सूक्ति है
(a) रघुवंश की (b) मेघदूत की
(c) अभिज्ञानशाकुन्तल की (d) कुमारसम्भव की

118. ''त्रयीमयाय त्रिगुणात्मने नम:'' यह पद्यांश उद्धृत है
(a) नलचम्पू से (b) कादम्बरी कथामुख से
(c) शिशुपालवध से (d) अभिज्ञानशाकुन्तल से

119. त्रिविक्रम भट्ट का वंश था
(a) भट्ट वंश (b) शाण्डिल्य वंश
(c) भारद्वाज वंश (d) गर्ग वंश

120. बहिर्विकारं प्रकृते: पृथग् विदु:
पुरातनं त्वां पुरुषं पुराविद:।
यह पद्यांश उद्धृत है
(a) सांख्यकारिका से (b) शिशुपालवध से
(c) नलचम्पू से (d) मृच्छकटिक से

उत्तरमाला

1.	(a)	2.	(c)	3.	(a)	4.	(c)	5.	(d)	6.	(b)	7.	(d)	8.	(b)	9.	(d)	10.	(b)
11.	(a)	12.	(d)	13.	(b)	14.	(b)	15.	(d)	16.	(d)	17.	(c)	18.	(d)	19.	(b)	20.	(a)
21.	(a)	22.	(a)	23.	(d)	24.	(c)	25.	(d)	26.	(c)	27.	(b)	28.	(a)	29.	(a)	30.	(d)
31.	(d)	32.	(d)	33.	(d)	34.	(d)	35.	(b)	36.	(b)	37.	(d)	38.	(c)	39.	(a)	40.	(b)
41.	(a)	42.	(b)	43.	(b)	44.	(b)	45.	(c)	46.	(d)	47.	(c)	48.	(a)	49.	(b)	50.	(b)
51.	(b)	52.	(c)	53.	(b)	54.	(d)	55.	(b)	56.	(c)	57.	(b)	58.	(d)	59.	(c)	60.	(a)
61.	(d)	62.	(b)	63.	(c)	64.	(d)	65.	(b)	66.	(c)	67.	(b)	68.	(a)	69.	(a)	70.	(c)
71.	(c)	72.	(c)	73.	(c)	74.	(a)	75.	(d)	76.	(c)	77.	(c)	78.	(d)	79.	(a)	80.	(b)
81.	(c)	82.	(b)	83.	(c)	84.	(d)	85.	(b)	86.	(a)	87.	(b)	88.	(b)	89.	(c)	90.	(d)
91.	(a)	92.	(a)	93.	(a)	94.	(c)	95.	(c)	96.	(b)	97.	(a)	98.	(c)	99.	(b)	100.	(c)
101.	(b)	102.	(d)	103.	(a)	104.	(c)	105.	(c)	106.	(d)	107.	(d)	108.	(a)	109.	(d)	110.	(c)
111.	(b)	112.	(b)	113.	(a)	114.	(a)	115.	(b)	116.	(a)	117.	(a)	118.	(b)	119.	(b)	120.	(b)